航天器动力学与控制导论

Spacecraft Dynamics and Control：An Introduction

［加］安东·H. J. 德·鲁伊特（Anton H. J. de Ruiter）
［加］克里斯多夫·J. 达玛雷（Christopher J. Damaren） 著
［加］詹姆斯·R. 福布斯（James R. Forbes）
梁宗闯　陈国玖　杨科莹　李林澄　译

中国宇航出版社
·北京·

Translated from the English language edition:
Spacecraft Dynamics and Control: An Introduction
by Anton H.J.de Ruiter, Christopher J.Damaren, James R.Forbes.
ISBN 978-1-118-34236-7.

著作权合同登记号:图字:01—2017—1593 号

图书在版编目(CIP)数据

航天器动力学与控制导论 / (加)安东·H·J·德·鲁伊特,(加)克里斯多夫·J·达玛雷,(加)詹姆斯·R·福布斯著;梁宗闯等译. -- 北京:中国宇航出版社,2017.3

Spacecraft Dynamics and Control: An Introduction

ISBN 978-7-5159-1286-8

Ⅰ.①航… Ⅱ.①安… ②克… ③詹… ④梁… Ⅲ.①航天器-动力学②航天器-飞行控制 Ⅳ.①V412.4 ②V448.2

中国版本图书馆 CIP 数据核字(2017)第 060544 号

责任编辑 侯丽平　　**封面设计** 宇星文化

出版发行	中国宇航出版社	**版　次**	2017 年 3 月第 1 版 2017 年 3 月第 1 次印刷
社　址	北京市阜成路 8 号　**邮　编** 100830 (010)60286808　(010)68768548	**规　格**	787×1092
网　址	www.caphbook.com	**开　本**	1/16
经　销	新华书店	**印　张**	29
发行部	(010)60286888　(010)68371900 (010)60286887　(010)60286804(传真)	**字　数**	706 千字
零售店	读者服务部　(010)68371105	**书　号**	ISBN 978-7-5159-1286-8
承　印	天津画中画印刷有限公司	**定　价**	188.00 元

本书如有印装质量问题,可与发行部联系调换

译者序

现代航天器不但规模庞大，构型复杂，工作寿命长且精度要求高，而且通过空间交会对接还可形成大型空间增长结构，有的甚至属于变结构和多级控制的复杂航天器系统，这就对航天器动力学和控制提出了更严峻的挑战。每一位渴望从事航天科学技术及其应用的工程师和科学家，都必须首先钻研航天动力学和控制相关知识。

本书由来自加拿大瑞尔森大学、多伦多大学以及麦吉尔大学的三位老师共同编写而成，主要介绍了航天器轨道动力学、姿态动力学以及控制的基本原理；详细介绍了一些典型的控制系统设计知识；也探讨了航天器动力学和控制的实际应用问题，包括姿态传感器和驱动器的运行、数字控制实施问题以及未建模动力学对航天器姿态控制系统的影响；文中还给出了大量的图表，使读者能更好地了解书中的内容。

书中理论推导是严格的，但又是易懂和实用的。本书在结构以及理论深度上更像是一本教科书，重点是帮助读者掌握航天器轨道与姿态动力学及其控制的基本原理和方法，适于大学本科高年级或研究生低年级的学生使用，也可作为科研工作者了解航天器动力学与控制基础知识的参考资料。鉴于此，特将此书翻译成中文，以方便国内读者使用。

本书的出版得到了北京空间科技信息研究所、中国宇航出版社等单位的大力帮助，在此表示衷心的感谢。

由于时间仓促及编者水平有限，书中难免出现纰漏和错误，恳请读者不吝赐教。

梁宗闯

2017 年 3 月

前　言

本书对航天器轨道与姿态动力学及控制进行了基本介绍。在这个领域已出版过一些非常优秀的书籍。我们的初衷并非是与这些书籍一较高下。然而，这些书中很多都假设读者具有相当深厚的研究背景，使初学者难以深入跟随其思路。我们希望本书可以弥补上述不足，并使读者通过学习本书，能够更容易地理解该领域中内容更深入的文献。本书介绍航天器动力学及控制学的初级内容，适用于大学高年级水平或初级研究生水平的读者。本书分为轨道力学与航天器姿态动力学及控制两部分，因此可以供两个学期的课程使用，每个学期研究其中一个课题，也可以供读者自学使用。

本书的主要目的是教学，且本书的结构也反映了这一点。本书同样可供专业人士来重温一些基础理论。我们已经尽可能地将这本书编纂得自成体系。每章都设置了一个基本层次的课题（也就是承接前面章节的结论）。因此，读者不仅能了解关键性的数学结论，还能明白这些结论是如何得到的以及它们的局限性在哪里（针对应用领域）。如果读者愿意更深入地探索该课题，我们在每章的末尾都提供了一些参考文献。

本书假定读者仅具有有限的背景，学过大学本科的数学和力学课程应该已经足够。尽管经典控制理论的背景会有帮助，但对掌握航天器姿态控制的解决对策而言并不是必需的。本书讲述的航天器姿态控制部分是完全独立的，并且可以作为完整经典控制领域的第一阶段（本科水平）课程。没有控制学知识背景的读者在真实被控系统（如航天器）的激励下将会学习经典控制理论（而不是一些抽象的函数转换）。而先前已有控制学知识背景的读者则可以通过参考该理论的应用获得新的理解。

第 1 章和第 2 章讲述了描绘航天器动作所需的运动学和刚体动力学。第 3～10 章介绍了本书提及的轨道力学部分，包括开普勒二体问题、初步定轨、轨道机动及星际轨迹、轨道扰动、低推力轨道分析与设计、航天器编队飞行及受限制的三体问题等。第 11 章是对航天器姿态被动及主动稳定方式的高度综述，并对控制系统做了简要介绍。第 12～16 章讲述了航天器姿态动力学的几个方面（干扰力矩和无扭矩运动的解决方案），以及航天器姿态被动稳定解决方案的更多细节。第 17～23 章讲述了采用经典控制技术的主动航天器姿态控制方式。第 24 章和第 25 章介绍了部分更为深入的主题，即非线性航天器姿态控制及航天器导航。这两章同样对非线性控制理论即状态估计做出了简短介绍。第 26 章综述了航天器姿态控制设计中必须解决的实际问题，即不同的航天器姿态传感器和姿态驱动器类型、数字控制实施问题及未建模动力学对航天器姿态控制系统的影响。最后，附录A和附录B列出了一些背景参考素材。

在阅读完本书之后，读者应当对航天器轨道与姿态动力学及控制的基本思想形成了牢固的认知，并且应当对航天器姿态控制设计所需考虑的重要实际问题有所了解，从而为读者对该课题的深入研究奠定良好的基础。

第一作者对位于加拿大渥太华的卡尔顿大学的机械与航空工程学院深表谢意，感谢学院提供研究并教授“轨道力学”和“航天器动力学与控制”课程的机会。这些课程的笔记是本书的基础。

读者应该会注意到本书没有习题部分。如此规划是为了减少页数。不过，读者将会在本书的配套网站中找到一系列关于本书内容的习题，以及其他补充资料，链接如下：http：//arrow. utias. utoronto. ca/damaren/book/。

安东 · H. J. 德 · 鲁伊特
克里斯多夫 · J. 达玛雷
詹姆斯 · R. 福布斯

目　录

第 1 章　运动学

航天器是自由物体，可以平动和转动。平动部分是轨道动力学的课题，而转动部分则是姿态动力学的课题。要注意的是，这两类运动本质上并不耦合，因此可以区分对待。

想要在数学上探讨航天器的运动，需要用参考系来描述它。为此，我们需要对矢量、参考系及相关的微积分学有一个扎实的了解。

1.1　物理矢量

物理矢量是一种三维量，包括大小和方向。举例来说，物理矢量可以被记作$\vec{\boldsymbol{r}}$。它可以用箭头生动地表达。矢量加法可被定义为从起点指向终点，如图 1-1 所示。矢量$\vec{\boldsymbol{r}}$和标量 a 做乘法即将模缩放 $|a|$ 倍。如果 a 为正数，则方向不变；如果 a 为负数，则方向相反。将零矢量记作 $\vec{\boldsymbol{0}}$ 非常有用，模为 0，但没有特定的方向。

根据这一系列的定义，物理矢量满足如下加法规则

$$(\vec{\boldsymbol{a}}+\vec{\boldsymbol{b}})+\vec{\boldsymbol{c}}=\vec{\boldsymbol{a}}+(\vec{\boldsymbol{b}}+\vec{\boldsymbol{c}})$$

$$\vec{\boldsymbol{a}}+\vec{\boldsymbol{b}}=\vec{\boldsymbol{b}}+\vec{\boldsymbol{a}}$$

$$\vec{\boldsymbol{a}}+\vec{\boldsymbol{0}}=\vec{\boldsymbol{a}}$$

$$\vec{\boldsymbol{a}}+(-\vec{\boldsymbol{a}})=\vec{\boldsymbol{0}}$$

并且满足如下标量乘法的规则

$$a(b\vec{\boldsymbol{c}})=(ab)\vec{\boldsymbol{c}}$$

$$(a+b)\vec{\boldsymbol{c}}=a\vec{\boldsymbol{c}}+b\vec{\boldsymbol{c}}$$

$$a(\vec{\boldsymbol{b}}+\vec{\boldsymbol{c}})=a\vec{\boldsymbol{b}}+a\vec{\boldsymbol{c}}$$

$$1\vec{\boldsymbol{a}}=\vec{\boldsymbol{a}}$$

$$0\vec{\boldsymbol{a}}=\vec{\boldsymbol{0}}$$

一个物理矢量的概念是独立于坐标系的，牢记这一点非常重要。

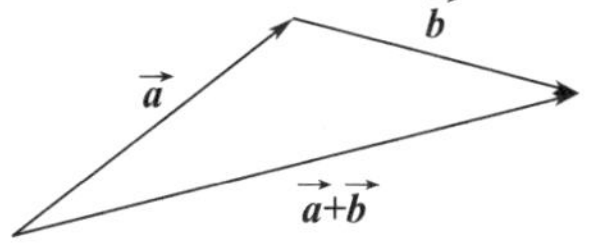

图 1-1　物理矢量加法

1.1.1　标量积

已知矢量 $\vec{\boldsymbol{a}}$ 和 $\vec{\boldsymbol{b}}$，这两个矢量之间的标量积（或数量积）为

$$\vec{a} \cdot \vec{b} \triangleq |\vec{a}||\vec{b}|\cos\theta$$

此处，$0 \leqslant \theta \leqslant 180°$，$\theta$ 是两个矢量之间的较小角，如图 1－2 所示。根据这一定义，标量积是可交换的，即

$$\vec{a} \cdot \vec{b} = \vec{b} \cdot \vec{a}$$

如图 1－2 所示，标量积$\vec{a} \cdot \vec{b}$是$\vec{a}$在$\vec{b}$上的投影乘以$|\vec{b}|$。投影是可做加法的，如图 1－3 所示，因此，标量积也是满足分配律的，即

$$(\vec{a} + \vec{b}) \cdot \vec{c} = \vec{a} \cdot \vec{c} + \vec{b} \cdot \vec{c} \tag{1-1}$$

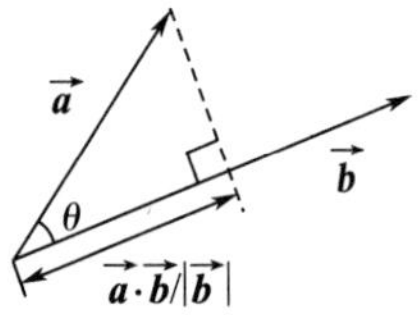

图 1－2　标量积的几何意义

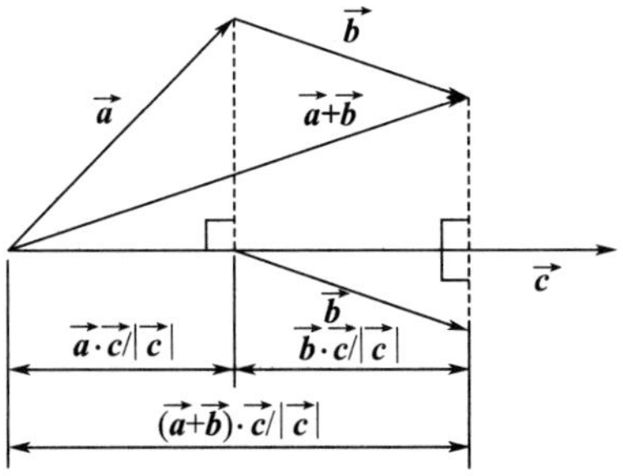

图 1－3　标量积的分布

同样，可以根据定义很容易地证明以下特性

$$\vec{a} \cdot \vec{a} = |\vec{a}|^2 \geqslant 0 \tag{1-2}$$

$$\vec{a} \cdot \vec{a} = 0 \Leftrightarrow \vec{a} = \vec{\mathbf{0}} \tag{1-3}$$

$$\vec{a} \cdot (c\vec{b}) = c\vec{a} \cdot \vec{b} \tag{1-4}$$

$$\vec{a} \cdot \vec{b} = 0 \Leftrightarrow \vec{a} \perp \vec{b} \text{ 或 } \vec{a} = \vec{\mathbf{0}} \text{ 或 } \vec{b} = \vec{\mathbf{0}} \tag{1-5}$$

1.1.2　矢量积

给定矢量$\vec{a}$和$\vec{b}$，将矢量积记作矢量$\vec{c}$，表达式为$\vec{c} = \vec{a} \times \vec{b}$，模为

$$|\vec{c}| = |\vec{a}||\vec{b}|\sin\theta$$

如图 1－4 所示，方向垂直于$\vec{a}$和$\vec{b}$，根据右手定则选择。注意，$0 \leqslant \theta \leqslant 180°$，$\theta$ 又是两个矢量之间的较小角。

根据矢量积的定义，显然改变顺序就是改变矢量积的方向，即

$$\vec{a} \times \vec{b} = -\vec{b} \times \vec{a}$$

如图 1－5 所示，矢量$\vec{a}$可以被分解为两个相互垂直的矢量$\vec{a} = \vec{a}_{\perp b} + \vec{a}_{\parallel b}$，此处$\vec{a}_{\perp b}$垂直于$\vec{b}$，且$\vec{a}_{\parallel b}$平行于$\vec{b}$。给出这些分量为

$$\vec{a}_{\parallel b} = \frac{(\vec{a} \cdot \vec{b})}{|\vec{b}|^2}\vec{b}$$

这是$\vec{a}$在$\vec{b}$方向上的投影，且

$$\vec{a}_{\perp b} = \vec{a} - \vec{a}_{\parallel b} = \vec{a} - \frac{(\vec{a} \cdot \vec{b})}{|\vec{b}|^2}\vec{b}$$

由于 $|\vec{a}_{\perp b}|=|\vec{a}|\sin\theta$（见图 1－5），且 $\vec{a}_{\perp b}$ 垂直于 $\vec{b}$，$|\vec{a}_{\perp b}\times\vec{b}|=|\vec{a}||\vec{b}|\sin\theta$。由于 $\vec{a}_{\perp b}$ 位于 $\vec{a}$ 和 $\vec{b}$ 所确定的平面上，且和 $\vec{a}$ 一样指向 $\vec{b}$ 相同的一侧，$\vec{a}_{\perp b}\times\vec{b}$ 有和 $\vec{a}\times\vec{b}$ 一样的方向。因此

$$\vec{a}_{\perp b}\times\vec{b}=\vec{a}\times\vec{b} \tag{1-6}$$

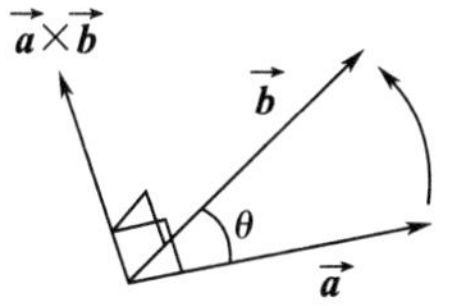

图 1－4　矢量积

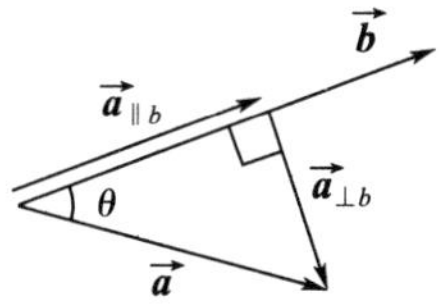

图 1－5　平行与垂直矢量分量

现在，我们需要表达矢量积的分配律。假设 3 个矢量 $\vec{a}$、$\vec{b}$ 和 $\vec{c}$。首先，注意

$$\begin{aligned}
(\vec{a}+\vec{b})_{\perp c} &= (\vec{a}+\vec{b})-\frac{[(\vec{a}+\vec{b})\cdot\vec{c}]}{|\vec{c}|^2}\vec{c} \\
&= (\vec{a}+\vec{b})-\frac{(\vec{a}\cdot\vec{c}+\vec{b}\cdot\vec{c})}{|\vec{c}|^2}\vec{c} \\
&= \left[\vec{a}-\frac{(\vec{a}\cdot\vec{c})}{|\vec{c}|^2}\vec{c}\right]+\left[\vec{b}-\frac{(\vec{b}\cdot\vec{c})}{|\vec{c}|^2}\vec{c}\right] \\
&= \vec{a}_{\perp c}+\vec{b}_{\perp c}
\end{aligned}$$

因此，我们有

$$(\vec{a}+\vec{b})\times\vec{c}=(\vec{a}+\vec{b})_{\perp c}\times\vec{c}=(\vec{a}_{\perp c}+\vec{b}_{\perp c})\times\vec{c}$$

现在，矢量 $\vec{a}_{\perp c}$、$\vec{b}_{\perp c}$ 和 $\vec{a}_{\perp c}+\vec{b}_{\perp c}$ 都与 $\vec{c}$ 垂直。因此

$$|\vec{a}_{\perp c}\times\vec{c}|=|\vec{a}_{\perp c}||\vec{c}|$$

$$|\vec{b}_{\perp c}\times\vec{c}|=|\vec{b}_{\perp c}||\vec{c}|$$

$$|(\vec{a}_{\perp c}+\vec{b}_{\perp c})\times\vec{c}|=|(\vec{a}_{\perp c}+\vec{b}_{\perp c})||\vec{c}|$$

由于矢量 $\vec{a}_{\perp c}$、$\vec{b}_{\perp c}$ 和 $\vec{a}_{\perp c}+\vec{b}_{\perp c}$ 都垂直于 $\vec{c}$，矢量积 $\vec{a}_{\perp c}\times\vec{c}$、$\vec{b}_{\perp c}\times\vec{c}$ 和 $(\vec{a}_{\perp c}+\vec{b}_{\perp c})\times\vec{c}$ 仅为围绕矢量 $\vec{c}$ 旋转 90°的矢量 $\vec{a}_{\perp c}$、$\vec{b}_{\perp c}$ 和 $\vec{a}_{\perp c}+\vec{b}_{\perp c}$，之后缩放 $|\vec{c}|$ 倍，如图 1－6 所示。以上即

$$(\vec{a}_{\perp c}+\vec{b}_{\perp c})\times\vec{c}=\vec{a}_{\perp c}\times\vec{c}+\vec{b}_{\perp c}\times\vec{c}$$

且因此根据式（1－6）有

$$(\vec{a}+\vec{b})\times\vec{c}=\vec{a}\times\vec{c}+\vec{b}\times\vec{c} \tag{1-7}$$

这就是我们想要表达的分配律。最后，如下结论同样来源于定义

$$\vec{a}\times\vec{a}=\vec{0} \tag{1-8}$$

$$(a\vec{b})\times\vec{c}=a(\vec{b}\times\vec{c}) \tag{1-9}$$

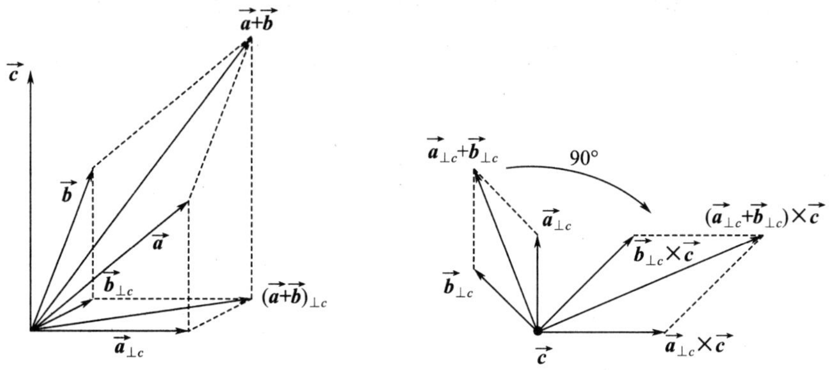

图 1-6　矢量积的分配律

1.1.3　其他有用的矢量恒等式

其他有用的一些矢量恒等式是

$$\vec{a}\times(\vec{b}\times\vec{c})=(\vec{a}\cdot\vec{c})\vec{b}-(\vec{a}\cdot\vec{b})\vec{c}$$

$$\vec{a}\cdot(\vec{b}\times\vec{c})=\vec{b}\cdot(\vec{c}\times\vec{a})=\vec{c}\cdot(\vec{a}\times\vec{b})$$

$$\vec{a}\times(\vec{b}\times\vec{c})+\vec{b}\times(\vec{c}\times\vec{a})+\vec{c}\times(\vec{a}\times\vec{b})=\vec{0}$$

$$(\vec{a}\times\vec{b})\cdot(\vec{c}\times\vec{d})=(\vec{a}\cdot\vec{c})(\vec{b}\cdot\vec{d})-(\vec{a}\cdot\vec{d})(\vec{b}\cdot\vec{c})$$

注意，标量积和矢量积的定义及上述所有相关恒等式和性质独立于坐标系。

1.2　参考系和物理矢量坐标

至此我们只考虑了物理矢量，而未提及任何参考系。出于计算的目的，我们需要介绍参考系的概念。参考系对于描绘物体的定向同样十分必要，且其有助于搭建运动学和动力学的框架。

为了确定参考系（称参考系“1”，我们将会使用标识 $\mathcal{F}_1$），习惯上定义 3 个互相垂直的单位长度（单位为 1 的长度）物理矢量，将其分别记作 $\vec{x}_1$、$\vec{y}_1$ 和 $\vec{z}_1$，分别对应笛卡儿三维坐标系的 x、y、z 轴。之后这 3 个矢量又可以确定参考系。如图 1-7 所示，根据右手定则来选择单位矢量。在右手定则条件下，单位矢量满足

$$\vec{x}_1\times\vec{y}_1=\vec{z}_1$$

$$\vec{y}_1\times\vec{z}_1=\vec{x}_1$$

$$\vec{z}_1\times\vec{x}_1=\vec{y}_1$$

由于它们都是垂直的，所以也满足

$$\vec{x}_1\cdot\vec{x}_1=\vec{y}_1\cdot\vec{y}_1=\vec{z}_1\cdot\vec{z}_1=1 \qquad (1-10)$$

$$\vec{x}_1\cdot\vec{y}_1=\vec{x}_1\cdot\vec{z}_1=\vec{y}_1\cdot\vec{z}_1=0$$

现在，由于 3 个单位矢量形成了物理三维空间的基础，任何物理矢量 $\vec{r}$ 都可以写作单

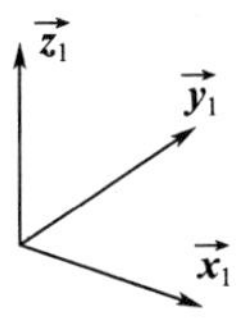

图 1-7　参考系的基本矢量

位矢量的线性组合，即

$$\vec{r}=r_{x,1}\vec{x}_1+r_{y,1}\vec{y}_1+r_{z,1}\vec{z}_1=[\vec{x}_1\quad\vec{y}_1\quad\vec{z}_1]\begin{bmatrix}r_{x,1}\\r_{y,1}\\r_{z,1}\end{bmatrix}=\vec{\mathcal{F}}_1^{\mathrm{T}}\boldsymbol{r}_1 \tag{1-11}$$

其中

$$\boldsymbol{r}_1=\begin{bmatrix}r_{x,1}\\r_{y,1}\\r_{z,1}\end{bmatrix} \tag{1-12}$$

$\boldsymbol{r}_1$ 为参考系 $\mathcal{F}_1$ 中物理矢量 $\vec{r}$ 的列矩阵，且

$$\vec{\mathcal{F}}_1=\begin{bmatrix}\vec{x}_1\\\vec{y}_1\\\vec{z}_1\end{bmatrix} \tag{1-13}$$

$\vec{\mathcal{F}}$ 为包含定义参考系 $\mathcal{F}_1$ 的单位物理矢量的列矩阵。我们应当将 $\vec{\mathcal{F}}_1$ 作为矢阵（即物理矢量的矩阵）。

为了确定矢量 $\vec{r}$ 在参考系 $\mathcal{F}_1$ 中的坐标，我们通过每个单位矢量求解式（1-11）中物理矢量的标量积。例如

$$\begin{aligned}\vec{r}\cdot\vec{x}_1&=(r_{x,1}\vec{x}_1+r_{y,1}\vec{y}_1+r_{z,1}\vec{z}_1)\cdot\vec{x}_1\\&=r_{x,1}\vec{x}_1\cdot\vec{x}_1+r_{y,1}\vec{y}_1\cdot\vec{x}_1+r_{z,1}\vec{z}_1\cdot\vec{x}_1\\&=r_{x,1}\end{aligned}$$

此处，我们已经使用了物理矢量标量积的特性式（1-1）和式（1-4）。事实上，这些特性允许我们以和标量乘法一样的方式运算物理矢量的标量积。我们可以利用这一事实通过矢阵（1-13）和矢量（1-11）的标量积来简洁明快地确定 $\boldsymbol{r}_1$

$$\begin{aligned}\vec{\mathcal{F}}_1\cdot\vec{r}=\vec{\mathcal{F}}_1\cdot(\vec{\mathcal{F}}_1^{\mathrm{T}}\boldsymbol{r}_1)&=\left(\begin{bmatrix}\vec{x}_1\\\vec{y}_1\\\vec{z}_1\end{bmatrix}\cdot[\vec{x}_1\quad\vec{y}_1\quad\vec{z}_1]\right)\boldsymbol{r}_1\\&=\begin{bmatrix}\vec{x}_1\cdot\vec{x}_1&\vec{x}_1\cdot\vec{y}_1&\vec{x}_1\cdot\vec{z}_1\\\vec{x}_1\cdot\vec{y}_1&\vec{y}_1\cdot\vec{y}_1&\vec{y}_1\cdot\vec{z}_1\\\vec{x}_1\cdot\vec{z}_1&\vec{y}_1\cdot\vec{z}_1&\vec{z}_1\cdot\vec{z}_1\end{bmatrix}\boldsymbol{r}_1\\&=\begin{bmatrix}1&0&0\\0&1&0\\0&0&1\end{bmatrix}\boldsymbol{r}_1\end{aligned}$$

注意，特性式（1-1）和式（1-4）允许我们用与标量乘积一样的方法来计算标量积，且可以应用矩阵乘法结合律。最终得到

$$r_{x,1} = \vec{r} \cdot \vec{x}_1$$
$$r_{y,1} = \vec{r} \cdot \vec{y}_1$$
$$r_{z,1} = \vec{r} \cdot \vec{z}_1$$

1.2.1 矢量加法与标量乘积

现在可以确定如何根据给出参考系中矢量的坐标进行矢量加法与标量乘积操作。为此，假设两个在同一个参考系 $\mathcal{F}_1$ 中的物理矢量 $\vec{a}$ 和 $\vec{b}$，以及标量 c

$$\vec{a} = [\vec{x}_1 \quad \vec{y}_1 \quad \vec{z}_1]\begin{bmatrix} a_{x,1} \\ a_{y,1} \\ a_{z,1} \end{bmatrix} = \vec{\mathcal{F}}_1^{\mathrm{T}} \boldsymbol{a},\ \vec{b} = [\vec{x}_1 \quad \vec{y}_1 \quad \vec{z}_1]\begin{bmatrix} b_{x,1} \\ b_{y,1} \\ b_{z,1} \end{bmatrix} = \vec{\mathcal{F}}_1^{\mathrm{T}} \boldsymbol{b}$$

显而易见，根据物理矢量加法和标量乘积规则

$$\vec{a} + \vec{b} = [\vec{x}_1 \quad \vec{y}_1 \quad \vec{z}_1]\begin{bmatrix} a_{x,1} + b_{x,1} \\ a_{y,1} + b_{y,1} \\ a_{z,1} + b_{z,1} \end{bmatrix} = \vec{\mathcal{F}}_1^{\mathrm{T}}(\boldsymbol{a} + \boldsymbol{b})$$

且

$$c\vec{a} = [\vec{x}_1 \quad \vec{y}_1 \quad \vec{z}_1]\begin{bmatrix} ca_{x,1} \\ ca_{y,1} \\ ca_{z,1} \end{bmatrix} = \vec{\mathcal{F}}_1^{\mathrm{T}}(c\boldsymbol{a})$$

即矢量加法与标量乘积操作可以直接应用于矢量的坐标。

1.2.2 标量积

现在，检测如何根据给出参考系中的矢量坐标计算标量积。为此，规定在同一参考系 $\mathcal{F}_1$ 中表达的两个物理矢量 $\vec{a}$ 和 $\vec{b}$

$$\vec{a} = [\vec{x}_1 \quad \vec{y}_1 \quad \vec{z}_1]\begin{bmatrix} a_{x,1} \\ a_{y,1} \\ a_{z,1} \end{bmatrix}$$

$$\vec{b} = [\vec{x}_1 \quad \vec{y}_1 \quad \vec{z}_1]\begin{bmatrix} b_{x,1} \\ b_{y,1} \\ b_{z,1} \end{bmatrix}$$

现在给出标量积

$$\vec{a}\cdot\vec{b}=\begin{bmatrix}a_{x,1} & a_{y,1} & a_{z,1}\end{bmatrix}\begin{bmatrix}\vec{x}_1\\ \vec{y}_1\\ \vec{z}_1\end{bmatrix}\cdot\begin{bmatrix}\vec{x}_1 & \vec{y}_1 & \vec{z}_1\end{bmatrix}\begin{bmatrix}b_{x,1}\\ b_{y,1}\\ b_{z,1}\end{bmatrix}$$

$$=\begin{bmatrix}a_{x,1} & a_{y,1} & a_{z,1}\end{bmatrix}\begin{bmatrix}\vec{x}_1\cdot\vec{x}_1 & \vec{x}_1\cdot\vec{y}_1 & \vec{x}_1\cdot\vec{z}_1\\ \vec{x}_1\cdot\vec{y}_1 & \vec{y}_1\cdot\vec{y}_1 & \vec{y}_1\cdot\vec{z}_1\\ \vec{x}_1\cdot\vec{z}_1 & \vec{y}_1\cdot\vec{z}_1 & \vec{z}_1\cdot\vec{z}_1\end{bmatrix}\begin{bmatrix}b_{x,1}\\ b_{y,1}\\ b_{z,1}\end{bmatrix}$$

$$=\begin{bmatrix}a_{x,1} & a_{y,1} & a_{z,1}\end{bmatrix}\begin{bmatrix}1 & 0 & 0\\ 0 & 1 & 0\\ 0 & 0 & 1\end{bmatrix}\begin{bmatrix}b_{x,1}\\ b_{y,1}\\ b_{z,1}\end{bmatrix}$$

$$=\boldsymbol{a}_1^{\mathrm{T}}\boldsymbol{b}_1$$

再一次地，特性式（1－1）和式（1－4）允许我们用与标量乘积一样的方法来计算标量积，并通过前面用过的结合律计算矩阵乘法。运用式（1－2），我们可以将物理矢量的长度与其用坐标表示的长度相关联，即

$$\|\boldsymbol{a}_1\|=\sqrt{\boldsymbol{a}_1^{\mathrm{T}}\boldsymbol{a}_1}=|\vec{a}|$$

此处 $\|\boldsymbol{a}_1\|$ 是列矩阵的标准欧几里得长度。

1.2.3　矢量积

同样可以根据给定参考系中的坐标计算两个矢量积。再次考虑 1.2.2 节中两个矢量。由于矢量积满足式（1－7）的分配律和标量相乘特性，以及式（1－9）的矢量标量积特性［与式（1－1）和式（1－4）相比较］，我们可以通过采用与 1.2.2 节中确定标量积相同的方法，根据坐标确定矢量积（假若我们遵从每个独立矢量积求解的顺序）。我们得到

$$\vec{a}\times\vec{b}=\begin{bmatrix}a_{x,1} & a_{y,1} & a_{z,1}\end{bmatrix}\begin{bmatrix}\vec{x}_1\\ \vec{y}_1\\ \vec{z}_1\end{bmatrix}\times\begin{bmatrix}\vec{x}_1 & \vec{y}_1 & \vec{z}_1\end{bmatrix}\begin{bmatrix}b_{x,1}\\ b_{y,1}\\ b_{z,1}\end{bmatrix}$$

$$=\begin{bmatrix}a_{x,1} & a_{y,1} & a_{z,1}\end{bmatrix}\begin{bmatrix}\vec{x}_1\times\vec{x}_1 & \vec{x}_1\times\vec{y}_1 & \vec{x}_1\times\vec{z}_1\\ \vec{y}_1\times\vec{x}_1 & \vec{y}_1\times\vec{y}_1 & \vec{y}_1\times\vec{z}_1\\ \vec{z}_1\times\vec{x}_1 & \vec{z}_1\times\vec{y}_1 & \vec{z}_1\times\vec{z}_1\end{bmatrix}\begin{bmatrix}b_{x,1}\\ b_{y,1}\\ b_{z,1}\end{bmatrix}$$

$$=\begin{bmatrix}a_{x,1} & a_{y,1} & a_{z,1}\end{bmatrix}\begin{bmatrix}\vec{\mathbf{0}} & \vec{z}_1 & -\vec{y}_1\\ -\vec{z}_1 & \vec{\mathbf{0}} & \vec{x}_1\\ \vec{y}_1 & -\vec{x}_1 & \vec{\mathbf{0}}\end{bmatrix}\begin{bmatrix}b_{x,1}\\ b_{y,1}\\ b_{z,1}\end{bmatrix}$$

$$=\begin{bmatrix}\vec{x}_1 & \vec{y}_1 & \vec{z}_1\end{bmatrix}\begin{bmatrix}0 & -a_{z,1} & a_{y,1}\\ a_{z,1} & 0 & -a_{x,1}\\ -a_{y,1} & a_{x,1} & 0\end{bmatrix}\begin{bmatrix}b_{x,1}\\ b_{y,1}\\ b_{z,1}\end{bmatrix}$$

$$=\vec{\mathcal{F}}_1^{\mathrm{T}}\boldsymbol{a}_1^{\times}\boldsymbol{b}_1$$

其中 3×3 矩阵

$$\boldsymbol{a}_1^{\times} \triangleq \begin{bmatrix} 0 & -a_{z,1} & a_{y,1} \\ a_{z,1} & 0 & -a_{x,1} \\ -a_{y,1} & a_{x,1} & 0 \end{bmatrix}$$

是 $\mathcal{F}_1$ 坐标参考系中对应矢量 $\vec{\boldsymbol{a}}$ 的叉积算子矩阵。

1.2.4 列矩阵特性

1.1.2 节和 1.1.3 节中所表达的矢量特性都可以用列矩阵形式改写。为此，我们规定 4 个物理矢量 $\vec{\boldsymbol{a}}$ 、$\vec{\boldsymbol{b}}$ 、$\vec{\boldsymbol{c}}$ 和 $\vec{\boldsymbol{d}}$ 表达于同一参考系 $\mathcal{F}$ 中，相应的坐标分别为 $\boldsymbol{a}$ 、$\boldsymbol{b}$、$\boldsymbol{c}$ 和 $\boldsymbol{d}$。运用上述计算标量积和矢量积的结论，接下来的列矩阵等式可以自动导出

$$\boldsymbol{a}^{\times}\boldsymbol{a} = \boldsymbol{0}$$

$$\boldsymbol{a}^{\times}\boldsymbol{b} = -\boldsymbol{b}^{\times}\boldsymbol{a}$$

$$\boldsymbol{a}^{\times}\boldsymbol{b}^{\times}\boldsymbol{c} = (\boldsymbol{a}^{\mathrm{T}}\boldsymbol{c})\boldsymbol{b} - (\boldsymbol{a}^{\mathrm{T}}\boldsymbol{b})\boldsymbol{c}$$

$$\boldsymbol{a}^{\mathrm{T}}\boldsymbol{b}^{\times}\boldsymbol{c} = \boldsymbol{b}^{\mathrm{T}}\boldsymbol{c}^{\times}\boldsymbol{a} = \boldsymbol{c}^{\mathrm{T}}\boldsymbol{a}^{\times}\boldsymbol{b}$$

$$\boldsymbol{a}^{\times}\boldsymbol{b}^{\times}\boldsymbol{c} + \boldsymbol{b}^{\times}\boldsymbol{c}^{\times}\boldsymbol{a} + \boldsymbol{c}^{\times}\boldsymbol{a}^{\times}\boldsymbol{b} = \boldsymbol{0}$$

$$(\boldsymbol{a}^{\times}\boldsymbol{b})^{\mathrm{T}}(\boldsymbol{c}^{\times}\boldsymbol{d}) = (\boldsymbol{a}^{\mathrm{T}}\boldsymbol{c})(\boldsymbol{b}^{\mathrm{T}}\boldsymbol{d}) - (\boldsymbol{a}^{\mathrm{T}}\boldsymbol{d})(\boldsymbol{b}^{\mathrm{T}}\boldsymbol{c})$$

第 3 个特性可以推演出非常有用的结论。即

$$\boldsymbol{a}^{\times}\boldsymbol{b}^{\times}\boldsymbol{c} = (\boldsymbol{a}^{\mathrm{T}}\boldsymbol{c})\boldsymbol{b} - (\boldsymbol{a}^{\mathrm{T}}\boldsymbol{b})\boldsymbol{c} = [\boldsymbol{b}\boldsymbol{a}^{\mathrm{T}} - (\boldsymbol{a}^{\mathrm{T}}\boldsymbol{b})\boldsymbol{1}]\boldsymbol{c}$$

此处我们用 **1** 来代表单位矩阵。由于上述结论必须适用于任何列矩阵 $\boldsymbol{c} \in \mathbf{R}^3$，因此我们必然得到

$$\boldsymbol{a}^{\times}\boldsymbol{b}^{\times} = \boldsymbol{b}\boldsymbol{a}^{\mathrm{T}} - (\boldsymbol{a}^{\mathrm{T}}\boldsymbol{b})\boldsymbol{1} \tag{1-14}$$

1.3 旋转矩阵

航天器运动问题通常包含几种参考系的使用。举例来说，想要描述航天器相对地球的定向，就需要在地球固定一个参考系（称作 $\mathcal{F}_1$），另一个参考系（称作 $\mathcal{F}_2$）则固定于航天器本身。航天器相对地球的定向可以通过参考系 $\mathcal{F}_2$ 关于 $\mathcal{F}_1$ 的定向进行描述。在航天器术语中，我们将这种定向称为姿态。

由于会使用到复合型的参考系，因此有必要了解以下内容：

1）描述一个参考系关于另一个参考系的定向。

2）矢量坐标从一个参考系到另一个参考系的转换。

正如我们所见，上述两项直接相关。现在规定两个参考系，由单位矢量 $\vec{\boldsymbol{x}}_1$、$\vec{\boldsymbol{y}}_1$ 和 $\vec{\boldsymbol{z}}_1$ 确定的 $\mathcal{F}_1$，以及由单位矢量 $\vec{\boldsymbol{x}}_2$、$\vec{\boldsymbol{y}}_2$ 和 $\vec{\boldsymbol{z}}_2$ 确定的 $\mathcal{F}_2$。规定任意的矢量 $\vec{\boldsymbol{r}}$ ，如图 1－8 所示。现在将矢量 $\vec{\boldsymbol{r}}$ 分别放在每一个坐标系中表示为

$$\vec{\boldsymbol{r}} = \vec{\mathcal{F}}_1^{\mathrm{T}}\boldsymbol{r}_1 = \vec{\mathcal{F}}_2^{\mathrm{T}}\boldsymbol{r}_2$$

正如之前说过的，列矩阵 $\boldsymbol{r}_1$ 和 $\boldsymbol{r}_2$ 包含矢量 $\vec{\boldsymbol{r}}$ 的坐标，分别位于参考系 $\mathcal{F}_1$ 和 $\mathcal{F}_2$ 中。为了描述上述第 1 点，可以找出确定参考系 $\mathcal{F}_1$ 的单位矢量在参考系 $\mathcal{F}_2$ 中的坐标。如前所述，

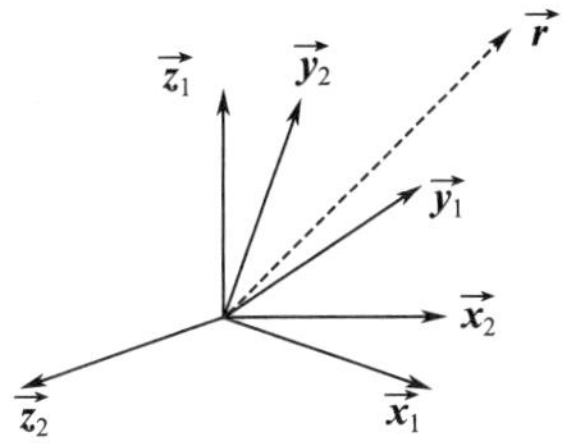

图 1－8　复合参考系

我们可以这样写

$$\vec{x}_1=\vec{\mathcal{F}}_2^{\mathrm{T}}\boldsymbol{x}_{1,2},\vec{y}_1=\vec{\mathcal{F}}_2^{\mathrm{T}}\boldsymbol{y}_{1,2},\vec{z}_1=\vec{\mathcal{F}}_2^{\mathrm{T}}\boldsymbol{z}_{1,2}$$

其中

$$\boldsymbol{x}_{1,2}=\begin{bmatrix}\vec{x}_1\cdot\vec{x}_2\\\vec{x}_1\cdot\vec{y}_2\\\vec{x}_1\cdot\vec{z}_2\end{bmatrix},\boldsymbol{y}_{1,2}=\begin{bmatrix}\vec{y}_1\cdot\vec{x}_2\\\vec{y}_1\cdot\vec{y}_2\\\vec{y}_1\cdot\vec{z}_2\end{bmatrix},\boldsymbol{z}_{1,2}=\begin{bmatrix}\vec{z}_1\cdot\vec{x}_2\\\vec{z}_1\cdot\vec{y}_2\\\vec{z}_1\cdot\vec{z}_2\end{bmatrix}\qquad(1-15)$$

为了描述上述第 2 点，我们现在得到 $\vec{r}$ 的不同参考系中的坐标关系如下

$$\vec{\mathcal{F}}_2^{\mathrm{T}}\boldsymbol{r}_2=\vec{\mathcal{F}}_1^{\mathrm{T}}\boldsymbol{r}_1\Rightarrow\vec{\mathcal{F}}_2\cdot\vec{\mathcal{F}}_2^{\mathrm{T}}\boldsymbol{r}_2=\vec{\mathcal{F}}_2\cdot\vec{\mathcal{F}}_1^{\mathrm{T}}\boldsymbol{r}_1\Rightarrow\boldsymbol{r}_2=\boldsymbol{C}_{21}\boldsymbol{r}_1\qquad(1-16)$$

其中

$$\begin{aligned}\boldsymbol{C}_{21}&=\vec{\mathcal{F}}_2\cdot\vec{\mathcal{F}}_1^{\mathrm{T}}\\&=\begin{bmatrix}\vec{x}_2\\\vec{y}_2\\\vec{z}_2\end{bmatrix}\cdot\begin{bmatrix}\vec{x}_1&\vec{y}_1&\vec{z}_1\end{bmatrix}\\&=\begin{bmatrix}\vec{x}_2\cdot\vec{x}_1&\vec{x}_2\cdot\vec{y}_1&\vec{x}_2\cdot\vec{z}_1\\\vec{y}_2\cdot\vec{x}_1&\vec{y}_2\cdot\vec{y}_1&\vec{y}_2\cdot\vec{z}_1\\\vec{z}_2\cdot\vec{x}_1&\vec{z}_2\cdot\vec{y}_1&\vec{z}_2\cdot\vec{z}_1\end{bmatrix}\end{aligned}\qquad(1-17)$$

矩阵 $\boldsymbol{C}_{21}$ 被称作旋转矩阵。由于每一个元素都是两个单位矢量的标量积，且存在这两个矢量之间夹角的余弦（根据标量积的定义），所以有时它也被称作“方向余弦矩阵”。对比式（1－15）与式（1－17）中的矩阵 $\boldsymbol{C}_{21}$ ，可以看出矩阵 $\boldsymbol{C}_{21}$ 的列就是 $\mathcal{F}_2$ 中表达的、定义了 $\mathcal{F}_1$ 的单位矢量。即

$$\boldsymbol{C}_{21}=\begin{bmatrix}\boldsymbol{x}_{1,2}&\boldsymbol{y}_{1,2}&\boldsymbol{z}_{1,2}\end{bmatrix}\qquad(1-18)$$

因此旋转矩阵 $\boldsymbol{C}_{21}$ 包含了描述第 1 点和第 2 点需要的全部信息。特别地，旋转矩阵完整地描述了 $\mathcal{F}_2$ 相对 $\mathcal{F}_1$ 的姿态。

旋转矩阵有一系列特殊的性质。首先，根据方程（1－18），旋转矩阵是可逆的，因为它的列是互相垂直的单位矢量的坐标。另外，运用式（1－10）中单位矢量之间的关系，我们得出

$$\boldsymbol{C}_{21}^{\mathrm{T}}\boldsymbol{C}_{21}=\begin{bmatrix}\boldsymbol{x}_{1,2}^{\mathrm{T}}\\ \boldsymbol{y}_{1,2}^{\mathrm{T}}\\ \boldsymbol{z}_{1,2}^{\mathrm{T}}\end{bmatrix}\begin{bmatrix}\boldsymbol{x}_{1,2} & \boldsymbol{y}_{1,2} & \boldsymbol{z}_{1,2}\end{bmatrix}$$

$$=\begin{bmatrix}\boldsymbol{x}_{1,2}^{\mathrm{T}}\boldsymbol{x}_{1,2} & \boldsymbol{x}_{1,2}^{\mathrm{T}}\boldsymbol{y}_{1,2} & \boldsymbol{x}_{1,2}^{\mathrm{T}}\boldsymbol{z}_{1,2}\\ \boldsymbol{y}_{1,2}^{\mathrm{T}}\boldsymbol{x}_{1,2} & \boldsymbol{y}_{1,2}^{\mathrm{T}}\boldsymbol{y}_{1,2} & \boldsymbol{y}_{1,2}^{\mathrm{T}}\boldsymbol{z}_{1,2}\\ \boldsymbol{z}_{1,2}^{\mathrm{T}}\boldsymbol{x}_{1,2} & \boldsymbol{z}_{1,2}^{\mathrm{T}}\boldsymbol{y}_{1,2} & \boldsymbol{z}_{1,2}^{\mathrm{T}}\boldsymbol{z}_{1,2}\end{bmatrix}$$

$$=\begin{bmatrix}1 & 0 & 0\\ 0 & 1 & 0\\ 0 & 0 & 1\end{bmatrix}$$

$$=\mathbf{1}$$

这就说明 $\boldsymbol{C}_{21}^{-1}=\boldsymbol{C}_{21}^{\mathrm{T}}$ ，且因为其逆矩阵与转置矩阵相等，所以旋转矩阵是标准正交矩阵。根据这一结论，将方程（1－16）中的坐标反变换得到

$$\boldsymbol{r}_1=\boldsymbol{C}_{21}^{\mathrm{T}}\boldsymbol{r}_2=\boldsymbol{C}_{12}\boldsymbol{r}_2$$

即 $\boldsymbol{C}_{12}=\boldsymbol{C}_{21}^{\mathrm{T}}$。

现在规定 3 个参考系 $\mathcal{F}_1$、$\mathcal{F}_2$ 和 $\mathcal{F}_3$。矢量 $\vec{r}$ 给出为

$$\vec{r}=\vec{\mathcal{F}}_1^{\mathrm{T}}\boldsymbol{r}_1=\vec{\mathcal{F}}_2^{\mathrm{T}}\boldsymbol{r}_2=\vec{\mathcal{F}}_3^{\mathrm{T}}\boldsymbol{r}_3$$

根据迄今为止得出的结论，有如下转换

$$\boldsymbol{r}_3=\boldsymbol{C}_{31}\boldsymbol{r}_1$$

且

$$\boldsymbol{r}_3=\boldsymbol{C}_{32}\boldsymbol{r}_2=\boldsymbol{C}_{32}\boldsymbol{C}_{21}\boldsymbol{r}_1$$

将这两个结论结合起来得到（由于它们必须适用于任何列矩阵 $\boldsymbol{r}_1$）

$$\boldsymbol{C}_{31}=\boldsymbol{C}_{32}\boldsymbol{C}_{21} \tag{1-19}$$

即旋转矩阵的积同样是旋转矩阵，且可以通过旋转矩阵按照旋转的倒序（从右到左）以相乘的方式将连续的旋转结合在一起。

当规定两个矢量的矢量积时会出现重要的关系，这些关系在不同的参考系中分别表达。规定矢量 $\vec{a}=\vec{\mathcal{F}}_1^{\mathrm{T}}\boldsymbol{a}_1=\vec{\mathcal{F}}_2^{\mathrm{T}}\boldsymbol{a}_2$ 和 $\vec{b}=\vec{\mathcal{F}}_1^{\mathrm{T}}\boldsymbol{b}_1=\mathcal{F}_2^{\mathrm{T}}\boldsymbol{b}_2$。我们已有 $\boldsymbol{a}_2=\boldsymbol{C}_{21}\boldsymbol{a}_1$ 和 $\boldsymbol{b}_2=\boldsymbol{C}_{21}\boldsymbol{b}_1$ 的关系。现在检测两个矢量的矢量积。我们得到

$$\vec{a}\times\vec{b}=\vec{\mathcal{F}}_2^{\mathrm{T}}\boldsymbol{a}_2^{\times}\boldsymbol{b}_2=\vec{\mathcal{F}}_1^{\mathrm{T}}\boldsymbol{a}_1^{\times}\boldsymbol{b}_1=\vec{\mathcal{F}}_2^{\mathrm{T}}\boldsymbol{C}_{21}\boldsymbol{a}_1^{\times}\boldsymbol{b}_1=\vec{\mathcal{F}}_2^{\mathrm{T}}\boldsymbol{C}_{21}\boldsymbol{a}_1^{\times}\boldsymbol{C}_{21}^{\mathrm{T}}\boldsymbol{b}_2$$

据此，我们得到

$$\boldsymbol{a}_2^{\times}\boldsymbol{b}_2=\boldsymbol{C}_{21}\boldsymbol{a}_1^{\times}\boldsymbol{C}_{21}^{\mathrm{T}}\boldsymbol{b}_2$$

由于它必须适用于任何 $\boldsymbol{b}_2\in\mathbf{R}^3$，我们得到

$$\boldsymbol{a}_2^{\times}=\boldsymbol{C}_{21}\boldsymbol{a}_1^{\times}\boldsymbol{C}_{21}^{\mathrm{T}} \tag{1-20}$$

最终，由于 $\boldsymbol{a}_2=\boldsymbol{C}_{21}\boldsymbol{a}_1$，我们得出结论

$$(\boldsymbol{C}_{21}\boldsymbol{a}_1)^{\times}=\boldsymbol{C}_{21}\boldsymbol{a}_1^{\times}\boldsymbol{C}_{21}^{\mathrm{T}} \tag{1-21}$$

1.3.1 主轴旋转

在旋转问题中有一个非常重要的分类就是关于其中一条坐标轴，如图 1－9 所示。但

通过有关 z 轴的旋转从参考系 $\mathcal{F}_1$ 得到参考系 $\mathcal{F}_2$ 时，相关的旋转矩阵为

$$\boldsymbol{C}_z(\theta_z)=\begin{bmatrix}\cos\theta_z & \sin\theta_z & 0\\ -\sin\theta_z & \cos\theta_z & 0\\ 0 & 0 & 1\end{bmatrix}$$

此处脚注“ z ”代替了脚注“21”，用来强调所发生的旋转运动是关于 z 轴的。

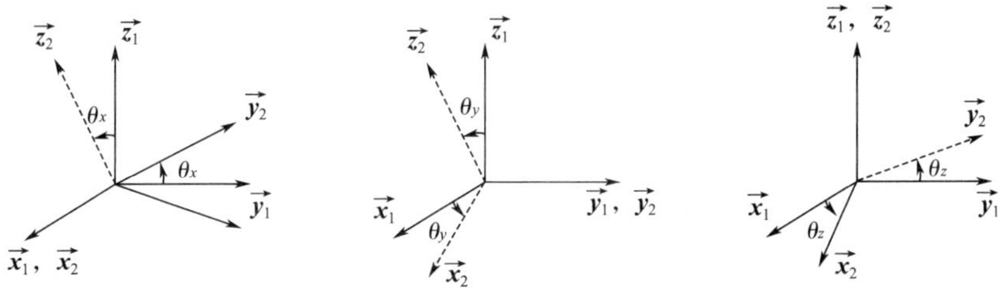

图 1－9　主轴旋转

对于关于 y 轴的旋转

$$\boldsymbol{C}_y(\theta_y)=\begin{bmatrix}\cos\theta_y & 0 & -\sin\theta_y\\ 0 & 1 & 0\\ \sin\theta_y & 0 & \cos\theta_y\end{bmatrix}$$

对于关于 x 轴的旋转

$$\boldsymbol{C}_x(\theta_x)=\begin{bmatrix}1 & 0 & 0\\ 0 & \cos\theta_x & \sin\theta_x\\ 0 & -\sin\theta_x & \cos\theta_x\end{bmatrix}$$

1.3.2　广义旋转

谈到这一点，我们已经给出在参考系（1－17）之间转换的定义，但我们还没有论证为何它被称作旋转矩阵。答案就是欧拉定理，包含在伦哈德·欧拉 1775 年的理论体系内。

如图 1－10 所示，欧拉定理说的是已知两个参考系 $\mathcal{F}_1$ 和 $\mathcal{F}_2$，参考系 $\mathcal{F}_2$ 可以通过 $\mathcal{F}_1$ 相对的某个单位矢量的单一旋转得出，记作 $\vec{a}=\vec{\mathcal{F}}_1^{\mathrm{T}}\boldsymbol{a}$。规定旋转矩阵 $\boldsymbol{C}_{12}$ 将参考系 $\mathcal{F}_2$ 中矢量的坐标转换至参考系 $\mathcal{F}_1$ 中。可见旋转矩阵为

$$\boldsymbol{C}_{12}=[\boldsymbol{x}_{2,1}\quad \boldsymbol{y}_{2,1}\quad \boldsymbol{z}_{2,1}] \tag{1-22}$$

此处 $\boldsymbol{x}_{2,1}$ 、$\boldsymbol{y}_{2,1}$ 和 $\boldsymbol{z}_{2,1}$ 是确定 $\mathcal{F}_2$ 的基础矢量在 $\mathcal{F}_1$ 中的坐标，即

$$\vec{x}_2=\vec{\mathcal{F}}_1^{\mathrm{T}}\boldsymbol{x}_{2,1},\ \vec{y}_2=\vec{\mathcal{F}}_1^{\mathrm{T}}\boldsymbol{y}_{2,1},\ \vec{z}_2=\vec{\mathcal{F}}_1^{\mathrm{T}}\boldsymbol{z}_{2,1}$$

首先，注意 $\boldsymbol{C}_{12}$ 的行列式为

$$\det\boldsymbol{C}_{12}=\boldsymbol{x}_{2,1}^{\mathrm{T}}\boldsymbol{y}_{2,1}^{\times}\boldsymbol{z}_{2,1}$$

这可以很容易地用行列式的扩展进行验证。由于 $\mathcal{F}_1$ 是右旋参考系，这意味着

$$\det\boldsymbol{C}_{12}=\vec{x}_2\cdot(\vec{y}_2\times\vec{z}_2)$$

由于 $\mathcal{F}_2$ 是右旋参考系，我们得到 $\vec{x}_2=\vec{y}_2\times\vec{z}_2$，因此

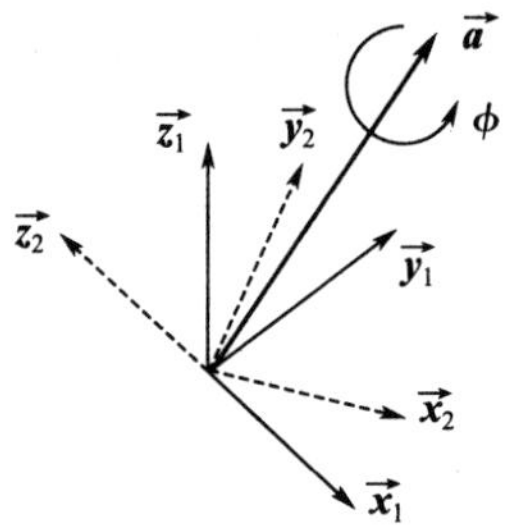

图 1-10　广义旋转

$$\det\boldsymbol{C}_{12}=1 \tag{1-23}$$

因此，旋转矩阵是 3×3 的标准正交矩阵，且其行列式等于+1。接下来，我们阐释+1 表示旋转矩阵的特征值，运用如下的矩阵特性。

1）正方形矩阵的行列式与其转置矩阵的行列式相同

$$\det\boldsymbol{A}=\det\boldsymbol{A}^{\mathrm{T}}$$

2）正方形矩阵乘积的行列式与各自行列式乘积相等

$$\det\boldsymbol{AB}=\det\boldsymbol{A}\det\boldsymbol{B}$$

3）给出一个 $n\times n$ 的矩阵 $\boldsymbol{A}$ 和标量 a

$$\det[a\boldsymbol{A}]=a^{n}\det\boldsymbol{A}$$

现在我们阐释+1 是旋转矩阵 $\boldsymbol{C}_{12}$ 的特征值。规定行列式 $\boldsymbol{C}_{12}-\boldsymbol{1}$，此处 $\boldsymbol{1}$ 是3×3 的单位矩阵。然后，由于 $\det\boldsymbol{C}_{12}=1$，通过上述特性 1)，我们有

$$\det[\boldsymbol{C}_{12}-\boldsymbol{1}]=\det\boldsymbol{C}_{12}^{\mathrm{T}}\det[\boldsymbol{C}_{12}-\boldsymbol{1}]$$

通过特性 2）和 $\boldsymbol{C}_{12}$ 的正交性，这就变成

$$\begin{aligned}\det[\boldsymbol{C}_{12}-\boldsymbol{1}]&=\det[\boldsymbol{C}_{12}^{\mathrm{T}}(\boldsymbol{C}_{12}-\boldsymbol{1})]\\&=\det[\boldsymbol{1}-\boldsymbol{C}_{12}^{\mathrm{T}}]\end{aligned}$$

通过特性 1）和特性 3)，这就变成

$$\begin{aligned}\det[\boldsymbol{C}_{12}-\boldsymbol{1}]&=\det[\boldsymbol{1}-\boldsymbol{C}_{12}]\\&=(-1)^{3}\det[\boldsymbol{C}_{12}-\boldsymbol{1}]\end{aligned}$$

使最后一个等式成立的唯一方式就是当

$$\det[\boldsymbol{C}_{12}-\boldsymbol{1}]=0$$

时，表明+1 确实是 $\boldsymbol{C}_{12}$ 的特征值。

现在，令 $\boldsymbol{a}$ 为 $\boldsymbol{C}_{12}$ 的单位特征矢量，对应特征值+1。然后，我们有

$$\boldsymbol{C}_{12}\boldsymbol{a}=\boldsymbol{a}$$

且旋转矩阵 $\boldsymbol{C}_{12}$ 使得单位特征矢量 $\boldsymbol{a}$ 保持不变。现在，我们确定单位物理矢量 $\vec{a}=\vec{\mathcal{F}}_1^{\mathrm{T}}\boldsymbol{a}$。选择另一个单位矢量 $\vec{b}=\vec{\mathcal{F}}_1^{\mathrm{T}}\boldsymbol{b}$ 垂直于 $\vec{a}$，即 $\boldsymbol{b}^{\mathrm{T}}\boldsymbol{b}=1$ 且 $\boldsymbol{a}^{\mathrm{T}}\boldsymbol{b}=0$。通过旋转矩阵转换矢量 $\vec{b}$ 的坐标产生新的矢量为

$$\vec{b}'=\vec{\mathcal{F}}_1^{\mathrm{T}}\boldsymbol{C}_{12}\boldsymbol{b}$$

我们马上就能看见

$$|\vec{b}'|=[(\boldsymbol{C}_{12}\boldsymbol{b})^{\mathrm{T}}\boldsymbol{C}_{12}\boldsymbol{b}]^{\frac{1}{2}}=1$$

且

$$\begin{aligned}\vec{a}\cdot\vec{b}'&=\boldsymbol{a}^{\mathrm{T}}\boldsymbol{C}_{12}\boldsymbol{b}\\&=(\boldsymbol{C}_{12}\boldsymbol{a})^{\mathrm{T}}\boldsymbol{C}_{12}\boldsymbol{b}\\&=0\end{aligned}$$

因此，如图 1－11 所示，转换过的矢量$\vec{b}'$也是垂直于$\vec{a}$的单位矢量。这就意味着通过矩阵 $\boldsymbol{C}_{12}$ 进行的坐标 $\boldsymbol{b}$ 的转换等同于矢量$\vec{b}$围绕矢量$\vec{a}$以角 ϕ 进行的旋转。注意，我们已经确定旋转角 ϕ 在相对$\vec{a}$的右旋方向为正。接下来，确定第 3 个单位矢量$\vec{c}=\vec{\mathcal{F}}_1^{\mathrm{T}}\boldsymbol{c}=\vec{a}\times\vec{b}$。在参考系 $\mathcal{F}_1$ 中，坐标为 $\boldsymbol{c}=\boldsymbol{a}^{\times}\boldsymbol{b}$。因此矢量$\vec{a}$、$\vec{b}$和$\vec{c}$构成了一个三维正交坐标，且任意其他矢量都可以据此进行表达。矢量$\vec{c}$通过旋转矩阵进行的坐标转换所产生的新矢量为

$$\vec{c}'=\vec{\mathcal{F}}_1^{\mathrm{T}}\boldsymbol{C}_{12}\boldsymbol{c}$$

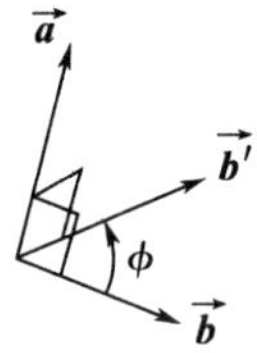

图 1－11　围绕$\vec{a}$的旋转

可见

$$\begin{aligned}\vec{c}'&=\vec{\mathcal{F}}_1^{\mathrm{T}}\boldsymbol{C}_{12}\boldsymbol{a}^{\times}\boldsymbol{b}\\&=\vec{\mathcal{F}}_1^{\mathrm{T}}\boldsymbol{C}_{12}\boldsymbol{a}^{\times}\boldsymbol{C}_{12}^{\mathrm{T}}\boldsymbol{C}_{12}\boldsymbol{b}\\&=\vec{\mathcal{F}}_1^{\mathrm{T}}(\boldsymbol{C}_{12}\boldsymbol{a})^{\times}\boldsymbol{C}_{12}\boldsymbol{b}\\&=\vec{\mathcal{F}}_1^{\mathrm{T}}\boldsymbol{a}^{\times}\boldsymbol{C}_{12}\boldsymbol{b}\\&=\vec{a}\times\vec{b}'\end{aligned}$$

这就意味着矢量$\vec{a}$、$\vec{b}'$和$\vec{c}'$与$\vec{a}$、$\vec{b}$和$\vec{c}$相同，也是三维正交坐标。使之成立的唯一方式就是当坐标 $\boldsymbol{c}$ 根据矩阵 $\boldsymbol{C}_{12}$ 进行的转换等价于矢量$\vec{c}$围绕矢量$\vec{a}$进行与矢量$\vec{b}$相同的旋转，角度为 ϕ，如图 1－12 所示。现在，由于任何矢量$\vec{g}=\vec{\mathcal{F}}_1^{\mathrm{T}}\boldsymbol{g}$都可以被写为矢量$\vec{a}$、$\vec{b}$和$\vec{c}$的线性组合，坐标 $\boldsymbol{g}$ 通过矩阵 $\boldsymbol{C}_{12}$ 进行的变换等同于矢量$\vec{g}$相对矢量$\vec{a}$旋转相同的角 ϕ。

现在来看参考系 $\mathcal{F}_1$ 和参考系 $\mathcal{F}_2$ 之间的关系意味着什么。从式（1－22）中旋转矩阵很容易得出

$$\boldsymbol{x}_{2,1}=\boldsymbol{C}_{12}\begin{bmatrix}1\\0\\0\end{bmatrix},\boldsymbol{y}_{2,1}=\boldsymbol{C}_{12}\begin{bmatrix}0\\1\\0\end{bmatrix},\boldsymbol{z}_{2,1}=\boldsymbol{C}_{12}\begin{bmatrix}0\\0\\1\end{bmatrix}$$

由于决定参考系 $\mathcal{F}_1$ 的基础矢量满足

$$\vec{x}_1 = \vec{\mathcal{F}}_1^{\mathrm{T}} \boldsymbol{x}_{1,1},\ \vec{y}_1 = \vec{\mathcal{F}}_1^{\mathrm{T}} \boldsymbol{y}_{1,1},\ \vec{z}_1 = \vec{\mathcal{F}}_1^{\mathrm{T}} \boldsymbol{z}_{1,1}$$

且

$$\boldsymbol{x}_{1,1} = \begin{bmatrix} 1 \\ 0 \\ 0 \end{bmatrix}, \boldsymbol{y}_{1,1} = \begin{bmatrix} 0 \\ 1 \\ 0 \end{bmatrix}, \boldsymbol{z}_{1,1} = \begin{bmatrix} 0 \\ 0 \\ 1 \end{bmatrix}$$

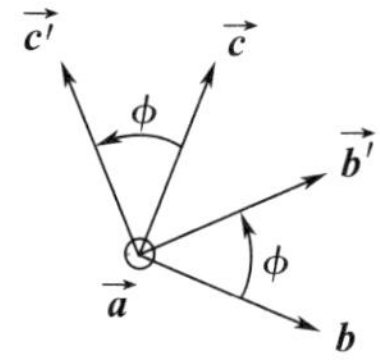

图 1-12　围绕 $\vec{a}$ 的旋转

显而易见，参考系 $\mathcal{F}_2$ 的基础矢量都可以通过参考系 $\mathcal{F}_1$ 的基础矢量围绕单位矢量 $\vec{a}$ 以角 ϕ 进行旋转得出确定。这就是欧拉定理。

1.3.2.1　围绕主轴和旋转角的旋转矩阵

现在确定以主轴和旋转角表达的旋转矩阵。令 $\vec{a} = \vec{\mathcal{F}}_1^{\mathrm{T}} \boldsymbol{a}$ 和 ϕ 分别为对应旋转矩阵 $\boldsymbol{C}_{12}$ 的主轴和旋转角。

为此，检验任意矢量 $\vec{v} = \vec{\mathcal{F}}_1^{\mathrm{T}} \boldsymbol{v}$ 相对 $\vec{a}$ 以右手定则旋转角 ϕ，如图 1-13 所示。可以将矢量 $\vec{v}$ 分解为一个平行于 $\vec{a}$ 的部分（记作 $\vec{v}_{\parallel}$），以及一个垂直于 $\vec{a}$ 的部分（记作 $\vec{v}_{\perp}$）。即

$$\vec{v} = \vec{v}_{\parallel} + \vec{v}_{\perp}$$

这些部分给出为

$$\begin{aligned} \vec{v}_{\parallel} &= (\vec{a} \cdot \vec{v})\vec{a} \\ \vec{v}_{\perp} &= \vec{v} - (\vec{a} \cdot \vec{v})\vec{a} \end{aligned} \tag{1-24}$$

如图 1-13 所示，要将矢量 $\vec{v}$ 围绕 $\vec{a}$ 进行旋转（记作 $\vec{v}_{\mathrm{rot}}$），只需要旋转垂直的部分（记作 $\vec{v}_{\perp \mathrm{rot}}$），即

$$\vec{v}_{\mathrm{rot}} = \vec{v}_{\parallel} + \vec{v}_{\perp \mathrm{rot}}$$

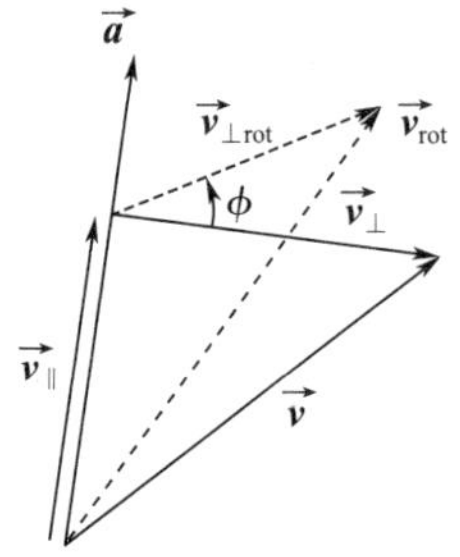

图 1-13　矢量的旋转

为此，我们建立一个垂直于 $\vec{a}$ 和 $\vec{v}_{\perp}$ 的矢量，即图 1-14 所示的 $\vec{a} \times \vec{v}_{\perp}$。注意 $|\vec{a} \times \vec{v}_{\perp}| = |\vec{v}_{\perp}|$。如图 1-14 所示，旋转矢量 $\vec{v}_{\perp \mathrm{rot}}$ 现在可以表示为

$$\vec{v}_{\perp \mathrm{rot}} = \vec{v}_{\perp} \cos\phi + \vec{a} \times \vec{v}_{\perp} \sin\phi$$

代入式（1－24）并通过 $\vec{a} \times \vec{a} = \vec{0}$ 得出

$$\vec{v}_{\mathrm{rot}} = \vec{v}\cos\phi + (\vec{a} \cdot \vec{v})\vec{a}(1-\cos\phi) + \vec{a} \times \vec{v}\sin\phi$$

以 $\mathcal{F}_1$ 坐标系表达，我们有

$$\begin{aligned}\vec{v}_{\mathrm{rot}} &= \vec{\mathcal{F}}_1^{\mathrm{T}}[\cos\phi\mathbf{1} + (1-\cos\phi)\boldsymbol{a}\boldsymbol{a}^{\mathrm{T}} + \sin\phi\boldsymbol{a}^{\times}]\boldsymbol{v} \\ &= \vec{\mathcal{F}}_1^{\mathrm{T}}\boldsymbol{C}_{12}\boldsymbol{v}\end{aligned} \tag{1-25}$$

注意，第二个等式是由轴 $\vec{a}$ 和角 ϕ 对应旋转矩阵 $\boldsymbol{C}_{12}$ 而得出的。由于上述关系必须对任意的 $\vec{v} \in \mathbf{R}^3$ 成立，所以必须使

$$\boldsymbol{C}_{12} = \cos\phi\mathbf{1} + (1-\cos\phi)\boldsymbol{a}\boldsymbol{a}^{\mathrm{T}} + \sin\phi\boldsymbol{a}^{\times}$$

计算转置矩阵，我们最终得出

$$\boldsymbol{C}_{21} = \cos\phi\mathbf{1} + (1-\cos\phi)\boldsymbol{a}\boldsymbol{a}^{\mathrm{T}} - \sin\phi\boldsymbol{a}^{\times} \tag{1-26}$$

注意，在上述计算中我们使用了 $\vec{a}$ 在参考系 $\mathcal{F}_1$ 中的坐标，也可以使用其在参考系 $\mathcal{F}_2$ 中的坐标，因为其内涵相同。经简单的计算就可以得出

$$\boldsymbol{C}_{21}\boldsymbol{a} = \boldsymbol{a}$$

正该如此，欧拉定理的另一个结论就是当旋转矩阵 $\boldsymbol{C}_{21}$ 包含 9 个元素时，它可以用 4 个参数来描述，即旋转轴 $\boldsymbol{a}$ 的 3 个分量及一个旋转角 ϕ。因为 $\boldsymbol{a}^{\mathrm{T}}\boldsymbol{a} = 1$（$\vec{a}$ 是单位矢量），旋转轴的 3 个分量都不是各自独立的，所以事实上，用 3 个参数就完全可以描述旋转矩阵。

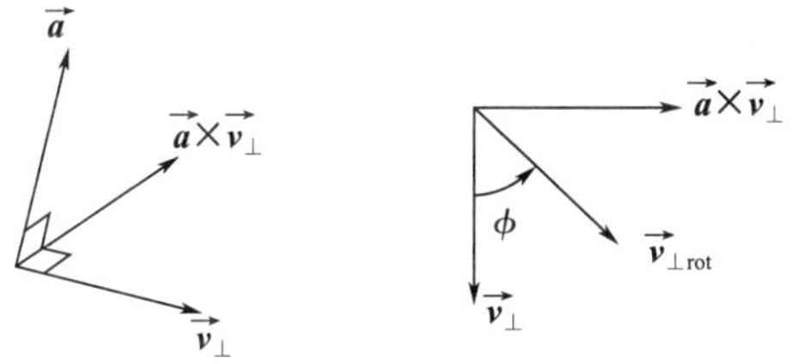

图 1－14　矢量垂直分量的旋转

1.3.2.2　在旋转矩阵中寻找主轴与主角

令

$$\boldsymbol{a} = \begin{bmatrix} a_1 \\ a_2 \\ a_3 \end{bmatrix}，且\ \boldsymbol{C}_{21} = \begin{bmatrix} c_{11} & c_{12} & c_{13} \\ c_{21} & c_{22} & c_{23} \\ c_{31} & c_{32} & c_{33} \end{bmatrix}$$

则根据式（1－26）中 $\boldsymbol{C}_{21}$ 的迹，我们得出

$$\mathrm{tr}\boldsymbol{C}_{21} = 3\cos\phi + (1-\cos\phi)(a_1^2 + a_2^2 + a_3^2) = 1 + 2\cos\phi$$

注意，由于 $\boldsymbol{a}$ 是单位列矩阵，因此最后一个等式紧随而来。因此，可以找出旋转的主角为

$$\phi = \arccos\left(\frac{\mathrm{tr}\boldsymbol{C}_{21} - 1}{2}\right) \tag{1-27}$$

非常重要的一点是，相对轴 $\vec{a}$ 旋转角 ϕ 与相对轴 $-\vec{a}$ 旋转角 $-\phi$ 是等价的。因此，在求解式（1－27）时，由于在 $-\pi < \phi < 0$ 范围内关于 $\boldsymbol{a}$ 的旋转角等价于 $0 \leqslant \phi \leqslant \pi$ 范围内关于

负轴向 $-\boldsymbol{a}$ 的旋转角，因此我们应当局限于 $0 \leqslant \phi \leqslant \pi$ 的范围。

已经找出角 ϕ，现在可以找出相应的旋转轴 $\boldsymbol{a}$。从式（1-26）中，我们发现

$$\boldsymbol{C}_{21}^{\mathrm{T}} - \boldsymbol{C}_{21} = 2\sin\phi\boldsymbol{a}^{\times}$$

如果 $0 < \phi < \pi$，则可得如下旋转轴

$$
\begin{aligned}
a_1 &= \frac{c_{23} - c_{32}}{2\sin\phi} \\
a_2 &= \frac{c_{31} - c_{13}}{2\sin\phi} \\
a_3 &= \frac{c_{12} - c_{21}}{2\sin\phi}
\end{aligned}
\tag{1-28}
$$

此处 $\phi = \pm\pi$，旋转矩阵变为

$$\boldsymbol{C}_{21} = -\boldsymbol{1} + 2\boldsymbol{a}\boldsymbol{a}^{\mathrm{T}}$$

据此，如果 $\phi = \pm\pi$，得出

$$|a_1| = \left(\frac{c_{11}+1}{2}\right)^{\frac{1}{2}},\ |a_2| = \left(\frac{c_{22}+1}{2}\right)^{\frac{1}{2}},\ |a_3| = \left(\frac{c_{33}+1}{2}\right)^{\frac{1}{2}} \tag{1-29}$$

由于 π 或 $-\pi$ 的旋转相对轴 $\boldsymbol{a}$ 或轴 $-\boldsymbol{a}$ 都是等价的，我们可以从 a_1、a_2 或 a_3 中随意选择一个符号。一些可能的解法为：

1）如果 $\phi = \pm\pi$ 且 $|a_1| > 0$

$$
\begin{aligned}
a_1 &= |a_1| \\
a_2 &= \mathrm{sign}(c_{12})\,|a_2| \\
a_3 &= \mathrm{sign}(c_{13})\,|a_3|
\end{aligned}
$$

2）如果 $\phi = \pm\pi$ 且 $|a_2| > 0$

$$
\begin{aligned}
a_1 &= \mathrm{sign}(c_{12})\,|a_1| \\
a_2 &= |a_2| \\
a_3 &= \mathrm{sign}(c_{23})\,|a_3|
\end{aligned}
$$

3）如果 $\phi = \pm\pi$ 且 $|a_3| > 0$

$$
\begin{aligned}
a_1 &= \mathrm{sign}(c_{13})\,|a_1| \\
a_2 &= \mathrm{sign}(c_{23})\,|a_2| \\
a_3 &= |a_3|
\end{aligned}
$$

当 $\phi = 0$ 时，轴 $\boldsymbol{a}$ 不能唯一确定。由于相对任意轴零旋转都会产生同样的方向，因此这在物理上是有意义的。

1.3.3　欧拉角

在 1.3.2 节中，我们已经发现旋转矩阵可以用 3 个参数来描绘。事实上，有很多可用参数。一组众所周知的公共参数为欧拉角。欧拉角描绘了 3 个连续的主要旋转。举例来说，可能的序列是：

1）关于原始 z 轴的旋转 Ψ（称作“偏航”旋转）。

2）关于中间 y 轴的旋转 θ（称作“俯仰”旋转）。

3）关于转换 x 轴的旋转 ϕ（称作“滚动”旋转）。

这是在航空航天应用领域非常普遍的选择，称作 3 - 2 - 1 姿态序列，如图 1 - 15 所示。这一术语与旋转的顺序有关。首先进行相对主要 z 轴（标为 3）的旋转，紧接着是 y 轴（标为 2）的旋转，最后是 x 轴（标为 1）的旋转。在这一案例中，从参考系 $\mathcal{F}_1$ 到参考系 $\mathcal{F}_2$ 的旋转矩阵给出为

$$\boldsymbol{C}_{21}(\phi,\theta,\Psi)=\boldsymbol{C}_x(\phi)\boldsymbol{C}_y(\theta)\boldsymbol{C}_z(\Psi)$$
$$=\begin{bmatrix} c_\theta c_\Psi & c_\theta s_\Psi & -s_\theta \\ s_\phi s_\theta c_\Psi - c_\phi s_\Psi & s_\phi s_\theta s_\Psi + c_\phi c_\Psi & s_\phi c_\theta \\ c_\phi s_\theta c_\Psi + s_\phi s_\Psi & c_\phi s_\theta s_\Psi - s_\phi c_\Psi & c_\phi c_\theta \end{bmatrix} \quad (1-30)$$

此处 $s_b=\sin b$ 且 $c_b=\cos b$。

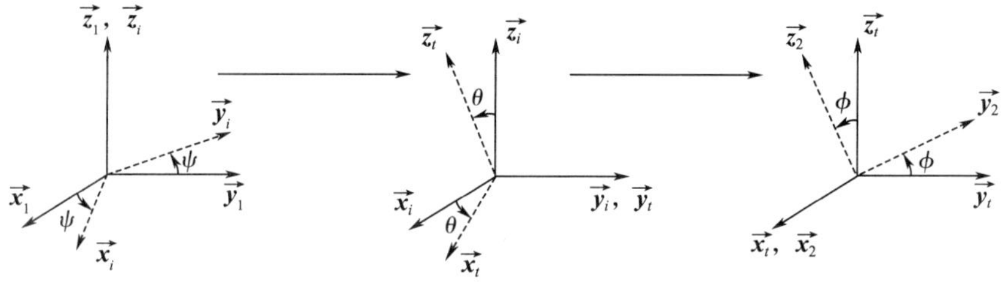

图 1 - 15　3 - 2 - 1 欧拉姿态序列

运用三维参数来描述旋转矩阵的不利之处是会出现奇点。可以证明，旋转矩阵的任何三维参数设定的表达都可能发生这样的情况。对于上文提及的 3 - 2 - 1 姿态序列，当俯仰角 $\theta=\pm 90^\circ$ 时，会产生奇点。例如，当 $\theta=90^\circ$ 时，旋转矩阵变为

$$\boldsymbol{C}_{21}(\phi,90^\circ,\Psi)=\begin{bmatrix} 0 & 0 & -1 \\ \sin(\phi-\Psi) & \cos(\phi-\Psi) & 0 \\ \cos(\phi-\Psi) & -\sin(\phi-\Psi) & 0 \end{bmatrix}$$

物理上，在奇点处，序列中第一次和第三次旋转将会围绕同一个轴。在本例中，滚动角和偏航角（ϕ 和 Ψ）都与同一旋转相关，且不会被唯一确定。但是在奇点之外，我们可以根据旋转矩阵唯一确定这些角。将旋转矩阵记作

$$\boldsymbol{C}=\begin{bmatrix} c_{11} & c_{12} & c_{13} \\ c_{21} & c_{22} & c_{23} \\ c_{31} & c_{32} & c_{33} \end{bmatrix}$$

根据方程（1 - 30），我们得出

$$\phi=\arctan(c_{23}/c_{33})$$
$$\theta=-\arcsin(c_{13})$$
$$\Psi=\arctan(c_{12}/c_{11})$$

c_{23}、c_{33} 和 c_{11}、c_{12} 的符号分别决定了 ϕ 和 Ψ 的 4 个象限。

注意，指定旋转的顺序（例如 3－2－1）非常重要，如图 1－16 所示，这是因为旋转是单向的！

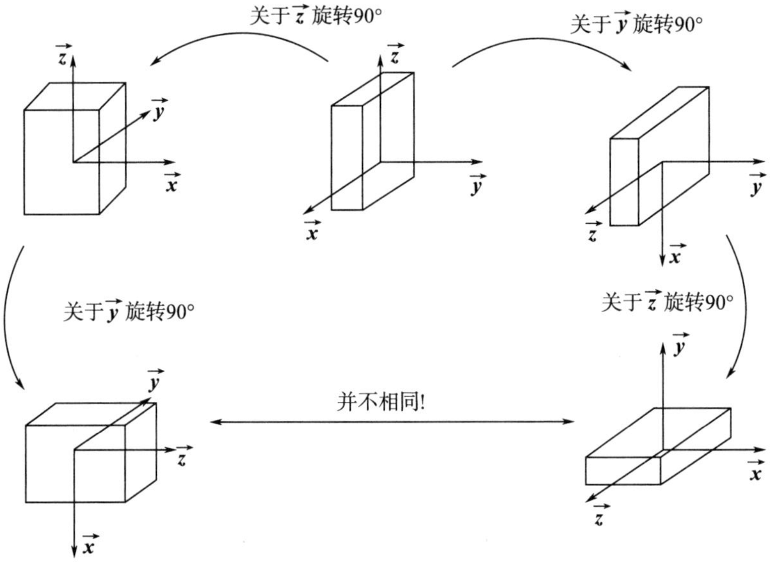

图 1－16　单向旋转

1.3.4　四元数法

如前面章节所说，旋转矩阵采用三维参数的弊端是存在奇点，换句话说，三维参数所描述的旋转不能唯一确定。想要克服这一问题，非常必要的一点是为参数设定添加冗余参数项。一种可能性就是主轴与旋转角。更为常见也更为有用的参数设定为四元数法（也被称作欧拉参数）。运用四元数法的优点（即与轴-角参数不同之处）在于旋转矩阵和运动学是完全用代数表达的（不包括三角函数），这使得它们对计算十分有用且高效。

为了确定四元数法，我们首先需要根据旋转的主轴 $\boldsymbol{a}$ 和角 ϕ 确定旋转矩阵。根据式（1－26），我们有

$$\boldsymbol{C}=\cos\phi\boldsymbol{1}+(1-\cos\phi)\boldsymbol{a}\boldsymbol{a}^{\mathrm{T}}-\sin\phi\boldsymbol{a}^{\times}$$

现在，运用三角恒等式

$$\sin\phi=2\sin\frac{\phi}{2}\cos\frac{\phi}{2}$$

$$\cos\phi=2\cos^{2}\frac{\phi}{2}-1=1-2\sin^{2}\frac{\phi}{2}$$

现在，我们改写旋转矩阵为

$$\boldsymbol{C}=\left(2\cos^{2}\frac{\phi}{2}-1\right)+2\sin^{2}\frac{\phi}{2}\boldsymbol{a}\boldsymbol{a}^{\mathrm{T}}-2\sin\frac{\phi}{2}\cos\frac{\phi}{2}\boldsymbol{a}^{\times}$$

基于此，我们确定四元数法的矢量和标量部分分别为

$$\boldsymbol{\epsilon}=\boldsymbol{a}\sin\frac{\phi}{2}$$
$$\eta=\cos\frac{\phi}{2} \tag{1-31}$$

能看到四元数法满足单位幅值约束

$$\boldsymbol{\epsilon}^{\mathrm{T}}\boldsymbol{\epsilon}+\eta^{2}=1 \tag{1-32}$$

根据四元数法，旋转矩阵给出为

$$\boldsymbol{C}=(2\eta^{2}-1)\mathbf{1}+2\boldsymbol{\epsilon}\boldsymbol{\epsilon}^{\mathrm{T}}-2\eta\boldsymbol{\epsilon}^{\times} \tag{1-33}$$

1.3.4.1　旋转矩阵四元数

令

$$\boldsymbol{\epsilon}=\begin{bmatrix}\epsilon_1\\ \epsilon_2\\ \epsilon_3\end{bmatrix} \text{ 且 } \boldsymbol{C}=\begin{bmatrix}c_{11} & c_{12} & c_{13}\\ c_{21} & c_{22} & c_{23}\\ c_{31} & c_{32} & c_{33}\end{bmatrix}$$

则根据式（1－33）中 $\boldsymbol{C}$ 的迹，得到

$$\mathrm{tr}\boldsymbol{C}=3(2\eta^{2}-1)+2(\epsilon_1^2+\epsilon_2^2+\epsilon_3^2)=4\eta^{2}-1 \tag{1-34}$$

注意，已经使用了式（1－32）来得出最后一项等式。因此有

$$\eta=\pm\frac{(\mathrm{tr}\boldsymbol{C}+1)^{\frac{1}{2}}}{2} \tag{1-35}$$

很重要的一点是，我们可以选择任意的符号代表 η 。从式（1－33）可以很容易地看出，四元数 $(\boldsymbol{\epsilon},\ \eta)$ 和 $(-\boldsymbol{\epsilon},\ -\eta)$ 对应同样的旋转矩阵。物理上，正值的 η 与 $-\pi<\phi<\pi$ 范围内的主轴旋转角一致。负值的 η 与 $-2\pi<\phi<-\pi$ 或 $\pi<\phi<2\pi$ 范围内的主轴旋转角一致。如图 1－17 所示，通过选择旋转主轴合适的方向，这些旋转是等价的。已经找到 η ，现在可以得到 $\boldsymbol{\epsilon}$ 。根据式（1－33）得

$$\boldsymbol{C}^{\mathrm{T}}-\boldsymbol{C}=4\eta\boldsymbol{\epsilon}^{\times} \tag{1-36}$$

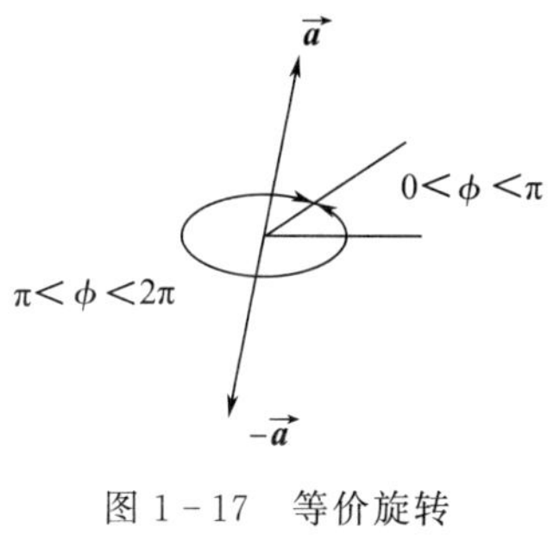

图 1－17　等价旋转

且我们看到，如果 $\eta\neq0$，则相应的 $\boldsymbol{\epsilon}$ 给出为

$$\epsilon_1=\frac{c_{23}-c_{32}}{4\eta}$$

$$\epsilon_2=\frac{c_{31}-c_{13}}{4\eta} \tag{1-37}$$

$$\epsilon_3=\frac{c_{12}-c_{21}}{4\eta}$$

当 $\eta=0$ 时，旋转矩阵变为

$$\boldsymbol{C}=-\boldsymbol{1}+2\boldsymbol{\epsilon}\boldsymbol{\epsilon}^{\mathrm{T}}$$

物理上，$\eta=0$ 与主要旋转角 $\phi=\pm\pi$ 一致。现在，我们发现，如果 $\eta=0$，则

$$|\epsilon_1|=\left(\frac{c_{11}+1}{2}\right)^{\frac{1}{2}}=|a_1|$$

$$|\epsilon_2|=\left(\frac{c_{22}+1}{2}\right)^{\frac{1}{2}}=|a_2| \tag{1-38}$$

$$|\epsilon_3|=\left(\frac{c_{33}+1}{2}\right)^{\frac{1}{2}}=|a_3|$$

关于 $\boldsymbol{a}$ 轴和 $-\boldsymbol{a}$ 轴旋转 π 或 $-\pi$ 是等价的，因此可以随意地选择 ϵ_1、ϵ_2 或 ϵ_3 中的任意一个符号。一些可能的解法如下：

1）如果 $\eta=0$ 且 $|\epsilon_1|>0$

$$\epsilon_1=|\epsilon_1|$$
$$\epsilon_2=\mathrm{sign}(c_{12})|\epsilon_2|$$
$$\epsilon_3=\mathrm{sign}(c_{13})|\epsilon_3|$$

2）如果 $\eta=0$ 且 $|\epsilon_2|>0$

$$\epsilon_1=\mathrm{sign}(c_{12})|\epsilon_1|$$
$$\epsilon_2=|\epsilon_2|$$
$$\epsilon_3=\mathrm{sign}(c_{23})|\epsilon_3|$$

3）如果 $\eta=0$ 且 $|\epsilon_3|>0$

$$\epsilon_1=\mathrm{sign}(c_{13})|\epsilon_1|$$
$$\epsilon_2=\mathrm{sign}(c_{23})|\epsilon_2|$$
$$\epsilon_3=|\epsilon_3|$$

现在，我们注意一些有用的点。首先，零旋转的四元数参数（$\phi=0$ 或 $\boldsymbol{C}=\boldsymbol{1}$）为（$\boldsymbol{0}$，$\pm1$）。其次，由式（1－33）可知，如果（$\boldsymbol{\epsilon}$，$\eta$）是 $\boldsymbol{C}$ 的四元数参数，则（$-\boldsymbol{\epsilon}$，η）是 $\boldsymbol{C}^{\mathrm{T}}$ 反向旋转的四元数参数。

1.3.4.2 连续旋转

现在规定 3 个参考系 $\mathcal{F}_1$、$\mathcal{F}_2$ 和 $\mathcal{F}_3$，关联的旋转矩阵为 $\boldsymbol{C}_{21}$、$\boldsymbol{C}_{32}$ 和 $\boldsymbol{C}_{31}$，由此

$$\boldsymbol{C}_{31}=\boldsymbol{C}_{32}\boldsymbol{C}_{21}$$

我们用四元数参数表示每一个旋转矩阵，$\boldsymbol{C}_{21}=\boldsymbol{C}(\boldsymbol{\epsilon}_1, \eta_1)$，$\boldsymbol{C}_{32}=\boldsymbol{C}(\boldsymbol{\epsilon}_2, \eta_2)$ 和 $\boldsymbol{C}_{31}=\boldsymbol{C}(\boldsymbol{\epsilon}_3, \eta_3)$，由此

$$\boldsymbol{C}_{21}=(2\eta_1^2-1)\mathbf{1}+2\boldsymbol{\epsilon}_1\boldsymbol{\epsilon}_1^{\mathrm{T}}-2\eta_1\boldsymbol{\epsilon}_1^{\times}$$
$$\boldsymbol{C}_{32}=(2\eta_2^2-1)\mathbf{1}+2\boldsymbol{\epsilon}_2\boldsymbol{\epsilon}_2^{\mathrm{T}}-2\eta_2\boldsymbol{\epsilon}_2^{\times}$$
$$\boldsymbol{C}_{31}=(2\eta_3^2-1)\mathbf{1}+2\boldsymbol{\epsilon}_3\boldsymbol{\epsilon}_3^{\mathrm{T}}-2\eta_3\boldsymbol{\epsilon}_3^{\times}$$

现在找到关于 $(\boldsymbol{\epsilon}_1, \eta_1)$ 与 $(\boldsymbol{\epsilon}_2, \eta_2)$ 函数的 $(\boldsymbol{\epsilon}_3, \eta_3)$。由于无须先获得旋转矩阵然后提取它，就能计算新的四元数，因此得到的表达式非常有用。

想要解决这一问题，我们注意到四元数的标量和矢量部分分别满足式（1－34）和式（1－36）。现在计算 $\boldsymbol{C}_{31}$，我们有

$$\begin{aligned}\boldsymbol{C}_{31}&=[(2\eta_2^2-1)\mathbf{1}+2\boldsymbol{\epsilon}_2\boldsymbol{\epsilon}_2^{\mathrm{T}}-2\eta_2\boldsymbol{\epsilon}_2^{\times}][(2\eta_1^2-1)\mathbf{1}+2\boldsymbol{\epsilon}_1\boldsymbol{\epsilon}_1^{\mathrm{T}}-2\eta_1\boldsymbol{\epsilon}_1^{\times}]\\&=(2\eta_2^2-1)(2\eta_1^2-1)\mathbf{1}+2(2\eta_2^2-1)\boldsymbol{\epsilon}_1\boldsymbol{\epsilon}_1^{\mathrm{T}}-2\eta_1(2\eta_2^2-1)\boldsymbol{\epsilon}_1^{\times}+\\&\quad 2(2\eta_1^2-1)\boldsymbol{\epsilon}_2\boldsymbol{\epsilon}_2^{\mathrm{T}}+4\boldsymbol{\epsilon}_2\boldsymbol{\epsilon}_2^{\mathrm{T}}\boldsymbol{\epsilon}_1\boldsymbol{\epsilon}_1^{\mathrm{T}}-4\eta_1\boldsymbol{\epsilon}_2\boldsymbol{\epsilon}_2^{\mathrm{T}}\boldsymbol{\epsilon}_1^{\times}-\\&\quad 2\eta_2(2\eta_1^2-1)\boldsymbol{\epsilon}_2^{\times}-4\eta_2\boldsymbol{\epsilon}_2^{\times}\boldsymbol{\epsilon}_1\boldsymbol{\epsilon}_1^{\mathrm{T}}+4\eta_1\eta_2\boldsymbol{\epsilon}_2^{\times}\boldsymbol{\epsilon}_1^{\times}\end{aligned}$$

注意

$$\boldsymbol{\epsilon}_2\boldsymbol{\epsilon}_2^{\mathrm{T}}\boldsymbol{\epsilon}_1\boldsymbol{\epsilon}_1^{\mathrm{T}}=(\boldsymbol{\epsilon}_2^{\mathrm{T}}\boldsymbol{\epsilon}_1)\boldsymbol{\epsilon}_2\boldsymbol{\epsilon}_1^{\mathrm{T}}$$

且

$$\boldsymbol{\epsilon}_2^{\times}\boldsymbol{\epsilon}_1^{\times}=\boldsymbol{\epsilon}_1\boldsymbol{\epsilon}_2^{\mathrm{T}}-(\boldsymbol{\epsilon}_2^{\mathrm{T}}\boldsymbol{\epsilon}_1)\mathbf{1}$$

我们可以将旋转矩阵改写为

$$\begin{aligned}\boldsymbol{C}_{31}&=(2\eta_2^2-1)(2\eta_1^2-1)\mathbf{1}+2(2\eta_2^2-1)\boldsymbol{\epsilon}_1\boldsymbol{\epsilon}_1^{\mathrm{T}}-2\eta_1(2\eta_2^2-1)\boldsymbol{\epsilon}_1^{\times}+\\&\quad 2(2\eta_1^2-1)\boldsymbol{\epsilon}_2\boldsymbol{\epsilon}_2^{\mathrm{T}}+4(\boldsymbol{\epsilon}_2^{\mathrm{T}}\boldsymbol{\epsilon}_1)\boldsymbol{\epsilon}_2\boldsymbol{\epsilon}_1^{\mathrm{T}}-4\eta_1\boldsymbol{\epsilon}_2\boldsymbol{\epsilon}_2^{\mathrm{T}}\boldsymbol{\epsilon}_1^{\times}-2\eta_2(2\eta_1^2-1)\boldsymbol{\epsilon}_2^{\times}-\\&\quad 4\eta_2\boldsymbol{\epsilon}_2^{\times}\boldsymbol{\epsilon}_1\boldsymbol{\epsilon}_1^{\mathrm{T}}+4\eta_1\eta_2\boldsymbol{\epsilon}_1\boldsymbol{\epsilon}_2^{\mathrm{T}}-4\eta_1\eta_2(\boldsymbol{\epsilon}_2^{\mathrm{T}}\boldsymbol{\epsilon}_1)\mathbf{1}\end{aligned}\tag{1-39}$$

首先，我们应当找到 η_3。根据式（1－39）中 $\boldsymbol{C}_{31}$ 的迹，我们得到（注意会用到如下事实：对于任意两个矩阵 $\boldsymbol{A}$ 和 $\boldsymbol{B}$，迹都满足 $\mathrm{tr}[\boldsymbol{AB}]=\mathrm{tr}[\boldsymbol{BA}]$，假设右侧的乘积能够成立）

$$\begin{aligned}\mathrm{tr}\boldsymbol{C}_{31}&=3(2\eta_2^2-1)(2\eta_1^2-1)+2(2\eta_2^2-1)\boldsymbol{\epsilon}_1^{\mathrm{T}}\boldsymbol{\epsilon}_1+2(2\eta_1^2-1)\boldsymbol{\epsilon}_2^{\mathrm{T}}\boldsymbol{\epsilon}_2+\\&\quad 4(\boldsymbol{\epsilon}_2^{\mathrm{T}}\boldsymbol{\epsilon}_1)^2-4\eta_1\boldsymbol{\epsilon}_2^{\mathrm{T}}\boldsymbol{\epsilon}_1^{\times}\boldsymbol{\epsilon}_2-4\eta_2\boldsymbol{\epsilon}_1^{\mathrm{T}}\boldsymbol{\epsilon}_2^{\times}\boldsymbol{\epsilon}_1+4\eta_1\eta_2(\boldsymbol{\epsilon}_2^{\mathrm{T}}\boldsymbol{\epsilon}_1)-12\eta_1\eta_2(\boldsymbol{\epsilon}_2^{\mathrm{T}}\boldsymbol{\epsilon}_1)\end{aligned}$$

利用要素 $\boldsymbol{\epsilon}_1^{\mathrm{T}}\boldsymbol{\epsilon}_1=1-\eta_1^2$，$\boldsymbol{\epsilon}_2^{\mathrm{T}}\boldsymbol{\epsilon}_2=1-\eta_2^2$ 且注意 $\boldsymbol{\epsilon}_1^{\mathrm{T}}\boldsymbol{\epsilon}_2^{\times}\boldsymbol{\epsilon}_1=\boldsymbol{\epsilon}_2^{\mathrm{T}}\boldsymbol{\epsilon}_1^{\times}\boldsymbol{\epsilon}_2=0$，我们可以将之减小到

$$\begin{aligned}\mathrm{tr}\boldsymbol{C}_{31}&=4(\eta_1\eta_2)^2-8\eta_1\eta_2(\boldsymbol{\epsilon}_2^{\mathrm{T}}\boldsymbol{\epsilon}_1)+4(\boldsymbol{\epsilon}_2^{\mathrm{T}}\boldsymbol{\epsilon}_1)^2-1\\&=4[\eta_1\eta_2-\boldsymbol{\epsilon}_2^{\mathrm{T}}\boldsymbol{\epsilon}_1]^2-1\end{aligned}$$

将之与式（1－34）相比较，并回顾：我们是随意选择的 η_3 的符号，因此可以选择

$$\eta_3=\eta_1\eta_2-\boldsymbol{\epsilon}_2^{\mathrm{T}}\boldsymbol{\epsilon}_1\tag{1-40}$$

现在，找出四元数的矢量部分 $\boldsymbol{\epsilon}_3$。根据式（1－36），必须计算出 $\boldsymbol{C}_{31}^{\mathrm{T}}-\boldsymbol{C}_{31}$。根据式（1－39）我们有

$$\begin{aligned}\boldsymbol{C}_{31}^{\mathrm{T}}-\boldsymbol{C}_{31}&=4\eta_1(2\eta_2^2-1)\boldsymbol{\epsilon}_1^{\times}-4(\boldsymbol{\epsilon}_2^{\mathrm{T}}\boldsymbol{\epsilon}_1)[\boldsymbol{\epsilon}_2\boldsymbol{\epsilon}_1^{\mathrm{T}}-\boldsymbol{\epsilon}_1\boldsymbol{\epsilon}_2^{\mathrm{T}}]+4\eta_1[\boldsymbol{\epsilon}_2\boldsymbol{\epsilon}_2^{\mathrm{T}}\boldsymbol{\epsilon}_1^{\times}+\boldsymbol{\epsilon}_1^{\times}\boldsymbol{\epsilon}_2\boldsymbol{\epsilon}_2^{\mathrm{T}}]+\\&\quad 4\eta_2(2\eta_1^2-1)\boldsymbol{\epsilon}_2^{\times}+4\eta_2[\boldsymbol{\epsilon}_1\boldsymbol{\epsilon}_1^{\mathrm{T}}\boldsymbol{\epsilon}_2^{\times}+\boldsymbol{\epsilon}_2^{\times}\boldsymbol{\epsilon}_1\boldsymbol{\epsilon}_1^{\mathrm{T}}]+4\eta_1\eta_2[\boldsymbol{\epsilon}_2\boldsymbol{\epsilon}_1^{\mathrm{T}}-\boldsymbol{\epsilon}_1\boldsymbol{\epsilon}_2^{\mathrm{T}}]\end{aligned}\tag{1-41}$$

现在要导出新的列矩阵恒等式，这十分有用。有

$$
\begin{aligned}
(\boldsymbol{a}^{\times}\boldsymbol{b})^{\times}\boldsymbol{c} &= -\boldsymbol{c}^{\times}\boldsymbol{a}^{\times}\boldsymbol{b} \\
&= -[(\boldsymbol{b}^{\mathrm{T}}\boldsymbol{c})\boldsymbol{a} - (\boldsymbol{a}^{\mathrm{T}}\boldsymbol{c})\boldsymbol{b}] \\
&= [\boldsymbol{b}\boldsymbol{a}^{\mathrm{T}} - \boldsymbol{a}\boldsymbol{b}^{\mathrm{T}}]\boldsymbol{c}
\end{aligned}
$$

由于这必须对所有的 $\boldsymbol{c} \in \mathbf{R}^3$ 成立，得

$$
(\boldsymbol{a}^{\times}\boldsymbol{b})^{\times} = \boldsymbol{b}\boldsymbol{a}^{\mathrm{T}} - \boldsymbol{a}\boldsymbol{b}^{\mathrm{T}} \tag{1-42}
$$

应用该恒等式，得

$$
\boldsymbol{\epsilon}_2\boldsymbol{\epsilon}_1^{\mathrm{T}} - \boldsymbol{\epsilon}_1\boldsymbol{\epsilon}_2^{\mathrm{T}} = (\boldsymbol{\epsilon}_1^{\times}\boldsymbol{\epsilon}_2)^{\times}
$$

利用上式并注意 $2\eta^2 - 1 = \eta^2 - \boldsymbol{\epsilon}^{\mathrm{T}}\boldsymbol{\epsilon}$，可以将式（1-41）改写为

$$
\begin{aligned}
\boldsymbol{C}_{31}^{\mathrm{T}} - \boldsymbol{C}_{31} = {} & 4\eta_1\eta_2(\eta_2\boldsymbol{\epsilon}_1^{\times} + \eta_1\boldsymbol{\epsilon}_2^{\times}) + 4(\eta_1\eta_2 - \boldsymbol{\epsilon}_2^{\mathrm{T}}\boldsymbol{\epsilon}_1)(\boldsymbol{\epsilon}_1^{\times}\boldsymbol{\epsilon}_2)^{\times} - 4\eta_1(\boldsymbol{\epsilon}_2^{\mathrm{T}}\boldsymbol{\epsilon}_2)\boldsymbol{\epsilon}_1^{\times} - \\
& 4\eta_2(\boldsymbol{\epsilon}_1^{\mathrm{T}}\boldsymbol{\epsilon}_1)\boldsymbol{\epsilon}_2^{\times} + 4\eta_1[\boldsymbol{\epsilon}_2\boldsymbol{\epsilon}_2^{\mathrm{T}}\boldsymbol{\epsilon}_1^{\times} + \boldsymbol{\epsilon}_1^{\times}\boldsymbol{\epsilon}_2\boldsymbol{\epsilon}_2^{\mathrm{T}}] + 4\eta_2[\boldsymbol{\epsilon}_1\boldsymbol{\epsilon}_1^{\mathrm{T}}\boldsymbol{\epsilon}_2^{\times} + \boldsymbol{\epsilon}_2^{\times}\boldsymbol{\epsilon}_1\boldsymbol{\epsilon}_1^{\mathrm{T}}]
\end{aligned} \tag{1-43}
$$

现在，利用恒等式（1-42），减少方括号的项。有

$$
\begin{aligned}
\boldsymbol{\epsilon}_2\boldsymbol{\epsilon}_2^{\mathrm{T}}\boldsymbol{\epsilon}_1^{\times} + \boldsymbol{\epsilon}_1^{\times}\boldsymbol{\epsilon}_2\boldsymbol{\epsilon}_2^{\mathrm{T}} &= (\boldsymbol{\epsilon}_1^{\times}\boldsymbol{\epsilon}_2)\boldsymbol{\epsilon}_2^{\mathrm{T}} - \boldsymbol{\epsilon}_2(\boldsymbol{\epsilon}_1^{\times}\boldsymbol{\epsilon}_2)^{\mathrm{T}} \\
&= (\boldsymbol{\epsilon}_2^{\times}\boldsymbol{\epsilon}_1^{\times}\boldsymbol{\epsilon}_2)^{\times}
\end{aligned}
$$

且

$$
\begin{aligned}
\boldsymbol{\epsilon}_1\boldsymbol{\epsilon}_1^{\mathrm{T}}\boldsymbol{\epsilon}_2^{\times} + \boldsymbol{\epsilon}_2^{\times}\boldsymbol{\epsilon}_1\boldsymbol{\epsilon}_1^{\mathrm{T}} &= (\boldsymbol{\epsilon}_2^{\times}\boldsymbol{\epsilon}_1)\boldsymbol{\epsilon}_1^{\mathrm{T}} - \boldsymbol{\epsilon}_1(\boldsymbol{\epsilon}_2^{\times}\boldsymbol{\epsilon}_1)^{\mathrm{T}} \\
&= (\boldsymbol{\epsilon}_1^{\times}\boldsymbol{\epsilon}_2^{\times}\boldsymbol{\epsilon}_1)^{\times}
\end{aligned}
$$

利用恒等式

$$
\boldsymbol{a}^{\times}\boldsymbol{b}^{\times}\boldsymbol{c} = (\boldsymbol{a}^{\mathrm{T}}\boldsymbol{c})\boldsymbol{b} - (\boldsymbol{a}^{\mathrm{T}}\boldsymbol{b})\boldsymbol{c}
$$

可以将这些减少到

$$
\begin{aligned}
\boldsymbol{\epsilon}_2\boldsymbol{\epsilon}_2^{\mathrm{T}}\boldsymbol{\epsilon}_1^{\times} + \boldsymbol{\epsilon}_1^{\times}\boldsymbol{\epsilon}_2\boldsymbol{\epsilon}_2^{\mathrm{T}} &= (\boldsymbol{\epsilon}_2^{\times}\boldsymbol{\epsilon}_1^{\times}\boldsymbol{\epsilon}_2)^{\times} \\
&= [(\boldsymbol{\epsilon}_2^{\mathrm{T}}\boldsymbol{\epsilon}_2)\boldsymbol{\epsilon}_1 - (\boldsymbol{\epsilon}_1^{\mathrm{T}}\boldsymbol{\epsilon}_2)\boldsymbol{\epsilon}_2]^{\times} \\
&= (\boldsymbol{\epsilon}_2^{\mathrm{T}}\boldsymbol{\epsilon}_2)\boldsymbol{\epsilon}_1^{\times} - (\boldsymbol{\epsilon}_1^{\mathrm{T}}\boldsymbol{\epsilon}_2)\boldsymbol{\epsilon}_2^{\times}
\end{aligned}
$$

且

$$
\begin{aligned}
\boldsymbol{\epsilon}_1\boldsymbol{\epsilon}_1^{\mathrm{T}}\boldsymbol{\epsilon}_2^{\times} + \boldsymbol{\epsilon}_2^{\times}\boldsymbol{\epsilon}_1\boldsymbol{\epsilon}_1^{\mathrm{T}} &= (\boldsymbol{\epsilon}_1^{\times}\boldsymbol{\epsilon}_2^{\times}\boldsymbol{\epsilon}_1)^{\times} \\
&= [(\boldsymbol{\epsilon}_1^{\mathrm{T}}\boldsymbol{\epsilon}_1)\boldsymbol{\epsilon}_2 - (\boldsymbol{\epsilon}_2^{\mathrm{T}}\boldsymbol{\epsilon}_1)\boldsymbol{\epsilon}_1]^{\times} \\
&= (\boldsymbol{\epsilon}_1^{\mathrm{T}}\boldsymbol{\epsilon}_1)\boldsymbol{\epsilon}_2^{\times} - (\boldsymbol{\epsilon}_2^{\mathrm{T}}\boldsymbol{\epsilon}_1)\boldsymbol{\epsilon}_1^{\times}
\end{aligned}
$$

在式（1-43）中利用这些，最终得到

$$
\boldsymbol{C}_{31}^{\mathrm{T}} - \boldsymbol{C}_{31} = 4(\eta_1\eta_2 - \boldsymbol{\epsilon}_2^{\mathrm{T}}\boldsymbol{\epsilon}_1)[\eta_2\boldsymbol{\epsilon}_1 + \eta_1\boldsymbol{\epsilon}_2 + \boldsymbol{\epsilon}_1^{\times}\boldsymbol{\epsilon}_2]^{\times}
$$

将之前的 η_3 代入，有

$$
\boldsymbol{C}_{31}^{\mathrm{T}} - \boldsymbol{C}_{31} = 4\eta_3[\eta_2\boldsymbol{\epsilon}_1 + \eta_1\boldsymbol{\epsilon}_2 + \boldsymbol{\epsilon}_1^{\times}\boldsymbol{\epsilon}_2]^{\times}
$$

将之与式（1-36）相比较，可知，若 $\eta_3 \neq 0$，则可以找到对应的四元数矢量部分为

$$
\boldsymbol{\epsilon}_3 = \eta_2\boldsymbol{\epsilon}_1 + \eta_1\boldsymbol{\epsilon}_2 + \boldsymbol{\epsilon}_1^{\times}\boldsymbol{\epsilon}_2 \tag{1-44}
$$

现在需要做的就是核对当 $\eta_3 = 0$ 时四元数的矢量部分。注意到当 $\eta_3 = 0$ 时，$\boldsymbol{C}_{31}$ 变为

$$
\boldsymbol{C}_{31} = -\mathbf{1} + 2\boldsymbol{\epsilon}_3\boldsymbol{\epsilon}_3^{\mathrm{T}}
$$

这是对称的。尤其是

$$\boldsymbol{C}_{31}+\boldsymbol{C}_{31}^{\mathrm{T}}=-2\mathbf{1}+4\boldsymbol{\epsilon}_3\boldsymbol{\epsilon}_3^{\mathrm{T}} \tag{1-45}$$

根据式（1－39），有

$$\begin{aligned}\boldsymbol{C}_{31}+\boldsymbol{C}_{31}^{\mathrm{T}}=&2(2\eta_2^2-1)(2\eta_1^2-1)\mathbf{1}+4(2\eta_2^2-1)\boldsymbol{\epsilon}_1\boldsymbol{\epsilon}_1^{\mathrm{T}}+4(2\eta_1^2-1)\boldsymbol{\epsilon}_2\boldsymbol{\epsilon}_2^{\mathrm{T}}+\\&4(\boldsymbol{\epsilon}_2^{\mathrm{T}}\boldsymbol{\epsilon}_1)[\boldsymbol{\epsilon}_2\boldsymbol{\epsilon}_1^{\mathrm{T}}+\boldsymbol{\epsilon}_1\boldsymbol{\epsilon}_2^{\mathrm{T}}]-4\eta_1[\boldsymbol{\epsilon}_2\boldsymbol{\epsilon}_2^{\mathrm{T}}\boldsymbol{\epsilon}_1^{\times}-\boldsymbol{\epsilon}_1^{\times}\boldsymbol{\epsilon}_2\boldsymbol{\epsilon}_2^{\mathrm{T}}]-4\eta_2[\boldsymbol{\epsilon}_2^{\times}\boldsymbol{\epsilon}_1\boldsymbol{\epsilon}_1^{\mathrm{T}}-\boldsymbol{\epsilon}_1\boldsymbol{\epsilon}_1^{\mathrm{T}}\boldsymbol{\epsilon}_2^{\times}]+\\&4\eta_1\eta_2[\boldsymbol{\epsilon}_1\boldsymbol{\epsilon}_2^{\mathrm{T}}+\boldsymbol{\epsilon}_2\boldsymbol{\epsilon}_1^{\mathrm{T}}]-8\eta_1\eta_2(\boldsymbol{\epsilon}_2^{\mathrm{T}}\boldsymbol{\epsilon}_1)\mathbf{1}\end{aligned} \tag{1-46}$$

现在挨个来检测。根据式（1－40），当 $\eta_3=0$ 时，$\eta_1\eta_2=\boldsymbol{\epsilon}_2^{\mathrm{T}}\boldsymbol{\epsilon}_1$，有

$$2(2\eta_2^2-1)(2\eta_1^2-1)-8\eta_1\eta_2(\boldsymbol{\epsilon}_2^{\mathrm{T}}\boldsymbol{\epsilon}_1)=-2+[4-4(\eta_1^2+\eta_2^2)]$$

接下来，由于 $\eta^2+\boldsymbol{\epsilon}^{\mathrm{T}}\boldsymbol{\epsilon}=1$，有

$$4(2\eta_2^2-1)\boldsymbol{\epsilon}_1\boldsymbol{\epsilon}_1^{\mathrm{T}}=4(\eta_2\boldsymbol{\epsilon}_1)(\eta_2\boldsymbol{\epsilon}_1)^{\mathrm{T}}-4(\boldsymbol{\epsilon}_2^{\mathrm{T}}\boldsymbol{\epsilon}_2)\boldsymbol{\epsilon}_1\boldsymbol{\epsilon}_1^{\mathrm{T}}$$

$$4(2\eta_1^2-1)\boldsymbol{\epsilon}_2\boldsymbol{\epsilon}_2^{\mathrm{T}}=4(\eta_1\boldsymbol{\epsilon}_2)(\eta_1\boldsymbol{\epsilon}_2)^{\mathrm{T}}-4(\boldsymbol{\epsilon}_1^{\mathrm{T}}\boldsymbol{\epsilon}_1)\boldsymbol{\epsilon}_2\boldsymbol{\epsilon}_2^{\mathrm{T}}$$

同样可以将下列因子改写

$$-4\eta_1[\boldsymbol{\epsilon}_2\boldsymbol{\epsilon}_2^{\mathrm{T}}\boldsymbol{\epsilon}_1^{\times}-\boldsymbol{\epsilon}_1^{\times}\boldsymbol{\epsilon}_2\boldsymbol{\epsilon}_2^{\mathrm{T}}]=4(\eta_1\boldsymbol{\epsilon}_2)(\boldsymbol{\epsilon}_1^{\times}\boldsymbol{\epsilon}_2)^{\mathrm{T}}+4(\boldsymbol{\epsilon}_1^{\times}\boldsymbol{\epsilon}_2)(\eta_1\boldsymbol{\epsilon}_2)^{\mathrm{T}}$$

$$-4\eta_2[\boldsymbol{\epsilon}_2^{\times}\boldsymbol{\epsilon}_1\boldsymbol{\epsilon}_1^{\mathrm{T}}-\boldsymbol{\epsilon}_1\boldsymbol{\epsilon}_1^{\mathrm{T}}\boldsymbol{\epsilon}_2^{\times}]=4(\boldsymbol{\epsilon}_1^{\times}\boldsymbol{\epsilon}_2)(\eta_2\boldsymbol{\epsilon}_1)^{\mathrm{T}}+4(\eta_2\boldsymbol{\epsilon}_1)(\boldsymbol{\epsilon}_1^{\times}\boldsymbol{\epsilon}_2)^{\mathrm{T}}$$

$$4\eta_1\eta_2[\boldsymbol{\epsilon}_1\boldsymbol{\epsilon}_2^{\mathrm{T}}+\boldsymbol{\epsilon}_2\boldsymbol{\epsilon}_1^{\mathrm{T}}]=4(\eta_2\boldsymbol{\epsilon}_1)(\eta_1\boldsymbol{\epsilon}_2)^{\mathrm{T}}+4(\eta_1\boldsymbol{\epsilon}_2)(\eta_2\boldsymbol{\epsilon}_1)^{\mathrm{T}}$$

利用这些扩展，可以将式（1－46）改写为

$$\begin{aligned}\boldsymbol{C}_{31}+\boldsymbol{C}_{31}^{\mathrm{T}}=&-2\mathbf{1}+4(\eta_2\boldsymbol{\epsilon}_1)(\eta_2\boldsymbol{\epsilon}_1)^{\mathrm{T}}+4(\eta_1\boldsymbol{\epsilon}_2)(\eta_1\boldsymbol{\epsilon}_2)^{\mathrm{T}}+4(\eta_1\boldsymbol{\epsilon}_2)(\boldsymbol{\epsilon}_1^{\times}\boldsymbol{\epsilon}_2)^{\mathrm{T}}+4(\boldsymbol{\epsilon}_1^{\times}\boldsymbol{\epsilon}_2)(\eta_1\boldsymbol{\epsilon}_2)^{\mathrm{T}}+\\&4(\boldsymbol{\epsilon}_1^{\times}\boldsymbol{\epsilon}_2)(\eta_2\boldsymbol{\epsilon}_1)^{\mathrm{T}}+4(\eta_2\boldsymbol{\epsilon}_1)(\boldsymbol{\epsilon}_1^{\times}\boldsymbol{\epsilon}_2)^{\mathrm{T}}+4(\eta_2\boldsymbol{\epsilon}_1)(\eta_1\boldsymbol{\epsilon}_2)^{\mathrm{T}}+4(\eta_1\boldsymbol{\epsilon}_2)(\eta_2\boldsymbol{\epsilon}_1)^{\mathrm{T}}+\\&4\{(\boldsymbol{\epsilon}_2^{\mathrm{T}}\boldsymbol{\epsilon}_1)(\boldsymbol{\epsilon}_2\boldsymbol{\epsilon}_1^{\mathrm{T}}+\boldsymbol{\epsilon}_1\boldsymbol{\epsilon}_2^{\mathrm{T}})-(\boldsymbol{\epsilon}_2^{\mathrm{T}}\boldsymbol{\epsilon}_2)\boldsymbol{\epsilon}_1\boldsymbol{\epsilon}_1^{\mathrm{T}}-(\boldsymbol{\epsilon}_1^{\mathrm{T}}\boldsymbol{\epsilon}_1)\boldsymbol{\epsilon}_2\boldsymbol{\epsilon}_2^{\mathrm{T}}+[1-(\eta_1^2+\eta_2^2)]\mathbf{1}\}\end{aligned} \tag{1-47}$$

现在只需要注意最后的括号项。利用恒等式 $\boldsymbol{a}\boldsymbol{a}^{\mathrm{T}}=\boldsymbol{a}^{\times}\boldsymbol{a}^{\times}+\boldsymbol{a}^{\mathrm{T}}\boldsymbol{a}\mathbf{1}$，有

$$\begin{aligned}(\boldsymbol{\epsilon}_1^{\times}\boldsymbol{\epsilon}_2)(\boldsymbol{\epsilon}_1^{\times}\boldsymbol{\epsilon}_2)^{\mathrm{T}}&=(\boldsymbol{\epsilon}_1^{\times}\boldsymbol{\epsilon}_2)^{\times}(\boldsymbol{\epsilon}_1^{\times}\boldsymbol{\epsilon}_2)^{\times}+(\boldsymbol{\epsilon}_1^{\times}\boldsymbol{\epsilon}_2)^{\mathrm{T}}(\boldsymbol{\epsilon}_1^{\times}\boldsymbol{\epsilon}_2)\mathbf{1}\\&=(\boldsymbol{\epsilon}_2\boldsymbol{\epsilon}_1^{\mathrm{T}}-\boldsymbol{\epsilon}_1\boldsymbol{\epsilon}_2^{\mathrm{T}})(\boldsymbol{\epsilon}_2\boldsymbol{\epsilon}_1^{\mathrm{T}}-\boldsymbol{\epsilon}_1\boldsymbol{\epsilon}_2^{\mathrm{T}})-\boldsymbol{\epsilon}_2^{\mathrm{T}}\boldsymbol{\epsilon}_1^{\times}\boldsymbol{\epsilon}_1^{\times}\boldsymbol{\epsilon}_2\mathbf{1}\\&=\boldsymbol{\epsilon}_2\boldsymbol{\epsilon}_1^{\mathrm{T}}\boldsymbol{\epsilon}_2\boldsymbol{\epsilon}_1^{\mathrm{T}}-\boldsymbol{\epsilon}_2\boldsymbol{\epsilon}_1^{\mathrm{T}}\boldsymbol{\epsilon}_1\boldsymbol{\epsilon}_2^{\mathrm{T}}-\boldsymbol{\epsilon}_1\boldsymbol{\epsilon}_2^{\mathrm{T}}\boldsymbol{\epsilon}_2\boldsymbol{\epsilon}_1^{\mathrm{T}}+\boldsymbol{\epsilon}_1\boldsymbol{\epsilon}_2^{\mathrm{T}}\boldsymbol{\epsilon}_1\boldsymbol{\epsilon}_2^{\mathrm{T}}-\boldsymbol{\epsilon}_2^{\mathrm{T}}(\boldsymbol{\epsilon}_1\boldsymbol{\epsilon}_1^{\mathrm{T}}-\boldsymbol{\epsilon}_1^{\mathrm{T}}\boldsymbol{\epsilon}_1\mathbf{1})\boldsymbol{\epsilon}_2\mathbf{1}\\&=(\boldsymbol{\epsilon}_2^{\mathrm{T}}\boldsymbol{\epsilon}_1)[\boldsymbol{\epsilon}_2\boldsymbol{\epsilon}_1^{\mathrm{T}}+\boldsymbol{\epsilon}_1\boldsymbol{\epsilon}_2^{\mathrm{T}}]-(\boldsymbol{\epsilon}_1^{\mathrm{T}}\boldsymbol{\epsilon}_1)\boldsymbol{\epsilon}_2\boldsymbol{\epsilon}_2^{\mathrm{T}}-(\boldsymbol{\epsilon}_2^{\mathrm{T}}\boldsymbol{\epsilon}_2)\boldsymbol{\epsilon}_1\boldsymbol{\epsilon}_1^{\mathrm{T}}+[(\boldsymbol{\epsilon}_1^{\mathrm{T}}\boldsymbol{\epsilon}_1)(\boldsymbol{\epsilon}_2^{\mathrm{T}}\boldsymbol{\epsilon}_2)-(\boldsymbol{\epsilon}_2^{\mathrm{T}}\boldsymbol{\epsilon}_1)^2]\mathbf{1}\end{aligned}$$

由于 $\eta_3=0$，意味着 $\eta_1\eta_2=\boldsymbol{\epsilon}_2^{\mathrm{T}}\boldsymbol{\epsilon}_1$，且利用单位幅值约束条件 $\eta^2+\boldsymbol{\epsilon}^{\mathrm{T}}\boldsymbol{\epsilon}=1$，最后一个括号项变为

$$(\boldsymbol{\epsilon}_1^{\mathrm{T}}\boldsymbol{\epsilon}_1)(\boldsymbol{\epsilon}_2^{\mathrm{T}}\boldsymbol{\epsilon}_2)-(\boldsymbol{\epsilon}_2^{\mathrm{T}}\boldsymbol{\epsilon}_1)^2=1-(\eta_1^2+\eta_2^2)$$

将之代回，有

$$(\boldsymbol{\epsilon}_1^{\times}\boldsymbol{\epsilon}_2)(\boldsymbol{\epsilon}_1^{\times}\boldsymbol{\epsilon}_2)^{\mathrm{T}}=(\boldsymbol{\epsilon}_2^{\mathrm{T}}\boldsymbol{\epsilon}_1)[\boldsymbol{\epsilon}_2\boldsymbol{\epsilon}_1^{\mathrm{T}}+\boldsymbol{\epsilon}_1\boldsymbol{\epsilon}_2^{\mathrm{T}}]-(\boldsymbol{\epsilon}_1^{\mathrm{T}}\boldsymbol{\epsilon}_1)\boldsymbol{\epsilon}_2\boldsymbol{\epsilon}_2^{\mathrm{T}}-(\boldsymbol{\epsilon}_2^{\mathrm{T}}\boldsymbol{\epsilon}_2)\boldsymbol{\epsilon}_1\boldsymbol{\epsilon}_1^{\mathrm{T}}+[1-(\eta_1^2+\eta_2^2)]\mathbf{1}$$

现在我们知道这正是式（1－47）中最后一个括号项。因此，可以最终写为

$$\boldsymbol{C}_{31}+\boldsymbol{C}_{31}^{\mathrm{T}}=-2\mathbf{1}+4[\eta_2\boldsymbol{\epsilon}_1+\eta_1\boldsymbol{\epsilon}_2+\boldsymbol{\epsilon}_1^{\times}\boldsymbol{\epsilon}_2][\eta_2\boldsymbol{\epsilon}_1+\eta_1\boldsymbol{\epsilon}_2+\boldsymbol{\epsilon}_1^{\times}\boldsymbol{\epsilon}_2]^{\mathrm{T}} \tag{1-48}$$

现在根据事实，对于两个列矩阵 $\boldsymbol{a}$ 和 $\boldsymbol{b}$，如果 $\boldsymbol{a}\boldsymbol{a}^{\mathrm{T}}=\boldsymbol{b}\boldsymbol{b}^{\mathrm{T}}$，则 $\boldsymbol{b}=\pm\boldsymbol{a}$。当 $\eta_3=0$ 时，四元数的矢量部分的符号没有意义。将式（1－48）与式（1－45）相比较，可以得出

$$\boldsymbol{\epsilon}_3=\eta_2\boldsymbol{\epsilon}_1+\eta_1\boldsymbol{\epsilon}_2+\boldsymbol{\epsilon}_1^{\times}\boldsymbol{\epsilon}_2$$

这与当 $\eta_3\neq0$ 时的情形相同。

简而言之，给定旋转矩阵 $\boldsymbol{C}_{21}=\boldsymbol{C}(\boldsymbol{\epsilon}_1, \eta_1)$、$\boldsymbol{C}_{32}=\boldsymbol{C}(\boldsymbol{\epsilon}_2, \eta_2)$ 和 $\boldsymbol{C}_{31}=\boldsymbol{C}(\boldsymbol{\epsilon}_3, \eta_3)$，以及它们各自的四元参数化，给定 $\boldsymbol{C}_{31}=\boldsymbol{C}_{32}\boldsymbol{C}_{21}$，相关的四元数有如下关系

$$\begin{aligned}\boldsymbol{\epsilon}_3 &= \eta_2\boldsymbol{\epsilon}_1+\eta_1\boldsymbol{\epsilon}_2+\boldsymbol{\epsilon}_1^{\times}\boldsymbol{\epsilon}_2 \\ \eta_3 &= \eta_1\eta_2-\boldsymbol{\epsilon}_2^{\mathrm{T}}\boldsymbol{\epsilon}_1\end{aligned} \tag{1-49}$$

1.4　矢量微分

现在已经检测过物理矢量及其表达式相对参考系的含义，从而可以研究物理矢量随时间改变的情况。由于物理矢量的改变完全取决于观测者的视角，参考系对此至关重要。举例来说，某个参考系中的观测者与另一个参考系中的观测者相比，将会看到物理矢量不同的演进。为此，当我们谈论物理矢量时间微分时，我们讨论的是特定参考系中的微分。

如此，规定由单位矢量 $\vec{\boldsymbol{x}}_1$、$\vec{\boldsymbol{y}}_1$ 和 $\vec{\boldsymbol{z}}_1$ 确定的参考系 $\mathcal{F}_1$。给定物理矢量

$$\vec{\boldsymbol{r}}=\vec{\mathcal{F}}_1^{\mathrm{T}}\boldsymbol{r}_1$$

在参考系 $\mathcal{F}_1$ 所见 $\vec{\boldsymbol{r}}$ 的时间微分确定为

$$\dot{\vec{\boldsymbol{r}}}\triangleq\lim_{\delta t\to 0}\frac{\delta\vec{\boldsymbol{r}}}{\delta t}$$

此处

$$\delta\vec{\boldsymbol{r}}\triangleq\vec{\mathcal{F}}_1^{\mathrm{T}}[\boldsymbol{r}_1(t+\delta t)-\boldsymbol{r}_1(t)]$$

因此，在参考系 $\mathcal{F}_1$ 所见 $\vec{\boldsymbol{r}}$ 的时间微分给出为

$$\dot{\vec{\boldsymbol{r}}}=\vec{\mathcal{F}}_1^{\mathrm{T}}\dot{\boldsymbol{r}}_1$$

结果就是如果我们将矢量 $\vec{\boldsymbol{r}}$ 乘以时变标量 a，则有

$$\begin{aligned}\overset{\cdot}{\overbrace{(a\vec{\boldsymbol{r}})}} &= \vec{\mathcal{F}}_1^{\mathrm{T}}(a\dot{\boldsymbol{r}}_1) \\ &= \vec{\mathcal{F}}_1^{\mathrm{T}}(\dot{a}\boldsymbol{r}_1+a\dot{\boldsymbol{r}}_1) \\ &= \dot{a}\vec{\boldsymbol{r}}+a\dot{\vec{\boldsymbol{r}}}\end{aligned}$$

矢量加法与此类似

$$\begin{aligned}\overset{\cdot}{\overbrace{(\vec{\boldsymbol{a}}+\vec{\boldsymbol{b}})}} &= \vec{\mathcal{F}}_1^{\mathrm{T}}(\dot{\boldsymbol{a}}_1+\dot{\boldsymbol{b}}_1) \\ &= \dot{\vec{\boldsymbol{a}}}+\dot{\vec{\boldsymbol{b}}}\end{aligned}$$

我们马上也就能看见确定了坐标系 $\mathcal{F}_1$ 的单位矢量的时间微分都是 $\vec{\mathbf{0}}$，且因此

$$\dot{\vec{\mathcal{F}}}=\begin{bmatrix}\vec{\mathbf{0}}\\ \vec{\mathbf{0}}\\ \vec{\mathbf{0}}\end{bmatrix}$$

最终，我们可以得到标量的乘积法则和矢量的矢量积法则

$$
\begin{aligned}
\frac{\mathrm{d}}{\mathrm{d}t}(\vec{a}\cdot\vec{b}) &= \frac{\mathrm{d}}{\mathrm{d}t}[\boldsymbol{a}^{\mathrm{T}}\boldsymbol{b}] \\
&= \dot{\boldsymbol{a}}^{\mathrm{T}}\boldsymbol{b}+\boldsymbol{a}^{\mathrm{T}}\dot{\boldsymbol{b}} \\
&= \dot{\vec{a}}\cdot\vec{b}+\vec{a}\cdot\dot{\vec{b}}
\end{aligned}
$$

且

$$
\begin{aligned}
\dot{\overbrace{(\vec{a}+\vec{b})}} &= \vec{\mathcal{F}}_1^{\mathrm{T}}\frac{\mathrm{d}}{\mathrm{d}t}[\boldsymbol{a}^{\times}\boldsymbol{b}] \\
&= \vec{\mathcal{F}}_1^{\mathrm{T}}[\dot{\boldsymbol{a}}^{\times}\boldsymbol{b}+\boldsymbol{a}^{\times}\dot{\boldsymbol{b}}] \\
&= \dot{\vec{a}}\times\vec{b}+\vec{a}\times\dot{\vec{b}}
\end{aligned}
$$

1.4.1　角速度

我们规定第 2 个参考系 $\mathcal{F}_2$，它以角速度 $\vec{\boldsymbol{\omega}}_{21}$ 围绕 $\mathcal{F}_1$ 旋转，如图 1－18 所示。$\vec{\boldsymbol{\omega}}_{21}$ 的模（即 $|\vec{\boldsymbol{\omega}}_{21}|$）是旋转速率，且方向 $\vec{\boldsymbol{\omega}}_{21}/|\vec{\boldsymbol{\omega}}_{21}|$ 是瞬时转动轴。为了了解这代表什么，规定与参考系 $\mathcal{F}_1$ 一样，于两个时间点 t 和 $t+\delta t$ 观察参考系 $\mathcal{F}_2$ 的情况。我们知道从 $\mathcal{F}_2(t)$ 到 $\mathcal{F}_2(t+\delta t)$ 的转换是关于某个轴 $\vec{\boldsymbol{a}}(\delta t)$ 通过角度 $\phi(\delta t)$ 的旋转。我们正式地确定角速度为

$$
\vec{\boldsymbol{\omega}}_{21}=\lim_{\delta t\to 0}\vec{\boldsymbol{a}}(\delta t)\frac{\phi(\delta t)}{\delta t}
$$

现在我们规定在参考系 $\mathcal{F}_1$ 中，任意一个物理矢量 $\vec{\boldsymbol{v}}$ 以角速度 $\vec{\boldsymbol{\omega}}$ 旋转的时间微分。首先，我们检验矢量 $\vec{\boldsymbol{v}}$ 在 $\mathcal{F}_1$ 中相对单位矢量 $\vec{\boldsymbol{a}}$ 旋转角 ϕ 的有限旋转。

我们已经看到式（1－25）给出了在坐标系 $\mathcal{F}_1$ 中的旋转矢量

$$
\vec{\boldsymbol{v}}_{\mathrm{rot}}=\vec{\mathcal{F}}_1^{\mathrm{T}}[\cos\phi\boldsymbol{1}+(1-\cos\phi)\boldsymbol{a}\boldsymbol{a}^{\mathrm{T}}+\sin\phi\boldsymbol{a}^{\times}]\boldsymbol{v} \tag{1-50}
$$

现在，令 δt 为非常小的值，则角 $\phi(\delta t)$ 也非常小，且 $\sin\phi\approx\phi$ 和 $\cos\phi\approx 1$。根据这些近似值，有

$$
\vec{\boldsymbol{v}}(t+\delta t)=\vec{\mathcal{F}}_1^{\mathrm{T}}[\boldsymbol{1}+\boldsymbol{a}^{\times}\phi]\boldsymbol{v}
$$

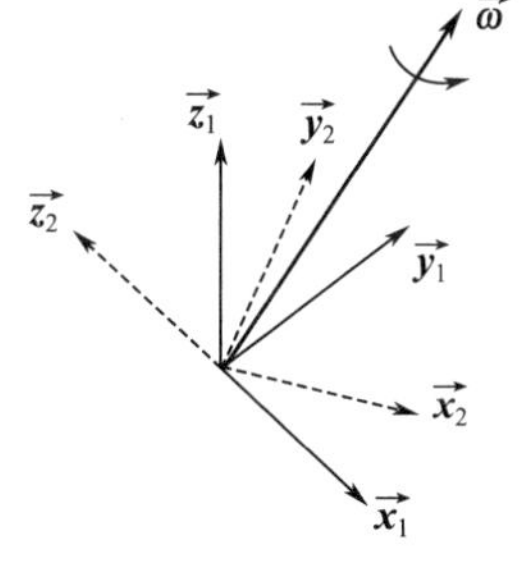

图 1－18　角速度

据此发现

$$
\vec{\boldsymbol{v}}(t+\delta t)-\vec{\boldsymbol{v}}(t)=\vec{\mathcal{F}}_1^{\mathrm{T}}[\boldsymbol{a}^{\times}\phi]\boldsymbol{v}
$$

这就得出

$$\begin{aligned}\dot{\vec{v}}(t) &= \lim_{\delta t \to 0} \frac{\vec{v}(t+\delta t)-\vec{v}(t)}{\delta t} \\ &= \vec{\mathcal{F}}_1^{\mathrm{T}} \boldsymbol{\omega}^{\times} \boldsymbol{v} \\ &= \vec{\boldsymbol{\omega}} \times \vec{v}\end{aligned} \tag{1-51}$$

我们回到对参考系 $\mathcal{F}_1$ 和 $\mathcal{F}_2$ 的规定的考虑，$\mathcal{F}_2$ 以角速度 $\vec{\boldsymbol{\omega}}_{21}$ 相对 $\mathcal{F}_1$ 进行旋转。运用上述结论，我们在 $\mathcal{F}_1$ 中观察确定 $\mathcal{F}_2$ 的单位矢量的时间微分，即

$$\dot{\vec{x}}_2 = \vec{\boldsymbol{\omega}}_{21} \times \vec{x}_2,\ \dot{\vec{y}}_2 = \vec{\boldsymbol{\omega}}_{21} \times \vec{y}_2, \dot{\vec{z}}_2 = \vec{\boldsymbol{\omega}}_{21} \times \vec{z}_2$$

这可简写为

$$\dot{\vec{\mathcal{F}}}_2^{\mathrm{T}} = \vec{\boldsymbol{\omega}}_{21} \times \vec{\mathcal{F}}_2^{\mathrm{T}}$$

正如已经讨论过的，观测者由于自身的相对运动，在两个参考系中将看到不同的运动。在参考系 $\mathcal{F}_1$ 中已经用（$\dot{}$）标记了矢量时间微分。我们将参考系 $\mathcal{F}_2$ 中矢量的时间微分记作（°）。现在我们规定矢量

$$\vec{\boldsymbol{r}} = \vec{\mathcal{F}}_1^{\mathrm{T}} \boldsymbol{r}_1 = \vec{\mathcal{F}}_2^{\mathrm{T}} \boldsymbol{r}_2$$

根据定义，矢量的时间微分在各自的参考系中分别为

$$\dot{\vec{\boldsymbol{r}}} = \vec{\mathcal{F}}_1^{\mathrm{T}} \dot{\boldsymbol{r}}_1,\ \mathring{\vec{\boldsymbol{r}}} = \vec{\mathcal{F}}_2^{\mathrm{T}} \dot{\boldsymbol{r}}_2$$

现在得到矢量的时间微分在两个参考系中的关系。利用之前我们得到的矢量微分的规则，有

$$\begin{aligned}\dot{\vec{\boldsymbol{r}}} &= \vec{\mathcal{F}}_2^{\mathrm{T}} \dot{\boldsymbol{r}}_2 + \dot{\vec{\mathcal{F}}}_2^{\mathrm{T}} \boldsymbol{r}_2 \\ &= \mathring{\vec{\boldsymbol{r}}} + \vec{\boldsymbol{\omega}}_{21} \times \vec{\mathcal{F}}_2^{\mathrm{T}} \boldsymbol{r}_2 \\ &= \mathring{\vec{\boldsymbol{r}}} + \vec{\boldsymbol{\omega}}_{21} \times \vec{\boldsymbol{r}}\end{aligned} \tag{1-52}$$

这个非常重要的关系［方程（1－52）］对于任意矢量 $\vec{\boldsymbol{r}}$ 都是真实存在的，并且被称作输运定理。非常重要的一点应用是（对于航天器来说）用 $\vec{\boldsymbol{r}}$ 标记位置的时候，$\mathcal{F}_1$ 是非旋转惯性参考系，而 $\mathcal{F}_2$ 是和研究对象共同旋转的参考系。方程（1－52）也表明，假设两个不围绕彼此旋转的参考系（如果 $\vec{\boldsymbol{\omega}}_{21} = \vec{\boldsymbol{0}}$），则在两个参考系中，矢量的时间微分是相同的，即 $\dot{\vec{\boldsymbol{r}}} = \mathring{\vec{\boldsymbol{r}}}$。

我们在参考系 $\mathcal{F}_2$ 中表达角动量为

$$\vec{\boldsymbol{\omega}}_{21} = \vec{\mathcal{F}}_2^{\mathrm{T}} \boldsymbol{\omega}_{21}$$

利用这一点，方程（1－52）变为

$$\begin{aligned}\dot{\vec{\boldsymbol{r}}} &= \vec{\mathcal{F}}_1^{\mathrm{T}} \dot{\boldsymbol{r}}_1 \\ &= \vec{\mathcal{F}}_2^{\mathrm{T}} [\dot{\boldsymbol{r}}_2 + \boldsymbol{\omega}_{21}^{\times} \boldsymbol{r}_2] \\ &= \vec{\mathcal{F}}_1^{\mathrm{T}} \boldsymbol{C}_{12} [\dot{\boldsymbol{r}}_2 + \boldsymbol{\omega}_{21}^{\times} \boldsymbol{r}_2]\end{aligned}$$

即，相对两个参考系的时间微分之间的坐标关系为

$$\dot{\boldsymbol{r}}_1 = \boldsymbol{C}_{12}[\dot{\boldsymbol{r}}_2 + \boldsymbol{\omega}_{21}^{\times}\boldsymbol{r}_2] \tag{1-53}$$

我们可以利用上述方程（1－53）得到旋转矩阵 $\boldsymbol{C}_{21}$ 的微分方程。为此，我们规定参考系 $\mathcal{F}_1$ 中的任意常数矢量 $\vec{\boldsymbol{r}}$，即 $\dot{\boldsymbol{r}}_1 = \boldsymbol{0}$。在这种情况下，方程（1－53）变为

$$\dot{\boldsymbol{r}}_2 + \boldsymbol{\omega}_{21}^{\times}\boldsymbol{r}_2 = \boldsymbol{0}$$

运用坐标关系变换 $\boldsymbol{r}_2 = \boldsymbol{C}_{21}\boldsymbol{r}_1$，上式变为

$$[\dot{\boldsymbol{C}}_{21} + \boldsymbol{\omega}_{21}^{\times}\boldsymbol{C}_{21}]\boldsymbol{r}_1 = \boldsymbol{0}$$

由于矢量 $\vec{\boldsymbol{r}}$ 是任意的，因此这对任意 $\boldsymbol{r}_1 \in \mathbf{R}^3$ 成立。因此，旋转矩阵的微分方程为

$$\dot{\boldsymbol{C}}_{21} = -\boldsymbol{\omega}_{21}^{\times}\boldsymbol{C}_{21} \tag{1-54}$$

当该旋转矩阵为时间函数时，这一方程可被改写以导出角速度

$$\boldsymbol{\omega}_{21}^{\times} = -\dot{\boldsymbol{C}}_{21}\boldsymbol{C}_{21}^{\mathrm{T}} \tag{1-55}$$

最终，我们可以证明角速度是叠加的。我们规定 3 个参考系 $\mathcal{F}_1$、$\mathcal{F}_2$ 和 $\mathcal{F}_3$ 的情况。令参考系 $\mathcal{F}_2$ 以角速度 $\vec{\boldsymbol{\omega}}_{21} = \vec{\mathcal{F}}_2^{\mathrm{T}}\boldsymbol{\omega}_{21}$ 围绕 $\mathcal{F}_1$ 旋转，令 $\mathcal{F}_3$ 以角速度 $\vec{\boldsymbol{\omega}}_{32} = \vec{\mathcal{F}}_3^{\mathrm{T}}\boldsymbol{\omega}_{32}$ 围绕 $\mathcal{F}_2$ 旋转，并令 $\mathcal{F}_3$ 以角速度 $\vec{\boldsymbol{\omega}}_{31} = \vec{\mathcal{F}}_3^{\mathrm{T}}\boldsymbol{\omega}_{31}$ 围绕 $\mathcal{F}_1$ 旋转。令 $\boldsymbol{C}_{21}$、$\boldsymbol{C}_{32}$ 和 $\boldsymbol{C}_{31}$ 分别为关联旋转矩阵。根据方程（1－54）有

$$\dot{\boldsymbol{C}}_{21} = -\boldsymbol{\omega}_{21}^{\times}\boldsymbol{C}_{21},\ \dot{\boldsymbol{C}}_{32} = -\omega_{32}^{\times}\boldsymbol{C}_{32},\ \dot{\boldsymbol{C}}_{31} = -\boldsymbol{\omega}_{31}^{\times}\boldsymbol{C}_{31}$$

但是，我们也从方程（1－19）获悉

$$\boldsymbol{C}_{31} = \boldsymbol{C}_{32}\boldsymbol{C}_{21}$$

对上式求微分并运用上述的微分方程给出

$$\begin{aligned}-\boldsymbol{\omega}_{31}^{\times}\boldsymbol{C}_{31} = \dot{\boldsymbol{C}}_{31} &= \dot{\boldsymbol{C}}_{32}\boldsymbol{C}_{21} + \boldsymbol{C}_{32}\dot{\boldsymbol{C}}_{21}\\ &= -\boldsymbol{\omega}_{32}^{\times}\boldsymbol{C}_{32}\boldsymbol{C}_{21} - \boldsymbol{C}_{32}\boldsymbol{\omega}_{21}^{\times}\boldsymbol{C}_{21}\\ &= -\boldsymbol{\omega}_{32}^{\times}\boldsymbol{C}_{31} - \boldsymbol{C}_{32}\boldsymbol{\omega}_{21}^{\times}\boldsymbol{C}_{21}\end{aligned}$$

两侧都乘以 $\boldsymbol{C}_{31}^{\mathrm{T}}$，并利用 $\boldsymbol{C}_{32} = \boldsymbol{C}_{31}\boldsymbol{C}_{21}^{\mathrm{T}}$，上式就变为

$$-\boldsymbol{\omega}_{31}^{\times} = -\boldsymbol{\omega}_{32}^{\times} - \boldsymbol{C}_{32}\boldsymbol{\omega}_{21}^{\times}\boldsymbol{C}_{32}^{\mathrm{T}}$$

现在，根据方程（1－21），我们有 $(\boldsymbol{C}_{32}\boldsymbol{\omega}_{21})^{\times} = \boldsymbol{C}_{32}\boldsymbol{\omega}_{21}^{\times}\boldsymbol{C}_{32}^{\mathrm{T}}$。因此，我们得出

$$-\boldsymbol{\omega}_{31}^{\times} = -\boldsymbol{\omega}_{32}^{\times} - (\boldsymbol{C}_{32}\boldsymbol{\omega}_{21})^{\times}$$

且

$$\boldsymbol{\omega}_{31} = \boldsymbol{\omega}_{32} + (\boldsymbol{C}_{32}\boldsymbol{\omega}_{21})$$

最后，注意这些仅仅是表达于 $\mathcal{F}_3$ 中的角速度的坐标，可推导出

$$\vec{\boldsymbol{\omega}}_{31} = \vec{\boldsymbol{\omega}}_{32} + \vec{\boldsymbol{\omega}}_{21} \tag{1-56}$$

即，角速度是叠加的。作为结论，由于参考系相对其自身有零角速度，参考系 $\mathcal{F}_1$ 相对 $\mathcal{F}_2$ 的角速度为 $\vec{\boldsymbol{\omega}}_{12} = -\vec{\boldsymbol{\omega}}_{21}$。

1.4.2　根据欧拉角速率求角速度

我们已知，任意参考系 $\mathcal{F}_2$ 都可以由另一个参考系 $\mathcal{F}_1$ 通过以 3 个连续的主轴旋转得到。这些旋转的角被称作欧拉角。运用角速度叠加这一事实，我们可以通过欧拉角速率轻

松地得到角速度的表达式。我们将用先前阐释的 3－2－1 欧拉姿态序列证明这一点。首先，需要确定中间参考系。参考图 1－15，我们将参考系 $\mathcal{F}_i$ 记作由 $\mathcal{F}_1$ 通过关于 $\mathcal{F}_1$ 的 z 轴进行主轴旋转得到的参考系。接下来，我们将参考系 $\mathcal{F}_t$ 记作由 $\mathcal{F}_i$ 通过关于 $\mathcal{F}_i$ 的 y 轴进行主轴旋转得到的参考系。最后，参考系 $\mathcal{F}_2$ 是由参考系 $\mathcal{F}_t$ 通过关于 $\mathcal{F}_t$ 的 x 轴进行主轴旋转得到的参考系。

显然，参考系 $\mathcal{F}_i$ 是如下角速度相对 $\mathcal{F}_1$ 进行旋转的

$$\vec{\boldsymbol{\omega}}_{i1}=\vec{\mathcal{F}}_i^{\mathrm{T}}\begin{bmatrix}0\\0\\\dot{\Psi}\end{bmatrix}=\vec{\mathcal{F}}_2^{\mathrm{T}}\boldsymbol{C}_x(\phi)\boldsymbol{C}_y(\theta)\begin{bmatrix}0\\0\\\dot{\Psi}\end{bmatrix}$$

参考系 $\mathcal{F}_t$ 是以如下角速度相对 $\mathcal{F}_i$ 进行旋转的

$$\vec{\boldsymbol{\omega}}_{ti}=\vec{\mathcal{F}}_t^{\mathrm{T}}\begin{bmatrix}0\\\dot{\theta}\\0\end{bmatrix}=\vec{\mathcal{F}}_2^{\mathrm{T}}\boldsymbol{C}_x(\phi)\begin{bmatrix}0\\\dot{\theta}\\0\end{bmatrix}$$

且参考系 $\mathcal{F}_2$ 是以如下角速度相对 $\mathcal{F}_t$ 进行旋转的

$$\vec{\boldsymbol{\omega}}_{2t}=\vec{\mathcal{F}}_2^{\mathrm{T}}\begin{bmatrix}\dot{\phi}\\0\\0\end{bmatrix}$$

利用角速度叠加这一事实，我们发现参考系 $\mathcal{F}_2$ 以下列角速度围绕参考系 $\mathcal{F}_1$ 进行旋转

$$\vec{\boldsymbol{\omega}}_{21}=\vec{\boldsymbol{\omega}}_{2t}+\vec{\boldsymbol{\omega}}_{ti}+\vec{\boldsymbol{\omega}}_{i1}$$

根据 $\vec{\boldsymbol{\omega}}_{21}=\vec{\mathcal{F}}_2^{\mathrm{T}}\boldsymbol{\omega}_{21}$，我们可以得到 $\mathcal{F}_2$ 的坐标系中欧拉角速率和角速度之间的关系为

$$\boldsymbol{\omega}_{21}=\begin{bmatrix}\dot{\phi}\\0\\0\end{bmatrix}+\boldsymbol{C}_x(\phi)\begin{bmatrix}0\\\dot{\theta}\\0\end{bmatrix}+\boldsymbol{C}_x(\phi)\boldsymbol{C}_y(\theta)\begin{bmatrix}0\\0\\\dot{\Psi}\end{bmatrix}\tag{1-57}$$

完整表达为

$$\boldsymbol{\omega}_{21}=\begin{bmatrix}1&0&-\sin\theta\\0&\cos\phi&\sin\phi\cos\theta\\0&-\sin\phi&\cos\phi\cos\theta\end{bmatrix}\begin{bmatrix}\dot{\phi}\\\dot{\theta}\\\dot{\Psi}\end{bmatrix}\tag{1-58}$$

将之逆转可以根据角速度得出欧拉角速率

$$\begin{bmatrix}\dot{\phi}\\\dot{\theta}\\\dot{\Psi}\end{bmatrix}=\begin{bmatrix}1&\sin\phi\tan\theta&\cos\phi\tan\theta\\0&\cos\phi&-\sin\phi\\0&\sin\phi\sec\theta&\cos\phi\sec\theta\end{bmatrix}\boldsymbol{\omega}_{21}\tag{1-59}$$

据此可知，当 3－2－1 姿态序列在奇点时（回顾当 $\theta=\pm90°$ 时），由于项 $\tan\theta$ 和 $\sec\theta$ 是无定义的，欧拉角速率不能由式（1－59）得到。

1.4.3　根据四元数律确定角速度

我们已经根据式（1－55）看出，如果参考系 $\mathcal{F}_2$ 是以角速度 $\vec{\boldsymbol{\omega}}_{21}=\vec{\mathcal{F}}_2^{\mathrm{T}}\boldsymbol{\omega}_{21}$ 围绕参考系 $\mathcal{F}_1$ 进行旋转的，则

$$\boldsymbol{\omega}_{21}^{\times}=-\dot{\boldsymbol{C}}_{21}\boldsymbol{C}_{21}^{\mathrm{T}} \tag{1-60}$$

注意，很重要的一点是，$\boldsymbol{\omega}_{21}$ 是 $\vec{\boldsymbol{\omega}}_{21}$ 在参考系 $\mathcal{F}_2$ 中的坐标，且 $\boldsymbol{C}_{21}$ 是将坐标从参考系 $\mathcal{F}_1$ 到参考系 $\mathcal{F}_2$ 的旋转矩阵。

利用恒等式 $\boldsymbol{\epsilon}^{\times}\boldsymbol{\epsilon}^{\times}=\boldsymbol{\epsilon}\boldsymbol{\epsilon}^{\mathrm{T}}-\boldsymbol{\epsilon}^{\mathrm{T}}\boldsymbol{\epsilon}\boldsymbol{1}$ ［参见式（1－14）］，以及单位约束式（1－32），具有四元数参数为 $(\boldsymbol{\epsilon},\ \eta)$ 的旋转矩阵 $\boldsymbol{C}_{21}$ 可以写为

$$\boldsymbol{C}_{21}=\boldsymbol{1}+2\boldsymbol{\epsilon}^{\times}\boldsymbol{\epsilon}^{\times}-2\eta\boldsymbol{\epsilon}^{\times} \tag{1-61}$$

求微分，有

$$\dot{\boldsymbol{C}}_{21}=2[(\dot{\boldsymbol{\epsilon}}^{\times}\boldsymbol{\epsilon}^{\times}+\boldsymbol{\epsilon}^{\times}\dot{\boldsymbol{\epsilon}}^{\times})-\dot{\eta}\boldsymbol{\epsilon}^{\times}-\eta\dot{\boldsymbol{\epsilon}}^{\times}] \tag{1-62}$$

通过将式（1－62）用式（1－61）自右乘并扩展，我们发现

$$\begin{aligned}\frac{1}{2}\dot{\boldsymbol{C}}_{21}\boldsymbol{C}_{21}^{\mathrm{T}}=&(\dot{\boldsymbol{\epsilon}}^{\times}\boldsymbol{\epsilon}^{\times}+\boldsymbol{\epsilon}^{\times}\dot{\boldsymbol{\epsilon}}^{\times})-\dot{\eta}\boldsymbol{\epsilon}^{\times}-\eta\dot{\boldsymbol{\epsilon}}^{\times}+2(\dot{\boldsymbol{\epsilon}}^{\times}\boldsymbol{\epsilon}^{\times}+\boldsymbol{\epsilon}^{\times}\dot{\boldsymbol{\epsilon}}^{\times})\boldsymbol{\epsilon}^{\times}\boldsymbol{\epsilon}^{\times}-\\&2\dot{\eta}\boldsymbol{\epsilon}^{\times}\boldsymbol{\epsilon}^{\times}\boldsymbol{\epsilon}^{\times}+2\eta\boldsymbol{\epsilon}^{\times}\dot{\boldsymbol{\epsilon}}^{\times}\boldsymbol{\epsilon}^{\times}-2\eta\dot{\eta}\boldsymbol{\epsilon}^{\times}\boldsymbol{\epsilon}^{\times}-2\eta^{2}\dot{\boldsymbol{\epsilon}}^{\times}\boldsymbol{\epsilon}^{\times}\end{aligned} \tag{1-63}$$

为了简化这一表达，我们需要利用一些列矩阵等式。前文中已经推导出

$$\boldsymbol{a}^{\times}\boldsymbol{b}^{\times}=\boldsymbol{b}\boldsymbol{a}^{\mathrm{T}}-(\boldsymbol{a}^{\mathrm{T}}\boldsymbol{b})\boldsymbol{1}$$

利用这一等式，将式（1－63）中单个项目扩展。有

$$\begin{aligned}\boldsymbol{\epsilon}^{\times}\boldsymbol{\epsilon}^{\times}&=\boldsymbol{\epsilon}\boldsymbol{\epsilon}^{\mathrm{T}}-(\boldsymbol{\epsilon}^{\mathrm{T}}\boldsymbol{\epsilon})\boldsymbol{1}\\\boldsymbol{\epsilon}^{\times}\boldsymbol{\epsilon}^{\times}\boldsymbol{\epsilon}^{\times}&=-(\boldsymbol{\epsilon}^{\mathrm{T}}\boldsymbol{\epsilon})\boldsymbol{\epsilon}^{\times}\\\dot{\boldsymbol{\epsilon}}^{\times}\boldsymbol{\epsilon}^{\times}&=\boldsymbol{\epsilon}\dot{\boldsymbol{\epsilon}}^{\mathrm{T}}-(\boldsymbol{\epsilon}^{\mathrm{T}}\dot{\boldsymbol{\epsilon}})\boldsymbol{1}\\\boldsymbol{\epsilon}^{\times}\dot{\boldsymbol{\epsilon}}^{\times}\boldsymbol{\epsilon}^{\times}&=-(\boldsymbol{\epsilon}^{\mathrm{T}}\dot{\boldsymbol{\epsilon}})\boldsymbol{\epsilon}^{\times}\\\boldsymbol{\epsilon}^{\times}\dot{\boldsymbol{\epsilon}}^{\times}&=\dot{\boldsymbol{\epsilon}}\boldsymbol{\epsilon}^{\mathrm{T}}-(\boldsymbol{\epsilon}^{\mathrm{T}}\dot{\boldsymbol{\epsilon}})\boldsymbol{1}\end{aligned}$$

将这些代入式（1－63）并合并同类项，我们得到

$$\begin{aligned}\frac{1}{2}\dot{\boldsymbol{C}}_{21}\boldsymbol{C}_{21}^{\mathrm{T}}=&\dot{\boldsymbol{\epsilon}}\boldsymbol{\epsilon}^{\mathrm{T}}+[1-2(\boldsymbol{\epsilon}^{\mathrm{T}}\boldsymbol{\epsilon})-2\eta^{2}]\boldsymbol{\epsilon}\dot{\boldsymbol{\epsilon}}^{\mathrm{T}}+\\&[-2(\boldsymbol{\epsilon}^{\mathrm{T}}\dot{\boldsymbol{\epsilon}})+4(\boldsymbol{\epsilon}^{\mathrm{T}}\dot{\boldsymbol{\epsilon}})(\boldsymbol{\epsilon}^{\mathrm{T}}\boldsymbol{\epsilon})+2\eta\dot{\eta}(\boldsymbol{\epsilon}^{\mathrm{T}}\boldsymbol{\epsilon})+2\eta^{2}(\boldsymbol{\epsilon}^{\mathrm{T}}\dot{\boldsymbol{\epsilon}})]\boldsymbol{1}+\\&[-\dot{\eta}+2\dot{\eta}(\boldsymbol{\epsilon}^{\mathrm{T}}\boldsymbol{\epsilon})-2\eta(\boldsymbol{\epsilon}^{\mathrm{T}}\dot{\boldsymbol{\epsilon}})]\boldsymbol{\epsilon}^{\times}-\eta\dot{\boldsymbol{\epsilon}}^{\times}+[-2(\boldsymbol{\epsilon}^{\mathrm{T}}\dot{\boldsymbol{\epsilon}})-2\eta\dot{\eta}]\boldsymbol{\epsilon}\boldsymbol{\epsilon}^{\mathrm{T}}\end{aligned} \tag{1-64}$$

利用四元数的单位大小约束及其导数，可以进一步将式（1－64）中的每一项系数简化。

$$\boldsymbol{\epsilon}^{\mathrm{T}}\boldsymbol{\epsilon}+\eta^{2}=1 \tag{1-65}$$

$$\boldsymbol{\epsilon}^{\mathrm{T}}\dot{\boldsymbol{\epsilon}}+\eta\dot{\eta}=0 \tag{1-66}$$

利用式（1－65），我们发现

$$1-2(\boldsymbol{\epsilon}^{\mathrm{T}}\boldsymbol{\epsilon})-2\eta^{2}=-1$$

利用式（1－65）和式（1－66），我们发现

$$\begin{aligned}&-2(\boldsymbol{\epsilon}^{\mathrm{T}}\dot{\boldsymbol{\epsilon}})+4(\boldsymbol{\epsilon}^{\mathrm{T}}\dot{\boldsymbol{\epsilon}})(\boldsymbol{\epsilon}^{\mathrm{T}}\boldsymbol{\epsilon})+2\eta\dot{\eta}(\boldsymbol{\epsilon}^{\mathrm{T}}\boldsymbol{\epsilon})+2\eta^{2}(\boldsymbol{\epsilon}^{\mathrm{T}}\dot{\boldsymbol{\epsilon}})\\&=-2(\boldsymbol{\epsilon}^{\mathrm{T}}\dot{\boldsymbol{\epsilon}})+2(\boldsymbol{\epsilon}^{\mathrm{T}}\boldsymbol{\epsilon}+\eta^{2})(\boldsymbol{\epsilon}^{\mathrm{T}}\dot{\boldsymbol{\epsilon}})+2(\boldsymbol{\epsilon}^{\mathrm{T}}\dot{\boldsymbol{\epsilon}}+\eta\dot{\eta})(\boldsymbol{\epsilon}^{\mathrm{T}}\boldsymbol{\epsilon})\\&=0\end{aligned}$$

$$\begin{aligned}-\dot{\eta}+2\dot{\eta}(\boldsymbol{\epsilon}^{\mathrm{T}}\boldsymbol{\epsilon})-2\eta(\boldsymbol{\epsilon}^{\mathrm{T}}\dot{\boldsymbol{\epsilon}})&=\dot{\eta}[(2(\boldsymbol{\epsilon}^{\mathrm{T}}\boldsymbol{\epsilon})-1]-2\eta(\boldsymbol{\epsilon}^{\mathrm{T}}\dot{\boldsymbol{\epsilon}})\\&=\dot{\eta}(1-2\eta^{2})-2\eta(\boldsymbol{\epsilon}^{\mathrm{T}}\dot{\boldsymbol{\epsilon}})\\&=\dot{\eta}-2(\eta\dot{\eta}+\boldsymbol{\epsilon}^{\mathrm{T}}\dot{\boldsymbol{\epsilon}})\eta\\&=\dot{\eta}\end{aligned}$$

$$-2(\boldsymbol{\epsilon}^{\mathrm{T}}\dot{\boldsymbol{\epsilon}})-2\eta\dot{\eta}=0$$

因此，式（1－64）变为

$$\frac{1}{2}\dot{\boldsymbol{C}}_{21}\boldsymbol{C}_{21}^{\mathrm{T}}=(\dot{\boldsymbol{\epsilon}}\,\boldsymbol{\epsilon}^{\mathrm{T}}-\boldsymbol{\epsilon}\,\dot{\boldsymbol{\epsilon}}^{\mathrm{T}})-\eta\,\dot{\boldsymbol{\epsilon}}^{\times}+\dot{\eta}\,\dot{\boldsymbol{\epsilon}}^{\times}$$

我们还需要另一个等式来简化带括号的项。利用式（1－42），我们发现

$$\dot{\boldsymbol{\epsilon}}\boldsymbol{\epsilon}^{\mathrm{T}}-\boldsymbol{\epsilon}\,\dot{\boldsymbol{\epsilon}}^{\mathrm{T}}=(\boldsymbol{\epsilon}^{\times}\,\dot{\boldsymbol{\epsilon}})^{\times}$$

且最终有

$$\frac{1}{2}\dot{\boldsymbol{C}}_{21}\boldsymbol{C}_{21}^{\mathrm{T}}=(\boldsymbol{\epsilon}^{\times}\,\dot{\boldsymbol{\epsilon}})^{\times}-\eta\,\dot{\boldsymbol{\epsilon}}^{\times}+\dot{\eta}\,\boldsymbol{\epsilon}^{\times}$$

因此，根据式（1－60），有

$$\boldsymbol{\omega}_{21}^{\times}=-2[(\boldsymbol{\epsilon}^{\times}\,\dot{\boldsymbol{\epsilon}})^{\times}-\eta\,\dot{\boldsymbol{\epsilon}}^{\times}+\dot{\eta}\,\boldsymbol{\epsilon}^{\times}]$$

最后，由于上述方程的两边都是矢量积算子，我们能提取出角速度的方程为

$$\boldsymbol{\omega}_{21}=2(\eta\mathbf{1}-\boldsymbol{\epsilon}^{\times})\dot{\boldsymbol{\epsilon}}-2\,\boldsymbol{\epsilon}\,\dot{\eta}\tag{1-67}$$

现在可以通过逆转式（1－67）来找出以角速度表达的四元数比率。为此，以矩阵形式写出式（1－67），且附加导数约束式（1－66）

$$\begin{bmatrix}\boldsymbol{\omega}_{21}\\0\end{bmatrix}=2\begin{bmatrix}(\eta\mathbf{1}-\boldsymbol{\epsilon}^{\times})&-\boldsymbol{\epsilon}\\\boldsymbol{\epsilon}^{\mathrm{T}}&\eta\end{bmatrix}\begin{bmatrix}\dot{\boldsymbol{\epsilon}}\\\dot{\eta}\end{bmatrix}$$

可以直截了当地看出上述矩阵是标准正交的（用其转置相乘且利用与之前相同的等式）。因此，可以逆转上述关系得到

$$\begin{bmatrix}\dot{\boldsymbol{\epsilon}}\\\dot{\eta}\end{bmatrix}=\frac{1}{2}\begin{bmatrix}(\eta\mathbf{1}+\boldsymbol{\epsilon}^{\times})&\boldsymbol{\epsilon}\\-\boldsymbol{\epsilon}^{\mathrm{T}}&\eta\end{bmatrix}\begin{bmatrix}\boldsymbol{\omega}_{21}\\0\end{bmatrix}$$

据此，可以提取关于角速度的用于四元数比率的方程

$$\begin{aligned}\dot{\boldsymbol{\epsilon}}&=\frac{1}{2}(\eta\mathbf{1}+\boldsymbol{\epsilon}^{\times})\boldsymbol{\omega}_{21}\\\dot{\eta}&=-\frac{1}{2}\boldsymbol{\epsilon}^{\mathrm{T}}\boldsymbol{\omega}_{21}\end{aligned}\tag{1-68}$$

1.5　速度与加速度

现在我们能得出不同参考系中的速度与加速度的表达式。如前所述，我们规定参考系 $\mathcal{F}_1$ 和 $\mathcal{F}_2$。

我们将参考系 $\mathcal{F}_1$ 中的速度用下式表示

$$\vec{\boldsymbol{v}}=\dot{\vec{\boldsymbol{r}}}=\mathring{\vec{\boldsymbol{r}}}+\vec{\boldsymbol{\omega}}_{21}\times\vec{\boldsymbol{r}} \tag{1-69}$$

参考系 $\mathcal{F}_1$ 中的加速度可以通过将式（1－52）的规则应用于 $\vec{\boldsymbol{v}}$ 得到

$$\begin{aligned}\ddot{\vec{\boldsymbol{r}}}&=\dot{\vec{\boldsymbol{v}}}=\mathring{\vec{\boldsymbol{v}}}+\vec{\boldsymbol{\omega}}_{21}\times\vec{\boldsymbol{v}}\\&=(\mathring{\mathring{\vec{\boldsymbol{r}}}}+\vec{\boldsymbol{\omega}}_{21}\times\mathring{\vec{\boldsymbol{r}}}+\mathring{\vec{\boldsymbol{\omega}}}_{21}\times\vec{\boldsymbol{r}})+(\vec{\boldsymbol{\omega}}_{21}\times\mathring{\vec{\boldsymbol{r}}}+\vec{\boldsymbol{\omega}}_{21}\times\vec{\boldsymbol{\omega}}_{21}\times\vec{\boldsymbol{r}})\\&=\mathring{\mathring{\vec{\boldsymbol{r}}}}+2\vec{\boldsymbol{\omega}}_{21}\times\mathring{\vec{\boldsymbol{r}}}+\mathring{\vec{\boldsymbol{\omega}}}_{21}\times\vec{\boldsymbol{r}}+\vec{\boldsymbol{\omega}}_{21}\times\vec{\boldsymbol{\omega}}_{21}\times\vec{\boldsymbol{r}}\end{aligned} \tag{1-70}$$

在上述加速度的表达式中不同的项都有各自的名称，即

$\mathring{\mathring{\vec{\boldsymbol{r}}}}$ ——参考系 $\mathcal{F}_2$ 中的加速度；

$2\vec{\boldsymbol{\omega}}_{21}\times\mathring{\vec{\boldsymbol{r}}}$ ——科里奥利加速度；

$\mathring{\vec{\boldsymbol{\omega}}}_{21}\times\vec{\boldsymbol{r}}$ ——角加速度；

$\vec{\boldsymbol{\omega}}_{21}\times\vec{\boldsymbol{\omega}}_{21}\times\vec{\boldsymbol{r}}$ ——向心加速度。

在两个参考系中，式（1－70）中加速度的坐标可以通过如下表达式得出

$$\ddot{\vec{\boldsymbol{r}}}=\vec{\mathcal{F}}_1^{\mathrm{T}}\ddot{\boldsymbol{r}}_1,\mathring{\mathring{\vec{\boldsymbol{r}}}}=\vec{\mathcal{F}}_2^{\mathrm{T}}\ddot{\boldsymbol{r}}_2,\vec{\boldsymbol{\omega}}_{21}=\vec{\mathcal{F}}_2^{\mathrm{T}}\boldsymbol{\omega}_{21}$$

结果为

$$\ddot{\boldsymbol{r}}_1=\boldsymbol{C}_{12}[\ddot{\boldsymbol{r}}_2+2\boldsymbol{\omega}_{21}^{\times}\dot{\boldsymbol{r}}_2+\dot{\boldsymbol{\omega}}_{21}^{\times}\boldsymbol{r}_2+\boldsymbol{\omega}_{21}^{\times}\boldsymbol{\omega}_{21}^{\times}\boldsymbol{r}_2]$$

1.6　角速度的更多严谨定义

规定两个参考系 $\mathcal{F}_2$ 和 $\mathcal{F}_1$。令参考系 $\mathcal{F}_2$ 的单位基础矢量为 $\vec{\boldsymbol{x}}_2$、$\vec{\boldsymbol{y}}_2$ 和 $\vec{\boldsymbol{z}}_2$。回顾基础矢量必须分别满足常态和正交约束

$$\vec{\boldsymbol{x}}_2\cdot\vec{\boldsymbol{x}}_2=\vec{\boldsymbol{y}}_2\cdot\vec{\boldsymbol{y}}_2=\vec{\boldsymbol{z}}_2\cdot\vec{\boldsymbol{z}}_2=1 \tag{1-71}$$

且

$$\vec{\boldsymbol{x}}_2\cdot\vec{\boldsymbol{y}}_2=\vec{\boldsymbol{x}}_2\cdot\vec{\boldsymbol{z}}_2=\vec{\boldsymbol{y}}_2\cdot\vec{\boldsymbol{z}}_2=0 \tag{1-72}$$

现在我们将在参考系 $\mathcal{F}_1$ 中检验参考系 $\mathcal{F}_2$ 的时间微分。将 $(\dot{\vec{\boldsymbol{a}}})$ 记作矢量 $\vec{\boldsymbol{a}}$ 在参考系 $\mathcal{F}_1$ 中的时间微分。

现在我们计算常态约束式（1－71）的微分。可知

$$\vec{\boldsymbol{x}}_2\cdot\dot{\vec{\boldsymbol{x}}}_2=0,\ \vec{\boldsymbol{y}}_2\cdot\dot{\vec{\boldsymbol{y}}}_2=0,\ \vec{\boldsymbol{z}}_2\cdot\dot{\vec{\boldsymbol{z}}}_2=0$$

即

$$\vec{x}_2 \perp \dot{\vec{x}}_2,\ \vec{y}_2 \perp \dot{\vec{y}}_2,\ \vec{z}_2 \perp \dot{\vec{z}}_2$$

因此，我们可以找到矢量$\vec{a}$、$\vec{b}$ 和$\vec{c}$ 且

$$\dot{\vec{x}}_2 = \vec{a} \times \vec{x}_2,\ \dot{\vec{y}}_2 = \vec{b} \times \vec{y}_2,\ \dot{\vec{z}}_2 = \vec{c} \times \vec{z}_2 \tag{1-73}$$

我们能找到矢量$\vec{a}$、$\vec{b}$ 、$\vec{c}$ 的原因很快就可以知道。令$\vec{a}_{\perp x}$ 、$\vec{b}_{\perp y}$ 和$\vec{c}_{\perp z}$ 为$\vec{a}$ 、$\vec{b}$ 和$\vec{c}$ 的分量，且分别垂直于 $\vec{x}_2$、$\vec{y}_2$ 和 $\vec{z}_2$。 正如在式（1－6）中见到的，可以将上述导数改写为

$$\dot{\vec{x}}_2 = \vec{a}_{\perp x} \times \vec{x}_2,\ \dot{\vec{y}}_2 = \vec{b}_{\perp y} \times \vec{y}_2,\ \dot{\vec{z}}_2 = \vec{c}_{\perp z} \times \vec{z}_2$$

现在，分别表达坐标系 $\mathcal{F}_2$ 中的矢量，有

$$\vec{x}_2 = \vec{\mathcal{F}}_2^{\mathrm{T}} \begin{bmatrix} 1 \\ 0 \\ 0 \end{bmatrix},\ \vec{y}_2 = \vec{\mathcal{F}}_2^{\mathrm{T}} \begin{bmatrix} 0 \\ 1 \\ 0 \end{bmatrix},\ \vec{z}_2 = \vec{\mathcal{F}}_2^{\mathrm{T}} \begin{bmatrix} 0 \\ 0 \\ 1 \end{bmatrix}$$

且

$$\vec{a}_{\perp x} = \vec{\mathcal{F}}_2^{\mathrm{T}} \begin{bmatrix} 0 \\ a_y \\ a_z \end{bmatrix},\ \vec{b}_{\perp y} = \vec{\mathcal{F}}_2^{\mathrm{T}} \begin{bmatrix} b_x \\ 0 \\ b_z \end{bmatrix},\ \vec{c}_{\perp z} = \vec{\mathcal{F}}_2^{\mathrm{T}} \begin{bmatrix} c_x \\ c_y \\ 0 \end{bmatrix}$$

现在来看看为何总是可以找到矢量$\vec{a}$ 、$\vec{b}$ 和$\vec{c}$ ，且使得微分满足式（1－73）。规定 $\dot{\vec{x}}_2$，由于 $\vec{x}_2 \perp \dot{\vec{x}}_2$，当 $\dot{\vec{x}}_2$ 在坐标系 $\mathcal{F}_2$ 中表达时，必然有形式对于某些 p 和 q 成立

$$\dot{\vec{x}}_2 = \vec{\mathcal{F}}_2^{\mathrm{T}} \begin{bmatrix} 0 \\ p \\ q \end{bmatrix}$$

现在来看 $\mathcal{F}_2$ 中的导数表达，有

$$\dot{\vec{x}}_2 = \vec{a}_{\perp x} \times \vec{x}_2 = -\vec{x}_2 \times \vec{a}_{\perp x}$$

得出

$$\begin{bmatrix} 0 \\ p \\ q \end{bmatrix} = \begin{bmatrix} 0 & 0 & 0 \\ 0 & 0 & 1 \\ 0 & -1 & 0 \end{bmatrix} \begin{bmatrix} 0 \\ a_y \\ a_z \end{bmatrix} = \begin{bmatrix} 0 \\ a_z \\ +a_y \end{bmatrix}$$

显然这对于 a_y 和 a_z 始终是可解的，且因此得出$\vec{a}$。 我们可以将类似的方法用于$\vec{b}$ 和$\vec{c}$。

现在，我们检测正交约束条件式（1－72）。通过求微分，我们得到

$$\dot{\vec{x}}_2 \cdot \vec{y}_2 + \vec{x}_2 \cdot \dot{\vec{y}}_2 = 0$$

$$\dot{\vec{x}}_2 \cdot \vec{z}_2 + \vec{x}_2 \cdot \dot{\vec{z}}_2 = 0$$

$$\dot{\vec{y}}_2 \cdot \vec{z}_2 + \vec{y}_2 \cdot \dot{\vec{z}}_2 = 0$$

代入微分表达式，上式变为

$$(\vec{a}_{\perp x} \times \vec{x}_2) \cdot \vec{y}_2 + \vec{x}_2 \cdot (\vec{b}_{\perp y} \times \vec{y}_2) = 0$$
$$(\vec{a}_{\perp x} \times \vec{x}_2) \cdot \vec{z}_2 + \vec{x}_2 \cdot (\vec{c}_{\perp z} \times \vec{z}_2) = 0$$
$$(\vec{b}_{\perp y} \times \vec{y}_2) \cdot \vec{z}_2 + \vec{y}_2 \cdot (\vec{c}_{\perp z} \times \vec{z}_2) = 0$$

利用标量三重积等式（参见 2.1 节的末尾），且根据右手坐标系有 $\vec{x}_1 \times \vec{y}_1 = \vec{z}_1$，$\vec{y}_1 \times \vec{z}_1 = \vec{x}_1$ 和 $\vec{z}_1 \times \vec{x}_1 = \vec{y}_1$，我们得到约束条件

$$(\vec{b}_{\perp y} - \vec{a}_{\perp x}) \cdot \vec{z}_2 = 0$$
$$(\vec{c}_{\perp z} - \vec{a}_{\perp x}) \cdot \vec{y}_2 = 0$$
$$(\vec{c}_{\perp z} - \vec{b}_{\perp y}) \cdot \vec{x}_2 = 0$$

这些约束条件导致

$$b_z = a_z,\ c_x = b_x,\ c_y = a_y$$

因此必须有

$$\vec{a}_{\perp x} = \vec{\mathcal{F}}_2^{\mathrm{T}} \begin{bmatrix} 0 \\ a_y \\ a_z \end{bmatrix},\ \vec{b}_{\perp y} = \vec{\mathcal{F}}_2^{\mathrm{T}} \begin{bmatrix} b_x \\ 0 \\ a_z \end{bmatrix},\ \vec{c}_{\perp z} = \vec{\mathcal{F}}_2^{\mathrm{T}} \begin{bmatrix} b_x \\ a_y \\ 0 \end{bmatrix}$$

现在，注意，矢量 $\vec{\mathcal{F}}_2^{\mathrm{T}} \begin{bmatrix} b_x \\ 0 \\ 0 \end{bmatrix}$ 是平行于 $\vec{x}_2$ 的，矢量 $\vec{\mathcal{F}}_2^{\mathrm{T}} \begin{bmatrix} 0 \\ a_y \\ 0 \end{bmatrix}$ 是平行于 $\vec{y}_2$ 的，且矢量 $\vec{\mathcal{F}}_2^{\mathrm{T}} \begin{bmatrix} 0 \\ 0 \\ a_z \end{bmatrix}$ 是平行于 $\vec{z}_2$ 的。因此，可以得出

$$\vec{\omega}_{21} \times \vec{x}_2 = \vec{a}_{\perp x} \times \vec{x}_2,\ \vec{\omega}_{21} \times \vec{y}_2 = \vec{b}_{\perp y} \times \vec{y}_2,\ \vec{\omega}_{21} \times \vec{z}_2 = \vec{c}_{\perp z} \times \vec{z}_2$$

其中

$$\vec{\omega}_{21} = \vec{a}_{\perp x} + \vec{\mathcal{F}}_2^{\mathrm{T}} \begin{bmatrix} b_x \\ 0 \\ 0 \end{bmatrix} = \vec{b}_{\perp y} + \vec{\mathcal{F}}_2^{\mathrm{T}} \begin{bmatrix} 0 \\ a_y \\ 0 \end{bmatrix} = \vec{c}_{\perp z} + \vec{\mathcal{F}}_2^{\mathrm{T}} \begin{bmatrix} 0 \\ 0 \\ a_z \end{bmatrix} = \vec{\mathcal{F}}_2^{\mathrm{T}} \begin{bmatrix} b_x \\ a_y \\ a_z \end{bmatrix}$$

我们将矢量 $\vec{\omega}_{21}$ 称作参考系 $\mathcal{F}_2$ 关于参考系 $\mathcal{F}_1$ 的角速度，且有关系如下

$$\dot{\vec{x}}_2 = \vec{\omega}_{21} \times \vec{x}_2$$
$$\dot{\vec{y}}_2 = \vec{\omega}_{21} \times \vec{y}_2$$
$$\dot{\vec{z}}_2 = \vec{\omega}_{21} \times \vec{z}_2$$

这些与 1.4.1 节中正式推导出的内容相同。

1.7　注释

在本章中，我们导出了必要的数学方法来描述航天器动作的运动学，有意选用矢阵形式来研究该运动学。在给定参考系中，采用矢阵能够清晰地分辨物理矢量及其在坐标之间

的差别。这在或许需要同时考量众多参考系的航天器运动学问题领域十分重要。另外，这一结论也导致同一物理矢量的多种坐标表达。如本书后续章节表明，矢阵的运用使得航天器运动方程可以完全以物理矢量的形式表达，而不需要考虑其任何特定参考系坐标。最后，一旦通过物理矢量的形式得到运动方程，其在任何特定参考系中的坐标就可以直接得出。矢阵这个词最初由彼得·C. 休斯（Peter C. Hughes）提出，读者可以在他 2004 年的著作中找到矢阵进一步的处理方法。相似的形式还可以在利金斯（Likins，1973）和维滕堡（Wittenburg，1977）的著作中找到。在 1.3 节，我们已经解释了怎样用旋转矩阵描述航天器的姿态，这等价于用主轴和主轴旋转角表达，即四元数或一组欧拉角。还有其他几种关于旋转矩阵的参数配置方法，更为详细的解决方案请参见舒斯特（Shuster，1993）的著作。

参 考 文 献

[1] Hughes PC 2004 Spacecraft Attitude Dynamics. Dover Publications, Mineola, NY.

[2] Likins PW 1973 Elements of Engineering Mechanics. McGraw-Hill, New York, NY.

[3] Shuster MD 1993 A Survey of Attitude Representations. Journal of the Astronautical Sciences 41 (4), 439-517.

[4] Wittenburg J 1977 Dynamics of Systems of Rigid Bodies. Teubner, Stuttgart.

第 2 章　刚体动力学

现在我们有了用以描述三维空间中航天器位置和姿态的参考系，因此可以形成运动方程。一般来说，航天器结构具有一定的柔性（也就是说，它们可以弹性变形），但通常将航天器近似为刚体（也就是说，它们不可变形）。本书所要探讨的就是刚体特性。我们将从单个质点的动力学开始，然后将之扩展到质点系统，最后扩展到整个刚体。

2.1　单个质点的动力学

单个质点的动力学遵循牛顿第二运动定律。首先，我们需要指定一个惯性参考系，用 $\mathcal{F}_1$ 表示。这是一个满足牛顿定律的参考系。这样一个参考系所遵循的规范取决于需要解决的问题。就我们的目的而言，这样一个坐标系的原点适宜取在与其他恒星方向相对固定的太阳上。一个惯性参考系的特性为任何以恒定速度移动或静止的（但不是旋转的）参考系都是惯性参考系。这是因为相对于这些参考系加速度是相同的，正如 1.4.1 节所示，参考系中显示的，在彼此不相对旋转的多个参考系中所见的矢量时间微分是相同的。

这很容易证明。我们来假定：如图 2－1 所示，一个质点具有恒定的质量 m，它的方位与 $\mathcal{F}_1$ 的原点关系为$\vec{\boldsymbol{r}}$。假设第二个参考系为 $\mathcal{F}_2$，其原点位于相距 $\mathcal{F}_1$ 的原点$\vec{\boldsymbol{r}}_{\mathcal{F}_2}$ 的位置，并且向 $\mathcal{F}_1$ 平动的速度为常数，且不旋转。这个质点的位置与 $\mathcal{F}_2$ 的原点相距$\vec{\boldsymbol{r}}_2=\vec{\boldsymbol{r}}-\vec{\boldsymbol{r}}_{\mathcal{F}_2}$。需要注意的是，已知 $\mathcal{F}_2$ 的速度为$\vec{\boldsymbol{v}}_{\mathcal{F}_2}=\dot{\vec{\boldsymbol{r}}}_{\mathcal{F}_2}$，是恒定的。现在，我们计算该质点在两个参考系中的加速度如何。在参考系 $\mathcal{F}_1$ 中，质点的速度为

$$\dot{\vec{\boldsymbol{r}}}=\dot{\vec{\boldsymbol{r}}}_{\mathcal{F}_2}+\dot{\vec{\boldsymbol{r}}}_2=\vec{\boldsymbol{v}}_{\mathcal{F}_2}+\dot{\vec{\boldsymbol{r}}}_2$$

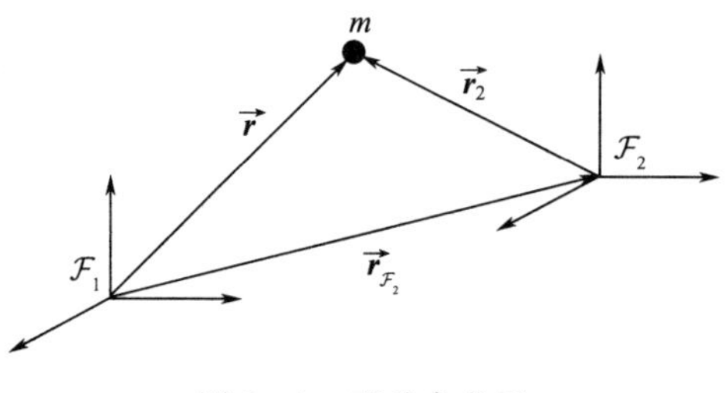

图 2－1　平动参考系

此时加速度为

$$\ddot{\vec{\boldsymbol{r}}}=\dot{\vec{\boldsymbol{r}}}_{\mathcal{F}_2}+\ddot{\vec{\boldsymbol{r}}}_2=\ddot{\vec{\boldsymbol{r}}}_2$$

但是，由于 $\mathcal{F}_2$ 不围绕 $\mathcal{F}_1$ 旋转，因此时间导数的矢量是相同的，且在 $\mathcal{F}_2$ 中$\ddot{\vec{\boldsymbol{r}}}_2$ 是质点的加

速度。从本章开始，根据惯性参考系物理矢量的时间导数将用上点(·)表示。

鉴于此，一旦我们定义了一个惯性参考系，就可以由此得出其他任意的参考系。本书中特别有趣的要点在于，由于地球环绕太阳的运动极为缓慢（公转一周耗时一年），地球与其他恒星之间的距离是相对固定的，因此，一个原点位于地球中心的参考系与太阳间的运行速度也是近似恒定的（地心轨道周期是按小时计算的）。该参考系（通常情况下）可以认为是具有惯性的（为了模拟地心轨道），我们将之命名为“地心惯性参考系（ECI）”。这个参考系在描述绕地卫星的运行时极为重要。

讨论完以上问题后，我们回到眼下需要解决的问题（单个质点的动力学）。如图 2-2 所示，我们假设一个位于 $\vec{r}$ 的质点的质量 m 为常数。规定该质点的动力为 $\vec{p}=m\dot{\vec{r}}$，且该质点受力 $\vec{f}$ 的制约。牛顿第二运动定律将这样一个质点的平动动力学描述为

$$m\ddot{\vec{r}}=\vec{f} \tag{2-1}$$

关于 O 的质点的角动量定义为

$$\vec{h}_O \triangleq \vec{r}\times\vec{p}=m\vec{r}\times\dot{\vec{r}}$$

惯性时间导数的角动量为

$$\dot{\vec{h}}_O=m\dot{\vec{r}}\times\dot{\vec{r}}+m\vec{r}\times\ddot{\vec{r}}$$

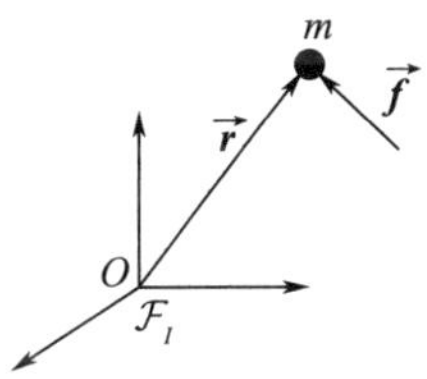

图 2-2　单一质点的动力学

利用式（2-1），我们得出

$$\dot{\vec{h}}_O=\vec{t}_O,\vec{t}_O=\vec{r}\times\vec{f} \tag{2-2}$$

由于力 $\vec{f}$ 的作用，此处矢量 $\vec{t}_O$ 是关于 O 的扭矩。那就是说，该角动量的惯性时间矢量等于外部的扭矩。

2.2　质点系的动力学

现在，我们可以将上述公式扩展到一个完整的质点系，命名为 N。如图 2-3 所示，我们令每个质点都具有质量 m_i 及位置 $\vec{r}_i$，$i=1$，…，N。每个质点都受到力的作用。它们可以被分为两组：

1）力的作用来自外部，用 $\vec{F}_i$ 表示，$i=1$，…，N；

2）力的作用来自内部，即来自于另一个质点系 $N-1$ 的质量。我们将它们命名为 $\vec{f}_{ij}$，表示来自质点 j 的力作用于质点 i 上。由于质点的力不作用于其自身，我们设定

$\vec{f}_{ii}=\vec{\mathbf{0}}$。

根据牛顿第三定律，如果质点 j 的力作用于质点 i，那么质点 i 也会对质点 j 有一个反作用力。这两个力的大小相同，方向相反。即

$$\vec{f}_{ij}=-\vec{f}_{ji} \tag{2-3}$$

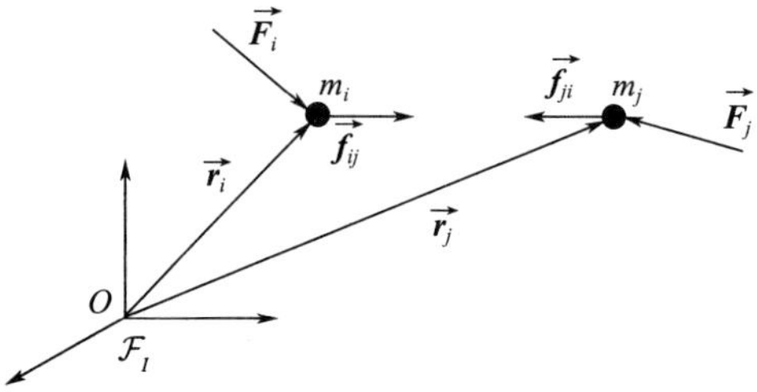

图 2-3　质点系的动力学

现在，我们将牛顿第二定律应用于编号为 i 的质点，得出

$$m_i\ddot{\vec{r}}_i=\vec{F}_i+\sum_{j=1}^{N}\vec{f}_{ij} \tag{2-4}$$

根据式（2-4）为 N 系统质量所总结的所有运动方程，我们得出

$$\sum_{i=1}^{N}m_i\ddot{\vec{r}}_i=\sum_{i=1}^{N}\vec{F}_i+\sum_{i=1}^{N}\sum_{j=1}^{N}\vec{f}_{ij}$$

根据牛顿第三定律，即式（2-3），末项为 $\sum_{i=1}^{N}\sum_{j=1}^{N}\vec{f}_{ij}=\vec{\mathbf{0}}$，因此，我们得出

$$\sum_{i=1}^{N}m_i\ddot{\vec{r}}_i=\sum_{i=1}^{N}\vec{F}_i \tag{2-5}$$

现在，这一结论将会辅助定义质点系的质心。我们将其定义为

$$\vec{r}_C=\frac{\sum_{i=1}^{N}m_i\vec{r}_i}{m} \tag{2-6}$$

此处 $m=\sum_{i=1}^{N}m_i$ 表示整个系统的总质量。在运用这一理论时，我们可以获得质心的平动方程，如式（2-5）所示

$$m\ddot{\vec{r}}_C=\vec{F},\vec{F}=\sum_{i=1}^{N}\vec{F}_i \tag{2-7}$$

此处 $\vec{F}$ 表示作用于质点系的全部外部作用力。与式（2-1）相比，我们可以看出该质点系质心的动力方程与单一质点的动力方程相同。这对于书写任意点 O^* 的角动力方程非常有用，不论这个任意点运动与否，如图 2-4 所示。由此，编号为 i 的质点的位置如下

$$\vec{r}_i=\vec{r}_{O^*}+\vec{\boldsymbol{\rho}}_i,\ i=1,\cdots,N$$

质点运动方程（2-4）推演为

$$m_i\ddot{\vec{\boldsymbol{\rho}}}_i=\vec{F}_i+\sum_{j=1}^{N}\vec{f}_{ij}-m_i\ddot{\vec{r}}_{O^*} \tag{2-8}$$

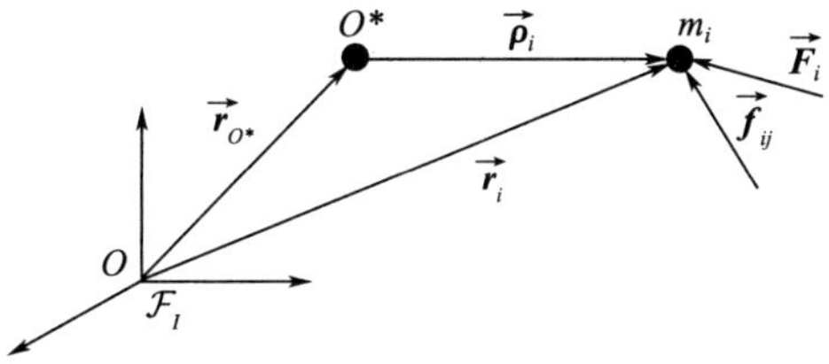

图 2-4　质点 O^* 所在质点系的动力学

关于 O^* 的第 i 个质点的角动量被定义为

$$\vec{\boldsymbol{h}}_{i,O^*} \triangleq m_i \vec{\boldsymbol{\rho}}_i \times \dot{\vec{\boldsymbol{\rho}}}_i,\ i=1,\cdots,N$$

关于 O^* 的质点系的角动量为

$$\vec{\boldsymbol{h}}_{O^*} = \sum_{i=1}^{N} \vec{\boldsymbol{h}}_{i,O^*} = \sum_{i=1}^{N} m_i \vec{\boldsymbol{\rho}}_i \times \dot{\vec{\boldsymbol{\rho}}}_i \tag{2-9}$$

将式（2-9）中的时间矢量代入式（2-8）得出

$$\begin{aligned}\dot{\vec{\boldsymbol{h}}}_{O^*} &= \sum_{i=1}^{N} \vec{\boldsymbol{\rho}}_i \times \vec{\boldsymbol{F}}_i + \sum_{i=1}^{N} \vec{\boldsymbol{\rho}}_i \times \sum_{j=1}^{N} \vec{\boldsymbol{f}}_{ij} - \sum_{i=1}^{N} m_i \vec{\boldsymbol{\rho}}_i \times \ddot{\vec{\boldsymbol{r}}}_{O^*} \\ &= \sum_{i=1}^{N} \vec{\boldsymbol{\rho}}_i \times \vec{\boldsymbol{F}}_i + \sum_{i=1}^{N} \sum_{j=1}^{N} \vec{\boldsymbol{\rho}}_i \times \vec{\boldsymbol{f}}_{ij} - \vec{\boldsymbol{c}}_{O^*} \times \ddot{\vec{\boldsymbol{r}}}_{O^*}\end{aligned} \tag{2-10}$$

此处我们已经可以定义有关任意点 O^* 的系统为

$$\vec{\boldsymbol{c}}_{O^*} \triangleq \sum_{i=1}^{N} m_i \vec{\boldsymbol{\rho}}_i$$

现在，根据牛顿第三定律（2-3），式（2-10）的双重求和为

$$\sum_{i=1}^{N} \sum_{j=1}^{N} \vec{\boldsymbol{\rho}}_i \times \vec{\boldsymbol{f}}_{ij} = \frac{1}{2} \sum_{i=1}^{N} \sum_{j=1}^{N} (\vec{\boldsymbol{\rho}}_i - \vec{\boldsymbol{\rho}}_j) \times \vec{\boldsymbol{f}}_{ij}$$

但是，矢量 $(\vec{\boldsymbol{\rho}}_i - \vec{\boldsymbol{\rho}}_j)$ 仅仅是从质点 j 指向质点 i 的。如图 2-5 所示，假设力 $\vec{\boldsymbol{f}}_{ij}$ 沿着方向线影响质点 i 与质点 j，也就是说，假定 $(\vec{\boldsymbol{\rho}}_i - \vec{\boldsymbol{\rho}}_j)$ 与 $\vec{\boldsymbol{f}}_{ij}$ 是平行的，我们得出

$$\sum_{i=1}^{N} \sum_{j=1}^{N} \vec{\boldsymbol{\rho}}_i \times \vec{\boldsymbol{f}}_{ij} = \vec{\boldsymbol{0}}$$

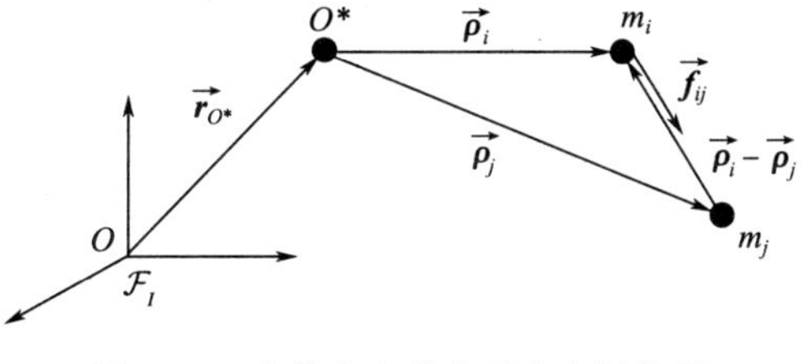

图 2-5　力沿方向线在质点之间作用

如此一来，式（2-10）中的角动量方程就演变为

$$\dot{\vec{h}}_{O^*} = \vec{T}_{O^*} - \vec{c}_{O^*} \times \ddot{\vec{r}}_{O^*}$$
$$\vec{T}_{O^*} = \sum_{i=1}^{N} \vec{\rho}_i \times \vec{F}_i \tag{2-11}$$

式中　$\vec{T}_{O^*}$ ——作用于任意点 O^* 的总外力矩。

值得注意的是，我们选取任意点 O^* 作为该系统的质心 c 只是一种特殊情况。在这个案例中，根据定义，c 的一阶力矩为 $\vec{c}_c = \vec{0}$，此时角动量方程为

$$\dot{\vec{h}}_c = \vec{T}_c$$
$$\vec{T}_c = \sum_{i=1}^{N} \vec{\rho}_i \times \vec{F}_i \tag{2-12}$$

2.3 刚体动力学

现在，将这个质点系的模型扩展到一个完整的刚体。刚体是指任意两点间距离固定不变的连续统一体。

这就意味着这一物体是不可变形的。我们应该将刚体看作一个质点系的极限情况，这种情况下每个质点是无限大的，并且每个质点的质量是无限小的。为此，参照图 2－6，我们将质点系的模型改为

$$\vec{\rho}_i \rightarrow \vec{\rho}$$
$$m_i \rightarrow \mathrm{d}m = \sigma(\vec{\rho})\mathrm{d}V$$
$$\vec{F}_i \rightarrow \vec{f}(\vec{\rho})\mathrm{d}V \tag{2-13}$$
$$\sum_{i=1}^{N} \rightarrow \int_V$$

式中　$\mathrm{d}m$ ——无限小的质量元素；

$\mathrm{d}V$ ——无限小的体积元素；

$\sigma(\vec{\rho})$ ——质点 $\vec{\rho}$ 单位体积的质量密度；

矢量 $\vec{f}(\vec{\rho})$ ——质点 $\boldsymbol{\rho}$ 单位体积的外部作用力。

注意，积分是代表刚体整个体积 V 的。

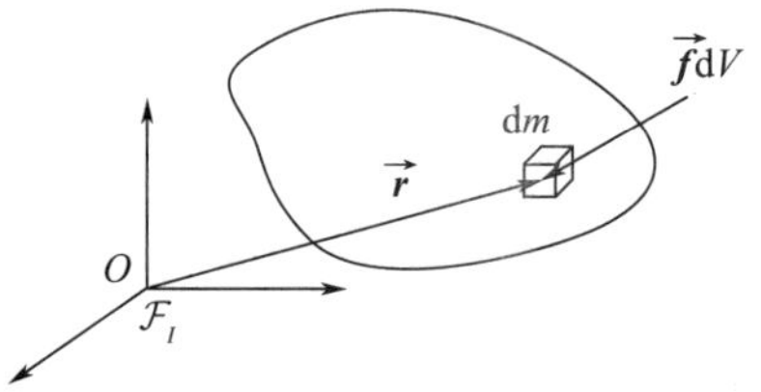

图 2－6　连续统一体动力模型

2.3.1 平动动力学

对质点系来说，质点系的总质量及质心分别为

$$m=\sum_{i=1}^{N}m_i$$

$$\vec{r}_c=\frac{\sum_{i=1}^{N}m_i\vec{r}_i}{m}$$

同理，将式（2-13）中的变化运用到刚体，则

$$m=\int_V \mathrm{d}m \qquad \vec{r}_c=\frac{\int_V \vec{r}\,\mathrm{d}m}{m} \tag{2-14}$$

对于质点系，平动方程（2-5）为

$$\sum_{i=1}^{N}m_i\ddot{\vec{r}}_i=\sum_{i=1}^{N}\vec{F}_i$$

应用于式（2-13），得出

$$\int_V \ddot{\vec{r}}\,\mathrm{d}m=\int_V \vec{f}\,\mathrm{d}V \tag{2-15}$$

将惯性导数代入得到

$$m\ddot{\vec{r}}_c=\int_V \ddot{\vec{r}}\,\mathrm{d}m \tag{2-16}$$

总之，结合式（2-15）与式（2-16），刚体质心的平动动力学为

$$m\ddot{\vec{r}}_c=\vec{F},\vec{F}\triangleq\int_V \vec{f}\,\mathrm{d}V \tag{2-17}$$

式中　$\vec{F}$——外部作用力的总和。

式（2-17）表明刚体质心与质点质量相似。也就是说，由图 2-7 可知刚体受力总和及总质量，我们可以确定刚体运动的质心。另外，需要注意的是，我们假定的刚体条件（点保持相对固定）其实是不存在的，所以事实上，这一平动动力学的结论是可以应用于任何连续统一体的，不论是否是刚性的。

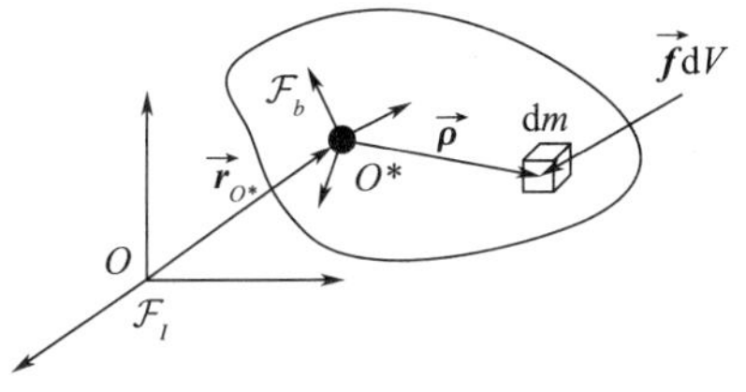

图 2-7　刚体的平动动力学建模

2.3.2 转动动力学

由于我们讨论的情况适用于刚体，附一份如图 2－7 所示的参考系非常有用。我们将之称为本体系，标记为 $\mathcal{F}_b$。该参考系的原点定位于物体上的 O^* 点。由于这个参考系是附加在本体上的，根据刚体的假设，物体上的所有点都是固定的。根据度（°），时间矢量应该为 $\mathcal{F}_b$，则 O^* 质点系的角动量为

$$\vec{\boldsymbol{h}}_{O^*}=\sum_{i=1}^{N}m_i\vec{\boldsymbol{\rho}}_i\times\dot{\vec{\boldsymbol{\rho}}}_i$$

如前，更改式（2－13）中刚体关于 O^* 的角动量为

$$\vec{\boldsymbol{h}}_{O^*}=\int_V\vec{\boldsymbol{\rho}}\times\dot{\vec{\boldsymbol{\rho}}}\mathrm{d}m \tag{2-18}$$

现在，我们可以利用刚体的假设。$\vec{\boldsymbol{\rho}}$ 的惯性时间矢量与 $\mathcal{F}_b$ 中 $\vec{\boldsymbol{\rho}}$ 的时间矢量相关

$$\dot{\vec{\boldsymbol{\rho}}}=\mathring{\vec{\boldsymbol{\rho}}}+\vec{\boldsymbol{\omega}}\times\vec{\boldsymbol{\rho}} \tag{2-19}$$

此处 $\vec{\boldsymbol{\omega}}$ 是 $\mathcal{F}_b$ 关于惯性参考系 $\mathcal{F}_I$ 的角速度（对于刚体同理）。由于刚体的假设，$\mathring{\vec{\boldsymbol{\rho}}}=\vec{\boldsymbol{0}}$。因此，我们可以将刚体的角动量写作

$$\vec{\boldsymbol{h}}_{O^*}=\int_V\vec{\boldsymbol{\rho}}\times(\vec{\boldsymbol{\omega}}\times\vec{\boldsymbol{\rho}})\mathrm{d}m=-\int_V\vec{\boldsymbol{\rho}}\times(\vec{\boldsymbol{\rho}}\times\vec{\boldsymbol{\omega}})\mathrm{d}m \tag{2-20}$$

现在我们计算 $\mathcal{F}_b$ 中角动量的坐标。位置、角速度及角动量矢量分别为

$$\vec{\boldsymbol{\rho}}=\vec{\mathcal{F}}_b^{\mathrm{T}}\boldsymbol{\rho},\ \vec{\boldsymbol{\omega}}=\vec{\mathcal{F}}_b^{\mathrm{T}}\boldsymbol{\omega},\ \vec{\boldsymbol{h}}_{O^*}=\vec{\mathcal{F}}_b^{\mathrm{T}}\boldsymbol{h}_{O^*} \tag{2-21}$$

代入式（2－20），我们得出

$$\boldsymbol{h}_{O^*}=\left(-\int_V\boldsymbol{\rho}^{\times}\boldsymbol{\rho}^{\times}\,\mathrm{d}m\right)\boldsymbol{\omega} \tag{2-22}$$

量 $\boldsymbol{J}$ 为

$$\begin{aligned}\boldsymbol{J}&\triangleq-\int_V\boldsymbol{\rho}^{\times}\boldsymbol{\rho}^{\times}\,\mathrm{d}m\\&=\int_V\begin{bmatrix}(\rho_y^2+\rho_z^2)&-\rho_x\rho_y&-\rho_x\rho_z\\-\rho_x\rho_y&(\rho_x^2+\rho_z^2)&-\rho_y\rho_z\\-\rho_x\rho_z&-\rho_y\rho_z&(\rho_x^2+\rho_y^2)\end{bmatrix}\sigma(\rho_x,\rho_y,\rho_z)\mathrm{d}V\end{aligned} \tag{2-23}$$

称作 O^* 的转动惯量矩阵。在质点 c 为点 O^* 的这一特例中，我们用标记 $\boldsymbol{I}$ 代替 $\boldsymbol{J}$。则 O^* 的角动量写作

$$\boldsymbol{h}_{O^*}=\boldsymbol{J}\boldsymbol{\omega} \tag{2-24}$$

我们由质点系得出转动方程为

$$\dot{\vec{\boldsymbol{h}}}_{O^*}=\vec{\boldsymbol{T}}_{O^*}-\vec{\boldsymbol{c}}_{O^*}\times\ddot{\vec{\boldsymbol{r}}}_{O^*}$$

$$\vec{\boldsymbol{T}}_{O^*}=\sum_{i=1}^{N}\vec{\boldsymbol{\rho}}_i\times\vec{\boldsymbol{F}}_i$$

此处 $\vec{\boldsymbol{c}}_{O^*}=\sum_{i=1}^{N}m_i\vec{\boldsymbol{\rho}}_i$ 是质点 O^* 的一阶力矩。将之代入式（2－13），我们得出

$$\dot{\vec{h}}_{O^*} = \vec{T}_{O^*} - \vec{c}_{O^*} \times \ddot{\vec{r}}_{O^*}$$
$$\vec{T}_{O^*} = \int_V \vec{\rho} \times \vec{f} \mathrm{d}V \tag{2-25}$$

此处 $\vec{T}_{O^*}$ 是作用于物体上点 O^* 的总外力，$\vec{c}_{O^*} = \int_V \vec{\rho}\mathrm{d}m$ 是关于 O^* 的物体的一阶力矩。特别地，当 c 的质心与点 O^* 重合时

$$\dot{\vec{h}}_c = \vec{T}_c$$
$$\vec{T}_c = \int_V \vec{\rho} \times \vec{f} \mathrm{d}V \tag{2-26}$$

并且 $\vec{T}_c$ 是作用于质心的总外力。考虑到从平动动力学到转动动力学的解耦（不考虑质心的平动运动），对于单一的物体，例如航天器，质心是最重要的物理量之一。对于多体系统，例如多环机械臂，质心并不总是位于原点。这就是我们展示了更多的普适案例的原因。

现在，我们回到动力学方程。在坐标系 $\mathcal{F}_b$ 中，角动量 $\vec{h}_c$ 的惯性时间矢量和时间矢量之间的关系为

$$\dot{\vec{h}}_c = \mathring{\vec{h}}_c + \vec{\omega} \times \vec{h}_c$$

因此，由式（2-26）可知

$$\mathring{\vec{h}}_c + \vec{\omega} \times \vec{h}_c = \vec{T}_c \tag{2-27}$$

按照本体坐标系 $\mathcal{F}_b$，推导出

$$\dot{\boldsymbol{h}}_c + \boldsymbol{\omega}^{\times} \boldsymbol{h}_c = \boldsymbol{T}_c \tag{2-28}$$

代入角动量的表达式 $\boldsymbol{h}_c = \boldsymbol{I}\boldsymbol{\omega}$，得出

$$\boldsymbol{I}\dot{\boldsymbol{\omega}} + \boldsymbol{\omega}^{\times} \boldsymbol{I}\boldsymbol{\omega} = \boldsymbol{T}_c \tag{2-29}$$

这就是所谓的欧拉方程，它完整地描述了刚体角速度的动态变化（如 $\mathcal{F}_b$）。刚体的姿势（$\mathcal{F}_b$ 到 $\mathcal{F}_I$ 的方向）则用 $\boldsymbol{C}_{bI}$ 进行完整表述。因此，刚体转动运动的完整方程组为

$$\dot{\boldsymbol{C}}_{bI} = -\boldsymbol{\omega}^{\times} \boldsymbol{C}_{bI}$$
$$\boldsymbol{I}\dot{\boldsymbol{\omega}} + \boldsymbol{\omega}^{\times} \boldsymbol{I}\boldsymbol{\omega} = \boldsymbol{T}_c \tag{2-30}$$

2.4　惯量矩阵

前面介绍过惯量矩阵的概念。此处有几处特性值得一证。

首先，惯量矩阵是真实且对称的［见式（2-23）］，即

$$\boldsymbol{J} = \boldsymbol{J}^{\mathrm{T}}$$

其次，惯量矩阵是正定的，任意 $\boldsymbol{x} \neq \boldsymbol{0} \in R^3$

$$\boldsymbol{x}^{\mathrm{T}}\boldsymbol{J}\boldsymbol{x} > 0$$

根据这两个属性，$\boldsymbol{J}$ 的特征值也是真实且正的。稍后我们会讨论特征值的其他特殊

含义。

在任一本体系中，刚体的惯性力矩都是恒定不变的。

2.4.1 平行移轴定理

一个参考系可以被称为体坐标系的唯一要求就是，这一参考系关于物体本身是固定不变的。其原点可以是物体上的任意点。同样的，转动惯量矩阵也可以定义为相对体坐标系的任意一点。考虑两个体坐标系 $\mathcal{F}_1$ 和 $\mathcal{F}_2$，$\mathcal{F}_1$ 和 $\mathcal{F}_2$ 方向相同，但原点位置不同，如图 2－8 所示。特别地，$\mathcal{F}_2$ 的原点距离 $\mathcal{F}_1$ 的原点为 $\vec{\boldsymbol{r}}_{21}$。那么，物体上的质量单元 d$m$ 距 $\mathcal{F}_1$ 原点为 $\vec{\boldsymbol{\rho}}_1$，距 $\mathcal{F}_2$ 的原点为 $\vec{\boldsymbol{\rho}}_2$。我们可以清晰地得出以下关系

$$\vec{\boldsymbol{\rho}}_2=\vec{\boldsymbol{\rho}}_1-\vec{\boldsymbol{r}}_{21}$$

或是按照 $\mathcal{F}_1$ 和 $\mathcal{F}_2$ 的坐标

$$\boldsymbol{\rho}_2=\boldsymbol{\rho}_1-\boldsymbol{r}_{21}$$

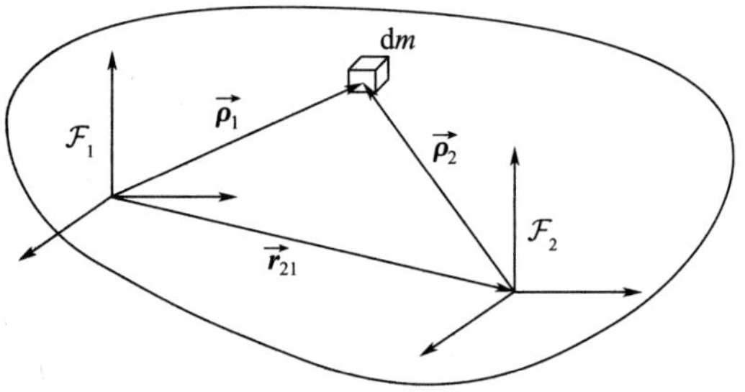

图 2－8 平行移轴定理

$\mathcal{F}_1$ 的转动惯量矩阵如下

$$\boldsymbol{J}_1=-\int_V\boldsymbol{\rho}_1^{\times}\boldsymbol{\rho}_1^{\times}\mathrm{d}m \tag{2-31}$$

$\mathcal{F}_2$ 的转动惯量矩阵如下

$$\begin{aligned}\boldsymbol{J}_2&=-\int_V\boldsymbol{\rho}_2^{\times}\boldsymbol{\rho}_2^{\times}\mathrm{d}m\\&=-\int_V(\boldsymbol{\rho}_1-\boldsymbol{r}_{21})^{\times}(\boldsymbol{\rho}_1-\boldsymbol{r}_{21})^{\times}\mathrm{d}m\\&=-\int_V\boldsymbol{\rho}_1^{\times}\boldsymbol{\rho}_1^{\times}\mathrm{d}m+\int_V\boldsymbol{r}_{21}^{\times}\boldsymbol{\rho}_1^{\times}\mathrm{d}m+\int_V\boldsymbol{\rho}_1^{\times}\boldsymbol{r}_{21}^{\times}\mathrm{d}m-\int_V\boldsymbol{r}_{21}^{\times}\boldsymbol{r}_{21}^{\times}\mathrm{d}m\end{aligned} \tag{2-32}$$

已知 $\int_V\mathrm{d}m=m$ 是质量且 $\int_V\boldsymbol{\rho}_1\mathrm{d}m=\boldsymbol{c}_1$ 是 $\mathcal{F}_1$ 原点的一阶质量矩，我们得出惯量矩阵的平行移轴定理

$$\boldsymbol{J}_2=\boldsymbol{J}_1+\boldsymbol{r}_{21}^{\times}\boldsymbol{c}_1^{\times}+\boldsymbol{c}_1^{\times}\boldsymbol{r}_{21}^{\times}-m\boldsymbol{r}_{21}^{\times}\boldsymbol{r}_{21}^{\times} \tag{2-33}$$

特别地，如果 $\mathcal{F}_1$ 的原点为质心，则 $\boldsymbol{c}_1=\boldsymbol{0}$ 且

$$\boldsymbol{J}_2=\boldsymbol{I}-m\boldsymbol{r}_{21}^{\times}\boldsymbol{r}_{21}^{\times} \tag{2-34}$$

2.4.2　旋转变换定理

正如一个体坐标系的原点可以任意选择，其也可以任意定向。如图 2-9 所示，假设体坐标系 $\mathcal{F}_1$ 和 $\mathcal{F}_2$ 的原点重合，定向相反。由 $\mathcal{F}_1$ 到 $\mathcal{F}_2$ 的转化可以用转动矩阵 $\boldsymbol{C}_{21}$ 来描述。也就是说，任意矢量

$$\vec{\boldsymbol{\rho}} = \vec{\mathcal{F}}_1^{\mathrm{T}} \boldsymbol{\rho}_1 = \vec{\mathcal{F}}_2^{\mathrm{T}} \boldsymbol{\rho}_2$$

我们得出 $\boldsymbol{\rho}_2 = \boldsymbol{C}_{21} \boldsymbol{\rho}_1$ 的关系。关于 $\mathcal{F}_1$ 的转动惯量矩阵为

$$\boldsymbol{J}_1 = -\int_V \boldsymbol{\rho}_1^{\times} \boldsymbol{\rho}_1^{\times} \mathrm{d}m \tag{2-35}$$

代入 $\boldsymbol{C}_{21}^{-1} = \boldsymbol{C}_{21}^{\mathrm{T}}$ 及 $(\boldsymbol{C}_{21}\boldsymbol{\rho}_1)^{\times} = \boldsymbol{C}_{21}\boldsymbol{\rho}_1^{\times}\boldsymbol{C}_{21}^{\mathrm{T}}$ ，关于 $\mathcal{F}_2$ 的转动惯量矩阵为

$$\begin{aligned}
\boldsymbol{J}_2 &= -\int_V \boldsymbol{\rho}_2^{\times} \boldsymbol{\rho}_2^{\times} \mathrm{d}m \\
&= -\int_V (\boldsymbol{C}_{21}\boldsymbol{\rho}_1)^{\times} (\boldsymbol{C}_{21}\boldsymbol{\rho}_1)^{\times} \mathrm{d}m \\
&= -\int_V \boldsymbol{C}_{21}\boldsymbol{\rho}_1^{\times} \boldsymbol{C}_{21}^{\mathrm{T}} \boldsymbol{C}_{21}\boldsymbol{\rho}_1^{\times} \boldsymbol{C}_{21}^{\mathrm{T}} \mathrm{d}m \\
&= -\int_V \boldsymbol{C}_{21}\boldsymbol{\rho}_1^{\times}\boldsymbol{\rho}_1^{\times} \boldsymbol{C}_{21}^{\mathrm{T}} \mathrm{d}m
\end{aligned} \tag{2-36}$$

因此，我们得出惯量矩阵的旋转变换定理

$$\boldsymbol{J}_2 = \boldsymbol{C}_{21}\boldsymbol{J}_1\boldsymbol{C}_{21}^{\mathrm{T}} \tag{2-37}$$

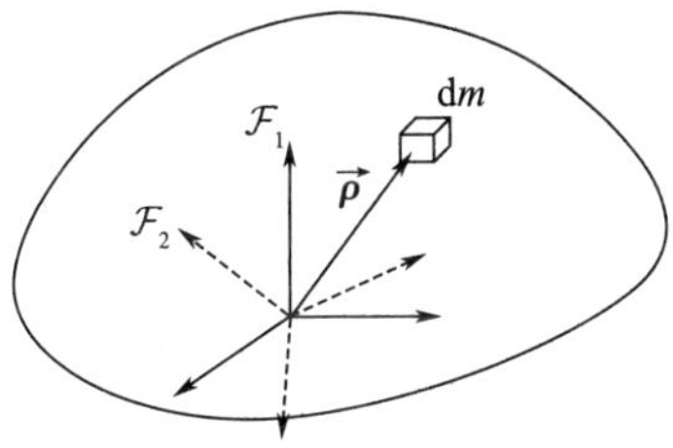

图 2-9　旋转变换定理

2.4.3　主轴

主轴参考系是指转动惯量为对角线的物体的体坐标系，即

$$\boldsymbol{J} = \begin{bmatrix} J_1 & 0 & 0 \\ 0 & J_2 & 0 \\ 0 & 0 & J_3 \end{bmatrix}$$

$\boldsymbol{J}$ 的对角线元素称为主惯量。

如前所述，惯性力矩是实数、对称且正定的。我们来考虑惯量矩阵的特征值问题

$$\boldsymbol{J}\boldsymbol{e}_i = \lambda_i \boldsymbol{e}_i, i = 1, 2, 3 \tag{2-38}$$

此处 λ_i 为特征值，且 $\boldsymbol{e}_i \neq \boldsymbol{0}$ 为特征矢量。我们运用如下的矩阵定理：

任意实数、对称的矩阵的特征矢量都可以被设定为实数，满足

$$e_i^{\mathrm{T}} e_i = \begin{cases} 1, i = j \\ 0, i \neq j \end{cases} \tag{2-39}$$

这意味着惯量矩阵 $\boldsymbol{J}$ 的特征矢量 $\boldsymbol{e}_i$ 代表了 3 个互相垂直的矢量。由于 $-\boldsymbol{e}_i$ 也是特征矢量，特征矢量 $\boldsymbol{e}_i$ 可以被设定为用以定义右向坐标系统的单位矢量。这就意味着矩阵

$$\boldsymbol{E} = [\boldsymbol{e}_1 \quad \boldsymbol{e}_2 \quad \boldsymbol{e}_3]$$

事实上其是一个旋转矩阵，且式（2－39）的关系可以简洁地写作

$$\boldsymbol{E}^{\mathrm{T}} \boldsymbol{E} = \boldsymbol{1} \tag{2-40}$$

回到式（2－38）的特征值问题，同样可以简化为

$$\boldsymbol{JE} = \boldsymbol{E\Lambda}, \quad \boldsymbol{\Lambda} = \begin{bmatrix} \lambda_1 & 0 & 0 \\ 0 & \lambda_2 & 0 \\ 0 & 0 & \lambda_3 \end{bmatrix}$$

运用式（2－40），改写为

$$\boldsymbol{\Lambda} = \boldsymbol{E}^{\mathrm{T}} \boldsymbol{JE} \quad 或 \quad \boldsymbol{J} = \boldsymbol{E\Lambda E}^{\mathrm{T}} \tag{2-41}$$

由于我们规定 $\boldsymbol{E}$ 为旋转矩阵，式（2－41）及式（2－37）显示 $\boldsymbol{\Lambda}$ 本身是一个转动惯量矩阵。由于 $\boldsymbol{\Lambda}$ 是对角量，$\boldsymbol{E}^{\mathrm{T}}$ 描绘了从用于计算 $\boldsymbol{J}$ 的原始坐标系到主轴系的旋转。$\boldsymbol{E}$ 的列矢量（即 $\boldsymbol{J}$ 的特征矢量）正是原始参考系中用以定义主轴坐标系的单位矢量坐标。对角量 $\boldsymbol{\Lambda}$（如特征值 $\boldsymbol{J}$）为主转动惯量。

如前文所述，对于任意刚体，我们总能找到其主轴参考系。鉴于此，我们可以非常简化地表达转动动力学。假设本体系 $\mathcal{F}_b$ 为主轴参考系，使

$$\boldsymbol{I} = \begin{bmatrix} I_x & 0 & 0 \\ 0 & I_y & 0 \\ 0 & 0 & I_z \end{bmatrix}, \quad \boldsymbol{\omega} = \begin{bmatrix} \omega_x \\ \omega_y \\ \omega_z \end{bmatrix}, \quad \boldsymbol{T}_c = \begin{bmatrix} T_x \\ T_y \\ T_z \end{bmatrix}$$

随即，欧拉方程（17－2）变形为

$$\begin{aligned} I_x \dot{\omega}_x + (I_z - I_y)\omega_y \omega_z &= T_x \\ I_y \dot{\omega}_y + (I_x - I_z)\omega_x \omega_z &= T_y \\ I_z \dot{\omega}_z + (I_y - I_x)\omega_x \omega_y &= T_z \end{aligned} \tag{2-42}$$

2.5　刚体的动能

考虑图 2－10 所示的刚体。我们在其中嵌入一个体参考系 $\mathcal{F}_b$，原点位于质心。用矢量 $\vec{\boldsymbol{r}}$ 表示刚体的质心位置与惯性参考系 $\mathcal{F}_I$ 原点之间的关系。质量单元 dm 位于距刚体质心为矢量 $\vec{\boldsymbol{\rho}}$ 的位置。我们用矢量 $\vec{\boldsymbol{\omega}}$ 表示刚体的惯性角速度。

如图 2－10 所示，质量单元 dm 与 $\mathcal{F}_I$ 原点的位置关系为

$$\vec{\boldsymbol{r}}_{\mathrm{d}m} = \vec{\boldsymbol{r}} + \vec{\boldsymbol{\rho}}$$

因此，质量单元的惯性速度为

$$\dot{\vec{\boldsymbol{r}}}_{\mathrm{d}m} = \dot{\vec{\boldsymbol{r}}} + \dot{\vec{\boldsymbol{\rho}}}$$

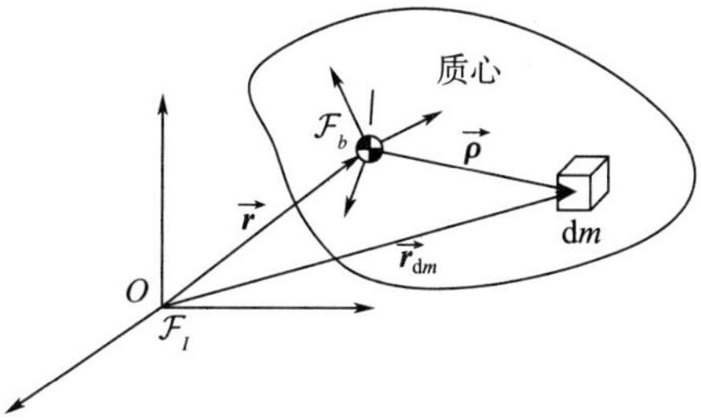

图 2-10　刚体

此处用（˙）表示 $\mathcal{F}_I$ 中的时间导数。由于物体是刚性的，我们得出

$$\dot{\vec{\rho}}=\vec{\omega}\times\vec{\rho}$$

如 2.3.2 节所述。因此，dm 的惯性速度为

$$\dot{\vec{r}}_{dm}=\vec{v}+\vec{\omega}\times\vec{\rho} \tag{2-43}$$

此处 $\vec{v}=\dot{\vec{r}}$ 为刚体质心的惯性速度。

质量单元 dm 的动能为

$$\mathrm{d}T=\frac{1}{2}\dot{\vec{r}}_{dm}\cdot\dot{\vec{r}}_{dm}\mathrm{d}m$$

运用式（2-43）的结论，演化为

$$\mathrm{d}T=\frac{1}{2}(\vec{v}+\vec{\omega}\times\vec{\rho})\cdot(\vec{v}+\vec{\omega}\times\vec{\rho})\mathrm{d}m$$

扩展可得

$$\mathrm{d}T=\frac{1}{2}\vec{v}\cdot\vec{v}\mathrm{d}m+\vec{v}\cdot(\vec{\omega}\times\vec{\rho})\mathrm{d}m+\frac{1}{2}(\vec{\omega}\times\vec{\rho})\cdot(\vec{\omega}\times\vec{\rho})\mathrm{d}m \tag{2-44}$$

通过式（2-44）我们得出刚体总的动能为

$$T=\frac{1}{2}\int_B\vec{v}\cdot\vec{v}\mathrm{d}m+\int_B\vec{v}\cdot(\vec{\omega}\times\vec{\rho})\mathrm{d}m+\frac{1}{2}\int_B(\vec{\omega}\times\vec{\rho})\cdot(\vec{\omega}\times\vec{\rho})\mathrm{d}m \tag{2-45}$$

我们来逐一检测。首先，我们得出刚体的总质量为

$$m=\int_B\mathrm{d}m$$

由于 $\vec{v}$ 在积分中恒定，因此得出

$$\frac{1}{2}\int_B\vec{v}\cdot\vec{v}\mathrm{d}m=\frac{1}{2}m\vec{v}\cdot\vec{v}=\frac{1}{2}mv^2,v=|\vec{v}| \tag{2-46}$$

接下来，由于 $\mathcal{F}_B$ 的原点位于刚体的质心，我们得出质量的一阶质量矩为零，因而

$$\int_B\vec{\rho}\,\mathrm{d}m=\vec{0}$$

由于 $\vec{v}$ 和 $\vec{\omega}$ 在积分中恒定，因此得出

$$\int_B\vec{v}\cdot(\vec{\omega}\times\vec{\rho})\mathrm{d}m=0 \tag{2-47}$$

最终，我们来评估式（2－45）中的第三项。首先，分别表示刚体的坐标 $\vec{\boldsymbol{\omega}}$ 和 $\vec{\boldsymbol{\rho}}$

$$\vec{\boldsymbol{\omega}} = \vec{\mathcal{F}}_B^{\mathrm{T}} \boldsymbol{\omega}$$

$$\vec{\boldsymbol{\rho}} = \vec{\mathcal{F}}_B^{\mathrm{T}} \boldsymbol{\rho}$$

我们得出

$$\begin{aligned}\frac{1}{2}\int_B (\vec{\boldsymbol{\omega}} \times \vec{\boldsymbol{\rho}}) \cdot (\vec{\boldsymbol{\omega}} \times \boldsymbol{\rho})\mathrm{d}m &= \frac{1}{2}\int_B (\boldsymbol{\omega}^\times \boldsymbol{\rho})^{\mathrm{T}}(\boldsymbol{\omega}^\times \boldsymbol{\rho})\mathrm{d}m \\ &= \frac{1}{2}\int_B (\boldsymbol{\rho}^\times \boldsymbol{\omega})^{\mathrm{T}}(\boldsymbol{\rho}^\times \boldsymbol{\omega})\mathrm{d}m \\ &= \frac{1}{2}\boldsymbol{\omega}^{\mathrm{T}}\left[-\int_B \boldsymbol{\rho}^\times \boldsymbol{\rho}^\times \,\mathrm{d}m\right]\boldsymbol{\omega}\end{aligned}$$

我们由 2.3.2 节所述得出关于刚体质心的转动惯量矩阵最终的积分 $\boldsymbol{I}$。因此，我们得出

$$\frac{1}{2}\int_B (\vec{\boldsymbol{\omega}} \times \vec{\boldsymbol{\rho}}) \cdot (\vec{\boldsymbol{\omega}} \times \vec{\boldsymbol{\rho}})\mathrm{d}m = \frac{1}{2}\boldsymbol{\omega}^{\mathrm{T}} \boldsymbol{I} \boldsymbol{\omega} \tag{2-48}$$

根据式（2－45）及式（2－46）到式（2－48）的演化，我们得出刚体的总动能为

$$T = T_t + T_r \tag{2-49}$$

其中

$$T_t = \frac{1}{2} m v^2 \tag{2-50}$$

T_t 为刚体平动动能，并且

$$T_r = \frac{1}{2}\boldsymbol{\omega}^{\mathrm{T}} \boldsymbol{I} \boldsymbol{\omega} \tag{2-51}$$

T_r 为刚体的转动动能。

我们发现当 $\mathcal{F}_B$ 为主轴参考系（如 2.4.3 节所述）时

$$\boldsymbol{I} = \begin{bmatrix} I_x & 0 & 0 \\ 0 & I_y & 0 \\ 0 & 0 & I_z \end{bmatrix}, \boldsymbol{\omega} = \begin{bmatrix} \omega_x \\ \omega_y \\ \omega_z \end{bmatrix}$$

转动动能式（2－51）变为

$$T_r = \frac{1}{2}(I_x \omega_x^2 + I_y \omega_y^2 + I_z \omega_z^2)$$

2.6 注释

本章对描绘航天器运动类型的力学进行了有限阐述。例如，我们并没有考虑多体航天器的复杂构造。基于我们的假设，采用了牛顿-欧拉方法（与拉格朗日算法和汉密尔顿函数方法截然相反）。经典力学关于航天器运动描述的更完整的阐释，请参阅休斯（Hughes，2004）的作品。有多个著作包含对经典力学的完整解读，其中之一便是戈德斯坦等人（Coldstein et al.，2002）的著作。

参考文献

[1] Goldstein H, Poole C and Safko J 2002 Classical Mechanics 3rd edn. Addison - Wesley, San Francisco, CA.

[2] Hughes PC 2004 Spacecraft Attitude Dynamics. Dover Publications, Mineola, NY.

第 3 章　开普勒二体问题

本章我们将研究两个质点的轨道问题——开普勒二体问题。研究表明，该模型对于行星轨道航天器、太阳轨道航天器都是合理模型。由第 7 章可知，行星的有限尺寸会影响航天器轨道。但是在开普勒二体问题中将行星和航天器看作质点，为行星轨道航天器的行为研究提供了帮助。

3.1　运动学方程

如图 3-1 所示，两质点的质量分别为 m_1、m_2。为了应用牛顿运动定律，需要建立惯性参考系 $\mathcal{F}_I$。两质点到参考系 $\mathcal{F}_I$ 原点的相对位置为 $\vec{\boldsymbol{r}}_1$ 和 $\vec{\boldsymbol{r}}_2$。质点 m_2 到质点 m_1 的相对距离可以表示为

$$\vec{\boldsymbol{r}}_{21}=\vec{\boldsymbol{r}}_2-\vec{\boldsymbol{r}}_1$$

根据万有引力定律，质点 m_1 对质点 m_2 的作用力可以表示为

$$\vec{\boldsymbol{F}}_{21}=-\frac{Gm_1m_2}{|\vec{\boldsymbol{r}}_{21}|^3}\vec{\boldsymbol{r}}_{21}$$

同样，质点 m_2 对质点 m_1 的作用力可以表示为

$$\vec{\boldsymbol{F}}_{12}=\frac{Gm_1m_2}{|\vec{\boldsymbol{r}}_{21}|^3}\vec{\boldsymbol{r}}_{21}$$

式中　G——万有引力常数。

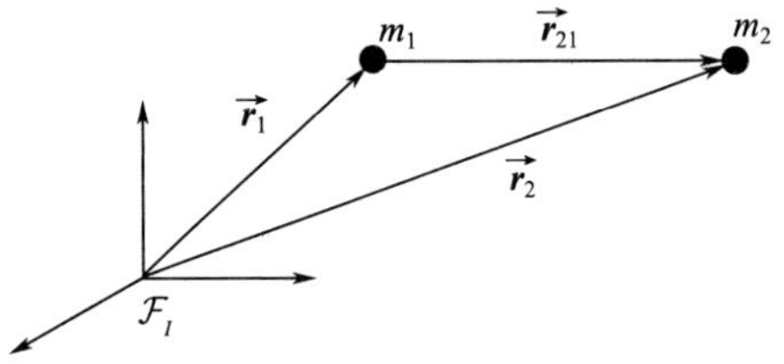

图 3-1　二体问题

根据牛顿第二定律，运动学方程中的 m_2 和 m_1 可以表示为

$$m_1\ddot{\vec{\boldsymbol{r}}}_1=\vec{\boldsymbol{F}}_{12}=\frac{Gm_1m_2}{|\vec{\boldsymbol{r}}_{21}|^3}\vec{\boldsymbol{r}}_{21}$$

$$m_2\ddot{\vec{\boldsymbol{r}}}_2=\vec{\boldsymbol{F}}_{21}=-\frac{Gm_1m_2}{|\vec{\boldsymbol{r}}_{12}|^3}\vec{\boldsymbol{r}}_{21}$$

可以得出

$$\ddot{\vec{r}}_1 = \frac{Gm_2}{|\vec{r}_{21}|^3}\vec{r}_{21} \tag{3-1}$$

$$\ddot{\vec{r}}_2 = -\frac{Gm_1}{|\vec{r}_{21}|^3}\vec{r}_{21} \tag{3-2}$$

式（3-2）与式（3-1）之差得到质点 m_2 相对于质点 m_1 的运动学方程

$$\ddot{\vec{r}}_{21} = \ddot{\vec{r}}_2 - \ddot{\vec{r}}_1 = -\frac{G(m_1+m_2)}{|\vec{r}_{21}|^3}\vec{r}_{21} \tag{3-3}$$

在算例中当 m_1 表示行星、m_2 表示航天器，或者 m_1 表示太阳、m_2 表示行星时，可以假设 $m_1 \gg m_2$。在这个假设条件下，$m_1+m_2 \approx m_1$，式（3-3）可以表示为

$$\ddot{\vec{r}}_{21} = -\frac{Gm_1}{|\vec{r}_{21}|^3}\vec{r}_{21}$$

从现在开始，$\vec{r}=\vec{r}_{21}$ 表示 m_2 相对于 m_1 的位置，不再使用下标“21”。由于 $m_1 \gg m_2$，可将质点 m_1 视为主星。定义常数 $\mu = Gm_1$。通常情况下不能精确得知万有引力常数 G 和行星质量 m_1，所以引力常数 μ 更为实用。另一方面，通常情况下针对主星来说可以精确得知引力常数 μ。

最终得出开普勒二体轨道运动方程

$$\ddot{\vec{r}} = -\frac{\mu}{|\vec{r}|^3}\vec{r} \tag{3-4}$$

式（3-4）给出了 m_2 相对主星 m_1 的运动方程。从式（3-4）可以看出，在 $m_1 \gg m_2$ 的假设条件下，该相对运动与 m_2 无关。

下面来阐述开普勒轨道的运动特性。

3.2 运动常量

3.2.1 轨道角动量

首先，检验轨道角动量，定义为

$$\vec{h} \triangleq \vec{r} \times \vec{v} \tag{3-5}$$

此处 $\vec{v}=\dot{\vec{r}}$ 是轨道速度。在惯性系中对式（3-5）两端取时间导数，得到

$$\begin{aligned}\dot{\vec{h}} &= \dot{\vec{r}} \times \vec{v} + \vec{r} \times \dot{\vec{v}} \\ &= \vec{v} \times \vec{v} + \vec{r} \times \ddot{\vec{r}} \\ &= \vec{r} \times \ddot{\vec{r}}\end{aligned}$$

根据运动方程（3-4）可以得到

$$\dot{\vec{h}} = -\frac{\mu}{|\vec{r}|^3}\vec{r} \times \vec{r} = \vec{0} \tag{3-6}$$

这表示在惯性参考系 $\mathcal{F}_I$ 中轨道角动量 $\vec{h}$ 是常值。根据式（3-5）中角动量 $\vec{h}$ 的定义和矢量积定义，位置矢量 $\vec{r}$ 与角动量 $\vec{h}$ 恒垂直。因为 $\vec{h}$ 是常值，所以位置矢量 $\vec{r}$ 在垂直于 $\vec{h}$ 的

惯性空间平面中旋转。

因此，我们发现开普勒轨道运动是平面运动，轨道角动量 $\vec{\boldsymbol{h}}$ 为常值，且能够指定轨道平面。

3.2.2 轨道能量

接下来分析轨道能量。其定义为

$$\varepsilon \triangleq \frac{v^2}{2}-\frac{\mu}{r}=\frac{\vec{\boldsymbol{v}}\cdot\vec{\boldsymbol{v}}}{2}-\frac{\mu}{r} \tag{3-7}$$

此处 $v=|\vec{\boldsymbol{v}}|$ 为轨道速率，$r=|\vec{\boldsymbol{r}}|$ 是 m_1 到 m_2 的距离。同样，$\frac{v^2}{2}$ 表示单位质量的动能，$-\frac{\mu}{r}$ 表示单位质量的二体引力势能。$-\frac{\mu}{r}$ 可以得到二体引力加速度的势函数，加速度可表示为

$$-\frac{\mu}{|\vec{\boldsymbol{r}}|^3}\vec{\boldsymbol{r}}=\vec{\nabla}\left(\frac{\mu}{r}\right)$$

计算式（3-7）的时间导数

$$\dot{\varepsilon}=\vec{\boldsymbol{v}}\cdot\dot{\vec{\boldsymbol{v}}}+\frac{\dot{r}\mu}{r^2} \tag{3-8}$$

现有

$$\begin{aligned} r^2&=\vec{\boldsymbol{r}}\cdot\vec{\boldsymbol{r}}\Rightarrow\\ r\dot{r}&=\vec{\boldsymbol{r}}\cdot\dot{\vec{\boldsymbol{r}}}\Rightarrow\\ \dot{r}&=\frac{\vec{\boldsymbol{r}}\cdot\vec{\boldsymbol{v}}}{r} \end{aligned} \tag{3-9}$$

将其代入式（3-8），并利用式（3-4）可得

$$\dot{\varepsilon}=\vec{\boldsymbol{v}}\cdot\left(-\frac{\mu}{r^3}\vec{\boldsymbol{r}}\right)+\frac{\vec{\boldsymbol{r}}\cdot\vec{\boldsymbol{v}}\mu}{r^3}=0 \tag{3-10}$$

因此我们发现开普勒二体运动轨道能量是常值。

3.2.3 偏心率矢量

我们来分析矢量 $\vec{\boldsymbol{v}}\times\vec{\boldsymbol{h}}$ 和 $\frac{\vec{\boldsymbol{r}}}{r}$。因为 $\vec{\boldsymbol{v}}\times\vec{\boldsymbol{h}}$ 与 $\frac{\vec{\boldsymbol{r}}}{r}$ 垂直，所以矢量 $\vec{\boldsymbol{v}}\times\vec{\boldsymbol{h}}$ 和矢量 $\frac{\vec{\boldsymbol{r}}}{r}$ 均位于轨道平面内。在惯性系下，对两矢量求时间导数。利用矢量微分法则（见 1.4 节），可以得到

$$\overbrace{(\vec{\boldsymbol{v}}\times\vec{\boldsymbol{h}})}^{\cdot}=\dot{\vec{\boldsymbol{v}}}\times\vec{\boldsymbol{h}}$$

因为 $\dot{\vec{\boldsymbol{h}}}=\vec{\boldsymbol{0}}$，利用三重矢量积（见 1.1 节最后）运算，其变为

$$\dot{\vec{\boldsymbol{v}}}\times\vec{\boldsymbol{h}}=\dot{\vec{\boldsymbol{v}}}\times(\vec{\boldsymbol{r}}\times\vec{\boldsymbol{v}})=\vec{\boldsymbol{r}}(\dot{\vec{\boldsymbol{v}}}\cdot\vec{\boldsymbol{v}})-\vec{\boldsymbol{v}}(\dot{\vec{\boldsymbol{v}}}\cdot\vec{\boldsymbol{r}})$$

将运动方程（3-4）代入上述表达式可得

$$\dot{\overbrace{(\vec{v}\times\vec{h})}}=\vec{r}\left[\vec{v}\cdot\left(-\frac{\mu\vec{r}}{r^3}\right)\right]-\vec{v}\left[\vec{r}\cdot\left(-\frac{\mu\vec{r}}{r^3}\right)\right]$$
$$=-\frac{\mu}{r^3}\vec{r}(\vec{r}\cdot\vec{v})+\frac{\mu}{r}\vec{v} \tag{3-11}$$

同样，根据$\vec{v}=\dot{\vec{r}}$可得

$$\dot{\overbrace{\left(\frac{\vec{r}}{r}\right)}}=\frac{\dot{\vec{r}}}{r}-\frac{\dot{r}\vec{r}}{r^2}$$
$$=\frac{\vec{v}}{r}-\frac{\vec{r}(\vec{r}\cdot\vec{v})}{r^3} \tag{3-12}$$

其中，式（3－9）中有 $\dot{r}$ 的定义。

对比式（3－11）和式（3－12）可知

$$\dot{\overbrace{\left(\frac{\vec{r}}{r}\right)}}=\frac{1}{\mu}\dot{\overbrace{(\vec{v}\times\vec{h})}}$$

利用以上关系，定义偏心率矢量

$$\vec{e}\triangleq\frac{\vec{v}\times\vec{h}}{\mu}-\frac{\vec{r}}{r} \tag{3-13}$$

因此，根据之前定义，上式的惯性时间导数为

$$\dot{\vec{e}}=\vec{0} \tag{3-14}$$

偏心率矢量是惯性常数。因为$\vec{v}\times\vec{h}$和$\vec{r}/r$ 垂直于$\vec{h}$，可确定偏心率矢量$\vec{e}$同样位于轨道平面内。

因此，我们发现偏心率矢量$\vec{e}$ 位于轨道平面内，且为常值。

3.3　开普勒轨道形状

我们已经确定开普勒轨道运动是平面运动，并且可以通过角动量矢量 $\vec{h}$ 确定轨道平面。同时可以确定固定于轨道平面内的偏心率矢量$\vec{e}$。在轨道平面内描述 m_2 到 m_1 相对位置所需的量是两质点之间的相对距离 $r=|\vec{r}|$ 和位置矢量$\vec{r}$ 与偏心率矢量$\vec{e}$ 之间的夹角 θ（见图 3－2）。此外，如果找到 r 和 θ 之间的关系，就能获得轨道形状。首先要确定轨道偏心率作为偏心率矢量的模，即 $e=|\vec{e}|$。显然偏心率为非负（$e\geqslant 0$）。这对于描述轨道形状来说很重要。

根据式（7－77）和位置矢量$\vec{r}$ 计算偏心率矢量$\vec{e}$ 的标量积，可得

$$\vec{r}\cdot\vec{e}=\frac{\vec{r}\cdot(\vec{v}\times\vec{h})}{\mu}-\frac{\vec{r}\cdot\vec{r}}{r}$$

利用标量三重积的矢量定义（见 1.1.3 节），可得

$$\vec{r}\cdot(\vec{v}\times\vec{h})=\vec{h}\cdot(\vec{r}\times\vec{v})=\vec{h}\cdot\vec{h}=h^2 \tag{3-15}$$

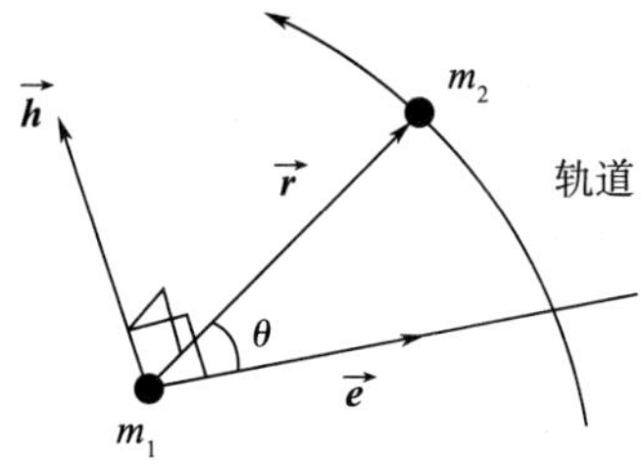

图 3-2　轨道描述

此处 $h = |\vec{h}|$ 是轨道角动量的模。利用上述关系以及内积定义可得

$$re\cos\theta = \frac{h^2}{\mu} - r$$

重新整理上式可得

$$r = \frac{(h^2/\mu)}{1 + e\cos\theta} \tag{3-16}$$

通常定义参数 p 为半通径

$$p = \frac{h^2}{\mu} \tag{3-17}$$

给定轨道情况下半通径为常值（因为 h 为常值）。因此式（3-16）变为

$$r = \frac{p}{1 + e\cos\theta} \tag{3-18}$$

该式给出了 m_1 到 m_2 之间相对距离关于角 θ 的函数。其中角 θ 的专用名为真近点角。因此式（3-18）可以在轨道平面内完整描述轨道形状。显然当 $\theta = 0$ 时，r 取最小值。也就是说，m_2 到 m_1 的最近点沿偏心率矢量 $\vec{e}$ 方向。距离最近点称为近拱点，最近距离为

$$r_{\min} = \frac{p}{1 + e} \tag{3-19}$$

根据式（3-18）可知，当轨道偏心率 $e = 0$ 时，$r = p =$ 常值。即当 $e = 0$ 时，轨道为圆轨道。

从式（3-18）可知，偏心率 e 是决定轨道形状的关键因素。我们来进一步分析偏心率 e。根据式（7-77），可得

$$\begin{aligned} e^2 = \vec{e} \cdot \vec{e} &= \left(\frac{\vec{v} \times \vec{h}}{\mu} - \frac{\vec{r}}{r}\right) \cdot \left(\frac{\vec{v} \times \vec{h}}{\mu} - \frac{\vec{r}}{r}\right) \\ &= \frac{(\vec{v} \times \vec{h}) \cdot (\vec{v} \times \vec{h})}{\mu^2} - 2\frac{\vec{r} \cdot (\vec{v} \times \vec{h})}{\mu r} + \frac{\vec{r} \cdot \vec{r}}{r^2} \end{aligned} \tag{3-20}$$

根据 1.1.3 节的矢量定义

$$\begin{aligned} (\vec{v} \times \vec{h}) \cdot (\vec{v} \times \vec{h}) &= (\vec{v} \cdot \vec{v})(\vec{h} \cdot \vec{h}) - (\vec{v} \cdot \vec{h})(\vec{h} \cdot \vec{v}) \\ &= v^2 h^2 \end{aligned}$$

因为 $\vec{v}$ 与 $\vec{h}$ 垂直，所有上式右侧第二项可以消除，将上式和式（3-15）代入式（3-20）可得

$$e^2=\frac{v^2h^2}{\mu^2}-\frac{2h^2}{\mu r}+1$$

重新整理得到

$$\begin{aligned}1-e^2&=\frac{h^2}{\mu}\left(\frac{2}{r}-\frac{v^2}{\mu}\right)\\&=p\left(\frac{2}{r}-\frac{v^2}{\mu}\right)\end{aligned}\tag{3-21}$$

定义参数

$$a=\left(\frac{2}{r}-\frac{v^2}{\mu}\right)^{-1}\tag{3-22}$$

正如我们将要看到的，该参数在表述轨道形状时有特殊意义。使用这个定义，根据式（3-21）可以得到 a、p 和 e 参数之间的关系，即

$$a=\frac{p}{1-e^2}\tag{3-23}$$

因为 $p>0(p=h^2/\mu)$，通过式（3-23）可知，当 $e>1$ 时，$a<0$，当 $e<1$ 时，$a>0$。当 $e=1$ 时，a 无意义。同时，对于给定轨道，p 和 e 是常值，a 也是常值。为进一步获得 a 的物理意义，根据式（3-22）可知

$$a^{-1}=\frac{2}{r}-\frac{v^2}{\mu}=\frac{2}{\mu}\left(\frac{\mu}{r}-\frac{v^2}{2}\right)=\frac{2}{\mu}(-\varepsilon)\tag{3-24}$$

上述表达式中使用了式（3-7）中的轨道能量。因此利用 a 可得轨道能量的另一种表达形式

$$\varepsilon=-\frac{\mu}{2a}\tag{3-25}$$

将式（3-24）代入式（3-21）并整理，可以得到以偏心率为参数的轨道能量表达式

$$\varepsilon=\frac{\mu^2(e^2-1)}{2h^2}\tag{3-26}$$

根据上式可知

$$\begin{aligned}e>1&\Rightarrow\varepsilon>0\\e=1&\Rightarrow\varepsilon=0\\e<1&\Rightarrow\varepsilon<0\end{aligned}\tag{3-27}$$

令式（3-25）和式（3-7）相等可得一个有用结论。经整理可得

$$v=\sqrt{\mu\left(\frac{2}{r}-\frac{1}{a}\right)}\tag{3-28}$$

该式称为活力公式，它是涉及能量的轨道速率。当计算轨道转移时，该式作用很大。

3.3.1　近心点坐标系

由 2.1 节可知，若有一个惯性参考系，可以确定另一个惯性参考系，只要 1）该参考系不围绕原参考系转动，2）该参考系原点相对于原参考系既不平动，也不以恒定的速度

平动。可知开普勒轨道运动在平面内（垂直于 $\vec{\boldsymbol{h}}$）进行，且在惯性系下固定。利用面内两个单位矢量可以选择惯性系并简要描述运动。位置矢量 $\vec{\boldsymbol{r}}$ 也可以利用这两个矢量表示。根据这个惯性系下固定的平面可以找到矢量 $\vec{\boldsymbol{e}}$。根据该单位矢量可以定义新的惯性参考系 $\mathcal{F}_p$

$$\vec{\boldsymbol{x}}_p=\frac{\vec{\boldsymbol{e}}}{e},\vec{\boldsymbol{z}}_p=\frac{\vec{\boldsymbol{h}}}{h},\vec{\boldsymbol{y}}_p=\vec{\boldsymbol{z}}_p\times\vec{\boldsymbol{x}}_p \tag{3-29}$$

该参考坐标系被称为近心点参考坐标系，如图 3－3 所示。以下将对坐标系命名原因进行简要分析。当 $\vec{\boldsymbol{e}}=\vec{\boldsymbol{0}}$ 时，可以在轨道平面内惯性固定矢量中任意选择式（3－29）中的参数 $\vec{\boldsymbol{x}}_p$。在该坐标系中，m_2 相对于 m_1 的相对距离可以表示为

$$\vec{\boldsymbol{r}}=\vec{\mathcal{F}}_p^{\mathrm{T}}\begin{bmatrix}x_p\\y_p\\z_p\end{bmatrix}=\vec{\mathcal{F}}_p^{\mathrm{T}}\begin{bmatrix}r\cos\theta\\r\sin\theta\\0\end{bmatrix} \tag{3-30}$$

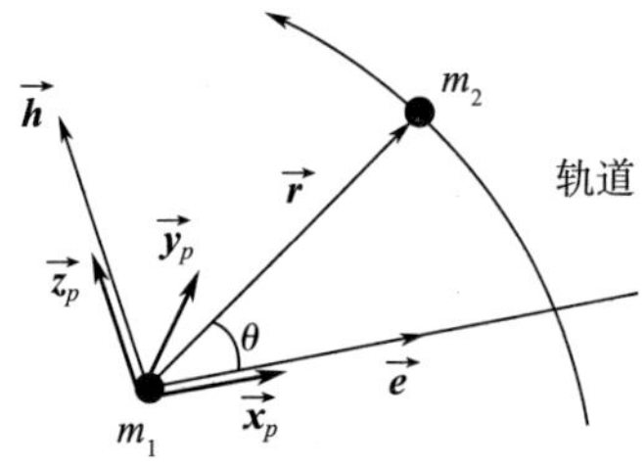

图 3－3　近心点坐标系

回到关于有关轨道形状的问题。极坐标形式轨道可以表示成式（3－18）。利用 $x_p=r\cos\theta$ 和 $y_p=r\sin\theta$ 代入式（3－18），可以表示为笛卡儿形式

$$p=r(1+e\cos\theta)=r+ex_p$$

移项可得

$$r=p-ex_p \tag{3-31}$$

通过三角关系 $r^2=x_p^2+y_p^2$ 可得

$$\begin{aligned}y_p^2&=r^2-x_p^2=(p-ex_p)^2-x_p^2\\&=p^2-2pex_p+(e^2-1)x_p^2\end{aligned} \tag{3-32}$$

当 $e\neq 1$ 时，将式（3－23）代入到式（3－32）得到

$$\begin{aligned}y_p^2&=(p-ex_p)^2-x_p^2\\&=a^2(1-e^2)^2-2a(1-e^2)ex_p-(1-e^2)x_p^2\\&=(1-e^2)[a^2(1-e^2)-2aex_p-x_p^2]\\&=(1-e^2)[a^2-(x_p+ae)^2]\end{aligned}$$

重新整理可得

$$\frac{(x_p+ae)^2}{a^2}+\frac{y_p^2}{(1-e^2)a^2}=1 \tag{3-33}$$

当 $e=1$ 时，式（3－32）变为

$$y_p^2 = p^2 - 2px_p$$

重新整理可得

$$x_p = \frac{p}{2} - \frac{y_p^2}{2p} \tag{3-34}$$

下面根据轨道偏心率 e 的不同情况进行分析。

(1) 第一类情况，$e<1$

当轨道偏心率 $e<1$ 时，如式 (3-27) 所示，轨道能量为负，即 $\varepsilon<0$。在这类情况下，$a^2(1-e^2)>0$，定义 $b=a\sqrt{(1-e^2)}$。式 (3-33) 变为

$$\frac{(x_p+ae)^2}{a^2} + \frac{y_p^2}{b^2} = 1 \tag{3-35}$$

这是一个椭圆方程，其中椭圆中心在 $x_p=-ae$，$y_p=0$ 处，长半轴为 a，短半轴为 b，椭圆形状如图 3-4 所示。明显可知，由于椭圆大小有限，当轨道能量为负时，质点 m_2 不可能逃离 m_1。

对于任意轨道，可以计算 m_1 到 m_2 的最短距离。正如之前解释的，m_1 到 m_2 距离最短的相应位置为近心点。对于椭圆轨道，可以表示为 [将式 (3-23) 代入式 (3-18)]

$$r_{\min} = \frac{a(1-e^2)}{1+e} = a(1-e)$$

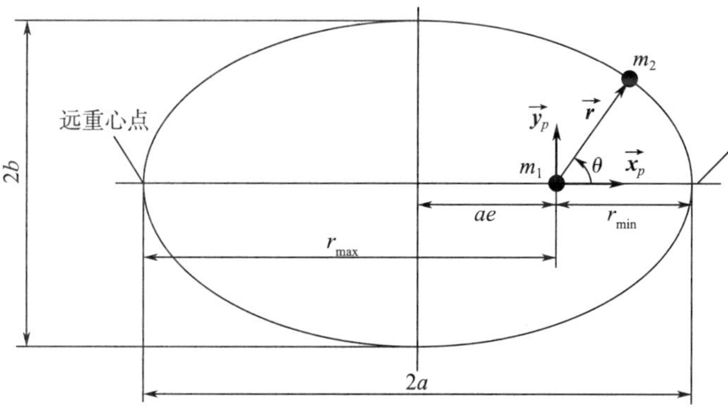

图 3-4　椭圆轨道几何关系

由于椭圆轨道大小有限，也可以计算出 m_1 到 m_2 的最长距离。根据式 (3-18) 可知，当 $\theta=180°$ 时，两者之间的距离 r 达到最大值，该点为远心点。令式 (3-18) 中 $\theta=180°$，利用式 (3-23) 可以求解出最大距离

$$r_{\max} = \frac{a(1-e^2)}{1-e} = a(1+e)$$

因此可知，m_1 到 m_2 的最短距离点和最长距离点均位于同一条直线上（该直线平行于偏心率矢量 $\vec{e}$ 方向)。该直线被称为拱线。

椭圆有许多性质，此处不能一一列举，只能详细解释一个性质：

位于椭圆长半轴上，距离椭圆中心长度相等位置存在两个焦点，且每个焦点到椭圆上

任意一点的距离之和是常数，等于长半轴长度的两倍。椭圆中心到每个焦点的距离为 ae，其中 a 为长半径，e 为轨道偏心率，$0<e<1$。如图 3－5 所示，$r+\bar{r}=2a$。

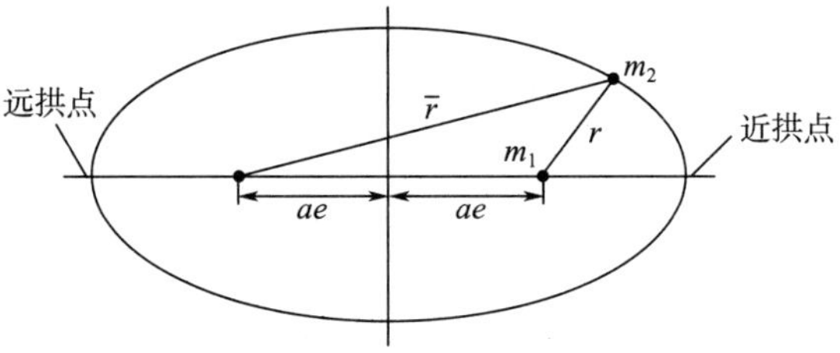

图 3－5　椭圆焦点性质

简要概括，当 $e<1$ 时，等价于 $\varepsilon<0$ 或 $a>0$，质点 m_2 相对于 m_1 的运动轨迹是椭圆轨道，其中 m_1 位于距离近心点最近的椭圆焦点上。因此，该坐标系为“近心点坐标系”。

（2）第二类情况，$e>1$

当轨道偏心率 $e>1$ 时，如式（3－27）所示，轨道能量为正，即 $\varepsilon>0$。在这类情况下，$a^2(1-e^2)<0$，定义 $b=a\sqrt{(e^2-1)}$。式（3－33）变为

$$\frac{(x_p+ae)^2}{a^2}-\frac{y_p^2}{b^2}=1 \tag{3-36}$$

上式表示原点在 $x_p=-ae$、$y=0$ 位置的双曲轨道，如图 3－6 所示。在此类情况下，$a=\dfrac{p}{1-e^2}<0$，为负值。双曲线是无限的，因此当轨道能量为正值时，质点 m_2 最终会逃离 m_1。接下来分析 m_2 的极限速度。

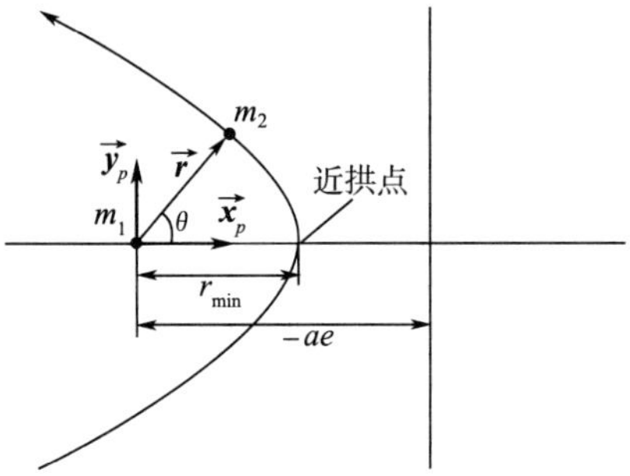

图 3－6　双曲轨道的几何性质

重新整理轨道能量式（3－7）可得

$$v=\sqrt{2\left(\varepsilon+\frac{\mu}{r}\right)} \tag{3-37}$$

令 $r\to\infty$ 可得

$$v_\infty\triangleq\lim_{r\to\infty}\sqrt{2\left(\varepsilon+\frac{\mu}{r}\right)}=\sqrt{2\varepsilon}>0 \tag{3-38}$$

该速度称为双曲轨道逃逸速度，为 m_2 相对于 m_1 的逃逸速度。因此，当轨道能量为正时，

m_2 以非零速度逃离 m_1。该速度在航天器逃离一个行星转移到另一个行星的星际飞行时是非常重要也非常必要的。之后我们将继续进行细节性讨论。

双曲线有很多性质，类似于椭圆，双曲线有一个类似的焦点性质，为：

距离双曲线中心长度相等位置存在两个双曲线焦点，且双曲线上任意一点到每个焦点的距离之差为常数。双曲线中心到每个焦点的距离为 $-ae$，距离差为 $-2a$。如图 3-7 所示，$\bar{r}-r=-2a$。

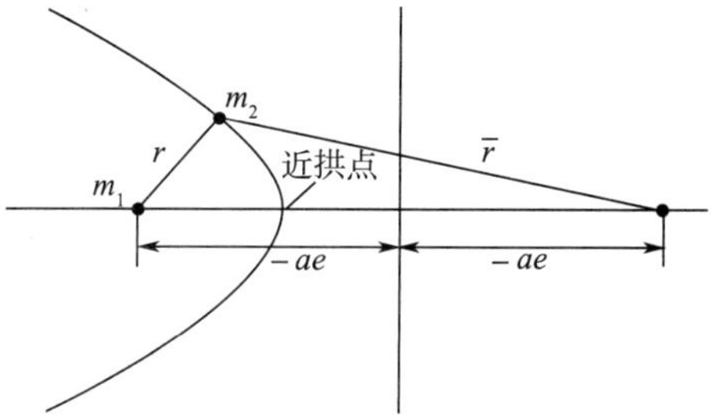

图 3-7　双曲焦点性质

简要概括，当 $e>1$ 时，等价于 $\varepsilon>0$ 或 $a<0$，质点 m_2 相对于 m_1 的运动轨迹是双曲轨道，其中 m_1 位于距离近心点最近的双曲焦点上。

双曲线的另一个重要性质是：

如图 3-8 所示，双曲线有一对渐近线。

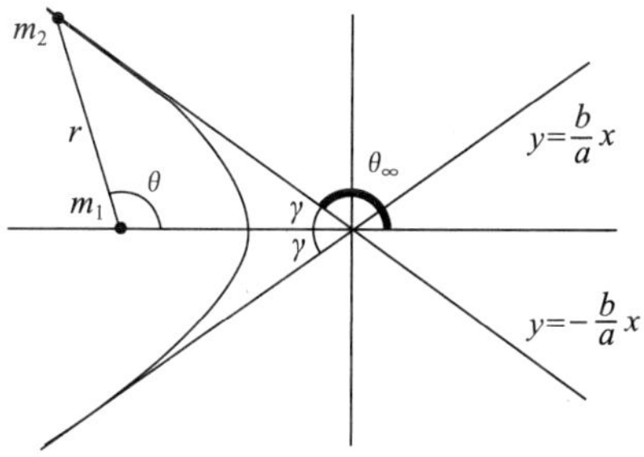

图 3-8　双曲线的渐近线

对于双曲线原点位于 $x=y=0$ 处的一般方程可以表示为

$$\frac{x^2}{a^2}-\frac{y^2}{b^2}=1$$

整理可得另一种形式

$$y=\pm\frac{b}{a}\sqrt{x^2-a^2}$$

可知随着 $|x|$ 增大，$y\to\pm\frac{b}{a}x$，则该双曲线的渐近线可以表示为

$$y = \pm \frac{b}{a} x \tag{3-39}$$

如图 3-8 所示，x 轴与双曲线渐近线的角度具有重要意义，可以用 γ 表示。明显可知，$0 < \gamma < 90^\circ$ 且有如下关系

$$\tan\gamma = \left| \frac{b}{a} \right|$$

根据双曲轨道 $b = a\sqrt{(e^2 - 1)}$ ，可得

$$\tan\gamma = \sqrt{(e^2 - 1)}$$

同样，根据双曲线的极坐标形式可以直接得到该角度

$$\gamma = \frac{a(1 - e^2)}{1 + e\cos\theta}$$

令 $\gamma \to \infty$ 可以得到双曲轨道的渐近特性。明显可知，当

$$1 + e\cos\theta \to 0 \quad 或 \quad \cos\theta \to -\frac{1}{e}$$

时也会出现渐近特性。

令 $\theta_\infty = \arccos\left(-\frac{1}{e}\right)$ ，因为 γ 是 x 轴与渐近线的夹角，所以 $\gamma = 180^\circ - \theta_\infty$（见图 3-8）。因此

$$\cos\gamma = \cos(180^\circ - \theta_\infty) = -\cos\theta_\infty = \frac{1}{e}$$

利用图 3-9 所示的三角形，可知

$$\tan\gamma = \sqrt{e^2 - 1}$$

γ 角很重要，当质点 m_2 从无限远处接近 m_1 且 $e > 1$ 时，角度变化为 $\delta = 180^\circ - 2\gamma$。该角度与设计星际飞越机动或者在轨机动有关。

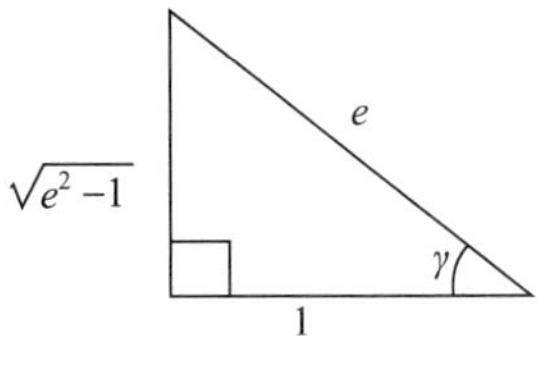

图 3-9　γ 与 e 的三角关系示意图

（3）第三类情况，$e = 1$

当轨道偏心率 $e = 1$ 时，如式（3-27）所示，轨道能量为零，即 $\varepsilon = 0$。在这类情况下，a 无定义，可以通过式（3-34）描述轨道。轨道为如图 3-10 所示的抛物线，抛物线原点在 $x_o = \frac{p}{2}$，$y = 0$ 点处。

抛物线无限大。因此，当轨道能量为 0 时，质点 m_2 最终会逃离 m_1。类似双曲轨道算例，我们分析抛物线轨道的极限速度。利用式（3-37）可得

$$v_{\infty} \triangleq \lim_{r\to\infty}\sqrt{\frac{2\mu}{r}}=0 \tag{3-40}$$

即，当轨道能量为零时，质点 m_2 逃离 m_1，最终速度将为 0。抛物线轨道为有界椭圆轨道到无限双曲轨道的过渡轨道。质点 m_2 逃离 m_1 所需的最少能量为 $\varepsilon=0$。给定轨道半径 r，根据式（3－37）可得 m_2 逃离 m_1 所需的最小轨道速度为

$$v=\sqrt{\frac{2\mu}{r}}$$

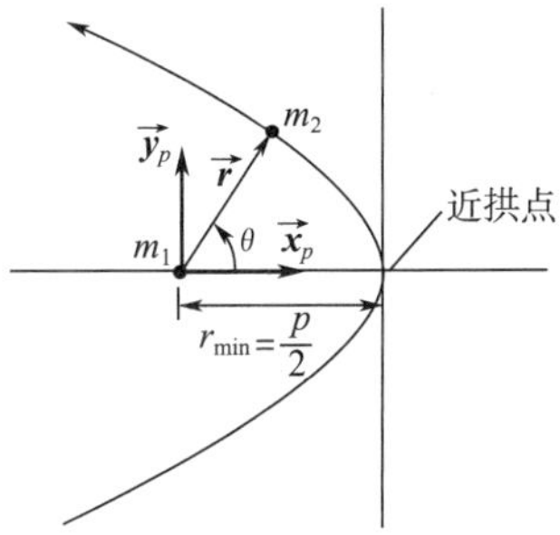

图 3－10　抛物线轨道几何关系

当 m_2 位于近心点（$\theta=0$）时，相应的速度为逃逸速度，可以表示为

$$v_{\text{esc}}=\sqrt{\frac{2\mu}{r_{\min}}} \tag{3-41}$$

其中

$$r_{\min}=\frac{p}{2}$$

总而言之，当轨道能量为负（$\varepsilon<0$）时，开普勒轨道形状为椭圆轨道；当轨道能量为零（$\varepsilon=0$）时，开普勒轨道形状为抛物线轨道；当轨道能量为正（$\varepsilon>0$）时，开普勒轨道形状为双曲轨道。这三种轨道形状均为圆锥曲线。因此，开普勒轨道形状的一般描述为圆锥曲线轨道。

3.4　开普勒定律

我们进一步阐述 r 和 θ 的表达。需要定义一个新的参考坐标系 $\mathcal{F}_o$，该坐标系为柱坐标系。如图 3－11 所示，近焦点坐标系 $\mathcal{F}_p$ 可以沿 $\vec{z}_p$ 方向旋转角度 θ 得到柱坐标系 $\mathcal{F}_o$。因此，可以得到 $\boldsymbol{C}_{op}=\boldsymbol{C}_z(\theta)$。选择下标“o”是因为在该点处坐标系 $\mathcal{F}_o$ 随轨道旋转。坐标系 $\mathcal{F}_o$ 相对于坐标系 $\mathcal{F}_p$ 的角速度可以表示为

$$\vec{\boldsymbol{\omega}}_{op}=\vec{\mathcal{F}}_o^{\mathrm{T}}\begin{bmatrix}0\\0\\\dot{\theta}\end{bmatrix}$$

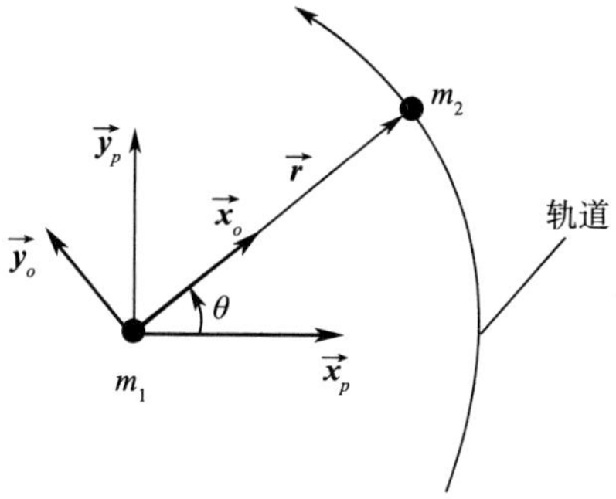

图 3－11　柱坐标系

位置矢量在 $\mathcal{F}_o$ 坐标系中可以表示为

$$\vec{\boldsymbol{r}}=\vec{\mathcal{F}}_o^{\mathrm{T}}\begin{bmatrix}r\\0\\0\end{bmatrix}\tag{3-42}$$

通过求上式的惯性时间导数，可以获得速度

$$\begin{aligned}\vec{\boldsymbol{v}}&=\vec{\mathcal{F}}_o^{\mathrm{T}}\begin{bmatrix}\dot{r}\\0\\0\end{bmatrix}+\vec{\mathcal{F}}_o^{\mathrm{T}}\begin{bmatrix}0\\0\\\dot{\theta}\end{bmatrix}^{\times}\begin{bmatrix}r\\0\\0\end{bmatrix}\\&=\vec{\mathcal{F}}_o^{\mathrm{T}}\begin{bmatrix}\dot{r}\\0\\0\end{bmatrix}+\vec{\mathcal{F}}_o^{\mathrm{T}}\begin{bmatrix}0&-\dot{\theta}&0\\\dot{\theta}&0&0\\0&0&0\end{bmatrix}\begin{bmatrix}r\\0\\0\end{bmatrix}\\&=\vec{\mathcal{F}}_o^{\mathrm{T}}\begin{bmatrix}\dot{r}\\r\dot{\theta}\\0\end{bmatrix}\end{aligned}\tag{3-43}$$

计算角动量矢量

$$\begin{aligned}\vec{\boldsymbol{h}}&=\vec{\boldsymbol{r}}\times\vec{\boldsymbol{v}}\\&=\vec{\mathcal{F}}_o^{\mathrm{T}}\begin{bmatrix}r\\0\\0\end{bmatrix}^{\times}\begin{bmatrix}\dot{r}\\r\dot{\theta}\\0\end{bmatrix}\\&=\vec{\mathcal{F}}_o^{\mathrm{T}}\begin{bmatrix}0&0&0\\0&0&-r\\0&r&0\end{bmatrix}\begin{bmatrix}\dot{r}\\r\dot{\theta}\\0\end{bmatrix}\\&=\vec{\mathcal{F}}_o^{\mathrm{T}}\begin{bmatrix}0\\0\\r^2\dot{\theta}\end{bmatrix}\end{aligned}\tag{3-44}$$

根据式（3－29）可知，因为角动量矢量 $\vec{h}$ 方向与 $\mathcal{F}_o$ 坐标系 z 轴（$\vec{z}_o=\vec{z}_p$）方向相同，角速度必须为正，即 $\dot{\theta}>0$。因此可以通过式（3－44）得到轨道角动量的模值

$$h=r^2\dot{\theta} \tag{3-45}$$

接下来对开普勒定律进行阐述与证明。

开普勒基于第谷·布拉赫的经验数据假定下列定律：

1）每一个行星轨道都是以太阳为焦点的椭圆轨道。

2）从太阳到行星的半径矢量在相等时间内扫过的面积相等。

3）行星轨道周期的平方和轨道长半轴的立方成正比。

之后牛顿通过万有引力定律和运动定律证明了以上定律。我们随后将给出以上定律的证明。我们已经得到了适用于 $e<1$ 情况下（适用于所有行星运动情况）的开普勒第一定律。为了证明开普勒第二定律，如图 3－12 所示，将面积分割得无穷小可得

$$\delta A=\frac{1}{2}r^2\delta\theta$$

这里 $\delta\theta=\dot{\theta}\delta t$ ，因此，$\delta A=\frac{1}{2}r^2\dot{\theta}\delta t$ ，即

$$\frac{\delta A}{\delta t}=\frac{1}{2}r^2\dot{\theta}$$

但根据式（3－45）可知 $r^2\dot{\theta}=h$ 为常数。令 $\delta t\rightarrow 0$，可得最终结果

$$\frac{\mathrm{d}A}{\mathrm{d}t}=\frac{h}{2}=\text{常值} \tag{3-46}$$

注意，开普勒第二定律适用于三种形状轨道，即椭圆轨道、抛物线轨道和双曲轨道。

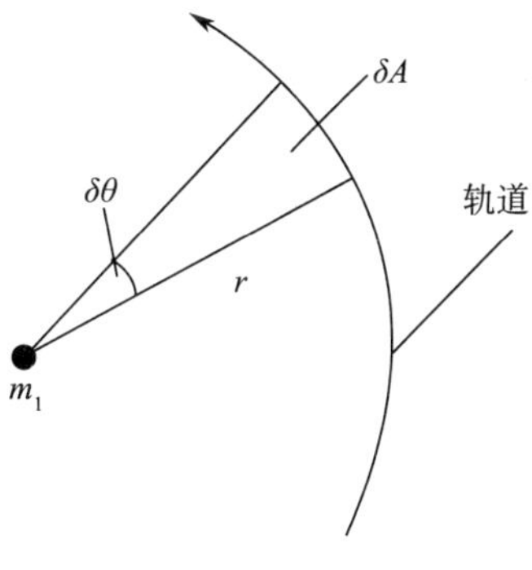

图 3－12　轨道位置矢量扫过面积

开普勒第三定律只适用于椭圆轨道（因为抛物线轨道和双曲轨道无轨道周期）。定义完成一次椭圆旋转历程的轨道周期为 T ，椭圆面积可以表示为

$$A=\int_0^T\frac{\mathrm{d}A}{\mathrm{d}t}\mathrm{d}t$$

根据开普勒第二定律（3－46）可得

$$A=\frac{h}{2}T \tag{3-47}$$

用椭圆长半轴 a 和短半轴 b 可以表示以上面积为

$$A=\pi ab$$

代入式（3-47）可得

$$T=\frac{2\pi ab}{h} \tag{3-48}$$

对于椭圆轨道，$h=\sqrt{\mu p}=\sqrt{\mu a(1-e^2)}$［见式（3-17）和式（3-23）］，同时有 $b=a\sqrt{1-e^2}$，可得

$$T=\frac{2\pi a^2\sqrt{1-e^2}}{\sqrt{\mu a(1-e^2)}}=\frac{2\pi a^{\frac{3}{2}}}{\sqrt{\mu}} \tag{3-49}$$

或者等价于

$$T^2=\frac{4\pi^2}{\mu}a^3 \tag{3-50}$$

该式为开普勒第三定律。

与轨道周期相关，平均轨道运动定义为

$$n\triangleq\frac{2\pi}{T}=\sqrt{\frac{\mu}{a^3}} \tag{3-51}$$

其为轨道的平均角速率。

3.5　飞行时间

到目前为止，我们已经完整定义了轨道形状。然而，要完全解决轨道的所有问题，需要研究 m_2 随着时间如何在轨道上运行。需要将真近点角表示为时间 t 的函数。

3.5.1　圆轨道

对于圆轨道（$e=0$）运动来说，比较简单。根据式（3-45）可得

$$\dot{\theta}=\frac{h}{r^2} \tag{3-52}$$

圆轨道有 $r=a$ 和 $h=\sqrt{\mu a}$［见式（3-17）、式（3-18）和式（3-23）］，因此

$$\dot{\theta}=\sqrt{\frac{\mu}{a^3}} \tag{3-53}$$

将上式与式（3-51）比较可知，圆轨道角速度是简单的平均轨道运动速度，即

$$\dot{\theta}=n \tag{3-54}$$

整理可得 θ 和 t 之间的关系为

$$\theta(t)-\theta(t_0)=n(t-t_0) \tag{3-55}$$

3.5.2 椭圆轨道

但是在更普遍的情况下，获得真近点角 θ 和时间 t 的直接关系比较困难。我们仅深入分析椭圆（$e<1$）案例。相应的抛物线案例和双曲线案例通过相应的方式获得。

3.5.2.1 偏近点角

由于获取 θ 和 t 的直接关系很困难，因此我们利用辅助变量偏近点角来进行描述。考虑式（3－35）描述的椭圆轨道

$$\frac{(x_p+ae)^2}{a^2}+\frac{y_p^2}{b^2}=1$$

其中

$$b=a\sqrt{1-e^2}$$

椭圆轨道也可以使用角度 E，用极坐标形式表示

$$x_p+ae=a\cos E, y_p=b\sin E \tag{3-56}$$

根据需要很容易验证

$$\frac{(x_p+ae)^2}{a^2}+\frac{y_p^2}{b^2}=\cos^2 E+\sin^2 E=1$$

我们定义角度 E 为偏近点角。对于偏近点角的几何描述如图 3－13 所示。可以找到 E 和 θ 之间的关系。等值替换式（3－56）和式（3－30）中的 x_p 和 y_p，可以得到

$$x_p=r\cos\theta=a(\cos E-e), y_p=r\sin\theta=b\sin E$$

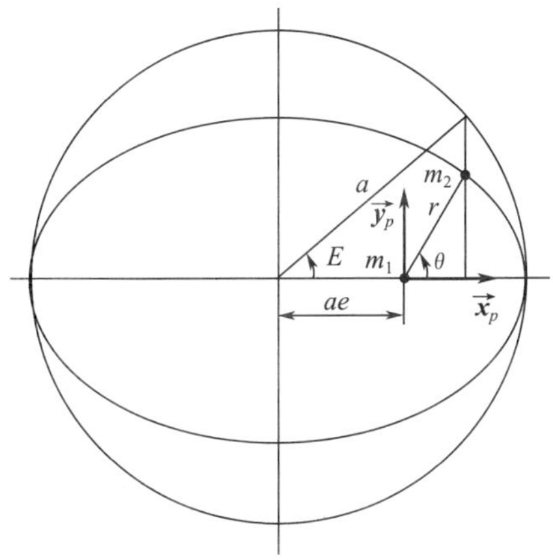

图 3－13　偏近点角的几何描述

这就得出

$$\cos\theta=\frac{a(\cos E-e)}{r} \tag{3-57}$$

且

$$\sin\theta=\frac{a\sqrt{1-e^2}\sin E}{r} \tag{3-58}$$

此处我们已经替代了 b。接下来，我们注意式（3－31）和式（3－23），对于椭圆上的任意点

$$r = a(1-e^2) - e x_p \tag{3-59}$$

将式（3－56）中的 x_p 代入，得到

$$r = a(1-e^2) - ae(\cos E - e) = a(1 - e\cos E) \tag{3-60}$$

现在我们运用二倍角公式，特别地

$$\cos u = 2\cos^2\frac{u}{2} - 1 \tag{3-61}$$

且

$$\sin u = 2\sin\frac{u}{2}\cos\frac{u}{2} \tag{3-62}$$

首先，我们将式（3－61）应用到式（3－57）的方程左侧，这样就得到

$$2\cos^2\frac{\theta}{2} - 1 = \frac{a(\cos E - e)}{r} \Rightarrow$$

$$2\cos^2\frac{\theta}{2} = \frac{a(\cos E - e) + r}{r} \Rightarrow$$

$$2\cos^2\frac{\theta}{2} = \frac{a(\cos E - e) + a(1 - e\cos E)}{r} \Rightarrow$$

$$2\cos^2\frac{\theta}{2} = \frac{a(1-e)(1+\cos E)}{r}$$

注意我们已经使用过式（3－60）。现在，将式（3－61）应用到方程右侧，得到

$$\cos^2\frac{\theta}{2} = \frac{a(1-e)\cos^2\dfrac{E}{2}}{r} \tag{3-63}$$

接下来，将式（3－62）运用到式（3－58），这样可以得到

$$\sin\frac{\theta}{2}\cos\frac{\theta}{2} = \frac{a\sqrt{1-e^2}\sin\dfrac{E}{2}\cos\dfrac{E}{2}}{r} \tag{3-64}$$

最终，用式（3－64）除以式（3－63）得到

$$\tan\frac{\theta}{2} = \frac{\sqrt{1-e^2}}{1-e}\tan\frac{E}{2} = \sqrt{\frac{(1-e)(1+e)}{(1-e)^2}}\tan\frac{E}{2}$$

这就得出

$$\tan\frac{\theta}{2} = \frac{\sqrt{1-e^2}}{1-e}\tan\frac{E}{2} \tag{3-65}$$

由于 $\frac{E}{2}$ 和 $\frac{\theta}{2}$ 共享同一个象限，最后一个关系式（3－65）是最为有用的，如图 3－13 所示。限制 $0 \leqslant E \leqslant 360°$，我们得到 $0 \leqslant \frac{E}{2} \leqslant 180°$。根据图 3－13，如果 $0 \leqslant E \leqslant 180°$，

则 $0 \leqslant \theta \leqslant 180°$，即如果 $0 \leqslant \dfrac{E}{2} \leqslant 90°$，则 $0 \leqslant \dfrac{\theta}{2} \leqslant 90°$。相似的是，如果 $180° \leqslant E \leqslant 360°$，则 $180° \leqslant \theta \leqslant 360°$，即如果 $90° \leqslant \dfrac{E}{2} \leqslant 180°$，则 $90° \leqslant \dfrac{\theta}{2} \leqslant 180°$。因此，给出偏近点角 E，我们可以根据式（3-65）唯一确定真近点角 θ。

现在，已经在偏近点角 E 和真近点角 θ 之间建立了一对一的关系，为了找出 θ 和 t 之间的关系，只需要找出 E 和 t 之间的关系。

要想做到这一点，现在回到角动量大小的表达式［式（3-45）］，即

$$h = r^2 \frac{\mathrm{d}\theta}{\mathrm{d}t} \tag{3-66}$$

令 t_0 为近拱点通过的时间，也就是说 $\theta(t_0)=0$。求式（3-45）的积分得

$$\int_0^\theta r^2 \mathrm{d}\theta = \int_{t_0}^t h\,\mathrm{d}t = h(t - t_0) \tag{3-67}$$

进行变量替换，$E = E(\theta)$。求式（3-65）的微分，我们得出

$$\frac{1}{2\cos^2\dfrac{\theta}{2}} \frac{\mathrm{d}\theta}{\mathrm{d}E} = \frac{1}{2\cos^2\dfrac{E}{2}} \sqrt{\frac{1+e}{1-e}} \Rightarrow$$

$$\frac{\mathrm{d}\theta}{\mathrm{d}E} = \sqrt{\frac{1+e}{1-e}} \frac{\cos^2\dfrac{\theta}{2}}{\cos^2\dfrac{E}{2}}$$

运用式（3-63），上式就变为

$$\frac{\mathrm{d}\theta}{\mathrm{d}E} = \sqrt{\frac{1+e}{1-e}} \frac{a(1-e)}{r} = \frac{a\sqrt{1-e^2}}{r}$$

因此，式（3-67）成为

$$h(t - t_0) = \int_0^E r^2 \frac{\mathrm{d}\theta}{\mathrm{d}E} \mathrm{d}E = a\sqrt{1-e^2} \int_0^E r\,\mathrm{d}E$$

由于 $r = a(1 - e\cos E)$［根据式（3-60）］，上述的积分就变为

$$h(t - t_0) = a^2\sqrt{1-e^2} \int_0^E (1 - e\cos E)\mathrm{d}E = a^2\sqrt{1-e^2}(E - e\sin E)$$

代入 $h = \sqrt{\mu a(1-e^2)}$，上述方程演变为

$$E - e\sin E = \sqrt{\frac{\mu}{a^3}}(t - t_0)$$

现在，根据式（3-51），我们看出 $\sqrt{\dfrac{\mu}{a^3}}$ 正是平动运动。规定平近点角为

$$M = n(t - t_0) \tag{3-68}$$

偏近点角的方程演化为

$$E - e\sin E = M \tag{3-69}$$

这就是著名的开普勒方程。

简而言之，对于椭圆轨道，给出通过近拱点的时间 $t - t_0$ 的条件下，为了找出真近点角 θ ，我们完成下列计算过程：

1）根据式（3-68）计算平近点角 M。

2）解决开普勒方程（3-69）求得偏近点角 E。

3）根据式（3-65）计算真近点角 θ。

我们也可以逆转这一过程。给出真近点角 θ ，按以下计算过程确定由近拱点通过的时间 $t - t_0$：

1）根据式（3-65）计算偏近点角 E。

2）根据式（3-69）计算平近点角 M。

3）根据式（3-68）计算近拱点通过时间 $t - t_0$。

3.5.2.2 开普勒方程的解决方案

给出开普勒方程中的 M ，并没有 E 的解析解，必须通过数值算法。有几种方法可用，其一是著名的牛顿方法。这是一种聚集非常迅速的迭代格式

$$E_{k+1} = E_k - \frac{g(E_k)}{g'(E_k)}, k = 0,1,2,\cdots \tag{3-70}$$

此处

$$g(E) \triangleq E - e\sin E - M, g'(E) = 1 - e\cos E$$

对于 E 的通常有效的初始猜测是 $E_0 = M$。该迭代式（3-70）被重复直至 $|E_{k+1} - E_k| < \epsilon$ 或 $|g(E_k)| < \delta$ ，此处 δ 和 ϵ 是适当选取的小数值，为正数。

3.5.3 抛物线轨道

直接求式（3-67）的积分可以得到抛物线轨道的飞行时间方程为

$$6\sqrt{\frac{\mu}{p^3}}(t - t_0) = 3\tan\frac{\theta}{2} + \tan^3\frac{\theta}{2} \tag{3-71}$$

3.5.4 双曲轨道

与椭圆形的案例相似，双曲偏近点角 H 可以被找到，满足

$$\tanh\frac{H}{2} = \sqrt{\frac{e-1}{e+1}}\tan\frac{\theta}{2} \tag{3-72}$$

确定了双曲平近点角为

$$N \triangleq \sqrt{\frac{\mu}{-a^3}}(t - t_0) \tag{3-73}$$

要想得到开普勒方程的双曲版本是可行的，给出

$$e\sinh H - H = N \tag{3-74}$$

由于近拱点通过时间 $t - t_0$ 和椭圆案例中的相同，上述得出真近点角 θ 的过程中给出了时间。

3.6　轨道要素

迄今为止，我们已经确定了二体轨道运动是平面的，轨道的形状或者是圆形，或者是椭圆，或者是抛物线，或者是双曲线。尺寸与形状完全由半通径 p 和偏心率 e（对于椭圆轨道，长半轴 a 比半通径 p 更常用）决定。这些完全由轨道角动量 h 和能量 ε 决定。我们也已经确定如何在给出近拱点通过时间 $t - t_0$，运用飞行时间方程来确定轨道上的位置（真近点角 θ）。

为完整描述二体轨道运动，仅在三维空间确定轨道位置。尤其需要描述轨道平面和该平面内近拱点方向。

为了做到这一点，我们需要惯性参考系，在其中我们可以规定这些参数。对于绕日轨道，以太阳为中心的日心-黄道坐标系非常有用。对于绕地轨道，以地球为中心的地心-赤道坐标系非常有用。

3.6.1　日心-黄道坐标系

如图 3-14 所示，日心-黄道坐标系用 $\mathcal{F}_\varepsilon$ 来表示，通过地球绕日轨道的坐标系确定。原点位于太阳的中心。系统的基面（$x-y$ 平面）为黄道平面，这是地球绕日轨道的平面。$\vec{z}_\varepsilon$ 的方向垂直于黄道平面，因此它和地球关于太阳的轨道角动量方向相同。$\vec{x}_\varepsilon$ 的方向由黄道平面和地球赤道平面之间的十字交线决定。$\vec{x}_\varepsilon$ 在十字交线的方向满足秋季的第一天，从太阳到地球的矢量沿着 $\vec{x}_\varepsilon$ 的正方向，称作春分点方向。$\vec{y}_\varepsilon$ 的方向被选定来完成右手坐标系，也就是 $\vec{y}_\varepsilon = \vec{z}_\varepsilon \times \vec{x}_\varepsilon$。

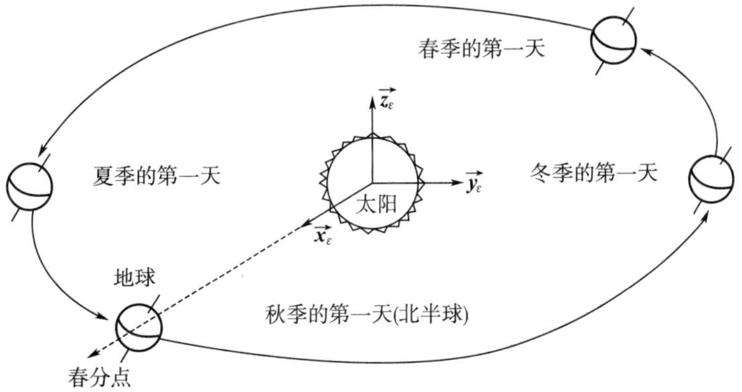

图 3-14　日心-黄道坐标系

注意，地球赤道平面是垂直于地球旋转轴的。现在，地球旋转轴不是惯性固定的，而是缓慢旋进的。因此，地球赤道平面和黄道的十字交线也是运动的。因此，参考系并非完全惯性。想要建立一个惯性参考系，在特定的时间点（日期）必须满足春分点方向（$\vec{x}_{\varepsilon}$）。

3.6.2 地心-赤道坐标系

如图 3-15 所示，地心-赤道坐标系用 $\mathcal{F}_G$ 来表示，通过地球旋转轴来确定。坐标系的原点在地心。基面（$x-y$）为赤道平面。选定 $\vec{x}_G$ 的方向来确定春分点（$\vec{x}_G=\vec{x}_{\varepsilon}$）。$\vec{z}_G$ 的方向朝向北极点。选定 $\vec{y}_G$ 来完成右手坐标系，也就是 $\vec{y}_G=\vec{z}_G\times\vec{x}_G$。地心-赤道坐标系通常为地心惯性坐标系。注意，当系统的原点位于地心时，坐标系不随着地球旋转。由于原点随着地球绕日轨道移动，该系统实际上并不是惯性的。当然，针对实际应用，这已经足够了。

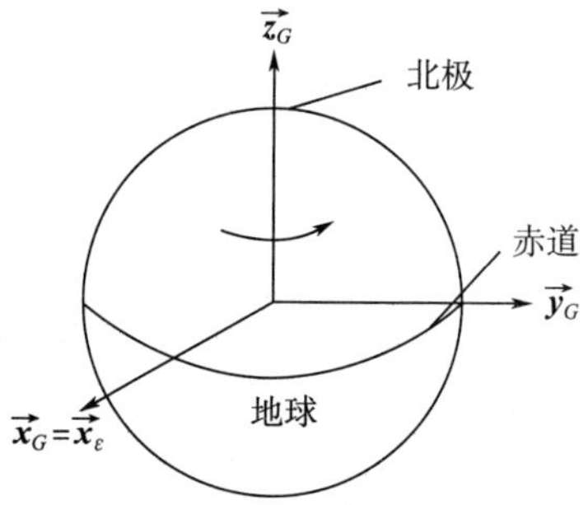

图 3-15　地心-赤道坐标系

现在，我们已有环绕地球轨道的惯性坐标系，图 3-16 展示了如何定位与之相关的轨道。

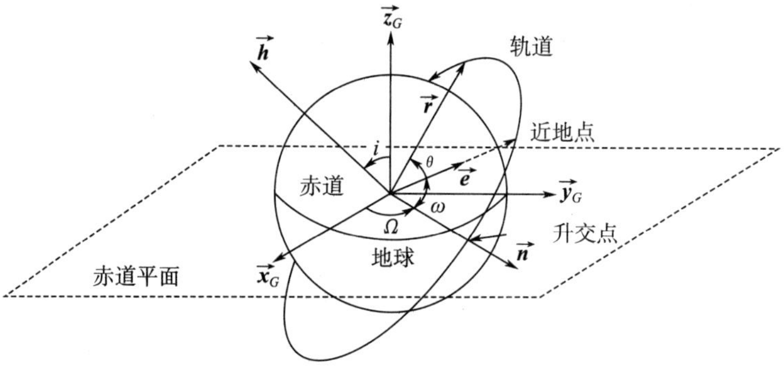

图 3-16　轨道要素

为了描述轨道平面，可以运用该平面和赤道平面的夹角，以及两个平面之间的十字交线。

两个平面的夹角由两条正法线的夹角给出，也就是说位于 $\vec{h}$ 和 $\vec{z}_G$ 之间的夹角。该角被称作倾斜角，记作 i。

赤道平面和轨道平面之间的十字交线被称作节点线。特别地，轨道从负半球穿过到正半球的点（轨道坐标系沿着 $\vec{z}_G$ 从负到正），被称作升交点。两个平面之间的十字交线现在可以由 $\vec{x}_G$ 的方向和升交点的方向之间的夹角满足。该角被称作赤经的升交点（RAAN），记作 Ω。

这两个角 i 和 Ω 完全描述相对 $\mathcal{F}_G$ 的轨道平面。正如我们所讨论的，完全满足该轨道剩下的最终数量即近拱点的方向。这可以在轨道平面内用升交点和近拱点之间的角进行描述。该角被称作近地点幅角，记作 ω。注意，近拱点是轨道最近距离的通用术语。当提及绕地轨道时，被称作近地点。

3.6.3 总结

想要完全描述物体在地球二体轨道中的位置，我们会用到如下 6 个量：

$$
\begin{aligned}
&a\text{—— 半长轴；}\\
&e\text{—— 偏心率；}\\
&i\text{—— 倾斜角；}\\
&\Omega\text{—— 赤经升交点；}\\
&\omega\text{—— 近地点幅角；}\\
&t_0\text{—— 近地点通过时间。}
\end{aligned}
\tag{3-75}
$$

这 6 个量被称作经典轨道要素。既然我们已经对环绕地球的物体确定了以上要素，那么我们也可以为环绕其他行星或恒星的物体（如月亮等）确定这 6 个量。可以用来完全描述轨道的经典要素绝不仅仅只有这一组量。事实上，还有许多组要素。由于轨道是二阶微分方程的解，我们甚至已经规定了初始条件 $\vec{r}_0$ 和 $\vec{v}_0$ 的轨道。此外从概念角度，这些要素更为有用。

3.7 位置和速度已知条件下的轨道要素

现在我们已经确定了轨道要素，我们需要计算它们的方法。假设时间为 t 时的初始位置 $\vec{r}$ 和速度 $\vec{v}$ 已经给出。

1）轨道半长轴 a，可以由轨道能量得到。因此，我们计算出

$$\varepsilon=\frac{\vec{v}\cdot\vec{v}}{2}-\frac{\mu}{|\vec{r}|}$$

我们现在可以根据式（3－25）得到长半轴

$$a=-\frac{\mu}{2\varepsilon}$$

2）接下来，偏心率可以直接根据偏心率矢量式（7－77）得到。因此，我们计算出

$$\vec{h}=\vec{r}\times\vec{v}$$

$$\vec{e}=\frac{\vec{v}\cdot\vec{h}}{\mu}-\frac{\vec{r}}{|\vec{r}|}$$

$$e=|\vec{e}|$$

3）轨道倾角现在可以通过轨道角动量 $\vec{h}$ 和轴 $\vec{z}_G$ 得到，即

$$\vec{h} \cdot z_G = |\vec{h}| \cos i$$

得到

$$i = \arccos\left(\frac{\vec{h} \cdot \vec{z}_G}{|\vec{h}|}\right)$$

4）升交点赤经可以根据轴 $\vec{x}_G$ 和位于升交点的矢量 $\vec{n}$ 得到。如图 3－16 所示，矢量为

$$\vec{n} = \vec{z}_G \times \vec{h}$$

运用这些，我们得到

$$\vec{n} \cdot \vec{x}_G = |\vec{n}| \cos\Omega$$

得出

$$\Omega = \arccos\left(\frac{\vec{n} \cdot \vec{x}_G}{|\vec{n}|}\right)$$

根据图 3－16，我们确定象限，如果

$$\vec{n} \cdot \vec{y}_G \geqslant 0，那么\ 0^\circ \leqslant \Omega \leqslant 180^\circ$$

且如果

$$\vec{n} \cdot \vec{y}_G < 0，那么\ 180^\circ < \Omega < 360^\circ$$

5）近地点幅角现在可以由矢量 $\vec{n}$ 和 $\vec{e}$ 得到，为

$$\omega = \arccos\left(\frac{\vec{n} \cdot \vec{e}}{|\vec{n}|\, e}\right)$$

要想确定象限，我们从图 3－16 看出，如果

$$\vec{e} \cdot \vec{z}_G \geqslant 0, 0 \leqslant \omega \leqslant 180^\circ$$

且如果

$$\vec{e} \cdot \vec{z}_G < 0, 180^\circ < \omega < 360^\circ$$

6）为了得出通过近地点的时间，首先需要确定在轨道上的位置（真近点角，θ）。将使用升交角距，确定为

$$u \triangleq \theta + \omega$$

也就是说，升交角距是位置矢量 $\vec{r}$ 与升交点矢量 $\vec{n}$ 共同形成的角。因此得到

$$u = \arccos\left(\frac{\vec{n} \cdot \vec{r}}{|\vec{n}||\vec{r}|}\right)$$

为了确定象限，我们从图表上看出如果

$$\vec{r} \cdot \vec{z}_G \geqslant 0，那么\ 0^\circ \leqslant u \leqslant 180^\circ$$

且如果

$$\vec{r} \cdot \vec{z}_G < 0，那么\ 180^\circ < u < 360^\circ$$

现在，可以计算出真近点角

$$\theta = u - \omega$$

运用飞行时间方程，可以得到通过近地点的时间。首先需要确定偏近点角。根据式（3－65），得到

$$E = 2\arctan\left(\sqrt{\frac{1-e}{1+e}}\tan\frac{\theta}{2}\right)$$

通过近地点的时间现在可以由开普勒方程（3－69）确定

$$t_0 = t - (E - e\sin E)\sqrt{\frac{a^3}{\mu}}$$

注意，在上述轨道要素的计算中，唯一要注意的一点是$\vec{r}$代表了相对地心的位置，且$\vec{v}$代表了惯性速度。假如所有矢量都在同一参考系中表达，则矢量本身（包括$\vec{x}_G$、$\vec{y}_G$和$\vec{z}_G$）不论惯性与否，都可以在任意参考系中表达。

3.8　位置和速度给出轨道要素

假设现在已知轨道要素，且我们想要得到给出时间为t时的惯性位置和速度。要想做到这一点，我们将会用到近心点坐标系，以及近心点参考系和地心惯性参考系之间的转换。首先，我们将确定近心点坐标系的位置和速度。根据式（3－30），近心点坐标系中的位置矢量给出为

$$\vec{r} = \vec{\mathcal{F}}_p^{\mathrm{T}}\begin{bmatrix} r\cos\theta \\ r\sin\theta \\ 0 \end{bmatrix}$$

此处根据式（3－18）

$$r = \frac{a(1-e^2)}{1+e\cos\theta} \tag{3-76}$$

得出

$$\vec{r} = \vec{\mathcal{F}}_p^{\mathrm{T}}\begin{bmatrix} \dfrac{a(1-e^2)\cos\theta}{1+e\cos\theta} \\ \dfrac{a(1-e^2)\sin\theta}{1+e\cos\theta} \\ 0 \end{bmatrix}$$

计算位置矢量的惯性时间导数，惯性速度给出为

$$\vec{v} = \vec{\mathcal{F}}_p^{\mathrm{T}}\begin{bmatrix} \dot{r}\cos\theta - r\dot{\theta}\sin\theta \\ \dot{r}\sin\theta + r\dot{\theta}\cos\theta \\ 0 \end{bmatrix} \tag{3-77}$$

现在，我们区分式（3－76）得到

$$\dot{r} = \frac{ae(1-e^2)\dot{\theta}\sin\theta}{(1+e\cos\theta)^2} \tag{3-78}$$

根据式（3－45），有

$$\dot{\theta} = \frac{h}{r^2}$$

根据式（3-17）中 $p=a(1-e^2)$ 的定义，有

$$h=\sqrt{\mu a(1-e^2)}$$

因此，有

$$\dot{\theta}=\frac{\sqrt{\mu a(1-e^2)}}{r^2}=\frac{\sqrt{\mu a(1-e^2)}(1+e\cos\theta)^2}{a^2(1-e^2)^2}$$

得到

$$\dot{\theta}=\frac{\sqrt{\frac{\mu}{a^3}}(1+e\cos\theta)^2}{(1-e^2)^{\frac{3}{2}}} \tag{3-79}$$

将之代入式（3-78）得到

$$\dot{r}=\sqrt{\frac{\mu}{a(1-e^2)}}e\cos\theta \tag{3-80}$$

将式（3-76）乘以式（3-79），得到

$$r\dot{\theta}=\sqrt{\frac{\mu}{a(1-e^2)}}(1+e\cos\theta) \tag{3-81}$$

将式（7-18）和式（7-19）代入式（3-77）得到

$$\vec{v}=\vec{\mathcal{F}}_p^{\mathrm{T}}\begin{bmatrix}-\sqrt{\frac{\mu}{a(1-e^2)}}\sin\theta \\ \sqrt{\frac{\mu}{a(1-e^2)}}(e+\cos\theta) \\ 0\end{bmatrix} \tag{3-82}$$

现在已经找出近心点坐标系中的位置和惯性速度。然而，最终是要在地心惯性参考系中得到它们。也就是说，我们寻找分别满足 $\vec{r}=\vec{\mathcal{F}}_G^{\mathrm{T}}\boldsymbol{r}_G$ 和 $\vec{v}=\vec{\mathcal{F}}_G^{\mathrm{T}}\boldsymbol{v}_G$ 的 $\boldsymbol{r}_G$ 和 $\boldsymbol{v}_G$。正如我们已经从 1.3 节中得出的，转换为

$$\boldsymbol{r}_G=\boldsymbol{C}_{G_p}\begin{bmatrix}\frac{a(1-e^2)\cos\theta}{1+e\cos\theta} \\ \frac{a(1-e^2)\sin\theta}{1+e\cos\theta} \\ 0\end{bmatrix}$$

且

$$\boldsymbol{v}_G=\boldsymbol{C}_{G_p}\begin{bmatrix}-\sqrt{\frac{\mu}{a(1-e^2)}}\sin\theta \\ \sqrt{\frac{\mu}{a(1-e^2)}}(e+\cos\theta) \\ 0\end{bmatrix}$$

因此，我们需要做的全部就是找出从近心点到惯性坐标系的转换。

如图 3-17 所示，清晰可见近心点坐标系由地心惯性参考系的 3 个连续的主轴旋转确

定（可参考图 3－16 了解原因）。

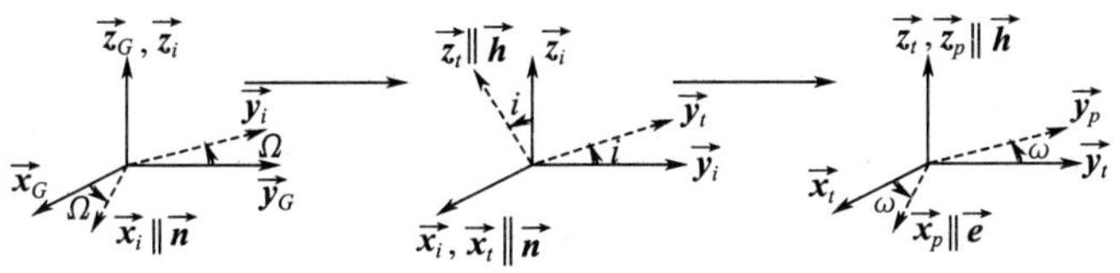

图 3－17　近心点到地心惯性参考系的转换

第一次是关于 $\vec{z}_G$ 轴旋转角 Ω；第二次是关于媒介 $\vec{x}$ 轴旋转角 i；第三次是关于转换轴 $\vec{z}$ 旋转角 ω。从数学上来说，该转换通过旋转矩阵来表达

$$\boldsymbol{C}_{pG}=\boldsymbol{C}_z(\omega)\boldsymbol{C}_x(i)\boldsymbol{C}_z(\Omega)$$

然而，我们想要的是逆变换。这仅仅是转置矩阵，给出

$$\boldsymbol{C}_{Gp}=\boldsymbol{C}_{pG}^{\mathrm{T}}=\boldsymbol{C}_z^{\mathrm{T}}(\Omega)\boldsymbol{C}_x^{\mathrm{T}}(i)\boldsymbol{C}_z^{\mathrm{T}}(\omega)$$

运用 1.3.1 节中的主旋转矩阵，上式就变成

$$\boldsymbol{C}_{Gp}=\begin{bmatrix} c_\Omega c_\omega - s_\Omega c_i s_\omega & -c_\Omega s_\omega - s_\Omega c_i c_\omega & s_\Omega s_i \\ s_\Omega c_\omega + c_\Omega c_i s_\omega & -s_\Omega s_\omega + c_\Omega c_i c_\omega & -c_\Omega s_i \\ s_i s_\omega & s_i c_\omega & c_i \end{bmatrix} \tag{3-83}$$

此处 $c_x=\cos x$ 且 $s_x=\sin x$。

总结

简而言之，在给出轨道要素的条件下，要想得到时间为 t 时的位置和速度，首先真近点角可以通过开普勒方程（3－69）和式（3－65）计算出，即

$$M=n(t-t_0)$$

$$E-e\sin E=M$$

$$\theta=2\arctan\left(\sqrt{\frac{1+e}{1-e}}\tan\frac{E}{2}\right)$$

地心惯性坐标系中的位置和惯性速度坐标可以计算得

$$\boldsymbol{r}_G=\begin{bmatrix} c_\Omega c_\omega - s_\Omega c_i s_\omega & -c_\Omega s_\omega - s_\Omega c_i c_\omega & s_\Omega s_i \\ s_\Omega c_\omega + c_\Omega c_i s_\omega & -s_\Omega s_\omega + c_\Omega c_i c_\omega & -c_\Omega s_i \\ s_i s_\omega & s_i c_\omega & c_i \end{bmatrix}\begin{bmatrix} \dfrac{a(1-e^2)\cos\theta}{1+e\cos\theta} \\ \dfrac{a(1-e^2)\sin\theta}{1+e\cos\theta} \\ 0 \end{bmatrix}$$

$$\boldsymbol{v}_G=\begin{bmatrix} c_\Omega c_\omega - s_\Omega c_i s_\omega & -c_\Omega s_\omega - s_\Omega c_i c_\omega & s_\Omega s_i \\ s_\Omega c_\omega + c_\Omega c_i s_\omega & -s_\Omega s_\omega + c_\Omega c_i c_\omega & -c_\Omega s_i \\ s_i s_\omega & s_i c_\omega & c_i \end{bmatrix}\begin{bmatrix} -\sqrt{\dfrac{\mu}{a(1-e^2)}}\sin\theta \\ \sqrt{\dfrac{\mu}{a(1-e^2)}}(e+\cos\theta) \\ 0 \end{bmatrix}$$

重要备注

在一些案例中，并非所有轨道要素都是确定的。举例来说，对于圆形轨道，就不存在近拱点（因为 r 为恒量）。因此，ω 是不确定的。在该情况下，升交角距 u（从升交点发出的角）可以用来代替真近点角。对于椭圆轨道，则是没有节点线（轨道和赤道平面一致）。在该案例中，Ω 是不确定的，且近拱点的经度 Π（近拱点和春分点之间的角）可以用来代替 ω。对于赤道圆形轨道，没有节点线，以及近拱点。在该情况下，Ω 和 ω 都是不确定的，正如 Π。真黄经 l（春分点发出的角）也可以被用来代替真近点角。

3.9 注释

本章讲述了二体问题及其解法。二体问题另一个更完整的解决方案可以在巴廷（Battin，1999）的著作中找到。

为了表达轨道，我们已经介绍了经典轨道要素的概念。然而，还有其他多组要素可供使用。建议读者们参考巴利亚多（Vallado，2007）的著作来了解更多细节。在表达轨道要素的时候，我们宽泛地确定了两个坐标系统，日心-黄道系统和地心-赤道系统。另外，天体动力学中还有一些其他非常重要的坐标系。在本章，我们尚未讨论天体动力学中不同的时间系统。然而，由于我们的兴趣点在于将轨道运动作为时间的函数，因此采用正确的时间体系尤为重要（确保该时间体系的轨道运动方程是有效的）。想要了解天体动力学中不同坐标和时间系统的更多细节，读者可以参考巴利亚多（Vallado，2007），蒙泰布鲁克和吉尔（Montenbruck，Gill；2000）或塞德尔曼诺娃（Seidelmann，2006）的著作。

参考文献

[1] Battin RH 1999 An Introduction to the Mathematics and Methods of Astrodynamics, Revised Edition. American Institute of Aeronautics and Astronautics, Reston, VA.

[2] Montenbruck O and Gill E 2000 Satellite Orbits: Models, Methods, Applications. Springer, Berlin Heidelberg.

[3] Seidelmann PK 2006 Explanatory Supplement to the Astronomical Almanac. University Science Books.

[4] Vallado DA 2007 Fundamentals of Astrodynamics and Applications 3rd edn. Microcosm Press, Hawthorne, CA.

第 4 章　初步定轨

已知如何描述物体在轨道上的运动，那么如何确定它？定轨的方法是非常复杂的，事实上，所有现行相关出版物都是基于统计学的方法。然而，这些方法都是针对初步轨道的估计进行修正的。因此，初步轨道确定的方法是有必要的。此处介绍几种基于可用测量值的确定方法（及其变形）。主要检验如下三种方法。

4.1　由三点位置矢量确定轨道

假设已知有三个连续的位置矢量$\vec{r}_1$、$\vec{r}_2$和$\vec{r}_3$，如图 4－1 所示，并且其中至少有一个矢量的时间量是已知的，即 t_i 已知，$i=1$，2，3。由于这些矢量都在同样的轨道上，因此它们一定位于同一平面。目标是由以上信息得出轨道参数。要解决这个问题有不同方法。第一种是基于矢量的方法，主要适用于自动化的计算机应用，称为吉布法。我们假设真近点角 θ_1 和 θ_3 分别对应$\vec{r}_1$和$\vec{r}_3$，并且满足 $\theta_3-\theta_1<180°$。从 3.7 节得出：如果已知惯性速度对应其中之一的位置矢量，就可以完全确定轨道，并且轨道要素是可计算的，这就是我们下一步的工作。我们继续来找与对应位置$\vec{r}_i$、在固定时间 t_i 的速度矢量$\vec{v}_i$。

我们要注意的第一点是：由于这些位置矢量在同一平面，我们可以得到其中任意一个矢量作为其他两个矢量的线性组合（假设两个矢量不平行），即

$$\vec{r}_2=\alpha\vec{r}_1+\beta\vec{r}_3 \tag{4-1}$$

$\vec{r}_1$与$\vec{r}_3$不平行。

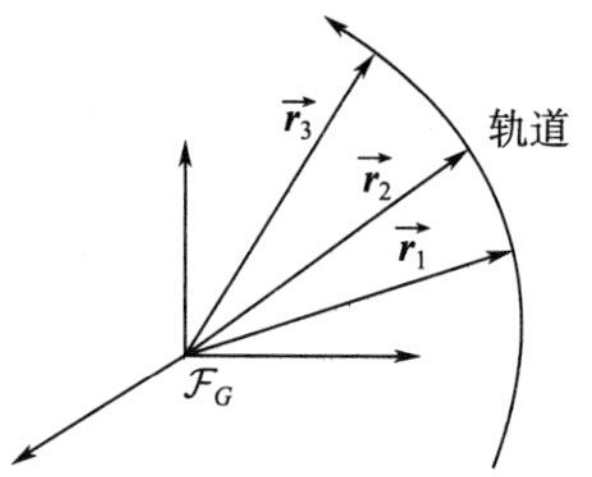

图 4－1　三点位置矢量的轨道确定

现在确定标量 α 与 β。分别对式（4－1）进行$\vec{r}_1$和$\vec{r}_3$的矢量积，得出

$$\vec{r}_1\times\vec{r}_2=\alpha\vec{r}_1\times\vec{r}_1+\beta\vec{r}_1\times\vec{r}_3=\beta\vec{r}_1\times\vec{r}_3 \tag{4-2}$$

$$\vec{r}_3\times\vec{r}_2=\alpha\vec{r}_3\times\vec{r}_1+\beta\vec{r}_3\times\vec{r}_3=\alpha\vec{r}_3\times\vec{r}_1 \tag{4-3}$$

由于$\vec{r}_1$、$\vec{r}_2$和$\vec{r}_3$是共面的，矢量$\vec{r}_1\times\vec{r}_2$、$\vec{r}_1\times\vec{r}_3$及$\vec{r}_2\times\vec{r}_3$也是平行的。可定义

$$\vec{n}=\vec{r}_1\times\vec{r}_3,n=\sqrt{\vec{n}\cdot\vec{n}} \tag{4-4}$$

其如图 4－2 所示。分别对式（4－2）和式（4－3）与$\vec{n}$进行标量积，可得

$$\beta = \frac{\vec{n} \cdot (\vec{r}_1 \times \vec{r}_2)}{n^2} \tag{4-5}$$

$$\alpha = \frac{\vec{n} \cdot (\vec{r}_2 \times \vec{r}_3)}{n^2} \tag{4-6}$$

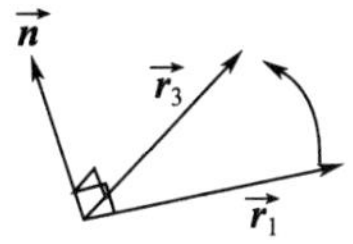

图 4-2　轨道法矢量

现在，从 3.3 节可知，轨道上的任意点

$$\vec{r} \cdot \vec{e} = \frac{h^2}{\mu} - r \tag{4-7}$$

此处 $r = \sqrt{\vec{r} \cdot \vec{r}}$，且 h 是轨道角动量的大小。因此，对式（4-1）与离心力矢量 $\vec{e}$ 求标量积，得出

$$\frac{h^2}{\mu} - r_2 = \alpha\left(\frac{h^2}{\mu} - r_1\right) + \beta\left(\frac{h^2}{\mu} - r_3\right)$$

可重新整理得出

$$\frac{h^2}{\mu}(1 - \alpha - \beta) = r_2 - \alpha r_1 - \beta r_3$$

得到

$$h = \sqrt{\frac{\mu(r_2 - \alpha r_1 - \beta r_3)}{1 - \alpha - \beta}} \tag{4-8}$$

现在，由于矢量 $\vec{r}_1$ 和 $\vec{r}_3$ 是连续的（$\vec{r}_3$ 紧接在 $\vec{r}_1$ 之后），并且位于轨道平面，轨道角动量矢量 $\vec{h}$ 必须与矢量 $\vec{n}$ 平行，并且在同一方向上（由于 $\theta_3 - \theta_1 < 180°$）。因此，轨道角动量矢量为

$$\vec{h} = h\,\frac{\vec{n}}{n} \tag{4-9}$$

根据式（4-4）和式（4-8）可计算轨道法矢量。

接下来检验矢量 $\vec{n}$ 与 $\vec{e}$ 矢量积

$$\vec{n} \times \vec{e} = (\vec{r}_1 \times \vec{r}_3) \times \vec{e}$$

运用 1.1.3 节所定义的矢量三重积等式，上式演化成

$$\vec{n} \times \vec{e} = -(\vec{e} \cdot \vec{r}_3)\vec{r}_1 + (\vec{e} \cdot \vec{r}_1)\vec{r}_3$$

运用式（4-7），得出

$$\vec{n} \times \vec{e} = \left(\frac{h^2}{\mu} - r_1\right)\vec{r}_3 - \left(\frac{h^2}{\mu} - r_3\right)\vec{r}_1 \tag{4-10}$$

接下来，进行矢量 $\vec{n} \times \vec{e}$ 和 $\vec{n}$ 的矢量积，运用矢量三重积等式，得出

$$(\vec{n} \times \vec{e}) \times \vec{n} = -(\vec{n} \cdot \vec{e})\vec{n} + (\vec{n} \cdot \vec{n})\vec{e} = n^2\vec{e} \tag{4-11}$$

此处，由于偏心矢量$\vec{e}$位于轨道平面上，使用了$\vec{n}\cdot\vec{e}=0$。结合式（4－10）和式（4－11），得出偏心率矢量$\vec{e}$

$$\vec{e}=\frac{1}{n^2}\left[\left(\frac{h^2}{\mu}-r_1\right)\vec{r}_3\times\vec{n}-\left(\frac{h^2}{\mu}-r_3\right)\vec{r}_1\times\vec{n}\right] \tag{4-12}$$

最终，得出速度矢量$\vec{v}$的表达。回顾3.2.3节，偏心率矢量被定义为

$$\vec{e}\triangleq\frac{\vec{v}\times\vec{h}}{\mu}-\frac{\vec{r}}{r}$$

上式与角动量$\vec{h}$进行矢量积可得

$$\vec{h}\times\vec{e}=\frac{\vec{h}\times(\vec{v}\times\vec{h})}{\mu}-\frac{\vec{h}\times\vec{r}}{r} \tag{4-13}$$

运用1.1.3节中所定义的矢量三重积，得出

$$\vec{h}\times(\vec{v}\times\vec{h})=(\vec{h}\cdot\vec{h})\vec{v}-(\vec{h}\cdot\vec{v})\vec{h}=h^2\vec{v}$$

由于$\vec{h}\cdot\vec{v}=0$，将之代入式（4－13）得出

$$\vec{h}\times\vec{e}=\frac{h^2}{\mu}\vec{v}-\frac{\vec{h}\times\vec{r}}{r}$$

得到

$$\vec{v}=\frac{\mu}{h^2}\vec{h}\times\left(\vec{e}+\frac{\vec{r}}{r}\right) \tag{4-14}$$

由于我们已经得到$\vec{h}$和$\vec{e}$，可计算出和任何一个$\vec{r}_i$相应的$\vec{v}_i$。

已知$\vec{r}_i$和$\vec{v}_i$及其相应的时间t_i，轨道要素可从3.7节得出。

总结

已知位置矢量$\vec{r}_1$、$\vec{r}_2$和$\vec{r}_3$，以及时间t_i，$i=1, 2, 3$。按如下步骤可以得出轨道要素：

1）计算$r_1=\sqrt{\vec{r}_1\cdot\vec{r}_1}$，$r_2=\sqrt{\vec{r}_2\cdot\vec{r}_2}$和$r_3=\sqrt{\vec{r}_3\cdot\vec{r}_3}$。

2）计算$\vec{n}=\vec{r}_1\times\vec{r}_3$，且$n=\sqrt{\vec{n}\cdot\vec{n}}$。

3）计算α和β

$$\alpha=\frac{\vec{n}\cdot(\vec{r}_2\times\vec{r}_3)}{n^2},\beta=\frac{\vec{n}\cdot(\vec{r}_1\times\vec{r}_2)}{n^2}$$

4）计算

$$h=\sqrt{\frac{\mu(r_2-\alpha r_1-\beta r_3)}{1-\alpha-\beta}},\vec{h}=h\frac{\vec{n}}{n}$$

5）计算偏心率矢量

$$\vec{e}=\frac{1}{n^2}\left[\left(\frac{h^2}{\mu}-r_1\right)\vec{r}_3\times\vec{n}-\left(\frac{h^2}{\mu}-r_3\right)\vec{r}_1\times\vec{n}\right]$$

6）计算t_i时刻的速度$\vec{v}_i$

$$\vec{v}_i=\frac{\mu}{h^2}\vec{h}\times\left(\vec{e}\times\frac{\vec{r}_i}{r_i}\right)$$

7）运用$\vec{r}_i$、$\vec{v}_i$及t_i，计算轨道要素。

4.2 由三个视线矢量确定轨道

假设仅有光学测量可用。在这个案例中，我们只能从所处的观察点得出物体（其轨道是我们试图确定的）的方向，而不能得出其范围（距离）。因此，我们无法计算出物体的位置矢量。我们必须且只能基于视线矢量确定该轨道。这是一个由来已久的问题，拉普拉斯（Laplace）和高斯（Gauss）以及其他不断探索天体轨道确定方法的人，曾提出著名的解决方案。1801 年，著名的高斯运用他的方法获得了小行星——谷神星的轨道，并且成功预测了其下次回归（可视）的日期和位置。

此处有几种根据视线矢量定轨的方法，每一个都有其各自的优点及局限。因为这些方法往往在某一情境下有其擅长之处，有些相关领域的工作人员应具备多种方法的知识。从本书的目的来讲，我们仅限于介绍简化的高斯方法。正如我们所见，当太空观测对象相对密集时，这一方法更为适合。

设定$\vec{R}_i$为观测者的位置（已知），$\vec{\ell}_i$（可测得）为单位视线矢量，ρ_i为距物体未知距离，$i=1$，2，3，此处$t_1<t_2<t_3$（见图 4-3）。当时间为t_i时，物体轨道位置为$\vec{r}_i$。针对地球轨道对象，$\vec{R}_i$是观测者相对地心（实际为地球表面一点）的位置；而针对围绕太阳运动的物体，$\vec{R}_i$是地球上观测者相对太阳的轨道位置。

现在假设真近点角θ_1和θ_3与$\vec{r}_1$和$\vec{r}_3$分别一致，满足$\theta_3-\theta_1<90°$，且轨道是椭圆形的。那么卫星的轨道位置清晰可得

$$\vec{r}_i=\vec{R}_i+\rho_i\vec{\ell}_i \tag{4-15}$$

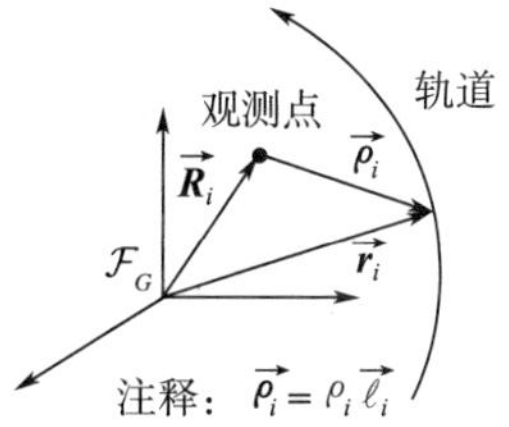

图 4-3　三个视线矢量的定轨

如 4.1 节所示，因为物体的轨道处于一个平面，可以写作

$$\vec{r}_2=\alpha\vec{r}_1+\beta\vec{r}_3 \tag{4-16}$$

代入式（4-15）可得

$$\vec{R}_2+\rho_2\vec{\ell}_2=\alpha(\vec{R}_1+\rho_1\vec{\ell}_1)+\beta(\vec{R}_3+\rho_3\vec{\ell}_3)$$

整理为

$$\rho_2\vec{\ell}_2-\alpha\rho_1\vec{\ell}_1-\beta\rho_3\vec{\ell}_3=\alpha\vec{R}_1+\beta\vec{R}_3-\vec{R}_2 \tag{4-17}$$

规定矢量

$$\vec{d}_1=\vec{\ell}_2\times\vec{\ell}_3,\vec{d}_2=\vec{\ell}_3\times\vec{\ell}_1,\vec{d}_3=\vec{\ell}_1\times\vec{\ell}_2 \tag{4-18}$$

记为

$$\vec{d}_1 \cdot \vec{\ell}_2 = 0, \vec{d}_1 \cdot \vec{\ell}_3 = 0$$
$$\vec{d}_2 \cdot \vec{\ell}_1 = 0, \vec{d}_2 \cdot \vec{\ell}_3 = 0$$
$$\vec{d}_3 \cdot \vec{\ell}_1 = 0, \vec{d}_3 \cdot \vec{\ell}_2 = 0$$

依据式（4－17）分别运算 $\vec{d}_1$、$\vec{d}_2$ 和 $\vec{d}_3$ 的标量积，得到

$$\begin{aligned} -\alpha\rho_1\vec{d}_1 \cdot \vec{\ell}_1 &= (\alpha\vec{R}_1 + \beta\vec{R}_3 - \vec{R}_2) \cdot \vec{d}_1 \\ \rho_2\vec{d}_2 \cdot \vec{\ell}_2 &= (\alpha\vec{R}_1 + \beta\vec{R}_3 - \vec{R}_2) \cdot \vec{d}_2 \\ -\beta\rho_3\vec{d}_3 \cdot \vec{\ell}_3 &= (\alpha\vec{R}_1 + \beta\vec{R}_3 - \vec{R}_2) \cdot \vec{d}_3 \end{aligned} \tag{4-19}$$

运用 1.1.3 节中标量三重积的定义，发现：$\vec{d}_1 \cdot \vec{I}_1 = \vec{d}_2 \cdot \vec{I}_2 = \vec{d}_3 \cdot \vec{I}_3$。我们称之为量 D，即

$$D = \vec{d}_1 \cdot \vec{I}_1 = (\vec{I}_2 \times \vec{I}_3) \cdot \vec{I}_1$$

因此，将式（4－19）改写为

$$\begin{aligned} \rho_1 &= -\frac{1}{\alpha D}(\alpha\vec{R}_1 \cdot \vec{d}_1 + \beta\vec{R}_3 \cdot \vec{d}_1 - \vec{R}_2 \cdot \vec{d}_1) \\ \rho_2 &= \frac{1}{D}(\alpha\vec{R}_1 \cdot \vec{d}_2 + \beta\vec{R}_3 \cdot \vec{d}_2 - \vec{R}_2 \cdot \vec{d}_2) \\ \rho_3 &= -\frac{1}{\beta D}(\alpha\vec{R}_1 \cdot \vec{d}_3 + \beta\vec{R}_3 \cdot \vec{d}_3 - \vec{R}_2 \cdot \vec{d}_3) \end{aligned} \tag{4-20}$$

即，距离 ρ_1、ρ_2 和 ρ_3 为 α 和 β 的函数。通过采用共面条件式（4－16），未知量从三个减少到两个。

根据式（4－16）计算 $\vec{r}_1$ 和 $\vec{r}_3$ 的矢量积，得出

$$\begin{aligned} \vec{r}_1 \times \vec{r}_2 &= \beta\vec{r}_1 \times \vec{r}_3 \\ \vec{r}_2 \times \vec{r}_3 &= \alpha\vec{r}_1 \times \vec{r}_3 \end{aligned} \tag{4-21}$$

由于矢量 $\vec{r}_1$、$\vec{r}_2$ 和 $\vec{r}_3$ 是共面且连续的，矢量 $\vec{r}_1 \times \vec{r}_2$、$\vec{r}_1 \times \vec{r}_3$ 和 $\vec{r}_2 \times \vec{r}_3$ 应平行且方向相同（因为 $\theta_3 - \theta_1 < 90°$）。因此，我们根据式（4－21）得出如下表达式

$$\alpha = \frac{|\vec{r}_2 \times \vec{r}_3|}{|\vec{r}_1 \times \vec{r}_3|}, \beta = \frac{|\vec{r}_1 \times \vec{r}_2|}{|\vec{r}_1 \times \vec{r}_3|} \tag{4-22}$$

来看下 $|\vec{a} \times \vec{b}|$ 的物理意义。根据 1.1.2 节的矢量积定义，得出 $|\vec{a} \times \vec{b}| = |\vec{a}||\vec{b}|\sin\theta$，此处 θ 是两个矢量之间的夹角。如图 4－4 所示，三角形的面积为 $\frac{1}{2}|\vec{a}||\vec{b}|\sin\theta = \frac{1}{2}|\vec{a} \times \vec{b}|$。即 $|\vec{a} \times \vec{b}|$ 等于由矢量 $\vec{a}$ 和 $\vec{b}$ 夹成的三角形面积的两倍。

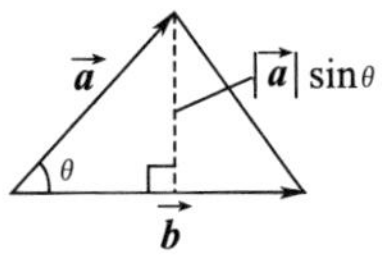

图 4－4　三角形几何模型

参考图 4－5，规定由 $\vec{r}_1$、$\vec{r}_2$ 和 $\vec{r}_3$ 生成的三个三角形区域

$$\Delta_1=\frac{1}{2}\left|\vec{r}_1\times\vec{r}_2\right|,\Delta_2=\frac{1}{2}\left|\vec{r}_1\times\vec{r}_3\right|,\Delta_3=\frac{1}{2}\left|\vec{r}_2\times\vec{r}_3\right| \tag{4-23}$$

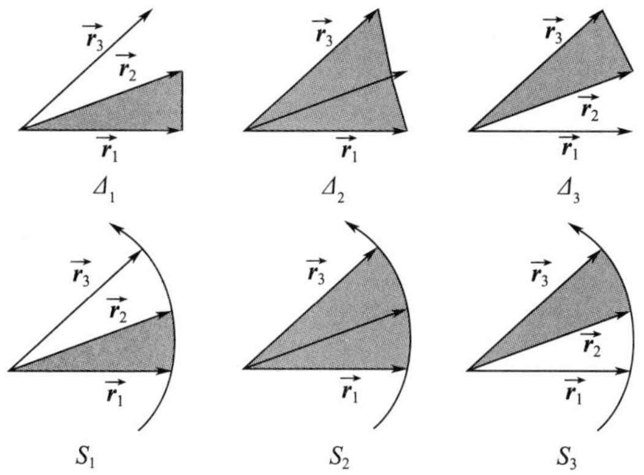

图 4－5　三角形及扇区

从式（4－22）可见，α 和 β 仅仅是三角区域面积的比率，即

$$\alpha=\frac{\Delta_3}{\Delta_2},\beta=\frac{\Delta_1}{\Delta_2} \tag{4-24}$$

与三角形区域相关的是由矢量 $\vec{r}_1$、$\vec{r}_2$ 和 $\vec{r}_3$ 形成的轨道的扇形区域（简称扇区），用 S_1、S_2 和 S_3 表示，如图 4－5 所示。扇区可由开普勒第二定律得到

$$S_1=\frac{h}{2}(t_2-t_1),S_2=\frac{h}{2}(t_3-t_1),S_3=\frac{h}{2}(t_3-t_2) \tag{4-25}$$

此处 h 是轨道角动量。扇区与三角区的比率记作 η_i ，如下

$$\eta_1=\frac{S_1}{\Delta_1}=\frac{h(t_2-t_1)}{\left|\vec{r}_1\times\vec{r}_2\right|}$$

$$\eta_2=\frac{S_2}{\Delta_2}=\frac{h(t_3-t_1)}{\left|\vec{r}_1\times\vec{r}_3\right|}$$

$$\eta_3=\frac{S_3}{\Delta_3}=\frac{h(t_3-t_2)}{\left|\vec{r}_2\times\vec{r}_3\right|}$$

因此，常量 α 和 β 可以表达为

$$\alpha=\frac{\eta_2 S_3}{\eta_3 S_2}=\frac{\eta_2(t_3-t_2)}{\eta_3(t_3-t_1)},\beta=\frac{\eta_2 S_1}{\eta_1 S_2}=\frac{\eta_2(t_2-t_1)}{\eta_1(t_3-t_1)} \tag{4-26}$$

由于测量时间已知，如果可以确定扇区与三角区比率，则可以计算出 α 和 β ，并由此得出 ρ_1、ρ_2 和 ρ_3，最终确定轨道。

一个二体椭圆轨道上，位置矢量 $\vec{r}_a$ 和 $\vec{r}_b$ 之间的扇区和三角区的比率满足

$$\eta=1+\frac{m}{\eta^2}W\left(\frac{m}{\eta^2}-l\right) \tag{4-27}$$

其中

$$m=\frac{\mu\ (t_b-t_a)^2}{\{2\sqrt{r_ar_b}\cos[(\theta_b-\theta_a)/2]\}^3},\quad l=\frac{r_a+r_b}{4\sqrt{r_ar_b}\cos[(\theta_b-\theta_a)/2]}-\frac{1}{2}$$

且

$$W(w)=\frac{2g-\sin(2g)}{\sin^3 g},g=2\arcsin\sqrt{w}$$

这是 η 的一个超越方程，且必须迭代求解。方法之一是割线法

$$\eta_{i+1}=\eta_i-f(\eta_i)\ \frac{\eta_i-\eta_{i-1}}{f(\eta_i)-f(\eta_{i-1})}$$

此处

$$f(x)=1-x+\frac{m}{x^2}W\left(\frac{m}{x^2}-l\right)$$

该迭代合适的初始值为

$$\eta_1=\eta_H+0.1$$
$$\eta_2=\eta_H$$

此处已知 η_H 为汉森近似

$$\eta_H=\frac{12}{22}+\frac{10}{22}\sqrt{1+\frac{44}{9}\ \frac{m}{l+5/6}}$$

现在，针对密集测量对象，扇区与三角区比率大约为一（$\eta_i\approx 1$，如图 4－5 所示）。因此，作为第一近似值，我们可利用

$$\alpha=\frac{\eta_2 S_3}{\eta_3 S_2}\approx\frac{t_3-t_2}{t_3-t_1}$$
$$\beta=\frac{\eta_2 S_1}{\eta_1 S_2}\approx\frac{t_2-t_1}{t_3-t_1}\tag{4-28}$$

现在可将这些近似值代入式（4－20）以获得大致的范围。近似位置矢量可通过式（4－15）获得。我们用迭代方法改进现有的解决方案。通过计算出的位置矢量，可以用上述方法确定新的扇区与三角区比率。运用这些，就可以给式（4－28）中的 α 和 β 赋予新值，如此循环。一旦迭代收敛，并计算出收敛位置矢量 $\vec{\boldsymbol{r}}_1$、$\vec{\boldsymbol{r}}_2$ 和 $\vec{\boldsymbol{r}}_3$，就可以按照 4.1 节的办法确定轨道。

总结

已知时间为 t_1、t_2 和 t_3 时的视线测量值 $\vec{\ell}_1$、$\vec{\ell}_2$ 和 $\vec{\ell}_3$；每个时间的观察位置为 $\vec{\boldsymbol{R}}_1$、$\vec{\boldsymbol{R}}_2$ 和 $\vec{\boldsymbol{R}}_3$。

1）设定 $\alpha=(t_3-t_2)/(t_3-t_1)$ 和 $\beta=(t_2-t_1)/(t_3-t_1)$，并选择误差 $\epsilon>0$；

2）计算矢量 $\vec{\boldsymbol{d}}_1=\vec{\ell}_2\times\vec{\ell}_3$，$\vec{\boldsymbol{d}}_2=\vec{\ell}_3\times\vec{\ell}_1$，$\vec{\boldsymbol{d}}_3=\vec{\ell}_1\times\vec{\ell}_2$，及标量 $D=\vec{\boldsymbol{d}}_1\cdot\vec{\ell}_1$；

3）计算幅度

$$\rho_1 = -\frac{1}{\alpha D}[\alpha\vec{\boldsymbol{R}}_1 \cdot \vec{\boldsymbol{d}}_1 + \beta\vec{\boldsymbol{R}}_3 \cdot \vec{\boldsymbol{d}}_1 - \vec{\boldsymbol{R}}_2 \cdot \vec{\boldsymbol{d}}_1]$$

$$\rho_2 = \frac{1}{D}[\alpha\vec{\boldsymbol{R}}_1 \cdot \vec{\boldsymbol{d}}_2 + \beta\vec{\boldsymbol{R}}_3 \cdot \vec{\boldsymbol{d}}_2 - \vec{\boldsymbol{R}}_2 \cdot \vec{\boldsymbol{d}}_2]$$

$$\rho_3 = -\frac{1}{\beta D}[\alpha\vec{\boldsymbol{R}}_1 \cdot \vec{\boldsymbol{d}}_3 + \beta\vec{\boldsymbol{R}}_3 \cdot \vec{\boldsymbol{d}}_3 - \vec{\boldsymbol{R}}_2 \cdot \vec{\boldsymbol{d}}_3]$$

4）计算位置矢量

$$\vec{\boldsymbol{r}}_1 = \vec{\boldsymbol{R}}_1 + \rho_1\vec{\ell}_1$$
$$\vec{\boldsymbol{r}}_2 = \vec{\boldsymbol{R}}_2 + \rho_2\vec{\ell}_2$$
$$\vec{\boldsymbol{r}}_3 = \vec{\boldsymbol{R}}_3 + \rho_3\vec{\ell}_3$$

5）通过以下步骤计算扇区与三角区比率 η_1、η_2 和 η_3

$$\eta = 1 + \frac{m}{\eta^2}W\left(\frac{m}{\eta^2} - l\right)$$

此处

$$m = \frac{\mu\ (t_b - t_a)^2}{\{2\sqrt{r_a r_b}\cos[(\theta_b - \theta_a)/2]\}^3},\quad l = \frac{r_a + r_b}{4\sqrt{r_a r_b}\cos[(\theta_b - \theta_a)/2]} - \frac{1}{2}$$

且

$$W(w) = \frac{2g - \sin(2g)}{\sin^3 g}, g = 2\arcsin\sqrt{w}$$

采用迭代

$$\eta_{i+1} = \eta_i - f(\eta_i)\frac{\eta_i - \eta_{i-1}}{f(\eta_i) - f(\eta_{i-1})}$$

此处

$$f(x) = 1 - x + \frac{m}{x^2}W\left(\frac{m}{x^2} - l\right)$$

该迭代合适的初始值为

$$\eta_1 = \eta_H + 0.1, \eta_2 = \eta_H$$

此处

$$\eta_H = \frac{12}{22} + \frac{10}{22}\sqrt{1 + \frac{44}{9}\frac{m}{l + 5/6}}$$

6）通过以下步骤计算新近似值 α_{new} 和 β_{new}

$$\alpha_{\text{new}} = \frac{\eta_2 S_3}{\eta_3 S_2} = \frac{\eta_2(t_3 - t_2)}{\eta_3(t_3 - t_1)}, \beta_{\text{new}} = \frac{\eta_2 S_1}{\eta_1 S_2} = \frac{\eta_2(t_2 - t_1)}{\eta_1(t_3 - t_1)}$$

7）如果 $|\alpha - \alpha_{\text{new}}| < \epsilon$ 且 $|\beta - \beta_{\text{new}}| < \epsilon$，进入步骤 8）。否则，设 $\alpha = \alpha_{\text{new}}$ 且 $\beta = \beta_{\text{new}}$，回到步骤 3）。

8）运用 $\vec{\boldsymbol{r}}_1$、$\vec{\boldsymbol{r}}_2$ 和 $\vec{\boldsymbol{r}}_3$，计算 4.1 节所提及的轨道。

注意：此处提出的方法仅适用于轨道为椭圆形且满足 $\theta_3 - \theta_1 < 90°$ 条件的情况。

4.3 由两个位置矢量及时间确定轨道（朗伯特问题）

根据已知两个位置矢量及其两点间运动所需的时间确定轨道是可行的。这是一个非常重要的问题，并且历史上曾经被诸多著名的数学家作为研究课题。由于其解决方案由朗伯特首先提出，所以它又被称作“朗伯特问题”。这一问题本质是找到能够在给定时间内完成两个位置矢量之间移动的轨道。由此，这个问题可以演化为一个初步定轨问题。另一方面，该问题在轨道转换及交会定位方面的应用具有重大意义。特别地，已知初始位置$\vec{r}_1$，需要确定在时间 t_2-t_1 之内到达位置$\vec{r}_2$ 的轨道。比如，$\vec{r}_1$ 是 t_1 时刻地球位置，$\vec{r}_2$ 为另一个星球的位置，假设为火星，时间为 t_2。朗伯特问题的解决方案可供变轨使用。正如我们所见，只要位置和速度矢量同时确定，轨道也就可以完全确定。轨道参数可以按照 3.7 节中的程序获得。我们可以得到$\vec{v}_1$ 或$\vec{v}_2$。更多地探索变轨问题则可研究速度$\vec{v}_1$，因为它可令我们知晓当时间为 t_1 时，需要给航天器多大的速度才能让它于时间点 t_2 抵达位置$\vec{r}_2$。

此处有几种解决方式，每一种都适用于不同的情境。此处讲解高斯的方法。我们将情境限制为椭圆形轨道，变化角度小于 90°。

4.3.1 拉格朗日系数

由于物体在轨道上的运动是平面的，且位置与速度矢量$\vec{r}$ 和$\vec{v}$ 不是平行的，我们可以将轨道上某一点的位置和速度与另一点的位置和速度联系起来，如下

$$\begin{aligned}\vec{r}_2 &= F\vec{r}_1 + G\vec{v}_1 \\ \vec{v}_2 &= F_t\vec{r}_1 + G_t\vec{v}_1\end{aligned} \tag{4-29}$$

已知标量 F 、G 、F_t 和 G_t 为拉格朗日系数。广义上，它们对解决轨道确定问题十分有用。从我们的目的来讲，只需要式（4-29）中的第一次计算取值，且正如我们所见，如果已知$\vec{r}_1$ 和$\vec{r}_2$ 之间给定的转移轨道的 F 和 G ，就能得出速度$\vec{v}_1$ 如下

$$\vec{v}_1 = \frac{\vec{r}_2 - F\vec{r}_1}{G} \tag{4-30}$$

我们需要得到 F 和 G 的表达式。为此，我们将使用近心点坐标系的位置和速度的表达式（见 3.8 节）。

即

$$\begin{bmatrix}\vec{r}\\ \vec{v}\end{bmatrix} = \begin{bmatrix} r\cos\theta & r\sin\theta \\ -\sqrt{\dfrac{\mu}{p}}\sin\theta & \sqrt{\dfrac{\mu}{p}}(e+\cos\theta)\end{bmatrix}\begin{bmatrix}\vec{x}_p\\ \vec{y}_p\end{bmatrix} \tag{4-31}$$

式（4-31）中矩阵的行列式如下

$$\begin{aligned}\det\left(\begin{bmatrix} r\cos\theta & r\sin\theta \\ -\sqrt{\dfrac{\mu}{p}}\sin\theta & \sqrt{\dfrac{\mu}{p}}(e+\cos\theta)\end{bmatrix}\right) &= r\sqrt{\frac{\mu}{p}}\cos\theta(e+\cos\theta) + r\sqrt{\frac{\mu}{p}}\sin^2\theta \\ &= r\sqrt{\frac{\mu}{p}}(1+e\cos\theta)\end{aligned}$$

运用轨道极坐标方程

$$r=\frac{p}{1+e\cos\theta} \tag{4-32}$$

即

$$\det\left(\begin{bmatrix} r\cos\theta & r\sin\theta \\ -\sqrt{\frac{\mu}{p}}\sin\theta & \sqrt{\frac{\mu}{p}}(e+\cos\theta) \end{bmatrix}\right)=\sqrt{\mu p}=h$$

由于一个轨道的 $h\neq 0$，该矩阵是可逆的，逆转得到

$$\begin{bmatrix} r\cos\theta & r\sin\theta \\ -\sqrt{\frac{\mu}{p}}\sin\theta & \sqrt{\frac{\mu}{p}}(e+\cos\theta) \end{bmatrix}^{-1}=\begin{bmatrix} \frac{1}{p}(e+\cos\theta) & -\frac{r}{\sqrt{\mu p}}\sin\theta \\ \frac{1}{p}\sin\theta & \frac{r}{\sqrt{\mu p}}\cos\theta \end{bmatrix}$$

因此，该近心点坐标系的单位矢量也可根据轨道上任意一点的位置和速度得到，代入 $\vec{r}_1$ 和 $\vec{v}_1$，有

$$\begin{bmatrix} \vec{x}_p \\ \vec{y}_p \end{bmatrix}=\begin{bmatrix} \frac{1}{p}(e+\cos\theta_1) & -\frac{r_1}{\sqrt{\mu p}}\sin\theta_1 \\ \frac{1}{p}\sin\theta_1 & \frac{r_1}{\sqrt{\mu p}}\cos\theta_1 \end{bmatrix}\begin{bmatrix} \vec{r}_1 \\ \vec{v}_1 \end{bmatrix} \tag{4-33}$$

将之代入方程（4－31）求证 $\vec{r}_2$ 和 $\vec{v}_2$，得到

$$\begin{bmatrix} \vec{r}_2 \\ \vec{v}_2 \end{bmatrix}=\begin{bmatrix} r_2\cos\theta_2 & r_2\sin\theta_2 \\ -\sqrt{\frac{\mu}{p}}\sin\theta_2 & \sqrt{\frac{\mu}{p}}(e+\cos\theta_2) \end{bmatrix}\times\begin{bmatrix} \frac{1}{p}(e+\cos\theta_1) & -\frac{r_1}{\sqrt{\mu p}}\sin\theta_1 \\ \frac{1}{p}\sin\theta_1 & \frac{r_1}{\sqrt{\mu p}}\cos\theta_1 \end{bmatrix}\begin{bmatrix} \vec{r}_1 \\ \vec{v}_1 \end{bmatrix} \tag{4-34}$$

从方程（4－34）中，我们可以看出

$$F=\frac{r_2}{p}\cos\theta_2(e+\cos\theta_1)+\frac{r_2}{p}\sin\theta_2\sin\theta_1$$

$$=\frac{r_2}{p}[e\cos\theta_2+\cos\theta_2\cos\theta_1+\sin\theta_2\sin\theta_1]$$

且

$$G=-\frac{r_1r_2}{\sqrt{\mu p}}\cos\theta_2\sin\theta_1+\frac{r_1r_2}{\sqrt{\mu p}}\sin\theta_2\cos\theta_1$$

$$=\frac{r_1r_2}{\sqrt{\mu p}}[\sin\theta_2\cos\theta_1-\cos\theta_2\sin\theta_1]$$

现在，由轨道的极坐标方程（4－32），得到

$$e\cos\theta_2=\frac{p}{r_2}-1$$

运用以上结论及三角恒等式定理

$$\cos(\theta_2-\theta_1)=\cos\theta_2\cos\theta_1+\sin\theta_2\sin\theta_1$$

$$\sin(\theta_2-\theta_1)=\sin\theta_2\cos\theta_1-\cos\theta_2\sin\theta_1$$

我们得到

$$F=1-\frac{r_2}{p}[1-\cos(\theta_2-\theta_1)] \tag{4-35}$$

且

$$G=\frac{r_1r_2}{\sqrt{\mu p}}\sin(\theta_2-\theta_1) \tag{4-36}$$

根据以上表达，我们发现仅有物理量半通径 p 是未知的。已知 $r_1=|\vec{r}_1|$ 和 $r_2=|\vec{r}_2|$，且 $\theta_2-\theta_1$ 是矢量$\vec{r}_1$ 和$\vec{r}_2$ 之间仅有的角。因此，为了完全确定轨道，只需要得到 p。

根据4.2节，运用既定事实 $h=\sqrt{\mu p}$，半通径 p 可与扇区与三角区比率 η 直接联系起来，如下

$$p=\frac{\eta^2|\vec{r}_1\times\vec{r}_2|^2}{\mu(t_2-t_1)^2} \tag{4-37}$$

因此，我们所需要的就是已知转换时间求得 η。我们已经在4.2节中讨论过。

总结

已知位置$\vec{r}_1$ 和$\vec{r}_2$，以及转换时间 t_2-t_1，我们需要求得$\vec{r}_1$ 和$\vec{r}_2$ 之间转换的轨道。假设 $\theta_2-\theta_1<90^\circ$，且转移轨道为椭圆形。

1）通过解决以下问题，计算扇区与三角区的比率

$$\eta=1+\frac{m}{\eta^2}W\left(\frac{m}{\eta^2}-l\right)$$

此处

$$m=\frac{\mu(t_2-t_1)^2}{\{2\sqrt{r_1r_2}\cos[(\theta_2-\theta_1)/2]\}^3}$$

$$l=\frac{r_1+r_2}{4\sqrt{r_1r_2}\cos[(\theta_2-\theta_1)/2]}-\frac{1}{2}$$

且

$$W(w)=\frac{2g-\sin(2g)}{\sin^3 g},g=2\arcsin\sqrt{w}$$

运用迭代过程

$$\eta_{i+1}=\eta_i-f(\eta_i)\frac{\eta_i-\eta_{i-1}}{f(\eta_i)-f(\eta_{i-1})}$$

此处

$$f(x)=1-x+\frac{m}{x^2}W\left(\frac{m}{x^2}-l\right)$$

初始值为

$$\eta_1=\eta_H+0.1,\eta_2=\eta_H$$

此处

$$\eta_H=\frac{12}{22}+\frac{10}{22}\sqrt{1+\frac{44}{9}\frac{m}{l+5/6}}$$

2）计算半通径

$$p=\frac{\eta^2\ |\vec{\boldsymbol{r}}_1\times\vec{\boldsymbol{r}}_2\ |^2}{\mu(t_2-t_1)^2}$$

3）计算拉格朗日系数

$$F=1-\frac{r_2}{p}[1-\cos(\theta_2-\theta_1)]$$

且

$$G=\frac{r_1r_2}{\sqrt{\mu p}}\sin(\theta_2-\theta_1)$$

4）计算速度$\vec{\boldsymbol{v}}_1$

$$\vec{\boldsymbol{v}}_1=\frac{\vec{\boldsymbol{r}}_2-F\vec{\boldsymbol{r}}_1}{G}$$

5）如果有需要，可根据 3.7 节计算出轨道要素。

备注：该步骤已被证实在运算转换角度小于 90°的情况下非常有效。至于更大的转换角度，扇区与三角区比率 η 的迭代过程会变得不确定。对于朗伯特问题，有其他针对更大转换角度的解决方案。可参考巴利亚多（Vallado，2007）、埃斯科瓦尔（Escobal，1976）、巴廷（Battin，1999）的著作。

4.4　注释

本章简要介绍了轨道初步确定，内容并不完整。我们着眼于三种较为简单的初步轨道确定的方法。然而，文献中还有一些其他的方法。4.1 节所说的吉布法基于巴廷（Battin，1999）和贝特等人（Bate et al.，1971）的著作；4.2 节所说的三点视线矢量轨道确定法及 4.3 节所说的朗伯特问题是基于蒙泰布鲁克和吉尔（Montenbruck，Gill；2000）的成果；式（4－27）中关于扇区与三角区比率方程的推导可在埃斯科瓦尔（Escobal，1976）的作品中找到依据。关于初步定轨的更多综合解决方案，建议读者们参考埃斯科瓦尔（Escobal，1976）、巴利亚多（Vallado，2007）或巴廷（Battin，1999）的著作。正如本章中我们讲解过的，这些技术可以为最初的轨道确定提供一些测量值；而一旦得到另外的测量值，其他的技术就可以在之后的应用中用来完善轨道估算。案例与详情参见巴利亚多（Vallado，2007）、蒙泰布鲁克和吉尔（Montenbruck，Gill；2000）、塔普利等人（Tapley et al.，2004）的著作。

参考文献

[1] Bate RR, Mueller DD and White JE 1971 Fundamentals of Astrodynamics. Dover Publications, Mineola, NY.

[2] Battin RH 1999 An Introduction to the Mathematics and Methods of Astrodynamics, Revised Edition. American Institute of Aeronautics and Astronautics, Reston, VA.

[3] Escobal PR 1976 Methods of Orbit Determination. Krieger Publishing, Malabar, FL.

[4] Montenbruck O and Gill E 2000 Satellite Orbits: Models, Methods, Applications. Springer, Berlin Heidelberg.

[5] Tapley BD, Schutz BE and Born GH 2004 Statistical Orbit Determination. Elsevier, Burlington, MA.

[6] Vallado DA 2007 Fundamentals of Astrodynamics and Applications 3rd edn. Microcosm Press, Hawthorne, CA.

第 5 章　轨道机动

卫星发射之后，我们通常需要根据任务目标确定特定的轨道。该轨道能否实现直接发射取决于发射站点及火箭类型。因此，时常需要轨道机动。星际航行也需要机动，但我们将在第 6 章单独讲述。

机动的执行依靠机载推进器，通常（虽然并不总）是短时爆发的序列。为实现目标，我们将假定所有的爆发都是脉冲的，会导致航天器速度矢量 $\vec{v}$（不影响位置矢量 $\vec{r}$）发生瞬间改变。

最通常的轨道机动方式需要朗伯特问题的解决方案（见 4.3 节）。但是，有很多更简单的方式同样可以让我们实现既定目标。

5.1　简单脉冲机动

最简单的机动类型只需要单一脉冲。即在轨道的特定点，我们瞬间将速度从 $\vec{v}_1$ 改变到 $\vec{v}_2$。

再次强调，轨道已经被其上任意点的位置 $\vec{r}$ 和速度 $\vec{v}$ 完全确定。因此，如图 5－1 所示，从一个轨道到另一个的单脉冲机动只有当两个轨道有交会点的时候才可行。速度的改变如下

$$\Delta\vec{v} = \vec{v}_2 - \vec{v}_1$$

一个非常重要的机动参数是速度改变的大小

$$\Delta v = |\Delta\vec{v}|$$

上式用以测定燃料消耗。最少燃料消耗轨道机动要求 Δv 最小。

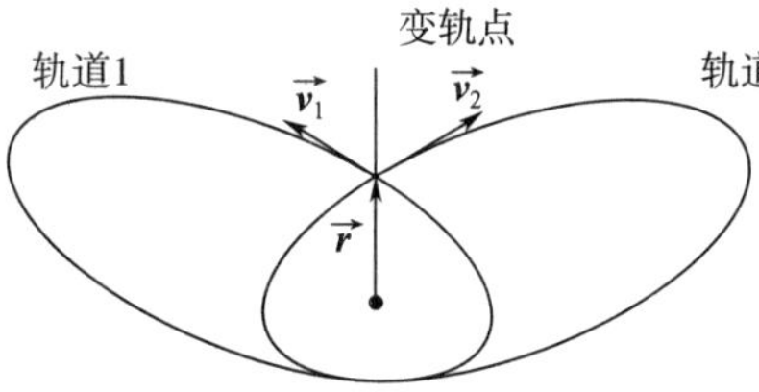

图 5－1　单脉冲机动

燃料消耗非常重要，飞行时间（简称 TOF）即完成机动所需要的时间也非常重要。显然，单脉冲变轨，TOF＝0。但是，机动所需并不仅仅是单脉冲，飞行时间也不会是零。一个所谓的最小速度 Δv 变轨可能在任务的其他要求中耗时太长。因此，需要一个折中。

5.2 共面机动

我们假定初始与最终轨道位于同一平面。在这个案例中，我们只需要改变轨道要素 a 、e 和 ω ，即位于同一轨道平面的尺寸、形状和方向。

我们将讨论限制在切向速度变化，也就是说，只改变速度量级，不改变其方向。

在继续深入之前，先来回顾 3.4 节，在柱坐标系中轨道位置和速度的表达（见图 5-2）。得到

$$\vec{\boldsymbol{r}}=r\vec{\boldsymbol{x}}_o,\vec{\boldsymbol{v}}=\dot{r}\vec{\boldsymbol{x}}_o+r\dot{\theta}\vec{\boldsymbol{y}}_o \tag{5-1}$$

回顾 3.8 节部分

$$\dot{r}=\sqrt{\frac{\mu}{a(1-e^2)}}e\sin\theta \tag{5-2}$$

这表明，对于圆形轨道（即 $e=0$），$\dot{r}=0$，由式（5-1）意味着 $\vec{\boldsymbol{r}}$ 和 $\vec{\boldsymbol{v}}$ 是垂直的。方程（5-2）同样表达了对于卫星椭圆轨道（即 $0<e<1$），只有当 $\theta=0$ 或 $180°$ 时，$\dot{r}=0$，即在近拱点和远拱点。因此，式（5-1）表明 $\vec{\boldsymbol{r}}$ 和 $\vec{\boldsymbol{v}}$ 只在近拱点和远拱点是垂直的。

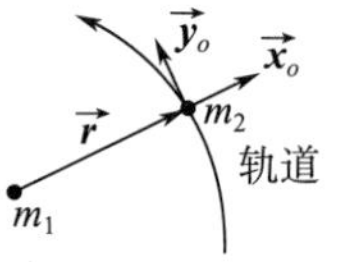

图 5-2 柱坐标系

这就意味着圆形轨道上任意点切向速度的改变都会导致该点成为新轨道的近拱点或远拱点。对于椭圆轨道，近拱点任何切向速度的改变将会导致远拱点高度的变化，而远拱点切向速度的改变则会导致近拱点高度的变化。如果我们想要利用切向转移将一个椭圆轨道变为圆形轨道，只能在近拱点或者远拱点操作。

切向转移的基本方程是 3.3 节的活力公式，将轨道速度 v 和轨道半径 r 联系起来

$$v=\sqrt{\mu\left(\frac{2}{r}-\frac{1}{a}\right)} \tag{5-3}$$

（1）圆形变轨到椭圆轨道

规定一种从圆形轨道（轨道 1）到椭圆轨道（轨道 2）的变轨，如图 5-3 所示。变轨点航天器在两个轨道的轨道速度为

$$v_1=\sqrt{\mu\left(\frac{2}{r_1}-\frac{1}{r_1}\right)}=\sqrt{\frac{\mu}{r_1}}$$

$$v_2=\sqrt{\mu\left(\frac{2}{r_1}-\frac{1}{a}\right)}$$

此处圆形轨道的数据 $a=r$ 已经被使用。如果 $a>r_1$，我们得到 $v_2>v_1$，且总速度变化为

$$\Delta v = v_2 - v_1 = \sqrt{\mu\left(\frac{2}{r_1} - \frac{1}{a}\right)} - \sqrt{\frac{\mu}{r_1}}$$

如果 $a < r_1$，我们得到 $v_1 > v_2$，且总速度变化为

$$\Delta v = v_1 - v_2 = \sqrt{\frac{\mu}{r_1}} - \sqrt{\mu\left(\frac{2}{r_1} - \frac{1}{a}\right)}$$

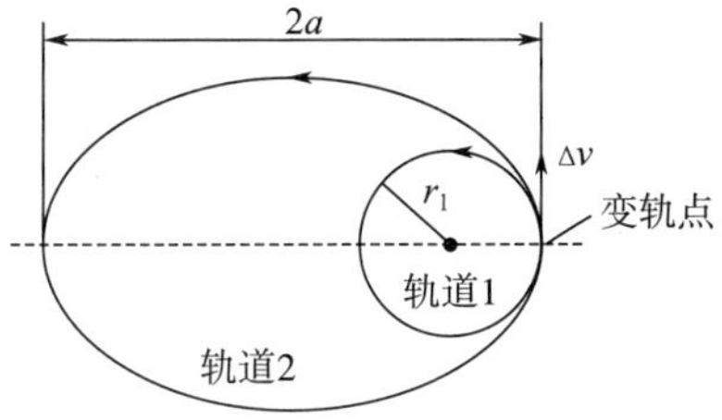

图 5-3　圆形轨道变轨到椭圆轨道

(2) 椭圆变轨到圆形轨道

现在，考虑从椭圆轨道（轨道 1）到圆形轨道（轨道 2）的变轨，如图 5-4 所示。正如之前解释过的，变轨点必须为轨道 1 的近拱点或远拱点。变轨点处两个轨道的轨道速度为

$$v_1 = \sqrt{\mu\left(\frac{2}{r_2} - \frac{1}{a}\right)}$$

$$v_2 = \sqrt{\frac{\mu}{r_2}}$$

如果 $a > r_2$（在轨道 1 的近拱点变轨），我们得到 $v_1 > v_2$，总速度变化为

$$\Delta v = v_1 - v_2 = \sqrt{\mu\left(\frac{2}{r_2} - \frac{1}{a}\right)} - \sqrt{\frac{\mu}{r_2}}$$

如果 $a < r_2$（在轨道 1 的远拱点变轨），我们得到 $v_2 > v_1$，总速度变化为

$$\Delta v = v_2 - v_1 = \sqrt{\frac{\mu}{r_2}} - \sqrt{\mu\left(\frac{2}{r_2} - \frac{1}{a}\right)}$$

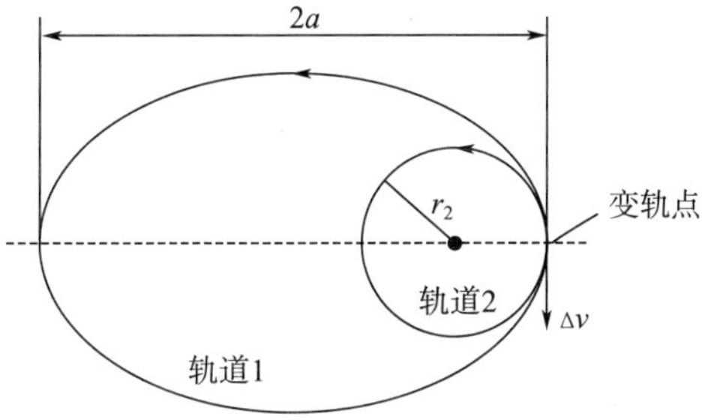

图 5-4　椭圆变轨到圆形轨道

5.2.1 霍曼转移轨道

现在考虑一种在两个圆形轨道（轨道半径为 r_1 和 r_2）之间的变轨。这些轨道没有交点，因此单脉冲的转换是不可行的。1925 年，沃尔特·霍曼提出了一种双脉冲变轨的方案。它由两个切向动作组成：一个从圆形轨道到椭圆轨道的变轨，紧接着是一个椭圆轨道到圆形轨道的变轨。也就是说，从轨道 1 到轨道 2 的变轨将由椭圆轨道的变轨实现，如图 5－5 所示。换言之，霍曼变轨是共面圆轨道之间最小 Δv 的双脉冲机动方式。

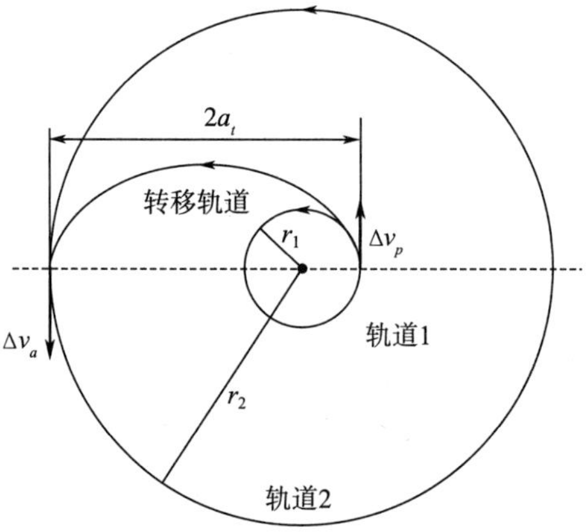

图 5－5　霍曼转移轨道

我们可以看到，转移轨道的半长轴为

$$a_t = \frac{r_1 + r_2}{2}$$

在图 5－5 所示的这个案例中，$r_2 > r_1$。因此，第一次变轨发生在转移轨道的近拱点，速度变化记作 Δv_p。第二次变轨则发生在转移轨道的远拱点，速度变化记作 Δv_a。

在变轨点的轨道速度为

$$v_1 = \sqrt{\frac{\mu}{r_1}}$$

$$v_{tp} = \sqrt{\mu\left(\frac{2}{r_1} - \frac{1}{a_t}\right)}$$

$$v_{ta} = \sqrt{\mu\left(\frac{2}{r_2} - \frac{1}{a_t}\right)}$$

$$v_2 = \sqrt{\frac{\mu}{r_2}}$$

由于 $r_1 < a_t < r_2$，我们得到 $v_{tp} > v_1$ 及 $v_2 > v_{ta}$，且每一个变轨点的速度变化为

$$\Delta v_p = v_{tp} - v_1 = \sqrt{\mu\left(\frac{2}{r_1} - \frac{1}{a_t}\right)} - \sqrt{\frac{\mu}{r_1}}$$

$$\Delta v_a = v_2 - v_{ta} = \sqrt{\frac{\mu}{r_2}} - \sqrt{\mu\left(\frac{2}{r_2} - \frac{1}{a_t}\right)}$$

机动的总速度变化如下

$$\Delta v = \Delta v_p + \Delta v_a = \sqrt{\frac{\mu}{r_2}} - \sqrt{\mu\left(\frac{2}{r_2} - \frac{1}{a_t}\right)} + \sqrt{\mu\left(\frac{2}{r_1} - \frac{1}{a_t}\right)} - \sqrt{\frac{\mu}{r_1}} \tag{5-4}$$

机动的飞行时间为椭圆转换的一半，如下所示（参见 3.4 节）

$$\mathrm{TOF} = \pi\sqrt{\frac{a_t^3}{\mu}} \tag{5-5}$$

现在我们得到当轨道半径比率为 r_2/r_1 时，总速度改变比率 $\Delta v/v_1$ 的表达式。用 $v_1 = \sqrt{\mu/r_1}$ 去除式（5-4），重新归纳如下

$$\frac{\Delta v}{v_1} = \sqrt{\frac{r_1}{r_2}} - 1 - \sqrt{\left(\frac{r_1}{r_2}\right)\frac{2}{[1+(r_2/r_1)]}} + \sqrt{\left(\frac{r_2}{r_1}\right)\frac{2}{[1+(r_2/r_1)]}} \tag{5-6}$$

该方程将会在我们对比霍曼变轨和双椭圆变轨（5.2.2 节）时十分有用。

注意，霍曼变轨同样能够在两个具有相同拱线的共面椭圆轨道之间实现。

5.2.2　双椭圆变轨

霍曼变轨的一种变形是双椭圆变轨，涉及两次霍曼变轨，如图 5-6 所示。第一次变轨是变到半径为 r_3 且大于目标轨道的圆形轨道。第二次则是向内变到目标轨道。因此，这是一个三重脉冲机动行为。我们将会看到，这种机动有些时候能够比单一的霍曼变轨更节省燃料。我们再次假定 $r_2 > r_1$。对于这两个转移轨道，我们已知半长轴

$$a_{t1} = \frac{r_1 + r_3}{2}$$

$$a_{t2} = \frac{r_2 + r_3}{2}$$

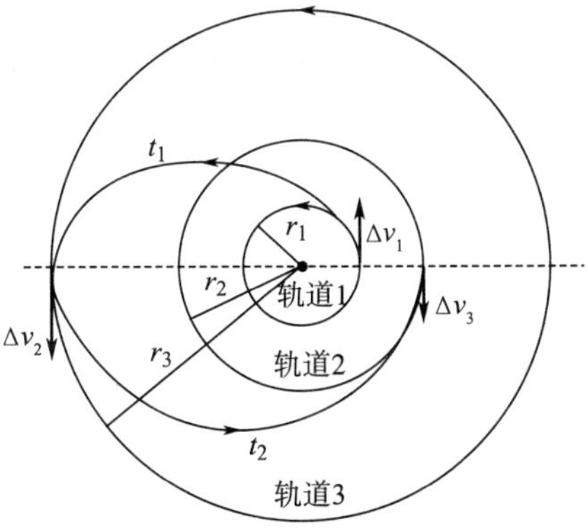

图 5-6　双椭圆变轨

初始和目标轨道的速度分别为

$$v_1=\sqrt{\frac{\mu}{r_1}},v_2=\sqrt{\frac{\mu}{r_2}}$$

对于转移轨道 1，变轨点速度为

$$v_{t1p}=\sqrt{\mu\left(\frac{2}{r_1}-\frac{1}{a_{t1}}\right)}\quad \text{近拱点}$$

$$v_{t1a}=\sqrt{\mu\left(\frac{2}{r_3}-\frac{1}{a_{t1}}\right)}\quad \text{远拱点}$$

对于转移轨道 2，有

$$v_{t2a}=\sqrt{\mu\left(\frac{2}{r_3}-\frac{1}{a_{t2}}\right)}\quad \text{近拱点}$$

$$v_{t2p}=\sqrt{\mu\left(\frac{2}{r_2}-\frac{1}{a_{t2}}\right)}\quad \text{远拱点}$$

由于 $a_{t1}>r_1$，有 $v_{t1p}>v_1$，从而使

$$\Delta v_1=v_{t1p}-v_1=\sqrt{\mu\left(\frac{2}{r_1}-\frac{1}{a_{t1}}\right)}-\sqrt{\frac{\mu}{r_1}}$$

由于 $a_{t2}>a_{t1}$，已知 $v_{t2a}>v_{t1a}$，从而使

$$\Delta v_2=v_{t2a}-v_{t1a}=\sqrt{\mu\left(\frac{2}{r_3}-\frac{1}{a_{t2}}\right)}-\sqrt{\mu\left(\frac{2}{r_3}-\frac{1}{a_{t1}}\right)}$$

由于 $a_{t2}>r_2$，已知 $v_{t2p}>v_2$，从而使

$$\Delta v_3=v_{t2p}-v_2=\sqrt{\mu\left(\frac{2}{r_2}-\frac{1}{a_{t2}}\right)}-\sqrt{\frac{\mu}{r_2}}$$

机动的全部速度变化为

$$\Delta v=\Delta v_1+\Delta v_2+\Delta v_3$$

机动动作的飞行时间为轨道 1 轨道周期的一半加上与轨道 2 轨道周期的一半，也就是

$$\mathrm{TOF}=\pi\left(\sqrt{\frac{a_{t1}^3}{\mu}}+\sqrt{\frac{a_{t2}^3}{\mu}}\right)\tag{5-7}$$

对比式（5－5）和式（5－7），显而易见双椭圆变轨比霍曼变轨耗时多很多。

双椭圆变轨总速度变化现在可以得到为

$$\Delta v=\sqrt{\mu\left(\frac{2}{r_1}-\frac{1}{a_{t1}}\right)}-\sqrt{\frac{\mu}{r_1}}+\sqrt{\mu\left(\frac{2}{r_3}-\frac{1}{a_{t2}}\right)}-\sqrt{\mu\left(\frac{2}{r_3}-\frac{1}{a_{t1}}\right)}+\sqrt{\mu\left(\frac{2}{r_2}-\frac{1}{a_{t2}}\right)}-\sqrt{\frac{\mu}{r_2}}\tag{5-8}$$

对于霍曼变轨，给定比值 r_3/r_1 的情况下，我们同样可以得到比值 $\Delta v/v_1$ 作为已知求得比值 r_2/r_1 的函数

$$\frac{\Delta v}{v_1}=\sqrt{\frac{2(r_3/r_1)}{1+(r_3/r_1)}}-1+\sqrt{2\left(\frac{r_1}{r_3}\right)}\left[\sqrt{\frac{(r_2/r_1)}{(r_2/r_1)+(r_3/r_1)]}}-\sqrt{\frac{1}{1+(r_3/r_1)}}\right]+\sqrt{\frac{r_1}{r_2}}\left[\sqrt{\frac{2(r_3/r_1)}{(r_2/r_1)+(r_3/r_1)}}-1\right] \tag{5-9}$$

式（5－6）和式（5－9）可以用来确定哪一种机动（霍曼机动或者双椭圆机动）具有更高燃料效率。将这两种方法用给定比例 r_3/r_1 绘制出来，如图 5－7 所示，可以看出，当 $r_2/r_1<11.94$ 时，霍曼机动更为有效，而当 $r_2/r_1>15.58$ 时，双椭圆变轨更为有效［详见巴利亚多（Vallado，2007）的著作］。

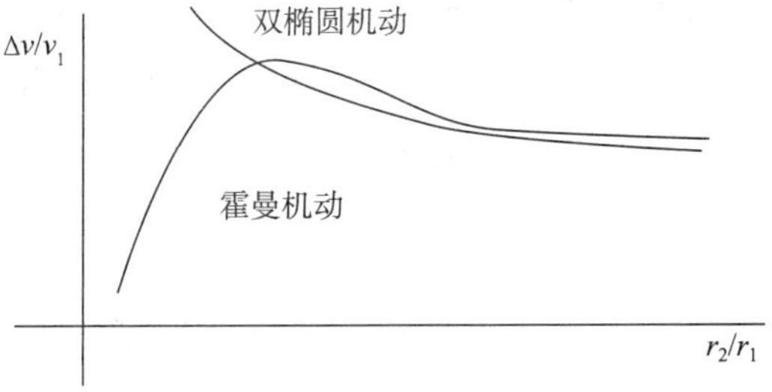

图 5－7　霍曼机动及双椭圆机动变轨效率

5.3　平面转换机动

两个与轨道平面有关的轨道要素是倾角 i 和升交点 Ω。要在不影响轨道尺寸或形状的前提下改变这些要素，仅需将速度矢量 $\vec{v}$ 相对位置矢量 $\vec{r}$ 进行旋转，如图 5－8 所示。这样一来，轨道能量 ε 和轨道角动量 h 的大小就不会受到影响，如此，轨道的尺寸与形状也不会发生改变。

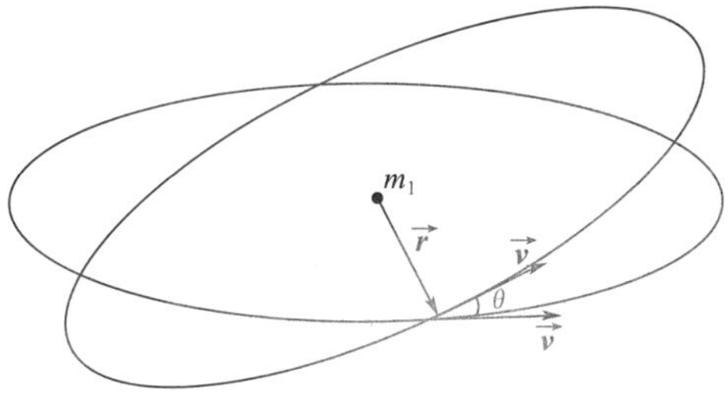

图 5－8　平面转换机动

如果 $\vec{r}$ 和 $\vec{v}$ 垂直时进行平面转换机动，也就是，圆形轨道上的任意点，或者椭圆轨道的近拱点或远拱点，则如图 5－9 所示，得到速度的变化如下

$$\Delta v=2v\sin\frac{\theta}{2} \tag{5-10}$$

这表明速度的变化是可以非常大的。例如，如果 $\theta=60°$，则 $\Delta v=v$。针对特定的近地轨道飞行器，这将达到约 7.5 km/s。因此，如果可能，平面转换应当在轨道速度达到最低值的时候进行。

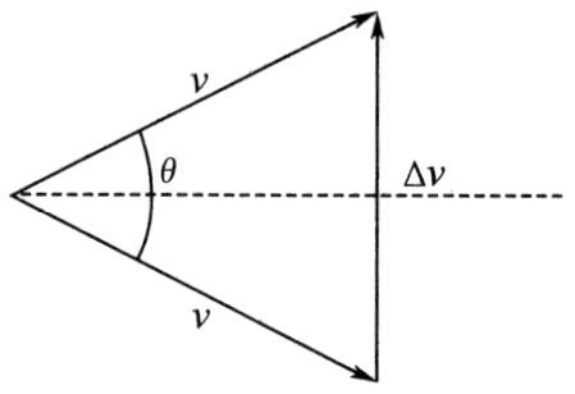

图 5-9　平面转换机动的速度变化

现在，通常来说，一次平面转换将会同时改变 i 和 Ω，如图 5-10 所示。如果需要单纯倾角变化，平面转换必须发生于轨道与赤道平面的交会点，如图 5-11 所示。

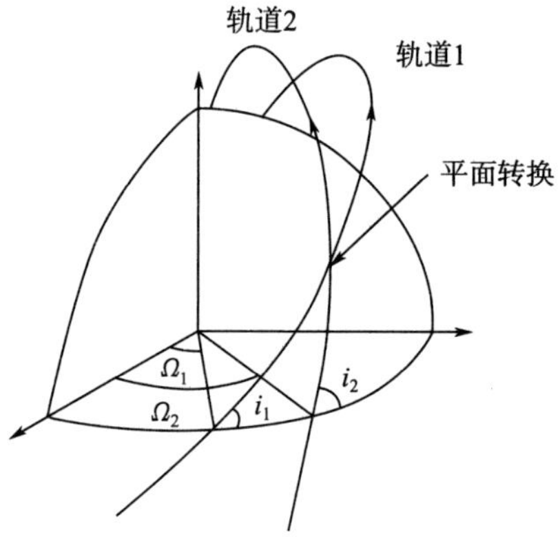

图 5-10　广义平面转换机动

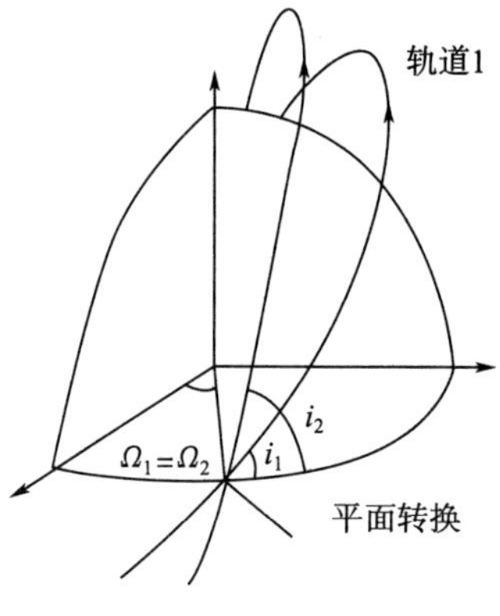

图 5-11　穿越赤道的平面转换机动

5.4　组合机动

通常来说，如果想要改变轨道的尺寸、形状和平面，需要将上述的机动方式组合起来。例如，规定两个非共面的圆形轨道之间的转移，如图5-12所示。要想实现，可以运用平面转移和霍曼转移。我们可以将这两者结合起来，即在椭圆转移轨道的近拱点或远拱点进行变轨。已知方程（5-10），可以用来在轨道速度最低位置（即远拱点）进行平面转移。

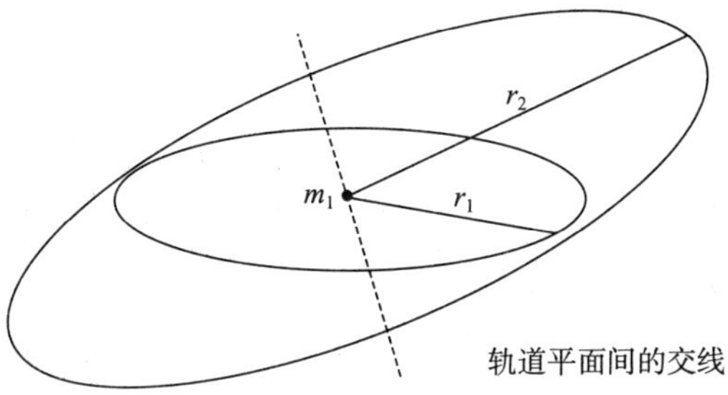

图5-12　组合机动

我们考虑这样的案例：$r_2 > r_1$。因此，第一次霍曼机动发生在转移椭圆的近拱点。由于平面转移发生于转移椭圆的远拱点，则第一次机动是在轨道1的平面上。

承接5.2节，转移轨道的半长轴是

$$a_t = \frac{r_1 + r_2}{2}$$

此时近拱点的轨道速度变化为

$$\Delta v_p = \sqrt{\mu\left(\frac{2}{r_1} - \frac{1}{a_t}\right)} - \sqrt{\frac{\mu}{r_1}}$$

霍曼转移序列的第二次机动将会在转移轨道的远拱点接到指令。然而，我们还希望与此同时改变轨道平面。现在，在转移轨道的远拱点，轨道速度为

$$v_{ta} = \sqrt{\mu\left(\frac{2}{r_2} - \frac{1}{a_t}\right)}$$

且轨道2的轨道速度为

$$v_2 = \sqrt{\frac{\mu}{r_2}}$$

已知所需的轨道平面变化θ，远拱点的轨道速度变化可以通过余弦规则得到（见图5-13）

$$\Delta v_a = \sqrt{v_{ta}^2 + v_2^2 - 2v_{ta}v_2\cos\theta}$$

因此，组合机动的总的Δv为

$$\Delta v = \Delta v_p + \Delta v_a = \sqrt{\mu\left(\frac{2}{r_1} - \frac{1}{a_t}\right)} - \sqrt{\frac{\mu}{r_1}} + \sqrt{v_{ta}^2 + v_2^2 - 2v_{ta}v_2\cos\theta}$$

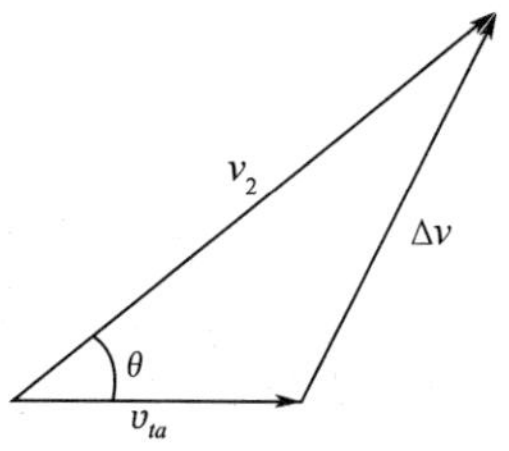

图 5 - 13　速度变化

注意，转移轨道的拱线必须与两个轨道平面之间的交线一致。

应用

当通过运载火箭将卫星送入轨道时，入轨点通常接近发射点上方。由于轨道平面必须包含地心与入轨点（大致在发射点上方），能得到的最小轨道倾角大致相当于发射点与赤道平面的夹角（也称作发射点纬度，见图 5 - 14）。因此，想要把一个卫星直接送入赤道轨道是非常困难的（除非发射点离赤道极近）。组合机动常见的应用就是（航天器）变轨进入赤道轨道。

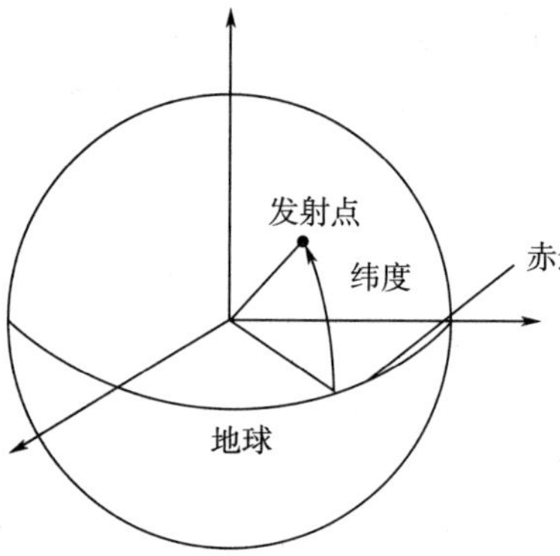

图 5 - 14　发射点位置

一种非常有用的赤道轨道就是地球同步轨道，其周期等同于地球自转周期。从地球上观测者的角度，卫星在赤道上方的一个点相对静止，这使其可以非常有效地实现通信。

5.5　交会

有些情况下，需要匹配另一物体的轨道。在这种案例中，需要交会机动。尽管常用案例比较直观，但我们仅考虑更简化些的情形。

规定两个航天器处于同一个半径为 r 的圆形轨道，由相位 ϕ 分隔开来，如图 5 - 15 所示。我们假设航天器 1 在航天器 2 前方，即 $\phi > 0$。假设航天器 2 想要与航天器 1 交会。由于轨道是圆形的，角速度是恒定的。因此，航天器 1 在航天器 2 前方

$$\frac{\phi T}{2\pi}$$

秒的位置，此处 $T=2\pi\sqrt{r^3/\mu}$ 是轨道周期。这就意味着在

$$T-\frac{\phi T}{2\pi}$$

秒内，航天器 1 将运行到现在航天器 2 所在的位置。因此，如果航天器 2 转移到一个周期为

$$T_{\text{trans}}=T-\frac{\phi T}{2\pi}$$

的椭圆轨道，它将在变轨后一个周期内与航天器 1 会合，如图 5-16 所示。航天器 2 之后将执行第二次机动以匹配航天器 1 的轨道速度。这次机动行为也称作调相机动。转移轨道周期为 $T_{\text{trans}}=2\pi\sqrt{a_t^3/\mu}$。因此，转移轨道的半长轴可以由下式计算出

$$a_t=\left[\mu\left(\frac{T_{\text{trans}}}{2\pi}\right)^2\right]^{\frac{1}{3}}$$

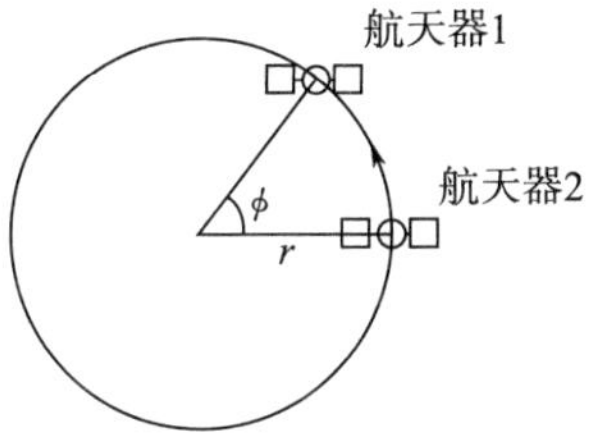

图 5-15　交会问题

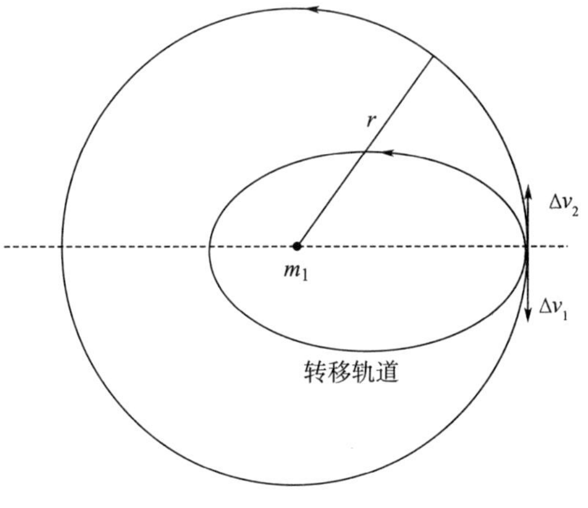

图 5-16　调相机动

第一次速度改变是减少切向速度

$$\Delta v_1=\sqrt{\frac{\mu}{r}}-\sqrt{\mu\left(\frac{2}{r}-\frac{1}{a_t}\right)}$$

第二次速度改变是增加切向速度

$$\Delta v_2 = \Delta v_1$$

如果航天器 1 在航天器 2 之后（$\phi<0$），则反面亦成立，例如，第一次速度改变为增加正切速度，而第二次速度改变为减少正切速度。姑且不论 ϕ ，交会机动总的 Δv 为

$$\Delta v = 2\left|\sqrt{\frac{\mu}{r}} - \sqrt{\mu\left(\frac{2}{r} - \frac{1}{a_t}\right)}\right|$$

这一过程可以通过两个航天器之间的平近点角差异推广到椭圆轨道（而不是真近点角差异）以得到转移轨道的周期。如此，机动可以在近拱点或远拱点执行。

5.6 注释

本章就多种脉冲机动的变轨方式进行了讨论。更多该课题的处理方式详见巴利亚多（Vallado，2007）的著作。

参 考 文 献

[1] Vallado DA 2007 Fundamentals of Astrodynamics and Applications 3rd edn. Microcosm Press, Hawthorne, CA.

第6章　星际轨迹

我们现在考虑星际旅行。假设有一条从地球到火星的轨道，在地球附近，航天器主要受地球引力场的影响；靠近火星，则主要受火星引力场的影响。而这段航程的大部分是受太阳的影响。通常来说，航天器会同时受到太阳、地球和火星的影响（也包括其他所有天体)。但是，为了最初的任务计划目标，弱化其他的干扰十分有用，即假设航天器在同一时间仅受一个天体的影响，这就是所谓的“修补圆锥曲线论”方法。针对地球到火星的案例，我们已知：

1）靠近地球：航天器位于双曲地心（以地球为中心）的轨道（当航天器逃逸地球的时候)。

2）在地球和火星之间：航天器位于以太阳为中心（日心）的椭圆轨道（向火星飞行)。

3）靠近火星：航天器位于相对火星的二体轨道。

为了有效执行这一近似法则，在引入和无视每一个引力场的时候我们需要一个标准。为此，必须定义每个行星的影响范围，航天器位于其内时，即被视为处于该行星二体轨道内，航天器位于其外时，即被视为处于太阳二体轨道内。

6.1　影响范围

我们将基于航天器相对于太阳的运动方程，为影响范围创建表达式。然后我们将定义基于如下两种情况的影响范围：一种是太阳对于该运动的影响大于行星；另一种则是行星对于该运动的影响大于太阳。

设定 $\vec{\boldsymbol{R}}_p$ 和 $\vec{\boldsymbol{R}}$ 分别表示行星和航天器相对于太阳的位置，且 $\vec{\boldsymbol{r}}$ 表示航天器与行星的位置关系（见图6-1)。同样地，令 m_s、m_p 和 m 分别表示太阳、行星和航天器的质量。显而易见的是 $\vec{\boldsymbol{R}}=\vec{\boldsymbol{R}}_p+\vec{\boldsymbol{r}}$。参照图6-1，我们发现矢量的大小关系如下

$$R=(R_p^2+r^2-2R_pr\cos\theta)^{1/2}=R_p\left(1+\frac{r^2}{R_p^2}-2\frac{r}{R_p}\cos\theta\right)^{1/2} \tag{6-1}$$

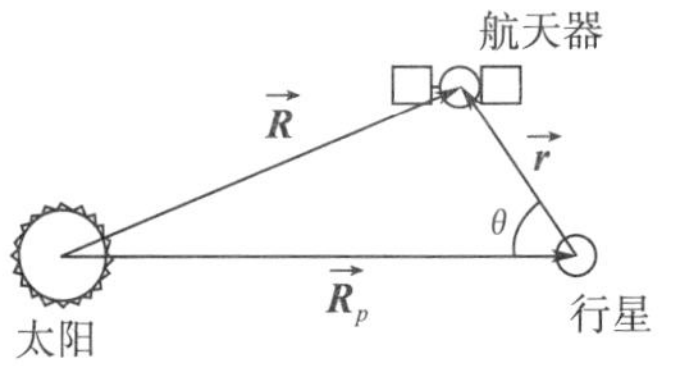

图6-1　太阳、行星、航天器系统

我们假设处在行星的影响范围之内，$r \ll R_p$，因而基于式（6-1)，我们可以运用近

似法

$$R \approx R_p$$

太阳和行星作用于航天器上的引力分别为

$$\vec{f}_{g,s} = -\frac{Gm_s m}{R^3}\vec{R}$$

$$\vec{f}_{g,p} = -\frac{Gm_p m}{r^3}\vec{r}$$

太阳作用于行星上的引力为

$$\vec{f}^{\,p}_{g,s} = -\frac{Gm_s m_p}{R_p^3}\vec{R}_p$$

假设太阳惯性静止（由于行星的质量比太阳小得多，这一假设很接近事实），航天器与太阳之间的运动方程为

$$m\ddot{\vec{R}} = \vec{f}_{g,s} + \vec{f}_{g,p} = -\frac{Gm_s m}{R^3}\vec{R} - \frac{Gm_p m}{r^3}\vec{r}$$

可以改写为

$$\ddot{\vec{R}} = \vec{A}_s + \vec{P}_p \tag{6-2}$$

此处

$$\vec{A}_s = -\frac{Gm_s}{R^3}\vec{R}$$

$\vec{A}_s$ 为航天器因太阳引力产生的相对于太阳的加速度，且

$$\vec{P}_p = -\frac{Gm_p}{r^3}\vec{r}$$

为航天器由于行星引力产生的相对于太阳的加速度。$\vec{A}_s$ 和 $\vec{P}_p$ 幅值为

$$A_s = \frac{Gm_s}{R^2} \approx \frac{Gm_s}{R_p^2}$$

$$P_p = \frac{Gm_p}{r^2}$$

P_p 和 A_s 的比值为

$$\frac{P_p}{A_s} = \frac{m_p}{m_s}\left(\frac{R_p}{r}\right)^2 \tag{6-3}$$

且为行星对航天器的太阳轨道产生影响的测量值。

我们现在想要得到另一个相似的比值，即太阳对于航天器的行星轨道的影响。现在，行星相对太阳的运动方程为

$$m_p\ddot{\vec{R}}_p = -\frac{Gm_s m_p}{R_p^3}\vec{R}_p$$

得出

$$\ddot{\vec{R}}_p = -\frac{Gm_s}{R_p^3}\vec{R}_p \tag{6-4}$$

从式（6－2）中减去式（6－4），可以得到航天器相对行星的运动方程，即

$$\begin{aligned}\ddot{\vec{r}}&=\ddot{\vec{R}}-\ddot{\vec{R}}_p=-\frac{Gm_s}{R^3}\vec{R}-\frac{Gm_p}{r^3}\vec{r}+\frac{Gm_s}{R_p^3}\vec{R}_p\\&\approx-\frac{Gm_s}{R_p^3}(\vec{R}-\vec{R}_p)-\frac{Gm_p}{r^3}\vec{r}\\&=-\frac{Gm_s}{R_p^3}\vec{r}-\frac{Gm_p}{r^3}\vec{r}\\&=\vec{a}_p+\vec{p}_s\end{aligned}$$

此处我们指定

$$\vec{a}_p=-\frac{Gm_p}{r^3}\vec{r}$$

$\vec{a}_p$ 为航天器在行星引力影响下相对行星的加速度，且

$$\vec{p}_s=-\frac{Gm_s}{R_p^3}\vec{r}$$

$\vec{p}_s$ 为航天器在太阳引力影响下相对于行星的加速度。$\vec{a}_p$ 和 $\vec{p}_s$ 的值为

$$a_p=\frac{Gm_p}{r^2},p_s=\frac{Gm_s r}{R_p^3}$$

同式（6－3）类似，p_s 和 a_p 的比率可得为

$$\frac{p_s}{a_p}=\frac{m_s}{m_p}\left(\frac{r}{R_p}\right)^3 \tag{6-5}$$

且为太阳对航天器的行星轨道的影响的测量值。

现在，假定航天器主要受行星的影响，则如下说法看上去很合理，即，太阳对航天器行星轨道的影响较之行星对航天器太阳轨道的影响要小得多。依据式（6－3）和式（6－5）的比值，即

$$\frac{p_s}{a_p}<\frac{P_p}{A_s}$$

或相当于

$$\frac{m_s}{m_p}\left(\frac{r}{R_p}\right)^3<\frac{m_p}{m_s}\left(\frac{R_p}{r}\right)^2$$

基于此，规定行星的影响范围为该区域的边界，满足

$$\frac{p_s}{a_p}=\frac{P_p}{A_s}$$

则得出

$$r_{\text{SOI}}=R_p\left(\frac{m_p}{m_s}\right)^{2/5} \tag{6-6}$$

为了对行星影响范围的具体尺寸有一个概念，我们计算它对地球的影响。地球和太阳的质量分别是

$$m_{\text{earth}}=5.974\times10^{24}\ \text{kg}$$

$$m_{sun} = 1.989 \times 10^{30}\ \text{kg}$$

这就意味着地球相对太阳的平均轨道半径为

$$R_{earth} = 149.6 \times 10^{6}\ \text{km}$$

运用方程（6－6），则地球的影响范围尺寸为

$$r_{SOI,earth} = 9.25 \times 10^{5}\ \text{km}$$

显而易见，相较于地球和太阳的距离 R_{earth} ，该影响范围非常小，即

$$\frac{r_{SOI,earth}}{R_{earth}} = 0.0062$$

然而，对地球自身来说，这个范围则非常大。换句话说，已知地球半径约为 6 378 km，影响范围是该半径的 145 倍。

注意，影响范围并不是一个具体的数量。它是当行星引力相较于太阳引力占主导地位时的一个合理估算。

6.2 星际的霍曼转移

对太阳系的大多数行星来说，太阳的轨道具有极低的偏心率，且基本位于一个平面上。实践中，我们需要计算偏心率以及轨道平面的差异，但是首先要假设行星和太阳位于共面的圆形轨道中。

已知行星的影响范围相较于它们相对太阳的轨道半径是如此之小，我们将太阳系内（轨道）转移的起止点看作与每个行星所处的位置分别一致，且该转移为脉冲式（参见第 5 章）。在第 5 章，我们发现运用霍曼转移可以实现从一个圆形轨道转移到另一个。我们可以用另一种双脉冲机动来缩短运行时间，但会耗费更多燃料。

假设两个星球分别为行星 1 和行星 2。令行星 1 和行星 2 的轨道半径分别为 r_1 和 r_2。我们继续假设通过霍曼转移轨道实现从行星 1 到行星 2 的转换，如图 6－2 所示。正如章节 5.2 中介绍的，转移轨道的半长轴为

$$a_t = \frac{r_1 + r_2}{2}$$

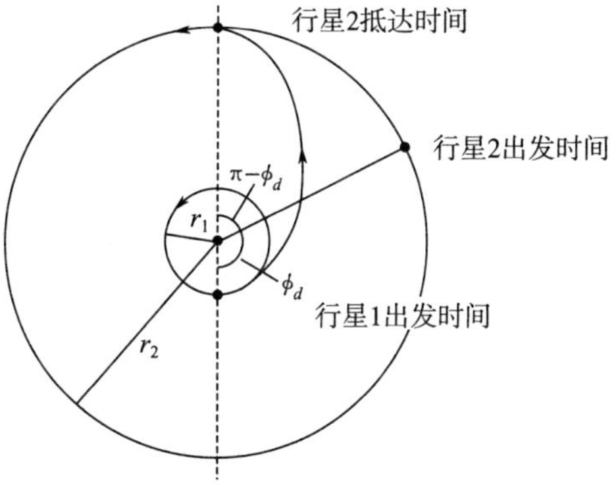

图 6－2　星际霍曼转移

且飞行时间为

$$T_{12}=\pi\sqrt{\frac{a_t^3}{\mu_s}}$$

此处 μ_s 是太阳的引力参数。

现在，转移行为附加一个约束条件：当航天器到达行星 2 的轨道时，该行星必须在航天器的到达位置。因此，当航天器从行星 1 出发时，行星 2 的位置也被约束（参见图 6－2）。即在航天器出发时，行星 2 必须有一个相对行星 1 确定的相位 ϕ_d ，该相位可以根据飞行时间确定。参照图 6－2，显然为了使航天器在行星 2 抵达时顺利将其拦截，行星 2 必须根据如下角度预先推进其轨道位置

$$\pi-\phi_d$$

已知行星 2 的轨道是圆形的，轨道角速度恒定且已知（见 3.5.1 节）

$$n_2=\sqrt{\frac{\mu_s}{r_2^3}}$$

因此，我们得出 $\pi-\phi_d=n_2T_{12}$ ，则可以将之前想要得到的相位重新写为

$$\phi_d=\pi-n_2T_{12} \tag{6-7}$$

当行星 2 相对行星 1 的相位为 ϕ_d 时，我们称存在一个发射窗口。

现在，如果我们错过了这个发射窗口，需要多久才能等到下一个呢？由于两个行星都是圆形的且轨道角动量分别为

$$n_1=\sqrt{\frac{\mu_s}{r_1^3}},n_2=\sqrt{\frac{\mu_s}{r_2^3}}$$

则行星相对一个共同基准的真近点角为（参见图 6－3）

$$\theta_1=\theta_{1,0}+n_1t,\theta_2=\theta_{2,0}+n_2t$$

此处时间 t 由第一个发射窗口测得，且 $\theta_{1,0}$ 和 $\theta_{2,0}$ 是 $t=0$ 的真近点角，因此 $\phi_d=\theta_{2,0}-\theta_{1,0}$。行星 2 相对行星 1 的相位则为

$$\phi=\theta_2-\theta_1=\phi_d+(n_2-n_1)t \tag{6-8}$$

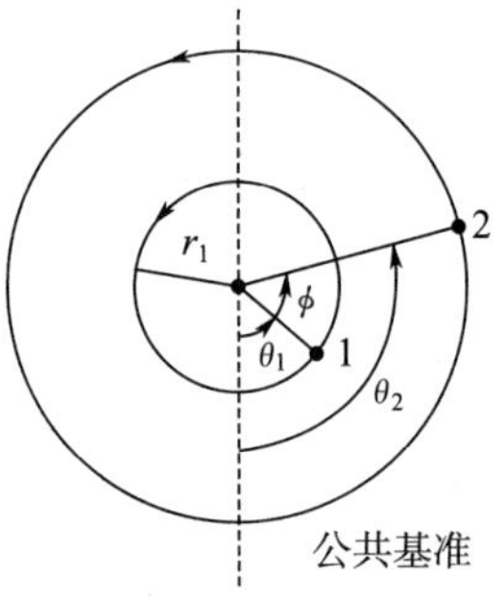

图 6－3　行星间的相位

如果 $n_2>n_1$，也就是说 $r_1>r_2$，则第二个发射机会发生在 $\phi=\phi_d+2\pi$ 时。t 计算得

$$t=\frac{2\pi}{n_2-n_1}$$

如果 $n_1>n_2$，也就是说 $r_2>r_1$，则第二个发射机会发生在 $\phi=\phi_d-2\pi$ 时。t 计算得

$$t=\frac{2\pi}{n_1-n_2}$$

基于以上这些，两次发射窗口之间的时间间距总是为

$$T_{\text{syn}}=\frac{2\pi}{|n_1-n_2|} \tag{6-9}$$

被称作会合周期。

假设我们已经成功地转移到了行星 2，但是现在想要回到行星 1。我们现在必须等到行星 1 具有相对行星 2 的特定相位。由于返回的转移轨道是相同的，且它本该就到达那里，所以飞行时间也是相同的，写作 T_{12}。基于和之前相同的讨论，所要求的行星 1 相对行星 2 的相位为

$$-\phi_r=\pi-n_1T_{12} \tag{6-10}$$

注意，此处负号是由于我们已经规定 ϕ 为行星 2 相对行星 1 的相位，而行星 1 相对行星 2 的相位是相反的。

运用式（6－8），抵达行星 2 时，行星 2 相对行星 1 的相位为

$$\phi_{\text{arr}}=\phi_d+(n_2-n_1)T_{12}$$

将式（6－7）中的 ϕ_d 代入上式，得到

$$\phi_{\text{arr}}=\pi-n_2T_{12}+(n_2-n_1)T_{12}=\pi-n_1T_{12}$$

比较式（6－10），我们看到

$$\phi_r=-\phi_{\text{arr}} \tag{6-11}$$

现在我们可以运用方程（6－8）来确定等待回归发射窗口需要多久。当抵达行星 2 时，重设 $t=0$，且用 ϕ_{arr} 代替 ϕ_d。将需要等候的时间记作 T_{wait}，我们得到

$$\phi_r=\phi_{\text{arr}}+(n_2-n_1)T_{\text{wait}}$$

运用式（6－11），则为

$$-\phi_{\text{arr}}=\phi_{\text{arr}}+(n_2-n_1)T_{\text{wait}}$$

可改写得

$$T_{\text{wait}}=\frac{-2\phi_{\text{arr}}}{n_2-n_1}$$

然而，上述方程存在一个问题：所谓的解决方案计算出的发射窗口可能已经错过了（T_{wait} 为负数）。因此需要添加或扣掉 2π 的倍数以确保 T_{wait} 为正数。特别地，我们得到

$$T_{\text{wait}}=\frac{-2\phi_{\text{arr}}\pm N2\pi}{n_2-n_1} \tag{6-12}$$

其中，N 是使得 T_{wait} 为正数时最小的整数。

从行星 1 到行星 2 整个航行的总时间是航天器来回的时间总和。精确地说，是

$$T_{\text{trip}}=T_{\text{wait}}+2T_{12} \tag{6-13}$$

从地球到其他某个行星的航行时间见表 6－1。

表 6－1 从地球到其他某个行星的航行时间

行星	T_{syn}（天数）	T_{12}（天数）	T_{wait}（天数）	T_{trip}（天数）
水星	115.8	105.4	66.9	277.9
金星	583.9	146.1	467.0	759.2
火星	779.9	258.8	454.3	972.1
木星	398.8	997.5	214.6	2 209.6
土星	378.1	2 209.1	363.2	4 454.5

6.3 修补圆锥曲线论

如前所述，在行星的影响范围内，航天器被看作是在行星的二体轨道上。而在范围之外，航天器则被认为在太阳的二体轨道上。我们已经在之前的章节后半部分用星际的霍曼转移理论讨论过。在剩下的部分，我们将会介绍在这些影响范围内以及进入、离开该范围时的情形。航天器在影响区域边界的位置与速度的关系被称作“补丁条件”。它们是

$$\vec{\boldsymbol{R}}=\vec{\boldsymbol{R}}_p+\vec{\boldsymbol{r}} \tag{6-14}$$

以及

$$\vec{\boldsymbol{V}}=\vec{\boldsymbol{V}}_p+\vec{\boldsymbol{v}} \tag{6-15}$$

式中 $\vec{\boldsymbol{R}}$ ——航天器相对太阳的位置；

$\vec{\boldsymbol{R}}_p$ ——行星相对太阳的位置；

$\vec{\boldsymbol{r}}$ ——航天器相对行星的位置；

$\vec{\boldsymbol{V}}$ ——航天器相对太阳的速度；

$\vec{\boldsymbol{V}}_p$ ——行星相对太阳的速度；

$\vec{\boldsymbol{v}}$ ——航天器相对行星的速度。

从行星出发或抵达行星的典型轨道是一种双曲轨道。也就是，偏心率满足 $e>1$。我们现在回顾第 3 章中有关双曲轨道的特征。参见图 6－4。已知轨道能量为

$$\varepsilon=\frac{v^2}{2}-\frac{\mu_p}{r}=-\frac{\mu_p}{2a} \tag{6-16}$$

其中，$\mu_p=Gm_p$ 是行星的引力参数，a 是轨道半通径，且对于双曲线来说是负数（参见 3.3.1 节）。渐近线角度满足

$$\cos\gamma=\frac{1}{e},\tan\gamma=\sqrt{e^2-1},\sin\gamma=\frac{\sqrt{e^2-1}}{e} \tag{6-17}$$

根据活力公式 $[v=\sqrt{\mu_p(2/r-1/a)}]$ 可以得出，双曲超速（$r\rightarrow\infty$）为

$$v_\infty=\sqrt{-\frac{\mu_p}{a}} \tag{6-18}$$

根据轨道极坐标方程（3－76）得到，近拱点的半径（当 $\theta=0$ 时）

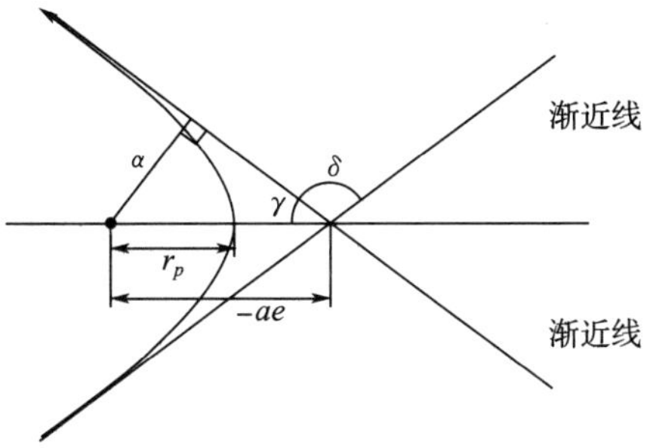

图 6-4　双曲几何特征

$$r_p = a(1-e) \tag{6-19}$$

根据能量方程（6-16）和方程（6-18），我们可以确定近拱点的速度为

$$v_p = \sqrt{v_\infty^2 + \frac{2\mu_p}{r_p}} \tag{6-20}$$

代入双曲轨道，则参数 b 为

$$b = a\sqrt{e^2 - 1} \tag{6-21}$$

我们现在可以得到 b 的物理解释。假设将这个行星的中心到其中一条渐近线的垂直距离记作 α，如图 6-4 所示。参考图 6-4 并运用式（6-17），我们得到

$$\alpha = -ae\sin\gamma = -a\sqrt{e^2-1} = -b$$

因此，参数 b 是行星的中心到其中一条渐近线垂直距离的负数。

由于影响范围相对近拱点半径来说非常大，我们假设航天器抵达和离开影响范围是沿着一条轨道渐近线的，且其速度为 v_∞。因此，航天器相对行星的速度矢量越过定点时要转过角

$$\delta = \pi - 2\gamma = \pi - 2\arccos\left(\frac{1}{e}\right) \tag{6-22}$$

6.3.1　离开双曲线

回到星际的霍曼转移情境，航天器在离开行星 1 的转移轨道上的速度必须与行星 1 相对太阳的轨道相切。要想做到这一点，我们必须使离开影响范围的速度矢量和行星本身的速度矢量 $\vec{v}$ 平行。这同样给了航天器离开行星 1 的最大爆发速度。要做到这一点，我们令离开双曲线的渐近线和行星 1 的速度矢量 $\vec{V}_p$ 方向一致，如图 6-5 所示。当航天器飞离影响范围时，其相对太阳的速度满足补丁条件

$$\vec{V}_1 = \vec{V}_{p,1} + \vec{v}_1 \tag{6-23}$$

航天器在该位置以太阳为中心点的速度已知为霍曼转移椭圆初始时的速度，并可以根据活力方程得到

$$V_1 = \sqrt{\mu_s\left(\frac{2}{R_{p1}} - \frac{1}{a_t}\right)} \tag{6-24}$$

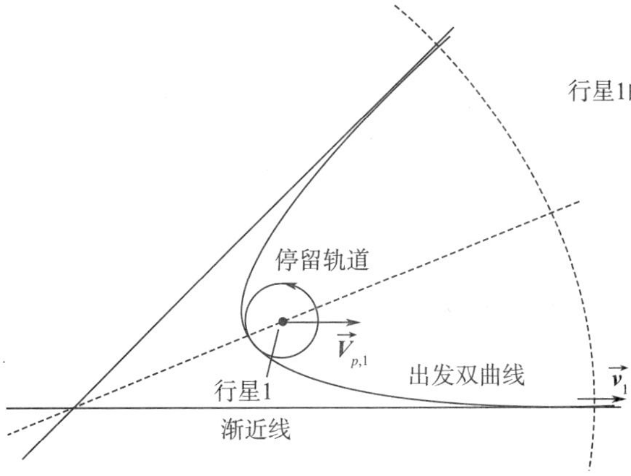

图 6-5　从行星出发

根据方程（6-23）和方程（6-24），我们可以确定所求的双曲超速度为

$$v_{\infty,1}=V_1-V_{p,1} \tag{6-25}$$

现在，可以计算得到出发双曲线的半通径

$$a_1=-\frac{\mu_{p1}}{v_{\infty,1}^2} \tag{6-26}$$

在从行星 1 开始出发之前，飞行器将会先在围绕行星 1 的某个停泊轨道上运行，如图 6-5 所示。我们假设停泊轨道是圆形的，轨道半径是 r_{park}。相应的轨道速度可以从活力方程得到

$$v_{\text{park}}=\sqrt{\frac{\mu_{p1}}{r_{\text{park}}}} \tag{6-27}$$

如果我们通过切向速度变化来进入出发双曲线，停泊轨道的半径将会是出发双曲线近拱点的半径。和航天器在出发双曲线近拱点相关的速度为（根据活力方程）

$$v_d=\sqrt{\mu_{p1}\left(\frac{2}{r_{\text{park}}}-\frac{1}{a_1}\right)} \tag{6-28}$$

因此，航天器进入出发双曲线所需的 Δv 为

$$\Delta v=v_d-v_{\text{park}}=\sqrt{\mu_{p1}\left(\frac{2}{r_{\text{park}}}-\frac{1}{a_1}\right)}-\sqrt{\frac{\mu_{p1}}{r_{\text{park}}}} \tag{6-29}$$

我们现在需要确定航天器在驻留轨道上的位置以将其转移到出发双曲线上，从而使渐近线与行星的速度矢量是平行的。由于 r_{park} 是出发双曲线近拱点的半径，我们可以利用方程（6-19）得到出发双曲线的偏心率

$$e_1=1-\frac{r_{\text{park}}}{a_1} \tag{6-30}$$

依据相对行星 1 速度矢量的相位 ϕ_1，我们可以确定航天器从停泊轨道转移到出发双曲线的位置。从图 6-6 中我们可以看出

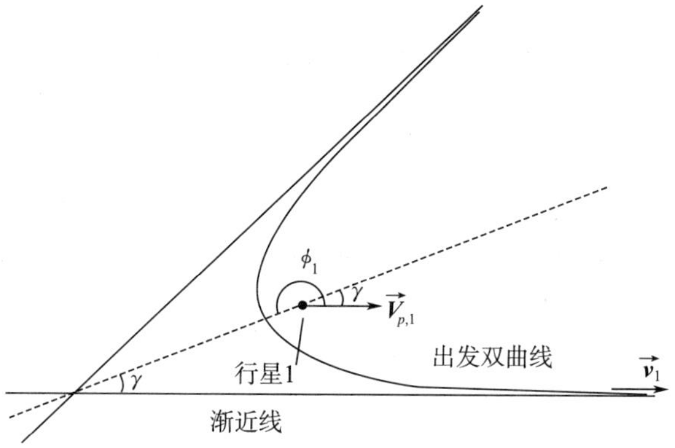

图 6-6　从行星出发的相位

关于 $\vec{V}_{p,1}$ 的相位是

$$\phi_1=\pi+\gamma=\pi+\arccos\left(\frac{1}{e_1}\right) \tag{6-31}$$

重点：当 $v_{\infty,1}$ 按式（6-25）计算所得结果为正数时，方程（6-31）提供了 $v_{\infty,1}$ 所需的相位，这就意味着航天器相对太阳的速度一定比行星的速度大，这就是航天器以大于太阳半径的轨道飞行入轨时的情形。如果 $v_{\infty,1}$ 在式（6-25）中计算得负，这就意味着航天器以小于太阳半径的轨道飞行入轨，那么出发渐近线必须在相反方向的 $\vec{V}_{p,1}$ 点上。所需的相位为 $\phi_1=\gamma$。

6.3.2　抵达双曲线

将航天器相对太阳的位置和速度分别记为 $\vec{R}_{\text{arr}}$ 和 $\vec{V}_{\text{arr}}$，时间为航天器进入行星 2 影响范围之时。将行星 2 相应的位置和速度分别记为 $\vec{R}_{p2}$ 和 $\vec{V}_{p2}$（参见图 6-7）。根据补丁条件，航天器在进入影响范围时，相对行星 2 的位置和速度为

$$\vec{r}_{\text{arr}}=\vec{R}_{\text{arr}}-\vec{R}_{p2} \tag{6-32}$$

且

$$\vec{v}_{\text{arr}}=\vec{V}_{\text{arr}}-\vec{V}_{p2} \tag{6-33}$$

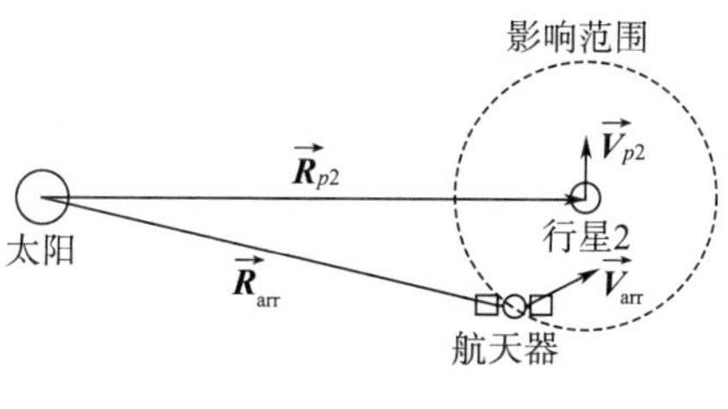

图 6-7　行星抵达

这一信息可以被用作确定抵达双曲线。航天器进入影响范围时的速度采用的是双曲线超速度，即

$$v_{\infty,\mathrm{arr}}=|\vec{\boldsymbol{v}}_{\mathrm{arr}}| \tag{6-34}$$

运用方程（6－18），立刻就能得出抵达双曲线的半通径

$$a_2=\frac{-\mu_{p2}}{v_{\infty,\mathrm{arr}}^2} \tag{6-35}$$

接下来，正如我们所见，参数 b 是行星中心点到每条渐近线垂直距离的负数。现在，渐近线与 $\vec{\boldsymbol{v}}_{\mathrm{arr}}$ 对准，因此 b_2 可以根据 $\vec{\boldsymbol{r}}_{\mathrm{arr}}$ 和 $\vec{\boldsymbol{v}}_{\mathrm{arr}}$ 在几何上被确定。如图 6－8 所示，角 ψ 为

$$\psi=\arccos\left(\frac{-\vec{\boldsymbol{r}}_{\mathrm{arr}}\cdot\vec{\boldsymbol{v}}_{\mathrm{arr}}}{r_{\mathrm{arr}}v_{\infty,\mathrm{arr}}}\right) \tag{6-36}$$

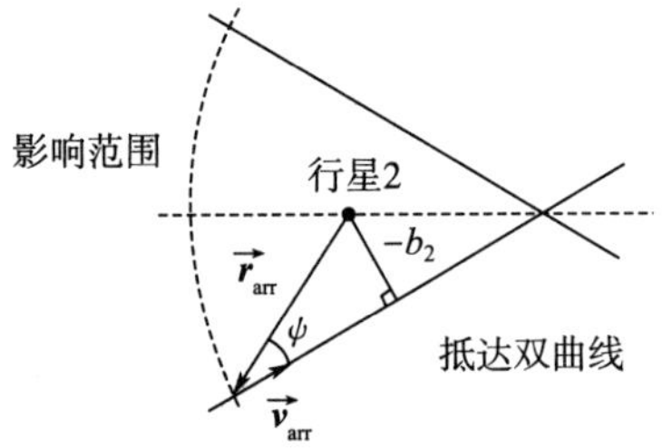

图 6－8　抵达几何配置

根据三角函数

$$b_2=-r_{\mathrm{arr}}\sin\psi \tag{6-37}$$

将行星 2 的影响范围半径记作 $r_{\mathrm{arr}}=r_{\mathrm{SOI},\,2}$。现在，根据方程（6－21）我们可以确定抵达双曲线的偏心率为

$$e_2=\sqrt{1+\left(\frac{b_2}{a_2}\right)^2} \tag{6-38}$$

根据方程（6－19），我们可以确定航天器相对行星 2 中心最近的通过路径（抵达双曲线的近拱点半径），也就是

$$r_{p2}=a_2\left[1-\sqrt{1+\left(\frac{b_2}{a_2}\right)^2}\right] \tag{6-39}$$

当然，行星 2 尺寸是有限的。我们假设行星 2 半径为 $\overline{R}_{p2}$ 的球体。为了避免和行星本身的撞击，我们必须使

$$r_{p2}>\overline{R}_{p2} \tag{6-40}$$

如图 6－9 所示。运用方程（6－39）和方程（6－40），我们得到

$$a_2\left[1-\sqrt{1+\left(\frac{b_2}{a_2}\right)^2}\right]>\overline{R}_{p2}$$

得到

$$1-\frac{\overline{R}_{p2}}{a_2}<\sqrt{1+\left(\frac{b_2}{a_2}\right)^2}$$

注意，相反的不等式是因为我们用 a_2 去除，这对于双曲线来说是负的。最终，在对上式求平方并重写上述表达式之后，我们得到

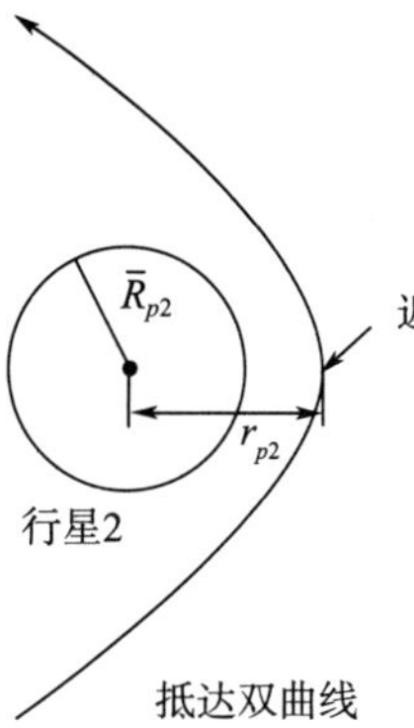

图 6-9　避免碰撞

$$|b_2| > |a_2| \left[\left(1 - \frac{\overline{R}_{p2}}{a_2}\right)^2 - 1\right]^{1/2} \tag{6-41}$$

因此，为了避免碰撞，必须满足不等式（6-41）。注意，由于在航天器距离行星2尚远的情况下，参数 b_2 可以很容易地被调整，用以小幅改变航天器速度矢量，所以不等式（6-41）十分有用。

6.4　飞越行星

我们已经确定了抵达双曲线的参数 a_2 和 b_2。我们同样已知 $\vec{v}_{\text{arr}}$ 和 $v_{\infty,\text{arr}}$。在没有其他任何机动的情况下，航天器将会沿着其他双曲渐近线飞离行星2的影响范围，且相对行星的速度矢量为 $\vec{v}_{\text{dep}}$，大小为 $v_{\infty,\text{arr}}$，如图6-10所示。也就是说，$|\vec{v}_{\text{arr}}| = |\vec{v}_{\text{dep}}| = v_{\infty,\text{arr}}$。根据方程（6-22），速度矢量的转角为

$$\delta_2 = \pi - 2\gamma_2 = \pi - 2\arccos\left(\frac{1}{e_2}\right) \tag{6-42}$$

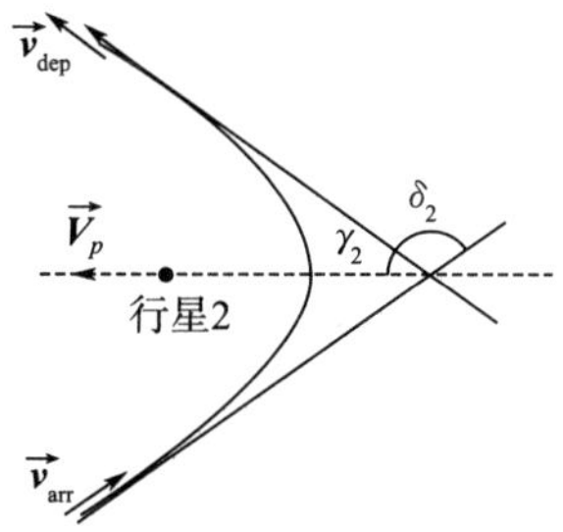

图 6-10　飞越行星（后方）

因此，$\vec{v}_{\text{arr}} \neq \vec{v}_{\text{dep}}$，且行星施加给航天器一个 $\Delta\vec{v}$。航天器离开影响范围时，相对太阳的速度为

$$\vec{V}_{\text{dep}} = \vec{V}_p + \vec{v}_{\text{dep}} \tag{6-43}$$

相较于行星2的轨道半径，可以将行星2影响范围的尺寸 $r_{\text{SOI},2}$ 忽略，也就是说

$|\vec{\boldsymbol{R}}_{\rm arr}| \approx |\vec{\boldsymbol{R}}_{\rm dep}| \approx |\vec{\boldsymbol{R}}_{p2}|$，且同样将航天器从影响范围经过所需的时间忽略（因此在这段时间里行星的速度矢量不改变），航天器日心轨道的能量变化为

$$\Delta\varepsilon = \frac{1}{2}(V_{\rm dep}^2 - V_{\rm arr}^2) \tag{6-44}$$

这也许是正数，也许是负数。即行星 2 有可能使航天器相对太阳的速度增大或减小。由于航天器后缘飞越行星，正值的 $\Delta\varepsilon$ 产生，即航天器经过行星后方，如图 6 - 10 所示。

上述效应等价于“引力弹弓”，可以被当作外太空行星旅行中霍曼转移的替代方式。比如，通过在木星的飞越抵达土星。

而负值的 $\Delta\varepsilon$ 则由行星前方的飞越产生，也就是说，航天器从行星前方经过，如图 6 - 11 所示。这可以被用来减小航天器相对太阳的速度。

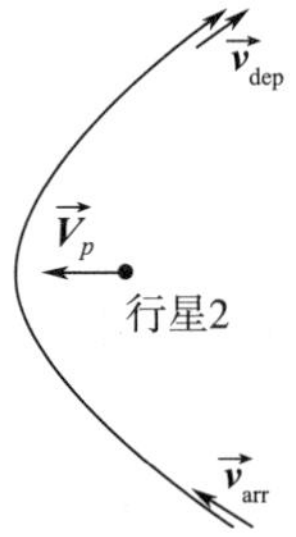

图 6 - 11　航天器从行星前方飞越

在有些案例中，领航者 2 号（Voyager Ⅱ）就是运用上述方法实现在木星、土星、天王星、海王星的飞越。伽利略探测器采用金星—地球—地球重力助推轨道（VEEGA）到达木星轨道。

6.5　行星捕获

如果想要停留在目标行星，我们需要实现一种将抵达双曲线转化为受限（椭圆或者圆形）轨道的机动。我们已经看到，如果没有执行机动，航天器将会飞离影响范围。通常来说，抵达速度 $v_{\infty,\,\rm arr}$ 不容易控制，但是可以控制影响范围的进入点（之后为 b_2），只需对行星间转移轨道做微调即可。

我们已经看见抵达双曲线近拱点的半径为

$$r_{p2} = a_2\left[1 - \sqrt{1 + \left(\frac{b_2}{a_2}\right)^2}\right] \tag{6-45}$$

现在，捕获相对行星 2 运动的航天器的一种方法是当到达双曲线的近拱点时执行圆形化操作，如图 6 - 12 所示。根据活力公式，圆形捕获轨道的轨道速度为

$$v_{\rm cap} = \sqrt{\frac{\mu_{p2}}{r_{p2}}} \tag{6-46}$$

根据方程（6 - 20），抵达双曲线近拱点的轨道速度为

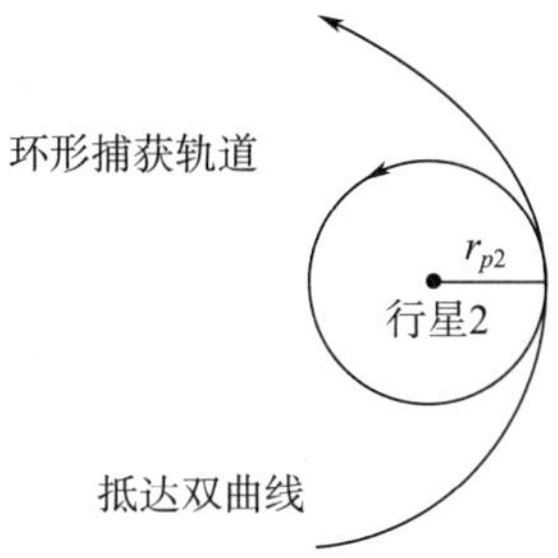

图 6-12　行星捕获

$$v_{p2}=\sqrt{v_{\infty,\mathrm{arr}}^2+\frac{2\mu_{p2}}{r_{p2}}} \tag{6-47}$$

因此，捕获所需要的 Δv 为

$$\Delta v_{\mathrm{cap}}=v_{p2}-v_{\mathrm{cap}}=\sqrt{v_{\infty,\mathrm{arr}}^2+\frac{2\mu_{p2}}{r_{p2}}}-\sqrt{\frac{\mu_{p2}}{r_{p2}}} \tag{6-48}$$

由于我们已经控制 b_2，并通过方程（6-39）控制 r_{p2}。现在确定最佳的捕获半径。对于最小的 Δv_{cap}，设定（6-48）相对 r_{p2} 的微分等于零，换言之

$$0=\frac{\mathrm{d}\Delta v_{\mathrm{cap}}}{\mathrm{d}r_{p2}}=-\frac{2\mu_{p2}}{r_{p2}^2}\left(\frac{1}{2}\right)\left(v_{\infty,\mathrm{arr}}^2+\frac{2\mu_{p2}}{r_{p2}}\right)^{-\frac{1}{2}}-\sqrt{\mu_{p2}}\left(-\frac{1}{2}\right)\frac{1}{r_{p2}^{\frac{3}{2}}}$$

$$=\frac{-2\mu_{p2}+\sqrt{\mu_{p2}r_{p2}\left(v_{\infty,\mathrm{arr}}^2+\frac{2\mu_{p2}}{r_{p2}}\right)}}{2r_{p2}^2\sqrt{v_{\infty,\mathrm{arr}}^2+\frac{2\mu_{p2}}{r_{p2}}}}$$

得出

$$\sqrt{\mu_{p2}r_{p2}\left(v_{\infty,\mathrm{arr}}^2+\frac{2\mu_{p2}}{r_{p2}}\right)}=2\mu_{p2}$$

且通过调整和重新排列，我们得到最佳捕获半径

$$r_{p2,\mathrm{opt}}=\frac{2\mu_{p2}}{v_{\infty,\mathrm{arr}}^2} \tag{6-49}$$

相关值 Δv 可通过将式（6-49）代入式（6-48）得到

$$\Delta v_{\mathrm{cap,opt}}=\sqrt{v_{\infty,\mathrm{arr}}^2+\frac{2\mu_{p2}v_{\infty,\mathrm{arr}}^2}{2\mu_{p2}}}-\sqrt{\frac{\mu_{p2}v_{\infty,\mathrm{arr}}^2}{2\mu_{p2}}}=\sqrt{2}\,v_{\infty,\mathrm{arr}}-\frac{v_{\infty,\mathrm{arr}}}{\sqrt{2}}$$

这就变成

$$\Delta v_{\mathrm{cap,opt}}=\frac{v_{\infty,\mathrm{arr}}}{\sqrt{2}} \tag{6-50}$$

如果行星有大气层，我们可以通过大气层的空气动力制动降低 Δv_{cap}。

6.6 注释

本章讲述了可供初始星际任务设计使用的简要技术。由于圆锥补丁方法只是近似值(引力场其实应为连续的)，初始星际轨迹的设计必须被修正用以计算所有天体的连续引力场。巴廷（Battin，1999）提出了如何确定这些差分修正的方案。对更深层次的星际轨迹设计感兴趣的读者可以参考肯布尔（Kemble，2006）的著作。

参 考 文 献

[1] Battin RH 1999 An Introduction to the Mathematics and Methods of Astrodynamics, Revised Edition. American. Institute of Aeronautics and Astronautics, Reston, VA.

[2] Kemble S 2006 Interplanetary Mission Analysis and Design. Springer, Chichester, UK.

第7章　轨道扰动

截至目前，我们仅仅考虑了开普勒定律 m_1 和 m_2 的二体质点运动，此处 m_1 是主星，$m_1 \gg m_2$ 。正如我们所见，微分方程调节着 m_2 相对 m_1 的运动

$$\ddot{\vec{r}} = -\frac{\mu}{r^3}\vec{r} \tag{7-1}$$

初始参数为

$$\vec{r}(0) = \vec{r}_0, \dot{\vec{r}}(0) = \vec{v}_0$$

举例来说，对于地球轨道卫星，m_1 代表着地球，而 m_2 代表着卫星。对于围绕太阳运动的行星，m_1 代表着太阳，而 m_2 代表着行星。

开普勒二体轨道是一种非常理想化的运动。它对解决短时间的问题十分有效，但是还有其他可能导致实际运行脱离开普勒轨道的因素，而这些因素在实践中必须被考虑进去。对于以地球为中心的轨道，这些因素包括以下几个方面。

（1）主星非球体（地球并非完美的球体）

在开普勒轨道中，质心 m_1 和 m_2 被假定为质点。由于 m_2 尺寸很小（相比较于从 m_1 中心点到它的距离），这是 m_2 合理的近似值。我们稍后将会谈到，如果主星（m_1）是球面对称的，则其可以被看作质点。然而，事实并非如此，非球体的主星必须被考虑进去。

（2）其他星体的存在及其引力场

对绕地飞行的航天器来说，航天器也会受到太阳和月亮的影响（以及相较之下小很多的、其他行星的影响）。

（3）大气阻力

对于近地轨道，仍然有一些残留的大气层会对航天器造成阻力，这会导致轨道渐变衰减。

（4）太阳辐射压力

太阳的光线（光子）会对航天器的亮面造成压力，这是由从光子到航天器表层的动量传递造成的。

这些影响是对开普勒轨道的扰动，本章将会讲述该如何解决它们。

令 $\vec{f}_p$ 为受扰动影响产生的扰动加速度。然后，运动的真实方程［比较式（7-1）］为

$$\ddot{\vec{r}} = -\frac{\mu}{r^3}\vec{r} + \vec{f}_p \tag{7-2}$$

初始参数为

$$\vec{\boldsymbol{r}}(0)=\vec{\boldsymbol{r}}_0,\dot{\vec{\boldsymbol{r}}}(0)=\vec{\boldsymbol{v}}_0$$

有两种方法可以解决扰动，即特殊扰动方法和一般扰动方法。

特殊扰动方法通过数值积分方程（7-2）在数学上确定扰动影响。由于解决方案仅仅对一组初始条件有效，所以它们被称为“特例”。当另一组初始条件出现时，必须重新进行该流程。

一般扰动方法用解析方法确定扰动影响。他们处理轨道要素因扰乱加速度 $\vec{\boldsymbol{f}}_p$ 而产生的变化（对于开普勒轨道来说是恒定的）。特别的是，包含了以下表达式

$$\frac{\mathrm{d}a}{\mathrm{d}t},\frac{\mathrm{d}e}{\mathrm{d}t},\frac{\mathrm{d}i}{\mathrm{d}t},\frac{\mathrm{d}\Omega}{\mathrm{d}t},\frac{\mathrm{d}\omega}{\mathrm{d}t}$$

由于这些解决方案对任何一组初始参数都有效，它们被称作一般解决方案。它们提供了非常好的物理学视角，对于任务计划十分有用。然而，估值往往随之产生，所以它们可能并不如特殊扰动法准确。

7.1　特殊扰动

正如我们之前提到的，特殊扰动技术涉及运动方程的数值积分。如附录 B 所讨论的，这要求将运动方程按照一阶形式书写

$$\dot{\boldsymbol{x}}=\boldsymbol{F}(x,t),\boldsymbol{x}(t_0)=\boldsymbol{x}_0$$

将方程如上书写，数值积分（如附录 B 中所示）可以用来确定 $t\geqslant t_0$ 中的 $\boldsymbol{x}(t)$。

7.1.1　考威尔的方法

这一方法由 P. H. 考威尔于 20 世纪早期研究发现。它在本质上是一个蛮力方法，此处运动方程（7-2）由数值直接积分而得。

特别的是，如果我们将所有式（7-2）中的数值代入以 $\mathcal{F}_I$ 为参照的惯性坐标系，即

$$\vec{\boldsymbol{r}}=\vec{\mathcal{F}}_I^{\mathrm{T}}\boldsymbol{r},\vec{\boldsymbol{v}}=\dot{\vec{\boldsymbol{r}}}=\vec{\mathcal{F}}_I^{\mathrm{T}}\boldsymbol{v},\vec{\boldsymbol{f}}_p=\vec{\mathcal{F}}_I^{\mathrm{T}}\boldsymbol{f}_p$$

$$\vec{\boldsymbol{r}}_0=\vec{\mathcal{F}}_I^{\mathrm{T}}\boldsymbol{r}_0,\vec{\boldsymbol{v}}_0=\vec{\mathcal{F}}_I^{\mathrm{T}}\boldsymbol{v}_0$$

我们可以将式（7-2）中的一阶运动方程以数值积分求解，也就是说

$$\begin{bmatrix}\dot{\boldsymbol{r}}\\ \dot{\boldsymbol{v}}\end{bmatrix}=\begin{bmatrix}\boldsymbol{v}\\ -\dfrac{\mu}{(\boldsymbol{r}^{\mathrm{T}}\boldsymbol{r})^{\frac{3}{2}}}\boldsymbol{r}+\boldsymbol{f}_p\end{bmatrix}\tag{7-3}$$

初始参数为

$$\begin{bmatrix}\boldsymbol{r}(0)\\ \boldsymbol{v}(0)\end{bmatrix}=\begin{bmatrix}\boldsymbol{r}_0\\ \boldsymbol{v}_0\end{bmatrix}$$

采用考威尔的方法之后可以直接用数值求解方程（7-3）。这一方法的优势在于，任何扰动 $\boldsymbol{f}_p$ 都可以被包括在内而不需要特意修正这一方法。然而，要想得到准确的结果，步长必须小，使得计算成本增加。同时，由于数值求解而产生的四舍五入误差也会累计得

相当迅速，使长期方案变得不准确。之前提到的小步长对此行之有效。由于计算能力和精密技术的支持，这比过去要简单得多。

7.1.2 恩克的方法

恩克的方法比考威尔的更加精确，尽管它于 1857 年就被提出。这是因为当时计算能力缺乏。

恩克的方法通过数值求解满足如下条件的轨道偏差实现

$$\ddot{\vec{r}}=-\frac{\mu}{r^3}\vec{r}+\vec{f}_p,\vec{r}(0)=\vec{r}_0,\dot{\vec{r}}(0)=\vec{v}_0 \tag{7-4}$$

参考满足如下条件的开普勒轨道

$$\ddot{\vec{\rho}}=-\frac{\mu}{\rho^3}\vec{\rho},\vec{\rho}(0)=\vec{r}_0,\dot{\vec{\rho}}(0)=\vec{v}_0 \tag{7-5}$$

参照轨道 $\vec{\rho}(t)$ 被称作密切轨道，并且可以利用第 3 章的二体方案解析确定。我们定义从密切轨道的逃逸为

$$\delta\vec{r}\triangleq\vec{r}-\vec{\rho}$$

比较式（7-4）与式（7-5）的区别，我们得出

$$\begin{aligned}\delta\ddot{\vec{r}}=\ddot{\vec{r}}-\ddot{\vec{\rho}}&=-\frac{\mu}{r^3}\vec{r}+\frac{\mu}{\rho^3}\vec{\rho}+\vec{f}_p\\&=-\mu\left[\frac{\vec{r}}{r^3}-\frac{(\vec{r}-\delta\vec{r})}{\rho^3}\right]+\vec{f}_p\\&=-\frac{\mu}{\rho^3}\left[\delta\vec{r}-\left(1-\frac{\rho^3}{r^3}\right)\vec{r}\right]+\vec{f}_p\end{aligned}$$

比较式（7-4）和式（7-5）初始参数的区别，我们得出

$$\delta\vec{r}(0)=\vec{0},\ \delta\dot{\vec{r}}(0)=\vec{0}$$

之后用恩克的方法数值求解

$$\delta\ddot{\vec{r}}=-\frac{\mu}{\rho^3}\left[\delta\vec{r}-\left(1-\frac{\rho^3}{r^3}\right)\vec{r}\right]+\vec{f}_p \tag{7-6}$$

根据初始参数

$$\delta\vec{r}(0)=\vec{0},\ \delta\dot{\vec{r}}(0)=\vec{0}$$

由于 $\vec{\rho}$ 为时间的已知函数，根据开普勒轨道分析得到，实际的位置矢量 $\vec{r}$ 为

$$\vec{r}=\vec{\rho}+\delta\vec{r} \tag{7-7}$$

然而，公式并不完整。方程（7-6）有一条件 $\left(1-\frac{\rho^3}{r^3}\right)$，对于小 $\delta\vec{r}$ 几乎相等的量有所区别，可以导致数值误差。为了解决这一问题，我们设定一个小变量 q 为

$$2q=1-\frac{r^2}{\rho^2} \tag{7-8}$$

得出

$$1-\frac{\rho^{3}}{r^{3}}=1-(1-2q)^{-\frac{3}{2}}$$

将之扩展到泰勒级数，我们得到

$$1-\frac{\rho^{3}}{r^{3}}=3q-\frac{3\times 5}{2!}q^{2}+\cdots \tag{7-9}$$

上式对小 q 迅速收敛，并且避免直接计算 $1-\frac{\rho^{3}}{r^{3}}$ 导致的精度损失。现在，我们需要的是 q 的表达。根据其定义式（7-8），我们发现

$$\begin{aligned} q &= \frac{1}{2}\left(\frac{\rho^{2}-r^{2}}{\rho^{2}}\right)=\frac{1}{2}\left(\frac{\vec{\boldsymbol{\rho}}\cdot\vec{\boldsymbol{\rho}}-\vec{\boldsymbol{r}}\cdot\vec{\boldsymbol{r}}}{\rho^{2}}\right) \\ &= \frac{1}{2}\left[\frac{\vec{\boldsymbol{\rho}}\cdot\vec{\boldsymbol{\rho}}-(\vec{\boldsymbol{\rho}}+\delta\vec{\boldsymbol{r}})\cdot(\vec{\boldsymbol{\rho}}+\delta\vec{\boldsymbol{r}})}{\rho^{2}}\right] \\ &= -\frac{\delta\vec{\boldsymbol{r}}\cdot\left(\vec{\boldsymbol{\rho}}+\frac{\delta\vec{\boldsymbol{r}}}{2}\right)}{\rho^{2}} \end{aligned}$$

对于相较于 $\vec{\boldsymbol{\rho}}$ 非常小的 $\delta\vec{\boldsymbol{r}}$，我们运用

$$q\approx-\frac{\vec{\boldsymbol{\rho}}\cdot\delta\vec{\boldsymbol{r}}}{\rho^{2}}$$

现在，由于 $\delta\vec{\boldsymbol{r}}$ 的数量改变相较于 $\vec{\boldsymbol{r}}$ 异常缓慢，数值求解方案可以在相同精度的情况下运用大得多的时间步长，以减少计算工作量。目前已经发现至少其比考威尔的方法快 10 倍。

最后，由于 $\delta\vec{\boldsymbol{r}}$ 偏离了 $\vec{\boldsymbol{\rho}}$，会有 $\delta\vec{\boldsymbol{r}}$ 不再如此之小的时候。此时，就需要对恩克的方法进行矫正。也就是说，根据真实轨道的初始参数进行矫正时，新的密切轨道将被定义。这一进程如图 7-1 所示。

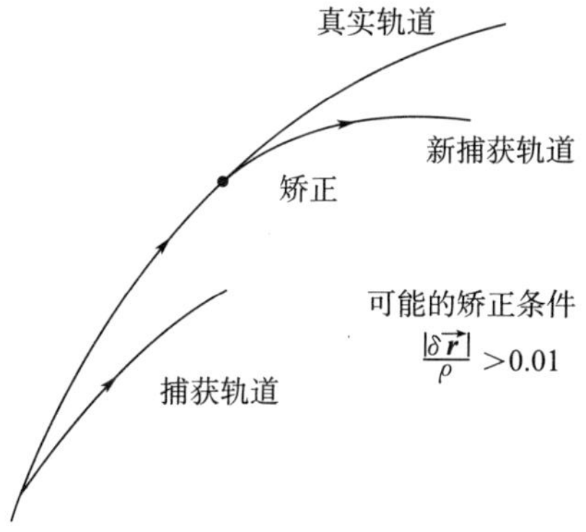

图 7-1　恩克的方法及其修正

7.2　一般扰动

正如我们之前简短描述的，一般扰动方法是关于获取轨道要素随时间改变的解析表达

式，特别是

$$\frac{\mathrm{d}a}{\mathrm{d}t},\frac{\mathrm{d}e}{\mathrm{d}t},\frac{\mathrm{d}i}{\mathrm{d}t},\frac{\mathrm{d}\Omega}{\mathrm{d}t},\frac{\mathrm{d}\omega}{\mathrm{d}t}$$

我们将要讲解的表达式源于高斯。

从扰动二体运动方程开始：

$$\ddot{\vec{r}}=-\frac{\mu}{r^3}\vec{r}+\vec{f}_p \tag{7-10}$$

我们将使用柱坐标系 $\mathcal{F}_o$（见 3.4 节初始部分），其基础矢量为 $\vec{x}_o$、$\vec{y}_o$ 和 $\vec{z}_o$。

将之代入该参考系，位置和速度为

$$\vec{r}=r\vec{x}_o,\ \vec{v}=\dot{r}\vec{x}_o+r\dot{\theta}\vec{y}_o \tag{7-11}$$

且角动量为

$$\vec{h}=h\vec{z}_o=r^2\dot{\theta}\vec{z}_o \tag{7-12}$$

我们将坐标系 $\mathcal{F}_o$ 上的扰动压力表达为

$$\vec{f}_p=f_r\vec{x}_o+f_\theta\vec{y}_o+f_z\vec{z}_o \tag{7-13}$$

现在，我们将发现一个表达式 $\frac{\mathrm{d}a}{\mathrm{d}t}$。回顾轨道能量为

$$\varepsilon=\frac{\vec{v}\cdot\vec{v}}{2}-\frac{\mu}{r} \tag{7-14}$$

且和轨道半长轴的关系为（见 3.3 节）

$$\varepsilon=-\frac{\mu}{2a} \tag{7-15}$$

将其和时间的表达区分如下

$$\frac{\mathrm{d}\varepsilon}{\mathrm{d}t}=\frac{\mathrm{d}a}{\mathrm{d}t}\frac{\mu}{2a^2}$$

得出

$$\frac{\mathrm{d}a}{\mathrm{d}t}=\frac{2a^2}{\mu}\frac{\mathrm{d}\varepsilon}{\mathrm{d}t} \tag{7-16}$$

因此，我们需要找出 $\frac{\mathrm{d}\varepsilon}{\mathrm{d}t}$。对式（7－14）求微分，我们发现

$$\frac{\mathrm{d}\varepsilon}{\mathrm{d}t}=\vec{v}\cdot\dot{\vec{v}}+\dot{r}\frac{\mu}{r^2}$$

回顾 $\dot{r}=\frac{\vec{r}\cdot\vec{v}}{r}$，且将之从运动方程（7－10）中代换出来，得到

$$\frac{\mathrm{d}\varepsilon}{\mathrm{d}t}=\vec{v}\cdot\left(-\frac{\mu}{r^3}\vec{r}\right)+\vec{v}\cdot\vec{f}_p+\mu\frac{\vec{r}\cdot\vec{v}}{r^3}=\vec{v}\cdot\vec{f}_p$$

将此表达用于柱坐标系式（7－11）和式（7－13）中，我们得到

$$\begin{aligned}\frac{\mathrm{d}\varepsilon}{\mathrm{d}t}&=[\dot{r}\vec{x}_o+r\dot{\theta}\vec{y}_o]\cdot[f_r\vec{x}_o+f_\theta\vec{y}_o+f_z\vec{z}_o]\\&=\dot{r}f_r+r\dot{\theta}f_\theta\end{aligned} \tag{7-17}$$

现在，我们需要 $\dot{r}$ 和 $\dot{\theta}$ 的表达。这些都由瞬时的开普勒二体取值得出，为（见 3.8 节）

$$\dot{r}=\sqrt{\frac{\mu}{a(1-e^2)}}e\sin\theta \tag{7-18}$$

且

$$r\dot{\theta}=\sqrt{\frac{\mu}{a(1-e^2)}}(1+e\cos\theta) \tag{7-19}$$

因此，将它们代入式（7-17），并运用式（7-16），我们得到

$$\frac{\mathrm{d}\varepsilon}{\mathrm{d}t}=\sqrt{\frac{\mu}{a(1-e^2)}}[e\sin\theta f_r+(1+e\cos\theta)f_\theta]$$

得到 $\frac{\mathrm{d}a}{\mathrm{d}t}$ 的理想表达

$$\frac{\mathrm{d}a}{\mathrm{d}t}=\frac{2a^2}{\sqrt{\mu a(1-e^2)}}[e\sin\theta f_r+(1+e\cos\theta)f_\theta] \tag{7-20}$$

依据相似的流程，我们可以得到全部轨道要素的变分方程，为

$$\frac{\mathrm{d}e}{\mathrm{d}t}=\sqrt{\frac{a(1-e^2)}{\mu}}\left[\sin\theta f_r+\frac{2\cos\theta+e(1+\cos^2\theta)}{(1+e\cos\theta)}f_\theta\right]$$

$$\frac{\mathrm{d}i}{\mathrm{d}t}=\sqrt{\frac{a(1-e^2)}{\mu}}\frac{\cos(\omega+\theta)}{1+e\cos\theta}f_z$$

$$\frac{\mathrm{d}\Omega}{\mathrm{d}t}=\sqrt{\frac{a(1-e^2)}{\mu}}\frac{\sin(\omega+\theta)}{\sin i(1+e\cos\theta)}f_z$$

$$\frac{\mathrm{d}\omega}{\mathrm{d}t}=\sqrt{\frac{a(1-e^2)}{\mu}}\left[-\frac{\cos\theta}{e}f_r+\frac{(2+e\cos\theta)\sin\theta}{e(1+e\cos\theta)}f_\theta-\frac{\sin(\omega+\theta)}{\tan i(1+e\cos\theta)}f_z\right]$$

以供参考，这些方程的推导包含于 7.7 节中。

7.3　由非球面主星产生的引力扰动

现在特殊和一般微扰理论都已经被阐释，我们需要扰动加速度 $\vec{f}_p$ 的表达。如前所述，有几种扰动加速度的来源。我们将仅着眼于非球面主星造成的影响。这些影响对于地球轨道卫星十分重要，我们将会看到它们对于地球轨道设计开发的有利影响。

正如我们在 3.1 节所说，由于质点 m_1 作用于质点 m_2 产生的万有引力为

$$\vec{\boldsymbol{F}}=-\frac{Gm_1m_2}{r^3}\vec{\boldsymbol{r}}$$

此处 $\vec{\boldsymbol{r}}$ 是 m_2 相对 m_1 的位置。单位质量所受的力为

$$\vec{\boldsymbol{f}}=-\frac{Gm_1}{r^3}\vec{\boldsymbol{r}}=-\frac{\mu}{r^3}\vec{\boldsymbol{r}}$$

我们之前简略提及单位质量的力可以由势函数得到

$$\phi = \frac{Gm_1}{r}$$

即

$$\vec{f} = \vec{\nabla}\phi$$

此处 $\vec{\nabla}$ 是梯度算符，笛卡儿坐标给出以下描述

$$\vec{\nabla}(\cdot) = \frac{\partial}{\partial x}(\cdot)\vec{x} + \frac{\partial}{\partial y}(\cdot)\vec{y} + \frac{\partial}{\partial z}(\cdot)\vec{z}$$

此处（x，y，z）是一些单位基础矢量为 $\vec{x}$、$\vec{y}$ 和 $\vec{z}$ 的参考系 $\mathcal{F}$ 中的矢量坐标。

由一系列质点作用于 m_2 的单位质量力已知为

$$\vec{f} = -\sum_i \frac{Gm_i}{r_i^3}\vec{r}_i$$

它同样可以通过势函数求得

$$\phi = \sum_i \frac{Gm_i}{r_i} \tag{7-21}$$

很自然地，我们通过如下设定将之扩展到一个连续物体的引力势

$$m_i \to \mathrm{d}m = \rho \mathrm{d}V,\ \sum_i \to \int_V$$

此处 $\mathrm{d}m$ 是无穷小的质量元素（ρ 是质量密度，$\mathrm{d}V$ 是无穷小的体积元素），且积分涵盖了整个物体。

现在我们为任意质量为 m_1 的物体（见图 7－2）导出引力势。令 $\mathcal{F}$ 为参考系，单位基础矢量为 $\vec{x}$、$\vec{y}$ 和 $\vec{z}$。令 $\mathrm{d}m(\vec{r}')$ 为位置如下的物体的质量要素

$$\vec{r}' = x'\vec{x} + y'\vec{y} + z'\vec{z} \tag{7-22}$$

我们将运用球坐标（r'，λ'，δ'），即

$$x' = r'\cos\delta'\cos\lambda',\ y' = r'\cos\delta'\sin\lambda',\ z' = r'\sin\delta'$$

我们假设参考系 $\mathcal{F}$ 的原点在物体的质心。

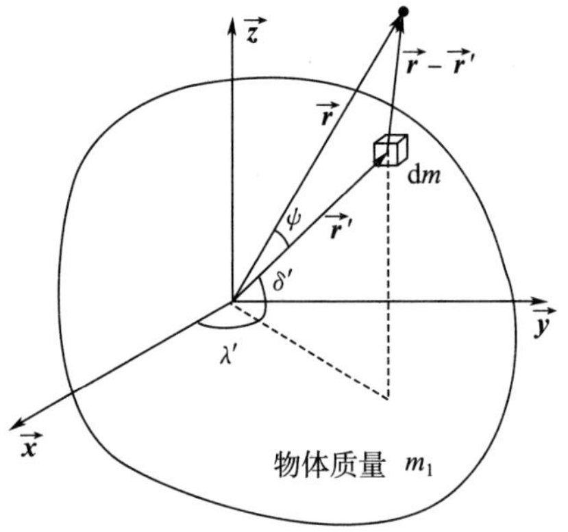

图 7－2　质量要素和测试点 $\vec{r}$ 的位置

现在，让我们找出物体外部点 $\vec{r}$ 处的引力势，坐标为

$$\vec{r}=x\vec{x}+y\vec{y}+z\vec{z} \tag{7-23}$$

相关球面坐标

$$x=r\cos\delta\cos\lambda,\ y=r\cos\delta\sin\lambda,\ z=r\sin\delta$$

质量要素 $\mathrm{d}m(\vec{r}')$ 在 $\vec{r}$ 处的势为

$$\mathrm{d}\phi(\vec{r})=\frac{G\rho(\vec{r}')\mathrm{d}V(\vec{r}')}{|\vec{r}-\vec{r}'|}$$

得出 $\vec{r}$ 处全部的势为

$$\phi(\vec{r})=\int_V \mathrm{d}\phi(\vec{r})=\int_V \frac{G\rho(\vec{r}')\mathrm{d}V(\vec{r}')}{|\vec{r}-\vec{r}'|} \tag{7-24}$$

此处的积分包括了整个物体 V 的体积。现在

$$\begin{aligned}|\vec{r}-\vec{r}'| &= \sqrt{(\vec{r}-\vec{r}')\cdot(\vec{r}-\vec{r}')}\\ &= \sqrt{\vec{r}\cdot\vec{r}+\vec{r}'\cdot\vec{r}'-2\vec{r}\cdot\vec{r}'}\\ &= \sqrt{r^2+r'^2-2rr'\cos\psi}\\ &= r\sqrt{1-2\frac{r'}{r}\cos\psi+\left(\frac{r'}{r}\right)^2}\end{aligned}$$

此处 ψ 是 $\vec{r}$ 和 $\vec{r}'$ 之间的角。因此，式（7－24）中的引力势变为

$$\phi(\vec{r})=\int_V \mathrm{d}\phi(\vec{r})=\frac{G}{r}\int_V \frac{\rho(\vec{r}')\mathrm{d}V(\vec{r}')}{\sqrt{1-2\frac{r'}{r}\cos\psi+\left(\frac{r'}{r}\right)^2}} \tag{7-25}$$

假设 $r'<r$，平方根的倒数表达可以通过变量为 $\cos\psi$ 的勒让德多项式扩展为 $\frac{r'}{r}$ 的指数序列形式

$$\begin{aligned}\frac{1}{\sqrt{1-2\frac{r'}{r}\cos\psi+\left(\frac{r'}{r}\right)^2}} &= P_0(\cos\psi)+\left(\frac{r'}{r}\right)P_1(\cos\psi)+\left(\frac{r'}{r}\right)^2P_2(\cos\psi)+\cdots\\ &= \sum_{n=0}^{\infty}\left(\frac{r'}{r}\right)^n P_n(\cos\psi)\end{aligned}$$

此处 $P_n(x)$ 为勒让德多项式，前三项已知为

$$\begin{aligned}&P_0(x)=1\\ &P_1(x)=x\\ &P_2(x)=\frac{3}{2}x^2-\frac{1}{2}\end{aligned} \tag{7-26}$$

一般来说

$$(n+1)P_{n+1}(x)=(2n+1)xP_n(x)-nP_{n-1}(x)$$

因此，式（7－25）中 $\vec{r}$ 处的势变为

$$\phi(\vec{r})=\frac{G}{r}\sum_{n=0}^{\infty}\int_V \rho(\vec{r}')\left(\frac{r'}{r}\right)^n P_n(\cos\psi)\mathrm{d}V \tag{7-27}$$

让我们将势式（7－27）扩展到前两个项［运用式（7－26）］

$$\phi(\vec{r})=\frac{G}{r}\int_V\rho(\vec{r}')\mathrm{d}V+\frac{G}{r^2}\int_V\rho(\vec{r}')r'\cos\psi\mathrm{d}V+\frac{G}{r}\sum_{n=2}^{\infty}\int_V\rho(\vec{r}')\left(\frac{r'}{r}\right)^n P_n(\cos\psi)\mathrm{d}V \tag{7-28}$$

我们立刻就能识别出第一个积分项代表物体全部质量的 m_1

$$\int_V\rho(\vec{r}')\mathrm{d}V=m_1$$

对于第二个积分项，我们运用

$$\cos\psi=\frac{\vec{r}\cdot\vec{r}'}{rr'}$$

将积分改写为

$$\int_V\rho(\vec{r}')r'\cos\psi\mathrm{d}V=\frac{1}{r}\int_V\rho(\vec{r}')\vec{r}\cdot\vec{r}'\mathrm{d}V=\frac{1}{r}\int_V\rho(\vec{r}')\vec{r}'\mathrm{d}V\cdot\vec{r}$$

但是，正如 2.3 节所说的，积分

$$\frac{1}{m_1}\int_V\rho(\vec{r}')\vec{r}'\mathrm{d}V$$

规定了刚体的质心。由于我们已经使质心作为参考系 $\mathcal{F}$ 的原点，此处积分为零

$$\int_V\rho(\vec{r}')\vec{r}'\mathrm{d}V=\vec{\mathbf{0}}$$

得出

$$\int_V\rho(\vec{r}')r'\cos\psi\mathrm{d}V=\frac{1}{r}\vec{\mathbf{0}}\cdot\vec{r}=0$$

因此，物体式（7-28）所产生的势可以表达为

$$\phi(\vec{r})=\frac{Gm_1}{r}+\frac{G}{r}\sum_{n=2}^{\infty}\int_V\rho(\vec{r}')\left(\frac{r'}{r}\right)^n P_n(\cos\psi)\mathrm{d}V \tag{7-29}$$

并且我们可以看到由于首项 $\frac{Gm_1}{r}$ 仅仅是质心二体势，势在单位质量的扰动力为

$$\phi_p(\vec{r})=\frac{G}{r}\sum_{n=2}^{\infty}\int_V\rho(\vec{r}')\left(\frac{r'}{r}\right)^n P_n(\cos\psi)\mathrm{d}V \tag{7-30}$$

现在，为了评估式（7-30）的积分，明确的球坐标形式将会比 $\cos\psi$ 更有用。正如我们提到的

$$\vec{r}\cdot\vec{r}'=rr'\cos\psi$$

运用球坐标来描述 $\vec{r}$ 和 $\vec{r}'$，则变为

$$\begin{aligned}rr'\cos\psi&=rr'[\cos\delta\cos\delta'\cos\lambda\cos\lambda'+\cos\delta\cos\delta'\sin\lambda\sin\lambda'+\sin\delta\sin\delta']\\&=rr'[\cos\delta\cos\delta'\cos(\lambda-\lambda')+\sin\delta\sin\delta']\end{aligned}$$

得出

$$\cos\psi=\cos\delta\cos\delta'\cos(\lambda-\lambda')+\sin\delta\sin\delta'$$

现在，此处球面谐函数有一个加法定理为

$$P_n(\cos\psi)=P_n(\sin\delta)P_n(\sin\delta')+2\sum_{m=1}^{n}\frac{(n-m)!}{(n+m)!}[A_{n,m}A'_{n,m}+B_{n,m}B'_{n,m}] \tag{7-31}$$

此处

$$A_{n,m}=P_{n,m}(\sin\delta)\cos(m\lambda),A'_{n,m}=P_{n,m}(\sin\delta')\cos(m\lambda')$$

$$B_{n,m}=P_{n,m}(\sin\delta)\sin(m\lambda),B'_{n,m}=P_{n,m}(\sin\delta')\sin(m\lambda')$$

且勒让德函数 $P_{n,m}(x)$ 为

$$P_{n,m}(x)=(1-x^2)^{\frac{m}{2}}\frac{\mathrm{d}^m}{\mathrm{d}x^m}P_n(x)$$

将式（7－31）代入式（7－30）得到

$$\begin{aligned}\phi_p(\vec{r})=&\frac{G}{r}\sum_{n=2}^{\infty}\int_V\rho(\vec{r}')\left(\frac{r'}{r}\right)^nP_n(\sin\delta)P_n(\sin\delta')\mathrm{d}V+\\&\frac{G}{r}\sum_{n=2}^{\infty}\sum_{m=1}^{n}2\frac{(n-m)!}{(n+m)!}\int_V\rho(\vec{r}')\left(\frac{r'}{r}\right)^n[P_{n,m}(\sin\delta')\cos(m\lambda')\times\\&P_{n,m}(\sin\delta)\cos(m\lambda)+P_{n,m}(\sin\delta')\sin(m\lambda')P_{n,m}(\sin\delta)\sin(m\lambda)]\mathrm{d}V\end{aligned}\tag{7-32}$$

基于此，我们定义要素

$$J_n=-\frac{1}{R_e^nm_1}\int_V\rho(\vec{r}')(r')^nP_n(\sin\delta')\mathrm{d}V\tag{7-33}$$

$$C_{n,m}=\frac{1}{R_e^nm_1}2\frac{(n-m)!}{(n+m)!}\int_V\rho(\vec{r}')(r')^nP_{n,m}(\sin\delta')\cos(m\lambda')\mathrm{d}V\tag{7-34}$$

且

$$S_{n,m}=\frac{1}{R_e^nm_1}2\frac{(n-m)!}{(n+m)!}\int_V\rho(\vec{r}')(\boldsymbol{r}')^nP_{n,m}(\sin\delta')\sin(m\lambda')\mathrm{d}V\tag{7-35}$$

此处 R_e 是物体 m_1 的标准半径。对于地球，R_e 即为赤道半径。然后，物体的扰乱引力势为

$$\begin{aligned}\phi_p(\vec{r})=&\frac{Gm_1}{r}\left\{-\sum_{n=2}^{\infty}J_n\left(\frac{R_e}{r}\right)^nP_n(\sin\delta)+\right.\\&\left.\sum_{n=2}^{\infty}\sum_{m=1}^{n}\left(\frac{R_e}{r}\right)^nP_{n,m}(\sin\delta)[C_{n,m}\cos(m\lambda)+S_{n,m}\sin(m\lambda)]\right\}\end{aligned}\tag{7-36}$$

实际应用中，系数 J_n、$C_{n,m}$ 和 $S_{n,m}$ 是从卫星轨道实验确定的，可参见附录。

现在注意几个有意思的点。如果物体是关于 $\vec{z}$ 轴旋转对称的，则密度函数是关于经度 λ' 相对独立的，即 $\rho(r',\lambda',\delta')=\rho(r',\delta')$。运用球面坐标，体积要素为 $\mathrm{d}V=(r')^2\cos\delta'\mathrm{d}\lambda'\mathrm{d}r'\mathrm{d}\delta'$，且式（7－34）和式（7－35）中 $C_{n,m}$ 和 $S_{n,m}$ 的积分为

$$\begin{aligned}&\int_V\rho(\vec{r}')(r')^nP_{n,m}(\sin\delta')\cos(m\lambda')\mathrm{d}V\\=&\int_{-\frac{\pi}{2}}^{\frac{\pi}{2}}\int_0^{R(\delta')}\int_0^{2\pi}\rho(r',\delta')(r')^{n+2}P_{n,m}(\sin\delta')\cos\delta'\cos(m\lambda')\mathrm{d}\lambda'\mathrm{d}r'\mathrm{d}\delta'=0\end{aligned}$$

且

$$\begin{aligned}&\int_V\rho(\vec{r}')(r')^nP_{n,m}(\sin\delta')\sin(m\lambda')\mathrm{d}V\\=&\int_{-\frac{\pi}{2}}^{\frac{\pi}{2}}\int_0^{R(\delta')}\int_0^{2\pi}\rho(r',\delta')(r')^{n+2}P_{n,m}(\sin\delta')\cos\delta'\sin(m\lambda')\mathrm{d}\lambda'\mathrm{d}r'\mathrm{d}\delta'=0\end{aligned}$$

由于

$$\int_0^{2\pi}\cos(m\lambda')\mathrm{d}\lambda'=\int_0^{2\pi}\sin(m\lambda')\mathrm{d}\lambda'=0,\ m\geqslant 1$$

因此，对于关于$\vec{z}$旋转对称的物体，我们得到$C_{n,m}=S_{n,m}=0$，且

$$\phi_p(\vec{r})=-\frac{Gm_1}{r}\sum_{n=2}^{\infty}J_n\left(\frac{R_e}{r}\right)^n P_n(\sin\delta)$$

勒让德多项式的一个特性为，它们满足正交性，即

$$\int_{-1}^{1}P_n(x)P_m(x)\mathrm{d}x=0,\ n\neq m$$

由于$P_0(x)=1$，这就得到

$$\int_{-1}^{1}P_n(x)\mathrm{d}x=0,\ n\geqslant 1$$

如果我们进行变量换元$x=\sin\delta'$，上述积分变为

$$\int_{-\frac{\pi}{2}}^{\frac{\pi}{2}}P_n(\sin\delta')\cos\delta'\mathrm{d}\delta'=\int_{-1}^{1}P_n(x)\mathrm{d}x=0$$

这表示如果物体是球面对称的，且因此$\rho(r',\lambda',\delta')=\rho(r')$关于$\lambda'$和$\delta'$都是相对独立的，则式（7-33）中项$J_n$的积分变为

$$\int_V\rho(\vec{r}')(r')^n P_n(\sin\delta')\mathrm{d}V=\int_{-\frac{\pi}{2}}^{\frac{\pi}{2}}\int_0^R\int_0^{2\pi}\rho(r')(r')^{n+2}P_n(\sin\delta')\cos\delta'\mathrm{d}\lambda'\mathrm{d}r'\mathrm{d}\delta'=0$$

因此，对于球对称物体，扰动势为$\phi_p=0$，m_2的单位质量所受压力和位于该物体质心的质点m_1单位质量所受压力相同。由于行星是近似球面对称的，这就验证了我们运用质点对轨道进行的初始处理。

对地球来说，大多数主导扰动因素为J_2，此为地球的扁圆形导致的（它的两极是扁平的，如图 7-3 所示）。对地球而言，

$$J_2=1.083\times 10^{-3}$$

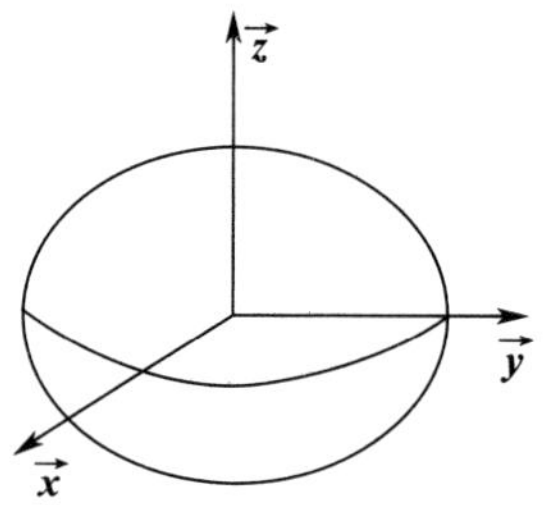

图 7-3　地球两极的扁率

扰动势（包括J_2）仅仅作用于

$$\phi_p=-\frac{\mu}{r^3}J_2R_e^2\left(\frac{3}{2}\sin^2\delta-\frac{1}{2}\right)\tag{7-37}$$

7.3.1　J_2 产生的单位质量扰动力

现在，我们已知势 ϕ_p，可以根据它的梯度得到单位质量的扰动力，在 ECI 坐标系中完成这一工作。在 ECI 坐标系中，航天器的位置矢量已知为

$$\vec{r} = x\vec{x}_G + y\vec{y}_G + z\vec{z}_G \tag{7-38}$$

其中，大小 $r = \sqrt{x^2 + y^2 + z^2}$。

由于 $z = r\sin\delta$，已知 $\sin\delta = \dfrac{z}{r}$，因此，方程（7-37）中 J_2 产生的扰动势变为

$$\phi_p = -\frac{\mu}{r^3} J_2 R_e^2 \left[\frac{3}{2}\left(\frac{z}{r}\right)^2 - \frac{1}{2}\right] \tag{7-39}$$

我们一项一项计算梯度。从下式开始

$$\frac{\partial}{\partial x}\left(\frac{1}{r^3}\right) = \frac{\partial}{\partial x}\left[\frac{1}{(x^2+y^2+z^2)^{\frac{3}{2}}}\right] = -\frac{3}{2}\,\frac{2x}{(x^2+y^2+z^2)^{\frac{5}{2}}} = -\frac{3x}{r^5}$$

同样地

$$\frac{\partial}{\partial y}\left(\frac{1}{r^3}\right) = -\frac{3y}{r^5},\frac{\partial}{\partial z}\left(\frac{1}{r^3}\right) = -\frac{3z}{r^5}$$

接下来

$$\frac{\partial}{\partial x}\left(\frac{z^2}{r^5}\right) = -\frac{5xz^2}{r^7},\frac{\partial}{\partial y}\left(\frac{z^2}{r^5}\right) = -\frac{5yz^2}{r^7}$$

且

$$\frac{\partial}{\partial z}\left(\frac{z^2}{r^5}\right) = \frac{2z}{r^5} - \frac{5z^3}{r^7}$$

因此

$$\vec{f}_p = \vec{\nabla}\phi_p = -\mu J_2 R_e^2\left[\left(-\frac{15xz^2}{2r^7} + \frac{3x}{2r^5}\right)\vec{x}_G + \left(-\frac{15yz^2}{2r^7} + \frac{3y}{2r^5}\right)\vec{y}_G + \left(-\frac{15z^3}{2r^7} + \frac{3z}{r^5} + \frac{3z}{2r^5}\right)\vec{z}_G\right]$$
$$= \frac{3\mu J_2 R_e^2}{2r^5}\left[\left(5\,\frac{z^2}{r^2} - 1\right)(x\vec{x}_G + y\vec{y}_G + z\vec{z}_G) - 2z\vec{z}_G\right]$$

辨识出 $\vec{r} = x\vec{x}_G + y\vec{y}_G + z\vec{z}_G$ 且 $z = \vec{r} \cdot \vec{z}_G$，我们可以将单位质量的微扰力写作纯粹的物理矢量

$$\vec{f}_p = \frac{3\mu J_2 R_e^2}{2r^5}\left[\left(5\,\frac{(\vec{r}\cdot\vec{z}_G)^2}{r^2} - 1\right)\vec{r} - 2(\vec{r}\cdot\vec{z}_G)\vec{z}_G\right] \tag{7-40}$$

7.4　J_2 对轨道要素的影响

现在我们已有 J_2 产生的单位质量扰动力的表达式，可以用高斯变分方程来确定其影响。要想做到这一点，需要柱坐标中单位质量微扰力的表达式。现在，在柱坐标中，位置矢量为

$$\vec{r} = r\vec{x}_o$$

如方程（7-40）所示，我们需要$\vec{z}_G$的表达式。这已经在7.7节中得到［见方程（7-59）］

$$\vec{z}_G=\sin i\sin(\omega+\theta)\vec{x}_o+\sin i\cos(\omega+\theta)\vec{y}_o+\cos i\,\vec{z}_o$$

因此得到

$$\vec{z}_G\cdot\vec{r}=r\sin i\sin(\omega+\theta)$$

且根据式（7-40）直接得到柱坐标中单位质量扰动力

$$\begin{aligned}\vec{f}_p=&\frac{3\mu J_2R_e^2}{2r^5}\left\{\left\{5\frac{[r\sin i\sin(\omega+\theta)]^2}{r^2}-1\right\}r\vec{x}_o-\right.\\&\left.2r\sin i\sin(\omega+\theta)[\sin i\sin(\omega+\theta)\vec{x}_o+\sin i\cos(\omega+\theta)\vec{y}_o+\cos i\,\vec{z}_o]\right\}\\=&\frac{3\mu J_2R_e^2}{2r^4}\{[3\sin^2 i\sin^2(\omega+\theta)-1]\vec{x}_o-\sin^2 i\sin2(\omega+\theta)\vec{y}_o-\\&\sin2i\sin(\omega+\theta)\vec{z}_o\}\end{aligned}\tag{7-41}$$

由此可以定义

$$f_r=\frac{3\mu J_2R_e^2}{2r^4}[3\sin^2 i\sin^2(\omega+\theta)-1]\tag{7-42}$$

$$f_\theta=-\frac{3\mu J_2R_e^2}{2r^4}\sin^2 i\sin2(\omega+\theta)\tag{7-43}$$

且

$$f_z=-\frac{3\mu J_2R_e^2}{2r^4}\sin2i\sin(\omega+\theta)\tag{7-44}$$

通常，轨道扰动要素具有非周期性和周期性的变化，如图7-4所示。非周期性变化包括轨道要素的长期改变，而周期性变化使得轨道要素不会发生净改变。我们用高斯变分方程来确定由J_2产生的非周期性变化。我们应该仅检测Ω的非周期性变化。我们根据Ω的高斯变分方程看出

$$\frac{\mathrm{d}\Omega}{\mathrm{d}t}=\sqrt{\frac{a(1-e^2)}{\mu}}\frac{\sin(\omega+\theta)}{\sin i(1+e\cos\theta)}f_z$$

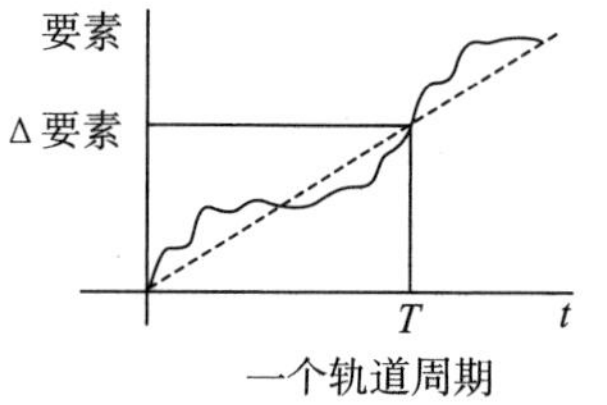

图7-4　要素随时间变化的曲线图

如果能根据真近点角θ找出变化会更加有用。为此，我们由链式法则得出

$$\frac{\mathrm{d}\Omega}{\mathrm{d}t}=\frac{\mathrm{d}\Omega}{\mathrm{d}\theta}\dot{\theta}$$

得出

$$\frac{\mathrm{d}\Omega}{\mathrm{d}t}=\frac{1}{\dot{\theta}}\frac{\mathrm{d}\Omega}{\mathrm{d}t} \tag{7-45}$$

根据 3.8 节，我们得到二体轨道

$$\dot{\theta}=\sqrt{\frac{\mu}{a^3}}\frac{(1+e\cos\theta)^2}{(1-e^2)^{\frac{3}{2}}}$$

由此可得，其能够满足精度，假设 $\vec{f}_p$ 的影响微不足道能够满足精度，有

$$\frac{\mathrm{d}\Omega}{\mathrm{d}t}=\frac{a^2(1-e^2)}{\mu}\frac{\sin(\omega+\theta)}{\sin i(1+e\cos\theta)^3}f_z \tag{7-46}$$

运用轨道的极坐标方程［3.8 节中的方程（3-76）］，以及定式 $2\sin i\cos i=\sin 2i$ ，则方程（7-44）中的 f_z 变为

$$f_z=-\frac{3\mu J_2R_e^2}{a^4(1-e^2)^4}\sin i\cos i\sin(\omega+\theta)(1+e\cos\theta)^4 \tag{7-47}$$

将之代入式（7-46）得到

$$\frac{\mathrm{d}\Omega}{\mathrm{d}\theta}=-\frac{3J_2R_e^2}{a^2(1-e^2)^2}\cos i\sin^2(\omega+\theta)(1+e\cos\theta) \tag{7-48}$$

为了确定 Ω 的非周期性变化，我们发现某个轨道的变化均值

$$\Delta\Omega=\int_0^{\Delta\Omega}\mathrm{d}\Omega=\int_0^{2\pi}\frac{\mathrm{d}\Omega}{\mathrm{d}\theta}\mathrm{d}\theta$$
$$=-\frac{3J_2R_e^2}{a^2(1-e^2)^2}\int_0^{2\pi}\cos i\sin^2(\omega+\theta)(1+e\cos\theta)\mathrm{d}\theta$$

现在，我们希望轨道每个要素的变化都微不足道，也就是说它们可以在被积函数中被看作恒量（只有 θ 改变）。因此，我们得到

$$\Delta\Omega=\int_0^{\Delta\Omega}\mathrm{d}\Omega=\int_0^{2\pi}\frac{\mathrm{d}\Omega}{\mathrm{d}\theta}\mathrm{d}\theta$$
$$=-\frac{3J_2R_e^2}{a^2(1-e^2)^2}\cos i\int_0^{2\pi}\sin^2(\omega+\theta)(1+e\cos\theta)\mathrm{d}\theta$$

现在

$$\int_0^{2\pi}\sin^2(\omega+\theta)(1+e\cos\theta)\mathrm{d}\theta=\int_0^{2\pi}\sin^2(\omega+\theta)\mathrm{d}\theta+e\int_0^{2\pi}\sin^2(\omega+\theta)\cos\theta\,\mathrm{d}\theta$$

第一积分可简化为

$$\int_0^{2\pi}\sin^2(\omega+\theta)\mathrm{d}\theta=\int_0^{2\pi}\frac{1}{2}-\frac{1}{2}\cos[2(\omega+\theta)]\mathrm{d}\theta=\pi$$

为了评估第二积分，我们必须运用三角恒等式。特别地

$$\sin^2(\omega+\theta)\cos\theta=\cos\theta\left[\frac{1-\cos2(\omega+\theta)}{2}\right]$$
$$=\frac{\cos\theta}{2}-\frac{\cos\theta}{2}(\cos2\omega\cos2\theta-\sin2\omega\sin2\theta)$$
$$=\frac{\cos\theta}{2}-\frac{\cos2\omega\cos\theta(1-2\sin^2\theta)}{2}+\frac{\cos\theta\sin2\omega\,2\sin\theta\cos\theta}{2}$$
$$=\frac{\cos\theta}{2}(1-\cos2\omega)+\cos2\omega\cos\theta\sin^2\theta+\sin2\omega\sin\theta\cos^2\theta$$

现在

$$\int_0^{2\pi}\cos\theta\,\mathrm{d}\theta=0,\int_0^{2\pi}\cos\theta\sin^2\theta\,\mathrm{d}\theta=\frac{\sin^3\theta}{3}\bigg|_0^{2\pi}=0$$
$$\int_0^{2\pi}\sin\theta\cos^2\theta\,\mathrm{d}\theta=-\frac{\cos^3\theta}{3}\bigg|_0^{2\pi}=0$$

因此

$$\int_0^{2\pi}\sin^2(\omega+\theta)\cos\theta\,\mathrm{d}\theta=0$$

且

$$\int_0^{2\pi}\sin^2(\omega+\theta)(1+e\cos\theta)\mathrm{d}\theta=\pi$$

由此我们得到 Ω 中的变化

$$\Delta\Omega=\int_0^{\Delta\Omega}\mathrm{d}\Omega=\int_0^{2\pi}\frac{\mathrm{d}\Omega}{\mathrm{d}\theta}\mathrm{d}\theta$$
$$=-\frac{3\pi J_2R_e^2}{a^2(1-e^2)^2}\cos i$$

为了得到 Ω 的非周期性（平均）的变化比例（我们记作 $\langle\dot{\Omega}\rangle$），上式除以如下轨道周期 ΔT

$$\Delta T=2\pi\sqrt{\frac{a^3}{\mu}}$$

得到

$$\langle\dot{\Omega}\rangle=\frac{\Delta\Omega}{\Delta T}=-\frac{3J_2R_e^2}{2(1-e^2)^2}\sqrt{\frac{\mu}{a^7}}\cos i \tag{7-49}$$

此处 Ω 的非周期性变化被称作节点递归。

如果我们为其他轨道要素重复这一进程，我们将发现

$$\langle\dot{a}\rangle=0$$
$$\langle\dot{e}\rangle=0$$
$$\langle\dot{i}\rangle=0 \tag{7-50}$$
$$\langle\dot{\omega}\rangle=\frac{3J_2R_e^2}{4(1-e^2)^2}\sqrt{\frac{\mu}{a^7}}(5\cos^2 i-1)$$

因此，地球扁率的影响（通过 J_2）长期来看仅影响 Ω 和 ω，轨道平面围绕地球自转轴的平均速度为 $\langle\dot{\Omega}\rangle$，且近地点幅角相对轨道法向的平均速度为 $\langle\dot{\omega}\rangle$。

7.5　特殊类型轨道

Ω 和 ω 的非周期性变化提供了非常有用的轨道类型。我们在此介绍两种。

7.5.1　太阳同步轨道

我们从方程（7－49）可以看出，对已知的半长轴 a 以及偏心率 e，我们可以选择适当的倾角实现预期的节点递归 $\langle\dot{\Omega}\rangle$。

特别地，如果我们选择 i，则

$$\langle\dot{\Omega}\rangle = 360°/\text{年}$$

轨道平面以同地球绕日轨道速度相同的速度旋转。因此，相对太阳的轨道升交点总是相同的，如图 7－5 所示。

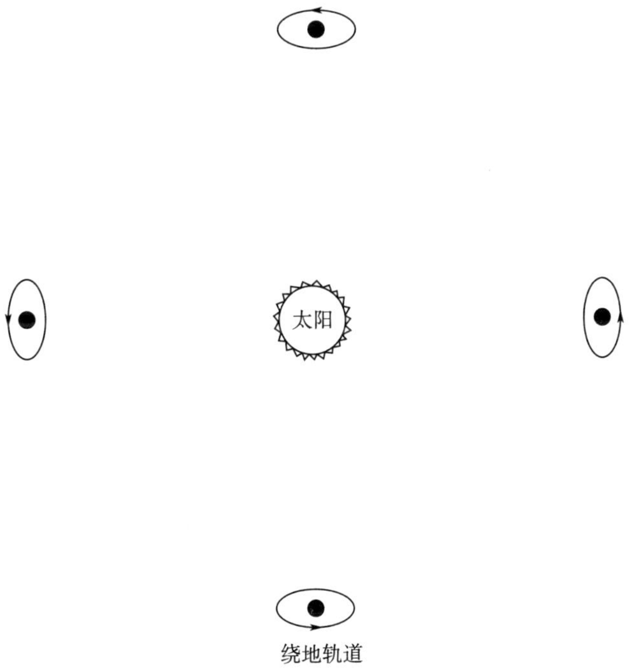

图 7－5　太阳同步轨道

这被称作太阳同步轨道，且具有多种应用。由于地球的光照条件对同一轨道总是相同的，它对地球遥感任务特别有用。

7.5.2 闪电号轨道

从最后一个方程（7－50），我们看出通过选择 $5\cos^2 i-1=0$ 或 $i=63.4°$、$116.6°$，近地点变化为零（$\langle\dot{\omega}\rangle=0$）。这叫作冻结轨道。

闪电号轨道是高偏心冻结轨道，周期为 12 h。由于其远地点能够保持在同样的纬度，这对高纬度地区通信十分有效（见图 7－6）。对于高偏心轨道，航天器将沿其大部分轨道航行才能到达远地点。由于闪电号类型的轨道已有大量的在轨卫星，可以保持连续的高纬度地区覆盖。

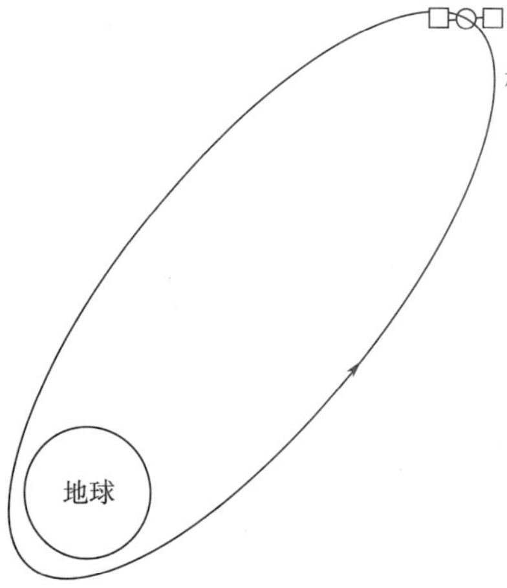

图 7－6　闪电号轨道

7.6 小脉冲式高斯变分方程

在第 5 章中，我们已经看到可以在适当的位置用脉冲改变速度 Δv 的方式实现轨道改变。如果速度改变很小，我们可以用高斯变分方程观察轨道要素的改变。

令 $\vec{f}_p$ 为一个作用于短时间间隔的恒定小推力 δt，也就是说会导致速度 $\delta\vec{v}$ 的改变（来自二体速度）。从方程（7－2）

$$\dot{\vec{v}}=-\frac{\mu}{r^3}\vec{r}+\vec{f}_p$$

对于二体运动，短时间的速度改变为（设定 $\vec{f}_p=\vec{0}$）

$$\delta\vec{v}_{tb}=\dot{\vec{v}}\delta t=-\frac{\mu}{r^3}\vec{r}\delta t$$

对于真实运动，我们得到

$$\delta\vec{v}_{tb}+\delta\vec{v}=-\frac{\mu}{r^3}\vec{r}\delta t+\vec{f}_p\delta t$$

由此我们可以确定所需的推力

$$\vec{f}_p = \frac{\delta \vec{v}}{\delta t}$$

将 $\delta\vec{v}$ 代入柱坐标

$$\delta\vec{v} = \vec{\mathcal{F}}_o^{\mathrm{T}} \begin{bmatrix} \delta v_r \\ \delta v_\theta \\ \delta v_z \end{bmatrix}$$

且将之代入 7.2 节末尾的高斯变分方程，高斯变分方程的小脉冲形态已知为

$$\delta a = \frac{2a^2}{\sqrt{\mu a(1-e^2)}}[e\sin\theta\delta v_r + (1+e\cos\theta)\delta v_\theta]$$

$$\delta e = \sqrt{\frac{a(1-e^2)}{\mu}}\left[\sin\theta\delta v_r + \frac{2\cos\theta + e(1+\cos^2\theta)}{(1+e\cos\theta)}\delta v_\theta\right]$$

$$\delta i = \sqrt{\frac{a(1-e^2)}{\mu}}\,\frac{\cos(\omega+\theta)}{1+e\cos\theta}\delta v_z$$

$$\delta \Omega = \sqrt{\frac{a(1-e^2)}{\mu}}\,\frac{\sin(\omega+\theta)}{\sin i(1+e\cos\theta)}\delta v_z$$

$$\delta \omega = \sqrt{\frac{a(1-e^2)}{\mu}}\left[-\frac{\cos\theta}{e}\delta v_r + \frac{(2+e\cos\theta)\sin\theta}{e(1+e\cos\theta)}\delta v_\theta - \frac{\sin(\omega+\theta)}{\tan i(1+e\cos\theta)}\delta v_z\right]$$

以上高斯变分方程的小脉冲形态可以用来确定航天器轨道微调的轨道机动。

7.7 剩余高斯变分方程的派生

(1) $\frac{\mathrm{d}e}{\mathrm{d}t}$ 的方程

对于二体解决方案，要素 a 和 e 是有关轨道角动量的（见 3.3 节）

$$\frac{h^2}{\mu} = a(1-e^2) \tag{7-51}$$

微分变形得到

$$\frac{2h\dot{h}}{\mu} = \dot{a}(1-e^2) - 2ae\dot{e}$$

可以根据 $\dot{e} = \frac{\mathrm{d}e}{\mathrm{d}t}$ 被写作

$$\frac{\mathrm{d}e}{\mathrm{d}t} = \frac{\dot{a}(1-e^2)}{2ae} - \frac{h\dot{h}}{\mu ae} \tag{7-52}$$

现在，我们已有 $\dot{a} = \frac{\mathrm{d}a}{\mathrm{d}t}$ [方程（7－20）]。剩下所需的量为 $\frac{\mathrm{d}h}{\mathrm{d}t}$ ，由（差分变形 $h^2 = \vec{h}\cdot\vec{h}$ 并改写）

$$\frac{\mathrm{d}h}{\mathrm{d}t} = \frac{\vec{h}\cdot\dot{\vec{h}}}{h} \tag{7-53}$$

现在，回顾角动量矢量被规定为$\vec{r}\times\vec{v}$。差分变形得到

$$\dot{\vec{h}}=\dot{\vec{r}}\times\vec{v}+\vec{r}\times\dot{\vec{v}}=\vec{r}\times\dot{\vec{v}}$$

代入运动方程（7-10），得到

$$\dot{\vec{h}}=\vec{r}\times\left(-\frac{\mu}{r^3}\vec{r}+\vec{f}_p\right)=\vec{r}\times\vec{f}_p$$

运用柱坐标的表达式（7-11）和式（7-13），这就变成

$$\begin{aligned}\dot{\vec{h}}&=r\vec{x}_o\times(f_r\vec{x}_o+f_\theta\vec{y}_o+f_z\vec{z}_o)\\&=rf_\theta\vec{z}_o-rf_z\vec{y}_o\end{aligned}\tag{7-54}$$

现在

$$\vec{h}\cdot\dot{\vec{h}}=h\vec{z}_o\cdot(rf_\theta\vec{z}_o-rf_z\vec{y}_o)=hrf_\theta$$

将之代入式（7-53）得

$$\frac{\mathrm{d}h}{\mathrm{d}t}=rf_\theta=\frac{a(1-e^2)}{1+e\cos\theta}f_\theta\tag{7-55}$$

此处瞬时二体轨道的极坐标方程

$$r=\frac{a(1-e^2)}{1+e\cos\theta}$$

已经被使用。将式（7-55）及$\frac{\mathrm{d}a}{\mathrm{d}t}$的表达式［方程（7-20）］代入式（7-52）得到

$$\frac{\mathrm{d}e}{\mathrm{d}t}=\frac{1-e^2}{2ae}\frac{2a^2}{\sqrt{\mu a(1-e^2)}}[e\sin\theta f_r+(1+e\cos\theta)f_\theta]-\frac{h}{\mu ae}\frac{a(1-e^2)}{1+e\cos\theta}f_\theta$$

可被改写［用h的方程（7-51）］得到

$$\frac{\mathrm{d}e}{\mathrm{d}t}=\sqrt{\frac{a(1-e^2)}{\mu}}\left[\sin\theta f_r+\frac{2\cos\theta+e(1+\cos^2\theta)}{(1+e\cos\theta)}f_\theta\right]\tag{7-56}$$

（2）$\frac{\mathrm{d}i}{\mathrm{d}t}$的方程

回顾倾斜满足条件（见3.7节）

$$\cos i=\frac{\vec{h}\cdot\vec{z}_G}{h}$$

差分变形得

$$\begin{aligned}-\sin i\frac{\mathrm{d}i}{\mathrm{d}t}&=\frac{\dot{\vec{h}}\cdot\vec{z}_G}{h}-\frac{\mathrm{d}h}{\mathrm{d}t}\frac{\vec{h}\cdot\vec{z}_G}{h^2}\\&=\frac{\dot{\vec{h}}\cdot\vec{z}_G}{h}-\frac{\mathrm{d}h}{\mathrm{d}t}\frac{\cos i}{h}\end{aligned}\tag{7-57}$$

现在，依据柱坐标，我们已得$\dot{\vec{h}}$和$\dot{h}$的表达式［方程（7-54）和（7-55）］。我们现在需要柱坐标中$\vec{z}_G$的表达式。为此，我们可以用从ECI参考系$\mathcal{F}_G$到柱坐标系$\mathcal{F}_o$的旋转

矩阵，即关于$\vec{z}_G$旋转Ω（见 3.8 节），紧接着是一个关于中间横坐标$\vec{x}$轴的旋转i，最后是一个关于$\vec{z}_o$的旋转$\omega+\theta$。旋转矩阵从 3.8 节中的方程（3-83）可得，并用$\omega+\theta$将ω替换。

$$C_{oG}=C_{Go}^{\mathrm{T}}$$

此处

$$C_{Go}=\begin{bmatrix} c_\Omega c_{\omega+\theta}-s_\Omega c_i s_{\omega+\theta} & -c_\Omega s_{\omega+\theta}-s_\Omega c_i c_{\omega+\theta} & s_\Omega s_i \\ s_\Omega c_{\omega+\theta}+c_\Omega c_i s_{\omega+\theta} & -s_\Omega s_{\omega+\theta}+c_\Omega c_i c_{\omega+\theta} & -c_\Omega s_i \\ s_i s_{\omega+\theta} & s_i c_{\omega+\theta} & c_i \end{bmatrix} \tag{7-58}$$

此处$c_x=\cos x$且$s_x=\sin x$。我们现在可以将两个参考系中的矢量$\vec{z}_G$表达为

$$\vec{z}_G=\vec{\mathcal{F}}_G^{\mathrm{T}}\begin{bmatrix}0\\0\\1\end{bmatrix}=\vec{\mathcal{F}}_o^{\mathrm{T}}C_{Go}^{\mathrm{T}}\begin{bmatrix}0\\0\\1\end{bmatrix}=\vec{\mathcal{F}}_o^{\mathrm{T}}\begin{bmatrix}\sin i\sin(\omega+\theta)\\ \sin i\cos(\omega+\theta)\\ \cos i\end{bmatrix}$$

因此我们得到

$$\vec{z}_G=\sin i\sin(\omega+\theta)\vec{x}_o+\sin i\cos(\omega+\theta)\vec{y}_o+\cos i\,\vec{z}_o \tag{7-59}$$

现在，运用式（7-54）和式（7-59），我们可以计算出

$$\begin{aligned}\dot{\vec{h}}\cdot\vec{z}_G&=[rf_\theta\vec{z}_o-rf_z\vec{y}_o]\cdot[\sin i\sin(\omega+\theta)\vec{x}_o+\sin i\cos(\omega+\theta)\vec{y}_o+\cos i\vec{z}_o]\\&=rf_\theta\cos i-rf_z\sin i\cos(\omega+\theta)\end{aligned}$$

将上式及式（7-55）代入式（7-57），得到

$$-\sin i\frac{\mathrm{d}i}{\mathrm{d}t}=\frac{rf_\theta\cos i-rf_z\sin i\cos(\omega+\theta)-rf_\theta\cos i}{h}=-\frac{rf_z\sin i\cos(\omega+\theta)}{h}$$

运用瞬时二体轨道的极方程，这就变为

$$\frac{\mathrm{d}i}{\mathrm{d}t}=\sqrt{\frac{a(1-e^2)}{\mu}}\frac{\cos(\omega+\theta)}{1+e\cos\theta}f_z \tag{7-60}$$

（3）$\dfrac{\mathrm{d}\Omega}{\mathrm{d}t}$的方程

回顾 3.7 节，升交点的赤经满足

$$\cos\Omega=\frac{\vec{n}\cdot\vec{x}_G}{n} \tag{7-61}$$

此处$\vec{n}=\vec{z}_G\times\vec{h}$。差分变形得

$$-\sin\Omega\frac{\mathrm{d}\Omega}{\mathrm{d}t}=\frac{\dot{\vec{n}}\cdot\vec{x}_G}{n}-\frac{\dot{n}\vec{n}\cdot\vec{x}_G}{n^2}=\frac{\dot{\vec{n}}\cdot\vec{x}_G}{n}-\frac{\dot{n}\cos\Omega}{n} \tag{7-62}$$

我们将逐项求解这一表达式。首先，我们已有

$$\dot{\vec{n}}=\vec{z}_G\times\dot{\vec{h}}$$

因此

$$\dot{\vec{n}} \cdot \vec{x}_G = \vec{x}_G \cdot (\vec{z}_G \times \dot{\vec{h}})$$
$$= \dot{\vec{h}} \cdot (\vec{x}_G \times \vec{z}_G)$$
$$= -\dot{\vec{h}} \cdot \vec{y}_G$$

同理，通过从旋转矩阵（7－58）在柱坐标系中得出 $\vec{z}_G$ 相同的推导，我们发现

$$\vec{y}_G = (s_\Omega c_{\omega+\theta} + c_\Omega c_i s_{\omega+\theta})\vec{x}_o + (-s_\Omega s_{\omega+\theta} + c_\Omega c_i c_{\omega+\theta})\vec{y}_o + (-c_\Omega s_i)\vec{z}_o \tag{7-63}$$

运用式（7－54）和式（7－63），我们得到

$$\begin{aligned}\dot{\vec{n}} \cdot \vec{x}_G = &-[rf_\theta \vec{z}_o - rf_z \vec{y}_o] \cdot \\ &[(s_\Omega c_{\omega+\theta} + c_\Omega c_i s_{\omega+\theta})\vec{x}_o + (-s_\Omega s_{\omega+\theta} + c_\Omega c_i c_{\omega+\theta})\vec{y}_o + (-c_\Omega s_i)\vec{z}_o] \\ = &\, rf_\theta \cos\Omega \sin i - rf_z[\sin\Omega\sin(\omega+\theta) - \cos\Omega\cos i\cos(\omega+\theta)]\end{aligned} \tag{7-64}$$

由于轨道倾角是 $\vec{h}$ 和 $\vec{z}_G$ 之间的夹角，我们立刻就能得到

$$n = |\vec{h}||\vec{z}_G|\sin i = h\sin i \tag{7-65}$$

因此，我们有

$$\frac{\dot{\vec{n}} \cdot \vec{x}_G}{n} = \frac{rf_\theta}{h}\cos\Omega - \frac{rf_z}{h\sin i}[\sin\Omega\sin(\omega+\theta) - \cos\Omega\cos i\cos(\omega+\theta)] \tag{7-66}$$

第二步，我们需要式（7－62）中的 $\dot{n}$。现在，已有

$$\dot{n} = \frac{\vec{n} \cdot \dot{\vec{n}}}{n} \tag{7-67}$$

因此我们需要 $\vec{n}$ 和 $\dot{\vec{n}}$ 的表达。我们从 $\vec{n}$ 开始，根据其定义，以及式（7－59）和式（7－12），我们得到

$$\begin{aligned}\vec{n} = \vec{z}_g \times \vec{h} &= h[\sin i\sin(\omega+\theta)\vec{x}_o + \sin i\cos(\omega+\theta)\vec{y}_o + \cos i\vec{z}_o] \times \vec{z}_o \\ &= -h\sin i\sin(\omega+\theta)\vec{y}_o + h\sin i\cos(\omega+\theta)\vec{x}_o\end{aligned} \tag{7-68}$$

运用式（7－54）我们发现

$$\begin{aligned}\dot{\vec{n}} = \vec{z}_G \times \dot{\vec{h}} &= \vec{z}_G \times [rf_\theta \vec{z}_o - rf_z \vec{y}_o] \\ &= rf_\theta \vec{z}_G \times \vec{z}_o - rf_z \vec{z}_G \times \vec{y}_o\end{aligned} \tag{7-69}$$

运用式（7－59），我们得到

$$\begin{aligned}\vec{z}_G \times \vec{z}_o &= [\sin i\sin(\omega+\theta)\vec{x}_o + \sin i\cos(\omega+\theta)\vec{y}_o + \cos i\vec{z}_o] \times \vec{z}_o \\ &= -\sin i\sin(\omega+\theta)\vec{y}_o + \sin i\cos(\omega+\theta)\vec{x}_o\end{aligned}$$

且

$$\begin{aligned}\vec{z}_G \times \vec{y}_o &= [\sin i\sin(\omega+\theta)\vec{x}_o + \sin i\cos(\omega+\theta)\vec{y}_o + \cos i\vec{z}_o] \times \vec{y}_o \\ &= \sin i\sin(\omega+\theta)\vec{z}_o - \cos i\vec{x}_o\end{aligned}$$

将这些表达式代入式（7－69）得到

$$\dot{\vec{\boldsymbol{n}}}=rf_{\theta}[-\sin i\sin(\omega+\theta)\vec{\boldsymbol{y}}_o+\sin i\cos(\omega+\theta)\vec{\boldsymbol{x}}_o]-rf_z[\sin i\sin(\omega+\theta)\vec{\boldsymbol{z}}_o-\cos i\vec{\boldsymbol{x}}_o]$$
$$=r[f_{\theta}\sin i\cos(\omega+\theta)+f_z\cos i]\vec{\boldsymbol{x}}_o-rf_{\theta}\sin i\sin(\omega+\theta)\vec{\boldsymbol{y}}_o-rf_z\sin i\sin(\omega+\theta)\vec{\boldsymbol{z}}_o \tag{7-70}$$

将式（7－68）和式（7－70）求标量积，得

$$\vec{\boldsymbol{n}}\cdot\dot{\vec{\boldsymbol{n}}}=rh\sin i[f_{\theta}\sin i\cos^2(\omega+\theta)+f_z\cos i\cos(\omega+\theta)]+rh\sin if_{\theta}\sin i\sin^2(\omega+\theta)$$
$$=rh\sin i[\sin if_{\theta}+\cos i\cos(\omega+\theta)f_z]$$

将上式和式（7－65）代入式（7－67）得到

$$\dot{n}=r[\sin if_{\theta}+\cos i\cos(\omega+\theta)f_z] \tag{7-71}$$

最终，运用式（7－65），我们可以得到式（7－62）中的第二项为

$$\frac{\dot{n}\cos\Omega}{n}=\frac{rf_{\theta}}{h}\cos\Omega+\frac{rf_z}{h\sin i}\cos\Omega\cos i\cos(\omega+\theta) \tag{7-72}$$

将式（7－66）和式（7－72）代入式（7－62）得

$$-\sin\Omega\frac{\mathrm{d}\Omega}{\mathrm{d}t}=-\frac{rf_z}{h\sin i}\sin\Omega\sin(\omega+\theta)$$

得

$$\frac{\mathrm{d}\Omega}{\mathrm{d}t}=\frac{rf_z}{h\sin i}\sin(\omega+\theta)$$

最终，将该瞬时二体轨道的极方程代入，我们得到理想的结果

$$\frac{\mathrm{d}\Omega}{\mathrm{d}t}=\sqrt{\frac{a(1-e^2)}{\mu}}\frac{\sin(\omega+\theta)}{\sin i(1+e\cos\theta)}f_z \tag{7-73}$$

（4）$\frac{\mathrm{d}\omega}{\mathrm{d}t}$ 的方程

回顾 3.7 节，近拱点理论满足

$$\cos\omega=\frac{\vec{\boldsymbol{n}}\cdot\vec{\boldsymbol{e}}}{ne} \tag{7-74}$$

差分变形得

$$-\sin\omega\frac{\mathrm{d}\omega}{\mathrm{d}t}=\frac{\dot{\vec{\boldsymbol{n}}}\cdot\vec{\boldsymbol{e}}}{ne}+\frac{\vec{\boldsymbol{n}}\cdot\dot{\vec{\boldsymbol{e}}}}{ne}-\frac{\dot{n}\vec{\boldsymbol{n}}\cdot\vec{\boldsymbol{e}}}{n^2e}-\frac{\dot{e}\vec{\boldsymbol{n}}\cdot\vec{\boldsymbol{e}}}{ne^2}$$
$$=\frac{\dot{\vec{\boldsymbol{n}}}\cdot\vec{\boldsymbol{e}}}{ne}+\frac{\vec{\boldsymbol{n}}\cdot\dot{\vec{\boldsymbol{e}}}}{ne}-\frac{\dot{n}\cos\omega}{n}-\frac{\dot{e}\cos\omega}{e} \tag{7-75}$$

我们对上式逐项处理。我们需要 $\vec{\boldsymbol{e}}$ 和 $\dot{\vec{\boldsymbol{e}}}$ 的表达式。回顾偏心率矢量 $\vec{\boldsymbol{e}}$ 指向近拱点（见 3.3 节）。因此，在近拱点坐标系（$\mathcal{F}_p$）中，偏心率矢量为

$$\vec{\boldsymbol{e}}=\vec{\mathcal{F}}_p^{\mathrm{T}}\begin{bmatrix}e\\0\\0\end{bmatrix}$$

现在，通过将焦点参考系对 $\vec{\boldsymbol{z}}_o$ 轴旋转角度 θ（瞬时真近点角）可得柱坐标系。相关旋

转矩阵为

$$\boldsymbol{C}_{op}=\begin{bmatrix}\cos\theta & \sin\theta & 0\\ -\sin\theta & \cos\theta & 0\\ 0 & 0 & 1\end{bmatrix}$$

由此，偏心率矢量为

$$\begin{aligned}\vec{\boldsymbol{e}}&=\vec{\mathcal{F}}_p^{\mathrm{T}}\boldsymbol{C}_{op}\begin{bmatrix}e\\0\\0\end{bmatrix}\\&=e\cos\theta\vec{\boldsymbol{x}}_o-e\sin\theta\vec{\boldsymbol{y}}_o\end{aligned}\tag{7-76}$$

现在，回顾偏心率矢量的定义

$$\vec{\boldsymbol{e}}=\frac{\vec{\boldsymbol{v}}\times\vec{\boldsymbol{h}}}{\mu}-\frac{\vec{\boldsymbol{r}}}{r}\tag{7-77}$$

差分变形得到

$$\dot{\vec{\boldsymbol{e}}}=\frac{\dot{\vec{\boldsymbol{v}}}\times\vec{\boldsymbol{h}}}{\mu}-\frac{\dot{\vec{\boldsymbol{r}}}}{r}+\frac{\dot{r}\vec{\boldsymbol{r}}}{r^2}+\frac{\vec{\boldsymbol{v}}\times\dot{\vec{\boldsymbol{h}}}}{\mu}$$

将运动方程（7－10）代入$\dot{\vec{\boldsymbol{v}}}$，变为

$$\begin{aligned}\dot{\vec{\boldsymbol{e}}}&=\frac{\left(-\frac{\mu}{r^3}\vec{\boldsymbol{r}}\right)\times\vec{\boldsymbol{h}}}{\mu}-\frac{\dot{\vec{\boldsymbol{r}}}}{r}+\frac{\dot{r}\vec{\boldsymbol{r}}}{r^2}+\frac{\vec{\boldsymbol{f}}_p\times\vec{\boldsymbol{h}}}{\mu}+\frac{\vec{\boldsymbol{v}}\times\dot{\vec{\boldsymbol{h}}}}{\mu}\\&=\frac{\vec{\boldsymbol{f}}_p\times\vec{\boldsymbol{h}}}{\mu}+\frac{\vec{\boldsymbol{v}}\times\dot{\vec{\boldsymbol{h}}}}{\mu}\end{aligned}\tag{7-78}$$

我们在 3.2.3 节曾讲述过$-(\mu/r^3)\vec{\boldsymbol{r}}\times\vec{\boldsymbol{h}}/\mu-\dot{\vec{\boldsymbol{r}}}/r+\dot{r}\vec{\boldsymbol{r}}/r^2=\vec{\boldsymbol{0}}$。我们换个计算式（7－78）中的项。运用式（7－13）和式（7－12），我们得到

$$\begin{aligned}\frac{\vec{\boldsymbol{f}}_p\times\vec{\boldsymbol{h}}}{\mu}&=\frac{h}{\mu}[f_r\vec{\boldsymbol{x}}_o+f_\theta\vec{\boldsymbol{y}}_o+f_z\vec{\boldsymbol{z}}_o]\times\vec{\boldsymbol{z}}_o\\&=\frac{1}{\mu}[-hf_r\vec{\boldsymbol{y}}_o+hf_\theta\vec{\boldsymbol{x}}_o]\end{aligned}$$

运用式（7－11）和式（7－54），我们得到

$$\begin{aligned}\frac{\vec{\boldsymbol{v}}\times\dot{\vec{\boldsymbol{h}}}}{\mu}&=\frac{1}{\mu}[\dot{r}\,\vec{\boldsymbol{x}}_o+r\dot{\theta}\,\vec{\boldsymbol{y}}_o]\times[rf_\theta\vec{\boldsymbol{z}}_o-rf_z\vec{\boldsymbol{y}}_o]\\&=\frac{1}{\mu}[-r\dot{r}f_\theta\vec{\boldsymbol{y}}_o-r\dot{r}f_z\vec{\boldsymbol{z}}_o+r^2\dot{\theta}f_\theta\vec{\boldsymbol{x}}_o]\\&=\frac{1}{\mu}[-r\dot{r}f_\theta\vec{\boldsymbol{y}}_o-r\dot{r}f_z\vec{\boldsymbol{z}}_o+hf_\theta\vec{\boldsymbol{x}}_o]\end{aligned}$$

此处要素$h=r^2\dot{\theta}$已经被使用。运用式（7－78）中的表达式，我们得到

$$\dot{\vec{\boldsymbol{e}}}=\frac{2hf_\theta}{\mu}\vec{\boldsymbol{x}}_o-\frac{[hf_r+r\dot{r}f_\theta]}{\mu}\vec{\boldsymbol{y}}_o-\frac{r\dot{r}f_z}{\mu}\vec{\boldsymbol{z}}_o\tag{7-79}$$

现在，让我们开始计算式（7－75）中的项。运用式（7－70）、式（7－76）和式（7－65），第一项为

$$\frac{\dot{\vec{n}}\cdot\vec{e}}{ne}=\frac{1}{eh\sin i}\{e\cos\theta r[f_\theta\sin i\cos(\omega+\theta)+f_z\cos i]+e\sin\theta rf_\theta\sin i\sin(\omega+\theta)\}$$
$$=\frac{rf_\theta}{h}[\cos\theta\cos(\omega+\theta)+\sin\theta\sin(\omega+\theta)]+\frac{rf_z\cos i\cos\theta}{h\sin i}$$

运用三角函数双角公式

$$\cos(a-b)=\cos a\cos b+\sin a\sin b$$

简化为

$$\frac{\dot{\vec{n}}\cdot\vec{e}}{ne}=\frac{rf_\theta\cos\omega}{h}+\frac{rf_z\cos i\cos\theta}{h\sin i} \tag{7-80}$$

接下来，运用式（7－68）、式（7－79）和式（7－65），我们得到式（7－75）的第二项

$$\frac{\vec{n}\cdot\dot{\vec{e}}}{ne}=\frac{1}{eh\sin i}\left[h\sin i\cos(\omega+\theta)\frac{2hf_\theta}{\mu}+h\sin i\sin(\omega+\theta)\frac{(hf_r+r\dot{r}f_\theta)}{\mu}\right]$$
$$=\frac{2hf_\theta}{\mu e}\cos(\omega+\theta)+\frac{hf_r}{\mu e}\sin(\omega+\theta)+\frac{r\dot{r}f_\theta}{\mu e}\sin(\omega+\theta)$$

从 3.8 节，我们找出

$$\frac{r\dot{r}}{\mu e}=\frac{a(1-e^2)}{\mu e(1+e\cos\theta)}\sqrt{\frac{\mu}{a(1-e^2)}}e\sin\theta=\sqrt{\frac{a(1-e^2)}{\mu}}\frac{\sin\theta}{1+e\cos\theta}=\frac{h}{\mu}\frac{\sin\theta}{1+e\cos\theta}$$

因此，我们得到

$$\begin{aligned}\frac{\vec{n}\cdot\dot{\vec{e}}}{ne}&=\frac{2hf_\theta}{\mu e}\cos(\omega+\theta)+\frac{hf_r}{\mu e}\sin(\omega+\theta)+\frac{hf_\theta}{\mu}\frac{\sin\theta\sin(\omega+\theta)}{1+e\cos\theta}\\&=\frac{hf_\theta}{\mu}\left[\frac{2\cos(\omega+\theta)}{e}+\frac{\sin\theta\sin(\omega+\theta)}{1+e\cos\theta}\right]+\frac{hf_r}{\mu e}\sin(\omega+\theta)\\&=\frac{hf_\theta}{\mu}\left[\frac{2\cos(\omega+\theta)+2e\cos\theta\cos(\omega+\theta)+e\sin\theta\sin(\omega+\theta)}{e(1+e\cos\theta)}\right]+\frac{hf_r}{\mu e}\sin(\omega+\theta)\\&=\frac{hf_\theta}{\mu}\left\{\frac{\cos(\omega+\theta)(2+e\cos\theta)+e[\cos\theta\cos(\omega+\theta)+\sin\theta\sin(\omega+\theta)]}{e(1+e\cos\theta)}\right\}+\frac{hf_r}{\mu e}\sin(\omega+\theta)\\&=\frac{hf_\theta}{\mu}\left[\frac{\cos(\omega+\theta)(2+e\cos\theta)+e\cos\omega}{e(1+e\cos\theta)}\right]+\frac{hf_r}{\mu e}\sin(\omega+\theta)\end{aligned} \tag{7-81}$$

接下来，运用式（7－71）和式（7－65），得到式（7－75）中的第三项

$$\begin{aligned}\frac{\dot{n}\cos\omega}{n}&=\frac{\cos\omega}{h\sin i}[r\sin i f_\theta+r\cos i\cos(\omega+\theta)f_z]\\&=\frac{rf_\theta}{h}\cos\omega+\frac{rf_z}{h}\frac{\cos i}{\sin i}\cos\omega\cos(\omega+\theta)\end{aligned} \tag{7-82}$$

运用式（7-56），得到式（7-75）的第四项

$$\frac{\dot{e}\cos\omega}{e}=\frac{hf_r}{\mu e}\sin\theta\cos\omega+\frac{hf_\theta}{\mu}\frac{2\cos\theta+e(1+\cos^2\theta)}{e(1+e\cos\theta)}\cos\omega$$
$$=\frac{hf_r}{\mu e}\sin\theta\cos\omega+\frac{hf_\theta}{\mu}\frac{\cos\theta\cos\omega(2+e\cos\theta)+e\cos\omega}{e(1+e\cos\theta)} \tag{7-83}$$

现在，将式（7-80）、式（7-81）、式（7-82）和式（7-83）这四项代入式（7-75），得到

$$-\sin\omega\frac{\mathrm{d}\omega}{\mathrm{d}t}=\frac{rf_\theta\cos\omega}{h}+\frac{rf_z\cos i\cos\theta}{h\sin i}+\frac{hf_\theta}{\mu}\left[\frac{\cos(\omega+\theta)(2+e\cos\theta)+e\cos\omega}{e(1+e\cos\theta)}\right]+$$
$$\frac{hf_r}{\mu e}\sin(\omega+\theta)-\frac{rf_\theta}{h}\cos\omega-\frac{rf_z}{h}\frac{\cos i}{\sin i}\cos\omega\cos(\omega+\theta)-$$
$$\frac{hf_r}{\mu e}\sin\theta\cos\omega-\frac{hf_\theta}{\mu}\frac{\cos\theta\cos\omega(2+e\cos\theta)+e\cos\omega}{e(1+e\cos\theta)}$$
$$=\frac{hf_r}{\mu e}[\sin(\omega+\theta)-\sin\theta\cos\omega]+\frac{hf_\theta}{\mu}\frac{(2+e\cos\theta)}{e(1+e\cos\theta)}[\cos(\omega+\theta)-\cos\theta\cos\omega]+$$
$$\frac{rf_z\cos i}{h\sin i}[\cos\theta-\cos\omega\cos(\omega+\theta)]$$

这些项可以运用三角函数双角公式简化。特别地

$$\cos(\omega+\theta)=\cos\omega\cos\theta-\sin\omega\sin\theta$$
$$\sin(\omega+\theta)=\sin\omega\cos\theta+\cos\omega\sin\theta$$

且

$$\cos\theta=\cos[(\omega+\theta)-\omega]=\cos(\omega+\theta)\cos\omega+\sin(\omega+\theta)\sin\omega$$

运用这些，我们得到

$$-\sin\omega\frac{\mathrm{d}\omega}{\mathrm{d}t}=\frac{hf_r}{\mu e}\sin\omega\cos\theta-\frac{hf_\theta}{\mu}\frac{(2+e\cos\theta)}{e(1+e\cos\theta)}\sin\omega\sin\theta+\frac{rf_z\cos i}{h\sin i}\sin(\omega+\theta)\sin\omega$$

注意

$$\frac{r}{h}=\frac{h}{\mu}\frac{1}{1+e\cos\theta}$$

且

$$\frac{h}{\mu}=\sqrt{\frac{a(1-e^2)}{\mu}}$$

我们最终得到理想的结果

$$\frac{\mathrm{d}\omega}{\mathrm{d}t}=\sqrt{\frac{a(1-e^2)}{\mu}}\left[-\frac{\cos\theta}{e}f_r+\frac{(2+e\cos\theta)\sin\theta}{e(1+e\cos\theta)}f_\theta-\frac{\sin(\omega+\theta)}{\tan i(1+e\cos\theta)}f_z\right] \tag{7-84}$$

7.8　注释

如本章讲述的，由于额外作用于航天器的扰动力，真实的航天器轨道运动和开普勒二

体轨道运动有所区别（如第 3 章所述）。本章已经检验了多种确定扰动运动的方法。特别地，我们运用了两种特殊的扰动技术（考威尔方法和恩克方法），以及一种一般扰动技术（高斯变分方程）。还存在一些其他的方法，读者可以参阅巴利亚多（Vallado，2007）的著作。

为了用这些技术来处理轨道扰动，扰动力的数学模型是必需的。我们已经呈现非球形主星产生的轨道扰动的具体压力模型。然而，我们还没有把其他扰动力考虑进去，比如第三或四方物体产生的引力、具体的大气阻力模型、太阳辐射对其他物体产生的压力。读者可以参考蒙泰布鲁克和吉尔（Montenbruck and Gill，2000）的著作以及巴利亚多（Vallado，2007）的著作来了解其他扰动力模型。

参 考 文 献

[1] Montenbruck O and Gill E 2000 Satellite Orbits: Models, Methods, Applications. Springer, Berlin Heidelberg.

[2] Vallado DA 2007 Fundamentals of Astrodynamics and Applications 3rd edn. Microcosm Press, Hawthorne, CA.

第 8 章　低推力轨道分析与设计

8.1　问题的提出

在第 5 章，我们以短时间大推力方式解决希望的轨道转移。通过假设转移时间相对于轨道周期很短，这些推力可以以脉冲方式建模。在本章，将考虑另一极端条件：长时间低推力的持续应用。这一方法由 T. N. 埃德鲍姆（T. N. Edelbaum）于 20 世纪 60 年代首先提出。尽管是近似方法，但可以更容易地推导并得出大量关于低推力轨迹的洞见。

我们主要的工具为高斯变分方程。特别地是，我们将用到半长轴 a 、偏心率 e 以及倾角 i 的方程。根据之前的章节

$$\frac{\mathrm{d}a}{\mathrm{d}t}=\frac{2a^2}{\sqrt{\mu a(1-e^2)}}[e\sin\theta f_r+(1+e\cos\theta)f_\theta] \tag{8-1}$$

$$\frac{\mathrm{d}e}{\mathrm{d}t}=\sqrt{\frac{a(1-e^2)}{\mu}}\left[\sin\theta f_r+\frac{2\cos\theta+e(1+\cos^2\theta)}{(1+e\cos\theta)}f_\theta\right] \tag{8-2}$$

$$\frac{\mathrm{d}i}{\mathrm{d}t}=\sqrt{\frac{a(1-e^2)}{\mu}}\frac{\cos(\omega+\theta)}{1+e\cos\theta}f_z \tag{8-3}$$

此处 f_r 为径向推力，f_θ 为正切推力，且 f_z 为轨道平面外的推力。

以下假设适用于本章剩余部分：

1）应用推力小而持续。

2）贯穿整个机动过程的轨道偏心率很小。

3）相比于轨道周期（T），转移时间（T_m）很长。

我们的目标是在约束条件内将终端轨道所需的机动时间减到最小。

已知假设 2)，我们将方程（8－1）～式（8－3）右侧以 e 的泰勒级数扩展，且只保留第一（零阶）项。由于推力也假设很小，顺序为 $e^i f_r$、$e^i f_\theta$ 和 $e^i f_z(i=1, 2, 3\cdots)$ 的各项被假设为第二阶或高阶且可以忽略。方程的运算结果为

$$\frac{\mathrm{d}a}{\mathrm{d}t}=2\sqrt{\frac{a^3}{\mu}}f_\theta \tag{8-4}$$

$$\frac{\mathrm{d}e}{\mathrm{d}t}=\sqrt{\frac{a}{\mu}}[\sin\theta f_r+2\cos\theta f_\theta] \tag{8-5}$$

$$\frac{\mathrm{d}i}{\mathrm{d}t}=\sqrt{\frac{a}{\mu}}\cos(\omega+\theta)f_z \tag{8-6}$$

由于推力 $f=\sqrt{f_r^2+f_\theta^2+f_z^2}$ 的数值被看作是持续的，根据转向角 α（该角位于轨道平面上的速度矢量和推力组件矢量之间）和 β（该角位于推力矢量和轨道平面之间）将推

力组件表达出来十分有效：$f_r = f\cos\beta\sin\alpha$，$f_\theta = f\cos\beta\cos\alpha$，以及 $f_z = f\cos\beta$。方程（8-4）～式（8-6）变为

$$\frac{\mathrm{d}a}{\mathrm{d}t} = 2\sqrt{\frac{a^3}{\mu}} f\cos\alpha\cos\beta \tag{8-7}$$

$$\frac{\mathrm{d}e}{\mathrm{d}t} = \sqrt{\frac{a}{\mu}} f[\sin\theta\sin\alpha\cos\beta + 2\cos\theta\cos\alpha\cos\beta] \tag{8-8}$$

$$\frac{\mathrm{d}i}{\mathrm{d}t} = \sqrt{\frac{a}{\mu}} f\cos\theta\sin\beta \tag{8-9}$$

给定假设 2）且假设 θ 是从升交点开始测量的，得到 $\omega = 0$。

8.2 共面圆周轨道之间的转移

令 T_m 表示转移时间，我们力图确定满足下列边界条件的最小 T_m 的转向角 $a(t)$：$a(0) = r_1$ 且 $a(T_m) = r_2$。这里，采用第 5 章的符号：r_1 为初始圆形轨道的半径，r_2 为终端圆形轨道的半径。为了使得 T_m 值最小，$\mathrm{d}a/\mathrm{d}t$ 必须为最大值。根据方程（8-7），我们采用 $\alpha = \beta = 0$。这就保证方程（8-9）在使用时没有轨道倾角变化。

改写式（8-7），我们得到

$$\frac{1}{2}\sqrt{\frac{\mu}{a^3}}\frac{\mathrm{d}a}{\mathrm{d}t} = f$$

机动的速度变化（Δv）可以通过等式两侧的积分得出

$$\frac{1}{2}\int_{r_1}^{r_2}\sqrt{\frac{\mu}{a^3}}\,\mathrm{d}a = \int_0^{T_m} f\,\mathrm{d}t = \Delta v = fT_m \tag{8-10}$$

因此

$$\Delta v = \sqrt{\frac{\mu}{r_1}} - \sqrt{\frac{\mu}{r_2}}$$

初始圆周速度记作 $v_1 = \sqrt{\mu/r_1}$，速度变化的表达式可以无量纲化为

$$\frac{\Delta v}{v_1} = 1 - \sqrt{\frac{r_1}{r_2}} \tag{8-11}$$

可以将之与第 5 章所述的霍曼转移的相应表达式进行比较

$$\frac{\Delta v}{v_1} = \sqrt{\frac{r_1}{r_2}} - 1 - \sqrt{\frac{r_1}{r_2}\frac{2}{1+(r_2/r_1)}} + \sqrt{\frac{r_2}{r_1}\frac{2}{1+(r_2/r_1)}}$$

图 8-1 将两种表达式绘制在一起。

机动中半长轴演变的表达式 $a(t)$ 可以通过替换方程（8-10）积分的上限来确定，$a(t)$ 在左侧替换上限，而 t 在右侧替换上限。得出

$$\sqrt{\frac{\mu}{r_1}} - \sqrt{\frac{\mu}{a(t)}} = ft$$

或 $a(t) = \mu/(v_1 - ft)^2$。有人指出，方程（8-8）中偏心率的表达式 $\alpha = \beta = 0$ 会变为

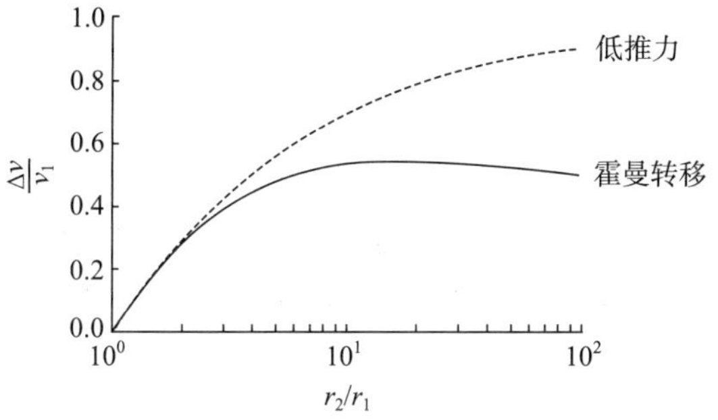

图 8－1　圆周轨道的低轨推进共面转移中的 $\Delta v/v_1$ 与 r_2/r_1

$$\frac{\mathrm{d}e}{\mathrm{d}t}=2\sqrt{\frac{a}{\mu}}f\cos\theta$$

对于大值 T_m 和小值 f ，偏心率会很小。

通过将方程（8－10）中的 $\mathrm{d}t=\sqrt{a^3/\mu}\,\mathrm{d}\theta$ 替换掉，可以将机动的螺旋性质形象化，得出

$$\frac{1}{2}\int_{r_1}^{a(t)}\frac{\mu}{a^3}\mathrm{d}a=\int_0^{\theta(t)}f\,\mathrm{d}\theta$$

运算积分得到

$$f\theta(t)=\frac{\mu}{4}\left[\frac{1}{r_1^2}-\frac{1}{a^2(t)}\right] \tag{8-12}$$

总旋转次数 $[\theta(T_m)/(2\pi)]$ 可以通过设定 $t=T_m$ 和 $a(t)=a(T_m)=r_2$ 确定。将这一结论与方程（8－12）相结合可以产生如下 $a(\theta)$ 的表达式

$$\frac{a(\theta)}{r_1}=\frac{1}{\sqrt{1-\dfrac{\theta(t)}{\theta(T_m)}\left[1-\left(\dfrac{r_1}{r_2}\right)^2\right]}} \tag{8-13}$$

忽略偏心率的改变，可以如图 8－2 确定笛卡儿轨道 y 和 x 的关系 $[y=a(\theta)\sin\theta$ 且 $x=a(\theta)\cos\theta]$。

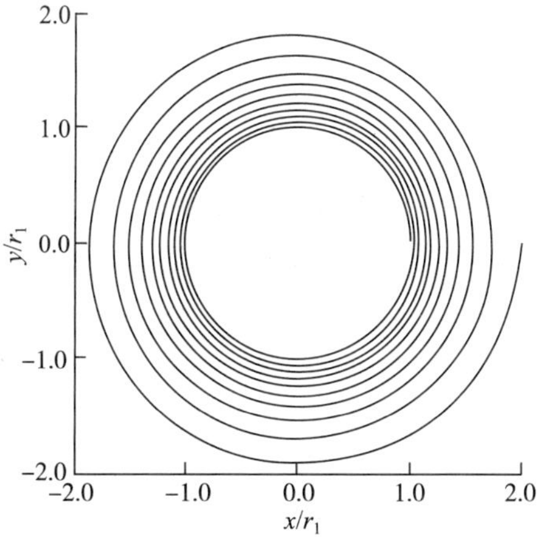

图 8－2　$r_2/r_1=2$ 的圆周到圆周的低推进转移及 10 次旋转的转移

8.3 平面改变机动

在这一部分，将以低推力模拟处理 5.3 节中脉冲推力解决的课题（问题）。特别地，我们寻找的是一种可以使得圆周轨道倾斜角变化且不影响半径或偏心率的低推力方案。为使转移时间 T_m 最短，我们应该使 $\mathrm{d}i/\mathrm{d}t$ 最大并设定 $\mathrm{d}a/\mathrm{d}t=\mathrm{d}e/\mathrm{d}t=0$。检测方程（8－7）～式（8－9），我们设定

$$\sin\beta=\mathrm{sgn}(\cos\theta),\ \mathrm{sgn}(x)=\begin{Bmatrix}1, x>0\\ 0, x=0\\ -1, x<0\end{Bmatrix} \tag{8-14}$$

此处 $\mathrm{sgn}(x)$ 是符号函数。

设定 $a=r_1$，$v_1=\sqrt{\mu/r_1}$，且 β 来自方程（8－14），则方程（8－9）变为

$$\frac{\mathrm{d}i}{\mathrm{d}t}=\frac{f}{v_1}\mid\cos\theta\mid$$

现在我们将 Δv 和其中一个轨道（$T_m=T$）相关联以相应改变轨道倾角 Δi。设定 $\mathrm{d}t=T/(2\pi)\mathrm{d}\theta$ 并将等式两侧的偏心率从 $t=0$ 到 $t=T$ 积分，得出

$$\Delta i=\frac{fT}{2\pi v_1}\int_0^{2\pi}\mid\cos\theta\mid\mathrm{d}\theta=\frac{2}{\pi}\frac{\Delta v}{v_1} \tag{8-15}$$

注意我们已经假设所需的倾角变化 Δi 为正。Δi 为负时步骤相似。事实证明，所述策略并不是随轨道变化 β 的时间最小的转移。潜在理论是应当扩大轨道以使速度降低让大部分平面改变发生，然后使轨道减小到其初始值。方程（8－15）讲述的方法接近于最理想的倾斜角小规模改变。

根据第 5 章，单一脉冲变化在平面内产生的变化 Δv 和平面改变角 Δi 关系为 $\Delta v=2v\sin(\Delta i/2)$。对于小倾斜角的改变，这就得出

$$\frac{\Delta v}{v_1}=\Delta i$$

这应当与上文低推力的结果相比较。

8.4 注释

本章基于埃德鲍姆（Edelbaum，1961）的著作，提供了关于低推力航天器轨道设计的简要介绍。对于低推力轨道设计的更多案例，读者们可以参考肯布尔（Kemble，2006）的著作。

参考文献

[1] Edelbaum TN 1961 Propulsion Requirements for Controllable Satellites. ARS Journal 31, 1079 - 1089.

[2] Kemble S 2006 Interplanetary Mission Analysis and Design. Springer, Chichester, UK.

第9章 航天器编队飞行

眼下，关于空间领域有一个非常明显的关注点，那就是航天器编队飞行。首先，我们必须明确航天器编队的含义。航天器编队是指，相互协调的航天器近距离集合飞行。如果航天器彼此协调，但并不密集飞行，则不能称为编队。这种编队有别于星座（见图9-1）。对航天器编队引发兴趣的原因有几点：

1）成本：一组廉价的小型航天器编队也许比单一大型航天器花费少。

一组廉价的小型航天器也许可以通过分配工具的方式达成和单一大型航天器相同的目标。

2）平滑退化。

编队中某一航天器的失败并不意味着任务的中止。这一任务还可以由编队中性能降低的剩余卫星继续进行。而单一大型航天器一旦失败，则任务到此结束。

3）单一卫星无法达成新可能，比如：

- 稀疏孔径雷达、干涉仪；
- 在遥远星球附近寻找行星。

现有两种在研究中的航天器编队：

1）行星轨道编队；

2）深空编队［在拉格朗日点（参见第10章关于拉格朗日点的解释）］。

我们的讨论限制在行星轨道编队。

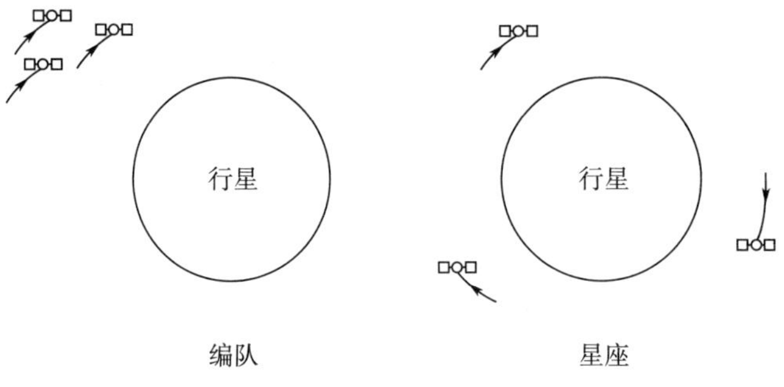

图9-1 卫星编队与星座

9.1 数学描述

对于近圆轨道，希尔或克洛赫希-维尔特希尔方程描述了航天器之间的相对运动。这些方程最初就是为轨道会合对接操作设计的。

假设两个航天器为一个编队，如图 9－2 所示。我们将第一个航天器称为领导者，第二个航天器称为追随者。假设追随者具有能够产生作用于其本身、单位质量力 $\vec{f}_f$ 的推进器。这是编队控制所必需的。对于我们的编队目的来说，我们假设领导者不受力。

如图 9－2 所示，追随者关于领导者的位置为 $\vec{\rho}=\vec{r}_f-\vec{r}_l$，此处 $\vec{r}_f$ 和 $\vec{r}_l$ 是领导者与追随者分别相对地心的位置关系。追随者和领导者的运动方程（假设地球是球体）分别为

$$\ddot{\vec{r}}_f=-\mu\frac{\vec{r}_f}{|\vec{r}_f|^3}+\vec{f}_f \tag{9-1}$$

且

$$\ddot{\vec{r}}_l=-\mu\frac{\vec{r}_l}{|\vec{r}_l|^3} \tag{9-2}$$

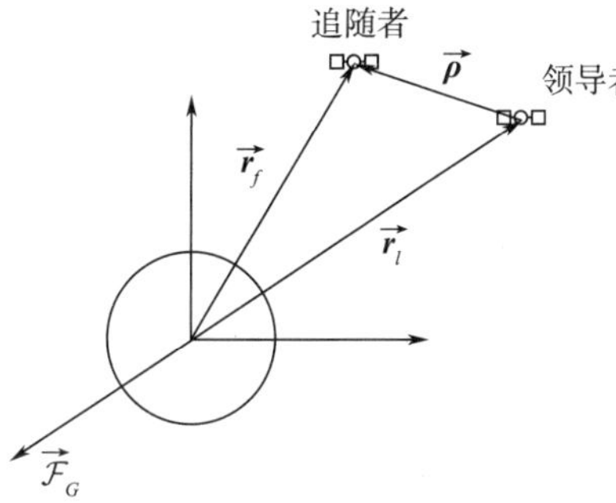

图 9－2　领导者-追随者编队

相对运动的方程可由式（9－1）减去式（9－2）得到

$$\begin{aligned}\ddot{\vec{\rho}}=\ddot{\vec{r}}_f-\ddot{\vec{r}}_l&=-\mu\frac{\vec{r}_f}{|\vec{r}_f|^3}+\vec{f}_f+\mu\frac{\vec{r}_l}{|\vec{r}_l|^3}\\&=-\mu\frac{(\vec{r}_l+\vec{\rho})}{|\vec{r}_l+\vec{\rho}|^3}+\vec{f}_f+\mu\frac{\vec{r}_l}{|\vec{r}_l|^3}\end{aligned} \tag{9-3}$$

我们来找一个式（9－3）的线性近似（这对之后相对运动解决方案的研究十分有用）。首先，我们要注意

$$\begin{aligned}\frac{1}{|\vec{r}_l+\vec{\rho}|^3}&=\frac{1}{[(\vec{r}_l+\vec{\rho})\cdot(\vec{r}_l+\vec{\rho})]^{3/2}}\\&=\frac{1}{(\vec{r}_l\cdot\vec{r}_l+\vec{\rho}\cdot\vec{\rho}+2\vec{r}_l\cdot\vec{\rho})^{3/2}}\\&=\frac{1}{(r_l^2+\rho^2+2r_l\rho\cos\phi)^{3/2}}\\&=\frac{1}{r_l^3[1+(\rho/r_l)^2+2(\rho/r_1)\cos\phi]^{3/2}}\end{aligned} \tag{9-4}$$

此处 $\rho=|\vec{\rho}|$，$r_l=|\vec{r}_l|$ 和 ϕ 是矢量 $\vec{r}_l$ 和 $\vec{\rho}$ 之间的角。

由于航天器密集飞行，我们假设 $\epsilon\triangleq\rho/r_1\ll 1$。一级泰勒级数给出

$$\frac{1}{|\vec{r}_l+\vec{\rho}|^3}=\frac{1}{r_l^3}(1+2\epsilon\cos\phi+\epsilon^2)^{-3/2}\approx\frac{1}{r_l^3}\left\{1+\frac{d}{d\epsilon}[(1+2\epsilon\cos\phi+\epsilon^2)^{-3/2}]\big|_{\epsilon=0}\epsilon\right\}$$

现在

$$\frac{\mathrm{d}}{\mathrm{d}\epsilon}[(1+2\epsilon\cos\phi+\epsilon^2)^{-3/2}]=\frac{-3(\cos\phi+\epsilon)}{(1+2\epsilon\cos\phi+\epsilon^2)^{5/2}}$$

由此

$$(1+2\epsilon\cos\phi+\epsilon^2)^{-3/2}\approx 1-3\epsilon\cos\phi$$

运用式（9－4）中的近似法得到

$$\frac{1}{|\vec{\boldsymbol{r}}_l+\vec{\boldsymbol{\rho}}|^3}\approx\frac{1}{r_l^3}-\frac{3(\rho/r_l)\cos\phi}{r_l^3} \tag{9-5}$$

然而，根据标量积的定义我们已知 $\vec{\boldsymbol{\rho}}\cdot\vec{\boldsymbol{r}}_l=r_l\rho\cos\phi$ ，得出

$$\frac{\rho}{r_l}\cos\phi=\frac{\vec{\boldsymbol{\rho}}\cdot\vec{\boldsymbol{r}}_l}{r_l^2}$$

将之代入式（9－5）得到

$$\frac{1}{|\vec{\boldsymbol{r}}_l+\vec{\boldsymbol{\rho}}|^3}\approx\frac{1}{r_l^3}-\frac{3\vec{\boldsymbol{\rho}}\cdot\vec{\boldsymbol{r}}_l}{r_l^5} \tag{9-6}$$

现在，我们可以将式（9－6）代入式（9－3）中得到

$$\ddot{\vec{\boldsymbol{\rho}}}\approx-\mu\frac{(\vec{\boldsymbol{r}}+\vec{\boldsymbol{\rho}})}{r_l^3}\left(1-\frac{3\vec{\boldsymbol{\rho}}\cdot\vec{\boldsymbol{r}}_l}{r_l^2}\right)+\vec{\boldsymbol{f}}_f+\mu\frac{\vec{\boldsymbol{r}}_l}{r_l^3}$$

将之扩展并忽略 $(3\mu/r_l^3)(\vec{\boldsymbol{\rho}}\cdot\vec{\boldsymbol{r}}_l)\vec{\boldsymbol{\rho}}/r_l^2$（因为这是 ρ/r_l 中的第二阶），我们得到相关力学的第一阶近似值

$$\ddot{\vec{\boldsymbol{\rho}}}\approx-\frac{\mu}{r_l^3}\vec{\boldsymbol{\rho}}+\frac{3\mu}{r_l^3}\frac{(\vec{\boldsymbol{\rho}}\cdot\vec{\boldsymbol{r}}_l)\vec{\boldsymbol{r}}_l}{r_l^2}+\vec{\boldsymbol{f}}_f \tag{9-7}$$

方程（9－7）描述了物理矢量形式的相对动力学。一如既往的，我们想要将它们在参考系中表达。我们假设领导者在半径为 r_l 的圆形轨道。有一个能够表达相对动力学非参考系，是随领导者航天器一同在轨运行的参考系 $\mathcal{F}_H$ ，被称作希尔参考系（见图 9－3）。它被定义为

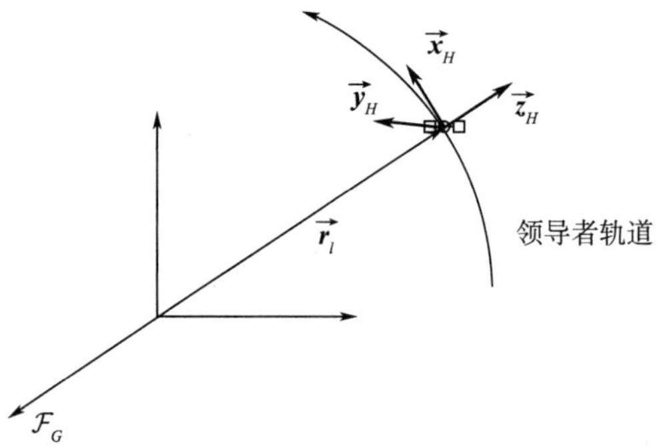

图 9－3　希尔参考系定义

紧接着：$\vec{\boldsymbol{x}}_H=\dot{\vec{\boldsymbol{r}}}_l/|\dot{\vec{\boldsymbol{r}}}_l|$，$\vec{\boldsymbol{z}}_H=\vec{\boldsymbol{r}}_l/|\vec{\boldsymbol{r}}_l|$ 且 $\vec{\boldsymbol{y}}_H=\vec{\boldsymbol{z}}_H\times\vec{\boldsymbol{x}}_H$。该参考系角动量为

$$\vec{\boldsymbol{\omega}}_H=\vec{\mathcal{F}}_H^{\mathrm{T}}\begin{bmatrix}0\\\omega_o\\0\end{bmatrix}$$

此处 $\omega_o=\sqrt{\mu/r_l^3}$ 是领导者卫星的轨道角动量，它是一个恒量（因为领导者轨道是圆形的）。在该参考系中，领导者位置矢量为

$$\vec{\boldsymbol{r}}_l=\vec{\mathcal{F}}_H^{\mathrm{T}}\begin{bmatrix}0\\0\\r_l\end{bmatrix}$$

如参考系 $\mathcal{F}_H$ 所示，使（°）记为时间差。则，如 1.5 节所示

$$\ddot{\vec{\boldsymbol{\rho}}}=\mathring{\mathring{\vec{\boldsymbol{\rho}}}}+2\vec{\boldsymbol{\omega}}_H\times\mathring{\vec{\boldsymbol{\rho}}}+\mathring{\vec{\boldsymbol{\omega}}}_H\times\vec{\boldsymbol{\rho}}+\vec{\boldsymbol{\omega}}_H\times\vec{\boldsymbol{\omega}}_H\times\vec{\boldsymbol{\rho}}$$

将之代入式（9－7），并且注意 $\mathring{\vec{\boldsymbol{\omega}}}_H=\vec{\boldsymbol{0}}$（由于领导者轨道是圆形的），相对运动的方程变为

$$\mathring{\mathring{\vec{\boldsymbol{\rho}}}}+2\vec{\boldsymbol{\omega}}_H\times\mathring{\vec{\boldsymbol{\rho}}}+\vec{\boldsymbol{\omega}}_H\times\vec{\boldsymbol{\omega}}_H\times\vec{\boldsymbol{\rho}}+\omega_o^2\vec{\boldsymbol{\rho}}-3\omega_o^2\frac{(\vec{\boldsymbol{\rho}}\cdot\vec{\boldsymbol{r}}_l)\vec{\boldsymbol{r}}_l}{r_l^2}=\vec{\boldsymbol{f}}_f \tag{9-8}$$

注意，我们同样用 ω_o^2 替换 μ/r_l^3。将关联位置矢量在坐标系 $\mathcal{F}_H$ 中表达为

$$\vec{\boldsymbol{\rho}}=\vec{\mathcal{F}}_H^{\mathrm{T}}\begin{bmatrix}x\\y\\z\end{bmatrix} \tag{9-9}$$

我们得到

$$\mathring{\vec{\boldsymbol{\rho}}}=\vec{\mathcal{F}}_H^{\mathrm{T}}\begin{bmatrix}\dot{x}\\\dot{y}\\\dot{z}\end{bmatrix}\text{且}\ \mathring{\mathring{\vec{\boldsymbol{\rho}}}}=\vec{\mathcal{F}}_H^{\mathrm{T}}\begin{bmatrix}\ddot{x}\\\ddot{y}\\\ddot{z}\end{bmatrix}$$

我们现在可以评估式（9－8）中的个体项。我们得到

$$\vec{\boldsymbol{\omega}}_H\times\mathring{\vec{\boldsymbol{\rho}}}=\vec{\mathcal{F}}_H^{\mathrm{T}}\begin{bmatrix}0&0&\omega_o\\0&0&0\\-\omega_o&0&0\end{bmatrix}\begin{bmatrix}\dot{x}\\\dot{y}\\\dot{z}\end{bmatrix}=\vec{\mathcal{F}}_H^{\mathrm{T}}\begin{bmatrix}\omega_o\dot{z}\\0\\-\omega_o\dot{x}\end{bmatrix}$$

$$\vec{\boldsymbol{\omega}}_H\times\vec{\boldsymbol{\omega}}_H\times\vec{\boldsymbol{\rho}}=\vec{\mathcal{F}}_H^{\mathrm{T}}\begin{bmatrix}0&0&\omega_o\\0&0&0\\-\omega_o&0&0\end{bmatrix}\begin{bmatrix}\omega_o z\\0\\-\omega_o x\end{bmatrix}=\begin{bmatrix}-\omega_o^2x\\0\\-\omega_o^2z\end{bmatrix}$$

$$\frac{(\vec{\boldsymbol{\rho}}\cdot\vec{\boldsymbol{r}}_l)\vec{\boldsymbol{r}}_l}{r_l^2}=\vec{\mathcal{F}}_H^{\mathrm{T}}\left(\begin{bmatrix}x&y&z\end{bmatrix}\begin{bmatrix}0\\0\\r_l\end{bmatrix}\right)\begin{bmatrix}0\\0\\r_l\end{bmatrix}\frac{1}{r_l^2}=\vec{\mathcal{F}}_H^{\mathrm{T}}\begin{bmatrix}0\\0\\z\end{bmatrix}$$

我们同样将下列单位质量压力在希尔坐标系中表达出来

$$\vec{\boldsymbol{f}}_f=\vec{\mathcal{F}}_H^{\mathrm{T}}\begin{bmatrix}f_x\\f_y\\f_z\end{bmatrix}$$

最终，我们利用式（9－7）中的全部表达式在希尔坐标系中得出相关运动的方程

$$\begin{bmatrix} \ddot{x}+2\omega_o\dot{z} \\ \ddot{y}+\omega_o^2 y \\ \ddot{z}-2\omega_o\dot{x}-3\omega_o^2 z \end{bmatrix}=\begin{bmatrix} f_x \\ f_y \\ f_z \end{bmatrix} \tag{9-10}$$

方程（9－10）为希尔或克罗赫斯-维尔特希尔方程。

根据希尔参考系的定义，x 和 z 坐标代表领导者的轨道平面内相关航天器运动。相对运动是由两个航天器半长轴和偏心率的差异产生的。y 坐标代表领导者轨道平面之外的相对运动，该运动是由于轨道倾角和升交点的赤经差异产生的。从式（9－10）可以看到，平面外和平面内的相对运动是解耦的。因此，我们得到轨道平面内的方程

$$\begin{aligned} \ddot{x}+2\omega_o\dot{z}&=f_x \\ \ddot{z}-2\omega_o\dot{x}-3\omega_o^2 z&=f_z \end{aligned} \tag{9-11}$$

以及轨道平面外的方程

$$\ddot{y}+\omega_o^2 y=f_y \tag{9-12}$$

可以分别解决。

9.2 相对运动解决方案

任何编队要想在实践中有效都需要最少的燃料消耗（推进剂）来维持编队。理想情况下，我们会寻找不需要任何燃料来维持的自然编队，也就是说编队的 $f_x+f_y+f_z=0$。当然，由于轨道扰动的存在，这是不可能的，总有些燃料会被需要用来维持编队。然而，检验式（9－11）和式（9－12）的非外力作用的解决方案仍然广受关注，这代表了一个理想的情况。

9.2.1 平面外的运动

我们首先检测平面外的运动。根据式（9－12），有待解决的方程为

$$\ddot{y}+\omega_o^2 y=0，\text{初始条件 } y(0)=y_0，\dot{y}(0)=\dot{y}_0 \tag{9-13}$$

这是一个简单的二阶常微分方程，可以用多种方案解决。令 $Y(s)=\mathcal{L}(y(t))$ 为 $y(t)$ 的拉普拉斯变换。求解式（9－13）的拉普拉斯变换可得

$$s^2\mathbf{Y}-sy_0-\dot{y}_0+\omega_o^2\mathbf{Y}=0$$

可以改写为

$$Y(s)=\frac{s}{s^2+\omega_o^2}y_0+\frac{\dot{y}_0}{s^2+\omega_o^2}$$

根据拉普拉斯变换的倒数得到解法

$$y(t)=y_0\cos\omega_o t+\frac{\dot{y}_0}{\omega_o}\sin\omega_o t \tag{9-14}$$

我们看见，非外力作用的平面外运动是正弦曲线，这就意味着它总是有界线的。这是有道

理的，因为平面外的运动是由领导者和跟随者卫星的轨道平面差异形成的（在前文提到是由倾斜角和/或升交点赤经不同造成的），如图 9-4 所示。

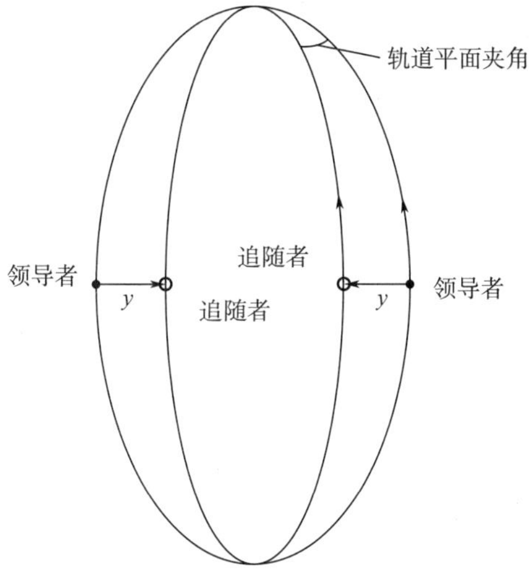

图 9-4　平面外的相对运动

9.2.2　平面内的运动

我们现在将注意力回到领导者轨道平面内的相对运动上。根据式（9-11），方程可以求解得

$$\ddot{x} + 2\omega_o \dot{z} = 0\text{，初始条件 } x(0) = x_0\text{，}\dot{x}(0) = \dot{x}_0$$
$$\ddot{z} - 2\omega_o \dot{x} - 3\omega_o^2 z = 0\text{，初始条件 } z(0) = z_0\text{，}\dot{z}(0) = \dot{z}_0 \tag{9-15}$$

此处有一对耦合的二阶常微分方程。对于平面外的方程，有许多方法可以使用。将式（9-15）中的第一个方程积分得到

$$\int_0^t \ddot{x}\,\mathrm{d}\tau + 2\omega_0 \int_0^t \dot{z}\,\mathrm{d}\tau = 0$$

得到

$$\dot{x} = -2\omega_o z + \dot{x}_0 + 2\omega_o z_0 \tag{9-16}$$

将之代入式（9-15）的第二个方程得到

$$\ddot{z} - 3\omega_o^2 z - 2\omega_o(-2\omega_o z + \dot{x}_0 + 2\omega_o z_0) = 0$$

可以简化为

$$\ddot{z} + \omega_o^2 z = 2\omega_o \dot{x}_0 + 4\omega_o^2 z_0$$

根据拉普拉斯变换得到

$$s^2 Z - s z_0 - \dot{z}_0 + \omega_o^2 Z = \frac{2\omega_o \dot{x}_0}{s} + \frac{4\omega_o^2 z_0}{s}$$

可以改写为

$$Z = \frac{s}{s^2 + \omega_o^2} z_0 + \frac{4\omega_o^2}{s(s^2 + \omega_o^2)} z_0 + \frac{\dot{z}_0}{s^2 + \omega_o^2} + \frac{2\omega_o}{s(s^2 + \omega_o^2)} \dot{x}_0 \tag{9-17}$$

现在，接下来的部分分式法就很容易验证了，并且非常有必要

$$\frac{1}{s(s^2+\omega_o^2)}=\frac{1}{\omega_o^2 s}-\frac{s}{\omega_o^2(s^2+\omega_o^2)} \tag{9-18}$$

将式（9-18）代入式（9-17）得到

$$Z=\left(\frac{s}{s^2+\omega_o^2}+\frac{4}{s}-\frac{4s}{s^2+\omega_o^2}\right)z_0+\frac{\dot{z}_0}{s^2+\omega_o^2}+\frac{2}{\omega_o}\left(\frac{1}{s}-\frac{s}{s^2+\omega_o^2}\right)\dot{x}_0$$

求拉普拉斯变换的倒数并改写得到 $z(t)$ 的解法

$$z(t)=\left(4z_0+\frac{2\dot{x}_0}{\omega_o}\right)+\frac{\dot{z}_0}{\omega_o}\sin\omega_o t-\left(3z_0+\frac{2\dot{x}_0}{\omega_o}\right)\cos\omega_o t \tag{9-19}$$

回到式（9-16），根据进一步的积分

$$x(t)=x_0-2\omega_o\int_0^t z(\tau)\mathrm{d}\tau+(\dot{x}_0+2\omega_o z_0)t \tag{9-20}$$

积分式（9-19），我们得到

$$\int_0^t z(\tau)\mathrm{d}\tau=\left(4t-\frac{3\sin\omega_o t}{\omega_o}\right)z_0+\frac{\dot{z}_0}{\omega_o^2}(1-\cos\omega_o t)+\frac{2}{\omega_o}\left(t-\frac{\sin\omega_o t}{\omega_o}\right)\dot{x}_0$$

将之代入式（9-20）并重新整理为

$$x(t)=\left(x_0-\frac{2\dot{z}_0}{\omega_o}\right)-(3\dot{x}_0+6\omega_o z_0)t+\left(6z_0+\frac{4\dot{x}_0}{\omega_o}\right)\sin\omega_o t+\frac{2\dot{z}_0}{\omega_o}\cos\omega_o t \tag{9-21}$$

概括起来，平面内的运动可以用式（9-21）和式（9-19）描述。由于希尔参考系 x 轴指向领导者卫星轨道运动的方向，x 轴分量被称作延轨分量；而由于希尔参考系的 z 轴从领导者卫星轨道呈放射状向外，z 轴分量被称为径向分量。根据式（9-21）和式（9-19），平面内的相对运动是正弦曲线加上延轨和径向偏移以及延轨非周期性漂移。

为了达到边界的相对运动（以及之后的编队），非周期性漂移必须为零。要想做到这一点，式（9-21）中 t 的系数必须为零。也就是说，初始条件必须满足

$$\dot{x}_0=-2\omega_0 z_0 \tag{9-22}$$

9.2.3 平面内相对运动的替代描述

如前所述，平面内的运动可以分解为非周期性的和周期性的两部分。根据方程（9-21）和方程（9-19），非周期性的部分为

$$\begin{aligned}\overline{x}(t)&=\left(x_0-\frac{2\dot{z}_0}{\omega_o}\right)-(3\dot{x}_0+6\omega_o z_0)t\\ \overline{z}(t)&=\left(4z_0+\frac{2\dot{x}_0}{\omega_o}\right)\end{aligned} \tag{9-23}$$

同样地，周期性的部分为

$$\begin{aligned}x_p(t)&=2\left[\left(3z_0+\frac{2\dot{x}_0}{\omega_o}\right)\sin\omega_o t+\frac{\dot{z}_0}{\omega_o}\cos\omega_o t\right]\\ z_p(t)&=\frac{\dot{z}_0}{\omega_o}\sin\omega_o t-\left(3z_0+\frac{2\dot{x}_0}{\omega_o}\right)\cos\omega_o t\end{aligned} \tag{9-24}$$

因此，运用式（9－23）和式（9－24），平面内的运动［见式（9－21）和式（9－19）］可以写作

$$x(t)=\overline{x}(t)+x_p(t)$$
$$z(t)=\overline{z}(t)+z_p(t) \tag{9-25}$$

9.2.3.1　周期性部分

现在我们将注意力放到平面内相对运动的非周期性部分。我们将使用如下三角法的元素

$$A\sin\omega_o t+B\cos\omega_o t=(A^2+B^2)^{\frac{1}{2}}\cos(\omega_o t+\phi)$$

且

$$B\sin\omega_o t-A\cos\omega_o t=(A^2+B^2)^{\frac{1}{2}}\sin(\omega_o t+\phi)$$

此处

$$\sin\phi=\frac{-A}{(A^2+B^2)^{\frac{1}{2}}},\cos\phi=\frac{B}{(A^2+B^2)^{\frac{1}{2}}}$$

将上述等式应用于式（9－24），则相对运动的非周期性部分可以写作

$$x_p(t)=2P\cos(\omega_o t+\phi_0)$$
$$z_p(t)=P\sin(\omega_o t+\phi_0) \tag{9-26}$$

此处

$$P=\left[\left(3z_0+\frac{2\dot{x}_0}{\omega_o}\right)^2+\left(\frac{\dot{z}_0}{\omega_o}\right)^2\right]^{\frac{1}{2}} \tag{9-27}$$

且

$$\sin\phi_0=\frac{-\left(3z_0+\dfrac{2\dot{x}_0}{\omega_o}\right)}{P},\ \cos\phi_0=\frac{\dot{z}_0}{\omega_o P} \tag{9-28}$$

运用式（9－26），通过简单的计算可得出

$$\frac{x_p(t)^2}{(2P)^2}+\frac{z_p(t)^2}{P^2}=\cos^2(\omega_o t+\phi_0)+\sin^2(\omega_o t+\phi_0)=1$$

也就是说，相对运动的非周期性部分描绘了半长轴为 $2P$ 且半短轴为 P 的椭圆。

包括相对运动的周期性部分，追随者相对领导者的平面内的相对运动描绘了中心点位于 $\overline{x}(t)$、$\overline{z}(t)$ 的椭圆，如图 9－5 所示。很有意思的一点是，椭圆的形状是根据半长轴与半短轴的比率固定的，比值总是为 2。该椭圆有些时候被称作橄榄球轨道。

9.2.3.2　非周期性部分

现在我们来检测平面内相对运动的非周期性部分。根据式（9－23）的时间导数得到

$$\frac{d\overline{x}}{dt}=-(3\dot{x}_0+6\omega_o z_0)=-\frac{3\omega_o}{2}\overline{z},\frac{d\overline{z}}{dt}=0$$

这表明非周期性辐射偏移 $\overline{z}$ 为恒量。同样地，由于 $\dfrac{d\overline{x}}{dt}=-\dfrac{3\omega_o}{2}\overline{z}$，想要清除非周期性漂移

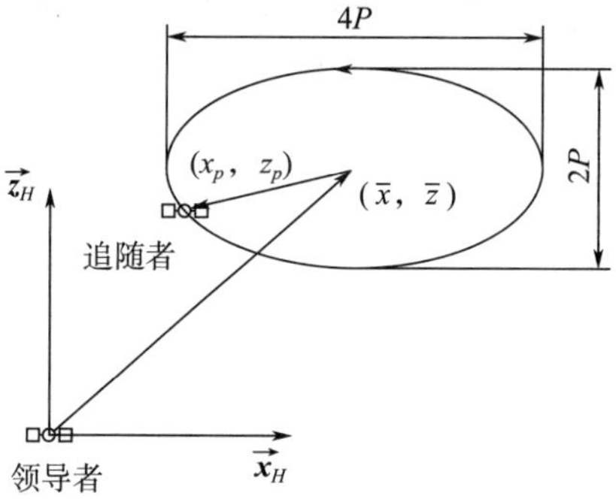

图 9-5　轨道内的相对运动

的唯一办法就是使得非周期性径向偏移 $\bar{z}=0$。这很容易理解，因为非零 $\bar{z}$ 意味着领导者和追随者之间存在半长轴差异（见图 9-6）。不同的半长轴代表不同的轨道周期。对于有界的相对运动，领导者和追随者两个航天器都必须拥有相同的轨道周期。

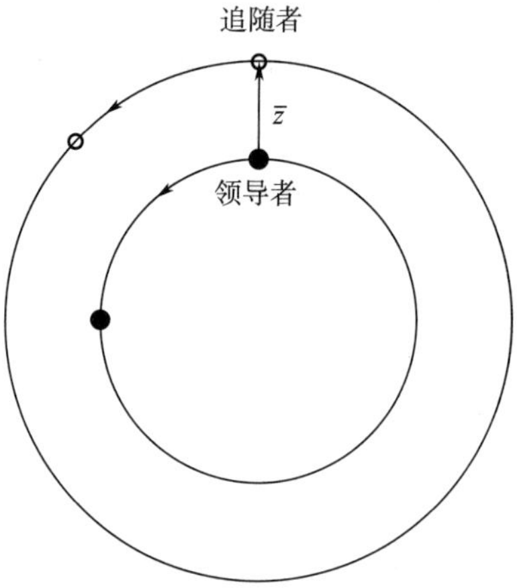

图 9-6　由半长轴差异导致的相对运动的非周期性部分

9.2.4　平面内相对运动的进一步检验

从 3.6 节到 3.8 节，我们看见能够替代以位置和速度描述轨道运动的一个选择是运用轨道要素，这对观察轨道更为有效，可以推导出从位置和速度转换到轨道要素的表达式，反之亦然。我们也可以用这个方法解决平面内的相对运动。正如我们刚才看见的，替代 x、z、$\dot{x}$ 和 $\dot{z}$ 的可选择方式为非周期性运动 $\bar{x}$、$\bar{z}$，以及给出橄榄球轨道的尺寸和相位 P 与 $\phi=\omega_o t+\phi_0$。到目前为止，我们已经根据初始条件了解了这些数值。然而，由于运动方程是不变的（并不由时间来决定），基准 $t=0$ 可以被任意选定。特别地，这就意味着我们可以通过运用现有的 $x(t)$、$z(t)$、$\dot{x}(t)$ 和 $\dot{z}(t)$ 的值取代式（9-23）、式（9-27）和式（9-28）中的初始条件 x_0、z_0、$\dot{x}_0$ 和 $\dot{z}_0$ 并设 $\bar{x}(t)$ 右侧的表达式为 $t=0$ 来获得 $\bar{x}$、$\bar{z}$、P 且 $\phi(t)=\omega_o t+\phi_0$。也就是说

$$\overline{x}(t)=x(t)-\frac{2\dot{z}(t)}{\omega_o}$$

$$\overline{z}(t)=4z(t)+\frac{2\dot{x}(t)}{\omega_o}$$

$$P=\left\{\left[3z(t)+\frac{2\dot{x}(t)}{\omega_o}\right]^2+\left[\frac{\dot{z}(t)}{\omega_o}\right]^2\right\}^{\frac{1}{2}} \tag{9-29}$$

$$\sin\phi(t)=\frac{-\left[3z(t)+\dfrac{2\dot{x}(t)}{\omega_o}\right]}{P}$$

$$\cos\phi(t)=\frac{\dot{z}(t)}{\omega_o P}$$

现在我们将要证明 $\overline{z}(t)$ 的方程与之前根据初始条件做出的定义相符。

考虑时间导数

$$\frac{\mathrm{d}}{\mathrm{d}t}\left(4z+\frac{2\dot{x}}{\omega_o}\right)=4\dot{z}+\frac{2\ddot{x}}{\omega_o}$$

将 $\ddot{x}$ 代入运动方程式（9-15）得

$$\frac{\mathrm{d}}{\mathrm{d}t}\left(4z+\frac{2\dot{x}}{\omega_o}\right)=0$$

求积分得

$$\int_0^t\frac{\mathrm{d}}{\mathrm{d}\tau}\left(4z+\frac{2\dot{x}}{\omega_o}\right)\mathrm{d}\tau=0$$

得到

$$4z(t)+\frac{2\dot{x}(t)}{\omega_o}=4z_0+\frac{2\dot{x}_0}{\omega_o}$$

这表明式（9-29）中以当前位置和速度表达的 $\overline{z}$ 与式（9-23）中根据初始条件所得出的表达式一致。式（9-29）中其他的表达式可以进行相似的推导（可以试着练习）。

总结

简而言之，相对的平面内运动可以被描述为

$$\begin{aligned}x(t)&=\overline{x}(t)+2P\cos\phi(t)\\z(t)&=\overline{z}(t)+P\sin\phi(t)\end{aligned} \tag{9-30}$$

此处

$$\overline{x}(t)=x(t)-\frac{2\dot{z}(t)}{\omega_o}$$

$$\overline{z}(t)=4z(t)+\frac{2\dot{x}(t)}{\omega_o}$$

$$P=\left\{\left[3z(t)+\frac{2\dot{x}(t)}{\omega_o}\right]^2+\left[\frac{\dot{z}(t)}{\omega_o}\right]^2\right\}^{1/2}$$

$$\sin\phi(t)=\frac{-\left[3z(t)+\frac{2\dot{x}(t)}{\omega_o}\right]}{P}$$

$$\cos\phi(t)=\frac{\dot{z}(t)}{\omega_o P}$$

9.2.5 平面外的运动——回顾

我们已知平面外的相对运动为

$$y(t)=y_0\cos\omega_o t+\frac{\dot{y}_0}{\omega_o}\sin\omega_o t$$

与平面内的周期运动相似，也可以改写为

$$y(t)=Q\sin(\omega_o t+\alpha_0) \tag{9-31}$$

此处

$$Q=\left[y_0^2+\left(\frac{\dot{y}_0}{\omega_o}\right)^2\right]^{1/2},\ \sin\alpha_0=\frac{y_0}{Q},\ \cos\alpha_0=\frac{\dot{y}_0}{\omega_o Q}$$

同样地，正如平面内的周期性运动，振幅 Q 可以根据任何时间的相对位置和速度计算得出

$$Q=\left\{y(t)^2+\left[\frac{\dot{y}(t)}{\omega_o}\right]^2\right\}^{1/2} \tag{9-32}$$

相似地，相位 $\alpha(t)=\omega_o t+\alpha_0$ 可以根据如下步骤计算得出

$$\sin\alpha(t)=\frac{y(t)}{Q},\ \cos\alpha(t)=\frac{\dot{y}(t)}{\omega_o Q}$$

现在我们论证：上述 $\alpha(t)$ 的方程与之前根据初始条件所规定的方程一致。根据关系式 $\sin\beta(t)=\frac{y(t)}{Q}$ 和 $\cos\beta(t)=\frac{\dot{y}(t)}{\omega_o Q}$ 规定角 $\beta(t)$，此处 $Q=\left\{y(t)^2+\left[\frac{\dot{y}(t)}{\omega_o}\right]^2\right\}^{1/2}$。注意，我们还没有完成 $\alpha(t)$ 的等式，所以我们称之为 $\beta(t)$。当时间 $t=0$ 时，我们得出

$$\sin\beta(0)=\frac{y(0)}{Q}\ \text{且}\ \cos\beta(0)=\frac{\dot{y}(0)}{\omega_o Q}$$

此处根据 α_0 的定义得出 $\beta(0)=\alpha_0$。现在，求时间导数

$$\frac{\mathrm{d}}{\mathrm{d}t}[\cos\beta(t)]=-\dot{\beta}\sin\beta=\frac{\ddot{y}(t)}{\omega_o Q}$$

注意，我们已经使用了 Q 为恒定的事实（虽然我们还没有演示它）。调整可得

$$\dot{\beta} = -\frac{\ddot{y}(t)}{\omega_o Q \sin\beta}$$

根据其定义代入 $\sin\beta$ ，并代入运动方程（9－13）给出 $\ddot{y}$ 得到

$$\dot{\beta} = -\frac{(-\omega_o^2 y)}{\omega_o Q \dfrac{y(t)}{Q}} = \omega_o$$

求积分得到

$$\int_0^t \dot{\beta} \mathrm{d}\tau = \int_0^t \omega_o \mathrm{d}\tau$$

得出

$$\beta(t) = \beta(0) + \omega_o t$$

由于已经建立了 $\beta(0) = \alpha_0$，我们得到

$$\beta(t) = \alpha(t) = \alpha_0 + \omega_o t$$

如若需要，Q 的关系式可以进行相似推导（试着练习）。

9.3　关联轨道的特殊类型

9.3.1　沿轨轨道

我们从平面内和平面外运动的解决方案注意到［方程（9－30）和方程（9－31）］：如果我们不想要任何周期性的相对运动，则振幅 P 和 Q 必须等于零。根据式（9－29），要求 $P = 0$ 意味着

$$3z(t) + \frac{2\dot{x}(t)}{\omega_o} = 0, \frac{\dot{z}(t)}{\omega_o} = 0$$

另外，我们需要保证不发生非周期性的漂移。如 9.2.3.2 节所示，这就意味着我们必须使 $\bar{z} = 0$，根据式（9－29）得到

$$4z(t) + \frac{2\dot{x}(t)}{\omega_o} = 0$$

唯一可以使上述三个方程同时满足的途径就是

$$\dot{x} = \dot{z} = z = 0$$

也就是说，有界非周期性平面内运动的唯一可能条件是

$$x(t) = 常数$$

$$z(t) = 0$$

这在物理上意味着领导者和追随者轨道是半径相同的圆形。唯一的区别就是导致恒量 $x(t)$（延轨）偏移的真近点角。

根据式（9－32）条件 $Q = 0$ 意味着

$$y(t) = 0$$

也就是说，此处没有平面外的运动。这在物理上就意味着领导者和追随者轨道具有相同的轨道倾角和升交点的赤经。这样的关联轨道就被称为沿轨关联轨道（ATO），如图 9－7 所示。

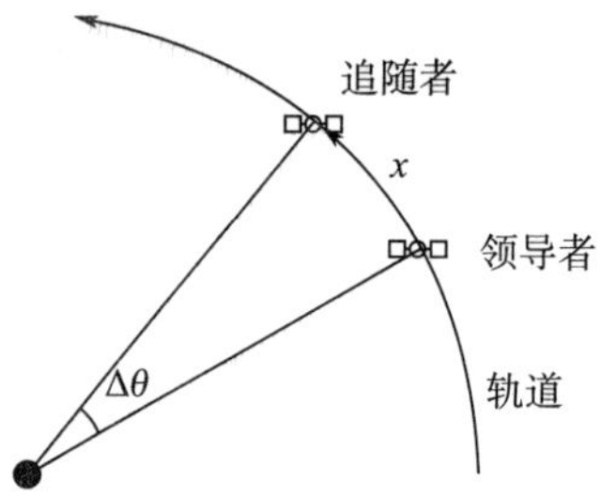

图 9-7 沿轨关联轨道

9.3.2 投影为椭圆的轨道

由于 $\vec{x}_H$ -$\vec{y}_H$ 平面的下方正对着地球（经常会被观察到），在该平面上相对运动的投影备受关注。如 9.2 节所示，自然相对运动中 $\vec{x}_H$ 和 $\vec{y}_H$ 分量可以分别被写作

$$x(t)=\overline{x}(0)-\frac{3\omega_o}{2}\overline{z}(0)t+2P\cos(\omega_o t+\phi_0) \tag{9-33}$$

且

$$y(t)=Q\sin(\omega_o t+\alpha_0) \tag{9-34}$$

此处

$$\overline{x}(0)=x_0-\frac{2\dot{z}_0}{\omega_o}$$

$$\overline{z}(0)=4z_0+\frac{2\dot{x}_0}{\omega_o}$$

$$P=\left[\left(3z_0+\frac{2\dot{x}_0}{\omega_o}\right)^2+\left(\frac{\dot{z}_0}{\omega_0}\right)^2\right]^{\frac{1}{2}}$$

$$\sin\phi_0=\frac{-\left(3z_0+\dfrac{2\dot{x}_0}{\omega_o}\right)}{P}$$

$$\cos\phi_0=\frac{\dot{z}_0}{\omega_o P}$$

$$Q=\left[y_0^2+\left(\frac{\dot{y}_0}{\omega_o}\right)^2\right]^{\frac{1}{2}}$$

$$\sin\alpha_0=\frac{y_0}{Q}$$

$$\cos\alpha_0=\frac{\dot{y}_0}{\omega_o Q}$$

选择合适的初始条件，我们可以得到相对运动，其投影在 $\vec{x}_H$ -$\vec{y}_H$ 上为 P 和 Q 所规定大小的椭圆。这被称为投影为椭圆的轨道（PEO）。我们看看如何做到这一点。

首先，相对运动必须是有界的（没有非周期性漂移）。因此，必须保证

$$\overline{z}(0)=4z_0+\frac{2\dot{x}_0}{\omega_o}=0$$

这可以简化为

$$\dot{x}_0=-2\omega_o z_0 \tag{9-35}$$

接下来，椭圆的中心必须在原点上，也就是说

$$\overline{x}(0)=x_0-\frac{2\dot{z}_0}{\omega_o}=0$$

意味着

$$\frac{\dot{z}_0}{\omega_o}=\frac{x_0}{2} \tag{9-36}$$

将它们代入振幅 P 和初始相位 ϕ_0 的表达式，得到

$$P=\left\{\left[3z_0+\frac{2}{\omega_o}(-2\omega_o z_0)\right]^2+\left(\frac{x_0}{2}\right)^2\right\}^{\frac{1}{2}}$$
$$=\left[z_0^2+\left(\frac{x_0}{2}\right)^2\right]^{\frac{1}{2}}$$

且

$$\sin\phi_0=\frac{z_0}{P}，\cos\phi_0=\frac{x_0}{2P} \tag{9-37}$$

因此，通过选择合适的 x_0 和 z_0，我们可以确定尺寸 P 和初始相位 ϕ_0。

我们可以从式（9-33）和式（9-34）看出，对于用投影的关联运动来描绘椭圆，初始相位必须满足

$$\alpha_0=\phi_0 \text{ 或 } \alpha_0=\phi_0+\pi$$

这就意味着要么

$$\sin\alpha_0=\sin\phi_0 \text{ 且 } \cos\alpha_0=\cos\phi_0$$

要么

$$\sin\alpha_0=-\sin\phi_0 \text{ 且 } \cos\alpha_0=-\cos\phi_0$$

根据初始条件，这就意味着

$$\frac{y_0}{Q}=\frac{z_0}{P} \text{ 且 } \frac{\dot{y}_0}{\omega_0 Q}=\frac{x_0}{2P} \tag{9-38}$$

或

$$\frac{y_0}{Q}=-\frac{z_0}{P} \text{ 且 } \frac{\dot{y}_0}{\omega_o Q}=-\frac{x_0}{2P} \tag{9-39}$$

现在我们可以得出满足这些初始条件的投影运动是一个椭圆。根据式（9-33）和式（9-34），当 $\alpha_0=\phi_0$ 或 $\alpha_0=\phi_0+\pi$ 时

$$\frac{x(t)^2}{4P^2}+\frac{y(t)^2}{Q^2}=\cos^2(\omega_o t+\phi_0)+\sin^2(\omega_o t+\alpha_0)=1$$

显然，当 $2P>Q$ 时，$2P$ 为半长轴且 Q 为半短轴。当 $2P<Q$ 时，则角色对调。

总结

简而言之，给定半长轴和半短轴分别为 $2P$ 和 Q 的理想的 PEO（或反之亦然），且给定初始相位为 ϕ_0，则初始条件也许可得如下：

1）根据式（9－37），$x_0=2P\cos\phi_0$ 且 $z_0=P\sin\phi_0$；

2）根据式（9－35）和式（9－36），$\dot{x}_0=-2\omega_o z_0$ 且 $\dot{z}_0=\omega_o x_0/2$；

3）根据式（9－38），$y_0=Qz_0/P$ 且 $\dot{y}_0=\omega_o Qx_0/(2P)$。

9.3.3 投影为圆形的轨道

投影为椭圆的轨道的特例为投影的运动为圆形，这被称为投影为圆形的轨道（PCO）。在这种情况下，投影的半长轴和半短轴必须相等，即

$$2P=Q$$

这就意味着投影圆形轨道的半径为 $R=2P$。

匹配式（9－38）和式（9－39）条件的相位演变为

$$y_0=\frac{z_0Q}{P}=2z_0 \text{ 且 } \dot{y}_0=\frac{\omega_o x_0 Q}{2P}=\omega_o x_o \tag{9-40}$$

或

$$y_0=-2z_0 \text{ 且 } \dot{y}_0=-\omega_o x_o \tag{9-41}$$

从观测者的视角来看沿着 $\vec{z}_H$ 轴的编队，追随者看上去好像是沿着半径为 R 的圆形轨道围绕领导者运动。

总结

简而言之，给出特定半径为 R、初始相位为 ϕ_0 的理想 PCO，初始条件可能根据如下步骤得到：

1）式（9－37）中，$x_0=R\cos\phi_0$ 且 $z_0=\frac{R}{2}\sin\phi_0$。

2）式（9－35）和式（9－36）中，$\dot{x}_0=-2\omega_o z_0$ 且 $\dot{z}_0=\omega_o x_0/2$。

3）式（9－40）中，$y_0=2z_0$ 且 $\dot{y}_0=\omega_o x_0$。

9.4 注释

本章对航天器编队飞行的课题做出了简要的介绍。在这一过程中，我们做了大量简化的假设，特别是忽视了作用于航天器的扰动力，且领导者航天器是在圆形的轨道。我们也完全没有考虑航天器编队的控制问题。近年来，航天器编队飞行已经成为一个广受关注的主题，并且有大量可公开获得的文献。具体的研究成果可以在阿尔弗林德等人（Alfriend et al.，2010）的著作中找到，这是该领域出版的第一部综合性图书。

参考文献

[1] Alfriend KT, Vadali SR, Gurfil P, How JP and Breger LS 2010 Spacecraft Formation Flying: Dynamics, control and navigation. Elsevier, Burlington, MA.

第 10 章　受限制的三体问题

10.1　问题的形成

假设图 10-1 中 3 个质点互相产生引力作用。

假设：

1) m_3 作用于 m_2 和 m_1 的引力效应可以忽略。这就允许采用二体的方法解决 m_1 和 m_2 的运动问题。

2) m_1 和 m_2 的二体运动相对其共同的质心是圆周运动。

3) m_3 的初始位置和速度位于 m_1 和 m_2 二体运动的平面内。因此，m_3 也位于该平面内。

可以用太阳—行星—月球系统以及地球—月球—航天器系统举例说明。我们应当在地球—月球—航天器系统看待这个限制性问题。在这一案例中，我们规定 m_1 为地球的质量，而 m_2 为月球的质量。$\mathcal{F}_I$ 的原点置于它们的质心。

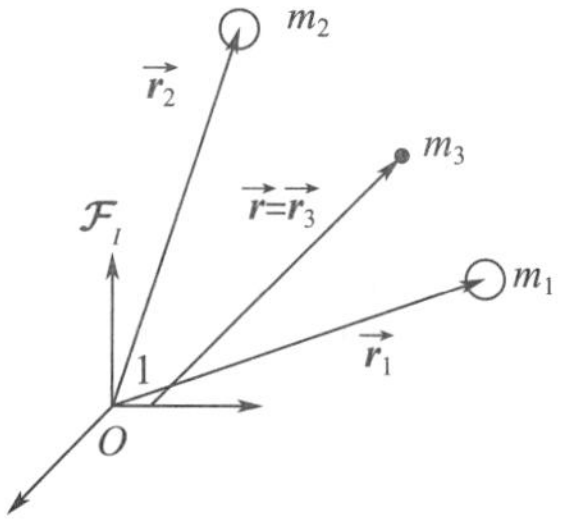

图 10-1　三体问题

这种形式的限制性三体问题更准确的名称应该是圆周限制性三体问题，但是由于我们本身就只讨论圆周运动的情形，所以我们可以将“圆周”一词从标题中划去。现在考虑图 10-2 的情形。这里，$X-Y$ 是中心点位于地球—月球质心的惯性坐标系。坐标系 $x-y$ 指的是在以地球—月球系统运动的角速度旋转的参考系中 m_3 的位置

$$\omega=\sqrt{G(m_1+m_2)/r_{12}^3},r_{12}=r_1+r_2$$

此处，我们已经介绍了地球和月球之间的距离 r_{12}。需要注意的是，由于原点位于质心，有

$$m_1 r_1 = m_2 r_2$$

$$r_1 = \frac{m_2}{m_1 + m_2} r_{12}$$

$$r_2 = \frac{m_1}{m_1 + m_2} r_{12}$$

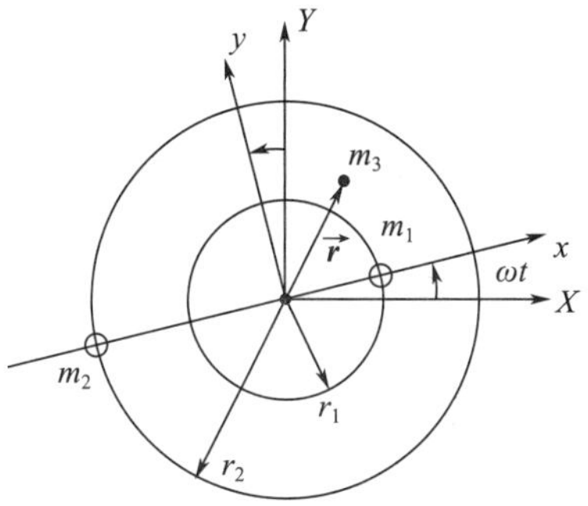

图 10-2　限制性三体运动问题

给出 m_3 的位置以及 $x-y$ 参考系的角速度

$$\vec{r} = x\vec{x}_1 + y\vec{y}_1$$

$$\vec{\omega} = \omega \vec{z}_1$$

我们确定 m_3 的加速度，在旋转参考系中表达为

$$\ddot{\vec{r}} = \overset{\circ\circ}{\vec{r}} + 2\vec{\omega} \times \overset{\circ}{\vec{r}} + \vec{\omega} \times (\vec{\omega} \times \vec{r})$$

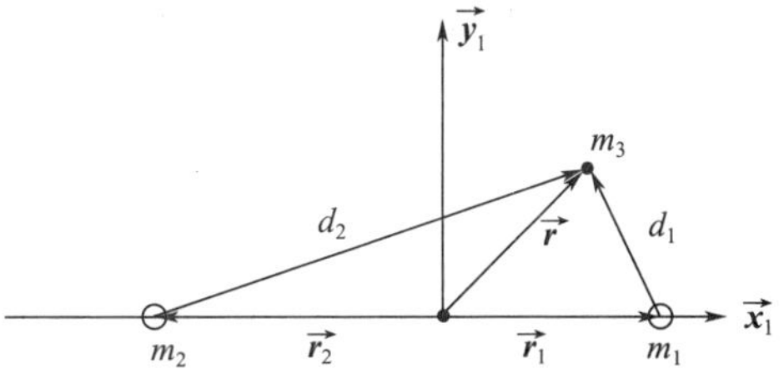

图 10-3　三体问题几何建模

此处

$$\overset{\circ\circ}{\vec{r}} = \ddot{x}\vec{x}_1 + \ddot{y}\vec{y}_1$$

$$\vec{\omega} \times \overset{\circ}{\vec{r}} = -\dot{y}\omega\vec{x}_1 + \dot{x}\omega\vec{y}_1$$

$$\vec{\omega} \times (\vec{\omega} \times \vec{r}) = -\omega^2 x\vec{x}_1 - \omega^2 y\vec{y}_1$$

因此，m_3 的加速度为

$$\ddot{\vec{r}} = (\ddot{x} - 2\dot{y}\omega - \omega^2 x)\vec{x}_1 + (\ddot{y} + 2\dot{x}\omega - \omega^2 y)\vec{y}_1 \tag{10-1}$$

m_1 作用于 m_3 的万有引力（单位质量）为

$$\begin{aligned}\vec{f}_1 &= -\frac{Gm_1}{d_1^3}(\vec{r} - \vec{r}_1) \\ &= -\frac{Gm_1}{d_1^3}[(x - r_1)\vec{x}_1 + y\vec{y}_1]\end{aligned} \tag{10-2}$$

此处 $d_1 = \sqrt{(x - r_1)^2 + y^2}$。$m_2$ 作用于 m_3 的万有引力（单位质量）为

$$\begin{aligned}\vec{f}_2 &= -\frac{Gm_2}{d_2^3}(\vec{r} - \vec{r}_2) \\ &= -\frac{Gm_2}{d_2^3}[(x + r_2)\vec{x}_1 + y\vec{y}_1]\end{aligned} \tag{10-3}$$

此处 $d_2 = \sqrt{(x + r_2)^2 + y^2}$。

10.1.1 运动方程

m_3 的牛顿第二定律为

$$\ddot{\vec{r}} = \vec{f}_1 + \vec{f}_2$$

运用方程（10－1）～式（10－3），我们得到

$$\ddot{x} - 2\dot{y}\omega - \omega^2 x = -\frac{Gm_1}{d_1^3}(x - r_1) - \frac{Gm_2}{d_2^3}(x + r_2) = f(x, y) \tag{10-4}$$

$$\ddot{y} + 2\dot{x}\omega - \omega^2 y = -G\left[\frac{m_1}{d_1^3} + \frac{m_2}{d_2^3}\right]y = g(x, y) \tag{10-5}$$

这些是不同的方程所支配的旋转系统中的航天器运动。给出初始条件 $x(0)$、$y(0)$、$\dot{x}(0)$ 和 $\dot{y}(0)$，$x(t)$ 和 $y(t)$ 的一个特定的解决方案可以通过数学上的方法确定。庞加莱(Poincaré) 已经证实：不存在分析解法。

10.2 拉格朗日点

让我们来看看方程（10－4）和方程（10－5）的平衡解法，这是 x 和 y 的恒定解法，因此 $\dot{x} = \dot{y} = \ddot{x} = \ddot{y} = 0$。将此代入方程（10－4）和方程（10－5）得到

$$-\omega^2 x = -G\left[\frac{m_1}{d_1^3}(x - r_1) + \frac{m_2}{d_2^3}(x + r_2)\right] = f(x, y) \tag{10-6}$$

$$-\omega^2 y = -G\left(\frac{m_1}{d_1^3} + \frac{m_2}{d_2^3}\right)y = g(x, y) \tag{10-7}$$

这些代表了在两个未知的 x 和 y 中的两个非线性方程。根据方程（10－7），我们得到

$$\left(G\frac{m_1}{d_1^3} + G\frac{m_2}{d_2^3} - \omega^2\right)y = 0$$

因此，我们必然得到

$$\text{情况 } 1: y = 0 \tag{10-8}$$

或

$$情况\ 2:G\left(\frac{m_1}{d_1^3}+\frac{m_2}{d_2^3}\right)=\omega^2 \tag{10-9}$$

10.2.1　情况 1

由于 $y=0$，$d_1=|x-r_1|$ 且 $d_2=|x+r_2|$，将之代入式（10－6）得到

$$\omega^2 x=\frac{Gm_1(x-r_1)}{|x-r_1|^3}+\frac{Gm_2(x+r_2)}{|x+r_2|^3}$$

在地球—月球系统中该方程有 3 个实根 $[m_2/(m_1+m_2)=0.012\ 13]$，即

$$L_1 \Rightarrow x=-0.838 r_{12}$$

$$L_2 \Rightarrow x=-1.156 r_{12}$$

$$L_3 \Rightarrow x=1.005 r_{12}$$

符号 L 表示拉格朗日（拉格朗日点的发现者）。

10.2.2　情况 2

根据式（10－9）

$$\frac{Gm_1}{d_1^3}+\frac{Gm_2}{d_2^3}=\omega^2=\frac{G(m_1+m_2)}{r_{12}^3}$$

假设 $d_1=d_2$，则意味着

$$d_1^3=d_2^3=\frac{G(m_1+m_2)}{\omega^2}=r_{12}^3$$

因此

$$d_1=d_2=r_1+r_2$$

注意，选择 d_1 和 d_2 会把式（10－6）化简为 $m_1r_1-m_2r_2=0$，这是一个等式。该解决方案对应于 L_4 和 L_5，即三角形或等边三角形平动点。它们与 L_1、L_2 和 L_3 共同表示在地球—月球系统，如图 10－4 所示。

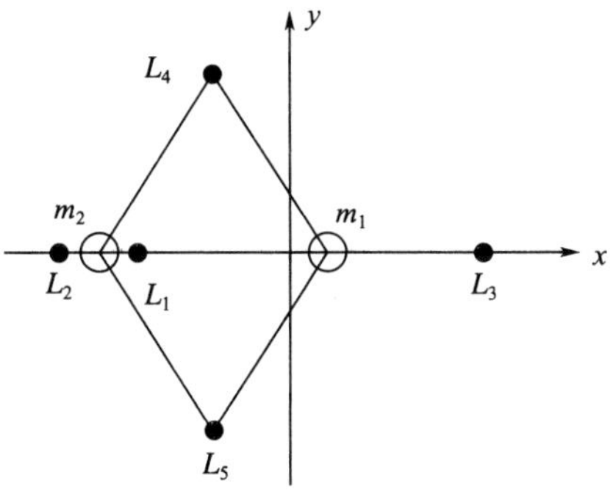

图 10－4　拉格朗日点

L_1，…，L_5 与相对速度和加速度为零的点一致。位于这些点上的小的质点关于地球和月球是相对静止的。

10.3 拉格朗日点的稳定性

令 (x_e, y_e) 记作拉格朗日点的组件，扩展为

$$\begin{bmatrix} x(t) \\ y(t) \end{bmatrix} = \begin{bmatrix} x_e \\ y_e \end{bmatrix} + \begin{bmatrix} \delta x(t) \\ \delta y(t) \end{bmatrix} \tag{10-10}$$

此处 δx 和 δy 代表微小扰动。线性化得出线性微分方程，其稳定性可以通过特征值分析进行测试。接下来讲解这一途径。

将方程（10-10）代入方程（10-4）和方程（10-5）得到

$$\delta\ddot{x} - 2\omega\delta\dot{y} - \omega^2(x_e + \delta x) = f(x_e + \delta x, y_e + \delta y) \tag{10-11}$$

$$\delta\ddot{y} + 2\omega\delta\dot{x} - \omega^2(y_e + \delta y) = g(x_e + \delta x, y_e + \delta y) \tag{10-12}$$

线性处理等式右侧，得到

$$f(x_e + \delta x, y_e + \delta y) \doteq f(x_e, y_e) + \underbrace{\frac{\partial f}{\partial x}(x_e, y_e)}_{A}\delta x + \underbrace{\frac{\partial f}{\partial y}(x_e, y_e)}_{B}\delta y$$

$$g(x_e + \delta x, y_e + \delta y) \doteq g(x_e, y_e) + \underbrace{\frac{\partial g}{\partial x}(x_e, y_e)}_{C}\delta x + \underbrace{\frac{\partial g}{\partial y}(x_e, y_e)}_{D}\delta y$$

将这些表达式代入方程（10-11）和方程（10-12），同时注意：由于 (x_e, y_e) 满足方程（10-6）及方程（10-7），即

$$-\omega^2 x_e = f(x_e, y_e)$$

$$-\omega^2 y_e = g(x_e, y_e)$$

我们进行下列步骤

$$\delta\ddot{x} - 2\omega\delta\dot{y} - (\omega^2 + A)\delta x - B\delta y = 0 \tag{10-13}$$

$$\delta\ddot{y} + 2\omega\delta\dot{x} - C\delta x - (\omega^2 + D)\delta y = 0 \tag{10-14}$$

由于这些都是恒定系数微分方程，我们应当寻求如下形式的解决方案

$$\begin{bmatrix} \delta x(t) \\ \delta y(t) \end{bmatrix} = \begin{bmatrix} \bar{x} \\ \bar{y} \end{bmatrix} e^{\lambda t} \tag{10-15}$$

将之代入方程（10-13）和方程（10-14）产生

$$\underbrace{e^{\lambda t}\begin{bmatrix} \lambda^2 - \omega^2 - A & -2\omega\lambda - B \\ 2\omega\lambda - C & \lambda^2 - \omega^2 - D \end{bmatrix}}_{\boldsymbol{T}(\lambda)} \begin{bmatrix} \bar{x} \\ \bar{y} \end{bmatrix} = \begin{bmatrix} 0 \\ 0 \end{bmatrix}$$

对于非平凡解 $[\bar{x} \quad \bar{y}] \neq [0 \quad 0]$，我们必然得出行列式 $\det\boldsymbol{T}(\lambda) = 0$，这就导致四阶 λ 方程式

$$\lambda^4 + (2\omega^2 - A - D)\lambda^2 + 2\omega(B - C)\lambda + (\omega^2 + A)(\omega^2 + D) - BC = 0$$

用 $\{\lambda_1, \lambda_2, \lambda_3, \lambda_4\}$ 表示方程的根，稳定性等同于临时解法 $e^{\lambda_i t}$ 或 $\mathrm{Re}\{\lambda_i\} \leqslant 0$，$i = 1, \cdots, 4$ 的边界（当 $\mathrm{Re}\{\lambda_i\} = 0$ 时，我们也需要不同的根）。如果任何一个根满足 $\mathrm{Re}\{\lambda_i\} > 0$，则平衡点是不稳定的。

10.3.1　注释

1）可以表明，L_1、L_2、L_3 是不稳定的。

2）三角形的点 L_4 和 L_5 是稳定的。也就是说，在 L_4 和 L_5 附近的小幅运动也会停留在 L_4 和 L_5 附近。对于限制性问题，L_4 和 L_5 的稳定特性只有在满足如下条件时才会实现

$$\frac{m_2}{m_1+m_2}<0.038\ 5 \text{ 或} \frac{m_2}{m_1+m_2}>0.961\ 5$$

对于地球—月球系统，$m_2/(m_1+m_2)=0.012\ 13$（这是这一质量比率在太阳系中的最大值）。

3）太阳—木星体系的 L_4 和 L_5 点包括了特洛伊小行星。航海者在土星系统卫星三角点里发现了几个目标。

4）当将太阳的影响考虑进去时，地球—月球三角点实际上是不稳定的。

10.4　雅可比积分

对于二体问题，我们可以建立一些非常有用的运动恒量

$$\varepsilon=\frac{1}{2}v^2-\mu/r$$

$$\vec{\boldsymbol{h}}=\vec{\boldsymbol{r}}\times\vec{\boldsymbol{v}}$$

$$\vec{\boldsymbol{p}}=m_1\vec{\boldsymbol{v}}_1+m_2\vec{\boldsymbol{v}}_2$$

对于限制性的三体问题，只有一个准确的守恒定律。考虑方程（10-4）和方程（10-5）。用 $\dot{x}$ 乘以方程（10-4）并用 $\dot{y}$ 乘以方程（10-5），得出

$$\dot{x}\ddot{x}+\dot{y}\ddot{y}-\omega^2(x\dot{x}+y\dot{y})=-G\left[\frac{m_1}{d_1^3}(x-r_1)\dot{x}+\frac{m_2}{d_2^3}(x+r_2)\dot{x}+\left(\frac{m_1}{d_1^3}+\frac{m_2}{d_2^3}\right)y\dot{y}\right]$$

可以改写为

$$\frac{1}{2}\frac{\mathrm{d}}{\mathrm{d}t}[\dot{x}^2+\dot{y}^2-\omega^2(x^2+y^2)]=G\frac{\mathrm{d}}{\mathrm{d}t}\left(\frac{m_1}{d_1}+\frac{m_2}{d_2}\right)$$

或

$$\frac{\mathrm{d}}{\mathrm{d}t}\left\{\frac{1}{2}[\dot{x}^2+\dot{y}^2-\omega^2(x^2+y^2)]-G\left(\frac{m_1}{d_1}+\frac{m_2}{d_2}\right)\right\}=0 \qquad (10-16)$$

规定势能类函数

$$\Upsilon(x,y)=G\left(\frac{m_1}{d_1}+\frac{m_2}{d_2}\right)+\frac{\omega^2}{2}(x^2+y^2)$$

方程（10-16）意味着

$$\frac{1}{2}(\dot{x}^2+\dot{y}^2)-\Upsilon(x,y)=C_J=\text{常值} \qquad (10-17)$$

这被称作雅可比积分，类似于二体问题的能量 ε。然而，由于 x 和 y 是在旋转参考系中测

量的，$\frac{1}{2}(\dot{x}^2+\dot{y}^2)$ 并非真实的动能。并且，$\Upsilon(x, y)$ 包括了真实动能和与“离心力” $\left[\frac{1}{2}\omega^2(x^2+y^2)\right]$ 逆向的作用。

C_J 的值（雅克比为恒量）由初始条件 $x(0)$、$y(0)$、$\dot{x}(0)$ 和 $\dot{y}(0)$ 决定。

10.4.1 希尔的曲线

雅可比的积分［方程（10－17）］可以被改写为

$$\Upsilon(x,y)+C_J=\frac{1}{2}(\dot{x}^2+\dot{y}^2)\geqslant 0 \tag{10-18}$$

因此，$\Upsilon(x, y)\geqslant -C_J$ 规定了当给定 C_J 值的时候，(x, y) 在 $x-y$ 平面内的容许值。(x, y) 的值并非物理上可获得的（禁区）

$$\Upsilon(x,y)<-C_J$$

容许区和禁区之间的边界满足

$$\Upsilon(x,y)+C_J=0 \tag{10-19}$$

表示 C_J 量值的这些曲线被称作希尔的曲线。根据方程（10－18）和方程（10－19），我们看到它们同样是相对速度为零（$\dot{x}=\dot{y}=0$）的曲线。

10.4.2 对图 10－5 的注释

1）运动在物理学上是可能出现在地球或月球附近的。这在本质上是地球或月球的二体轨道。由于二体运动有可能距离两者的初始位置都很远，运动发生于较大的圆外是可能的。注意，地球和月球之间的飞行是不可能的。

2）对于 C_J 这一值，地球和月球之间的运动是可能的。如果航天器以相对速度为零抵达 L_1，则它将继续以这种状态抵达月球。这符合转移到月球的最小能耗。

3）现在，内部和外部可接近的区域于 L_2 处交界，则从地球—月球系统逃逸是可能的。这是最小能耗逃逸策略并且要求近月飞行。

4）由于 C_J 的增加，L_2 处的开口进一步扩大并且逃逸有可能经过更为宽阔的走廊。

5）对于 C_J 这一值，内部和外部的曲线于 L_3 处交界。禁区依旧包围着 L_4 和 L_5。

6）由于 C_J 增长得更加迅速，包裹着禁区（且包裹着 L_4 和 L_5）的泪滴状区域不断收缩直至它们在 L_4 和 L_5 处消失。三角点是在 $x-y$ 平面内抵达目的地耗能最高的点。

10.5 注释

本章提供了圆形限制性三体运动问题的概要介绍，尤其将注意力集中于轨道平面内 m_1 和 m_2 的运动，假设其轨道是圆形的。限制性三体运动问题进一步的处理可以在巴廷（Battin，1999）、肖布和琼金斯（Schaub and Junkins，2003）、维（Wie，2008）的著作中找到。

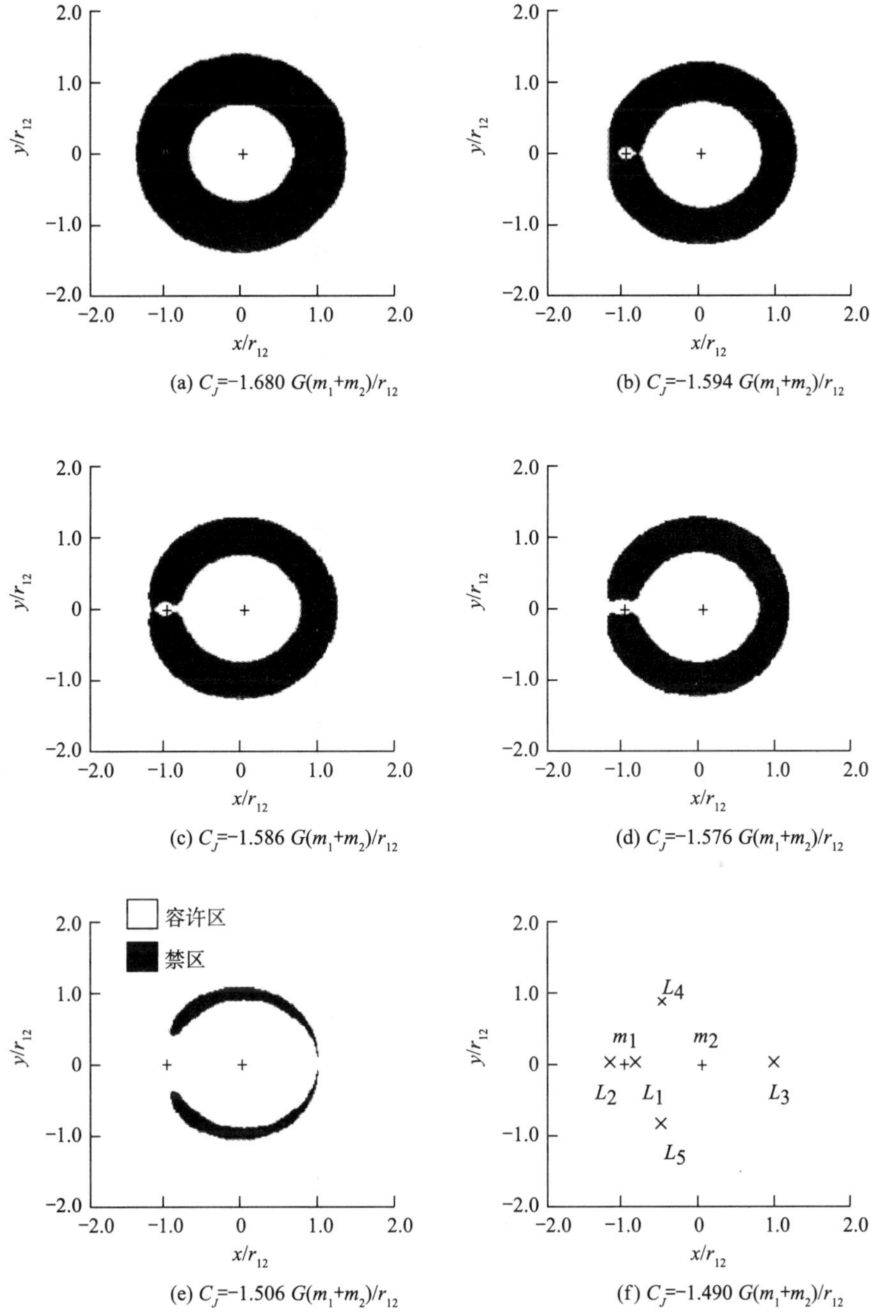
容许区
禁区
y/r_{12}
x/r_{12}
2.0
1.0
0
−1.0
−2.0
m_1
m_2
L_1
L_2
L_3
L_4
L_5
(a) C_J=−1.680 $G(m_1+m_2)/r_{12}$
(b) C_J=−1.594 $G(m_1+m_2)/r_{12}$
(c) C_J=−1.586 $G(m_1+m_2)/r_{12}$
(d) C_J=−1.576 $G(m_1+m_2)/r_{12}$
(e) C_J=−1.506 $G(m_1+m_2)/r_{12}$
(f) C_J=−1.490 $G(m_1+m_2)/r_{12}$

图 10－5　希尔的曲线

参 考 文 献

[1] Battin RH 1999 An Introduction to the Mathematics and Methods of Astrodynamics, Revised Edition. American Institute of Aeronautics and Astronautics, Reston, VA.

[2] Schaub H and Junkins JL 2003 Analytical Mechanics of Space Systems. American Institute of Aeronautics and Astronautics, Reston, VA.

[3] Wie B 2008 Space Vehicle Dynamics and Control 2nd edn. American Institute of Aeronautics and Astronautics, Reston, VA.

第 11 章　航天器姿态稳定导论

通常情况下，将卫星放在轨道上的目的是将仪器（有效载荷）对准某物。例如，对于一项天文任务，其目标是将望远镜对准一颗遥远的恒星或其他一些天文特征；对于一颗地球观测卫星，其目的是将相机、雷达或其他仪器对准地球表面的预定区域；对于一颗通信卫星，其发射和接收天线需要指向地球。这些只是几个例子，意味着航天器的姿态（定向）需要被稳定在一些预定姿态上。为了实现这一点，需要一些姿态控制的方法。这些方法可以是主动或被动的，取决于所需的姿态以及其需要被精确保持的程度。被动的姿态稳定方法是利用航天器自身动态来确保对所需姿态的稳定平衡，并且可以在精确度要求不高时使用。对于主动控制，影响姿态的驱动器安装在航天器上。我们将在第 26 章讨论不同类型的驱动器。就目前来说，我们将驱动器看作一种对飞船施加扭矩的手段就可以了。在许多情况下，被动控制方法用于增强主动控制方法。在第 13 章至第 16 章中，我们将研究一些被动姿态稳定方法，但是我们将会把大部分重点放在第 17 章至第 25 章主动控制方法上。现在的问题是：什么样的力矩驱动器适用于航天器？这是控制系统的目的。控制系统通常由 3 部分组成：

1）导航——我在哪里？

2）制导——我想去哪？

3）控制——我怎么去？

更详细地说，导航部分通过姿态传感器确定当前航天器姿态（这被称为姿态确定，更多细节参见第 25 章）。制导部分确定了航天器所期望的姿态，以及姿态的误差（通过使用导航部分的信息）。控制部分确定用于纠正姿态误差而施加在航天器上的扭转力矩大小，并将此作为一条命令发送至姿态驱动器。为了确定纠正姿态误差所需的扭转力矩，了解航天器的姿态将对所施加的扭转力如何响应是十分重要的。这种响应遵循航天器姿态动力学原理。这就是为什么我们要研究学习航天器姿态动力学以及航天器控制。一架航天器的控制系统可以用方框图表示，如图 11－1 所示。从第 1 章我们可以知道，航天器运动分为平动和转动两个部分。平动部分是轨道力学的学科，我们在第 3 章至第 10 章详细研究过这些问题。通常，还需要一些轨道控制方法，然而这通常是由偶尔施加的轨道修正所构成的（在离散的情况下修正具有长时间间隔）。我们已经看到了小脉冲速度变化对轨道的修正。这种类型的控制与航天器姿态所需的控制是完全不同的，后者是一个连续的过程（持续）。

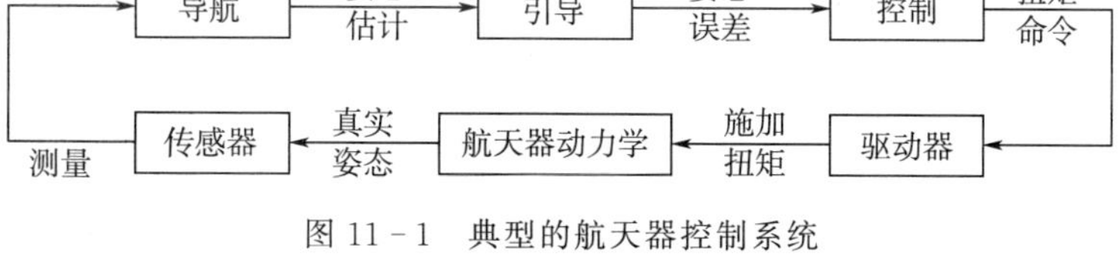

图 11－1　典型的航天器控制系统

11.1　控制系统介绍

控制系统是其他任何一个系统的大脑（航空航天、机械、电器、机电、化工等）。控制系统的目的是使系统执行任务。对于航天器来说，控制系统的目的是使航天器达到并保持理想的姿态。

任何一个被控制的系统都有可以被控制系统所改变的参数，使系统实现预期的状态。这些参数被称为控制输入或对控制对象的输入。就航天器来说，驱动器的扭矩是控制输入。控制系统如何确定输入是控制理论的科目。有两种类型的控制：开环控制和闭环控制。

11.1.1　开环和闭环

你可能会问这个问题：如果我们理解航天器姿态动力学，并且知道我们想要航天器遵循什么样的姿态变化要求，为什么我们不能通过反转的动态提前确定姿态变化要求所需的扭矩并应用它？这是一个开环控制的例子，意味着对控制系统没有反馈信息。这种方法的问题是：就像闭着眼睛在开车一样。如果你能明确道路方向，并且知道自己车子准确的初始位置与朝向时这样是可以的。然而，如果在你的认知中有任何错误，那么最终会偏离方向，并且对未来可能出现的任何意想不到的障碍会没有反应能力。对于一架航天器（与其他通用系统）来说，不能确定其动态，且控制系统需要反馈来持续修正这些错误。这就是闭环控制，也称为反馈控制。基于上述原因，反馈控制是更好的方法。

图 11-2 展示了一个典型的反馈控制结构。被控制的系统称为“控制对象”，在这里指的是航天器姿态运动学与动态。它的运转由控制对象动态所支配，一般用一组微分方程表示。我们需要能够测量控制对象的当前状态，从而向控制器提供反馈信息。测量的数值称为控制对象输出（标记为 Y）。在航天器姿态控制的情况下，输出取决于可用的传感器所能够测量的物理量（在第 26 章中详细讨论）；也有可能是姿态（在恒星跟踪器的情况下）；太阳在航天器体坐标中的方向（在太阳传感器的情况下）；航天器体坐标系中的地球磁场矢量（在磁力计的情况下），等等。在所有这些情况下，输出是我们试图控制的数值的函数，也就是姿态。

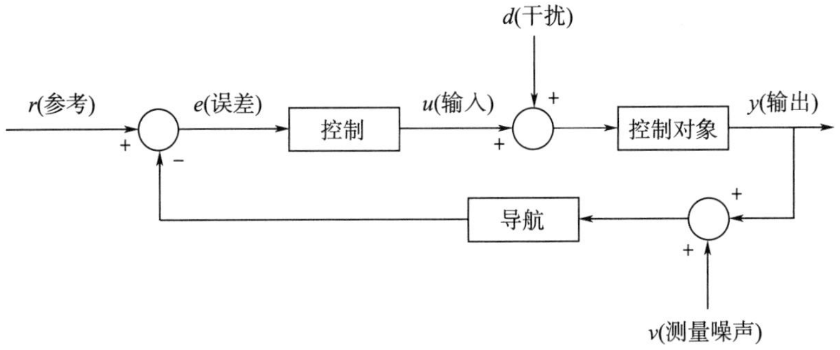

图 11-2　典型反馈控制结构

传感器本身测量输出的量。然而，由于没有传感器是完美的，测量会被传感器噪声所干扰（标记为 v）。

由于传感器不能总是对我们希望控制的物理量进行直接测量，所以导航模块的作用是从可用的测量值中确定希望控制的物理量。在航天器姿态控制的情况下，导航模块的功能是从可用的测量值（如太阳和地球磁场矢量）中确定航天器的姿态。

r 被定义为（这里指的是所需姿态）一个参考量（或所需状态）。控制模块通常接收输入误差（这里指的是姿态上的误差），并确定对控制对象的控制输入（标记为 u）应是什么，并将此作为一个命令发送给驱动器（在这里它发出一条力矩指令）。驱动器随后将该指令作为设备的输入。不幸的是，也可能有额外的干扰作用在控制对象上（标记为 d）。在这里，这些都是环境干扰力矩作用于航天器（在第 12 章中详细介绍）。

11.2　姿态表达与运动学概述

本节包含一个第 1 章航天器姿态运动学研究相关内容的小结。

当谈到航天器的姿态时，它只在与某些东西相关时才是有意义的。例如，惯性姿态是相对一个惯性参考系 $\mathcal{F}_G$ 的姿态。姿态可以通过嵌入在航天器的参考系 $\mathcal{F}_b$（称为一个固定参考系）相对于其他参考系的方向进行完全描述。

正如在 1.3 节所看到的，通过旋转的矩阵 $\boldsymbol{C}_{bG}$ ，充分描述了 $\mathcal{F}_B$ 相对于 $\mathcal{F}_G$ 的方向。因此，$\boldsymbol{C}_{bG}$ 可以被当作一种姿态表达。此外，我们还可以使用 $\boldsymbol{C}_{bG}$ 中的任何参数，如欧拉旋转序列或四元数（或其他参数配置）。例如，一个常见的欧拉旋转顺序是如下 3－2－1 旋转顺序：

1）一个关于原始 z 轴的旋转 ψ（叫做“偏航”旋转）。

2）一个关于中间 y 轴的旋转 θ（叫做“俯仰”旋转）。

3）一个关于转化 x 轴的旋转 ϕ（叫做“滚动”旋转）。

角 ψ、θ 与 ϕ 等价表示姿态。事实上，它们完全参数化地表示了旋转矩阵 $\boldsymbol{C}_{bG}$

$$\boldsymbol{C}_{bG}(\phi,\theta,\psi)=\begin{bmatrix} c_\theta c_\psi & c_\theta s_\psi & -s_\theta \\ s_\phi s_\theta c_\psi - c_\phi s_\psi & s_\phi s_\theta s_\psi + c_\phi c_\psi & s_\phi c_\theta \\ c_\phi s_\theta c_\psi + s_\phi s_\psi & c_\phi s_\theta s_\psi - s_\phi c_\psi & c_\phi c_\theta \end{bmatrix} \tag{11-1}$$

其中，$s_b=\sin b$ ；$c_b=\cos b$ 。相反地，给出任意的旋转矩阵 $\boldsymbol{C}_{bG}$ ，相应的欧拉角可以唯一确定，除非旋转矩阵对应欧拉序列的奇异点（发生在当 3－2－1 欧拉序列中的 $\theta=\pm 90°$ 时）。有关表达式可以在 1.3.3 节中找到。注意每一组欧拉旋转序列都有一个奇异点。

四元数是四个参数表示的姿态，与欧拉序列不同，它不具有奇异点，四元数有一个矢量部分 $\boldsymbol{\epsilon}$ 和一个标量部分 η ，满足一个单位规范约束 $\boldsymbol{\epsilon}^{\mathrm{T}}\boldsymbol{\epsilon}+\eta^2=1$。下面给出四元数的旋转矩阵

$$\boldsymbol{C}_{bG}=(2\eta^2-1)\,\mathbf{1}+2\boldsymbol{\epsilon}\boldsymbol{\epsilon}^{\mathrm{T}}-2\eta\boldsymbol{\epsilon}^{\times} \tag{11-2}$$

反之，给定一个旋转矩阵 $\boldsymbol{C}_{bG}$ ，相应的四元数可以很容易地得到。相关的表达式可以

在 1.3.4 节中发现。

因为 $\mathcal{F}_b$ 是嵌入在航天器中的，航天器具有相对于 $\mathcal{F}_G$ 角速度 $\vec{\boldsymbol{\omega}}_{bG}$（参考系 $\mathcal{F}_b$ 相对于参考系 $\mathcal{F}_G$ 的角速度）。如果我们在主体参考系 $\mathcal{F}_b$ 中将 $\vec{\boldsymbol{\omega}}_{bG}$ 表达为

$$\vec{\boldsymbol{\omega}}_{bG}=\vec{\mathcal{F}}_b^{\mathrm{T}}\boldsymbol{\omega}_{bG}$$

姿态动力的旋转矩阵是

$$\dot{\boldsymbol{C}}_{bG}=-\boldsymbol{\omega}_{bG}^{\times}\boldsymbol{C}_{bG} \tag{11-3}$$

同样地，姿态动力根据一个 3－2－1 欧拉旋转顺序是

$$\begin{bmatrix}\dot{\phi}\\ \dot{\theta}\\ \dot{\psi}\end{bmatrix}=\begin{bmatrix}1 & \sin\phi\tan\theta & \cos\phi\tan\theta\\ 0 & \cos\phi & -\sin\phi\\ 0 & \sin\phi\sec\theta & \cos\phi\sec\theta\end{bmatrix}\boldsymbol{\omega}_{bG} \tag{11-4}$$

依据四元数，姿态动力可描述为

$$\dot{\boldsymbol{\epsilon}}=\frac{1}{2}(\eta\boldsymbol{1}+\boldsymbol{\epsilon}^{\times})\boldsymbol{\omega}_{bG},\dot{\eta}=-\frac{1}{2}\boldsymbol{\epsilon}^{\mathrm{T}}\boldsymbol{\omega}_{bG} \tag{11-5}$$

11.3 航天器姿态动力概述

这部分包含了第 2 章航天器姿态动力学研究相关内容的小结。

正如我们在 2.3 节所看到的那样，航天器关于质量中心的角动量满足

$$\dot{\vec{\boldsymbol{h}}}_c=\vec{\boldsymbol{T}}_c \tag{11-6}$$

（˙）表示惯性时间微分（如 $\mathcal{F}_G$ 所示），$\vec{\boldsymbol{h}}_c$ 是关于质量中心的角动量矢量，$\vec{\boldsymbol{T}}_c$ 是关于质量中心的全部外部力矩。运用 $\dot{\vec{\boldsymbol{r}}}=\mathring{\vec{\boldsymbol{r}}}+\vec{\boldsymbol{\omega}}\times\vec{\boldsymbol{r}}$，(°) 表示航天器的体参考系 $\mathcal{F}_b$ 中的时间微分，将姿态动力（11－6）重新写为

$$\mathring{\vec{\boldsymbol{h}}}_c+\vec{\boldsymbol{\omega}}_{bG}\times\vec{\boldsymbol{h}}_c=\vec{\boldsymbol{T}}_c \tag{11-7}$$

正如在 2.3 节所见，对于一个刚性的主体，角动量矢量由 $\mathcal{F}_b$ 表示，则得出

$$\vec{\boldsymbol{h}}_c=\vec{\mathcal{F}}_b^{\mathrm{T}}\boldsymbol{I}\boldsymbol{\omega}_{bG}$$

此处，$\boldsymbol{I}$ 表示在体坐标系中关于质心的转动惯量。因为 $\mathcal{F}_b$ 是嵌入在航天器中的，$\dot{\boldsymbol{I}}=\boldsymbol{0}$，因此在体坐标系中有

$$\mathring{\vec{\boldsymbol{h}}}_c=\vec{\mathcal{F}}_b^{\mathrm{T}}\boldsymbol{I}\,\dot{\boldsymbol{\omega}}_{bG}$$

从而使在体坐标的姿态动力为

$$\boldsymbol{I}\dot{\boldsymbol{\omega}}_{bG}+\boldsymbol{\omega}_{bG}^{\times}\boldsymbol{I}\boldsymbol{\omega}_{bG}=\boldsymbol{T}_c \tag{11-8}$$

其中 $\vec{\boldsymbol{T}}_c=\vec{\mathcal{F}}_b^{\mathrm{T}}\boldsymbol{T}_c$。这些被称为欧拉方程。方程（11－3）与方程（11－8）全面描述了航天器相对惯性系 $\mathcal{F}_G$ 的姿态动力（当航天器由单刚性体组成时）。

11.3.1　惯量矩阵的特性（总结）

下面是关于 2.4 节中一些重要事实的总结。

1）惯量矩阵真实、正定且对称，即 $\boldsymbol{I}=\boldsymbol{I}^{\mathrm{T}}$ 且 $\boldsymbol{x}^{\mathrm{T}}\boldsymbol{I}\boldsymbol{x}>0$，对于所有非零矢量，$\boldsymbol{x}\neq\boldsymbol{0}$。

2）惯量矩阵依赖于体坐标系 $\mathcal{F}_b$ 的方向（我们可以将 $\mathcal{F}_b$ 参考系以任意方向嵌入）。让我们考虑一下两个体固定参考系 $\mathcal{F}_{b1}$ 与 $\mathcal{F}_{b2}$。令 $\boldsymbol{I}_1$ 为 $\mathcal{F}_{b1}$ 的惯量矩阵，令 $\boldsymbol{I}_2$ 为 $\mathcal{F}_{b2}$ 的惯量矩阵。于是，$\boldsymbol{I}_1$ 与 $\boldsymbol{I}_2$ 的关系可以由下式定义

$$\boldsymbol{I}_2=\boldsymbol{C}_{21}\boldsymbol{I}_1\boldsymbol{C}_{12}$$

此处，$\boldsymbol{C}_{21}$ 是体现从参考系 $\mathcal{F}_{b1}$ 旋转到参考系 $\mathcal{F}_{b2}$ 的旋转矩阵。

3）总是可以找到一个体固定参考系 $\mathcal{F}_{b,p}$ 能够使惯量矩阵在 $\mathcal{F}_{b,p}$ 中是对角线

$$\boldsymbol{I}_p=\begin{bmatrix}\boldsymbol{I}_x & 0 & 0\\ 0 & \boldsymbol{I}_y & 0\\ 0 & 0 & \boldsymbol{I}_z\end{bmatrix}$$

参考系 $\mathcal{F}_{b,p}$ 被称为主轴的参考系，且在工作中是有用的参考系。在此参考系中表示的姿态动力大大简化。由于 $\boldsymbol{I}_p>0$，所以一定有 $I_x>0$、$I_y>0$ 和 $I_z>0$。I_x、I_y 与 I_z 称为主惯性矩。

回到姿态动力方程（11－8），我们假设 $\mathcal{F}_b$ 为主坐标系，且令

$$\boldsymbol{\omega}_{bG}=\begin{bmatrix}\omega_x\\ \omega_y\\ \omega_z\end{bmatrix},\ \boldsymbol{T}_c=\begin{bmatrix}T_x\\ T_y\\ T_z\end{bmatrix}$$

随后，欧拉方程（11－8）变为

$$\begin{aligned}I_x\dot{\omega}_x+(I_z-I_y)\omega_y\omega_z&=T_x\\ I_y\dot{\omega}_y+(I_x-I_z)\omega_x\omega_z&=T_y\\ I_z\dot{\omega}_z+(I_y-I_x)\omega_x\omega_y&=T_z\end{aligned}\tag{11-9}$$

第12章 航天器上的干扰力矩

在航天器上有大量的外部力矩干扰姿态运动。对于地球附近的航天器，其主要的干扰力矩为：

1）磁力矩；

2）太阳辐射压力矩；

3）空气动力矩；

4）重力梯度矩。

现在我们需要研究一下关于它们的细节内容。

12.1 磁力矩

磁力矩产生的原因是地球磁场与航天器的任意磁化作用（电子元件产生一个等效电流回路，这将导致磁偶极子的产生）之间的相互作用。

由地球磁场$\vec{\boldsymbol{b}}$以及航天器剩余磁偶极力矩$\vec{\boldsymbol{m}}$相互作用而产生的航天器上的力矩为

$$\vec{\boldsymbol{T}}_m = \vec{\boldsymbol{m}} \times \vec{\boldsymbol{b}} \tag{12-1}$$

12.2 太阳辐射压力矩

太阳的输出（光子）包含动量，从而在航天表面产生有效的压力（由于动量转移），其在地球附近的量级为

$$p = 4.5 \times 10^{-6}\ \mathrm{N/m^2}$$

太阳辐射与航天器表面之间存在着不同的相互作用模式，取决于航天器的表面特性，如图12-1所示。在实际中，这三种类型的相互作用以不同的比例存在。因此我们假设全部吸收。一个表面元素$\mathrm{d}S$与单位向外法线$\vec{\boldsymbol{n}}$（见图12-2）在太阳方向上（沿$\vec{\boldsymbol{s}}$）的投影面积为

$$\mathrm{d}A = \cos\alpha_s \mathrm{d}S = \vec{\boldsymbol{n}} \cdot \vec{\boldsymbol{s}} \mathrm{d}S$$

在$\mathrm{d}S$上的太阳能压力由下式给出

$$\mathrm{d}\vec{\boldsymbol{F}}_s = -p\,\mathrm{d}A\vec{\boldsymbol{s}} = -p\,\vec{\boldsymbol{n}} \cdot \vec{\boldsymbol{s}}\mathrm{d}S\vec{\boldsymbol{s}}$$

由施加在$\mathrm{d}S$上力所产生的关于航天器质量中心的扭矩由下式给出

$$\mathrm{d}\vec{\boldsymbol{T}}_s = \vec{\boldsymbol{\rho}} \times \mathrm{d}\vec{\boldsymbol{F}}_s = -p\vec{\boldsymbol{\rho}} \times \vec{\boldsymbol{s}}(\vec{\boldsymbol{n}} \cdot \vec{\boldsymbol{s}})\mathrm{d}S$$

此处，$\vec{\boldsymbol{\rho}}$是$\mathrm{d}S$相对航天器质量中心的位置。由太阳能压力导致关于航天器质心的总扭矩通过积分得出

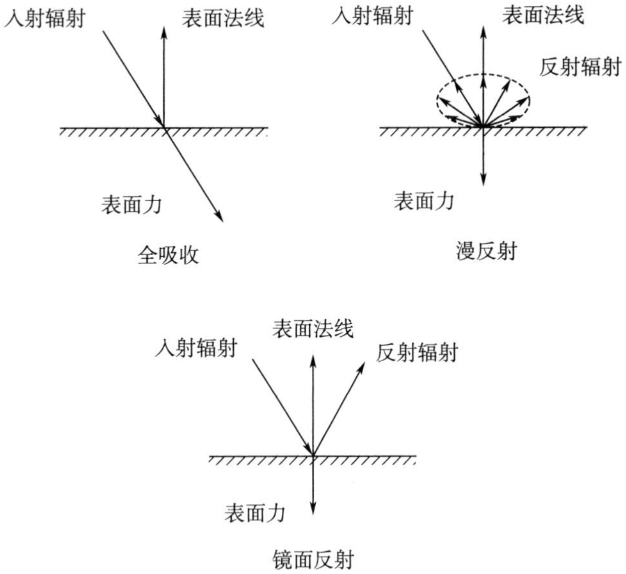

图 12-1　辐射与表面的相互作用

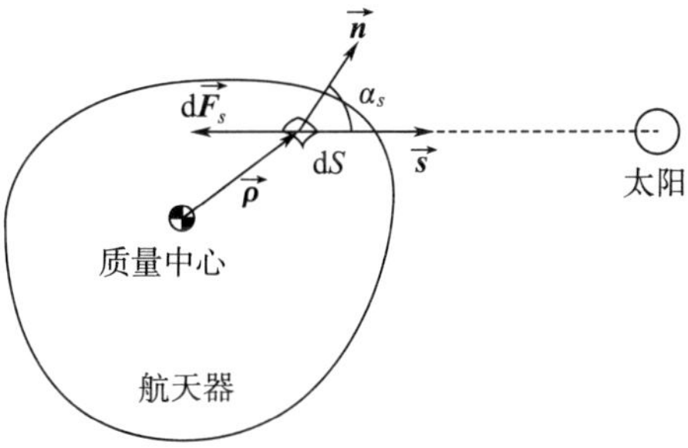

图 12-2　表面元件的太阳辐射压力

$$\vec{T}_s = \int_{S_{\omega s}} \mathrm{d}\,\vec{T}_s = -p \int_{S_{\omega s}} \vec{\rho} \times \vec{s}(\vec{n} \cdot \vec{s})\mathrm{d}S$$

此处，$S_{\omega s}$ 是航天器被照射表面（该部分 $\vec{n} \cdot \vec{s} \geqslant 0$）。在航天器的阴影区域是没有太阳能压力的。

由太阳能压力产生的力的总和通过积分得出

$$\vec{F}_s = \int_{S_{\omega s}} \mathrm{d}\vec{F}_s = -p\,\vec{s} \int_{S_{\omega s}} \vec{n} \cdot \vec{s}\,\mathrm{d}S$$

我们规定太阳能压力中心（太阳能压力施加的有效位置）

$$\vec{c}_{ps} = \frac{\int_{S_{\omega s}} \vec{\rho}(\vec{n} \cdot \vec{s})\mathrm{d}S}{\int_{S_{\omega s}} (\vec{n} \cdot \vec{s})\mathrm{d}S}$$

随后，总的太阳能压力扭矩由下式给出

$$\vec{T}_s = -p\left[\int_{S_{\omega s}} \vec{\rho}(\vec{n}\cdot\vec{s})\mathrm{d}S\right]\times\vec{s} = -p\left[\vec{c}_{ps}\int_{S_{\omega s}}(\vec{n}\cdot\vec{s})\mathrm{d}S\right]\times\vec{s}$$

经简化得出

$$\vec{T}_s = \vec{c}_{ps}\times\vec{F}_s \tag{12-2}$$

12.3 空气动力矩

在低地轨道上，仍有一些残余大气。然而，密度是如此之低，传统的基于连续介质模型的流体力学理论并不适用。相反地，大气和航天器之间的相互作用必须在分子水平上处理。我们做出如下假设：

1）到达航天器表面的分子的动量在表面失去（分子粘在表面上）。

2）大气的热运动速度远小于航天器的速度。

3）航天器名义上是不旋转的。

假设 1）和 3）说明，当与航天器表面相互作用时，分子具有速度 $\vec{v}$（航天器轨道速度）。假设 2）说明分子在与航天器表面相互作用之前，分子被取为零速度。现在我们考虑由于分子到达具有单位向外法线 $\vec{n}$ 的航天器表面元 $\mathrm{d}S$ 而产生的航天器扭矩，位于相对于航天器质心 $\vec{\rho}$ 处（见图 12-3）。特别是考虑到分子质量在很短的时间间隔 δt 到达 $\mathrm{d}S$，如图 12-4 所示。在时间间隔 δt 到达 $\mathrm{d}S$ 的流管中的质量为

$$\delta m = \rho_a v\delta t\,\mathrm{d}A = \rho_a v\delta t\cos\alpha\,\mathrm{d}S$$

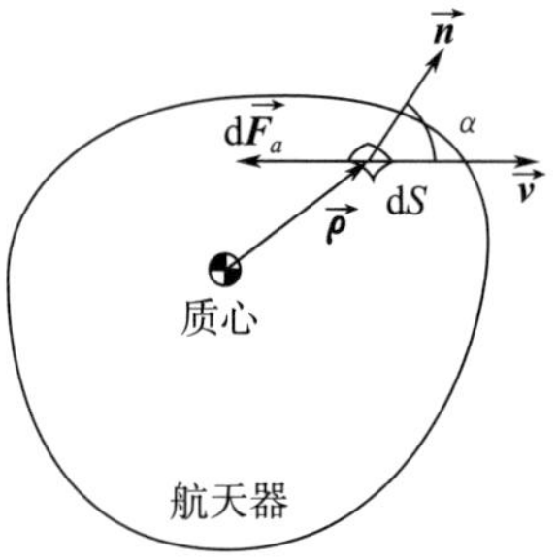

图 12-3 一个表面元上的空气动力

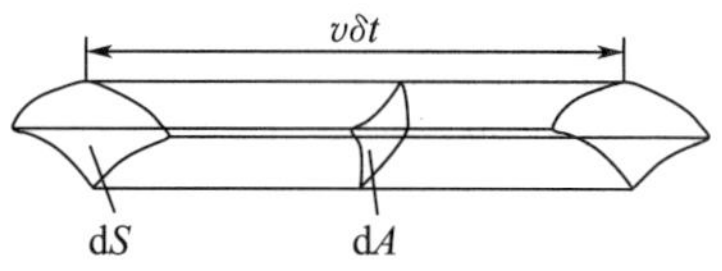

图 12-4 无穷小流管

此处，ρ_a 是大气密度，α 是 $\vec{n}$ 与 $\vec{v}$ 之间的夹角，并且 $v=|\vec{v}|$。流管中的分子在时间 t（与表面相互作用之前）的动量是

$$\vec{p}(t) = \delta m\vec{0} = \vec{0}$$

在时间 $t+\delta t$，分子被粘在速度为 $\vec{v}$ 的表面上。因此，流管中的分子在时间 $t+\delta t$ 的动量为

$$\begin{aligned}\vec{p}(t+\delta t) &= \delta m\,\vec{v}\\ &= \rho_a v\cos\alpha\,\mathrm{d}S\delta t\,\vec{v}\\ &= \rho_a v^2\cos\alpha\,\mathrm{d}S\delta t\,\hat{\vec{v}}\end{aligned}$$

其中 $\hat{\vec{v}}=\frac{\vec{v}}{v}$ ，分子动量的变化率为

$$\frac{\mathrm{d}\vec{p}}{\mathrm{d}t}=\lim_{\delta t\to 0}\frac{\vec{p}(t+\delta t)-\vec{p}(t)}{\delta t}=\rho_a v^2\cos\alpha\,\mathrm{d}S\hat{\vec{v}}$$

根据牛顿第二定律与牛顿第三定律，由到达表面的分子所产生作用于表面元 dS 的力为

$$\mathrm{d}\vec{F}_a=-\rho_a v^2\cos\alpha\,\mathrm{d}S\hat{\vec{v}}=-\rho_a v^2(\vec{n}\cdot\hat{\vec{v}})\,\mathrm{d}S\hat{\vec{v}}$$

随后在航天器上总的空气动力由积分得出

$$\vec{F}_a=\int_{S_{\omega s}}\mathrm{d}\vec{F}_a=-\rho_a v^2\hat{\vec{v}}\int_{S_{\omega s}}(\vec{n}\cdot\hat{\vec{v}})\,\mathrm{d}S$$

此处，$S_{\omega a}$ 是被作用区域（面对分子流的区域，给出的 $\vec{n}\cdot\hat{\vec{v}}\geqslant 0$）。至于太阳能压力矩，我们将空气动力压力（空气动力施加的有效位置）中心定义为

$$\vec{c}_{pa}=\frac{\int_{S_{\omega a}}\vec{\rho}(\vec{n}\cdot\hat{\vec{v}})\,\mathrm{d}S}{\int_{S_{\omega a}}(\vec{n}\cdot\hat{\vec{v}})\,\mathrm{d}S}$$

与太阳能压力扭矩方式类似的空气动力扭矩为

$$\vec{T}_a=\vec{c}_{pa}\times\vec{F}_a \tag{12-3}$$

12.4　重力梯度矩

由于地球的引力与到地心的距离不是恒定的，因此产生了重力梯度扭矩，它以距离的二阶指数幂衰减。也就是说，距离地球更远的物体所受的重力比距离地球更近一些的物体所受的重力更小。这个重力梯度产生一个扭矩。

要了解其原因，考虑到两个相等点质量由一个无质量杆连接，如图 12-5 所示。在质量 m_2 上的重力比 m_1 上的重力小，这将导致关于质心形成一个净扭矩。很显然，如图 12-6 中所示的配置是稳定的（让自己相信这个事实）。这个扭矩是利用重力梯度稳定的（被动稳定的方法），我们将在第 16 章中详细研究。

我们现在得到一个连续体重力梯度矩的表达式，如图 12-7 所示。关于航天器质心位置 $\vec{\rho}$ 上的质量元 dm 上的重力为

$$\mathrm{d}\vec{f}=-\frac{\mu(\vec{r}+\vec{\rho})}{|\vec{r}+\vec{\rho}|^3}\mathrm{d}m \tag{12-4}$$

此处，$\vec{r}$ 是航天器质心的轨道位置。现在，我们将要寻找一个与这个近似的。通常，我们让 $\rho\ll r=|\vec{r}|$ ，也就是 $\rho/r\ll 1$（航天器的最大尺寸远小于轨道半径）。因此，我们可以通过一阶泰勒级数展开将 $|\vec{r}+\vec{\rho}|^{-3}$ 进行非常好的近似。我们重新使用 9.1 节中方程（9-6）的结果，如下所示

$$|\vec{r}+\vec{\rho}|^{-3}\approx\frac{1}{r^3}\left(1-\frac{3\vec{r}\cdot\vec{\rho}}{r^2}\right)$$

其中 $r=|\vec{r}|$。将上式近似代入 dm 上力的表达式（12-4），得到

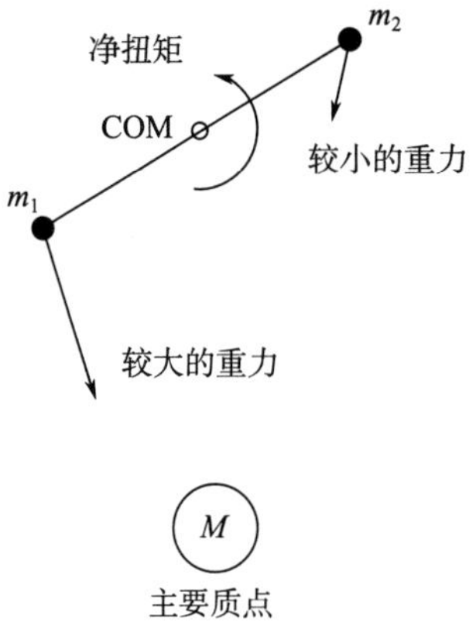

图 12-5　重力梯度矩的概念

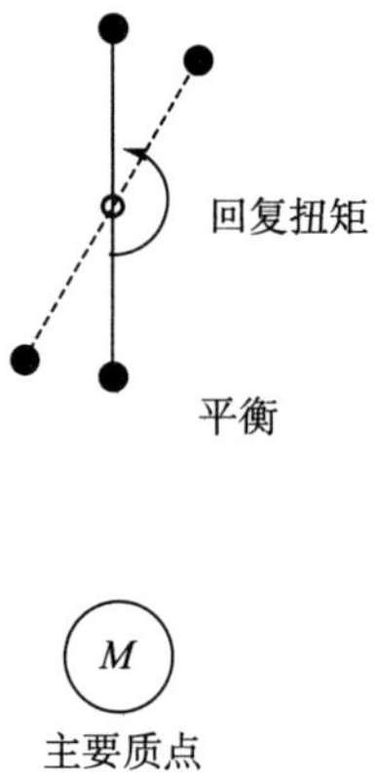

图 12-6　稳定的重力梯度平衡

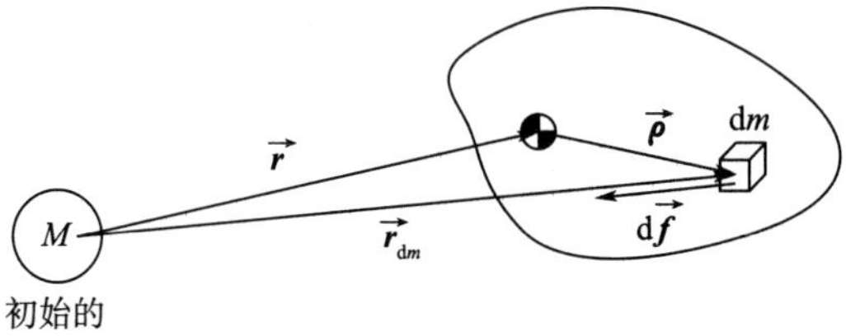

图 12-7　对一个连续体的重力梯度矩建模

$$\mathrm{d}\vec{f} = -\frac{\mu(\vec{r}+\vec{\rho})}{r^3}\left(1-\frac{3\vec{r}\cdot\vec{\rho}}{r^2}\right)\mathrm{d}m$$

质心的总扭矩为

$$\begin{aligned}\vec{T}_g &= \int_V \vec{\rho}\times\mathrm{d}\vec{f} \\ &= \int_V \vec{\rho}\times\left[-\frac{\mu(\vec{r}+\vec{\rho})}{r^3}\right]\mathrm{d}m + \int_V \vec{\rho}\times\left[\frac{3\mu\vec{r}\cdot\vec{\rho}}{r^5}(\vec{r}+\vec{\rho})\right]\mathrm{d}m\end{aligned}$$

其中，该积分在整个航天器结构体中进行。现在，由于原点在质心，所以 $\int_V \vec{\rho}\,\mathrm{d}m = 0$。还记得 $\vec{\rho}\times\vec{\rho}=\vec{0}$。因此，总扭矩简化为

$$\vec{T}_g = \frac{3\mu}{r^5}\int_V \vec{\rho}\times\vec{r}(\vec{r}\cdot\vec{\rho})\mathrm{d}m$$

为了评价这种表达，我们现在在航天器的体参考系 $\mathcal{F}_b$ 中表达所有的量

$$\vec{T}_g = \vec{\mathcal{F}}_b^{\mathrm{T}}\boldsymbol{T}_g, \vec{\rho} = \vec{\mathcal{F}}_b^{\mathrm{T}}\boldsymbol{\rho}, \vec{r} = \vec{\mathcal{F}}_b^{\mathrm{T}}\boldsymbol{r}_b$$

随后，在航天器体坐标中，我们得到

$$\boldsymbol{T}_g = \frac{3\mu}{r^5}\int_V \boldsymbol{\rho}^{\times}\boldsymbol{r}_b\boldsymbol{\rho}^{\mathrm{T}}\boldsymbol{r}_b\,\mathrm{d}m$$

由恒等式（见 1.2.4 节）$\boldsymbol{\rho}^{\times}\boldsymbol{r}_b = -\boldsymbol{r}_b^{\times}\boldsymbol{\rho}$ 有

$$\boldsymbol{T}_g = -\frac{3\mu}{r^5}\boldsymbol{r}_b^{\times}\int_V \boldsymbol{\rho}\boldsymbol{\rho}^{\mathrm{T}}\mathrm{d}m\,\boldsymbol{r}_b$$

需要注意的是，由于 $\boldsymbol{r}_b$ 独立于 $\boldsymbol{\rho}$ ，所以我们能够将 $\boldsymbol{r}_b$ 外积分。现在我们利用恒等式（见 1.2.4 节）$\boldsymbol{\rho}\boldsymbol{\rho}^{\mathrm{T}}=\boldsymbol{\rho}^{\times}\boldsymbol{\rho}^{\times}+\boldsymbol{\rho}^{\mathrm{T}}\boldsymbol{\rho}\mathbf{1}$，得到

$$\boldsymbol{T}_g=-\frac{3\mu}{r^5}\boldsymbol{r}_b^{\times}\int_V\boldsymbol{\rho}^{\times}\boldsymbol{\rho}^{\times}\,\mathrm{d}m\boldsymbol{r}_b-\frac{3\mu}{r^5}\boldsymbol{r}_b^{\times}\int_V\boldsymbol{\rho}^{\mathrm{T}}\boldsymbol{\rho}\mathbf{1}\mathrm{d}m\boldsymbol{r}_b$$

注意，$\boldsymbol{\rho}^{\mathrm{T}}\boldsymbol{\rho}$ 是一个标量且 $\boldsymbol{r}_b^{\times}\boldsymbol{\rho}^{\mathrm{T}}\boldsymbol{\rho}\mathbf{1}\boldsymbol{r}_b=\boldsymbol{\rho}^{\mathrm{T}}\boldsymbol{\rho}\,\boldsymbol{r}_b^{\times}\boldsymbol{r}_b=\mathbf{0}$，我们得到

$$\boldsymbol{T}_g=\frac{3\mu}{r^5}\boldsymbol{r}_b^{\times}\int_V(-\boldsymbol{\rho}^{\times}\boldsymbol{\rho}^{\times})\mathrm{d}m\boldsymbol{r}_b$$

但是，惯性矩矩阵是（见 2.3.2 节）

$$\boldsymbol{I}=\int_V(-\boldsymbol{\rho}^{\times}\boldsymbol{\rho}^{\times})\mathrm{d}m$$

因此，我们终于获得了重力梯度矩

$$\boldsymbol{T}_g=\frac{3\mu}{r^5}\boldsymbol{r}_b^{\times}\boldsymbol{I}\boldsymbol{r}_b$$

注意，$\boldsymbol{r}_b$ 是航天器在航天器体坐标内的轨道位置。

12.5　注释

本章提供了各种干扰扭矩作用于航天器的数学模型。更详细的数学模型参见休斯（Hughes，2004）的著作。

参 考 文 献

[1] Hughes PC 2004 Spacecraft Attitude Dynamics. Dover Publications，Mineola，NY.

第 13 章　扭矩-自由姿态运动

在第 12 章中得出的干扰扭矩通常是非常小的，所以无扭矩运动是一个好的短时间内近似值，并且能为我们提供对航天器自然姿态运动主导行为的理解。请注意，如果考虑涉及几个轨道的时间段，就不能忽视干扰扭矩。

13.1　轴对称体的解决方案

我们现在考虑一个轴对称航天器的一个特殊案例，这将使我们能够得到一个封闭式的姿态运动解决方案。一个轴对称体指的是两个主惯量相等的物体，如图 13-1 所示，一个均匀密度的圆柱体是轴对称的。我们考虑一个关于主惯性轴对称的飞行器

$$I_x = I_y = I_t \ , I_z = I_a \tag{13-1}$$

需要注意的是，下标“t”指“横向的”，下标“a”指“轴向的”。z 轴为对称轴（因为关于 x 和 y 轴惯性矩相等）。回顾 11.3 节中的运动控制方程（欧拉方程）

$$I_x \dot{\omega}_x + (I_z - I_y)\omega_y\omega_z = T_x$$

$$I_y \dot{\omega}_y + (I_x - I_z)\omega_x\omega_z = T_y$$

$$I_z \dot{\omega}_z + (I_y - I_x)\omega_x\omega_y = T_z$$

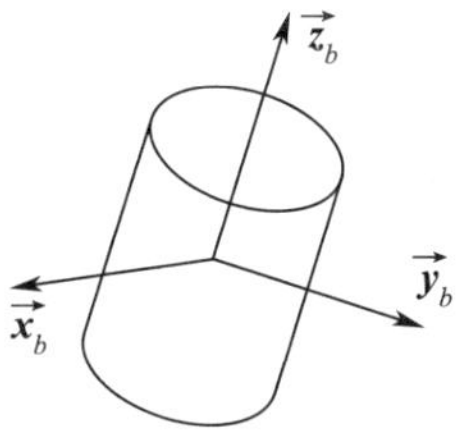

图 13-1　轴对称体

对于主惯性轴对称航天器，给出了式（13-1），并设置干扰扭矩为零（$T_x = T_y = T_z = 0$），运动方程变成了

$$I_t \dot{\omega}_x + (I_a - I_t)\omega_y\omega_z = 0 \tag{13-2}$$

$$I_t \dot{\omega}_y + (I_t - I_a)\omega_x\omega_z = 0 \tag{13-3}$$

$$I_a \dot{\omega}_z = 0 \tag{13-4}$$

我们用下式来表示最初的条件

$$\omega_x(0) = \omega_{x0}, \omega_y(0) = \omega_{y0}, \omega_z(0) = \omega_{z0}$$

我们可以立刻从等式中看到对于 ω_z 式（13-4），有

$$\dot{\omega}_z = 0$$

这意味着关于 z 轴的角速度（对称轴）保持不变

$$\omega_z(t)=\omega_{z0}$$

将该式代入方程（13－2）与方程（13－3）中，得到加速度的 x 与 y 分量的方程，如下所示

$$\begin{aligned}\dot{\omega}_x-\frac{I_t-I_a}{I_t}\omega_{z0}\omega_y&=0\\\dot{\omega}_y+\frac{I_t-I_a}{I_t}\omega_{z0}\omega_x&=0\end{aligned}\tag{13-5}$$

我们来定义数量

$$\Omega=\frac{(I_t-I_a)}{I_t}\omega_{z0}$$

这就是所谓的“相对自旋速率”。随后关于 x 与 y 的方程就变成

$$\begin{aligned}\dot{\omega}_x-\Omega\omega_y&=0\\\dot{\omega}_y+\Omega\omega_x&=0\end{aligned}\tag{13-6}$$

这是两个耦合的一阶线性微分方程，有很多方法可以解它们。我们用拉普拉斯变换来解它们。对式（13－6）进行拉普拉斯变换得出

$$\begin{aligned}s\,\hat{\omega}_x-\omega_{x0}-\Omega\,\hat{\omega}_y&=0\\s\,\hat{\omega}_y-\omega_{y0}+\Omega\,\hat{\omega}_x&=0\end{aligned}\tag{13-7}$$

其中 $\hat{\omega}_x=\mathcal{L}(\omega_x)$，$\hat{\omega}_y=\mathcal{L}(\omega_y)$。方程组（13－7）可以改写成矩阵形式为

$$\begin{bmatrix}s & -\Omega\\\Omega & s\end{bmatrix}\begin{bmatrix}\hat{\omega}_x\\\hat{\omega}_y\end{bmatrix}=\begin{bmatrix}\omega_{x0}\\\omega_{y0}\end{bmatrix}\tag{13-8}$$

可以被解为

$$\begin{bmatrix}\hat{\omega}_x\\\hat{\omega}_y\end{bmatrix}=\begin{bmatrix}\dfrac{s}{s^2+\Omega^2} & \dfrac{\Omega}{s^2+\Omega^2}\\-\dfrac{\Omega}{s^2+\Omega^2} & \dfrac{s}{s^2+\Omega^2}\end{bmatrix}\begin{bmatrix}\omega_{x0}\\\omega_{y0}\end{bmatrix}\tag{13-9}$$

进行拉普拉斯逆变换，得到

$$\begin{bmatrix}\omega_x(t)\\\omega_y(t)\end{bmatrix}=\begin{bmatrix}\cos\Omega t & \sin\Omega t\\-\sin\Omega t & \cos\Omega t\end{bmatrix}\begin{bmatrix}\omega_{x0}\\\omega_{y0}\end{bmatrix}\tag{13-10}$$

我们通过下式来定义横向角速度

$$\omega_t=(\omega_x^2+\omega_y^2)^{\frac{1}{2}}$$

显然，按照其定义，$\omega_t\geqslant 0$。

我们可以将式（13－10）重写为

$$\begin{aligned}\omega_x(t)&=\omega_t(0)\left[\frac{\omega_{x0}}{\omega_t(0)}\cos\Omega t+\frac{\omega_{y0}}{\omega_t(0)}\sin\Omega t\right]\\\omega_y(t)&=\omega_t(0)\left[\frac{\omega_{y0}}{\omega_t(0)}\cos\Omega t-\frac{\omega_{x0}}{\omega_t(0)}\sin\Omega t\right]\end{aligned}\tag{13-11}$$

现在我们可以利用三角恒等式

$$\cos(a+b)=\cos a\cos b-\sin a\sin b,\sin(a+b)=\sin a\cos b+\cos a\sin b$$

将式（13 - 11）重写为

$$\begin{aligned}\omega_x(t)&=\omega_t(0)\sin(\Omega t+\phi)\\ \omega_y(t)&=\omega_t(0)\cos(\Omega t+\phi)\end{aligned}\tag{13-12}$$

通过鉴别

$$\sin\phi=\frac{\omega_{x0}}{\omega_t(0)}\text{ 和 }\cos\phi=\frac{\omega_{y0}}{\omega_t(0)}$$

从式（13 - 12）中，我们立即看出，横向加速度 ω_t 是常数，即

$$\omega_t(t)=\omega_t(0)\left[\sin^2(\Omega t+\phi)+\cos^2(\Omega t+\phi)\right]^{\frac{1}{2}}=\omega_t(0)$$

因此，我们得到

$$\begin{aligned}\omega_x(t)&=\omega_t\sin(\Omega t+\phi)\\ \omega_y(t)&=\omega_t\cos(\Omega t+\phi)\end{aligned}\tag{13-13}$$

我们看到角速度的大小也是恒定的，即

$$\omega=(\omega_x^2+\omega_y^2+\omega_z^2)^{\frac{1}{2}}=(\omega_t^2+\omega_z^2)^{\frac{1}{2}}=\text{常数}$$

我们定义角 $\mu=\Omega t+\phi$。随后，从之前的推导中我们可以总结出角速度（在航天器体坐标中）的解决方案

$$\begin{aligned}\omega_x(t)&=\omega_t\sin\mu\\ \omega_y(t)&=\omega_t\cos\mu\\ \omega_z(t)&=\omega_{z0}\end{aligned}\tag{13-14}$$

形象的描述如图 13 - 2 所示。这意味着，角速度矢量关于航天器体 z 轴以一个恒定的速率 $\dot{\mu}=\Omega$ 旋转。我们现在来考察在航天器体坐标系中由 $\boldsymbol{h}=\boldsymbol{I\omega}$ 给出的角动量矢量，即

$$\begin{aligned}h_x&=I_t\omega_x=I_t\omega_t\sin\mu\\ h_y&=I_t\omega_y=I_t\omega_t\cos\mu\\ h_z&=I_a\omega_z=I_a\omega_{z0}\end{aligned}\tag{13-15}$$

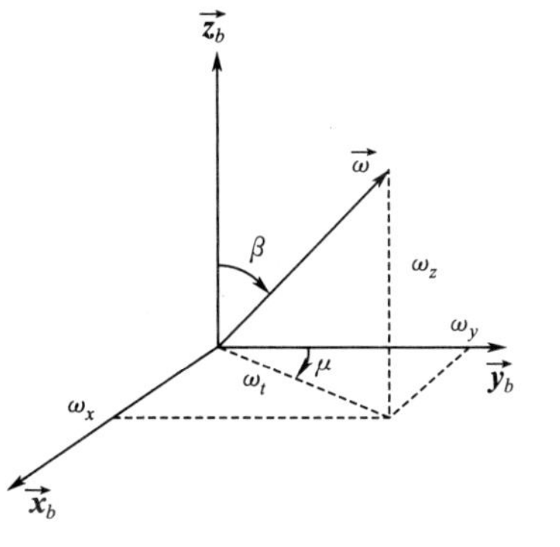

图 13 - 2　体坐标系中的角速度

至于横向角速度，我们可以将横向角动量定义为

$$h_t = (h_x^2 + h_y^2)^{\frac{1}{2}} = I_t(\omega_x^2 + \omega_y^2)^{\frac{1}{2}} = I_t\omega_t$$

它也是恒定的。同样的，总的角动量 $h = (h_x^2 + h_y^2 + h_z^2)^{\frac{1}{2}} = (h_t^2 + h_z^2)^{\frac{1}{2}}$ 也是常数。于是，我们可以将式（13－15）中角动量的解重新写为

$$\begin{aligned} h_x &= h_t \sin\mu \\ h_y &= h_t \cos\mu \\ h_z &= I_a \omega_{z0} \end{aligned} \tag{13-16}$$

这表明，就像角速度矢量，角动量矢量以速度 Ω 关于航天器体 z 轴旋转。角动量矢量与航天器体 z 轴之间产生的夹角 γ 由下式给出

$$\sin\gamma = \frac{h_t}{h}, \cos\gamma = \frac{h_z}{h}$$

γ 被称为盘旋角（见图 13－3），很容易看出其是恒定的。

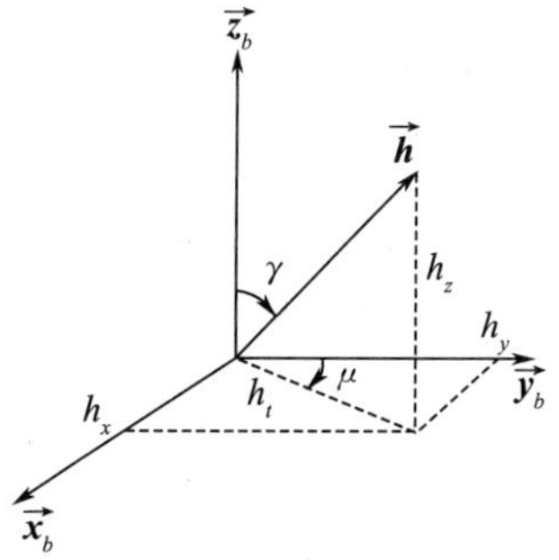

图 13－3　体坐标系中的角动量

现在，给出了无扰动力矩自由运动的角动量运动方程的物理矢量形式（见 11.3 节）

$$\dot{\vec{h}} = \vec{0}$$

其中（˙）表示相对于惯性系的时间倒数。因此，角动量矢量惯性固定（在惯性参照系中是恒定的）。我们可以利用这个事实来推导飞船体的姿态运动。

由于角动量矢量 $\vec{h}$ 惯性固定，我们选择一个 z 轴与角动量矢量对的惯性系 $\mathcal{F}_I$，即 $\vec{z}_I = \vec{h}/h$。随后，我们可以将航天器体固定参考系 $\mathcal{F}_b$ 绘制在惯性系上。

首先，如果我们通过 $-\mu$ 关于 $\vec{z}_b$ 轴旋转 $\mathcal{F}_b$，如图 13－4 所示，$\vec{z}_I$ 将位于所产生的中间参考系 $\mathcal{F}_1$ y－z 平面上，与 $\vec{z}_1$ 成夹角 γ。其次，如果我们通过一个角 $-\gamma$ 关于 $\vec{x}_1$ 旋转中间参考系 $\mathcal{F}_1$，$\vec{z}_I$ 将会等于转化后参考系 $\mathcal{F}_2$ 的 z 轴，如图 13－5 所示。最后，由于 $\vec{z}_I = \vec{z}_2$，参考系 $\mathcal{F}_I$ 可以通过以角度 $-\theta$ 关于 $\vec{z}_2$ 旋转获得，如图 13－6 所示。角 θ 是旋进角。我们刚刚完成的是寻找一个 3－1－3 欧拉旋转序列（见 1.3.3 节）来将 $\mathcal{F}_b$ 映射在 $\mathcal{F}_I$ 上。这种转变相关的旋转矩阵描述为

$$\boldsymbol{C}_{Ib} = \boldsymbol{C}_z(-\theta)\boldsymbol{C}_x(-\gamma)\boldsymbol{C}_z(-\mu)$$

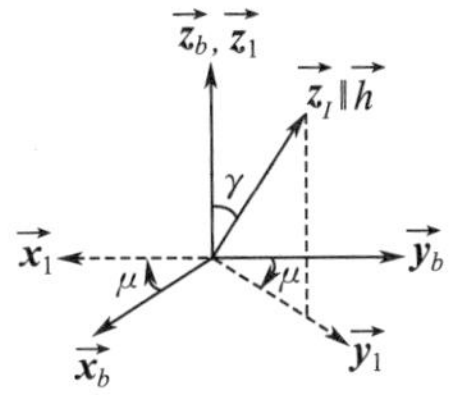

图 13-4　关于 $\vec{z}_b$ 旋转

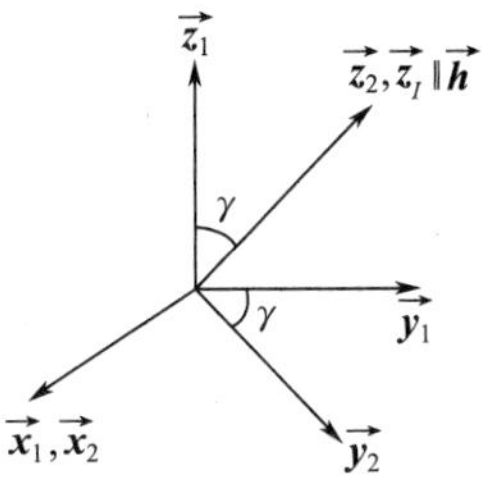

图 13-5　关于 $\vec{x}_1$ 旋转

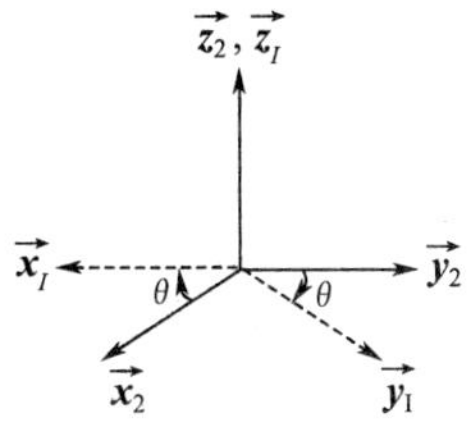

图 13-6　关于 $\vec{z}_2$ 旋转

最后，我们可以得到描述 $\mathcal{F}_b$ 相对于 $\mathcal{F}_I$ 作为逆变换位置的旋转矩阵

$$\boldsymbol{C}_{bI} = \boldsymbol{C}_z(\mu)\boldsymbol{C}_x(\gamma)\boldsymbol{C}_z(\theta) \tag{13-17}$$

根据三个欧拉角 θ 、γ 和 μ 得出航天器坐标系中的角速度为（见 1.4.2 节）

$$\begin{bmatrix}\omega_x\\ \omega_y\\ \omega_z\end{bmatrix} = \begin{bmatrix}0\\ 0\\ \dot{\mu}\end{bmatrix} + C_z(\mu)\begin{bmatrix}\dot{\gamma}\\ 0\\ 0\end{bmatrix} + C_z(\mu)C_x(\gamma)\begin{bmatrix}0\\ 0\\ \dot{\theta}\end{bmatrix}$$

现在，由于角 γ 是恒定的，$\dot{\gamma}=0$。我们之前看到了 $\dot{\mu}=\Omega$。在 1.3.1 节有

$$\boldsymbol{C}_z(\mu) = \begin{bmatrix}\cos\mu & \sin\mu & 0\\ -\sin\mu & \cos\mu & 0\\ 0 & 0 & 1\end{bmatrix}, \boldsymbol{C}_x(\gamma) = \begin{bmatrix}1 & 0 & 0\\ 0 & \cos\gamma & \sin\gamma\\ 0 & -\sin\gamma & \cos\gamma\end{bmatrix}$$

因此，我们发现角速度由下式得出

$$\begin{bmatrix}\omega_x\\ \omega_y\\ \omega_z\end{bmatrix} = \begin{bmatrix}\dot{\theta}\sin\gamma\sin\mu\\ \dot{\theta}\sin\gamma\cos\mu\\ \Omega+\dot{\theta}\cos\gamma\end{bmatrix} \tag{13-18}$$

将式（13-18）与我们之前得出的角速度的解［式（13-14）］进行比较，可以得到

$$\begin{bmatrix}\dot{\theta}\sin\gamma\sin\mu\\ \dot{\theta}\sin\gamma\cos\mu\\ \Omega+\dot{\theta}\cos\gamma\end{bmatrix} = \begin{bmatrix}\omega_t\sin\mu\\ \omega_t\cos\mu\\ \omega_{z0}\end{bmatrix}$$

由此，我们得到

$$\dot{\theta}\sin\gamma = \omega_t$$

从而

$$\dot{\theta} = \frac{\omega_t}{\sin\gamma}$$

利用 $\sin\gamma = h_t/h$ 的事实，得到

$$\dot{\theta} = \frac{h}{I_t} \tag{13-19}$$

其是恒定的。取值为

$$\Omega_p = \dot{\theta} = \frac{h}{I_t} \tag{13-20}$$

被称为“进动率”。物理上，进动率是航天器体 z 轴（$\vec{z}_b$）关于惯性 z 轴（$\vec{z}_I$）旋转的速率（因为$\vec{z}_b$ 是固定在转换参考系 $\mathcal{F}_2$ 中的）。

13.2 运动的物理解释

在本节中，我们将获得航天器姿态运动的物理解释。首先，我们再次考虑在航天器体参考系 $\mathcal{F}_b$ 中的航天器角速度矢量$\vec{\omega}$ 与角动量矢量$\vec{h}$，如图 13 - 2 与图 13 - 3 所示。

如前所述，令 γ 为$\vec{z}_b$ 与$\vec{h}$ 之间的夹角，并且令 β 为$\vec{z}_b$ 与 $\vec{\omega}$ 之间的夹角。很明显地，$\vec{h}$ 、$\vec{\omega}$ 与$\vec{z}_b$ 都位于同一平面上。从图 13 - 2 与图 13 - 3 中我们得到

$$\tan\gamma = \frac{h_t}{h_z}, \tan\beta = \frac{\omega_t}{\omega_z}$$

之前，我们有

$$h_t = I_t \omega_t , h_z = I_a \omega_z$$

因此，我们发现

$$\tan\gamma = \frac{I_t}{I_a}\tan\beta$$

由此，我们看出

$$\text{如果 } I_t > I_a \text{，则 } \gamma > \beta$$

$$\text{如果 } I_t < I_a \text{，则 } \gamma < \beta$$

当 $I_t > I_a$ 时，航天器被称为扁长转子；当 $I_t < I_a$ 时，航天器被称为扁圆转子。这两种情况如图 13 - 7 所示。

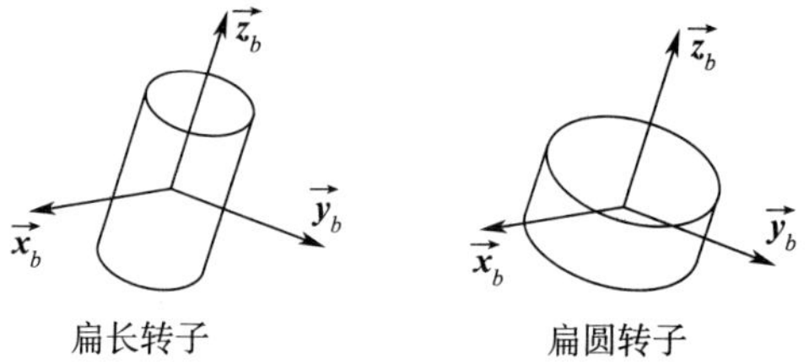

图 13 - 7　扁长转子与扁圆转子

情况 1：扁长转子（$I_t > I_a$）

由上文可知 $\gamma > \beta$。矢量$\vec{h}$ 、$\vec{\omega}$ 与$\vec{z}_b$ 如图 13 - 8 所示。$\vec{h}$ 与$\vec{\omega}$ 之间的角由 $\alpha = \gamma - \beta$ 得出。需要注意的是，角动量矢量$\vec{h}$ 平行于惯性参考系 $\mathcal{F}_I$ 的 z 轴，我们定义一个带有轴$\vec{z}_I$ 和半个角 α 圆锥体 $\mathcal{C}_s$，它被称为空间圆锥。我们还定义一个带有轴$\vec{z}_b$ 和半个角 β 的圆锥体 $\mathcal{C}_b$，它被称为体圆锥。这些圆锥如图 13 - 9 所示。显然，圆锥沿着角速度矢量$\vec{\omega}$ 接触。

现在，当体圆锥 $\vec{z}_b$（航天器的体 z 轴）关于 $\vec{z}_I$ 旋转，让体圆锥 $\mathcal{C}_b$ 滚动且不在空间圆锥 $\mathcal{C}_s$（其固定在 $\mathcal{F}_I$ 上）上滑动，因此 $\mathcal{C}_b$ 的旋转瞬时轴必须沿着 $\mathcal{C}_b$ 与 $\mathcal{C}_s$ 之间的接触线。所以，由 $\vec{\boldsymbol{\omega}}'$ 标识的 $\mathcal{C}_b$ 的角速度矢量必须平行于 $\vec{\boldsymbol{\omega}}$，如图 13－9 所示。即对于一些标量 a，$\vec{\boldsymbol{\omega}}'=a\vec{\boldsymbol{\omega}}$。

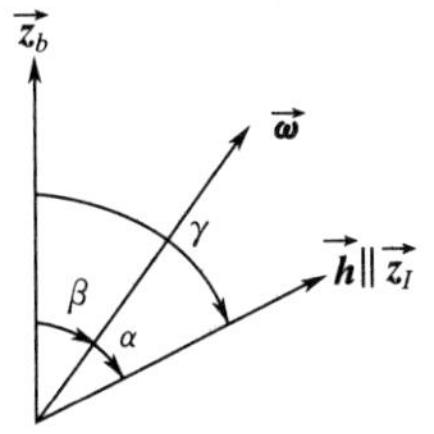

图 13－8　一个扁长转子的 $\vec{h}$、$\vec{\boldsymbol{\omega}}$ 与 $\vec{z}_b$

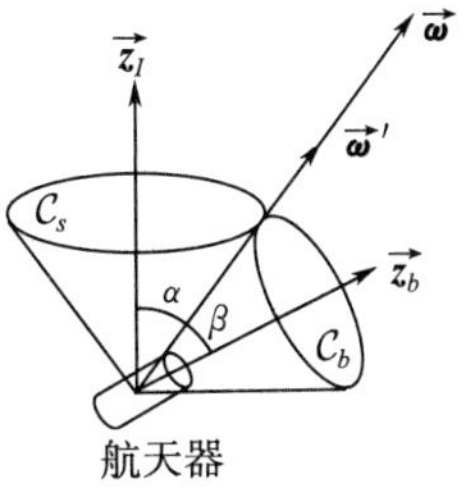

图 13－9　扁长转子案例中的空间圆锥与体圆锥

现在，由于 $\vec{z}_b$ 是 $\mathcal{C}_b$ 的轴，它被固定在 $\mathcal{C}_b$ 内。因此我们必须得到

$$\dot{\vec{z}}_b=\vec{\boldsymbol{\omega}}'\times\vec{z}_b=a\,\vec{\boldsymbol{\omega}}\times\vec{z}_b$$

然而，因为 $\vec{z}_b$ 同样固定在 $\mathcal{F}_b$ 内，于是我们就得到了

$$\dot{\vec{z}}_b=\vec{\boldsymbol{\omega}}\times\vec{z}_b$$

即

$$a\,\vec{\boldsymbol{\omega}}\times\vec{z}_b=\vec{\boldsymbol{\omega}}\times\vec{z}_b$$

显然，只有当 $a=1$ 时这才是可能的。因此，我们一定会得到 $\vec{\boldsymbol{\omega}}'=\vec{\boldsymbol{\omega}}$。即，体圆锥 $\mathcal{C}_b$ 具有与航天器体参考系 $\mathcal{F}_b$ 相同的角速度。因此体圆锥可以被认为是隶属于航天器的。

总之，航天器姿态运动与体圆锥 $\mathcal{C}_b$ 在空间圆锥 $\mathcal{C}_s$ 上的无滑动滚动运动是一样的。

情况 2：扁圆转子 $I_a>I_t$

由上文可知 $\beta>\gamma$。矢量 $\vec{h}$、$\vec{\boldsymbol{\omega}}$ 与 $\vec{z}_b$ 之间的关系如图 13－10 所示。在这种情况下，$\vec{h}$ 和 $\vec{\boldsymbol{\omega}}$ 是由 $\alpha=\beta-\gamma$ 给出的。至于扁长情况，我们定义了一个带有轴 $\vec{z}_I$ 和半个角 α 的空间圆锥 $\mathcal{C}_s$。我们还定义一带有轴 $\vec{z}_b$ 和半个角 β 的体圆锥 $\mathcal{C}_b$。这些圆锥如图 13－11 所示。

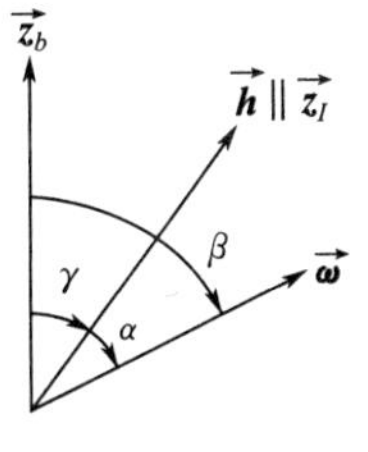

图 13－10　一个扁圆转子的 $\vec{h}$、$\vec{\boldsymbol{\omega}}$ 与 $\vec{z}_b$

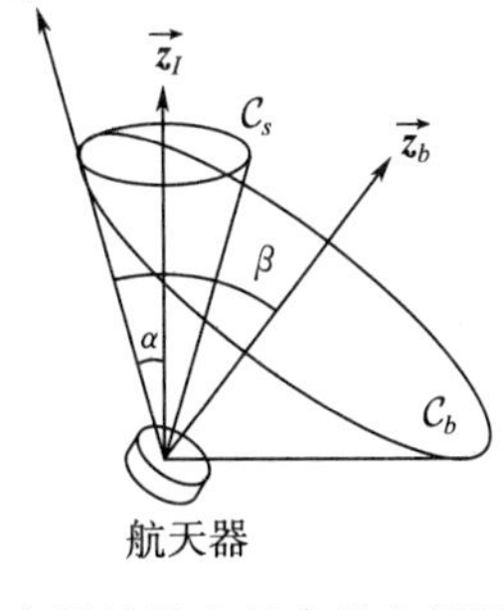

图 13－11　扁圆转子案例中的空间圆锥与体圆锥

使用与扁长情况完全相同的分析，我们得到航天器姿态运动与体圆锥 $\mathcal{C}_b$ 在空间圆锥 $\mathcal{C}_s$ 上的无滑动滚动运动是一样的结论。

13.3 注释

本章提出了一种对于无扭矩航天器姿态运动的分析，以及轴对称航天器运动的几何解释。三惯性情况下的无扭矩航天器姿态运动的分析解法（所有主要的惯性矩是不相等的）与其几何解释可以在汤姆森（Thomson，1986）与休斯（Hughes，2004）的著作中找到。

参考文献

[1] Hughes PC 2004 Spacecraft Attitude Dynamics. Dover Publications, Mineola, NY.

[2] Thomson WT 1986 Introduction to Space Dynamics. Dover Publications, Mineola, NY.

[3] Wittenburg J 1977 Dynamics of Systems of Rigid Bodies. Teubner, Stuttgart.

第 14 章　自旋稳定

在接下来的 3 章中，我们将探讨各种被动稳定的方法。被动稳定涉及将航天器放在良好的自然稳定平衡的状态中。自旋稳定是一种最古老的被动稳定形式。如果一个任务的目的是让航天器上的一台仪器指向一个惯性固定的方向，那么通常只有方向是重要的（取决于仪器），与如何定向是不相关的。这样，我们可以通过关于这个轴旋转航天器（见图 14 - 1）来定向。下文将简短介绍在什么样的条件下这样的旋转是稳定的。首先，必须定义我们所说的稳定是什么。

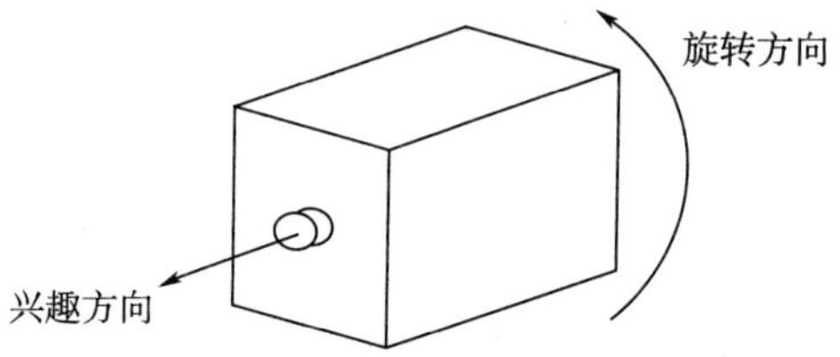

图 14 - 1　旋转的航天器

14.1　稳定性

系统的稳定性是指当 $t \to \infty$ 时系统的渐近行为。运动有界吗（稳定）？运动是否变得无界（不稳定）？它是否趋于平衡（渐近稳定）？

一般非线性系统稳定性的严格定义将在第 24 章进行介绍。但是目前要特别关注线性时不变系统。

考虑带有常数实系数的线性微分方程

$$\frac{\mathrm{d}^n x}{\mathrm{d}t} + b_1 \frac{\mathrm{d}^{n-1} x}{\mathrm{d}t^{n-1}} + \cdots + b_{n-1} \frac{\mathrm{d}x}{\mathrm{d}t} + b_n x = 0$$

显然，$x(t) \equiv 0$ 是这个微分方程的平衡解。为了确定这种平衡的稳定性，我们希望看到当它不再平衡时会发生什么，即，当初始条件非零时。以拉式变换的微分方程给出

$$\begin{aligned}&\left[s^n X(s) - s^{n-1} x(0) - s^{n-2} \frac{\mathrm{d}x}{\mathrm{d}t}(0) - \cdots - \frac{\mathrm{d}^{n-1} x}{\mathrm{d}t^{n-1}}(0)\right] + \\ &b_1 \left[s^{n-1} X(s) - s^{n-2} x(0) - s^{n-3} \frac{\mathrm{d}x}{\mathrm{d}t}(0) - \cdots - \frac{\mathrm{d}^{n-2}}{\mathrm{d}t^{n-2}}(0)\right] + \cdots + \\ &b_{n-1}\left[sX(s) - x(0)\right] + b_n X(s) = 0\end{aligned}$$

可以重写为

$$\left[s^n + b_1 s^{n-1} + b_2 s^{n-2} + \cdots + b_n\right] X(s) = a_1 s^{n-1} + a_2 s^{n-2} + \cdots + a_n$$

其中的系数

$$a_1 = x(0), a_2 = \frac{dx}{dt}(0) + b_1 x(0), \cdots, a_n = \frac{d^{n-1}x}{dt^{n-1}}(0) + b_1 \frac{d^{n-2}x}{dt^{n-2}}(0) + \cdots + b_{n-1}x(0)$$

是初始条件的函数。现在我们可以解 $X(s)$

$$X(s) = \frac{a_1 s^{n-1} + a_2 s^{n-2} + \cdots + a_n}{s^n + b_1 s^{n-1} + b_2 s^{n-2} + \cdots + b_n}$$

设分母为零，得到微分方程的特征方程

$$s^n + b_1 s^{n-1} + b_2 s^{n-2} + \cdots + b_n = 0 \tag{14-1}$$

令 p_i，$i=1$，…，n，为特征方程（14－1）的解，正如附录 A 中所解释的，p_i 被称为 $X(s)$ 的极点，能够完全确定渐近行为。为简单起见，假设极点是不同的，即如果 $i \neq j$，则 $p_i \neq p_j$。在这种情况下（见附录 A），$X(s)$ 可以在部分分式中展开为

$$X(s) = \frac{c_1}{s-p_1} + \frac{c_2}{s-p_2} + \cdots + \frac{c_n}{s-p_n}$$

其中 c_i 是 $X(s)$ 的余数。以拉普拉斯逆变换给出 $x(t)$ 的解决方案

$$x(t) = c_1 e^{p_1 t} + c_2 e^{p_2 t} + \cdots + c_n e^{p_n t} \tag{14-2}$$

既然所有的系数都是实数，那么 $X(s)$ 的复数极点必须以复数共轭对形式存在。即，如果 $p=\sigma+j\omega$ 是一个极点，且 $\omega \neq 0$，那么 $\bar{p}=\sigma-j\omega$ 也必须是一个极点。可以很容易证明：如果 p_i 是一个带有对应余数 c_i 的复数极点，那么对应极点 $\bar{p}_i$ 的余数为 $\bar{c}_i$。因此，对应极点 $p=\sigma+j\omega$ 与极点 $\bar{p}=\sigma-j\omega$ 一个复数共轭对的 $x(t)$ 的解为

$$c e^{pt} + \bar{c} e^{\bar{p}t}$$

令 $c=a+jb$，则得到

$$\begin{aligned} c e^{pt} + \bar{c} e^{\bar{p}t} &= (a+jb) e^{\sigma t} (\cos\omega t + j\sin\omega t) + (a-jb) e^{\sigma t} (\cos\omega t - j\sin\omega t) \\ &= e^{\sigma t} (2a\cos\omega t - 2b\sin\omega t) \end{aligned}$$

不稳定结果　从式（14－2）中我们看到，如果任何极点 p_i 有正实数部分 $\mathrm{Re}(p_i) > 0$，那么 $x(t)$ 就会无限增长并且系统是不稳定的。

渐近稳定性结果　如果所有的极点都有负实数部分 $\mathrm{Re}(p_i) < 0$，则 $x(t)$ 收敛至零，系统是渐近稳定的。

稳定性结果　如果没有一个极点有正实数部分，但在假想轴上有明显的极点，则 $x(t)$ 表现为有界振荡行为，系统是稳定的。

14.2　无扭矩运动的自旋稳定

我们现在将研究自旋平衡条件的稳定性。首先，只有关于惯性主轴的转动是平衡的条件。我们因此考虑主坐标轴无扭矩欧拉方程（见 11.3 节）。

$$I_x \dot{\omega}_x + (I_z - I_y)\omega_y \omega_z = 0$$

$$I_y \dot{\omega}_y + (I_x - I_z)\omega_x \omega_z = 0$$

$$I_z \dot{\omega}_z + (I_y - I_x)\omega_x \omega_y = 0$$

很容易看出主轴自旋是一个平衡条件。我们以 z 轴旋转证明这个理论

$$\omega_x(t)=\omega_y(t)=0, \omega_z(t)=v(\text{常数})$$

将上式代入欧拉方程中，我们得到

$$I_x\dot{\omega}_x=0$$

$$I_y\dot{\omega}_y=0$$

$$I_z\dot{\omega}_z=0$$

这意味着一个关于 z 轴的主轴旋转的确是一种平衡条件（角速度不变）。

现在如果我们扰乱平衡，将发生什么？令

$$\omega_x=\epsilon_x, \omega_y=\epsilon_y, \omega_z=\epsilon_z+v$$

其中 ϵ_x 、ϵ_y 与 ϵ_z 是小角速度。欧拉方程现在为

$$I_x\dot{\epsilon}_x+(I_z-I_y)\epsilon_y(\epsilon_z+v)=0$$

$$I_y\dot{\epsilon}_y+(I_x-I_z)\epsilon_x(\epsilon_z+v)=0$$

$$I_z\dot{\epsilon}_z+(I_y-I_x)\epsilon_x\epsilon_y=0$$

由于所有的 ϵ 都小，我们忽略 ϵ 的乘积。即，我们将关于平衡的欧拉方程线性化，得到

$$I_x\dot{\epsilon}_x+(I_z-I_y)v\epsilon_y=0$$

$$I_y\dot{\epsilon}_y+(I_x-I_z)v\epsilon_x=0$$

$$I_z\dot{\epsilon}_z=0$$

ϵ_x 和 ϵ_y 的方程从 ϵ_z 的方程减弱。ϵ_z 的方程表明

$$\epsilon_z=\text{常数}$$

其意味着 ϵ_z 是稳定的。现在我们在 ϵ_x 和 ϵ_y 的方程上来做一个稳定分析，出于方便，我们将方程写为

$$\dot{\epsilon}_x+\frac{(I_z-I_y)v}{I_x}\epsilon_y=0$$

$$\dot{\epsilon}_y+\frac{(I_x-I_z)v}{I_y}\epsilon_x=0$$

进行拉普拉斯变换给出

$$s\hat{\epsilon}_x(s)-\epsilon_x(0)+\frac{(I_z-I_y)v}{I_x}\hat{\epsilon}_y(s)=0$$

$$s\hat{\epsilon}_y(s)-\epsilon_y(0)+\frac{(I_x-I_z)v}{I_y}\hat{\epsilon}_x(s)=0$$

这可以用矩阵形式重写为

$$\begin{bmatrix} s & \dfrac{(I_z-I_y)v}{I_x} \\ \dfrac{(I_x-I_z)v}{I_y} & s \end{bmatrix}\begin{bmatrix}\hat{\epsilon}_x(s) \\ \hat{\epsilon}_y(s)\end{bmatrix}=\begin{bmatrix}\epsilon_x(0) \\ \epsilon_y(0)\end{bmatrix}$$

解上式得到

$$\begin{bmatrix}\hat{\epsilon}_x(s)\\ \hat{\epsilon}_y(s)\end{bmatrix}=\frac{1}{s^2+\alpha}\begin{bmatrix}s & -\dfrac{(I_z-I_y)\upsilon}{I_x}\\ -\dfrac{(I_x-I_z)\upsilon}{I_y} & s\end{bmatrix}\begin{bmatrix}\epsilon_x(0)\\ \epsilon_y(0)\end{bmatrix}$$

其中

$$\alpha=\frac{(I_z-I_y)(I_z-I_x)\upsilon^2}{I_xI_y}$$

即

$$\hat{\epsilon}_x(s)=\frac{s\epsilon_x(0)-\dfrac{(I_z-I_y)\upsilon}{I_x}\epsilon_y(0)}{s^2+\alpha}$$

$$\hat{\epsilon}_y(s)=\frac{s\epsilon_y(0)-\dfrac{(I_x-I_z)\upsilon}{I_y}\epsilon_x(0)}{s^2+\alpha}$$

我们会立即看到 $\hat{\epsilon}_x(s)$ 与 $\hat{\epsilon}_y(s)$ 拥有相同的极点，满足

$$s^2+\alpha=0$$

即，极点是 $\pm\sqrt{-\alpha}$。这有 3 种可能的情况。

(1) $\alpha>0$

在这种情况下，极点为 $\pm \mathrm{j}\sqrt{\alpha}$。这是纯粹的想象。这意味着 $\epsilon_x(t)$ 和 $\epsilon_y(t)$ 的解是振荡的。因此，运动是稳定的。

(2) $\alpha=0$

在这种情况下，在原点有一个重复的极点。这意味着 $\epsilon_x(t)$ 和 $\epsilon_y(t)$ 都有一个随着时间线性增长的要素（将此作为一个练习，通过取拉普拉斯逆变换可得）。因此，运动是不稳定的。

(3) $\alpha<0$

在这种情况下，极点为 $\pm\sqrt{-\alpha}$，为实数。其中一个为正，另一个为负。这意味着 $\epsilon_x(t)$ 和 $\epsilon_y(t)$ 都有一个随时间呈指数增长的要素（将此作为一个练习，通过拉普拉斯逆变换可得）。因此，运动是不稳定的。

总之，要稳定，我们必须要有

$$\frac{(I_z-I_y)(I_z-I_x)\upsilon^2}{I_xI_z}>0$$

这意味着

$$(I_z-I_y)(I_z-I_x)>0$$

如果上式要想成立，则必须满足

$$I_z>I_y \text{ 且 } I_z>I_x$$

或

$$I_z<I_y \text{ 且 } I_z<I_x$$

因此，对于自旋稳定，飞船必须要么关于长（最大）惯性轴旋转，要么关于短（最小）惯性轴旋转。关于中间轴的旋转是不稳定的。此外，需要注意的是，渐近稳定是不可能的，因为我们不能得到带负实部的双极点。

14.3 内部能量耗散效应

前面的结果依赖于物体是刚性的事实，且该运动是无扭矩的。在实践中，航天器并不完全是刚性的，而运动并非无扭矩（其中干扰正如我们在第 12 章中所看到的）。航天器具有弹性元素，这是由于外部扭矩以及姿态运动本身会引起变形。这些机构变形导致以热形式损失动能。由于这种能量耗散，动能是非增长的。这种普遍的影响被如下启发式参数论证。

14.3.1 能量阱假说

一个准刚性体将消散能量直到达到最小动能状态。对于无扭矩运动来说，角动量守恒。

从第 13 章我们知道，只有长轴旋转或短轴旋转是稳定的。对于一个长轴旋转，动能为

$$T_{maj}=\frac{1}{2}I_{maj}\omega_{maj}^{2}=\frac{h^{2}}{2I_{maj}},h=I_{maj}\omega_{maj}$$

对于一个短轴旋转，动能为

$$T_{min}=\frac{1}{2}I_{min}\omega_{min}^{2}=\frac{h^{2}}{2I_{min}},h=I_{min}\omega_{min}$$

由于 $I_{min}<I_{maj}$，对于一个给定的角动量 h

$$T_{maj}<T_{min}$$

即，一个长轴旋转的动能被最小化，一个短轴旋转的动能被最大化。由于航天器柔性导致的能量耗散造成动能减少，所以短轴旋转也不稳定。这产生了如下规律。

14.3.2 主轴规律

关于长轴的旋转是渐近稳定的，任何其他轴的旋转是不稳定的。

例如，探测者 1 号曾是美国的第一颗卫星。它是轴对称的，且关于惯性短轴自旋稳定。探测者 1 号具有弹性天线，这导致了能量的损耗。卫星在部署后翻滚数小时，这导致了长轴规则的发现。

14.4 注释

本章介绍了航天器的自旋稳定元素。更详细的自旋稳定的处理方法请参见休斯（Hughes，2004）的著作。关于自旋稳定实际问题的讨论，读者可以参考西迪（Sidi，1997）的著作。

参考文献

[1] Hughes PC 2004 Spacecraft Attitude Dynamics. Dover Publications, Mineola, NY.

[2] Sidi MJ 1997 Spacecraft Dynamics and Control: A Practical Engineering Approach. Cambridge University Press, New York, NY.

第 15 章　双自旋稳定

自旋稳定是一种有用的被动稳定技术。通过围绕长轴旋转的航天器，陀螺刚度提供给旋转轴。这意味着自旋轴力图保持惯性固定。然而，自旋稳定不总是可行的。首先，长轴规则需要航天器围绕长轴旋转，这可能不符合航天器的形状。其次，这意味着整个航天器都在旋转。当需要将仪器指向惯性改变方向时这在实际中是有问题的，例如，在地球观察任务中当仪器必须指向地球时，从地球轨道卫星上看，其不是一种惯性固定方向，而是航天器每公转一圈设备自转一周。

最好是能够利用自旋稳定的优越性（陀螺稳定性），而不必旋转整个航天器，或至少不必绕长轴旋转。要想做到这一点，可以将一个转轮安装在航天器内，其旋转轴与所需轴线对齐，以保持惯性固定。转轮增加了陀螺仪的稳定性。这叫做双自旋稳定。

15.1　运动方程

对于一个双自旋航天器，我们可以认为航天器是由两个刚体所组成的：轮子和平台（及其他）（见图 15－1）。轮子的旋转轴固定在平台上，轮子相对于平台以角速度 ω_s 旋转。我们考虑将一个体固定参考系 $\mathcal{F}_b$ 连在平台上，其原点位于航天器的质心上（结合的平台与轮子系统）。其可以显示航天器（平台和轮子）的总角动量在体坐标中为

$$\vec{h} = \vec{\mathcal{F}}_b^{\mathrm{T}} [\boldsymbol{I\omega} + h_s \boldsymbol{a}] \tag{15-1}$$

式中　$\boldsymbol{I}$ ——航天器的惯量矩阵（平台和轮子）；

$\vec{\boldsymbol{\omega}} = \vec{\mathcal{F}}_b^{\mathrm{T}} \boldsymbol{\omega}$ ——平台相对于惯性坐标系的角速度；

$h_s = I_s \omega_s$ ——轮子关于平台的自旋角动量；

$\boldsymbol{I}_s$ ——轮子关于旋转轴的转动惯量；

ω_s ——轮子关于平台的角速度；

$\vec{\boldsymbol{a}} = \vec{\mathcal{F}}_b^{\mathrm{T}} \boldsymbol{a}$ ——旋转轴。

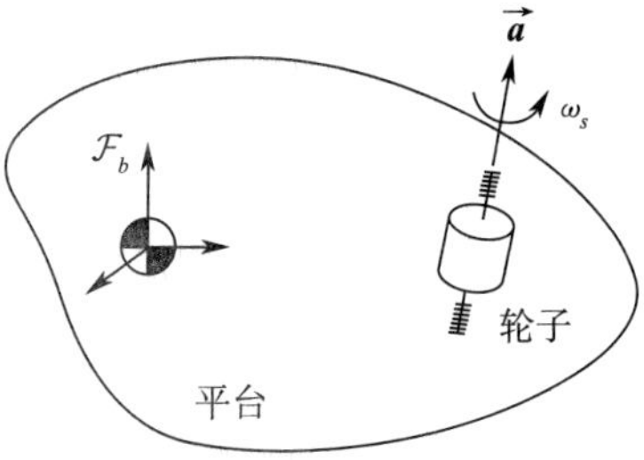

图 15－1　双自旋航天器

现在，运动方程由欧拉方程给出（见 11.3 节）

$$\overset{\circ}{\vec{h}}+\vec{\omega}\times\vec{h}=\vec{T} \tag{15-2}$$

其中（°）表示在体参考系 $\mathcal{F}_b$ 中的时间倒数，$\vec{T}=\vec{\mathcal{F}}_b^{\mathrm{T}}\boldsymbol{T}$ 为作用在航天器上的外扭矩。

从方程（15-1）中，我们发现

$$\overset{\circ}{\vec{h}}=\vec{\mathcal{F}}_b^{\mathrm{T}}\left[\boldsymbol{I}\dot{\boldsymbol{\omega}}+\dot{h}_s\boldsymbol{a}\right] \tag{15-3}$$

由于惯量矩阵 $\boldsymbol{I}$ 和轮子旋转轴 $\boldsymbol{a}$ 在体坐标中不变，将方程（15-3）和方程（15-1）代入方程（15-2）中，我们最终得到了体坐标中的运动方程

$$\boldsymbol{I}\dot{\omega}+\dot{h}_s\boldsymbol{a}+\boldsymbol{\omega}^{\times}\left[\boldsymbol{I}\boldsymbol{\omega}+h_s\boldsymbol{a}\right]=\boldsymbol{T} \tag{15-4}$$

通常情况下，对于一个双自旋系统，轮子旋转角速度保持恒定，如 $\dot{h}_s=I_s\dot{\omega}_s=0$。这导致

$$\boldsymbol{I}\dot{\boldsymbol{\omega}}+\boldsymbol{\omega}^{\times}\left[\boldsymbol{I}\boldsymbol{\omega}+h_s\boldsymbol{a}\right]=\boldsymbol{T} \tag{15-5}$$

15.2　双自旋无扭矩运动的稳定性

正如我们在前言中提到的，添加一个旋转轮的目的是为陀螺提供稳定性，并消除旋转稳定对整个航天器的劣势。因此，我们要分析一个双自旋航天器的稳定性。我们已在 14.2 节与旋转航天器进行直接对比。在 14.2 节中，我们考虑体参考系 $\mathcal{F}_b$ 为一个主坐标轴，如此惯量矩阵为

$$\boldsymbol{I}=\begin{bmatrix} I_x & 0 & 0 \\ 0 & I_y & 0 \\ 0 & 0 & I_z \end{bmatrix}$$

由于在 14.2 节考虑了一个 z 轴旋转，因此我们令轮子旋转轴与体 z 轴重合，即

$$\boldsymbol{a}=\begin{bmatrix} 0 \\ 0 \\ 1 \end{bmatrix}$$

体坐标系中的角速度为

$$\boldsymbol{\omega}=\begin{bmatrix} \omega_x \\ \omega_y \\ \omega_z \end{bmatrix}$$

在方程（15-5）中运动的无扭矩（$\boldsymbol{T}=0$）方程成为

$$\begin{aligned} I_x\dot{\omega}_x+(I_z-I_y)\omega_y\omega_z+h_s\omega_y&=0 \\ I_y\dot{\omega}_y+(I_x-I_z)\omega_x\omega_z-h_s\omega_x&=0 \\ I_z\dot{\omega}_z+(I_y-I_x)\omega_x\omega_y&=0 \end{aligned} \tag{15-6}$$

如在 14.2 节中，我们对方程（15-6）平衡解的稳定性感兴趣。方程（15-6）有许多平衡解。然而，与 14.2 节比较，最有用的解是一个满足下式的主 z 轴旋转

$$\omega_x(t)=\omega_y(t)=0,\omega_z(t)=\nu(\text{常数})$$

将上式代入运动方程（15－6），我们得到

$$I_x\dot{\omega}_x=0$$
$$I_y\dot{\omega}_y=0$$
$$I_z\dot{\omega}_z=0$$

这意味着一个主 z 轴旋转确实是一个平衡条件（角速度不改变）。

如在 14.2 节中，为了检验这种平衡条件的稳定性，我们做了一个小小的扰动。

$$\omega_x=\epsilon_x,\omega_y=\epsilon_y,\omega_z=\epsilon_z+\nu$$

其中 ϵ_x 、ϵ_y 和 ϵ_z 是小角速度。现在，运动方程变为

$$I_x\dot{\epsilon}_x+(I_z-I_y)\epsilon_y(\epsilon_z+\nu)+h_s\epsilon_y=0$$
$$I_y\dot{\epsilon}_y+(I_x-I_z)\epsilon_x(\epsilon_z+\nu)-h_s\epsilon_x=0$$
$$I_z\dot{\epsilon}_z+(I_y-I_x)\epsilon_x\epsilon_y=0$$

鉴于所有的 ϵ 都是小的，我们可以忽略所有 ϵ 的量。即，我们线性化欧拉方程的平衡来得到

$$I_x\dot{\epsilon}_x+(I_z-I_y)\nu\epsilon_y+h_s\epsilon_y=0$$
$$I_y\dot{\epsilon}_y+(I_x-I_z)\nu\epsilon_x-h_s\epsilon_x=0$$
$$I_z\dot{\epsilon}_z=0$$

如 14.2 节中的一个旋转卫星，方程 ϵ_x 和 ϵ_y 是从方程 ϵ_z 中解耦出来的。方程 ϵ_z 表明

$$\epsilon_z=\text{常数}$$

这意味着 ϵ_z 是稳定的。现在让我们对方程 ϵ_x 和 ϵ_y 进行稳定性分析，为了方便，我们将方程重新写为

$$\dot{\epsilon}_x+\frac{(I_z-I_y)\nu+h_s}{I_x}\epsilon_y=0$$
$$\dot{\epsilon}_y+\frac{(I_x-I_z)\nu-h_s}{I_y}\epsilon_x=0$$

对于一个旋转平台（$\nu\neq 0$），确定数量是十分方便的

$$\lambda=I_z+\frac{h_s}{\nu}\tag{15-7}$$

在这种情况下，我们可以将运动方程重新写为

$$\dot{\epsilon}_x+\frac{(\lambda-I_y)\nu}{I_x}\epsilon_y=0$$
$$\dot{\epsilon}_y+\frac{(I_x-\lambda)\nu}{I_y}\epsilon_x=0\tag{15-8}$$

为了方便起见，在这里重复了一个 14.2 节中旋转航天器的相关运动方程

$$\begin{aligned}\dot{\epsilon}_x+\frac{(I_z-I_y)\nu}{I_x}\epsilon_y=0\\ \dot{\epsilon}_y+\frac{(I_x-I_z)\nu}{I_y}\epsilon_x=0\end{aligned}\tag{15-9}$$

将双自旋卫星的运动方程（15-8）与旋转飞船的方程（15-9）进行比较，可以看出，储存盘的角动量 h_s 增强关于旋转轴 I_z 的平台惯性矩。也就是说，要完成稳定的分析，我们可以通过如下替换重新使用 14.2 节中的结果

$$I_z \rightarrow \lambda = I_z + \frac{h_s}{\nu}$$

因此，我们可以得出这样的结论：当且仅当如下条件满足时，稳定性成立

$$I_z + \frac{h_s}{\nu} = \lambda > I_y \text{ 且 } I_z + \frac{h_s}{\nu} = \lambda > I_x \tag{15-10}$$

或

$$I_z + \frac{h_s}{\nu} = \lambda < I_y \text{ 且 } I_z + \frac{h_s}{\nu} = \lambda < I_x \tag{15-11}$$

在这种情况下，即使是中间轴的旋转也可以通过使轮子存储的角动量 h_s 足够大达到稳定，这样上述两个不等式的其中一个是满足的。

15.3　内部能量耗散效应

前面是针对刚体的分析。然而，没有任何事物是一个完美的刚体。系统中总是有一定的灵活性，这意味着总有一些内部的能量损耗。我们现在希望看到的是内部能量损耗对双自旋航天器稳定性会产生什么样的影响，正如我们在 14.3 节中对一个自旋稳定的航天器所做的一样。要与 15.2 节一致，我们会考虑旋转轴与主 z 轴对齐的双自旋航天器。在这种情况下，从方程（15-1）中可得航天器的总角动量：

$$\boldsymbol{h} = \begin{bmatrix} I_x\omega_x \\ I_y\omega_y \\ I_z\omega_z + h_s \end{bmatrix} \tag{15-12}$$

可以很容易证明角速度的大小 $h = |\boldsymbol{h}|$ 是恒定的无扭矩运动。事实上，考虑

$$\frac{\mathrm{d}}{\mathrm{d}t}(h^2) = 2\,\boldsymbol{h}^{\mathrm{T}}\dot{\boldsymbol{h}}$$

对于无扭矩运动，欧拉方程（15-2）给出

$$\dot{\boldsymbol{h}} = -\boldsymbol{\omega}^{\times}\boldsymbol{h}$$

这导致了

$$\frac{\mathrm{d}}{\mathrm{d}t}(h^2) = -2\,\boldsymbol{h}^{\mathrm{T}}\boldsymbol{\omega}^{\times}\boldsymbol{h} = 0$$

因为 $\boldsymbol{\omega}^{\times}\boldsymbol{h}$ 垂直于 $\boldsymbol{h}$。这说明 h^2 是恒定的，因此，h 也是恒定的。

现在，对于能量阱的分析，我们考虑类能量函数

$$T_o = \frac{1}{2}(I_x\omega_x^2 + I_y\omega_y^2 + I_z\omega_z^2) \tag{15-13}$$

注意，这不是双自旋航天器的总转动动能，而是其中的一部分，由平台运动所产生。可以

很容易地显示出，对于一个刚性的双自旋航天器，T_o 是恒定无扭矩运动。我们假设运动轮是刚性的。以能量阱假说为前提，随后假设一个准刚体，其“能量”T_o 必然降低到最小值，而角动量 h 保持不变。即，$\dot{T}_o < 0$ 直到能量为最小。因此，这个最小能量配置是稳定的。

现在，让我们一起寻找：在什么情况下，15.2 节中当考虑能量消耗时，我们的简单旋转是稳定的。要做到这一点，我们需要解决约束最小化问题：找到一个 $\boldsymbol{\omega}$ 使 T_o 最小，且满足 $h =$ 常数。

其中

$$h^2 = \boldsymbol{h}^{\mathrm{T}}\boldsymbol{h} = (I_x\omega_x)^2 + (I_y\omega_y)^2 + (I_z\omega_z + h_s)^2$$

我们现在通过一个变量的合适变化，将问题转化为一个无约束的最小化问题。要做到这一点，我们认识到：角动量矢量 $\boldsymbol{h}$ 必须位于球体半径 h 上。这意味着，我们根据球面坐标可以很容易地描述角动量矢量，如图 15－2 所示。我们得到

$$\boldsymbol{h} = \begin{bmatrix} h\cos\phi\sin\theta \\ h\sin\phi \\ h\cos\phi\cos\theta \end{bmatrix} \tag{15-14}$$

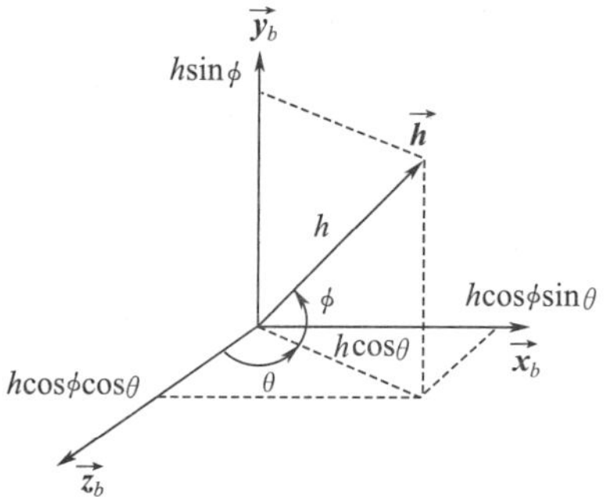

图 15－2　球面坐标系中角动量矢量

请注意，我们特意选择原点沿体 z 轴的球面坐标系，这样，当 $\phi = \theta = 0$ 时，角动量矢量为

$$\boldsymbol{h} = \begin{bmatrix} 0 \\ 0 \\ h \end{bmatrix}$$

这相当于一个绕 z 轴的简单旋转，正如在 15.2 节中所讲述的那样。现在，将方程（15－12）与方程（15－14）中的 h 做等值的表达。我们得到

$$\begin{aligned} I_x\omega_x &= h\cos\phi\sin\theta \\ I_y\omega_y &= h\sin\phi \\ I_z\omega_z + h_s &= h\cos\phi\cos\theta \end{aligned} \tag{15-15}$$

上式给出了角速度的方程

$$\omega_x = \frac{h}{I_x}\cos\phi\sin\theta$$
$$\omega_y = \frac{h}{I_y}\sin\phi \tag{15-16}$$
$$\omega_z = \frac{h}{I_z}\cos\phi\cos\theta - \frac{h_s}{I_z}$$

方程（15-16）现在从 ω_x、ω_y 和 ω_z（约束为角动量 h 恒定）转化为无约束的球面坐标 ϕ 和 θ。由于 T_o 相对于 ϕ 和 θ 是可微分的，最低限度发生的必要条件是在这一点上的偏导数为零

$$\frac{\partial T_o}{\partial \phi} = 0，\frac{\partial T_o}{\partial \theta} = 0$$

这意味着，函数 T_o 是静止的。根据链式法则，我们发现

$$\frac{\partial T_o}{\partial \phi} = \frac{\partial T_o}{\partial \omega_x}\frac{\partial \omega_x}{\partial \phi} + \frac{\partial T_o}{\partial \omega_y}\frac{\partial \omega_y}{\partial \phi} + \frac{\partial T_o}{\partial \omega_z}\frac{\partial \omega_z}{\partial \phi}$$
$$\frac{\partial T_o}{\partial \theta} = \frac{\partial T_o}{\partial \omega_x}\frac{\partial \omega_x}{\partial \theta} + \frac{\partial T_o}{\partial \omega_y}\frac{\partial \omega_y}{\partial \theta} + \frac{\partial T_o}{\partial \omega_z}\frac{\partial \omega_z}{\partial \theta} \tag{15-17}$$

从方程（15-13）和方程（15-16）中，我们发现

$$\frac{\partial T_o}{\partial \omega_x} = I_x\omega_x = h\cos\phi\sin\theta$$
$$\frac{\partial T_o}{\partial \omega_y} = I_y\omega_y = h\sin\phi$$
$$\frac{\partial T_o}{\partial \omega_z} = I_z\omega_z = h\cos\phi\cos\theta - h_s$$

从方程（15-16）中，我们得到

$$\frac{\partial \omega_x}{\partial \phi} = -\frac{h}{I_x}\sin\phi\sin\theta, \frac{\partial \omega_y}{\partial \phi} = \frac{h}{I_y}\cos\phi, \frac{\partial \omega_z}{\partial \phi} = -\frac{h}{I_z}\sin\phi\cos\theta$$
$$\frac{\partial \omega_x}{\partial \theta} = \frac{h}{I_x}\cos\phi\cos\theta, \frac{\partial \omega_y}{\partial \theta} = 0, \frac{\partial \omega_z}{\partial \theta} = -\frac{h}{I_z}\cos\phi\sin\theta$$

将所获得的偏微分方程代入方程（15-17）中，我们得到所需的偏微分方程

$$\frac{\partial T_o}{\partial \phi} = -\frac{h^2}{I_x}\sin\phi\cos\phi\ \sin^2\theta + \frac{h^2}{I_y}\sin\phi\cos\phi - \frac{h^2}{I_z}\sin\phi\cos\phi\ \cos^2\theta + \frac{hh_s}{I_z}\sin\phi\cos\theta \tag{15-18}$$

和

$$\frac{\partial T_o}{\partial \theta} = \frac{h^2}{I_x}\cos^2\phi\sin\theta\cos\theta - \frac{h^2}{I_z}\cos^2\phi\sin\theta\cos\theta + \frac{hh_s}{I_z}\cos\phi\sin\theta \tag{15-19}$$

如将上式重新写为下式，将是有帮助的

$$\frac{\partial T_o}{\partial \phi} = h\sin\phi\left[-\frac{h}{I_x}\cos\phi\ \sin^2\theta + \frac{h}{I_y}\cos\phi - \frac{h}{I_z}\cos\phi\ \cos^2\theta + \frac{h_s}{I_z}\cos\theta\right] \tag{15-20}$$

和

$$\frac{\partial T_o}{\partial \theta}=h\sin\theta\left[\frac{h}{I_x}\cos^2\phi\cos\theta-\frac{h}{I_z}\cos^2\phi\cos\theta+\frac{h_s}{I_z}\cos\phi\right] \tag{15-21}$$

我们立刻就能从方程（15－20）和方程（15－21）中看到，当 $\sin\theta=0$ 且 $\sin\phi=0$ 时 T_o 有固定值。这意味着 $\cos\phi=\pm1$ 且 $\cos\theta=\pm1$。从角动量矢量方程（15－14）中我们看出这些固定的值将关于体 z 轴的简单旋转与角动量矢量对应起来

$$\boldsymbol{h}=\begin{bmatrix}0\\0\\\pm h\end{bmatrix}$$

由于 $\cos\theta\cos\phi$ 的乘积为 ±1，很清楚地，令 $\phi=0$ 且 $\theta=0$、$180°$，可以涵盖这两种情况。

我们现在已经确定关于主 z 轴的简单旋转可能是 T_o 的最小组态。现在，我们需要创造事实上使其极小的条件。要建立这一点，我们需要考虑二阶导数。具体来讲，一个使 T_o 在一个点上变得最小的充分条件是如果黑塞矩阵

$$\begin{bmatrix}\dfrac{\partial^2 T_o}{\partial\phi^2} & \dfrac{\partial^2 T_o}{\partial\phi\partial\theta}\\[2ex] \dfrac{\partial^2 T_o}{\partial\theta\partial\phi} & \dfrac{\partial^2 T_o}{\partial\theta^2}\end{bmatrix}$$

在该点上是正定的，这意味着，对于关于主 z 轴的简单旋转，黑塞矩阵

$$\left.\begin{bmatrix}\dfrac{\partial^2 T_o}{\partial\phi^2} & \dfrac{\partial^2 T_o}{\partial\phi\partial\theta}\\[2ex] \dfrac{\partial^2 T_o}{\partial\theta\partial\phi} & \dfrac{\partial^2 T_o}{\partial\theta^2}\end{bmatrix}\right|_{\phi=0,\theta=0} \quad 或 \quad \left.\begin{bmatrix}\dfrac{\partial^2 T_o}{\partial\phi^2} & \dfrac{\partial^2 T_o}{\partial\phi\partial\theta}\\[2ex] \dfrac{\partial^2 T_o}{\partial\theta\partial\phi} & \dfrac{\partial^2 T_o}{\partial\theta^2}\end{bmatrix}\right|_{\phi=0,\theta=180°}$$

必须为正定。

现在，让我们来获得 T_o 的二阶偏导数的表达式。通过将一些同类项合并并利用三角恒等式 $2\sin a\cos a=\sin2a$ 来将偏导数方程（15－18）与方程（15－19）重写为不同的形式。我们得到

$$\frac{\partial T_o}{\partial \phi}=h\left[\frac{\sin2\phi}{2}\left(\frac{h}{I_y}-\frac{h}{I_x}\sin^2\theta-\frac{h}{I_z}\cos^2\theta\right)+\frac{h_s}{I_z}\sin\phi\cos\theta\right] \tag{15-22}$$

和

$$\frac{\partial T_o}{\partial \theta}=h\left[\left(\frac{h}{I_x}-\frac{h}{I_z}\right)\frac{\cos^2\phi\sin2\theta}{2}+\frac{h_s}{I_z}\cos\phi\sin\theta\right] \tag{15-23}$$

由此，我们现在可以很容易地获得二次偏导数

$$\frac{\partial^2 T_o}{\partial \phi^2}=h\left[\cos2\phi\left(\frac{h}{I_y}-\frac{h}{I_x}\sin^2\theta-\frac{h}{I_z}\cos^2\theta\right)+\frac{h_s}{I_z}\cos\phi\cos\theta\right] \tag{15-24}$$

$$\frac{\partial^2 T_o}{\partial \theta^2}=h\left[\left(\frac{h}{I_x}-\frac{h}{I_z}\right)\cos^2\phi\cos2\theta+\frac{h_s}{I_z}\cos\phi\cos\theta\right] \tag{15-25}$$

和

$$\frac{\partial^2 T_o}{\partial\theta\partial\phi}=\frac{\partial^2 T_o}{\partial\phi\partial\theta}=-h\left[\left(\frac{h}{I_x}-\frac{h}{I_z}\right)\sin\phi\cos\phi\sin2\theta+\frac{h_s}{I_z}\sin\phi\sin\theta\right] \tag{15-26}$$

利用现有的偏导数表达式，我们可以创造条件使主 z 轴旋转在最低能状态，因此，在能量消耗条件下具有一个稳定的配置。

我们先解 $\phi=\theta=0$ 的情况。我们发现，方程（15－24）到方程（15－26）中的二次偏导数变成

$$\left.\frac{\partial^2 T_o}{\partial\phi^2}\right|_{\phi=0,\theta=0}=h\left(\frac{h}{I_y}-\frac{h}{I_z}+\frac{h_s}{I_z}\right)$$

$$\left.\frac{\partial^2 T_o}{\partial\theta^2}\right|_{\phi=0,\theta=0}=h\left(\frac{h}{I_x}-\frac{h}{I_z}+\frac{h_s}{I_z}\right)$$

$$\left.\frac{\partial^2 T_o}{\partial\theta\partial\phi}\right|_{\phi=0,\theta=0}=0$$

因此，为了保证 $\phi=0$、$\theta=0$ 对应一个最小条件，正定的黑塞矩阵简化为如下不等式

$$h\left(\frac{h}{I_y}-\frac{h}{I_z}+\frac{h_s}{I_z}\right)>0, h\left(\frac{h}{I_x}-\frac{h}{I_z}+\frac{h_s}{I_z}\right)>0$$

通常，$h\geqslant 0$，但我们只考虑 $h>0$ 的情况。为与 15.2 节保持一致，我们也限制 $\omega_z\neq 0$（一个旋转的平台）。从方程（15－15）中的第 3 个方程中我们发现，对于 $\phi=0$、$\theta=0$

$$h=I_z\omega_z+h_s=\lambda\omega_z \tag{15-27}$$

其中

$$\lambda=I_z+\frac{h_s}{\omega_z}$$

与 15.2 节中方程（15－7）解出的量 λ 是一样的（在刚体稳定性分析中起关键作用）。现在，由于 $h>0$，最低限度的条件成为

$$\frac{h}{I_y}-\frac{h-h_s}{I_z}>0, \frac{h}{I_x}-\frac{h-h_s}{I_z}>0$$

现在，在方程（15－27）中我们注意到 $h-h_s=I_z\omega_z$。代入上式，最低限度的条件就变为

$$h-I_y\omega_z>0, h-I_x\omega_z>0$$

将 $h=\lambda\omega_z$［来自方程（15－27）］代入，条件变为

$$(\lambda-I_y)\omega_z>0, (\lambda-I_x)\omega_z>0$$

最终，我们注意到在方程（15－27）中由于 $h>0$，ω_z 和 λ 都必须有同样的符号。利用这一事实，当 $\phi=0$、$\theta=0$ 时，最小条件成为

$$(\lambda-I_y)\lambda>0, (\lambda-I_x)\lambda>0$$

接下来我们考虑当 $\phi=0$、$\theta=180°$ 时的情况。在该情况下，方程（15－24）与方程（15－26）二次偏导数成为

$$\left.\frac{\partial^2 T_o}{\partial\phi^2}\right|_{\phi=0,\theta=180°}=h\left[\frac{h}{I_y}-\frac{h}{I_z}-\frac{h_s}{I_z}\right]$$

$$\left.\frac{\partial^2 T_o}{\partial\theta^2}\right|_{\phi=0,\theta=180°}=h\left[\frac{h}{I_x}-\frac{h}{I_z}-\frac{h_s}{I_z}\right]$$

$$\left.\frac{\partial^2 T_o}{\partial\theta\partial\phi}\right|_{\phi=0,\theta=180°}=0$$

因此，要保证 $\phi=0$、$\theta=180°$ 对应于最小条件，正定的黑塞矩阵简化为不等式

$$\frac{h}{I_y}-\frac{h}{I_z}-\frac{h_s}{I_z}>0,\frac{h}{I_x}-\frac{h}{I_z}-\frac{h_s}{I_z}>0$$

重新排列得到

$$\frac{h}{I_y}-\frac{h+h_s}{I_z}>0,\frac{h}{I_x}-\frac{h+h_s}{I_z}>0$$

此前，从方程（15－15）中的第 3 个方程中我们找到，对于 $\phi=0$、$\theta=180°$

$$-h=I_z\omega_z+h_s=\lambda\omega_z \tag{15-28}$$

像之前一样利用方程（15－28），我们发现 $h+h_s=-I_z\omega_z$，最小的条件成为

$$-(\lambda-I_y)\omega_z>0,-(\lambda-I_x)\omega_z>0$$

最后，我们注意到，由于 $h>0$ 且 $h=-\lambda\omega_z$，则 λ 和 ω_z 符号一定相反。因此，当 $\phi=0$、$\theta=180°$ 时的最小条件成为

$$(\lambda-I_y)\lambda>0,(\lambda-I_x)\lambda>0$$

这与当 $\phi=0$、$\theta=0$ 时的情况完全一样。因此，我们认为，对于主 z 轴自旋是一个最小的能量配置，因此，在能量耗散条件下稳定。如果量 $\lambda=I_z+\dfrac{h_s}{\omega_z}$ 满足不等式

$$(\lambda-I_y)\lambda>0,(\lambda-I_x)\lambda>0$$

可以看出，如果要这些条件满足，那只有当

$$\lambda>I_x\text{ 且 }\lambda>I_y \tag{15-29}$$

或

$$\lambda<0 \tag{15-30}$$

现在我们可以将这些稳定性条件与我们在 15.2 节中所获得的进行比较。可以看出，条件（15－29）与条件（15－10）是完全一样的。条件（15－30）与条件（15－11）一致，但更为严格。

在 15.2 节中，我们可以得出这样的结论：由于 h_s 可以被调整为使 λ 尽可能得大，稳定双自旋航天器的短轴或中间轴旋转是可能的。事实上，经分析表明，一些能量损耗是有利的，这是因为能量衰减意味着

$$\boldsymbol{\omega}\rightarrow\begin{bmatrix}0\\0\\\omega_z\end{bmatrix}$$

15.4 注释

本章介绍了航天器的双自旋稳定元素。在我们的能量阱分析中，我们假设所有的能量都被消耗在飞船的平台上，而不是在转轮上（我们假设转轮是完全刚性的）。对于双自旋稳定性实际应用的相关讨论，请参见休斯（Hughes，2004）的著作。

参考文献

[1] Hughes PC 2004 Spacecraft Attitude Dynamics. Dover Publications, Mineola, NY.

[2] Sidi MJ 1997 Spacecraft Dynamics and Control: A Practical Engineering Approach. Cambridge University Press, New York, NY.

第 16 章　重力梯度稳定

有许多卫星应用需要将仪器指向地球。对于这些类型的航天器，航天器体坐标轴中的一个指向下方（被称为低点方向）将会是有帮助的。让我们定义一个轨道参考系 $\mathcal{F}_o$，带有如下基准矢量 $\vec{x}_o$、$\vec{y}_o$ 和 $\vec{z}_o$

$$\vec{x}_o = \vec{y}_o \times \vec{z}_o, \vec{y}_o = -\frac{\vec{r} \times \vec{v}}{|\vec{r} \times \vec{v}|}, \vec{z}_o = -\frac{\vec{r}}{|\vec{r}|}$$

其中 $\vec{r}$ 和 $\vec{v}$ 分别是惯性航天器相对于地球中心的位置和速度。图 16-1 说明了它们的定义。在航天器动力学中，定义的轨道参考系 $\mathcal{F}_o$ 的 3 个基准矢量给定了特别的名称。

$$\vec{x}_o = \text{滚动轴}$$

$$\vec{y}_o = \text{俯仰轴}$$

$$\vec{z}_o = \text{偏航轴}$$

与这 3 个轴相关的旋转分别为：滚动旋转、俯仰旋转、偏航旋转。

应该明确的是，如果航天器体参考系 $\mathcal{F}_b$ 与轨道参考系 $\mathcal{F}_o$ 对齐，则体 z 轴直接指向一个地球指向卫星所需的最低点。轨道参考系 $\mathcal{F}_o$ 为航天器规定了所需的姿态。因此，研究航天器相对于 $\mathcal{F}_o$ 的姿态运动是必要的。

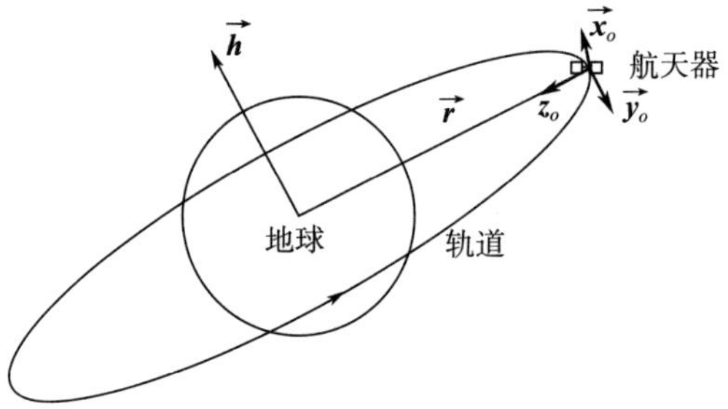

图 16-1　轨道参考系的定义

16.1　运动方程

让我们采用 3-2-1 姿态序列（参见 1.3.3 节与 1.4.2 节）描述航天器相对于轨道参考系的姿态。即，

1）一个关于原始 z 轴的旋转 ψ（叫作偏航角）。

2）一个关于中间 y 轴的旋转 θ（叫作俯仰角）。

3）一个关于转化 x 轴的旋转 ϕ（叫作滚动角）。

在这种情况下，从参考系 $\mathcal{F}_o$ 至参考系 $\mathcal{F}_b$ 的旋转矩阵为

$$
\boldsymbol{C}_{bo}(\phi,\theta,\psi)=\boldsymbol{C}_x(\phi)\boldsymbol{C}_y(\theta)\boldsymbol{C}_z(\psi)
=\begin{bmatrix} c_\theta c_\psi & c_\theta s_\psi & -s_\theta \\ s_\phi s_\theta c_\psi - c_\phi s_\psi & s_\phi s_\theta s_\psi + c_\phi c_\psi & s_\phi c_\theta \\ c_\phi s_\theta c_\psi + s_\phi s_\psi & c_\phi s_\theta s_\psi - s_\phi c_\psi & c_\phi c_\theta \end{bmatrix} \tag{16-1}
$$

其中 $s_b=\sin b$，$c_b=\cos b$。

相对于轨道运行参考系的姿态运动学为（见1.4.2节）

$$
\omega_{bo}=\begin{bmatrix} 1 & 0 & -\sin\theta \\ 0 & \cos\phi & \sin\phi\cos\theta \\ 0 & -\sin\phi & \cos\phi\cos\theta \end{bmatrix}\begin{bmatrix} \dot{\phi} \\ \dot{\theta} \\ \dot{\psi} \end{bmatrix} \tag{16-2}
$$

其中 $\vec{\boldsymbol{\omega}}_{bo}=\vec{\mathcal{F}}_b^{\mathrm{T}}\boldsymbol{\omega}_{bo}$ 是体参考系 $\mathcal{F}_b$ 相对于轨道运行参考系 $\mathcal{F}_o$ 在体坐标系中表示的角速度。

航天器的姿态动力学由欧拉方程给出（见11.3节），描述了航天器体参考系 $\mathcal{F}_b$ 相对于惯性参考系 $\mathcal{F}_I$ 的运动学。因此我们需要知道 $\mathcal{F}_o$ 的惯性角速度，即 $\vec{\boldsymbol{\omega}}_{oI}$。为了简化问题，我们把自己限制在一个圆形的开普勒轨道的情况下。在该情况下，$\vec{\boldsymbol{y}}_o$ 是惯性固定的，因为其与轨道角动量矢量平行，且轨道运行参考系 $\mathcal{F}_o$ 关于 $\vec{\boldsymbol{y}}_o$ 以轨道速度 $\omega_o=\sqrt{\dfrac{\mu}{r^3}}$（见第3章）给出恒定角速度，每公转一圈自转一周。注意，μ 是地球引力常数，$r=|\vec{\boldsymbol{r}}|$。$\mathcal{F}_o$ 相对于 $\mathcal{F}_I$ 的角速度为

$$
\vec{\boldsymbol{\omega}}_{oI}=\vec{\mathcal{F}}_o^{\mathrm{T}}\begin{bmatrix} 0 \\ -\omega_o \\ 0 \end{bmatrix} \tag{16-3}
$$

负号是由于 $\vec{\boldsymbol{y}}_o$ 的方向是负的轨道角动量方向。

航天器的惯性角速度现在为

$$
\vec{\boldsymbol{\omega}}_{bI}=\vec{\boldsymbol{\omega}}_{bo}+\vec{\boldsymbol{\omega}}_{oI} \tag{16-4}
$$

包括重力梯度扭矩（见12.4节）的航天器姿态运动学在体坐标系中为

$$
\boldsymbol{I}\frac{\mathrm{d}}{\mathrm{d}t}(\boldsymbol{\omega}_{bo}+\boldsymbol{C}_{bo}\boldsymbol{\omega}_{oI})+(\boldsymbol{\omega}_{bo}+\boldsymbol{C}_{bo}\boldsymbol{\omega}_{oI})^{\times}\boldsymbol{I}(\boldsymbol{\omega}_{bo}+\boldsymbol{C}_{bo}\boldsymbol{\omega}_{oI})=\boldsymbol{T}_g \tag{16-5}
$$

其中

$$
\boldsymbol{T}_g=\frac{3\mu}{r^5}\boldsymbol{r}_b^{\times}\boldsymbol{I}\boldsymbol{r}_b
$$

且 $\vec{\boldsymbol{r}}=\vec{\mathcal{F}}_b\boldsymbol{r}_b$ 是航天器轨道位置矢量在坐标系中的表达方式。方程（16-2）和方程（16-5）完整地描述了航天器相对于轨道参考系 $\mathcal{F}_o$ 的姿态运动。为了更简单些，使我们能够进行稳定性分析，我们将运动方程线性化。那就是，我们只考虑小角度和角速度，即 ϕ、θ、ψ、$\dot{\phi}$、$\dot{\theta}$ 和 $\dot{\psi}$ 被认为很小。这样就允许了以下的简化

$$
\sin\phi\approx\phi,\cos\phi\approx 1,\sin\theta\approx\phi,\cos\theta\approx 1,\sin\psi\approx\phi,\cos\psi\approx 1
$$

请注意，这些近似值只有当角为弧度制时才有效。小角度和速率的假设也让我们忽视了角度和角速度之间的乘积（例如，我们可以忽略 $\phi\theta$ 和 $\phi\dot{\phi}$）。现在我们将逐项地简化欧

拉方程（16-5）。

首先，在这些简化中，方程（16-1）中的旋转矩阵 $\boldsymbol{C}_{bo}$ 变为

$$\boldsymbol{C}_{bo}(\phi,\theta,\psi) \approx \begin{bmatrix} 1 & \psi & -\theta \\ -\psi & 1 & \phi \\ \theta & -\phi & 1 \end{bmatrix} \tag{16-6}$$

接下来，方程（16-2）中的角速度变为

$$\boldsymbol{\omega}_{bo} = \begin{bmatrix} \dot{\phi} \\ \dot{\theta} \\ \dot{\psi} \end{bmatrix} \tag{16-7}$$

因此，我们在体坐标系中得到的惯性角速度为

$$\boldsymbol{\omega}_{bo} + \boldsymbol{C}_{bo}\boldsymbol{\omega}_{oI} = \begin{bmatrix} \dot{\phi} - \psi\omega_o \\ \dot{\theta} - \omega_o \\ \dot{\psi} + \phi\omega_o \end{bmatrix} \tag{16-8}$$

且体坐标系中的惯性角加速度为

$$\frac{\mathrm{d}}{\mathrm{d}t}(\boldsymbol{\omega}_{bo} + \boldsymbol{C}_{bo}\boldsymbol{\omega}_{oI}) = \begin{bmatrix} \ddot{\phi} - \dot{\psi}\omega_o \\ \ddot{\theta} \\ \ddot{\psi} + \dot{\phi}\omega_o \end{bmatrix} \tag{16-9}$$

这是因为 ω_o 是恒定的。

我们假设体参考系 $\mathcal{F}_b$ 是一个主坐标系，这样的惯量矩阵是

$$\boldsymbol{I} = \begin{bmatrix} I_x & 0 & 0 \\ 0 & I_y & 0 \\ 0 & 0 & I_z \end{bmatrix}$$

这意味着

$$\boldsymbol{I}\frac{\mathrm{d}}{\mathrm{d}t}(\boldsymbol{\omega}_{bo} + \boldsymbol{C}_{bo}\boldsymbol{\omega}_{oI}) = \begin{bmatrix} I_x(\ddot{\phi} - \dot{\psi}\omega_o) \\ I_y\ddot{\theta} \\ I_z(\ddot{\psi} + \dot{\phi}\omega_o) \end{bmatrix} \tag{16-10}$$

我们现在处理欧拉方程（16-5）左边的第二项。根据上述简化，我们得到

$$
\begin{aligned}
&(\boldsymbol{\omega}_{bo}+\boldsymbol{C}_{bo}\boldsymbol{\omega}_{oI})^{\times}\boldsymbol{I}(\boldsymbol{\omega}_{bo}+\boldsymbol{C}_{bo}\boldsymbol{\omega}_{oI})\\
&=\begin{bmatrix}0 & -(\dot{\psi}+\phi\omega_o) & \dot{\theta}-\omega_o\\ \dot{\psi}+\phi\omega_o & 0 & -(\dot{\phi}-\psi\omega_o)\\ -(\dot{\theta}-\omega_o) & \dot{\phi}-\psi\omega_o & 0\end{bmatrix}\begin{bmatrix}I_x & 0 & 0\\ 0 & I_y & 0\\ 0 & 0 & I_z\end{bmatrix}\begin{bmatrix}\dot{\phi}-\psi\omega_o\\ \dot{\theta}-\omega_o\\ \dot{\psi}+\phi\omega_o\end{bmatrix}\\
&=\begin{bmatrix}(I_z-I_y)(\dot{\psi}+\phi\omega_o)(\dot{\theta}-\omega_o)\\ (I_x-I_z)(\dot{\psi}+\phi\omega_o)(\dot{\phi}-\psi\omega_o)\\ (I_y-I_x)(\dot{\theta}-\omega_o)(\dot{\phi}-\psi\omega_o)\end{bmatrix}
\end{aligned}
$$

忽略所有的角度和角速度的乘积，简化为

$$
(\boldsymbol{\omega}_{bo}+\boldsymbol{C}_{bo}\boldsymbol{\omega}_{oI})^{\times}\boldsymbol{I}(\boldsymbol{\omega}_{bo}+\boldsymbol{C}_{bo}\boldsymbol{\omega}_{oI})=\begin{bmatrix}(I_y-I_z)[\omega_o^2\phi+\omega_o\dot{\psi}]\\ 0\\ (I_y-I_x)[\omega_o^2\psi-\omega_o\dot{\phi}]\end{bmatrix} \tag{16-11}
$$

运动方程（16－5）中唯一剩下的一项是重力梯度项。要想求该项的值，我们首先认识到：通过定义轨道运行参考系 $\mathcal{F}_o$，航天器的位置矢量为

$$
\vec{r}=\vec{\mathcal{F}}_o^{\mathrm{T}}\begin{bmatrix}0\\ 0\\ -r\end{bmatrix} \tag{16-12}
$$

因此，体坐标系中航天器的位置矢量变为

$$
\boldsymbol{r}_b=\boldsymbol{C}_{bo}\begin{bmatrix}0\\ 0\\ -r\end{bmatrix}\approx\begin{bmatrix}1 & \psi & -\theta\\ -\psi & 1 & \phi\\ \theta & -\phi & 1\end{bmatrix}\begin{bmatrix}0\\ 0\\ -r\end{bmatrix}=\begin{bmatrix}r\theta\\ -r\phi\\ -r\end{bmatrix}
$$

利用这个近似值，我们求得的重力梯度扭矩约为

$$
\boldsymbol{T}_g=\frac{3\mu}{r^5}\boldsymbol{r}_b^{\times}\boldsymbol{I}\boldsymbol{r}_b=\frac{3\mu}{r^5}\begin{bmatrix}0 & r & -r\phi\\ -r & 0 & -r\theta\\ r\phi & r\theta & 0\end{bmatrix}\begin{bmatrix}I_x & 0 & 0\\ 0 & I_y & 0\\ 0 & 0 & I_z\end{bmatrix}\begin{bmatrix}r\theta\\ -r\phi\\ -r\end{bmatrix}
$$

其变为

$$
\boldsymbol{T}_g=\frac{3\mu}{r^5}\begin{bmatrix}(I_z-I_y)r^2\phi\\ (I_z-I_x)r^2\theta\\ (I_x-I_y)r^2\phi\theta\end{bmatrix}
$$

忽略 $\phi\theta$ 的乘积，并识别轨道角速度 $\omega_o=\sqrt{\dfrac{\mu}{r^3}}$，最终重力梯度扭矩成为

$$
\boldsymbol{T}_g=3\omega_o^2\begin{bmatrix}(I_z-I_y)\phi\\ (I_z-I_x)\theta\\ 0\end{bmatrix} \tag{16-13}
$$

需要注意的是，偏航轴没有扭矩。由于我们考虑小角度，这意味着航天器的体参考系接近

轨道运行参考系。偏航轴是引力作用的直线，任何矢量力所产生的矢量矩总是与该力的方向垂直。还要注意的是，滚动轴的扭矩与滚动角成正比，且俯仰轴的扭矩与俯仰角成正比。

我们现在有全部的需要简化运动方程（16-5）的近似值。将近似值方程（16-10）、方程（16-11）和方程（16-13）代入方程（16-5）得到

$$\begin{bmatrix} I_x(\ddot{\phi}-\dot{\psi}\omega_o)+(I_y-I_z)(\omega_o^2\phi+\omega_o\dot{\psi}) \\ I_y\ddot{\theta} \\ I_z(\ddot{\psi}+\dot{\phi}\omega_o)(I_y-I_x)(\omega_o^2\psi-\omega_o\dot{\phi}) \end{bmatrix}=\begin{bmatrix} 3\omega_o^2(I_z-I_y)\phi \\ 3\omega_o^2(I_z-I_x)\theta \\ 0 \end{bmatrix}$$

经过重新组合，最终得到

$$I_x\ddot{\phi}-(I_x-I_y+I_z)\omega_o\dot{\psi}+4\omega_o^2(I_y-I_z)\phi=0 \tag{16-14}$$

$$I_y\ddot{\theta}+3\omega_o^2(I_x-I_z)\theta=0 \tag{16-15}$$

$$I_z\ddot{\psi}+(I_x-I_y+I_z)\omega_o\dot{\phi}+\omega_o^2(I_y-I_x)\psi=0 \tag{16-16}$$

重要的是，要注意上述方程描述航天器相对于轨道参考系的姿态运动是近似假设小角度和小角速度。

从方程（16-14）、方程（16-15）和方程（16-16）中可以看出，该航天器的滚动和偏航运动是相关联的，但俯仰运动是独立的。

16.2 稳定性分析

在这一节中，我们分析由近似运动方程（16-14）、方程（16-15）和方程（16-16）所描述的姿态运动稳定性。

16.2.1 俯仰运动

俯仰方程（16-15）也可被重新写为

$$\ddot{\theta}+\alpha\theta=0$$

其中

$$\alpha=3\omega_o^2\frac{(I_x-I_z)}{I_y}$$

进行拉普拉斯变换给出

$$s^2\hat{\theta}(s)-s\theta(0)-\dot{\theta}(0)+\alpha\hat{\theta}(s)=0$$

可以将 $\hat{\theta}(s)$ 重新组合

$$\hat{\theta}(s)=\frac{s\theta(0)+\dot{\theta}(0)}{s^2+\alpha}$$

很明显，$\hat{\theta}(s)$ 的极点满足

$$s^2+\alpha=0$$

即，两极点为 $\pm\sqrt{-\alpha}$ 。现在有 3 种可能的情况。

(1) $\alpha>0$

在这种情况下，极点为 $\pm j\sqrt{\alpha}$ ，为虚数。这意味着 $\theta(t)$ 的解是振荡的，因此，运动是稳定的。

(2) $\alpha=0$

在这种情况下，在原点处极点重复，这意味着 $\theta(t)$ 随时间线性增长，因此运动是不稳定的。

(3) $\alpha<0$

在这种情况下，极点为 $\pm\sqrt{-\alpha}$ ，为实数。其中一个为正，另一个为负。这意味着 $\theta(t)$ 随时间呈指数增长。因此，运动是不稳定的。

因此，我们得出这样的结论：对于稳定的俯仰运动，我们必须满足 $\alpha>0$，这意味着

$$I_x>I_z \tag{16-17}$$

方程（16－15）表明，俯仰运动的行为像一个无阻尼的质量弹簧系统，其中重力梯度扭矩作为弹簧。稳定型需求方程（16－17）指重力梯度扭矩的有效刚度常数为正。即，它提供了一个恢复力矩。

16.2.2　滚动-偏航运动

我们来定义量

$$A=[I_x-I_y+I_z],B=4(I_y-I_z),C=(I_y-I_x) \tag{16-18}$$

随后，我们可以将滚动方程和偏航方程［式（16－14）与式（16－16）］重新写为

$$\ddot{\phi}-\omega_o\frac{A}{I_x}\dot{\psi}+\omega_o^2\frac{B}{I_x}\phi=0 \tag{16-19}$$

$$\ddot{\psi}+\omega_o\frac{A}{I_z}\dot{\phi}+\omega_o^2\frac{C}{I_z}\psi=0 \tag{16-20}$$

现在我们用拉普拉斯变化来获得

$$s^2\hat{\phi}-s\omega_o\frac{A}{I_x}\hat{\psi}+\omega_o^2\frac{B}{I_x}\hat{\phi}=s\phi(0)+\dot{\phi}(0)-\omega_o\frac{A}{I_x}\psi(0)$$

$$s^2\hat{\psi}+s\omega_o\frac{A}{I_z}\hat{\phi}+\omega_o^2\frac{C}{I_z}\hat{\psi}=s\psi(0)+\dot{\psi}(0)+\omega_o\frac{A}{I_z}\phi(0)$$

我们可以将上式以矩阵形式写为

$$\begin{bmatrix} s^2+\omega_o^2\frac{B}{I_x} & -s\omega_o\frac{A}{I_x} \\ s\omega_o\frac{A}{I_z} & s^2+\omega_o^2\frac{C}{I_z}\end{bmatrix}\begin{bmatrix}\hat{\phi}\\ \hat{\psi}\end{bmatrix}=\begin{bmatrix} s\phi(0)+\dot{\phi}(0)-\omega_o\frac{A}{I_x}\psi(0) \\ s\psi(0)+\dot{\psi}(0)+\omega_o\frac{A}{I_z}\phi(0)\end{bmatrix}$$

可以得到

$$\begin{bmatrix}\hat{\phi}\\ \hat{\psi}\end{bmatrix}=\frac{1}{\left(s^2+\omega_o^2\frac{B}{I_x}\right)\left(s^2+\omega_o^2\frac{C}{I_z}\right)+s^2\omega_o^2\frac{A^2}{I_xI_z}}\begin{bmatrix}s^2+\omega_o^2\frac{C}{I_z} & s\omega_o\frac{A}{I_x}\\ -s\omega_o\frac{A}{I_z} & s^2+\omega_o^2\frac{B}{I_x}\end{bmatrix}\times$$

$$\begin{bmatrix}s\phi(0)+\dot{\phi}(0)-\omega_o\frac{A}{I_x}\psi(0)\\ s\psi(0)+\dot{\psi}(0)+\omega_o\frac{A}{I_z}\phi(0)\end{bmatrix}$$

由此，可以看出，$\hat{\phi}(s)$ 和 $\hat{\psi}(s)$ 的极点都满足特征方程

$$\left(s^2+\omega_o^2\frac{B}{I_x}\right)\left(s^2+\omega_o^2\frac{C}{I_z}\right)+s^2\omega_o^2\frac{A^2}{I_xI_z}=0$$

可以展开为

$$s^4+\left(\frac{A^2}{I_xI_z}+\frac{B}{I_x}+\frac{C}{I_z}\right)\omega_o^2s^2+\frac{BC}{I_xI_z}\omega_o^4=0 \tag{16-21}$$

我们来明确数量

$$p=\frac{A^2}{I_xI_z}+\frac{B}{I_x}+\frac{C}{I_z},q=\frac{BC}{I_xI_z} \tag{16-22}$$

同样定义

$$\lambda=\frac{s^2}{\omega_o^2}$$

随后，特征方程（16-21）成为一个 λ 的二次方程

$$\lambda^2+p\lambda+q=0 \tag{16-23}$$

方程（16-23）中的 λ 有两个解，分别为

$$\lambda=\frac{-p\pm\sqrt{p^2-4q}}{2} \tag{16-24}$$

对应于每一个 λ 的解有两个式（16-21）的极点

$$s=\pm\omega_o\sqrt{\lambda}$$

由于方程（16-23）有两个解，如方程（16-24）所示，分别为 λ_1 和 λ_2，所以方程（16-21）有四个极点：$s=\pm\omega_o\sqrt{\lambda_1}$，$\pm\omega_o\sqrt{\lambda_2}$。

现在方程（16-23）的每个解 λ 有 4 种可能的情况。

(1) $\lambda<0$

在这种情况下，相应的极点是纯粹的虚数，为 $s=\pm j\omega_o\sqrt{-\lambda}$。这导致了 $\phi(t)$ 和 $\psi(t)$ 的振荡行为。

(2) $\lambda=0$

在这种情况下，在 $s=0$ 处有一对极点。这导致 $\phi(t)$ 和 $\psi(t)$ 呈无界线性递增趋势，因此运动是不稳定的。

(3) $\lambda > 0$

在这种情况下，相应的极点为 $s = \pm\omega_o\sqrt{\lambda}$，其中一个为正。这导致 $\phi(t)$ 和 $\psi(t)$ 呈无界指数递增趋势，因此运动是不稳定的。

(4) $\lambda = a + \mathrm{j}b$ 且 $b \neq 0$

λ 有虚数部分。事实证明 $\sqrt{\lambda}$ 必须位于右半复平面（它必须有正实数部分）。要想知道原因，我们以极点形式 $\lambda = r\mathrm{e}^{\mathrm{j}\theta}$ 展示 λ，其中 $r > 0$，且 $-\pi < \theta < \pi$。随后我们得到 $\sqrt{\lambda} = \sqrt{r}\,\mathrm{e}^{\mathrm{j}\frac{\theta}{2}}$。由于 $-\frac{\pi}{2} < \frac{\theta}{2} < \frac{\pi}{2}$，因此 $\sqrt{\lambda}$ 一定有一个正实数部分，如图 16－2 所示。

这意味着其中一对极点 $s = \pm\omega_o\sqrt{\lambda}$ 是不稳定的极点，导致 $\phi(t)$ 和 $\psi(t)$ 呈无界指数增长趋势。

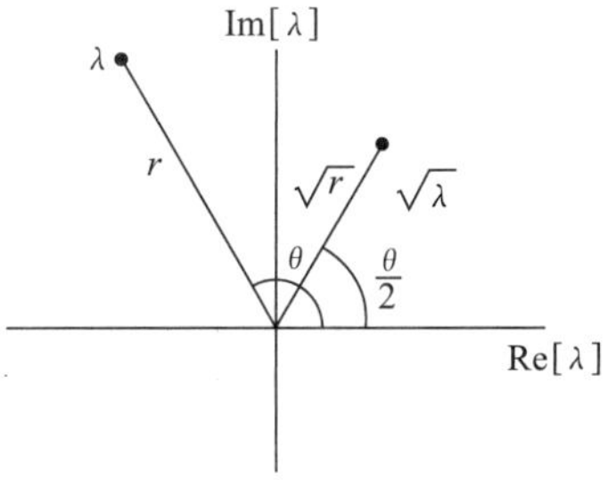

图 16－2　复数平方根

从上述 4 种情况可以看出，当 $\lambda < 0$ 时，运动一定是稳定的，且最好时为有界的振荡运动。然而，有一个额外的限制。如果方程（16－23）的 λ_1 和 λ_2 两个解为负且相同，即 $\lambda_1 = \lambda_2 < 0$，那么其结果将会是一对纯虚数的重复极点 $s = \pm\mathrm{j}\omega_o\sqrt{-\lambda_1}$、$\pm\mathrm{j}\omega_o\sqrt{-\lambda_1}$。这导致 $\phi(t)$ 和 $\psi(t)$ 无界线性增长的振动，即不稳定。

因此，我们对稳定得出这样的结论：方程（16－23）的两个解 λ_1 和 λ_2 必须为负，且不相同。即 $\lambda_1 < 0$，$\lambda_2 < 0$，$\lambda_1 \neq \lambda_2$。再看方程（16－24）解的表达式，如果 $p = 0$，那么

$$\lambda = \pm\sqrt{-q}$$

然后，如果 $q = 0$，则 $\lambda = 0$。如果 $q < 0$，则解 $\lambda = \sqrt{-q}$ 为正。如果 $q > 0$，则 $\lambda = \pm\mathrm{j}\sqrt{q}$ 为虚数。这些情况中没有一个是可能的，所以我们必须得到 $p \neq 0$。

接下来，我们看到，为了保证 λ 独特的实数解，我们必须有

$$p^2 - 4q > 0 \tag{16-25}$$

已知方程（16－25），如果 $p < 0$，那么解 $\lambda = \dfrac{-p + \sqrt{p^2 - 4q}}{2}$ 将为正。因此我们得到

$$p > 0 \tag{16-26}$$

最后，如果 $q \leqslant 0$，则 $\sqrt{p^2 - 4q} \geqslant p$，意味着解 $\lambda = \dfrac{-p + \sqrt{p^2 - 4q}}{2}$ 要么为零，要么为正。因此我们得到

$$q > 0 \tag{16-27}$$

概括起来，如果要稳定，我们需要以下三个条件

$$p > 0$$

$$q > 0$$

$$p^2 - 4q > 0$$

现在，$p > 0$ 的条件意味着：根据方程（16－22）中 p 的定义我们得到

$$\frac{A^2}{I_x I_z} + \frac{B}{I_x} + \frac{C}{I_z} > 0$$

由于 $A^2 \geqslant 0$，如果 $B > 0$ 且 $C > 0$，则该条件很容易满足。

$q > 0$ 的条件意味着：根据（16－22）中 q 的定义我们得到

$$\frac{BC}{I_x I_z} > 0$$

再一次，如果 $B > 0$ 且 $C > 0$，则该条件很容易满足。

最后，我们求解 $p^2 - 4q > 0$ 的条件。从方程（16－22）中 p 和 q 的定义我们得到

$$\begin{aligned} p^2 - 4q &= \left(\frac{A^2}{I_x I_z} + \frac{B}{I_x} + \frac{C}{I_z}\right)^2 - 4\frac{BC}{I_x I_z} \\ &= \left(\frac{A^2}{I_x I_z}\right)^2 + 2\frac{A^2}{I_x I_z}\left(\frac{B}{I_x} + \frac{C}{I_z}\right) + \left(\frac{B}{I_x} + \frac{C}{I_z}\right)^2 - 4\frac{BC}{I_x I_z} \\ &= \left(\frac{A^2}{I_x I_z}\right)^2 + 2\frac{A^2}{I_x I_z}\left(\frac{B}{I_x} + \frac{C}{I_z}\right) + \left(\frac{B}{I_x}\right)^2 + 2\frac{BC}{I_x I_z} + \left(\frac{C}{I_z}\right)^2 - 4\frac{BC}{I_x I_z} \\ &= \left(\frac{A^2}{I_x I_z}\right)^2 + 2\frac{A^2}{I_x I_z}\left(\frac{B}{I_x} + \frac{C}{I_z}\right) + \left(\frac{B}{I_x} - \frac{C}{I_z}\right)^2 \end{aligned}$$

现在，对任何三维物体 $A = I_x - I_y + I_z > 0$，它可以很容易地从惯性矩的定义中显示（试着做一个练习）。因此，如果 $B > 0$ 且 $C > 0$，我们从上述表达式中看到：$p^2 - 4q > 0$ 的条件自动满足。最后，利用方程（16－18）中 B 和 C 的定义，$B > 0$ 且 $C > 0$ 转化为 $I_y > I_z$ 且 $I_y > I_x$。

最后，我们得到，如果

$$I_y > I_z, I_y > I_x \tag{16-28}$$

则在重力梯度矩存在的情况下，滚动-偏航运动是稳定的。

16.2.3　俯仰与滚动/偏航结合

将方程（16－28）中的滚动/偏航稳定条件与方程（16－17）中的俯仰稳定性要求相结合，我们得到如下结果。

如果 $\mathcal{F}_b$ 是主轴坐标系，且转动惯量满足下式时，则相对于 $\mathcal{F}_o$ 的较小姿态偏差，航天器相对于轨道运行参考系 $\mathcal{F}_o$ 的姿态运动是稳定的。

$$I_y > I_x > I_z \tag{16-29}$$

16.3　注释

本章介绍了航天器重力梯度稳定要素。对于重力梯度稳定的深度处理，读者可以参考休斯（Hughes，2004）的著作。对于从实用的角度处理重力梯度稳定，读者可以参考西迪（Sidi，1997）的著作。

参考文献

[1] Hughes PC 2004 Spacecraft Attitude Dynamics. Dover Publications, Mineola, NY.

[2] Sidi MJ 1997 Spacecraft Dynamics and Control: A Practical Engineering Approach. Cambridge University Press, New York, NY.

第 17 章　主动航天器姿态控制

在第 13～16 章中，我们研究了被动稳定方法。即，利用航天器动力学的自然频率来获得稳定。遗憾的是，通过这种方式获得的姿态精度并不是很高，并且航天器上的干扰扭矩能使其随着时间的推移而恶化。例如，重力梯度稳定的射电天文卫星（RAE）在飞行经历中发现：航天器的俯仰能够保持在 $\pm 20°$ 以内。对于特定类型的任务（如 RAE），这样的精度是可以接受的。然而，在许多其他应用（如空间天文任务）中姿态精度要求是非常严格的。例如，MOST 微卫星（一架加拿大太空望远镜）需要能够维持在给定的姿态，且至少 25 弧秒，这样，它就可以对一颗恒星观察很长一段时间而不会模糊图像。为了能够实现这样的精度，主动姿态控制系统是必要的。这并不是说，我们所研究的被动稳定是无用的。相反，它对于具有被动稳定性（如果可能的话）的航天器设计十分有用，随后利用主动控制方案使其加强。由于航天器姿态具有自然稳定性，控制系统不需要太过努力运转以保持所需的姿态。这也意味着，如果控制系统失效，航天器姿态将保持稳定。

一个主动的航天器姿态控制系统由姿态传感器、姿态驱动器与处理器组成。姿态传感器可测量用于计算当前航天器的姿态和/或角速度。姿态驱动器随后为修正测量到的姿态与期望姿态之间的差异提供扭矩。测量到的姿态与修正扭矩之间的数学关系被称为控制律，作为处理器上的一个程序被实现。

在接下来的几章里，我们将开发、设计主动控制系统所需的一些工具。提出的理论将会适用于比航天器姿态控制问题更为广泛的类别。然而，我们将尽可能多地在航天器姿态控制方面进行阐述。我们不必担心传感器与驱动器的细节。相反，我们将假设姿态和/或角速度是可测量的，并能够提供我们所需控制扭矩的驱动器。我们将分别在第 25 章与第 26 章中讨论航天器姿态测定方法和传感器与驱动器类型及其局限性。

虽然航天器姿态动力学是非线性的，在接下来的几章里（第 17 章到第 23 章）我们将内容限制在对线性系统的控制设计。在第 24 章中，我们将讨论非线性航天器姿态控制设计。从线性系统的控制设计中学到的经验教训是非常重要的，即使是对非线性系统的控制设计。事实上，航天器姿态控制设计通常从一个线性分析和控制系统的设计开始。只有当该部分完成时，才会开始考虑非线性系统。为了做到这一点，航天器姿态动力学和运动学必须进行线性化所需的姿态配置。我们已经在自旋稳定平衡（第 14 章）、双自旋稳定（第 15 章）的稳定性分析中进行了多次这样的线性化。在每一种情况下，当我们说会考虑某些名义情况下姿态和角速度的小偏差时，我们是在进行线性化。

17.1　名义上的惯性固定航天器的姿态控制

在本节中，我们希望在相对于惯性固定参考系 $\mathcal{F}_{\text{ref}}$ 控制姿态的情况下来研究姿态控制问题。我们通过一个 3－2－1 欧拉序列表示相对于 $\mathcal{F}_{\text{ref}}$ 的固定体参考系 $\mathcal{F}_b$（见 11.2 节）：

1）一个关于原始 z 轴的旋转 ψ（叫作偏航角）。

2）一个关于中间 y 轴的旋转 θ（叫作俯仰角）。

3）一个关于转化 x 轴的旋转 ϕ（叫作滚动角）。

我们进一步假设 $\mathcal{F}_b$ 为主轴。因此，航天器姿态运动可以分别由运动学和动力学方程完全描述（见 11.2 节和 11.3 节）

$$\begin{bmatrix}\omega_x\\\omega_y\\\omega_z\end{bmatrix}=\begin{bmatrix}1&0&-\sin\theta\\0&\cos\phi&\sin\phi\cos\theta\\0&-\sin\phi&\cos\phi\cos\theta\end{bmatrix}\begin{bmatrix}\dot{\phi}\\\dot{\theta}\\\dot{\psi}\end{bmatrix}\tag{17-1}$$

和

$$\begin{aligned}I_x\dot{\omega}_x+(I_z-I_y)\omega_y\omega_z&=T_{xc}+T_{xd}\\I_y\dot{\omega}_y+(I_x-I_z)\omega_x\omega_z&=T_{yc}+T_{yd}\\I_z\dot{\omega}_z+(I_y-I_x)\omega_x\omega_y&=T_{zc}+T_{zd}\end{aligned}\tag{17-2}$$

请注意，我们将外部力矩分为两个部分：应用于驱动器的控制力矩 $T_{\cdot c}$ 可以通过驱动器应用；并非我们想要的扰动力矩 $T_{\cdot d}$。

很显然，方程（17－1）和方程（17－2）是非线性的。然而，正如我们在 16.1 节中所做的一样，我们假设了小角度与速率。在这种情况下，方程（17－1）变为

$$\begin{bmatrix}\omega_x\\\omega_y\\\omega_z\end{bmatrix}=\begin{bmatrix}\dot{\phi}\\\dot{\theta}\\\dot{\psi}\end{bmatrix}$$

当被代入方程（17－2）后导致（在忽略二阶项后）

$$\begin{aligned}I_x\ddot{\phi}&=T_{xc}+T_{xd}\\I_y\ddot{\theta}&=T_{yc}+T_{yd}\\I_z\ddot{\psi}&=T_{zc}+T_{zd}\end{aligned}\tag{17-3}$$

我们看到方程（17－3）中的每一个方程是彼此分离（解耦）的，且具有相同的形式。因此，我们每次只需要考虑一个时间轴，我们通常将其写为

$$I\ddot{\theta}=T_c+T_d\tag{17-4}$$

为了进一步介绍一些控制系统术语，我们正在试图调节一个被称为“设备“的系统。该设备由航天器姿态动力学方程（17－4）描述。我们有意控制的量为姿态角 θ ，一般被称为设备输出，并且一般标为 $y(t)$ ，由此有

$$y(t)=\theta(t)$$

可以用来影响姿态的量是控制扭矩，一般被称为控制输入或设备输入，通常表达为 $u(t)$ ，如此

$$u(t)=T_c(t)$$

17.2　系统的传递函数表示

在控制系统设计中的许多情况下，我们对输出到非零初始条件的响应不太感兴趣。在控制系统为渐近稳定情况下，不管怎样这些都将消失为零。相反，我们对该系统如何响应输入感兴趣，这将影响如何控制系统设计。因此，我们设置初始条件为零。在零初始条件下对方程（17-4）进行拉普拉斯变换得到

$$Is^2\hat{\theta}(s)=\hat{T}_c(s)+\hat{T}_d(s)$$

已知 $Y(s)=\hat{\theta}(s)$ 与 $U(s)=\hat{T}_c(s)$，我们得到输入与输出之间的关系

$$Y(s)=\frac{1}{Is^2}[U(s)+\hat{T}_d(s)] \tag{17-5}$$

比率

$$G(s)=\left.\frac{Y(s)}{U(s)}\right|_{\hat{T}_d(s)=0}=\left.\frac{Y(s)}{\hat{T}_d(s)}\right|_{U(s)=0}=\frac{1}{Is^2} \tag{17-6}$$

被称为从设备输入到设备输出的“传递函数”，它决定了输出将如何响应一个给定的输入。请注意，因为我们有两个设备输入（控制输入和干扰），我们实际上有两个设备传递函数，一个从控制输入到输出，另一个从干扰到输出。正如在方程（17-5）中看到的，在这种情况下它们都是相同的，并由方程（17-6）给出。特别是，我们看到方程（17-5）变为

$$Y(s)=G(s)[U(s)+\hat{T}_d(s)] \tag{17-7}$$

在一般情况下，对于具有一个输入和一个输出的线性时不变系统，传递函数将有形式

$$G(s)=\frac{a_0s^m+a_1s^{m-1}+\cdots+a_m}{s^n+b_1s^{n-1}+\cdots+b_n}$$

其中 $m\leqslant n$，且 a_i、b_i 是实系数。如附录 A 中的详细说明，$G(s)$ 可以分解为

$$G(s)=K\ \frac{\Pi_{i=1}^m(s-z_i)}{\Pi_{i=1}^n(s-p_i)}$$

其中 z_i 是 $a_0s^m+a_1s^{m-1}+\cdots+a_m=0$ 的根，被称为 $G(s)$ 的零点，p_i 是 $s^n+b_1s^{n-1}+\cdots+b_n=0$ 的根，被称为 $G(s)$ 的极点。

17.3　脉冲输入的系统响应

要找到一个具有传递函数 $G(s)$ 的系统响应，遵循输入 $u(t)$，我们只需要找到 $u(t)$ 的拉普拉斯变换 $U(s)=\mathcal{L}(u(t))$，然后参考式（17-7）的 $\hat{T}_d(s)=0$，响应为

$$y(t)=\mathcal{L}^{-1}(Y(s))=\mathcal{L}^{-1}(G(s)U(s))$$

一种特殊类型的输入是单位脉冲 $\delta(t)$。激励一种脉冲响应在物理上意味着：在时间 $t=0$ 时考虑一个简短的恒定输入（单位脉冲），幅度为 A，持续时间为 ΔT，这样的曲线下面积是 1，如图 17-1 所示。即

$$f(t)=\begin{cases}0, & t>\Delta T\\ A, & 0\leqslant t\leqslant \Delta T\\ 0, & t<0\end{cases}$$

且

$$\int_{-\infty}^{\infty} f(t)\mathrm{dt}=A\Delta T=1$$

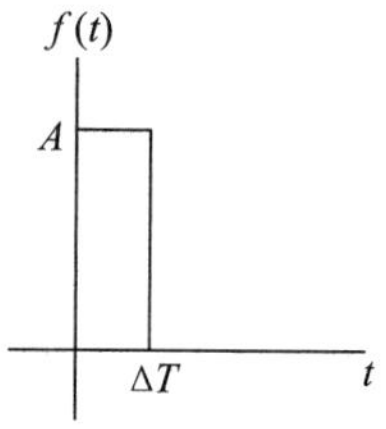

图 17-1　单位脉冲

现在我们求解积分

$$\int_{-\infty}^{\infty} f(t)g(t)\mathrm{d}t$$

对于其他任意函数 $g(t)$，假定在时间间隔 $t\in[0,\Delta T]$ 内是连续的，则

$$\int_{-\infty}^{\infty} f(t)g(t)\mathrm{d}t=\int_{0}^{\Delta T} Ag(t)\mathrm{d}t$$

通过中值定理，给出了积分

$$\int_{-\infty}^{\infty} f(t)g(t)\mathrm{d}t=Ag(t')\Delta t=g(t')$$

对于 $0\leqslant t'\leqslant \Delta T$ 成立。令 $\Delta T\rightarrow 0$，我们看到

$$\lim_{\Delta T\rightarrow 0}\int_{-\infty}^{\infty} f(t)g(t)\mathrm{d}t=g(0)$$

这促成了脉冲函数的定义，标为 $\delta(t)$。 它由积分定义

$$\int_{-\infty}^{\infty} g(t)\delta(t)\mathrm{d}t=g(0) \tag{17-8}$$

物理上，单位脉冲是作用时间无限短的单元脉冲。它在实际中不存在，但它是一个很好的近似。

现在我们评估一个单位脉冲 $[u(t)=\delta(t)]$ 的系统响应。脉冲的拉普拉斯变换为

$$\mathcal{L}(\delta(t))=\int_{0^-}^{\infty}\mathrm{e}^{-st}\delta(t)\mathrm{d}t=\mathrm{e}^{-s0}=1$$

因此，如果输入到一个传递函数为 $G(s)$ 的系统的是一个单位脉冲，则脉冲响应由传递函数本身的拉普拉斯逆变换给出

$$y(t)=\mathcal{L}^{-1}(G(s))=g(t)$$

当 $u(t)=\delta(t)$ 时上式成立。因此，传递函数的拉普拉斯逆变换 $g(t)=\mathcal{L}^{-1}(G(s))$ 被称为系统的脉冲响应。

由于卷积定理的结果（见附录 A)，系统对于任何输入 $u(t)$ 的响应由系统单位脉冲响

应 $g(t)$ 与输入 $u(t)$ 之间的卷积给出，由下式给出

$$y(t)=\int_{0}^{t} g(t-\tau) u(\tau) \mathrm{d} \tau$$

17.4　框图

我们已经看到一个系统可以由传递函数 $G(s)$ 来表现，由下式将输入 $U(s)$ 与输出 $Y(s)$ 关联

$$Y(s)=G(s)U(s)$$

这可以形象地用框图表示，如图 17-2 所示。现在，假设 $U(s)$ 实际上是另一个具有输入 $W(s)(U(s)=H(s)W(s))$ 与传递函数 $H(s)$ 的系统输出。于是我们得到

$$Y(s)=G(s)H(s)W(s)$$

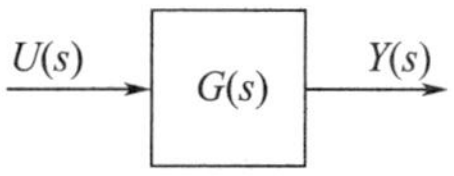

图 17-2　框图

该组合系统的传递函数为 $G(s)H(s)$。这就是所谓的传递函数的串联连接，如图 17-3 所示。因此，你可以看到一个展示信息流程的框图，通过相乘产生输出。

我们看看其他典型的框图操作。

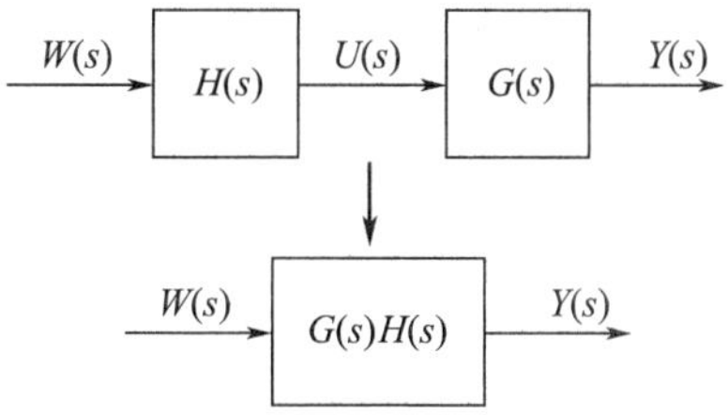

图 17-3　串联连接

$G(s)$ 和 $H(s)$ 之间的并联为

$$Y(s)=G(s)U(s)+H(s)U(s)=[G(s)+H(s)]U(s)$$

如图 17-4 所示。图 17-5 所示的点被称为求和点，这是因为在该点上输入信号被叠加。图 17-6 所示的点被称为一个分支点，该点在多个方向上发送相同的信号。

最后的框图运算，我们将注意反馈互联，且在图 17-7 中用框图展示。我们来看看反馈连接的数学方法是如何工作的。令 $A(s)=H(s)Y(s)$ 作为 $H(s)$ 的输出，令 $B(s)=U(s)-A(s)$，则

$$Y(s)=G(s)B(s)=G(s)[U(s)-A(s)]=G(s)U(s)-G(s)H(s)Y(s)$$

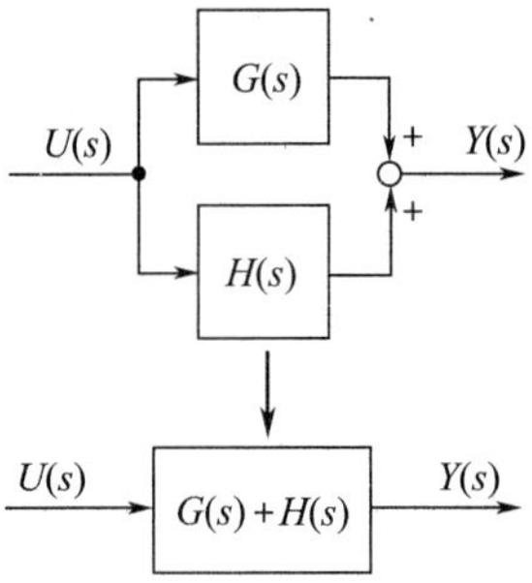

图 17-4 并联连接

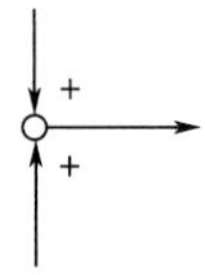

图 17-5 求和点

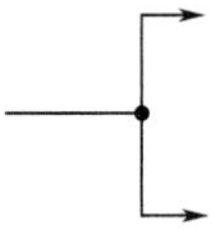

图 17-6 分支点

可以被重新排列为

$$Y(s)=\frac{G(s)}{1+G(s)H(s)}U(s)$$

因此，反馈互联的传递函数为

$$\frac{G(s)}{1+G(s)H(s)}$$

运用图 17-3～图 17-7 中给出的框图约减，任何复杂的框图都可以被简化为一个单独的框图。

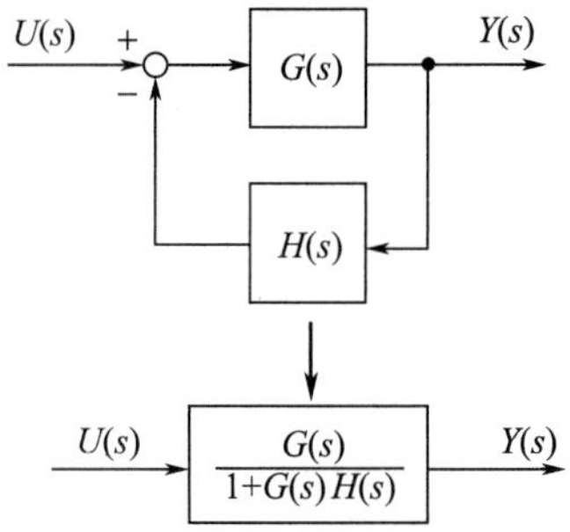

图 17-7 反馈互联

17.5 反馈控制问题

我们现在回到 17.1 节中的姿态控制设计问题。从方程（17-7）中看到，控制对象（航天器姿态动力学）由下式表示

$$Y(s)=G_p(s)[U(s)+\hat{T}_d(s)]$$

其中 $G_p(s)=\frac{1}{Is^2}$，下标 p 表明是控制对象的传递函数。输出 $Y(s)=\hat{\theta}(s)$ 是姿态，输入 $U(s)=\hat{T}_c(s)$ 是控制力矩，$\hat{T}_d(s)$ 是干扰力矩。我们的控制目标是使输出 $y(t)$［因此是姿态 $\theta(t)$］跟随一个参考信号 $r(t)$［期望的姿态 $\theta_d(t)$］，其拉普拉斯变换为 $R(s)=\hat{\theta}_d(s)$。

因此，我们的控制输入必须纠正输出误差［姿态中的误差 $e(t)=\theta_d(t)-\theta(t)=r(t)-y(t)$］。即我们的控制目标是让误差趋近于零。

因此，我们通过一个传递函数 $G_c(s)$ 来代表控制法则，这样

$$U(s)=G_c(s)E(s)$$

其中 $E(s)=\mathcal{L}(e(t))$。遗憾的是，任何真正的传感器的测量值都是不完美的，它们会被噪声 $w(t)$ 破坏［其有拉普拉斯变换 $W(s)$］。即我们的传感器不提供 $y(t)$，但它提供 $y(t)+\omega(t)$。因此，我们只能提供带有测量误差的控制法则

$$e(t)=r(t)-[y(t)+w(t)]$$

而不是真正的误差。我们现在可以用框图展现完整的反馈系统，如图 17-8 所示。一种更通用的包括传感器传递函数的反馈控制系统如图 17-9 所示。现在我们的讨论限制在 $H(s)=1$ 的情况，如图 17-8 所示，称作单位反馈系统。对于更一般的情况，该理论仍然有效，但是在应用中需要一点特殊处理。回到我们的问题，可以从图 17-8 中看到，系统有 3 个输入，即参考信号 $R(s)$、干扰信号 $\hat{T}_d(s)$ 和测量噪声 $W(s)$。我们可以分别确定每个输入对输出的影响。由于系统是线性的，对输出的综合效果只是个别效果的总和。

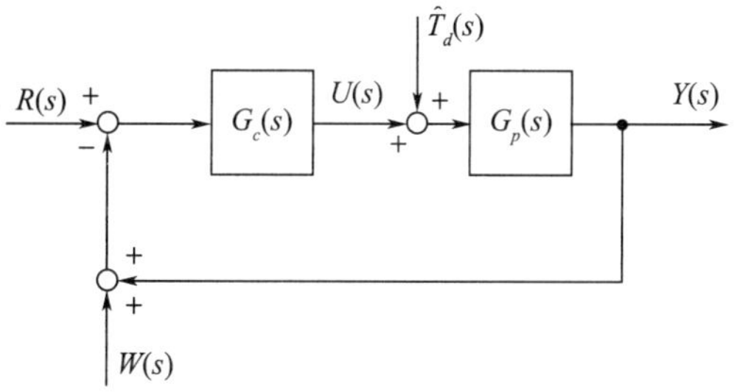

图 17-8　反馈控制系统

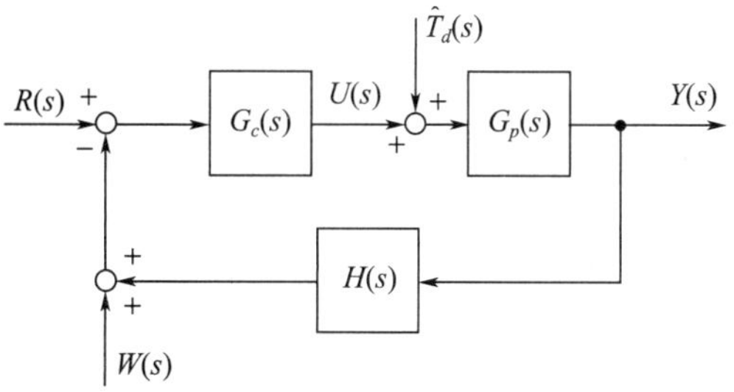

图 17-9　一般的反馈控制系统

令 $Y_r(s)$ 为对参考信号 $R(s)$ 的响应，且 $\hat{T}_d(s)=W(s)=0$。于是

$$Y_r(s)=G_p(s)G_c(s)E(s)$$

但是，$E(s)=R(s)-Y_r(s)$，所以

$$Y_r(s)=G_p(s)G_c(s)[R(s)-Y_r(s)]$$

重组后得到

$$Y_r(s)=\frac{G_p(s)G_c(s)}{1+G_p(s)G_c(s)}R(s)$$

随后，令 $Y_d(s)$ 为对干扰 $\hat{T}_d(s)$ 的响应，且 $R(s)=W(s)=0$。于是

$$Y_d(s)=G_p(s)[U(s)+\hat{T}_d(s)]=G_p(s)G_c(s)E(s)+G_p(s)\hat{T}_d(s)$$

通过 $E(s)=-Y_d(s)$，我们得到

$$Y_d(s)=G_p(s)[U(s)+\hat{T}_d(s)]=-G_p(s)G_c(s)Y_d(s)+G_p(s)T_d(s)$$

重组后得到

$$Y_d(s)=\frac{G_p(s)}{1+G_p(s)G_c(s)}\hat{T}_d(s)$$

最后，令 $Y_w(s)$ 为测量噪声 $W(s)$ 的响应，且 $R(s)=\hat{T}_d(s)=0$。于是

$$Y_w(s)=G_p(s)G_c(s)E(s)$$

通过 $E(s)=-[Y_w(s)+W(s)]$，我们得到

$$Y_w(s)=-G_p(s)G_c(s)[Y_w(s)+W(s)]$$

重组后得到

$$Y_w(s)=-\frac{G_p(s)G_c(s)}{1+G_p(s)G_c(s)}W(s)$$

$R(s)$、$\hat{T}_d(s)$ 和 $W(s)$ 响应的和为

$$\begin{aligned}Y(s)&=Y_r(s)+Y_d(s)+Y_w(s)\\&=\frac{G_p(s)G_c(s)}{1+G_p(s)G_c(s)}R(s)+\frac{G_p(s)}{1+G_p(s)G_c(s)}\hat{T}_d(s)-\frac{G_p(s)G_c(s)}{1+G_p(s)G_c(s)}W(s)\end{aligned} \tag{17-9}$$

理想的情况下，我们的控制系统设计将会是：输出 $Y(s)$ 准确地匹配参考信号 $R(s)$（实际姿态完美地遵循所需姿态），即 $Y(s)=R(s)$。现在，$G_p(s)$ 为控制对象，且我们不能改变。然而，$G_c(s)$ 是由我们决定的控制器。从方程（17－9）中可以看到，如果 $|G_c(s)|\to\infty$（使控制量变得更大），则

$$\frac{G_p(s)G_c(s)}{1+G_p(s)G_c(s)}\to 1 \text{ 且 } \frac{G_p(s)}{1+G_p(s)G_c(s)}\to 0$$

即，我们得到了完美的跟踪 $[Y_r(s)=R(s)]$，且对干扰的响应变为零 $[Y_d(s)=0]$。遗憾的是，其副作用是测量噪声的响应也变得很大，即 $Y_w(s)=-W(s)$。这是系统设计者的妥协。我们不能同时杜绝干扰和测量噪声。但是，还有一线希望，我们会在第 23 章中基于频率响应的控制设计方法中看到。

17.6 典型控制律

现在我们看看一些比较常见的控制类型。在这一讨论中，我们将忽略测量噪声［我们

令 $W(s)=0$]。作为参考，航天器姿态运动方程是［见方程（17-4）］

$$I\ddot{y}=u(t)+T_d(t)$$

17.6.1　比例“P”控制

在比例控制中，控制输入只是一个误差信号的缩放

$$u(t)=K_p e(t)$$

其中 $K_p>0$，K_p 被称为比例增益。相关的控制传递函数

$$G_c(s)=K_p$$

对于二阶系统，如我们的姿态控制问题，比例控制作为一个强度 K_p 的弹簧如图 17-10 所示。假设参考姿态 $r(t)$ 是恒定的，忽略干扰 T_d，航天器运动方程变为

$$I\ddot{y}=K_p e(t)=K_p[r-y(t)]$$

这只是一个弹簧质量系统。显然，如果参考姿态 $r(t)$ 是恒定的，闭环行为是无阻尼振荡的姿态运动。

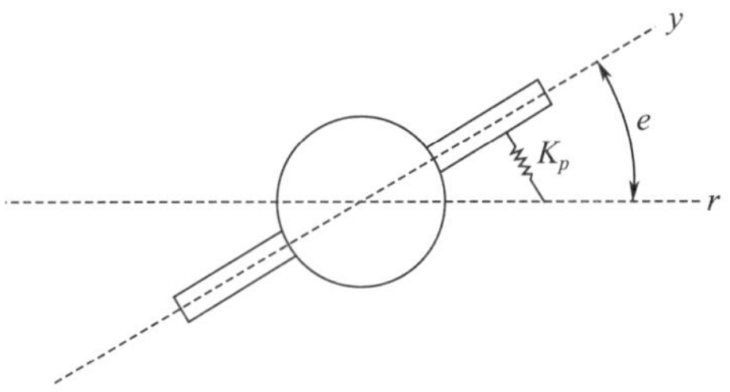

图 17-10　比例控制

17.6.2　比例微分“PD”控制

由于使用比例控制而产生的纯无阻尼振荡运动是不可取的，因此，通过在比例控制中加入一个微分项，可以增加一些阻尼。比例微分控制法则为

$$u(t)=K_p e(t)+K_d\dot{e}(t)$$

其中 $K_d>0$ 是衍生增益。相关的控制传递函数为

$$G_c(s)=K_p+sK_d$$

对于二阶系统，比如我们的姿态控制问题，比例微分控制起到了一个弹簧和黏滞阻尼器的作用，弹簧常数为 K_p，阻尼常数为 K_d，如图 17-11 所示。假设参考姿态 $r(t)$ 是恒定的，且忽略干扰 T_d，航天器的运动方程为

$$I\ddot{y}=K_p[r-y(t)]-K_d\dot{y}$$

这只是一个弹簧质量阻尼器系统。很显然，如果参考姿态 $r(t)$ 是恒定的，任何弹簧振荡的消失都是由阻尼项造成的。

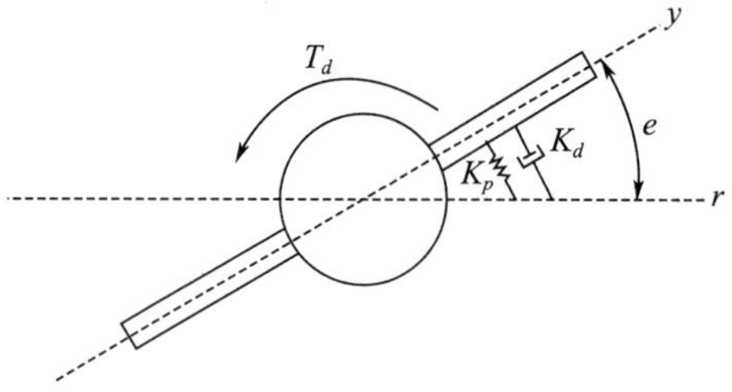

图 17－11　比例微分控制

17.6.3　比例积分微分“PID”控制

我们继续假设参考姿态 $r(t)$ 是恒定的，现在对带有比例微分控制的航天器添加一个恒定外干扰力矩 T_d，如图 17－11 所示。现在的运动方程为

$$I\ddot{y}=K_p[r-y(t)]-K_d\dot{y}+T_d$$

PD 控制法则的有效弹簧阻尼系统将导致所有的振荡衰减。然而，姿态中存在一个稳态误差。通过航天器上的扭矩平衡可以很容易被看到。假设我们的参考姿态 $r(t)$ 是恒定的，在稳定状态下的姿态 $\dot{y}=\ddot{y}=0$。因此我们从上文中一定能得到

$$K_p(r-y)+T_d=0$$

即，稳态误差为

$$e=r-y=-\frac{T_d}{K_p}$$

这显然不等于零。用图形的方法表示，比例微分控制的稳态误差如图 17－12 所示。问题是比例微分控制没有记忆。为使该控制器能够在恒定干扰存在的情况下具有使误差趋近于零的性能，一个积分项被添加到控制法则中

$$K_i\int_0^t e(\tau)\,\mathrm{d}\tau$$

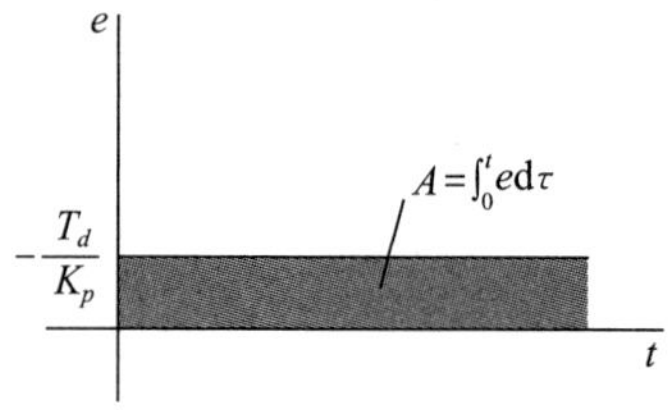

图 17－12　稳态误差与比例微分控制

其中 $K_i>0$，K_i 是积分增益。因此 PID 控制法则为

$$u(t)=K_pe(t)+K_d\dot{e}(t)+K_i\int_0^t e(\tau)\,\mathrm{d}\tau$$

相应的传递函数为

$$G_c(s) = K_p + sK_d + \frac{K_i}{s}$$

要理解为什么积分项使误差为零，让我们重新思考图 17－12。积分项具有记忆性，即与误差曲线下的面积 A 成正比。如果该误差是非零的，积分项增长，提供了一个更大矫正力矩，直到干扰力矩被补偿，且误差为零。实际上积分项是为了得知干扰力矩是什么。

17.7　时域规范

我们现在已经看到了控制法则是什么样的，如何形成闭环系统，以及一些典型的控制类型。现在，我们需要一些设计控制器的指导方针。也就是说，闭环系统具有怎样的性能。

首先，控制法则必须提供渐近稳定的闭环系统。举例说明，假设我们以一个单位脉冲 $[r(t) = \delta(t)]$ 激发了闭环系统

$$Y(s) = \frac{G_p(s)G_c(s)}{1 + G_p(s)G_c(s)} R(s)$$

渐近稳定意味着脉冲响应

$$y(t) = \mathcal{L}^{-1}\left(\frac{G_p(s)G_c(s)}{1 + G_p(s)G_c(s)}\right)$$

必须渐近为零。正如我们在 14.1 节所看到的，这意味着闭环传递函数的极点

$$T(s) = \frac{G_p(s)G_c(s)}{1 + G_p(s)G_c(s)}$$

必须具有负实部。

假如闭环系统是渐近稳定的，一个参考输入和/或干扰包括两个部分：瞬态行为（消亡行为）与稳态行为（持续行为）。这两个组件对规定所需时域行为都很重要。

17.7.1　瞬态规范

瞬态规范通常由闭环系统对一个单位阶跃指令的响应项给出。这意味着以所需姿态对单位阶跃指令做出响应（见图 17－13)。这是一个参考姿态，满足

$$r(t) = \begin{cases} 1, t \geqslant 0 \\ 0, t < 0 \end{cases}$$

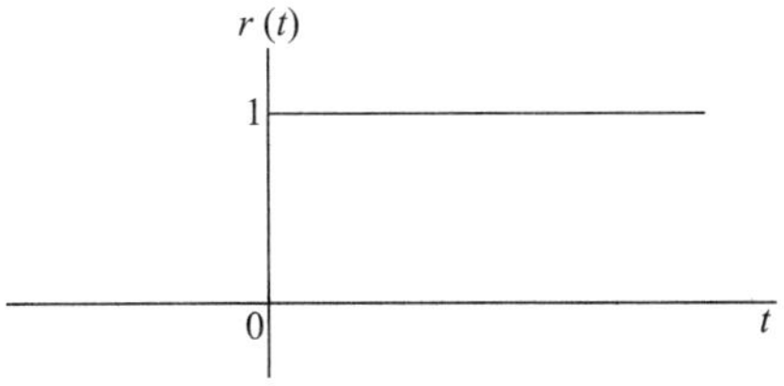

图 17－13　单位阶跃输入

我们来研究一种改进的比例微分控制航天器姿态单位阶跃响应（对于这种类型系统的最常见控制）。标准比例微分控制法则是

$$u(t)=K_p e(t)+K_d \dot{e}(t)$$

当 $\dot{e}(t)$ 不存在时，这种控制法则的实现是有问题的，如发生在参考信号 $r(t)$ 中的阶跃变化。实际上，$r(t)$ 中的阶跃变化导致 $\dot{e}(t)$ 中产生一个大的峰值，实际上作用于控制 $u(t)$ 中的一个脉冲，当阶跃改变的时候。为了克服这个问题，比例微分控制法则可以改进为以下形式

$$u(t)=K_p e(t)-K_d \dot{y}(t)$$

其中 $K_p>0$ 且 $K_d>0$。由于 $y(t)$ 总是可微的，这就避免了问题。更普遍地，它避免了由快速变化的参考信号 $r(t)$ 造成的大的控制输入（可能在驱动器能力之外）。图 17－14 显示了实施框图。注意：测量噪声不包括在内。为了保持图 17－8 中的框架不变，我们包括了控制对象 $G_p(s)$ 的微分项，而不是控制项 $G_c(s)$。因此如图 17－14 所示，修改后的比例微分控制相当于用微分项增强的比例控制。

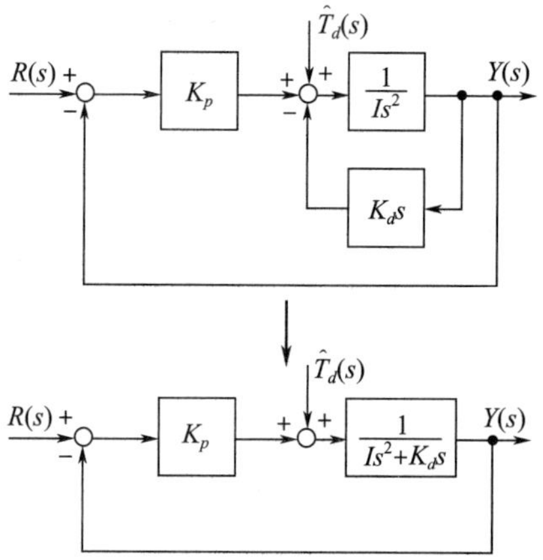

图 17－14　改进的比例微分控制

现阶段只有姿态 $r(t)$ 中的阶跃指令响应相关。因此，我们令干扰与测量噪声为零。

如图 17－14 所示，我们有增强的控制对象传递函数

$$G_p(s)=\frac{1}{Is^2+K_d s}$$

和有效的控制传递函数

$$G_c(s)=K_p$$

$\hat{T}_d(s)=0$ 条件下对参考命令 $R(s)$ 的闭环响应（因为我们对命令的响应感兴趣，所以没有干扰）为

$$Y(s)=T(s)R(s)$$

其中，闭环传递函数为

$$T(s)=\frac{G_p(s)G_c(s)}{1+G_p(s)G_c(s)}=\frac{K_p/(Is^2+K_ds)}{1+K_p/(Is^2+K_ds)}$$
$$=\frac{(K_p/I)}{s^2+(K_d/I)s+(K_p/I)}$$

现在，令

$$\omega_n^2=\frac{K_p}{I},2\zeta\omega_n=\frac{K_d}{I} \tag{17-10}$$

ω_n 被称为无阻尼自然频率，ζ 被称为阻尼比。根据这些量，闭环传递函数变为

$$T(s)=\frac{\omega_n^2}{s^2+2\zeta\omega_n s+\omega_n^2} \tag{17-11}$$

方程（17-11）大致描述了一个二阶系统，于是我们看到，通过 PD 控制，闭环航天器姿态系统是二阶的。利用二次方程的解可以得到如下闭环极点

$$s=-\zeta\omega_n\pm\omega_n\sqrt{\zeta^2-1}$$

现有 3 种情况：

1）情况 1：$0<\zeta<1$。该系统被称为欠阻尼。在这种情况中，$\sqrt{\zeta^2-1}$ 是虚数，且有两个共轭复数极点

$$s=-\zeta\omega_n\pm j\omega_n\sqrt{1-\zeta^2}$$

如图 17-15 所示。我们称 $\omega_d=\omega_n\sqrt{1-\zeta^2}$ 为阻尼固有频率。极点可以被重新写为

$$s=-\zeta\omega_n\pm j\omega_d$$

在频率为 ω_d 处，这些极点导致衰减振荡行为。

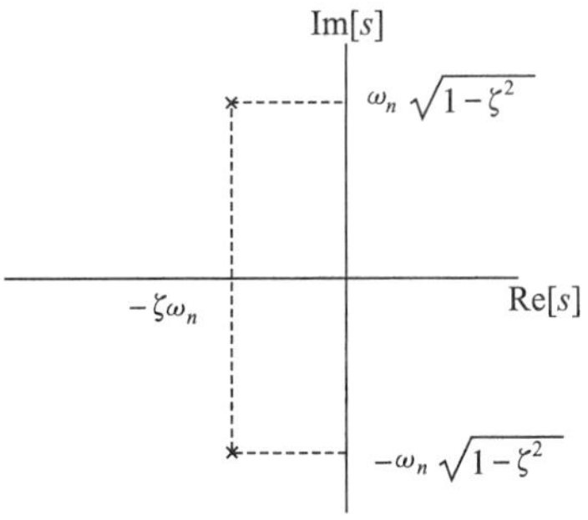

图 17-15　复共轭极点

2）情况 2：$\zeta=1$。该系统被称为临界阻尼。在这种情况中，极点为

$$s=-\omega_n,-\omega_n$$

如图 17-16 所示。

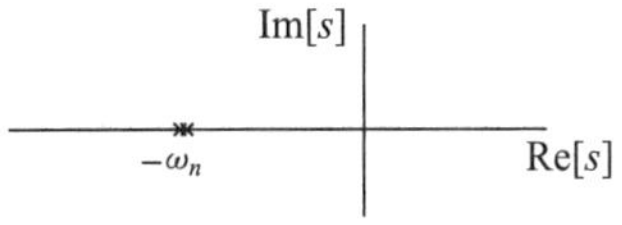

图 17-16　双极点

3）情况 3：$\zeta>1$。系统被称为过阻尼。在这种情况中，$\sqrt{\zeta^2-1}$ 是实数，且有两个不同的负实数极点

$$s=-\zeta\omega_n\pm\omega_n\sqrt{\zeta^2-1}$$

如图 17－17 所示。

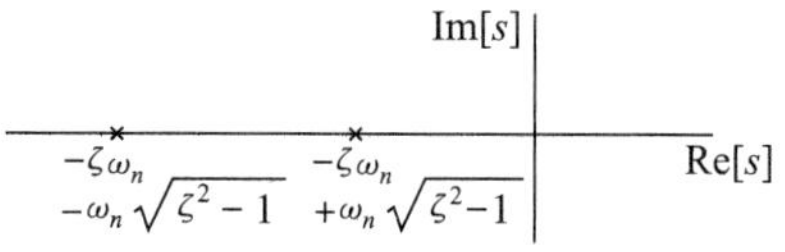

图 17－17　不同的实极点

图 17－18 展示了对于 ζ 不同值的阶跃响应。可以看出，在情况 1 中，瞬态行为具有振荡分量，导致了稳态值的一些超调。在情况 2 与情况 3 中可看出，瞬态响应以指数方式衰减，但没有任何振荡分量，因此没有超调。在图 17－18 中可以看出，缺乏超调会以对于阶跃命令较慢的反应为代价。在某些应用中，理想状态是没有超调。然而，对于航天器姿态控制，这通常是不可能的，一些超调允许我们有更快的响应。因此，我们将讨论限制于情况 1（欠阻尼的情况）。

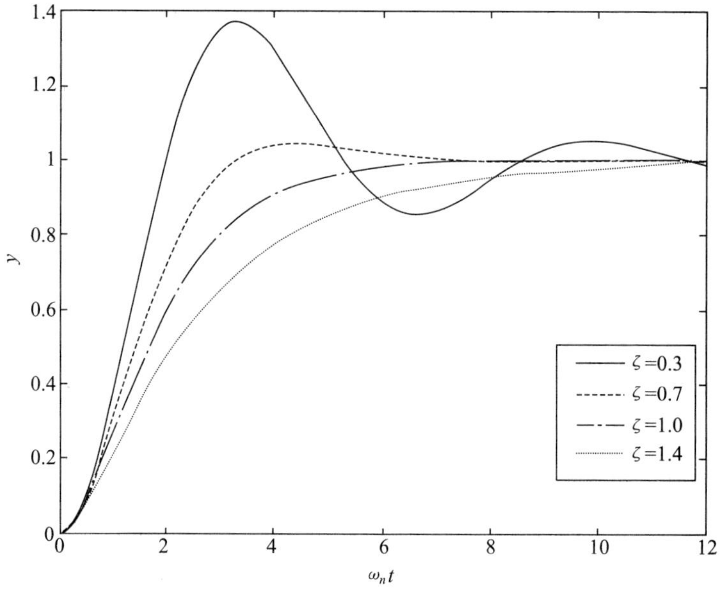

图 17－18　单位阶跃响应

我们现在来研究欠阻尼情况下的阶跃响应。我们有参考指令

$$R(s)=\frac{1}{s}$$

因此，阶跃响应为

$$Y(s)=\frac{\omega_n^2}{s^2+2\zeta\omega_n s+\omega_n^2}\,\frac{1}{s}$$

我们可以在一个部分分式中展开 $Y(s)$（请自行验证）

$$Y(s)=\frac{1}{s}-\frac{s+2\zeta\omega_n}{s^2+2\zeta\omega_n s+\omega_n^2}=\frac{1}{s}-\frac{s+\zeta\omega_n}{s^2+2\zeta\omega_n s+\omega_n^2}-\frac{\zeta\omega_n}{s^2+2\zeta\omega_n s+\omega_n^2}$$

现在我们完成分母的平方项，得到

$$\begin{aligned}s^2+2\zeta\omega_n s+\omega_n^2&=(s^2+2\zeta\omega_n s+\zeta^2\omega_n^2)+\omega_n^2-\zeta^2\omega_n^2\\&=(s+\zeta\omega_n)^2+\omega_n^2(1-\zeta^2)\\&=(s+\zeta\omega_n)^2+\omega_d^2\end{aligned}$$

因此，我们可以将阶跃响应重新写为

$$Y(s)=\frac{1}{s}-\frac{s+\zeta\omega_n}{(s+\zeta\omega_n)^2+\omega_d^2}-\frac{\zeta\omega_n}{\omega_d}\frac{\omega_d}{(s+\zeta\omega_n)^2+\omega_d^2}$$

用附录 A.5 节中的表格进行拉普拉斯逆变换（请自行验证），我们得到时域中的阶跃响应

$$y(t)=1-\mathrm{e}^{-\zeta\omega_n t}\left(\cos\omega_d t+\frac{\zeta\omega_n}{\omega_d}\sin\omega_d t\right) \tag{17-12}$$

17.7.1.1 时域指标

基于单位阶跃响应，可以提出一些不同的时域指标。

1）上升时间 t_r ：第一次到达终值的阶跃响应所花费的时间。

2）峰值时间 t_p ：首次到达峰值响应的时间。

3）最大超调 M_p ：从终值超调的最大百分比。

4）稳定时间 t_s ：输出为了达到终值 2%以内且停留在那里所花费的时间。

图 17－19 说明了这些指标的含义。

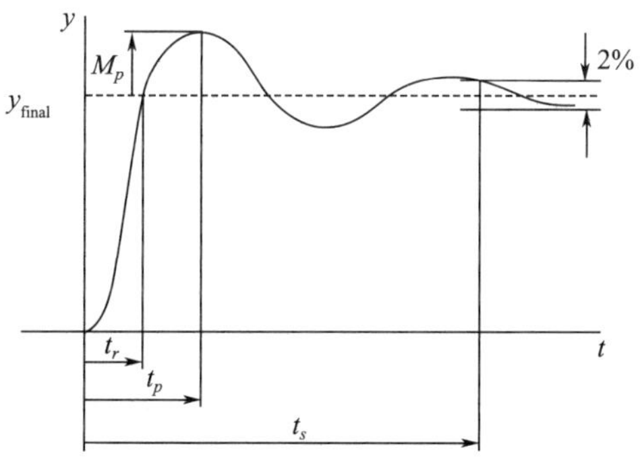

图 17－19　基于单位阶跃响应的时域规范

注意，只有在阻尼比 ζ 不接近 1 时，上述定义的上升时间才是有用的。如果 ζ 接近 1，该系统表现得几乎像一种临界阻尼系统。很可能在这个定义下，上升时间会很长，但如果极点非常快，很可能稳定时间短于上升时间，如图 17－20 所示。也就是说，响应以比上述定义更短的上升时间接近终值。在这种情况下，不同的上升时间定义更有用。最经常使用的定义是从 10%上升到 90%的终值所花费的时间。这个概念在图 17－20 中说明。

利用我们对单位阶跃响应的知识，我们能够对每个指标得到以阻尼和无阻尼自然频率描述的表达式。

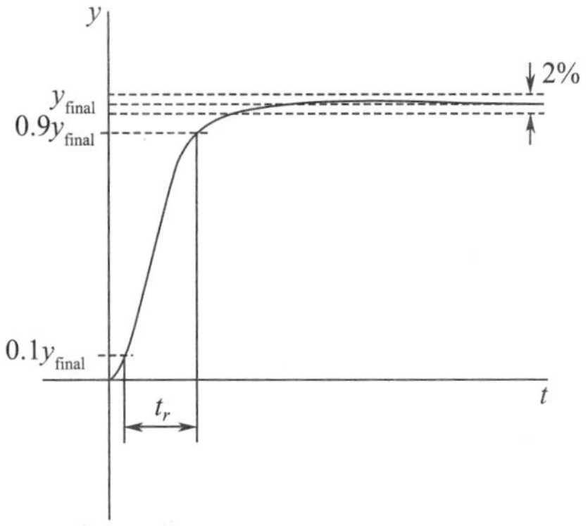

图 17－20　阻尼比接近 1 的上升时间的替代定义

17.7.1.2　上升时间

上升时间是第一次到达终值的阶跃响应所花费的时间。从方程（17－12）中我们看到，当 $t=t_r$ 时，输出为 $y(t_r)=1$。因此，从方程（17－12）中我们必须解决

$$\cos\omega_d t_r+\frac{\zeta\omega_n}{\omega_d}\sin\omega_d t_r=0$$

重组上式给出

$$\tan\omega_d t_r=\frac{\omega_d}{-\zeta\omega_n}=\frac{\omega_n\sqrt{1-\zeta^2}}{-\omega_n\zeta}$$

但是，这可以很容易地从极点位置得到，如图 17－21 所示。注意，$-\omega_n\zeta$ 是极点的实部，且 ω_d 是极点的虚部。从图中的极点，我们得到

$$\omega_d t_r=\pi-\beta$$

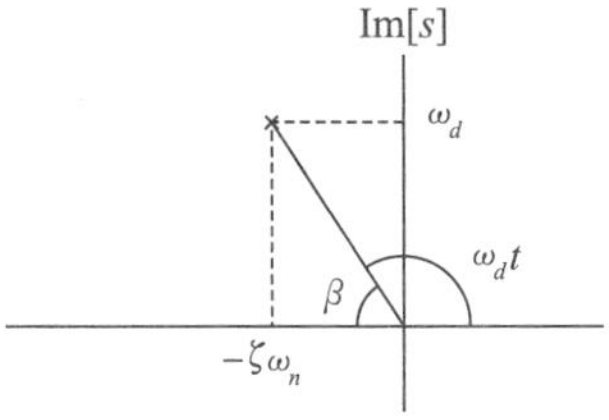

图 17－21　上升时间与极点位置的关系

这指出了上升时间表达式

$$t_r=\frac{\pi-\beta}{\omega_d}\tag{17-13}$$

其中

$$\beta=\arctan\left(\frac{\sqrt{1-\zeta^2}}{\zeta}\right)\tag{17-14}$$

注意，我们已经运用了 $\omega_d/(\zeta\omega_n)=\sqrt{1-\zeta^2}/\zeta$ 的事实。极点位置与上升时间的关系如图 17－22 所示。特别是，允许的极点位置显示为一个给定的上升时间，包含 $t_r\leqslant\bar{t}_r$，

其中 $\bar{t}_r > 0$ 是给定的最大允许上升时间。

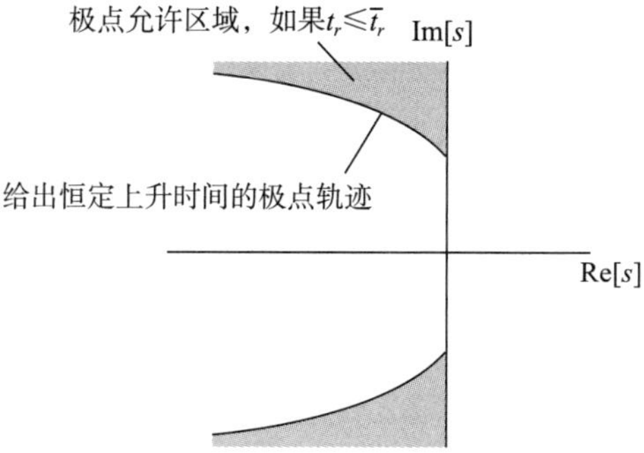

图 17-22　磁极位置与上升时间的关系

17.7.1.3　峰值时间

峰值时间发生在当 $\mathrm{d}y/\mathrm{d}t = 0$ 第一次发生时。求方程（17-12）的微分，我们得到

$$\begin{aligned}\frac{\mathrm{d}y}{\mathrm{d}t} &= \zeta\omega_n \mathrm{e}^{-\zeta\omega_n t}\left(\cos\omega_d t + \frac{\zeta\omega_n}{\omega_d}\sin\omega_d t\right) - \mathrm{e}^{-\zeta\omega_n t}\left(-\omega_d \sin\omega_d t + \frac{\zeta\omega_n}{\omega_d}\omega_d \cos\omega_d t\right) \\ &= \mathrm{e}^{-\zeta\omega_n t}\sin\omega_d t\left(\frac{\zeta^2\omega_n^2}{\omega_d} + \omega_d\right)\end{aligned}$$

从中我们发现，在峰值时间 $t = t_p$ 处我们得到

$$\sin\omega_d t_p = 0$$

那意味着，$\omega_d t = 0, \pi, 2\pi, 3\pi, \cdots$ 很明显地，第一峰值对应 $\omega_d t_p = \pi$。因此，峰值时间是

$$t_p = \frac{\pi}{\omega_d} \tag{17-15}$$

从方程（17-15）中我们看出，峰值时间仅取决于极点 $s = \zeta\omega_n \pm \mathrm{j}\omega_d$ 的虚部。极点位置与峰值时间的关系如图 17-23 所示。

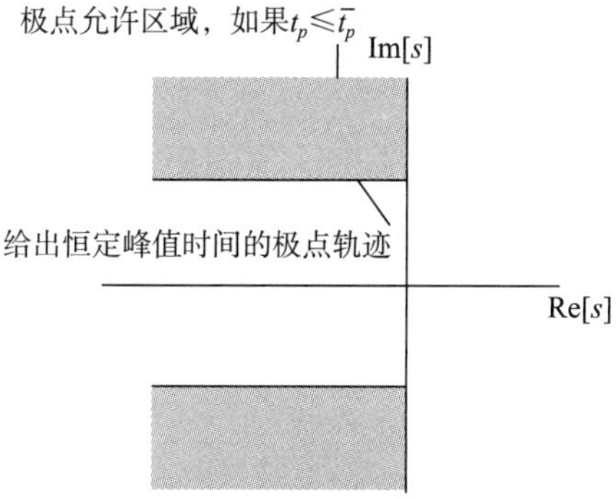

图 17-23　极点位置与峰值时间的关系

特别是，展示的允许极点位置是满足给定的峰值时间约束 $t_p \leqslant \bar{t}_p$，其中 $\bar{t}_p > 0$ 是给定的最大允许峰值时间。

17.7.1.4 最大超调

最大超调发生在峰值时间 $t=t_p$ 处，且最大响应为

$$y_p=1-\mathrm{e}^{-\zeta\omega_n t}\left(\cos\omega_d t_p+\frac{\zeta\omega_n}{\omega_d}\sin\omega_d t_p\right)$$

但是，我们知道 $\omega_d t_p=\pi$，这样 $\cos\omega_d t_p=-1$，$\sin\omega_d t_p=0$。因此最大响应为

$$y_p=1+\mathrm{e}^{-\pi\zeta\omega_n/\omega_d}=1+\mathrm{e}^{-\pi\zeta/\sqrt{1-\zeta^2}}$$

随后，终值的最大百分比超调是

$$M_p=\frac{y_p-1}{1}\times 100\%=\mathrm{e}^{-\pi\zeta/\sqrt{1-\zeta^2}}\times 100\% \tag{17-16}$$

从方程（17-16）中很明显能看出，最大超调取决于阻尼比 ζ。同样，闭环极点（为 $s=-\zeta\omega_n\pm \mathrm{j}\omega_n\sqrt{1-\zeta^2}$）的实部与虚部之间的比也仅取决于阻尼比

$$\frac{\mathrm{Re}(s)}{\mathrm{Im}(s)}=\mp\frac{\zeta}{\sqrt{1-\zeta^2}}$$

极点位置与超调百分比之间的关系如图 17-24 所示。特别是允许的极点位置是为了显示一个给定的最大百分比超调约束 $M_p\leqslant\overline{M}_p$，其中 $\overline{M}_p>0$ 是给定的最大允许超调百分比。

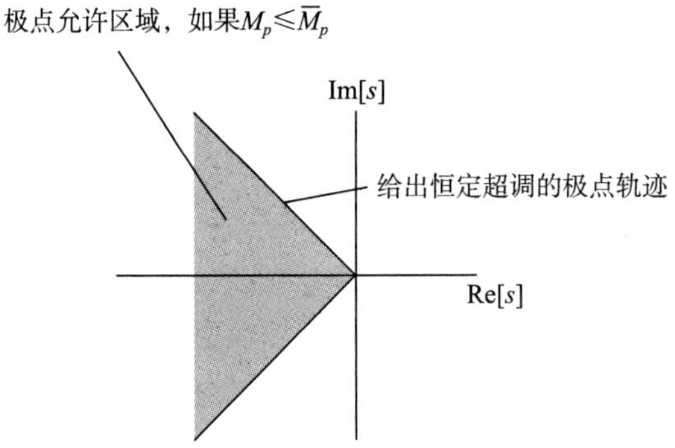

图 17-24 极点位置与超出部分之间的关系

17.7.1.5 稳定时间

由方程（17-12）可知，$y(t)$ 当前值与终值之间的差值为

$$y(t)-1=-\mathrm{e}^{-\zeta\omega_n t}\left(\cos\omega_d t+\frac{\zeta\omega_n}{\omega_d}\sin\omega_d t\right)$$

我们可以将其重新写为

$$\cos\omega_d t+\frac{\zeta\omega_n}{\omega_d}\sin\omega_d t=\left(\frac{\zeta^2}{1-\zeta^2}+1\right)^{\frac{1}{2}}\sin(\omega_d t+\phi)$$

其中

$$\phi=\arctan\left(\frac{1}{\dfrac{\zeta}{\sqrt{1-\zeta^2}}}\right)$$

注意

$$\frac{\zeta^2}{1-\zeta^2}+1=\frac{1}{1-\zeta^2}$$

有

$$y(t)-1=-\frac{e^{-\zeta\omega_n t}}{\sqrt{1-\zeta^2}}\sin(\omega_d t+\phi)$$

由于我们知道 $|\sin(\omega_d t+\phi)|\leqslant 1$，我们得出界限

$$|y(t)-1|\leqslant\frac{e^{-\zeta\omega_n t}}{\sqrt{1-\zeta^2}}$$

因此我们可以确保终值的百分比偏差满足

$$\frac{|y(t)-1|}{1}\times 100\%\leqslant 2\%$$

当

$$\frac{e^{-\zeta\omega_n t}}{\sqrt{1-\zeta^2}}\leqslant 0.02$$

因此，我们以稳定时间来满足

$$\frac{e^{-\zeta\omega_n t_s}}{\sqrt{1-\zeta^2}}=0.02$$

于是导出稳定时间的表达式

$$t_s=\frac{\ln\left(0.02\sqrt{1-\zeta^2}\right)}{-\zeta\omega_n} \tag{17-17}$$

当阻尼比在 0.1～0.9 之间时，$-\ln\left(0.02\sqrt{1-\zeta^2}\right)$ 的取值在 3.9～4.8 之间变化。因此，我们可以将稳定时间的表达式（17－17）近似为

$$t_s\approx\frac{4.4}{\zeta\omega_n} \tag{17-18}$$

这说明，稳定时间主要取决于极点的实部。极点位置与稳定时间的关系如图 17－25 所示。特别是在给定的稳定时间约束 $t_s\leqslant\bar{t}_s$ 条件下展示了允许的极点位置，其中 $\bar{t}_s>0$ 是给定的最大容许稳定时间。

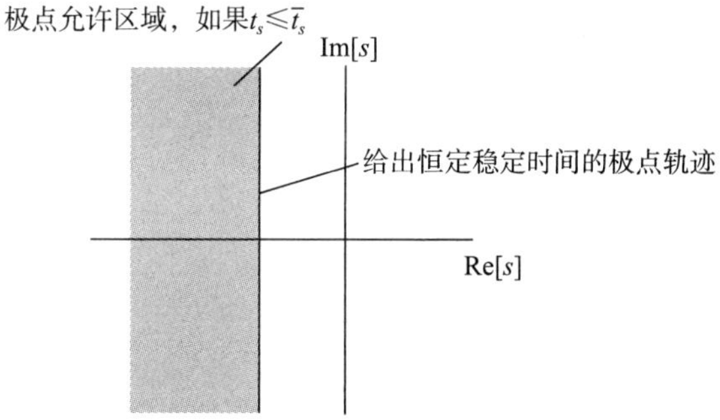

图 17－25　极点位置与稳定时间的关系

例 17.1　（航天器姿态控制的 PD 控制器设计）假设飞船有转动惯量 $I=1\ \text{kg}\cdot\text{m}^2$，并给出了以下的时域设计范围：

1）上升时间约束，$t_r\leqslant 30$ s。

2）最大超调约束，$M_p\leqslant 30\%$。

3）稳定时间约束，$t_s\leqslant 100$ s。

从方程（17-13）中我们看到，上升时间约束导致了如下需求

$$\frac{\pi-\beta}{\omega_d}\leqslant 30$$

将其重组后得到

$$\beta\geqslant\pi-30\omega_d$$

满足上升时间约束的闭环极点的允许区域如图 17-26 所示。根据方程（17-16），最大超调约束导出

$$e^{-\frac{\pi\zeta}{\sqrt{1-\zeta^2}}}\leqslant 0.3$$

将其重组后得到

$$\frac{\zeta}{\sqrt{1-\zeta^2}}\geqslant-\frac{\ln 0.3}{\pi}$$

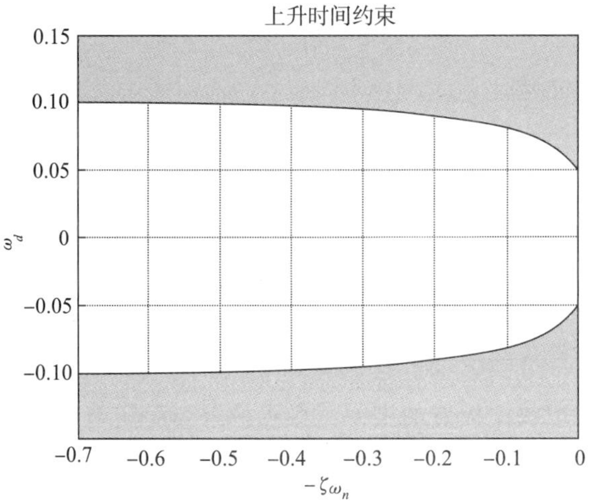

图 17-26　上升时间约束允许区域

上式可以进一步整理得到

$$\frac{\sqrt{1-\zeta^2}}{\zeta}\leqslant-\frac{\pi}{\ln 0.3}$$

认识到角 $\beta=\arctan\left(\frac{\sqrt{1-\zeta^2}}{\zeta}\right)$［见方程（17-14）］，我们得到

$$\beta\leqslant\arctan\left(-\frac{\pi}{\ln 0.3}\right)=1.205(69^\circ)$$

因此，为了满足超调要求，闭环极点必须位于图 17-27 中所示的阴影区域中。根据

方程（17－18）我们看到，稳定时间约束导致了如下要求

$$\frac{4.4}{\zeta\omega_n} \leqslant 100$$

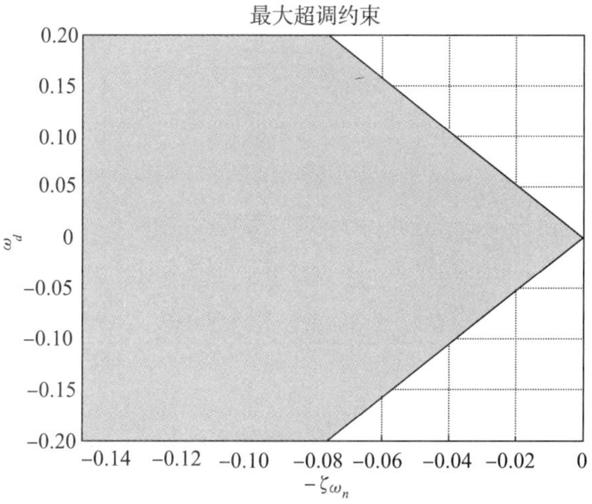

图 17－27　超调容许范围

进一步整理上式得到

$$\zeta\omega_n \geqslant \frac{4.4}{100} = 0.044 \tag{17-19}$$

因此，为了满足稳定时间约束，闭环极点必须位于图 17－28 中所示的阴影区域中。现在，我们已经找到了所允许的每一个独立约束的极点区域，可以将它们结合，从而找到组合约束的允许闭环极点区域。这就是如图 17－29 所示的交集。

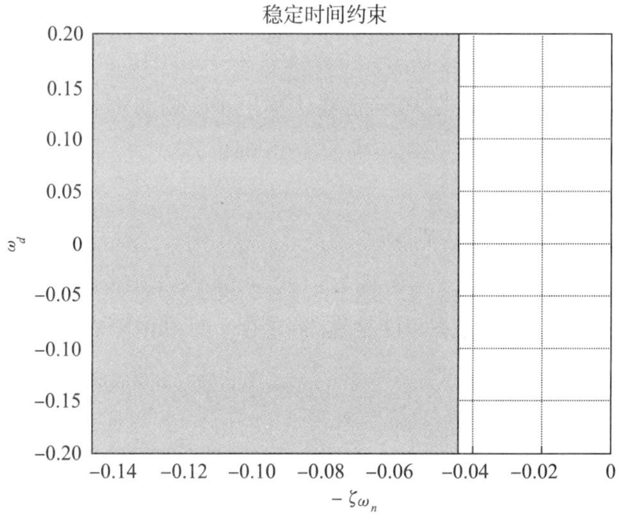

图 17－28　稳定时间约束的允许区域

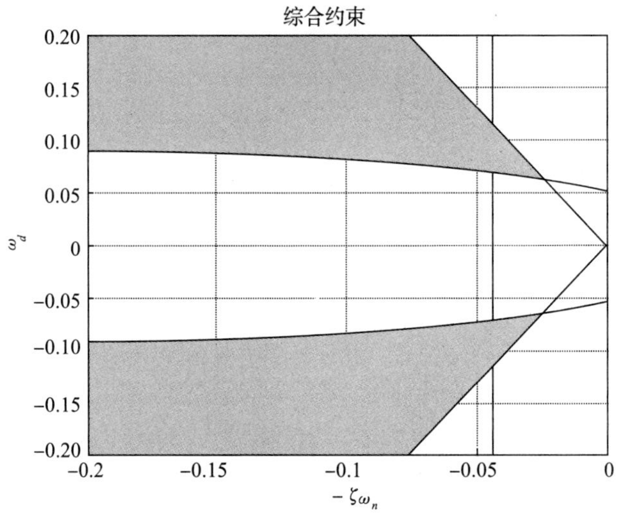

图 17－29　综合约束允许区域

除非有任何其他的限制，我们可以在阴影区域中自由选择任何一个闭环极点。特别是闭环极点

$$s=-0.05\pm j0.1$$

满足所有的约束条件。

根据一般表达式的闭环极点

$$s=-\zeta\omega_n\pm j\omega_n\sqrt{1-\zeta^2}$$

我们看到

$$\omega_n=|s|$$

因此我们可以计算出 ω_n^2

$$\omega_n^2=|s|^2=0.05^2+0.1^2=0.0125$$

根据方程（17－10），我们现在终于能够计算出 PD 控制增益，即

$$K_p=\omega_n^2 I=0.0125$$

$$K_d=2\zeta\omega_n I=2\times 0.05=0.1$$

于是，一种满足时域指标的控制法则为

$$u(t)=0.0125e(t)-0.1\dot{y}(t)$$

图 17－30 显示了航天器姿态在 PD 控制器作用下的单位阶跃响应。可以看出，所有时域指标都已达成。

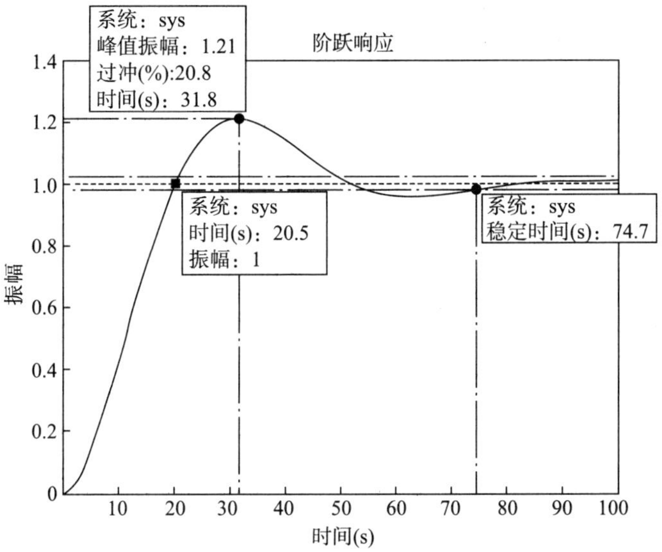

图 17－30　PD 控制器下的阶跃响应

17.8　影响瞬态行为的因素

有两个可以改变我们在上一章看到的（和一般的）瞬态行为的因素。第一是闭环传递函数中零点的存在。第二是附加极点的存在。我们将分别处理。

17.8.1　零点效应

我们所看到的是一个没有闭环零点系统的阶跃响应［见方程（17－11）］。如果我们反而运用 17.6.2 节中的标准比例微分控制［$u(t)=K_pe(t)+K_d\dot{e}(t)$］，闭环传递函数将是（请将此作为一个练习进行尝试）

$$T(s)=\frac{2\zeta\omega_n s+\omega_n^2}{s^2+2\zeta\omega_n s+\omega_n^2}$$

闭环极点与改进的 PD 控制（即 $s=\zeta\omega_n\pm\omega_n\sqrt{\zeta^2-1}$）完全相同。然而，现有一个零点位于 $s=-\omega_n/(2\zeta)$。在欠阻尼的情况下，相关的阶跃响应为（请将此作为一个练习进行尝试）

$$y(t)=1-\mathrm{e}^{-\zeta\omega_n t}\left[\cos\omega_d t-\frac{\zeta\omega_n}{\omega_d}\sin\omega_d t\right]$$

其中 $\omega_d=\omega_n\sqrt{1-\zeta^2}$。将上式与式（17－12）相比较，可以看出，振荡的频率 ω_d 和衰减率 $\zeta\omega_n$ 是相同的。这些都是由极点确定的。然而，由于零点的存在，各项的系数是不同的。这是改变瞬态特性的结果。图 17－31 与图 17－32 显示了改进的 PD 控制与标准 PD 控制的阶跃响应。可以看出振荡的稳定时间和频率是相似的。然而，上升和峰值时间与标准 PD 控制都快于改进 PD 控制。此外，标准 PD 控制的响应表现出更明显的超调。

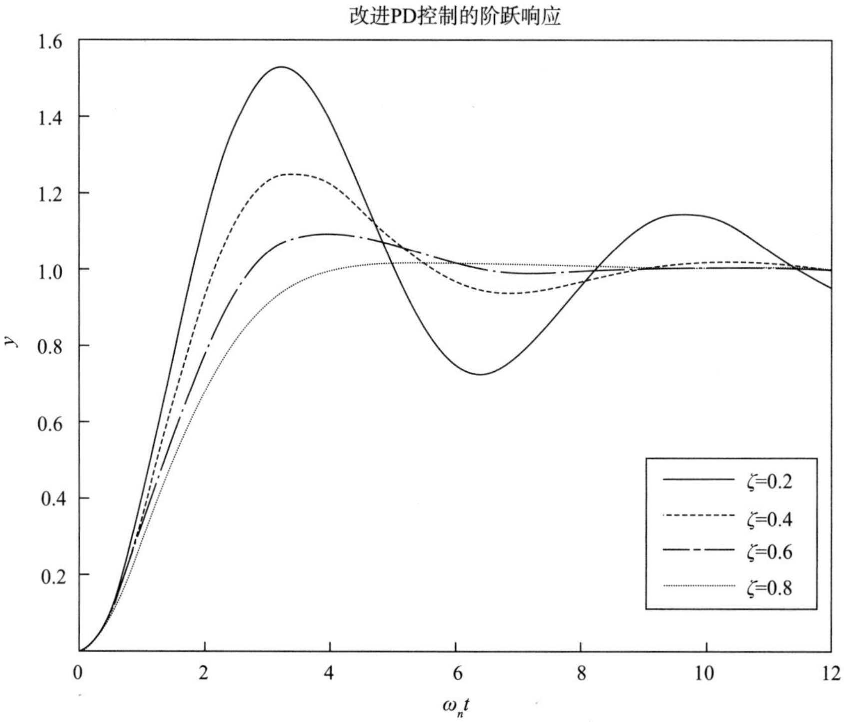

图 17 - 31 改进 PD 控制的单位阶跃响应

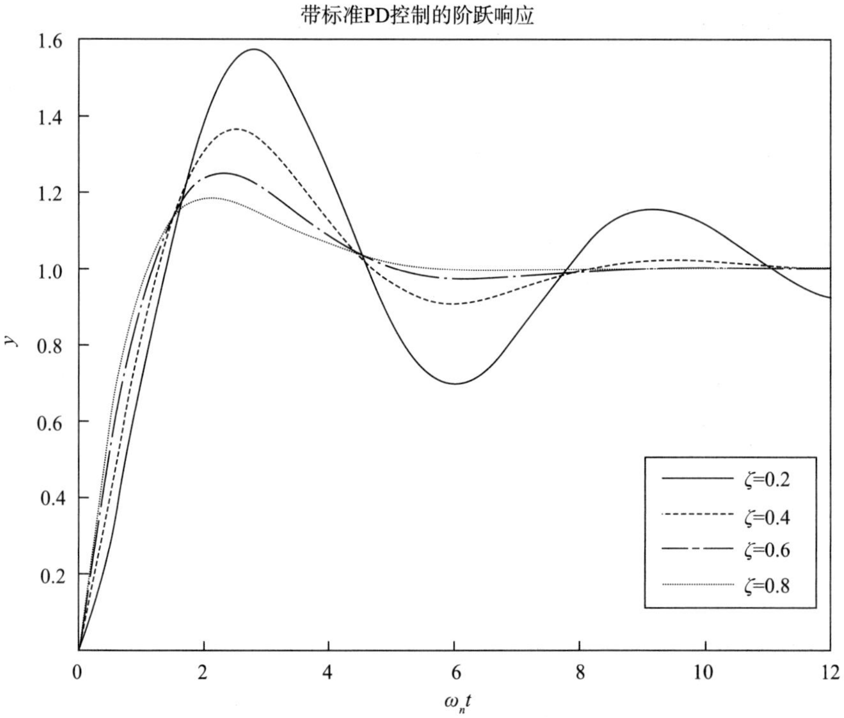

图 17 - 32 标准 PD 控制的单位阶跃响应

在一般情况下，根据经验，远离极点的零点对瞬态行为没有显著影响。接近零点的极点对瞬态行为有显著影响。非常接近极点的零点对瞬态响应具有显著影响。一个非常接近极点的零点对极点的贡献趋于减少，这是因为零极点抵消几乎发生在传递函数中。

17.8.2　附加极点效应

关于 PD 控制，在姿态控制问题的制定中，我们有一个二阶系统，即存在双闭环极点。然而，在现实中，用于控制姿态的驱动器同样产生动态特性（我们将其忽略）。姿态确定方案也可能具有一些动态特性。这些都能为系统提供极点。控制法则本身也可以更复杂，并提供额外的极点（例如 PID 控制贡献极点）。因此，重要的是当我们可以用二阶系统来近似我们的系统时，要了解额外极点的影响。

一般而言，闭环传递函数有如下形式

$$T(s)=K\frac{\Pi_m^{i=1}(s-z_i)}{\Pi_n^{i=1}(s-p_i)}$$

其中 $m\leqslant n$ ，z_i 是闭环零点，p_i 是闭环极点。因为我们假定控制法则使系统渐近稳定。我们有 $\mathrm{Re}(p_i)<0$。

该系统的阶跃响应为

$$Y(s)=T(s)\frac{1}{s}=K\frac{\Pi_m^{i=1}(s-z_i)}{\Pi_n^{i=1}(s-p_i)}\frac{1}{s}$$

假设不同的极点，部分分式展开具有形式

$$Y(s)=\frac{a}{s}+\sum_{i=1}^{n}\frac{b_i}{s-p_i}$$

在时域中，阶跃响应为

$$y(t)=a+\sum_{i=1}^{n}b_i\mathrm{e}^{p_it}$$

每个极点对响应的贡献取决于相关系数 b_i 以及它衰减的速度［$\mathrm{Re}(p_i)$ 负的程度］。

如果靠近虚轴的极点实部与远离虚轴的极点实部之间的比例大于 5，则接近虚轴的极点控制响应（见图 17 - 33），这是因为它们的贡献衰减最慢（持续时间最长）。如果有一个复共轭对的主导极点（这导致衰减振荡行为），则仅带有这些极点的系统近似表现为欠阻尼二阶系统（回忆 14.1 节中的一对稳定的复共轭极点导致衰减振荡行为）。

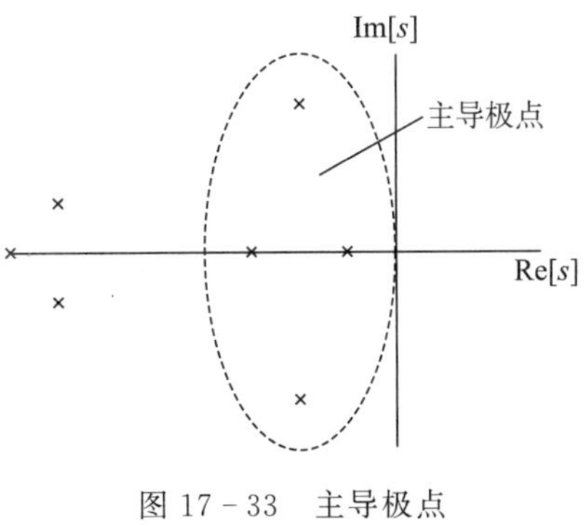

图 17 - 33　主导极点

17.9　稳态指标与系统类型

正如前面所提到的，对一个参考信号的输出到响应可以分为两个部分。随时间消失的瞬态部分和仍然存在的稳定状态部分。我们已经看到了瞬态部分指标如何定义。现在我们来看看稳定状态的部分。

考虑图 17-8 中所示的反馈系统，$W(s)=0$（这回我们不考虑测量噪声）。请注意，我们所看到的每一个控制系统都可以在这个框架中进行拟合。通常情况下，长期目标（稳态）是为了使输出 $y(t)$ 与参考信号 $r(t)$ 匹配。也就是说，一旦瞬态衰减至无，我们希望有 $e(t)=r(t)-y(t)\approx 0$。在姿态控制情况下，这意味着我们希望实际的姿态能最终达到所需的姿态。在实践当中，存在阻止误差为 0 的因素。首先，任何未消失的干扰 $T_d(t)$ 可能会导致一个非零稳态误差。其次，闭环系统本身可能不能跟踪参考信号 $r(t)$。

对应于图 17-8 中的闭环系统［已知 $W(s)=0$］为

$$Y(s)=\frac{G_p(s)G_c(s)}{1+G_p(s)G_c(s)}R(s)+\frac{G_p(s)}{1+G_p(s)G_c(s)}T_d(s)$$

由于 $E(s)=R(s)-Y(s)$，我们发现

$$E(s)=\frac{1}{1+G_p(s)G_c(s)}R(s)-\frac{G_p(s)}{1+G_p(s)G_c(s)}T_d(s) \tag{17-20}$$

17.9.1　系统类型

当我们讨论了瞬态指标时，它们是根据一个阶跃输入［$r(t)=$常数］的响应给出的，这是一种常见的参考信号类型。然而在实践中，我们希望跟踪的参考信号可能不是恒定的。我们可能知道也可能不知道 $r(t)$ 将会是什么，即使我们知道，它可能并不具有一个对控制设计有用的简单形式。因此，我们研究与预期的参考信号 $r(t)$ 相似的测试信号的闭环响应。常见的测试信号包括：

1）阶跃输入 $r(t)=1$，$R(s)=1/s$（见图 17-34）——当参考信号 $r(t)$ 在很长一段时间内近似恒定时适用。例如，我们可能会偶尔将航天器从一个固定的参考姿态改变成另一个姿态。

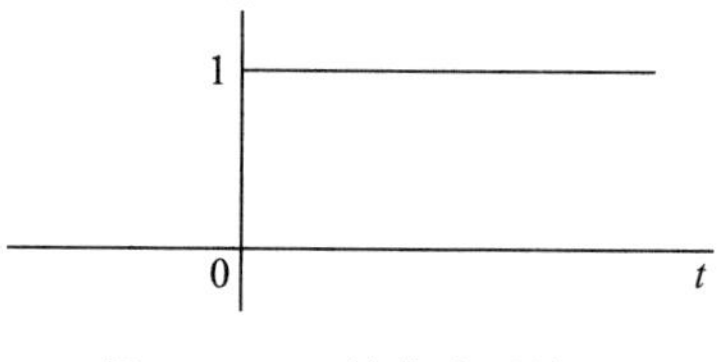

图 17-34　单位阶跃输入

2）斜坡输入 $r(t)=t$，$R(s)=1/s^2$（见图 17-35）——当参考信号 $r(t)$ 缓慢变化时适用。例如，我们可能希望卫星执行一个缓慢的姿态机动（如跟踪地面上的目标）。

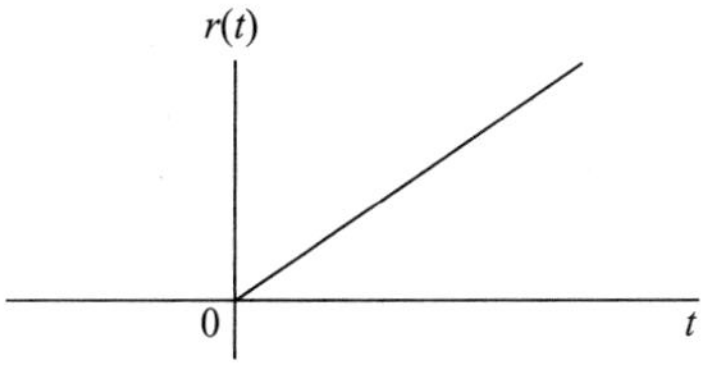

图 17－35　斜坡输入

3）加速度输入 $r(t)=t^2/2$，$R(s)=1/s^3$（见图 17－36）——这不是常用的。

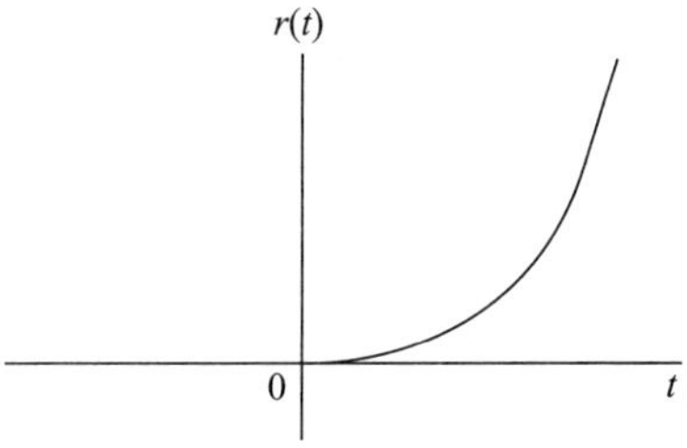

图 17－36　加速度输入

通常情况下，如果闭环系统在输入测试信号时表现良好，则在输入实际信号时也会表现良好。

现在，我们来确定什么类型的信号可以完美地被方程（17－20）中的闭环系统跟踪；什么类型的信号可以进行跟踪但是有一定的稳态误差；以及什么类型的信号完全不能进行跟踪。本文介绍了系统类型的概念。要确定什么类型的信号是闭环系统可以跟踪的，我们必须考虑从参考信号 $R(s)$ 到误差 $E(s)$ 的传递函数［忽略干扰 $T_d(s)$］，从方程（17－20）中得到

$$E(s)=\frac{1}{1+G_o(s)}R(s)$$

其中我们已经定义开环传递函数为所有围绕环路的传递函数乘积（见图 17－8）。

$$G_o(s)=G_p(s)G_c(s) \tag{17-21}$$

开环传递函数将在接下来几章中展示的控制系统分析中发挥主要作用。

在一般情况下，开环传递函数可以被写成

$$G_o(s)=\overline{K}\,\frac{(s-z_1)\cdots(s-z_m)}{s^N(s-p_1)\cdots(s-p_n)} \tag{17-22}$$

其中 z_i 是开环零点，$p_i\neq 0$ 是非零的开环极点。在 $s=0$ 处也有开环极点 N。

系统的类型现在根据 N 的取值进行分类。例如：

1）$N=0$，0 类系统

2）$N=1$，1 类系统

3）$N=2$，2 类系统

正如我们所看到的，这是直接关系到闭环系统能够跟踪的参考信号类型。

将开环传递函数方程（17-22）重新写为

$$G_o(s)=K\frac{(T_{a1}s+1)\cdots(T_{am}s+1)}{s^N(T_{b1}s+1)\cdots(T_{bn}s+1)} \tag{17-23}$$

其中

$$K=\overline{K}\frac{(-z_1)\cdots(-z_m)}{(-p_1)\cdots(-p_n)}$$

且

$$T_{a1}=\frac{-1}{z_1},\cdots,T_{b1}=\frac{-1}{p_1},\cdots$$

假设闭环系统是渐近稳定的［即 $1+G_o(s)=0$ 只有负实部的根］，它也应该是，我们可以运用终值定理研究不同类型参考信号的稳态误差（见附录 A.3）。即，稳态误差为

$$e_{ss}=\lim_{t\to\infty}e(t)=\lim_{s\to 0}sE(s)=\lim_{s\to 0}\frac{s}{1+G_o(s)}R(s) \tag{17-24}$$

我们现在研究不同类型输入的稳态误差。

17.9.2 阶跃输入 $R(s)=\frac{1}{s}[r(t)=1]$

应用终值定理，我们得到

$$e_{ss}=\lim_{s\to 0}\frac{s}{1+G_o(s)}\frac{1}{s}=\frac{1}{1+\lim\limits_{s\to 0}G_o(s)}$$

静态位置误差常数被定义为

$$K_{sp}=\lim_{s\to 0}G_o(s)$$

于是，阶跃输入的稳态误差是

$$e_{ss}=\frac{1}{1+K_{sp}}$$

对于一个 0 类系统（$N=0$）

$$K_{sp}=\lim_{s\to 0}K\frac{(T_{a1}s+1)\cdots(T_{am}s+1)}{(T_{b1}s+1)\cdots(T_{bn}s+1)}=K$$

对于一个 1 类或更高阶的系统（$N\geqslant 1$）

$$K_{sp}=\lim_{s\to 0}K\frac{(T_{a1}s+1)\cdots(T_{am}s+1)}{s^N(T_{b1}s+1)\cdots(T_{bn}s+1)}=\infty$$

因此，对于 0 类系统，一个阶跃输入的稳态误差是

$$e_{ss}=\frac{1}{1+K}$$

这非零，但有限。1 类或更高阶的系统可以完美地跟踪阶跃输入，稳态误差为

$$e_{ss}=\frac{1}{1+\infty}=0$$

17.9.3　斜坡输入 $R(s)=\frac{1}{s^2}[r(t)=t]$

应用终值定理，我们得到

$$e_{ss}=\lim_{s\to 0}\frac{s}{1+G_o(s)}\frac{1}{s^2}=\lim_{s\to 0}\frac{1}{s+sG_o(s)}=\frac{1}{\lim\limits_{s\to 0}sG_o(s)}$$

静态速度误差常数被定义为

$$K_{sv}=\lim_{s\to 0}sG_o(s)$$

随后，稳态误差的斜坡输入为

$$e_{ss}=\frac{1}{K_{sv}}$$

对于一个 0 类系统（$N=0$）

$$K_{sv}=\lim_{s\to 0}K\frac{s(T_{a1}s+1)\cdots(T_{am}s+1)}{(T_{b1}s+1)\cdots(T_{bn}s+1)}=0$$

对于一个 1 类系统（$N=1$）

$$K_{sv}=\lim_{s\to 0}K\frac{(T_{a1}s+1)\cdots(T_{am}s+1)}{(T_{b1}s+1)\cdots(T_{bn}s+1)}=K$$

对于一个 2 类或更高阶的系统（$N\geqslant 2$）

$$K_{sp}=\lim_{s\to 0}K\frac{(T_{a1}s+1)\cdots(T_{am}s+1)}{s^{N-1}(T_{b1}s+1)\cdots(T_{bn}s+1)}=\infty$$

因此，对于 0 类系统，斜坡输入的稳态误差是

$$e_{ss}=\frac{1}{0}=\infty$$

这表明，0 类系统不能跟踪斜坡输入。1 类系统的稳态误差是

$$e_{ss}=\frac{1}{K}$$

这非零，但有限。2 类或更高阶系统可以完美地跟踪阶跃输入，稳态误差是

$$e_{ss}=\frac{1}{\infty}=0$$

我们可以继续 2 类系统（加速度输入）或更高阶系统的讨论。

系统类型 N 是循环中的积分环节数量，它可以存在于控制对象或控制器中（位置并不重要）。通常情况下，回路中的积分器越多（更高阶的类型），就能够跟踪更高阶的信号。要减少一个参考输入的稳态误差，我们可以增加开环增益 K，或通过添加积分环节（$1/s$）来增加系统类型。

例 17.2　（PD 航天器姿态控制）我们来检验一下在图 17－14 中的比例微分姿态控制问题。控制对象传递函数为

$$G_p(s)=\frac{1}{Is^2+K_ds}=\frac{1}{K_ds\left(\frac{1}{K_d}s+1\right)}$$

控制传递函数为

$$G_c(s)=K_p$$

因此，开环传递函数是

$$G_o(s)=G_p(s)G_c(s)=\frac{K_p}{K_d s\left(\frac{1}{K_d}s+1\right)}$$

显然，我们有一个 1 类系统。这意味着我们可以跟踪一个零稳态误差的阶跃姿态命令。

静态速度误差常数为

$$K_{sv}=\lim_{s\to 0}sG_o(s)=\frac{K_p}{K_d}$$

因此，我们可以跟踪带有稳态误差的斜坡输入

$$e_{ss}=\frac{1}{K_{sv}}=\frac{K_d}{K_p}$$

由于一个斜坡输入对应于一个恒定的角速度，所以这并不令人惊讶。然而，控制法则中的微分项—— $K_p\dot{y}$ 对应着一个直接与任何角速度相反的扭矩。如果我们要跟踪零稳态误差的斜坡输入，可以给我们的控制器添加一个积分项，将系统类型增加至 2。或者，我们可以运用如 17.6.2 节中一样的标准比例微分控制，这也将系统类型增加至 2。因此，如果控制目标是跟踪一个随时间变化的姿态命令，则标准 PD 控制更合适。

17.10 扰动效应

我们现在应该看看稳态误差上的影响干扰。因此，我们将忽略参考信号 $R(s)$ 的贡献，并从方程（17－20）考虑

$$E(s)=-\frac{G_p(s)}{1+G_p(s)G_c(s)}T_d(s) \tag{17-25}$$

在实践中，我们不知道干扰的性质（如果我们知道，可以直接对它们进行补偿）。然而对于航天器问题来说，它们是随时间缓慢变化的，一个恒定的干扰 $T_d(t)=\hat{T}_d$ 对于初始控制器设计是一个很好的近似。

正如我们在方程（17－23）中为开环传递函数所做的一样，我们通常可以将控制对象与控制传递函数写为

$$G_p(s)=K_{pl}\frac{(T_{a1p}s+1)\cdots(T_{amp}s+1)}{s^{N_p}(T_{b1p}s+1)\cdots(T_{bnp}s+1)}=K_{pl}\frac{\mathcal{N}_p(s)}{s^{N_p}\mathcal{D}_p(s)}$$

和

$$G_c(s)=K_c\frac{(T_{a1c}s+1)\cdots(T_{amc}s+1)}{s^{N_c}(T_{b1c}s+1)\cdots(T_{bnc}s+1)}=K_c\frac{\mathcal{N}_c(s)}{s^{N_c}\mathcal{D}_c(s)}$$

很容易看出

$$K_{pl}=\lim_{s\to 0}s^{N_p}G_p(s),K_c=\lim_{s\to 0}s^{N_c}G_c(s)$$

我们现在可以从干扰到误差来塑造传递函数

$$\frac{G_p(s)}{1+G_p(s)G_c(s)}=\frac{K_{pl}s^{N_c}\mathcal{N}_p(s)\mathcal{D}_c(s)}{s^{N_p+N_c}\mathcal{D}_p(s)\mathcal{D}_c(s)+K_{pl}K_c\mathcal{N}_p(s)\mathcal{N}_c(s)}$$

现在我们可以应用终值定理（假设闭环系统渐近稳定）寻找一个阶跃干扰 $T_d(s)=\hat{T}_d/s$ 的稳态误差。即，稳态误差为

$$e_{ss}=\lim_{s\to 0}sE(s)=-\lim_{s\to 0}s\frac{K_{pl}s^{N_c}\mathcal{N}_p(s)\mathcal{D}_c(s)}{s^{N_p+N_c}\mathcal{D}_p(s)\mathcal{D}_c(s)+K_{pl}K_c\mathcal{N}_p(s)\mathcal{N}_c(s)}\frac{\hat{T}_d}{s}$$

从而导致

$$e_{ss}=-\lim_{s\to 0}\frac{K_{pl}s^{N_c}\mathcal{N}_p(s)\mathcal{D}_c(s)}{s^{N_p+N_c}\mathcal{D}_p(s)\mathcal{D}_c(s)+K_{pl}K_c\mathcal{N}_p(s)\mathcal{N}_c(s)}\hat{T}_d$$

现在清楚的是，为了能够完全排斥一个恒定的干扰（使 $e_{ss}=0$），我们必须有 $N_c\geqslant 1$。也就是说，控制器中必须有一个积分器（$1/s$）来排斥恒定干扰。

我们现在来关注如果控制器中没有积分器时（$N_c=0$）的稳态误差值。由于

$$\mathcal{N}_p(0)=\mathcal{N}_c(0)=\mathcal{D}_p(0)=\mathcal{D}_c(0)=1$$

我们得到

$$e_{ss}=\begin{cases}-\dfrac{K_{pl}\hat{T}_d}{1+K_{pl}K_c}, N_p=0\\[2ex] -\dfrac{\hat{T}_d}{K_c}, N_p\geqslant 1\end{cases}$$

在上述两种情况下我们看到，如果控制器中没有集成器（$N_c=0$），那么，为了减少稳态误差的干扰，我们必须增加控制器的增益 K_c。

例 17.3　（PD 航天器姿态控制）让我们再次重新审视图 17－14 中的比例微分姿态控制问题。我们假设有一个恒定的干扰力矩 $T_d(t)=\hat{T}_d$。再次，控制对象传递函数是

$$G_p(s)=\frac{1}{Is^2+K_ds}=\frac{1}{K_ds\left(\dfrac{1}{K_d}s+1\right)}$$

控制传递函数是

$$G_c(s)=K_p$$

我们从中分别得到控制对象与控制器的增益 $K_{pl}=1/K_d$ 和 $K_c=K_p$。很明显，控制器中没有任何积分器（$N_c=0$）。然而，控制对象确实有一个积分器 $N_p=1$。因此，一个恒定干扰力矩的稳态误差是

$$e_{ss}=-\frac{\hat{T}_d}{K_p}$$

如果我们得到的稳态误差范围为 $|e_{ss}|\leqslant e_{\max,ss}$，因此，比例增益 K_p 必须被选择，这样

$$K_p\geqslant\frac{\hat{T}_d}{e_{\max,ss}}$$

由于 $K_p/I=\omega_n^2$［见方程（17－10）］，这在闭环极点位置上提供了一个额外的限制。我们见到了欠阻尼极点中 $|s|^2=\omega_n^2$。这意味着闭环极点必须满足

$$|s|^2 \geqslant \frac{\hat{T}_d}{Ie_{\max,ss}}$$

因此，闭环极点的允许区域如图 17－37 所示。

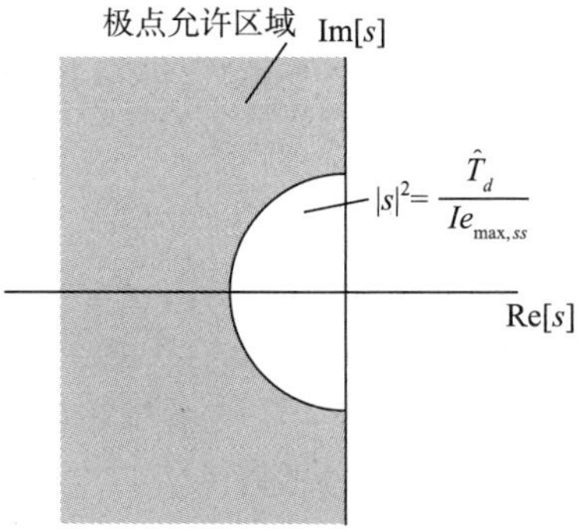

图 17－37　具有抗扰约束的极点允许区域

17.11　驱动器限制

按照我们的控制法则要求，航天器上的力矩必须由一个驱动器施加。任何实际的驱动器都有其适用的力矩限制。即，$|u(t)|=|T_c(t)|\leqslant T_{\max}$。因此，我们应该确保我们的控制法则不会要求超出驱动器能力的力矩。

令 $e_{\max}$ 为我们所期望遇见的最大姿态误差。比例微分控制法则中的相应恢复力矩（假设零加速度）取值为

$$u=K_p e_{\max}$$

因此，要确保控制力矩保持在驱动器能力范围内，我们必须要有

$$K_p e_{\max}\leqslant T_{\max}$$

这导致了一个约束

$$K_p \leqslant \frac{T_{\max}}{e_{\max}}$$

即，比例增益不应该太大。由于 $K_p/I=\omega_n^2$［见方程（17－10）］，这在闭环极点位置上同样提供了一个额外的限制。在欠阻尼极点中 $|s|^2=\omega_n^2$，这意味着闭环极点必须满足

$$|s|^2 \leqslant \frac{T_{\max}}{Ie_{\max}}$$

因此，闭环极点的允许区域如图 17－38 所示。我们可以类似地构成微分增益 K_d 上的约束，考虑最大期望角速度 $\dot{y}_{\max}$。我们也可以对增益 K_p 与 K_d 进行约束，同时考虑 $e_{\max}$ 与 $\dot{y}_{\max}$。这不完全是科学；这里涉及了控制设计里的艺术。

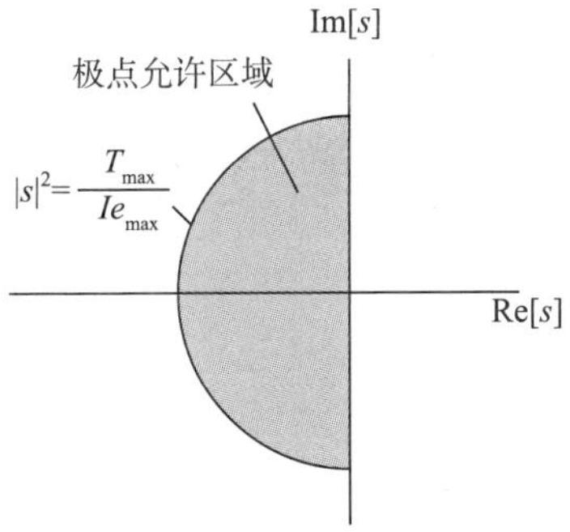

图 17-38　具有驱动器限制约束的极点允许区域

17.12　注释

本章介绍了控制系统与特定的二阶系统，如航天器姿态动力学。关于该主题有一些很好的著作［如邱和周（Qiu and Zhou，2010）、富兰克林等人（Franklin et al.，2010）以及奥加塔（Ogata，2010）的著作］，鼓励读者向他们咨询更多的细节。

参考文献

[1] Franklin GF, Powell JD and Emami – Naeini A 2010 Feedback Control of Dynamic Systems 6th edn. Prentice Hall, Upper Saddle River, NJ.

[2] Ogata K 2010 Modern Control Engineering 5th edn. Prentice Hall, Upper Saddle River, NJ.

[3] Qiu L and Zhou K 2010 Introduction to Feedback Control. Prentice Hall, Upper Saddle River, NJ.

第 18 章　劳思稳定判据

给定一个一般传递函数

$$G(s)=\frac{a_0s^n+a_1s^{n-1}+\cdots+a_n}{b_0s^n+b_1s^{n-1}+\cdots+b_n}$$

其中 $b_0>0$（通常我们有 $b_0=1$），我们希望能够确定系统是否是渐近稳定的。我们可以通过数值计算得到极点，但是用这种方法来做并不会具有深刻的洞察力。所获得的极点将带有特定的系数 b_i ，在什么样的系数 b_i 范围提供稳定性上并没有进一步的洞察力。

有一种可以不用计算极点就能够确定稳定性的方法。这就是所谓的劳思稳定判据。回想一下，极点是下式多项式的根

$$b_0s^n+b_1s^{n-1}+\cdots+b_n=0$$

劳思判据程序如下。

1）首先，系数 b_1, b_2，…，b_n 必须全部为正。如果它们中的任何一个为负或为零，那么存在一个要么位于假想虚轴上，要么有一个正实部的极点。即，该系统是非渐近稳定的。

2）如果所有的系数都为正，形成以下阵列（称为劳思阵列）

$$\begin{array}{c|cccc}
s^n & b_0 & b_2 & b_4 & b_6\cdots \\
s^{n-1} & b_1 & b_3 & b_5 & b_7\cdots \\
s^{n-2} & c_1 & c_2 & c_3 & c_4\cdots \\
s^{n-3} & d_1 & d_2 & d_3 & d_4\cdots \\
\vdots & \vdots & \vdots & & \\
s^2 & f_1 & f_2 & & \\
s^1 & g_1 & & & \\
s^0 & h_1 & & &
\end{array}$$

注意，该表具有 s 降幂指数。系数 $c_1, c_2, c_3\cdots$ 计算如下

$$c_1=\frac{b_1b_2-b_3b_0}{b_1}, c_2=\frac{b_1b_4-b_5b_0}{b_1}, c_3=\frac{b_1b_6-b_7b_0}{b_1}, \text{等等}$$

系数 $d_1, d_2, d_3\cdots$ 计算如下

$$d_1=\frac{c_1b_3-c_2b_1}{c_1}, d_2=\frac{c_1b_5-c_3b_1}{c_1}, d_3=\frac{c_1b_7-c_4b_1}{c_1}, \text{等等}$$

系数 $e_1, e_2, e_3\cdots$ 的计算相似，使用包含 $c_1, c_2, c_3\cdots$ 和 $d_1, d_2, d_3\cdots$ 的行。通常情况下，使用前两行计算系数。

一旦劳思阵列被建成，渐近稳定性可以由第一列系数确定。当且仅当第一列中的系数全为正时，传递函数 $G(s)$ 是渐近稳定的。即系数 $b_1, c_1, d_1, e_1\cdots$ 全部为正。

18.1 比例微分控制与驱动器动力学

我们回到 17.7.1 节改进的航天器姿态控制比例微分设计中。我们假设比例与微分增益 K_p 与 K_d 被设计用来给出一对所需的欠阻尼极点。$s=-\zeta\omega_n \pm \mathrm{j}\omega_n\sqrt{1-\zeta^2}$。在 17.7.1 节的设计中，它被认为是一种能提供控制力矩 $u(t)=K_p e(t)-K_d\dot{y}(t)$ 的驱动器。在现实中，驱动器本身也有一些动态的，并且所需的控制转矩之间有一个延迟，且实际转矩由驱动器提供。对于响应轮，一个合理的驱动器模型是一阶传递函数。

$$U(s)=\frac{1}{Ts+1}U_c(s)$$

其中 $T>0$ 是驱动器时间常数，$U(s)$ 是驱动器提供的实际力矩，$U_c(s)$ 是控制法则提供的力矩指令。现在检验对于阶跃力矩指令 $u_c(t)=\hat{u}/s$，有

$$U(s)=\frac{1/T}{s+1/T}\frac{\hat{u}}{s}$$

部分分时展开，我们得到

$$U(s)=\frac{\hat{u}}{s}-\frac{\hat{u}}{s+1/T} \tag{18-1}$$

取拉普拉斯逆变换，我们得到

$$u(t)=\hat{u}(1-\mathrm{e}^{-t/T}) \tag{18-2}$$

图 18-1 展示了图形形式。我们从方程（18-2）中看到，时间常数 T 决定了执行器响应转矩指令的速度，时间常数 T 越小，反应速度越快。我们期待的是，执行器的响应速度越快，闭环性能越好。现在我们用劳思分析确定确保渐近稳定性的执行器时间常数 T 的要求。根据控制法则的扭矩命令是

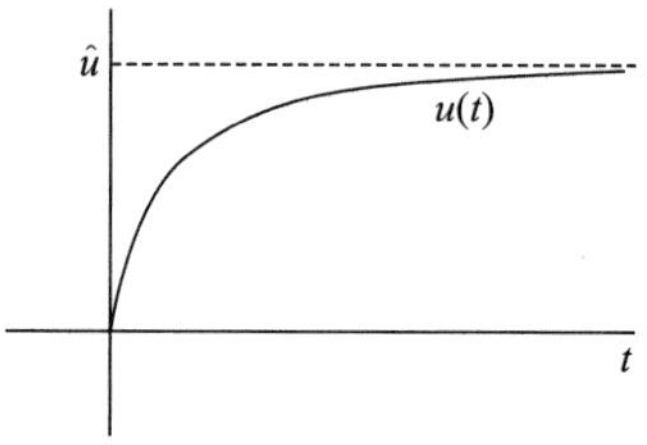

图 18-1 执行器的阶跃响应

$$u_c(t)=K_p e(t)-K_d\dot{y}(t)$$

根据方程（18-1）给出的驱动器动力，图 17-14 中给出的框图变成了图 18-2 中的样子。闭环传递函数从命令姿态 $R(s)$ 到实际姿态 $Y(s)$，可以得到

$$Y(s)=\frac{K_p}{ITs^3+Is^2+K_d s+K_p}R(s)$$

因此，当包含执行器动力时，极点是特征方程的根

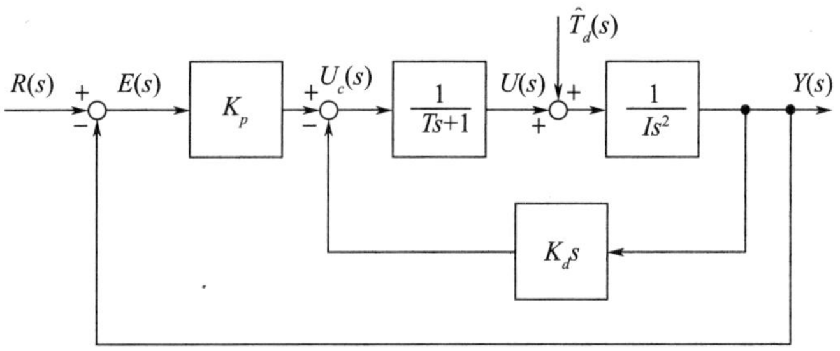

图 18-2　带有驱动器动态的修正比例微分控制

$$ITs^3 + Is^2 + K_d s + K_p = 0 \tag{18-3}$$

显然，方程（18-3）中所有的系数都为正。因此，我们可以构建一个劳思表。

$$\begin{array}{c|cc} s^3 & IT & K_d \\ s^2 & I & K_p \\ s^1 & c_1 & \\ s^0 & d_1 & \end{array}$$

我们有

$$c_1 = \frac{IK_d - ITK_p}{I} = K_d - K_p T$$

和

$$d_1 = K_p$$

对于渐近稳定，我们必须要有 $c_1 > 0$ 且 $d_1 > 0$。由于 $K_p > 0$，所以 $d_1 > 0$ 显然自动满足。系数 c_1 在时间常数 T 上加上了一个约束。换句话说，我们必须有

$$K_d - K_p T > 0$$

等价于

$$T < \frac{K_d}{K_p}$$

如果 $T > K_d/K_p$，则闭环系统不稳定。由于一个较小的 T 意味着更快的驱动器，这证实了我们的直觉：驱动器必须足够快。

如果 $T = K_d/K_p$，我们期望在虚轴上有一个闭环极点（因为这是稳定边界）。我们通过在方程（18-3）中设 $T = K_d/K_p$ 和 $s = \mathrm{j}\omega$ 来进行检查。我们得到

$$-\mathrm{j}\frac{IK_d}{K_p}\omega^3 - I\omega^2 + \mathrm{j}K_d\omega + K_p = 0$$

分离实部和虚部，我们得到

$$\mathrm{j}\frac{IK_d}{K_p}\omega^3 = \mathrm{j}K_d\omega$$

和

$$I\omega^2 = K_p$$

这两个方程得到同样的解 $\omega=\pm\sqrt{K_p/I}$ 。这证实了当 $T=K_d/K_p$ 时，$s=\pm \mathrm{j}\sqrt{K_p/I}$ 是闭环极点。

18.2 主动双自旋稳定

我们现在应该在一个更复杂的例子中应用劳思稳定性分析，即双自旋稳定卫星增强主动控制的控制设计。我们回忆 15.1 节中的运动方程。即

$$\boldsymbol{I}\dot{\boldsymbol{\omega}}+\boldsymbol{\omega}^{\times}\left[\boldsymbol{I}\boldsymbol{\omega}+h_s\boldsymbol{a}\right]=\boldsymbol{T}_c \tag{18-4}$$

其中 $\boldsymbol{T}_c$ 是控制力矩。注意，我们忽略任何干扰力矩。我们也会忽略测量噪声。如在 15.2 节中，我们假设航天器体参考系 $\mathcal{F}_b$ 为主坐标系，即

$$\boldsymbol{I}=\begin{bmatrix} I_x & 0 & 0 \\ 0 & I_y & 0 \\ 0 & 0 & I_z \end{bmatrix}$$

与 15.2 节不同，我们将假设动量轮旋转轴与体参考系 y 轴对齐，即

$$\boldsymbol{a}=\begin{bmatrix} 0 \\ 1 \\ 0 \end{bmatrix}$$

这里的控制目标是相对于惯性固定的坐标系 $\mathcal{F}_I$ 控制航天器的姿态。如在 17.1 节中，我们将通过一个 3－2－1 欧拉序列表示 $\mathcal{F}_b$ 相对于 $\mathcal{F}_I$ 的姿态。

1）一个关于原始 z 轴的旋转 ψ（叫做偏航角）。

2）一个关于中间 y 轴的旋转 θ（叫做俯仰角）。

3）一个关于转化 z 轴的旋转 ϕ（叫做横滚角）。

于是，相对于惯性坐标系 $\mathcal{F}_b$ 的姿态运动学为（见 11.2 节）

$$\boldsymbol{\omega}_{bI}=\begin{bmatrix} 1 & 0 & -\sin\theta \\ 0 & \cos\phi & \sin\phi\cos\theta \\ 0 & -\sin\phi & \cos\phi\cos\theta \end{bmatrix}\begin{bmatrix} \dot{\phi} \\ \dot{\theta} \\ \dot{\psi} \end{bmatrix} \tag{18-5}$$

其中 $\vec{\boldsymbol{\omega}}_{bI}=\vec{\mathcal{F}}_b^{\mathrm{T}}\boldsymbol{\omega}_{bI}$ 是体参考系 $\mathcal{F}_b$ 相对于体参考系中惯性系 $\mathcal{F}_I$ 的角速度。我们假设角度和角速度很小，即 ϕ、θ、ψ、$\dot{\phi}$、$\dot{\theta}$ 和 $\dot{\psi}$ 是小的。这就允许进行下列简化

$$\sin\phi\approx\phi,\cos\phi\approx 1,\sin\theta\approx\phi,\cos\theta\approx 1,\sin\psi\approx\phi,\cos\psi\approx 1$$

在这种近似条件下，方程（18－5）中的姿态运动学变为

$$\boldsymbol{\omega}_{bI}=\begin{bmatrix} \dot{\phi} \\ \dot{\theta} \\ \dot{\psi} \end{bmatrix} \tag{18-6}$$

角加速度变为

$$\dot{\boldsymbol{\omega}}_{bI}=\begin{bmatrix}\ddot{\phi}\\ \ddot{\theta}\\ \ddot{\psi}\end{bmatrix} \tag{18-7}$$

将近似值方程（18－6）和方程（18－7）代入运动方程（18－4）中，并忽略角速度的乘积，得到

$$I_x\ddot{\phi}-h_s\dot{\psi}=T_x \tag{18-8}$$

$$I_y\ddot{\theta}=T_y \tag{18-9}$$

$$I_z\ddot{\psi}+h_s\dot{\phi}=T_z \tag{18-10}$$

我们注意到，俯仰方程（18－9）是从横滚方程和偏航方程［分别是方程（18－8）和方程（18－10）］中解耦得来的。俯仰方程和 17.1 节中的简单姿态方程一样，其中一个 PD 控制器能够被设计，细节见第 17 章。

另一方面，横滚方程和偏航方程是耦合的，但对一个简单适用的 PD 控制法则不会立刻显现。我们检查一个不同但可能的控制法则，其是为横滚-俯仰方程所设计的。首先我们近似 $|h_s\dot{\psi}|\gg|I_x\ddot{\phi}|$ 和 $|h_s\dot{\phi}|\gg|I_z\ddot{\psi}|$。横滚方程和偏航方程［方程（18－8）和方程（18－10）］分别成为

$$\dot{\psi}=-\frac{T_x}{h_s} \tag{18-11}$$

$$\dot{\phi}=\frac{T_z}{h_s} \tag{18-12}$$

我们选择陀螺控制法

$$T_x=K_G\psi,T_z=-K_G\phi \tag{18-13}$$

将其代入方程（18－11）和方程（18－12）中，我们得到

$$\dot{\psi}=-\frac{K_G}{h_s}\psi$$

$$\dot{\phi}=-\frac{K_G}{h_s}\phi$$

两者具有相同的形式和解

$$\psi(t)=\mathrm{e}^{-t/T}\psi(0),\phi(t)=\mathrm{e}^{-t/T}\phi(0)$$

其中

$$T=\frac{h_s}{K_G}$$

显然，对于渐近稳定，我们必须有 $T>0$，这意味着陀螺增益

$$K_G=\frac{h_s}{T}$$

的正负必须和 h_s 的正负相同。随后，量 T 是一个与衰减率相关的时间常数，并可以作为

控制设计参数。

我们现在检查控制法则方程（18－13）被应用于方程（18－8）与方程（18－10）中时，闭环系统的稳定性。我们得到

$$I_x\ddot{\phi}-h_s\dot{\psi}=K_G\psi$$

$$I_x\ddot{\psi}+h_s\dot{\phi}=-K_G\phi$$

进行拉普拉斯变换得到

$$I_xs^2\phi-sI_x\phi(0)-I_x\dot{\phi}(0)-sh_s\psi+h_s\psi(0)=K_G\psi$$

$$I_zs^2\psi-sI_z\psi(0)-I_z\dot{\psi}(0)+sh_s\phi-h_s\phi(0)=-K_G\phi$$

可以用矩阵形式表示

$$\begin{bmatrix} s^2I_x & -(sh_s+K_G) \\ sh_s+K_G & s^2I_z \end{bmatrix}\begin{bmatrix}\phi\\ \psi\end{bmatrix}=\begin{bmatrix} sI_x\phi(0)+I_x\dot{\phi}(0)-h_s\psi(0) \\ sI_z\psi(0)-I_z\dot{\psi}(0)+h_s\phi(0)\end{bmatrix}$$

闭环特征方程是左边矩阵的行列式，即

$$\det\begin{bmatrix} s^2I_x & -(sh_s+K_G) \\ sh_s+K_G & s^2I_z \end{bmatrix}=0$$

计算行列式，我们看到闭环极点满足

$$I_xI_zs^4+h_s^2s^2+2h_sK_Gs+K_G^2=0$$

通过劳思分析的第一步我们可以立即看到：由于 s^3 的系数为零，闭环系统不是渐近稳定的。这意味着需要添加一些阻尼。我们尝试控制法则

$$T_x=K_G\psi-I_xK_d\dot{\phi},T_z=-K_G\phi-I_zK_d\dot{\psi} \tag{18-14}$$

其中 K_d 是一个微分增益。将方程（18－14）代入方程（18－8）和方程（18－10）中，闭环方程变为

$$I_x\ddot{\phi}-h_s\dot{\psi}=K_G\psi-I_x\dot{\phi}$$

$$I_z\ddot{\psi}+h_s\dot{\phi}=-K_G\phi-I_z\dot{\psi}$$

进行拉普拉斯变换得到

$$\begin{bmatrix} s^2I_x+sI_xK_d & -(sh_s+K_G) \\ sh_s+K_G & s^2I_z+sI_zK_d \end{bmatrix}\begin{bmatrix}\phi\\ \psi\end{bmatrix}=\begin{bmatrix} I_x(s+1)\phi(0)+I_x\dot{\phi}(0)-h_s\psi(0) \\ I_z(s+1)\psi(0)-I_z\dot{\psi}(0)+h_s\phi(0)\end{bmatrix}$$

正如我们之前看到的，稳定性分析只取决于左边矩阵的行列式。右侧包含初始条件，且与稳定性分析无关。现在，特征方程变为

$$\det\begin{bmatrix} s^2I_x+sI_xK_d & -(sh_s+K_G) \\ sh_s+K_G & s^2I_z+sI_zK_d \end{bmatrix}=0$$

被评估为

$$I_xI_zs^4+2K_dI_xI_zs^3+(I_xI_zK_d^2+h_s^2)s^2+2h_sK_Gs+K_G^2=0 \tag{18-15}$$

我们现在可以做一个劳思分析来确定微分增益约束，使闭环系统渐近稳定。

第 1 步：方程（18－15）中的所有系数必须为正。我们看到 s^4、s^2、s^1、s^0 的系数已经

为正（回忆 K_G 和 h_s 有同样的符号）。因此，我们从 s^3 的系数得到 K_d 的第一个条件。即

$$K_d > 0 \tag{18-16}$$

第 2 步：创建劳思阵列

$$\begin{array}{c|ccc} s^4 & I_xI_z & I_xI_zK_d^2+h_s^2 & K_G^2 \\ s^3 & 2K_dI_xI_z & 2h_sK_G & \\ s^2 & c_1 & c_2 & \\ s^1 & d_1 & & \\ s^0 & e_1 & & \end{array}$$

现在我们得到

$$c_1 = \frac{2K_dI_xI_z(I_xI_zK_d^2+h_s^2)-2h_sK_GI_xI_z}{2K_dI_xI_z} = \frac{K_d(I_xI_zK_d^2+h_s^2)-h_sK_G}{K_d}$$

$$c_2 = K_G^2$$

$$d_1 = \frac{\dfrac{K_d(I_xI_zK_d^2+h_s^2)-h_sK_G}{K_d}2h_sK_G - K_G^2 2K_dI_xI_z}{\dfrac{K_d(I_xI_zK_d^2+h_s^2)-h_sK_G}{K_d}}$$

$$= \frac{2h_sK_G[K_d(I_xI_zK_d^2+h_s^2)-h_sK_G]-2K_d^2I_xI_zK_G^2}{K_d(I_xI_zK_d^2+h_s^2)-h_sK_G}$$

$$e_1 = K_G^2$$

现在，对于渐近稳定，我们需要 $c_1>0, d_1>0$ 与 $e_1>0$。我们自动得到 $e_1=K_G^2>0$。现在我们按顺序考虑 c_1 和 d_1。首先，我们已经认识到必须得到 $K_d>0$。因此，$c_1>0$ 的要求成为

$$K_d(I_xI_zK_d^2+h_s^2)-h_sK_G>0 \tag{18-17}$$

现在能够很容易地看到方程（18－17）只有当方程（18－16）成立时才成立［见方程（18－17）中 $K_d \leqslant 0$ 时的情况］。因此，如果方程（18－17）成立，方程（18－16）自然成立［条件（18－17）取代条件（18－16）］。接下来，由于 $c_1>0, d_1>0$ 的需求成为

$$h_sK_G[K_d(I_xI_zK_d^2+h_s^2)-h_sK_G]-K_d^2I_xI_zK_G^2>0 \tag{18-18}$$

现在，能够很容易看出方程（18－18）只有在方程（18－17）成立时才成立［见方程（18－18）中 $K_d(I_xI_zK_d^2+h_s^2)-h_sK_G \leqslant 0$ 时的情况，记住 $h_sK_G>0$］。因此，如果方程（18－18）成立，方程（18－17）和方程（18－16）自然成立［条件（18－18）取代条件（18－17）和条件（18－16）］。因此，我们只需要找到什么样的 K_d 范围满足方程（18－18）。

现在，我们分解方程（18－18）的左侧以获得

$$h_sK_G\left(K_d-\frac{K_G}{h_s}\right)(I_xI_zK_d^2+h_s^2)>0 \tag{18-19}$$

从方程（18－19）中很容易地看到，由于 $h_sK_G>0$，当且仅当下式成立时，闭环系统是渐近稳定的

$$K_d > \frac{K_G}{h_s} = \frac{1}{T}$$

当然，在设计控制增益 K_G 和 K_d 时，我们还需要考虑稳态误差的限制和驱动器的限制，正如我们在 17.10 节和 17.11 节中所做的一样。

18.3 注释

本章介绍了劳思稳定性判据。我们将其应用到航天器姿态控制设计，分析了包含驱动器动态时的闭环系统稳定性。想要进一步了解航天器姿态执行器动力学模型，请参考西迪（Sidi，1997）的著作。我们从系统是否是渐近稳定的角度，提出劳思稳定性判据（因为这是控制系统中最重要的方面）。然而，劳思判据在其更普遍的形式中允许测定不稳定极点的数目（如果有的话）。对于劳思判据更通用的介绍请参见邱和周（Qiu and Zhou，2010）、富兰克林等人（Franklin et al.，2010）、奥加塔（Ogata，2010）的经典控制著作。读者会在邱和周（Qiu and Zhou，2010）的书中发现劳思判据的数学证明。

参考文献

[1] Franklin GF, Powell JD and Emami – Naeini A 2010 Feedback Control of Dynamic Systems 6th edn. Prentice Hall, Upper Saddle River, NJ.

[2] Ogata K 2010 Modern Control Engineering 5th edn. Prentice Hall, Upper Saddle River, NJ.

[3] Qiu L and Zhou K 2010 Introduction to Feedback Control. Prentice Hall, Upper Saddle River, NJ.

[4] Sidi MJ 1997 Spacecraft Dynamics and Control: A Practical Engineering Approach. Cambridge University Press, New York, NY.

第 19 章　根轨迹

至此，我们在第 17 章和第 18 章了解了闭环系统的 3 个重要特性——稳定性、瞬态响应和稳态误差。前两者受闭环极点的位置影响。对于稳定性，极点必须处于复平面的左半平面。瞬态响应（详见第 17 章）受主导极点位置影响。因此对于给定控制架构，能够看到哪些闭环极点位置至关重要。

例 19.1　（根轨迹方法实现航天器 PD 控制）再次考虑 7.7.1 节所示比例微分姿态控制问题。闭环传递函数由下式给出

$$\frac{Y(s)}{R(s)}=\frac{K_p/I}{s^2+\left(\frac{K_d}{I}\right)s+(K_p/I)}$$

闭环极点由如下特征方程的根给出

$$s^2+\frac{K_d}{I}s+\frac{K_p}{I}=0 \tag{19-1}$$

问题：给定微分环节增益 K_d，对于比例增益 $K_p>0$，闭环极点取值有怎样的可能？为简化问题，令 $I=K_d=1$，求解式（19－1）得出闭环极点

$$s=-\frac{1}{2}\pm\frac{\sqrt{1-4K_p}}{2} \tag{19-2}$$

从式（19－2）看出：

1）当 $0\leqslant K_p<1/4$ 时，闭环极点为实数，处于－1 和 0 之间；

2）当 $K_p=1/4$ 时，在 $s=-1/2$ 有 2 个重复极点；

3）当 $K_p>1/4$ 时，根为虚数，$s=-1/2\pm \mathrm{j}\frac{\sqrt{4K_p-1}}{2}$，即实数部分是常数，虚数部分随 K_p 增大而增大。

我们可以绘制闭环极点位置，如图 19－1 所示。图 19－1 称作根轨迹，展示所有 $K_p\geqslant 0$、$K_d=1$ 时的可能闭环极点位置。注意在 $s=-1/2$ 处，根轨迹在实轴相交，之后分开至复平面。这称作分离点。注意根轨迹仅表现闭环极点位置随单一参数变化的情况（本例中为 K_p）。

对于本例，我们能够以解析法确定根轨迹，尽管通常不太可能。根轨迹可以通过工具包 MATLAB® 产生。历史上曾经有通过作图获取根轨迹的方法，该方法提供根轨迹随控制结构变化和根轨迹自身的洞见，因此非常重要。

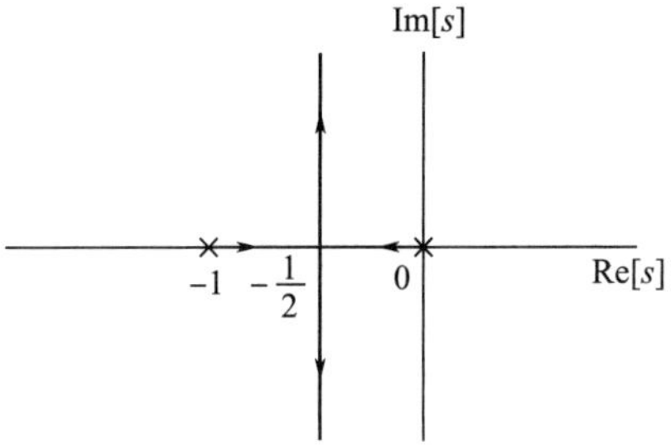

图 19-1　根轨迹方法实现 PD 姿态控制

19.1　绘制根轨迹的规则

考虑如图 19-2 所示的通用反馈系统。闭环传递函数为

$$\frac{Y(s)}{R(s)}=\frac{G_p(s)G_c(s)}{1+G_p(s)G_c(s)}$$

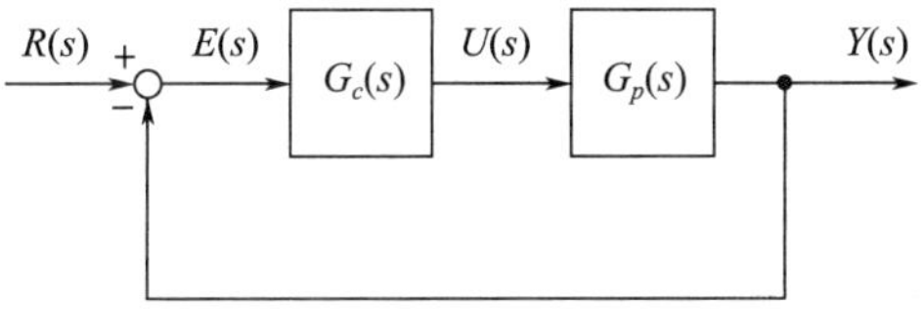

图 19-2　通用反馈系统

闭环极点满足

$$1+G_p(s)G_c(s)=0 \tag{19-3}$$

如 17.9 节所示，$G_p(s)G_c(s)$ 为开环传递函数

$$G_o(s)=G_p(s)G_c(s)$$

也可以如下形式表示

$$G_o(s)=K\,\frac{(s-z_1)\cdots(s-z_m)}{(s-p_1)\cdots(s-p_n)}$$

其中 z_1，…，z_m 为开环零点，p_1，…，p_n 为开环极点，且 $m\leqslant n$。我们将其分别称作开环分子和分母

$$a(s)=(s-z_1)\cdots(s-z_m)\text{，}b(s)=(s-p_1)\cdots(s-p_n)$$

现在可以将方程（19-3）所示闭环特征方程以多种等价方式表现

$$1+K\,\frac{a(s)}{b(s)}=0 \tag{19-4}$$

$$b(s)+Ka(s)=0 \tag{19-5}$$

$$\frac{a(s)}{b(s)}=-\frac{1}{K}\text{，当 } K\neq 0 \text{ 时} \tag{19-6}$$

$$\frac{1}{K}b(s)+a(s)=0\text{，当 } K\neq 0 \text{ 时} \tag{19-7}$$

根轨迹即对 $K \geqslant 0$ 时所有满足方程（19－4）和方程（19－7）的 s 值的集合。复数可以通过幅值 r 和相位 θ 表示（见附录 A，图 A－1）

$$s = r(\cos\theta + \mathrm{j}\sin\theta) = r\mathrm{e}^{\mathrm{j}\theta}$$

由于 $K \geqslant 0$，式（19－6）表明根轨迹是所有满足 $a(s)/b(s)$ 为负实数的 s，亦可通过角度条件表示

$$\angle \frac{a(s)}{b(s)} = 180° + 360°(l-1) \tag{19-8}$$

其中 l 为整数。复数乘积（见附录 A）$s_1 = r_1\mathrm{e}^{\mathrm{j}\theta_1}$，…，$s_n = r_n\mathrm{e}^{\mathrm{j}\theta_n}$ 具有相位

$$\angle s_1 s_2 \cdots s_n = \theta_1 + \theta_2 + \cdots + \theta_n$$

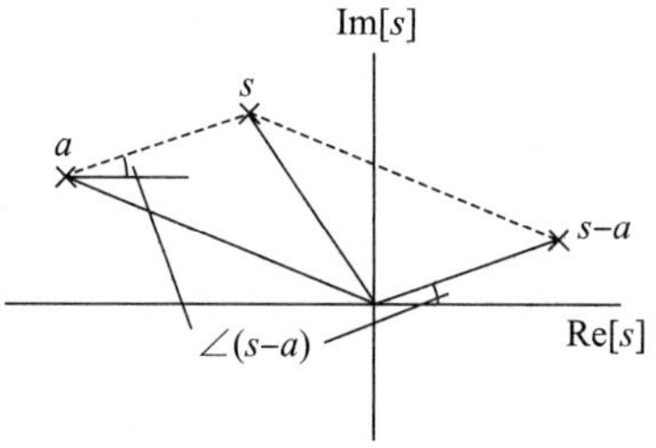

图 19－3　作图法确定幅角

对于任何两个复数 $s_1 = r_1\mathrm{e}^{\mathrm{j}\theta_1}$ 和 $s_2 = r_2\mathrm{e}^{\mathrm{j}\theta_2}$，$s_1/s_2$ 值的相位为

$$\angle \frac{s_1}{s_2} = \theta_1 - \theta_2$$

由此得出

$$\angle \frac{a(s)}{b(s)} = \angle\left(\frac{(s-z_1)\cdots(s-z_m)}{(s-p_1)\cdots(s-p_n)}\right) = [\angle(s-z_1) + \angle(s-z_2) + \cdots + \angle(s-z_m)] - [\angle(s-p_1) + \angle(s-p_2) + \cdots + \angle(s-p_n)]$$

我们需要方法来确定 $\theta = \angle(s-a)$，可以使用数值算法。但是，图像方法能够提供更深入的理解。考虑图 19－3 所示图形，可以看出 $\angle(s-a)$ 是从点 a 至点 s 连线与实轴正向逆时针形成的夹角。

将上述思考应用于轨道根轨迹。设 s 为根轨迹测试点。开环极点以 × 表示，开环零点以 ○ 表示，如图 19－4 所示。

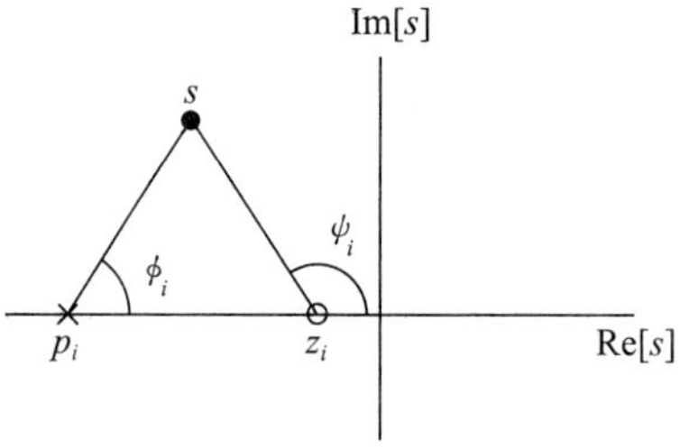

图 19－4　根轨迹测试点

然后使用式（19－8）的角度条件，当下述条件满足时，s 位于根轨迹（对于某些 $K\geqslant 0$，闭环根轨迹可配置）上

$$\sum\psi_i-\sum\phi_i=180^\circ+360^\circ(l-1) \tag{19-9}$$

对于某些整数 l，$\phi_i=\angle(s-p_i)$ 是开环极点至测试点 s 连线与实轴正向所成角度，$\psi_i=\angle(s-z_i)$ 是开环零点至测试点 s 连线与 x 轴正向所成的角度。

19.1.1　绘制根轨迹的规则

使用角度条件（19－9）和条件（19－4）～（19－7），能够导出一套绘制根轨迹的完整规则。需要明确这些规则。规则的推导见 19.3 节。

给定具有 m 个零点和 n 个极点的开环传递函数，假设 $m\leqslant n$，绘制根轨迹的规则如下：

1）存在 n 个根轨迹分支（由于存在 n 个极点）。每个分支从开环极点 p_i 开始（当 $K=0$ 时）。m 个分支结束于开环零点 z_i（当 $K\to\infty$ 时）。其他 $n-m$ 个分支沿渐近线趋向无穷（当 $K\to\infty$ 时），如规则 3）所述。

2）根轨迹包括所有位于实轴上且在奇数个开环零极点左侧的点，如图 19－5 所示。

3）随着 $K\to\infty$，$n-m$ 个分支趋于$n-m$ 个渐近线，逆时针从实轴正向测量的角度由下式给出

$$\phi_l=\frac{180^\circ+360^\circ(l-1)}{n-m},\ l=1,2,\cdots,n-m$$

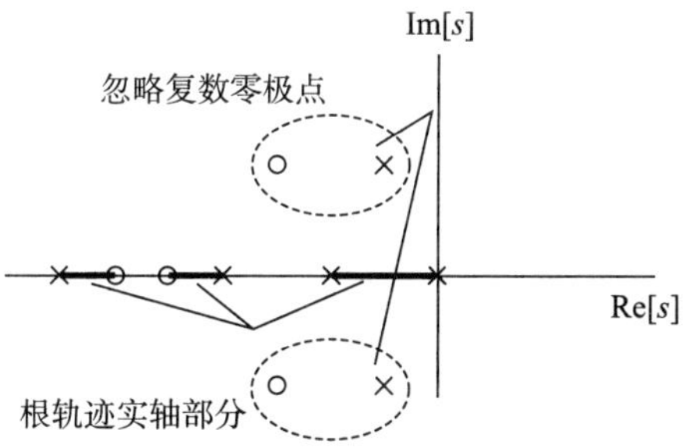

图 19－5　根轨迹实轴部分

渐近线起点在实轴上位于如下位置

$$\alpha=\frac{\sum_{i=1}^{N}p_i-\sum_{i=1}^{m}z_i}{n-m}$$

4）分离点（根轨迹汇合分离）和汇合点（根轨迹相遇汇合）满足如下条件

$$a(s)\frac{\mathrm{d}b(s)}{\mathrm{d}s}-b(s)\frac{\mathrm{d}a(s)}{\mathrm{d}s}=0$$

需要注意的是，仅该方程的根位于根轨迹上的点能够成为分离点或汇合点（见图 19－6）。

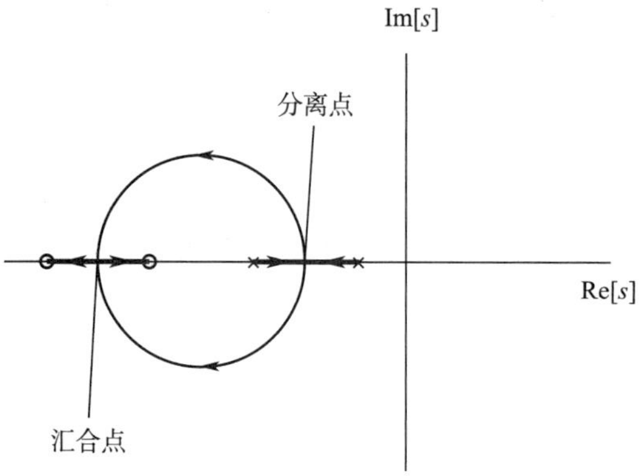

图 19－6　分离点和汇合点

5）根轨迹分支中在 n_k 重复极点 p_k 的远离角 ϕ_k（见图 19－7）由下式给出

$$n_k\phi_k=\sum_{i=1}^{m}\angle(p_k-z_i)-\sum_{j=1,j\neq g\text{如果}p_g=p_k}^{n}\angle(p_k-p_j)+180^\circ+360^\circ(l-1)$$

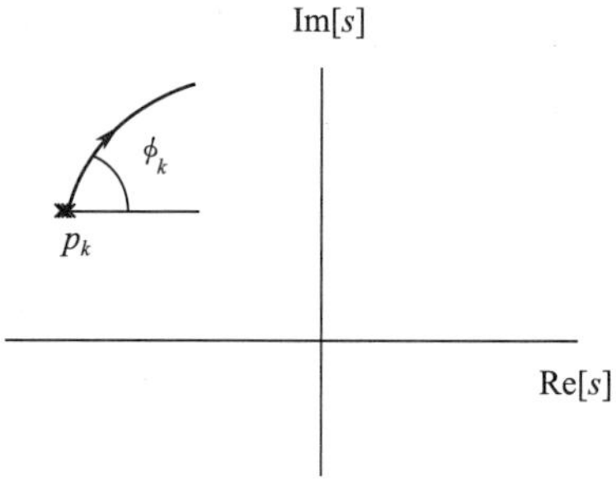

图 19－7　重复极点的远离角

根轨迹在 n_k 重复零点 z_k 的到达角 ψ_k（见图 19－8）由下式给出

$$n_k\psi_k=-\sum_{i=1,i\neq g\text{如果}z_g=z_k}^{m}\angle(z_k-z_i)+\sum_{j=1}^{n}\angle(z_k-p_j)+180^\circ+360^\circ(l-1)$$

需要注意的在上述两种情况下 l 可以是任何整数。

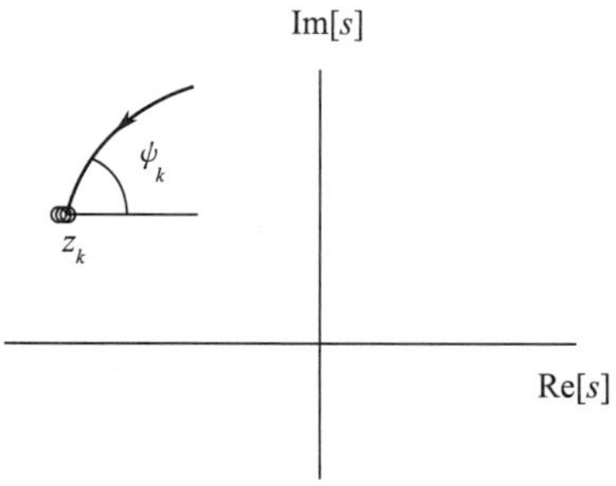

图 19－8　重复零点的到达角

6）根轨迹穿越虚轴的点可以通过劳思稳定性分析方法确定。

例 19.2　考虑开环传递函数系统

$$G_o(s)=\frac{K}{s(s+1)(s+2)}$$

该系统无开环零点，所以 $m=0$。开环极点为 $s=0$，-1，-2，所以 $n=3$。使用上述方法绘制根轨迹。完整根轨迹如图 19－9 所示。

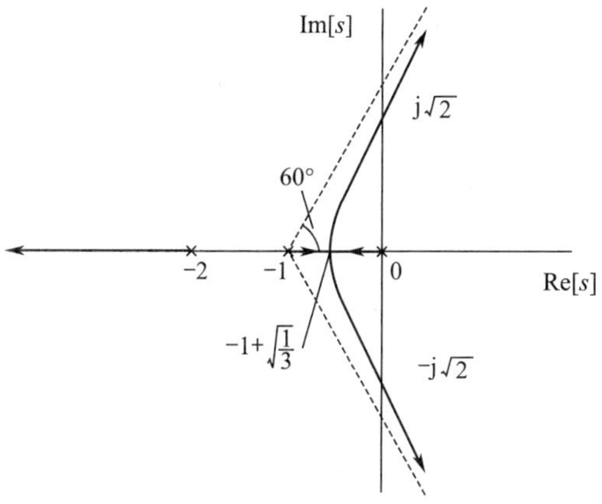

图 19－9　根轨迹实例

第 1 步：绘制开环零极点；

第 2 步：确定实轴根轨迹（在 0 和－1 之间，以及－2 左侧）；

第 3 步：确定渐近线；

有 $n-m=3$ 条渐近线。渐近线角度为

$$\phi_1=\frac{180^\circ}{n-m}=\frac{180^\circ}{3}=60^\circ$$

$$\phi_2=\frac{180^\circ+360^\circ}{n-m}=\frac{180^\circ+360^\circ}{3}=180^\circ$$

$$\phi_3=\frac{180^\circ+360^\circ\times 2}{n-m}=\frac{180^\circ+360^\circ\times 2}{3}=300^\circ(\text{等价于}-60^\circ)$$

渐近线的中心位置

$$\alpha=\frac{\sum_{i=1}^{n}p_i-\sum_{i=1}^{m}z_i}{n-m}=\frac{-1-2}{3}=-1$$

第 4 步：确定分离点；

由 $a(s)=1$ 和 $b(s)=s(s+1)(s+2)=s^3+3s^2+2s$ 导出

$$\frac{\mathrm{d}a}{\mathrm{d}s}=0,\ \frac{\mathrm{d}b}{\mathrm{d}s}=3s^2+6s+2$$

分离点满足

$$a(s)\frac{\mathrm{d}b(s)}{\mathrm{d}s}-b(s)\frac{\mathrm{d}a(s)}{\mathrm{d}s}=3s^2+6s+2=0，\text{解得根为}$$

$$s=-1\pm\sqrt{\frac{1}{3}}$$

点 $s=-1-\sqrt{1/3}$ 处于 $s=-1$ 和 $s=-2$ 之间，因此不在根轨迹上。因此，分离点位于 $s=-1+\sqrt{1/3}$ 处。

第 5 步：确定根轨迹穿越虚轴的点（由于两条渐近线进入右半平面而必然存在）；

可以使用劳思分析方法，不过这里展示另一种方法。

闭环特征方程为［见方程（19－5）］

$$s^3+3s^2+2s+K=0$$

虚轴极点的形式为 $s=\mathrm{j}\omega$ ，以此代入上式，得出

$$-\mathrm{j}\omega^3-3\omega^2+\mathrm{j}2\omega+K=0$$

将实部和虚部置为 0，得出关于 ω 和 K 的两个方程

$$\omega(\omega^2-2)=0$$

$$K-3\omega^2=0$$

首先得出 $\omega=0$，$\pm\sqrt{2}$。由于 $\omega=0$ 是开环极点，因此其位于根轨迹上，穿越虚轴的位置必然处于 $s=\pm\mathrm{j}\sqrt{2}$ ，对应的增益是 $K=6$。

第 6 步：绘制完整根轨迹（见图 19－9）。

19.1.2 重点

1）如果开环零点位于右半平面，对于足够大的增益 K， 闭环系统最终将变得不稳定，如图 19－10 所示。

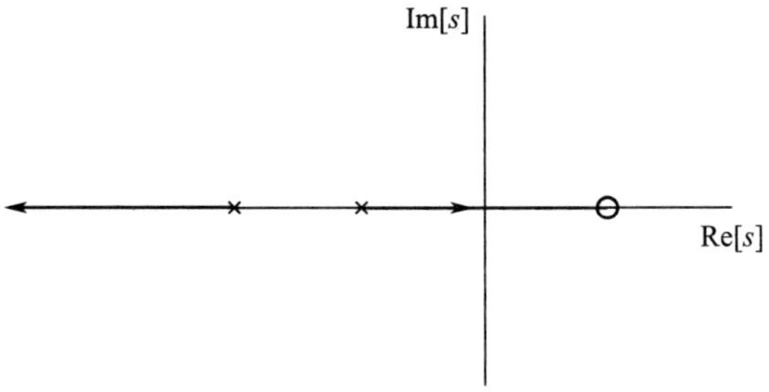

图 19－10 开环零点在右半平面的根轨迹

2）如果开环零点比极点多 3 个（含），对于足够大的增益 K， 闭环系统最终将变得不稳定。为便于理解，可以考虑多条渐近线，由开环零极点数量确定，和其位置无关。第一条渐近线角度如下

$$\phi_1=\frac{180^\circ}{n-m}<90^\circ\text{，如果 }n-m\geqslant 3$$

即如果 $n-m\geqslant 3$，第一条渐近线总会进入右半平面，如图 19－11 所示。该问题可以通过加入稳定开环零点使 $0\leqslant n-m\leqslant 2$。

3）如果 $n-m=2$，且渐近线位于右半平面，对于足够大的增益 K， 闭环系统最终将

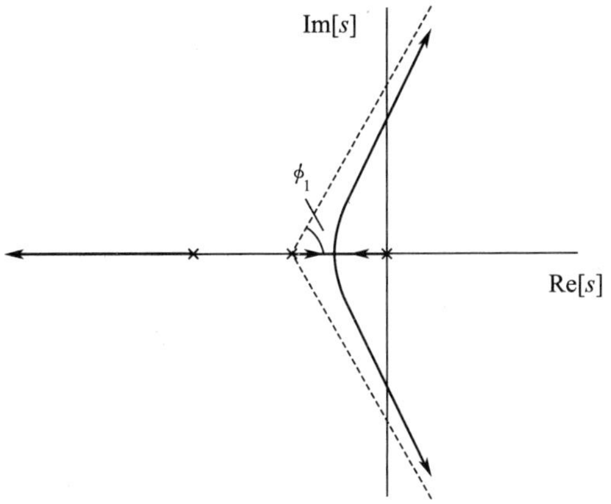

图 19 - 11　$n-m=3$ 的根轨迹

变得不稳定，如图 19 - 12 所示。该问题可以通过正确选择控制器零极点［$G_c(s)$ 的零极点］让渐近线满足下式修正

$$\alpha=\frac{\sum_{i=1}^{n}p_i-\sum_{i=1}^{m}z_i}{n-m}<0$$

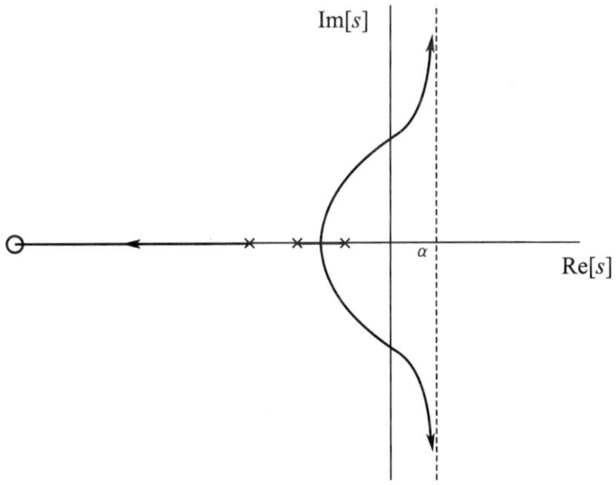

图 19 - 12　$n-m=2$ 的根轨迹

19.2　通过驱动器动态响应进行 PD 姿态控制——复习

让我们重新复习一下 18.1 节的比例-微分姿态控制问题，其中包含驱动器动态响应。在 18.1 节，我们使用劳思稳定性分析确定非稳定系统驱动器的时间常数 T。现在对于给定比例微分环节 K_p 和 K_d，通过绘制作为 T 的函数的根轨迹进行更深入的分析。

18.1 节的闭环极点满足如下特征方程

$$ITs^3+Is^2+K_ds+K_p=0 \tag{19-10}$$

用 IT 除上式，得到

$$s^3+\frac{1}{T}\left(s^2+\frac{K_d}{I}s+\frac{K_p}{I}\right)=0$$

以等价根轨迹形式表示为

$$1+\frac{1}{T}\frac{\left[s^2+\left(\frac{K_d}{I}\right)s+(K_p/I)\right]}{s^3}=0 \tag{19-11}$$

需要注意的是

$$G_0(s)\triangleq\frac{1}{T}\frac{\left[s^2+\left(\frac{K_d}{I}\right)s+(K_p/I)\right]}{s^3} \tag{19-12}$$

并非对应图 18-2 中的开环传递函数。但是，可以视其为开环传递函数，从而适用于 $T\geqslant 0$ 时绘制根轨迹的法则。由于式（19-12）的“开环增益”为 $1/T$，我们不能绘制 $\frac{1}{T}$：$0\rightarrow\infty$ 的根轨迹（等价为 T：$\infty\rightarrow 0$）。

假设比例微分环节增益 K_p 和 K_d 具有如下标准欠阻尼闭环极点对（忽视驱动器动态响应）

$$s=-\zeta\omega_n\pm\mathrm{j}\omega_n\sqrt{1-\zeta^2}$$

其中 $0<\zeta<1$，$\omega_n{}^2=K_p/I$ 且 $2\zeta\omega_n=K_d/I$。

从式（19-12）中可以看出“开环”零点是标准欠阻尼闭环极点

$$z_1=-\zeta\omega_n+\mathrm{j}\omega_n\sqrt{1-\zeta^2}\ ,\ z_2=-\zeta\omega_n-\mathrm{j}\omega_n\sqrt{1-\zeta^2}$$

且 $m=2$。对应式（19-12）的“开环”极点为

$$p_1=0\ ,\ p_2=0\ ,\ p_3=0$$

且 $n=3$。现在绘制根轨迹。

步骤 1：绘制开环极点和零点（见图 19-13）。

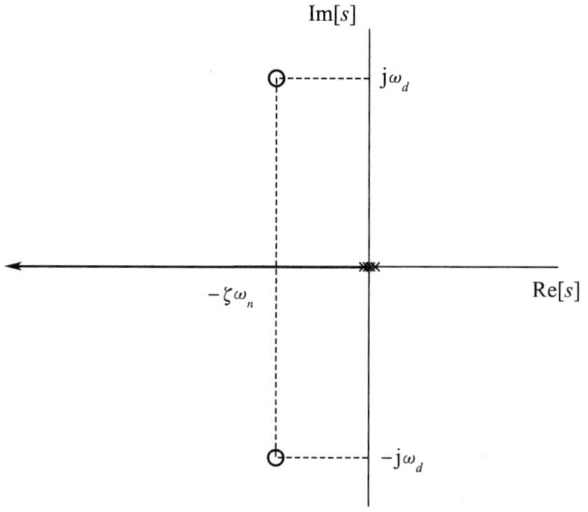

图 19-13　步骤 1 和步骤 2

步骤 2：在实轴确定根轨迹（见图 19 - 13）。

步骤 3：确定渐近线。有 $n-m=1$ 条渐近线。渐近线角度为

$$\phi_1=\frac{180^\circ}{n-m}=\frac{180^\circ}{1}=180^\circ$$

沿负实轴伸展。步骤 2 已经涵盖这部分（位于负实轴），因此不需要过多叙述。

步骤 4：无分离点，因此无须过多叙述。

步骤 5：从开环极点确定分离角。共有 3 个重复开环极点位于 $p_1=p_2=p_3=0$ 处。

因此我们拥有分离角

$$\phi=\frac{\angle(p_1-z_1)+\angle(p_1-z_2)+180^\circ+360^\circ(l-1)}{3}$$

对于任何整数 l 成立。从图 19 - 14 可以看出

$$\angle(p_1-z_1)=180^\circ+\alpha\ ,\angle(p_1-z_2)=180^\circ-\alpha$$

因此分离角为

$$\phi=60^\circ,180^\circ,-60^\circ$$

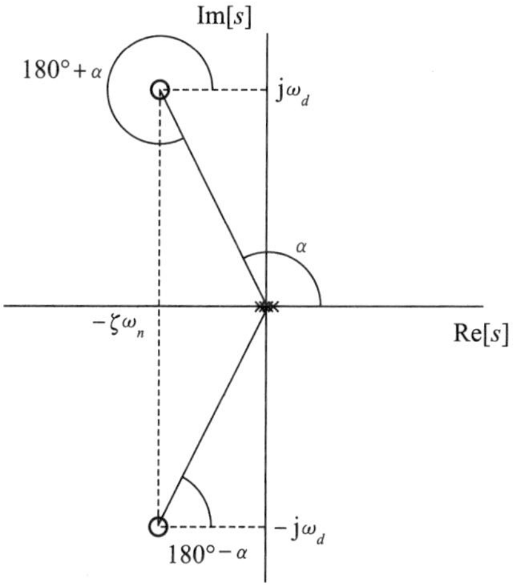

图 19 - 14　步骤 5——分离角

在开环零点确定根轨迹到达角。由于根轨迹关于实轴对称（极点必须以共轭复数对形式出现），仅需确定 z_1 的到达角。由于 z_1 并非重复零点，z_1 处到达角满足

$$\psi=-\angle(z_1-z_2)+\sum_{i=1}^{3}\angle(z_1-p_i)+180^\circ+360^\circ(l-1)$$

对于任何整数 l 成立。设 $l=0$，从图 19 - 15 看出

$$\angle(z_1-p_i)=\alpha$$

且

$$\angle(z_1-z_2)=90^\circ$$

因此到达角为

$$\psi=-90^\circ+3\alpha-180^\circ=3(\alpha-90^\circ)$$

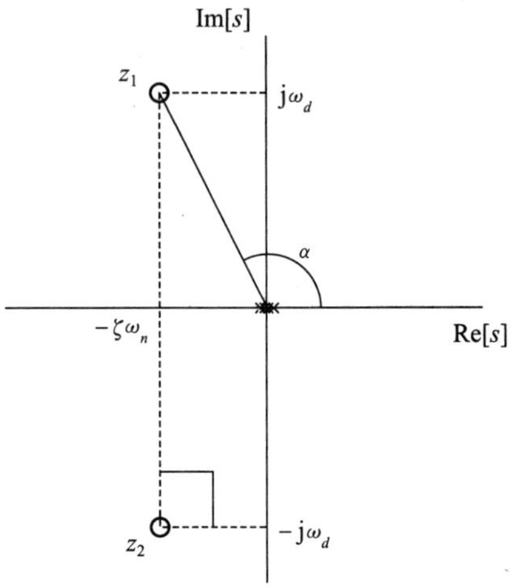

图 19-15　步骤 5——到达角

由于对于位于渐近线上的欠阻尼稳定极点，有 $0<\alpha-90°<90°$，到达角必须在范围 $0<\psi<270°$ 之内。

步骤 6：在步骤 5 中两条根轨迹从开环极点分离至右半平面。根据规则 1，该两条根轨迹最终终止于左半平面开环零点。因此必须与虚轴交叉。在 18.1 节进行劳思分析时已经确定虚轴交叉。根轨迹穿越虚轴的位置为

$$s=\pm j\sqrt{\frac{K_p}{I}}=\pm j\omega_n$$

步骤 7：绘制整体根轨迹（见图 19-16）。

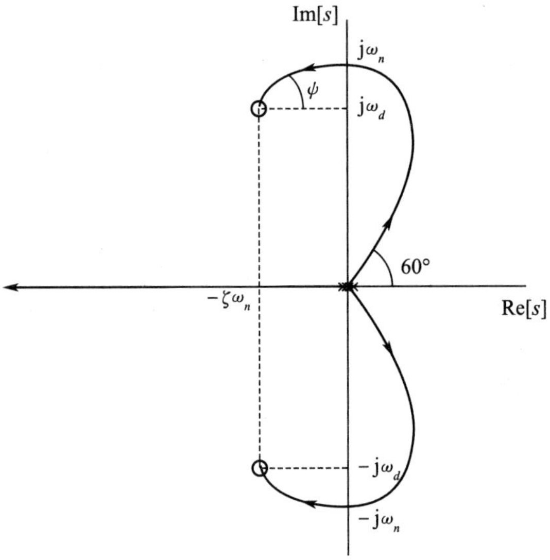

图 19-16　驱动器时间常数 T：$\infty\rightarrow 0$ 时 PD 航天器姿态控制根轨迹

19.2.1　根轨迹的解读

随着 $1/T$ 的增大，驱动器时间常数 T 变得更小（因而驱动器更快），两个闭环极点接近 $s=-\zeta\omega_n \pm \mathrm{j}\omega_n\sqrt{1-\zeta^2}$，这就是设计闭环系统的原因。闭环极点随着 $1/T$ 增大更趋于负值（因而迅速终止），在设计控制器的初期可以忽视驱动器动力动态响应（如 17.7.1 节所示）。

19.3　绘制根轨迹规则的导出

在本节展示绘制根轨迹规则的产生。

19.3.1　规则 1

共有 n 个根轨迹（由于有 n 个极点）分支。每个分支从开环极点 p_i 开始（$K=0$）。m 个分支结束于开环零点 z_i（当 $K\to\infty$ 时）。其他 $n-m$ 个分支沿渐近线趋于无穷（当 $K\to\infty$ 时），如规则 3 所示。

为验证上述结论，考虑如式（19－5）和式（19－6）给出的两种形式闭环特征方程

$$b(s)+Ka(s)=0 \tag{19-13}$$

$$\frac{a(s)}{b(s)}=-\frac{1}{K}\text{，如果 } K\neq 0 \tag{19-14}$$

其中

$$a(s)=(s-z_1)\cdots(s-z_m)\text{，}b(s)=(s-p_1)\cdots(s-p_n)$$

以及 z_i，$i=1$，…，m 和 p_i，$i=1$，…，m 为开环零极点，假设 $m\leqslant n$。注意根轨迹为适用 $K\geqslant 0$ 的所有闭环极点。很明显对于 $n\geqslant m$，对于每个 K 取值特征方程拥有 n 个根（闭环极点）。因此，根轨迹共有 n 个分支，对应于 n 个闭环极点。令式（19－13）中 $K=0$，特征方程变为

$$b(s)=0$$

这意味着 $K=0$ 时的闭环极点等于开环极点。这些为根轨迹 n 个分支中每个分支的起始点。为判断每个分支结束于何处，考虑式（19－14）的特征方程，令 $K\to\infty$，得出

$$\frac{a(s)}{b(s)}\to 0$$

现在有两种可能性，第一种为 $a(s)=0$，由 m 个开环零点满足。第二种为对于某些整数 l，$|s|\to\infty$ 时满足 $\angle\left(\frac{a(s)}{b(s)}\right)=-180°+360°(l-1)$。在导出规则 3 时需要对这种情况仔细检查。如我们将看到的，这仅对根轨迹的 $n-m$ 条分支是可能的。由此，可以判定根轨迹 m 个分支终止于开环零点（每个开环零点一个分支）。其余 $n-m$ 条趋于无穷，如后文所述。

19.3.2 规则 2

根轨迹包括所有位于实轴左侧奇数个开环实极点和零点的实轴点。

为验证上述结论，注意开环共轭复数零点和极点并不影响实轴根轨迹。考虑实轴测试点 s 以及复共轭开环零极点对 p 和 $\overline{p}$，如图 19-17 所示。同时 $\phi_1+\phi_2=360°$。对开环复共轭零点对可以做同样的验证。测试点位于根轨迹上的条件是

$$\sum\psi_i-\sum\phi_i=180°+360°(l-1)$$

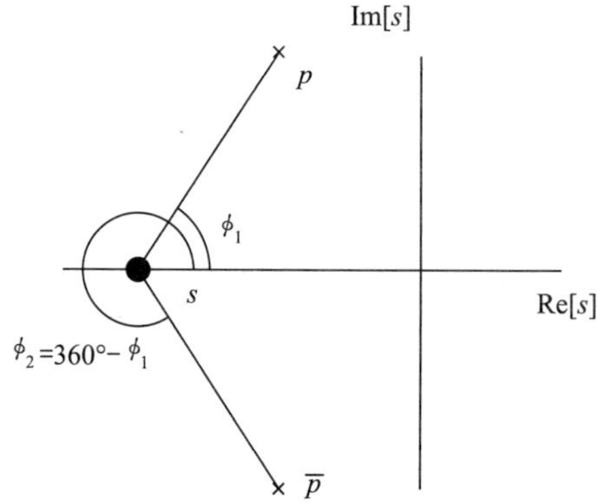

图 19-17 带有一对共轭开环极点的实轴测试点

很明显负共轭开环零极点只能调整整数 l。因此，实轴根轨迹仅由实开环零极点决定。如图 19-18 所示，位于测试点 s 右侧的实零极点与实轴成 180°角。测试点 s 左侧实零点和极点与实轴成 0°角。因此，仅测试点 s 右侧的开环极点和零点能够决定 s 是否处于根轨迹上。

如果 s 右侧的开环零极点数是偶数，则对于某些整数 l 满足 $\sum\psi_i-\sum\phi_i=0°+360°(l-1)$，且点 s 并不在根轨迹上。如果点 s 右侧开环零极点为奇数，则满足 $\sum\psi_i-\sum\phi_i=180°+360°(l-1)$，且点 s 在根轨迹上。

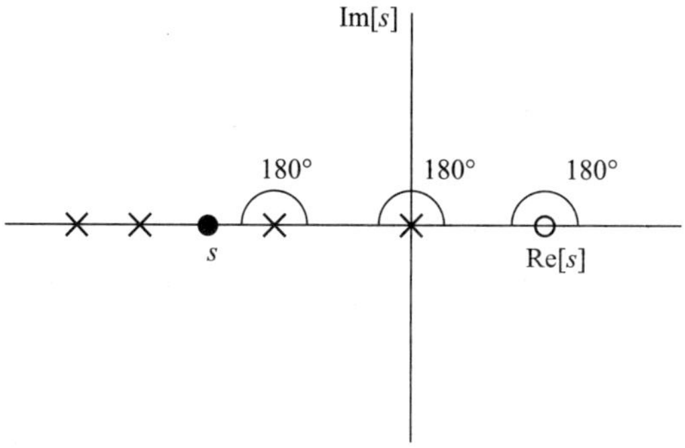

图 19-18 实轴测试点和实开环零极点

19.3.3　规则 3

随着 $K\to\infty$，$n-m$ 个分支接近 $n-m$ 条渐近线，接近角度从实轴逆时针测量，由下式给出

$$\phi_1=\frac{180^\circ+360^\circ(l-1)}{n-m},l=1,2,\cdots,n-m$$

渐近线在实轴的起始角为

$$\alpha=\frac{\sum_{i=1}^{n}p_i-\sum_{i=1}^{m}z_i}{n-m}$$

如规则 1 导出时所述，必须针对取值大的 s 检查 $a(s)/b(s)$ 的行为。这将通过近似方法完成。首先，注意

$$a(s)=(s-z_1)\cdots(s-z_m)=s^m+a_1s^{m-1}+\cdots+a_m$$

其中 $a_1=-\sum_{i=1}^{m}z_i$，且

$$b(s)=(s-p_1)\cdots(s-p_n)=s^n+b_1s^{n-1}+\cdots+b_n$$

其中 $b_1=-\sum_{i=1}^{n}p_i$，通过扩展多项式即可得到。

现在考虑

$$\frac{b(s)}{a(s)}=\frac{s^n+b_1s^{n-1}+\cdots+b_n}{s^m+a_1s^{m-1}+\cdots+a_m}$$

将上式展开为

$$\begin{aligned}\frac{b(s)}{a(s)}&=\frac{s^n+a_1s^{n-1}+\cdots+a_ms^{n-m}}{s^m+a_1s^{m-1}+\cdots+a_m}+\frac{(b_1-a_1)s^{n-1}+(b_2-a_2)s^{n-2}+\cdots}{s^m+a_1s^{m-1}+\cdots+a_m}\\&=s^{n-m}+(b_1-a_1)\frac{(s^{n-1}+a_1s^{n-2}+\cdots+a_ms^{n-m-1})}{s^m+a_1s^{m-1}+\cdots+a_m}+\frac{[b_2-a_2-(b_1-a_1)a_1]s^{n-2}+\cdots}{s^m+a_1s^{m-1}+\cdots+a_m}\\&=s^{n-m}+(b_1-a_1)s^{n-m-1}+\cdots\end{aligned}$$

持续该过程，能够获得幂指数序列扩展形式的 $b(s)/a(s)$，每一项拥有更低幂次的 s。对于 s 取值很大的情况，幂序列由最高幂次的 s 主导。选择前两项如下

$$\frac{b(s)}{a(s)}\approx s^{n-m}+(b_1-a_1)s^{n-m-1}$$

现在注意

$$(s-\alpha)^{n-m}=s^{n-m}-(n-m)\alpha s^{n-m-1}+\cdots$$

根据上式，对于 s 很大的情况，可以做出如下近似

$$\frac{b(s)}{a(s)}\approx\left[s-\frac{(a_1-b_1)}{n-m}\right]^{n-m}$$

因此，当 s 很大时，可以对式（19－6）的闭环特征方程近似

$$\frac{1}{(s-\alpha)^{n-m}}=-\frac{1}{K}\tag{19-15}$$

其中

$$\alpha = \frac{(a_1 - b_1)}{n-m} = \frac{\sum_{i=1}^{n} p_i - \sum_{i=1}^{m} z_i}{n-m}$$

该近似本质上意味着当 s 很大时，所有开环零极点聚集在原点附近的某一点，即 $s=\alpha$，如图 19－19 所示。m 个开环零点与 m 个开环极点对消，在 $s=\alpha$ 处剩余 $n-m$ 个开环极点。因此，当 K 取值非常大时，$n-m$ 个根轨迹分支接近式（19－15）所示根轨迹。可以用解析方法确定式（19－15）所示根轨迹。注意对于某些整数 l 下式成立

$$-K = K e^{j[\pi + 2\pi(l-1)]}$$

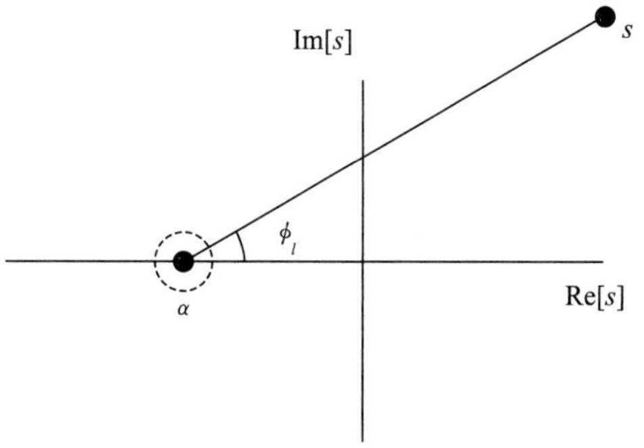

所有开环零极点从远方聚集在 α

图 19－19 远方测试点

式（19－15）的根轨迹由下式给出：

$$s = \alpha + K^{\frac{1}{(n-m)}} e^{j[\pi + 2\pi(l-1)/(n-m)]} \text{ , } l = 1, \cdots, n-m$$

即有 $n-m$ 条起点为 $s=\alpha$ 的直线，与实轴正向夹角为

$$\phi_l = \frac{180° + 360°(l-1)}{n-m} \text{ , } l = 1, \cdots, n-m$$

19.3.4 规则 4

分离点（根轨迹相遇并分离的位置）和汇合点（根轨迹相遇汇合的位置）满足

$$a(s)\frac{db(s)}{ds} - b(s)\frac{da(s)}{ds} = 0$$

为验证上述结论，假设 $s=r_1$ 为汇合点或分离点，对应增益 K_1。之后，由于 $s=r_1$ 是增益为 K_1 时的重复闭环极点，对应特征方程可表达为

$$b(s) + K_1 a(s) = (s - r_1)^q f(s) = 0 \tag{19-16}$$

其中 $q \geqslant 2$ 为极点 $s=r_1$ 的乘积，且 $f(s)$ 为 s 的多项式。求微分得出

$$\frac{db(s)}{ds} + K_1 \frac{da(s)}{ds} = q\ (s-r_1)^{q-1} f(s) + (s-r_1)^q \frac{df}{ds}$$

在 $s=r_1$ 点评估，得出

$$\frac{\mathrm{d}b(r_1)}{\mathrm{d}s}+K_1\frac{\mathrm{d}a(r_1)}{\mathrm{d}s}=0 \tag{19-17}$$

从式（19－16）中得到

$$K_1=-\frac{b(r_1)}{a(r_1)}$$

将上式代入式（19－17）得到

$$\frac{\mathrm{d}b(r_1)}{\mathrm{d}s}-\frac{b(r_1)}{a(r_1)}\frac{\mathrm{d}a(r_1)}{\mathrm{d}s}=0$$

重新整理上式得到

$$a(r_1)\frac{\mathrm{d}b(r_1)}{\mathrm{d}s}-b(r_1)\frac{\mathrm{d}a(r_1)}{\mathrm{d}s}=0$$

19.3.5　规则 5

一个分支从 n_k 重极点之一 p_k 分离的角度 ϕ_k 为

$$n_k\phi_k=\sum_{i=1}^{m}\angle(p_k-z_i)-\sum_{j=1,j\neq g\text{如果}p_g=p_k}^{n}\angle(p_k-p_j)+180^\circ+360^\circ(l-1)$$

n_k 重零点之一 z_k 的到达角 ψ_k 由下式给出

$$n_k\psi_k=-\sum_{i=1,i\neq g\text{如果}z_g=z_k}^{m}\angle(z_k-z_i)+\sum_{j=1}^{n}\angle(z_k-p_j)+180^\circ+360^\circ(l-1)$$

l 在上述两种情况下可以是任意整数。

为验证上述结论，考虑 n_k 重极点之一 p_k，以及一个与 p_k 非常接近的测试点 s，如图 19－20 所示。

由于 s 非常接近 p_k，因此有

$$\angle(p_k-z_i)\approx\angle(s-z_i)$$

和

$$\angle(p_k-p_j)\approx\angle(s-p_j)$$

假设 $p_k\neq p_j$。p_k 分支的离去角（注意一定是 n_k 重分支从 p_k 离开）由下式给出

$$\phi_k=\angle(s-p_k)$$

s 位于根轨迹上的角度条件为

$$\sum_{i=1}^{m}\angle(s-z_i)-\sum_{j=1}^{n}\angle(s-p_j)=180^\circ+360^\circ(l-1)$$

上式演变为

$$\sum_{i=1}^{m}\angle(p_k-z_i)-\sum_{j=1,j\neq g\text{如果}p_g=p_k}^{n}\angle(p_k-p_j)-n_k\phi_k=180^\circ+360^\circ(l-1)$$

对于任何整数 l 成立。重新整理得到

$$n_k\phi_k=\sum_{i=1}^{m}\angle(p_k-z_i)-\sum_{j=1,j\neq g\text{如果}p_g=p_k}^{n}\angle(p_k-p_j)-180^\circ-360^\circ(l-1)$$

由于整数 l 是任意的，上式可重新表达为

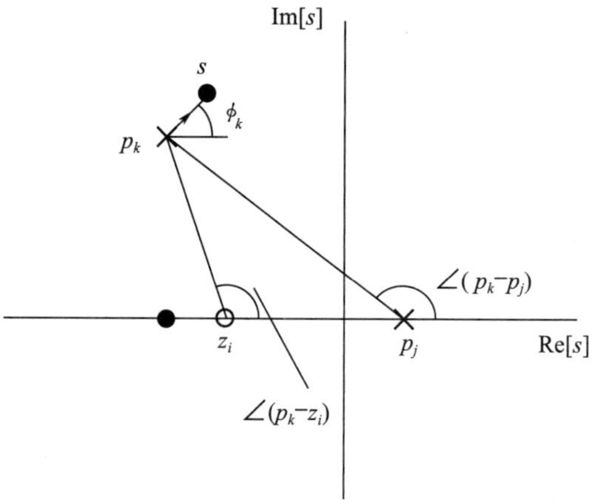

图 19-20　离去角的确定

$$n_k\phi_k = \sum_{i=1}^{m}\angle(p_k - z_i) - \sum_{j=1, j\neq g \text{如果} p_g = p_k}^{n}\angle(p_k - p_j) + 180° + 360°(l-1)$$

为确定在开环 n_k 重零点 z_k 的到达角，考虑非常接近 z_k 的测试点 s ，如图 19-21 所示。由于 s 非常接近 z_k ，从开环极点离开的根轨迹角度满足

$$\angle(z_k - z_i) \approx \angle(s - z_i)$$

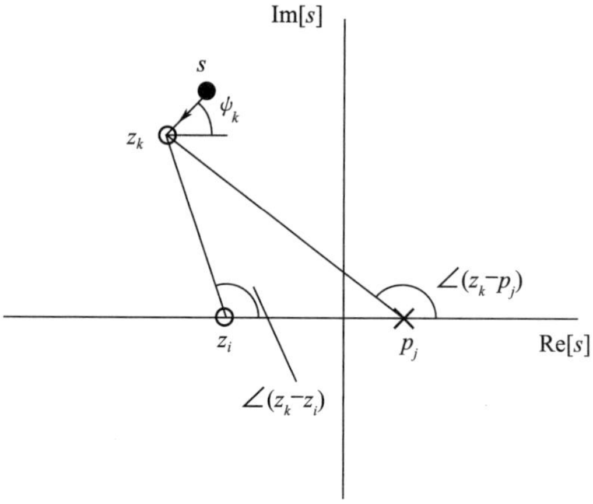

图 19-21　到达角的确定

假设 $z_k \neq z_i$ ，且

$$\angle(z_k - p_j) \approx \angle(s - p_j)$$

则分支在 z_k 的到达角由下式给出（注意一定有 n_k 个分支到达 z_k）

$$\psi_k = \angle(s - z_k)$$

对于根轨迹上任意靠近 z_k 的点 s 成立。点 s 位于根轨迹上的条件为

$$\sum_{i=1}^{m}\angle(s - z_i) - \sum_{j=1}^{n}\angle(s - p_j) = 180° + 360°(l-1)$$

上式可写为

$$\sum_{i=1, i\neq g \text{如果} z_g = z_k}^{m} \angle(p_k - z_i) + n_k\psi_k - \sum_{j=1}^{n} \angle(p_k - p_j) = 180^\circ + 360^\circ(l-1)$$

对于任何整数 l 成立。重新整理得到

$$n_k\psi_k = -\sum_{i=1, i\neq g \text{如果} z_g = z_k}^{m} \angle(z_k - z_i) + \sum_{j=1}^{n} \angle(z_k - p_j) + 180^\circ + 360^\circ(l-1)$$

19.4　注释

本章介绍了根轨迹。采用根轨迹技术检验了航天器姿态控制设计中闭环极点怎样随驱动器响应变化。根据直觉，驱动器响应越快，对原本设计中的闭环极点位置影响越小。关于更多的应用根轨迹的实例可以在优秀的古典控制理论中找到，包括邱和周（Qiu and Zhou；2010）、富兰克林等人（Franklin et al.，2010）、奥加塔（Ogata，2010）的著作。

参 考 文 献

[1] Franklin GF, Powell JD and Emami - Naeini A 2010 Feedback Coontrol of Dynamic Systems 6th edn. Prentice Hall, Upper Saddle River, NJ.

[2] Ogata K 2010 Modern Control Engineering 5th edn. Prentice Hall, Upper Saddle River, NJ.

[3] Qiu L and Zhou K 2010 Introduction to Feedback Control. Prentice Hall, Upper Saddle River, NJ.

第 20 章　应用根轨迹方法设计控制系统

上一章我们已经知道了如何给一个给定的系统创建根轨迹图。这张图会给出特定控制结构的所有的可能闭环极点位置的信息。但是，我们通常希望有一对包含了预期的瞬态响应特性（比如上升时间、超调、稳定时间，具体见 17.7.1 节）的主导极点。如 17.7.1 节中阐述的，这是由阻尼比率 ζ 和无阻尼自然频率 ω_n 支配的，这两个参数可以完全决定主导极点的位置。因此，我们必须选择控制结构（传递函数），使得所需的主导极点位于根轨迹上。我们再考虑如图 20－1 所示的一般反馈系统。可以发现控制率 $G_c(s)$ 的作用是：为开环传递函数 $G_o(s)=G_c(s)G_p(s)$ 增加了极点和零点。作为控制设计师，我们可以选择希望添加的极点和零点的数目，以及它们的位置。通过添加适当的极点和零点，根轨迹可以得到修正，从而使得期望的主导极点位于根轨迹上。

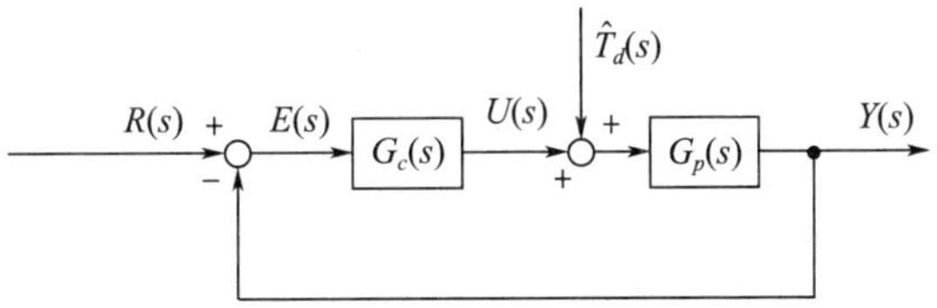

图 20－1　一般反馈系统

作为控制系统设计师，重要的是要了解额外的极点和零点对根轨迹的影响。

（1）增加开环极点的作用

添加极点提高了开环极点和零点之差 $n-m$ ，从而减小第一渐近线的角度，如图 20－2 所示。总体效果是，根轨迹推向右半平面，造成更长的稳定时间。

额外的极点位置会影响渐近线的中间位置。渐近线的中心位置由下式决定

$$\alpha=\frac{\sum_{i=1}^{N}p_i-\sum_{i=1}^{m}z_i}{n-m}$$

其中 p_i 是开环极点，z_i 是开环零点。

图 20－2　开环极点对根轨迹的影响

如图 20－3 所示，由于添加的极点向右移动，渐近线的中心也向右移动了，使得推动

根轨迹中心向右移动的作用更加明显。因此，如果需要增加开环极点，试着把它们放到主导极点左侧尽量远的位置。

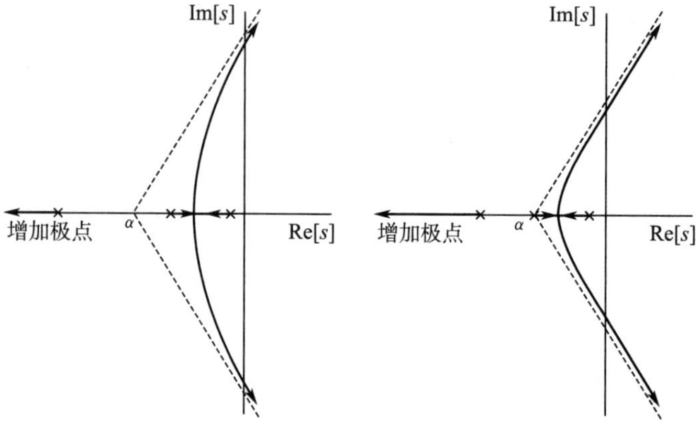

图 20－3　开环极点对根轨迹的影响

（2）添加开环零点的作用

增加零点会减小 $n-m$ ，从而减少渐近线的数量，增大第一渐近线的角度，如图 20－4 所示。整体的效果是将根轨迹拉到了左边，这使得系统更稳定，并加快了瞬态响应

$$\alpha=\frac{\sum_{i=1}^{N}p_i-\sum_{i=1}^{m}z_i}{n-m}$$

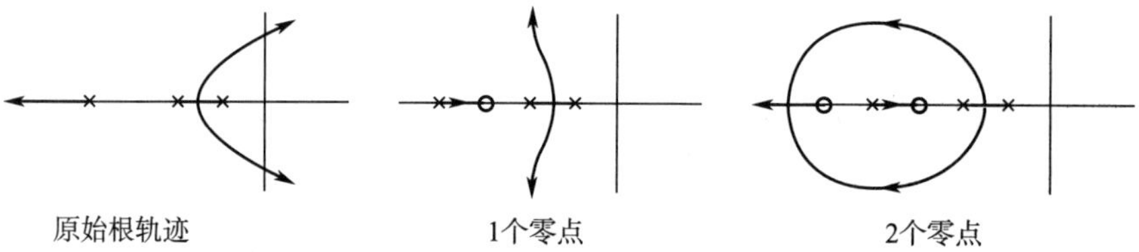

图 20－4　开环零点对根轨迹的影响

随着增加的零点向右移，渐近线的中心向左移动，如图 20－5 所示。当然，零点还是应该保持在左半平面（因为开环增益 $K\rightarrow\infty$ 时极点会变为零点）。

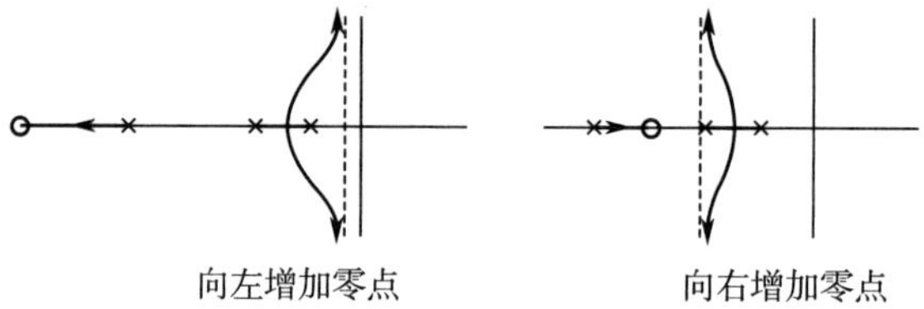

图 20－5　开环零点位置在根轨迹上的作用

20.1　典型的控制器

在本节中，我们将研究一些典型的控制器，以及它们对根轨迹的作用。

20.1.1　超前环节

超前控制器具有以下传递函数的形式

$$G_c(s)=K_{\text{lead}}\frac{s+1/T}{s+1/(\alpha T)},0<\alpha<1 \tag{20-1}$$

显然，一个超前控制器会增加一个开环极点和零点。这意味着渐近线的数量是不会改变的。如图 20-6 所示，极点在零点的左边。如图 20-7 所示，它将根轨迹转移到了左边(提高了瞬态响应)，并且我们可以改变主导极点的位置。

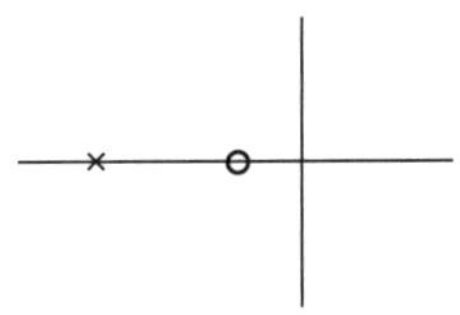

图 20-6　超前矫正器极点和零点

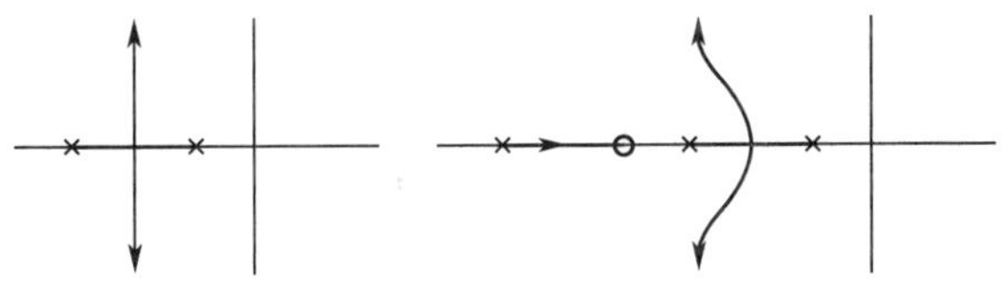

图 20-7　超前矫正器对根轨迹的作用

20.1.2　延迟

滞后控制器具有以下传递函数的形式

$$G_c(s)=K_{\text{lag}}\frac{s+1/T}{s+1/(\beta T)},\beta>1,K_{\text{lag}}\approx 1 \tag{20-2}$$

因此，一个滞后控制器增加了开环极点和零点，如图 20-8 所示。这意味渐近线的数量并不会改变。如果稳态误差在不影响瞬态响应的前提下被减小，滞后矫正器是可以被使用的。为了说明这点，我们按照 17.1 节所述来考虑航天器姿态控制问题。也就是说，这项布置是由下式决定的

$$G_p(s)=\frac{1}{Is^2}$$

假设我们设计了一些如图 20-1 所示的控制器 $G_c(s)$，它们提供了所需的瞬态性能，但并不包括一个集成器。然后，如我们在 17.10 节看到的，对一个常数扰动 $\hat{T}_d$ 的稳态误差可

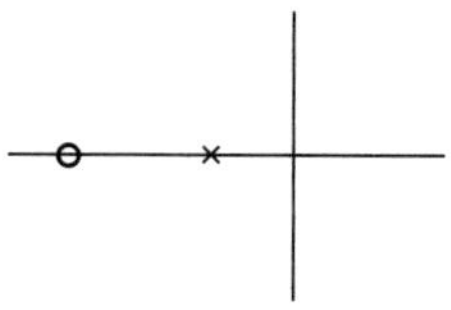

零点右侧的极点

图 20-8　滞后矫正器极点和零点

以表示为

$$e_{ss}=-\frac{\hat{T}_d}{K_c}$$

其中 $K_c=G_c(0)$。

现在，假设我们想要在不显著影响瞬态响应的前提下减小稳态误差（我们不希望转移主导极点），一种做法是给控制器附加一个滞后矫正器

$$\bar{G}_c(s)=\frac{s+1/T}{s+1/(\beta T)}G_c(s)$$

加上一个滞后矫正器后，对持续扰动的稳态误差变成了

$$e_{ss}=-\frac{\hat{T}_d}{\overline{K}_c}$$

其中

$$\overline{K}_c=\beta K_c$$

通过选择一个合适的 $\beta>1$，我们能够根据需要减小稳态误差的幅度。因此，为了不影响其他的根轨迹（同时也包括主导极点），我们需要把滞后矫正器极点和零点放置在接近原点的位置（通过选择一个合适的大 T）。究其原因，我们将 s 作为初始根轨迹上的一个点，如图 20-9 所示，滞后矫正器极点和零点至点 s 的线的角度大约是相等的，并且由根轨迹的角度条件［见 19.1 节中的式（19-9）］，它们在根轨迹上的作用互相抵消。也就是说，即使点 s 不在根轨迹上，也是一个非常接近根轨迹的点。因此，根轨迹的形状会保持一致，并且初始控制器 $G_c(s)$ 的主导极点会被大致保留。关于这点在图 20-10 中将被阐述。我们可以看到滞后矫正器已经为开环系统增加了一个非常缓慢的极点。但是，滞后矫正器同时也增加了一个非常接近它的闭环零点［因为开环零点是参照输入 $R(s)$ 到输出 $Y(s)$ 的传递函数闭环零点（将这一点的验证作为一个练习）］。由于缓慢极点，加入的零点具有降低瞬态分量的作用（所以它们差不多抵消了）。因此，瞬态响应会和原始的控制器 $G_c(s)$ 差不多。

20.1.3　比例微分（PD）

一个比例微分控制器可以被表示为

$$G_c(s)=K_{pd}\left(s+\frac{1}{T}\right) \tag{20-3}$$

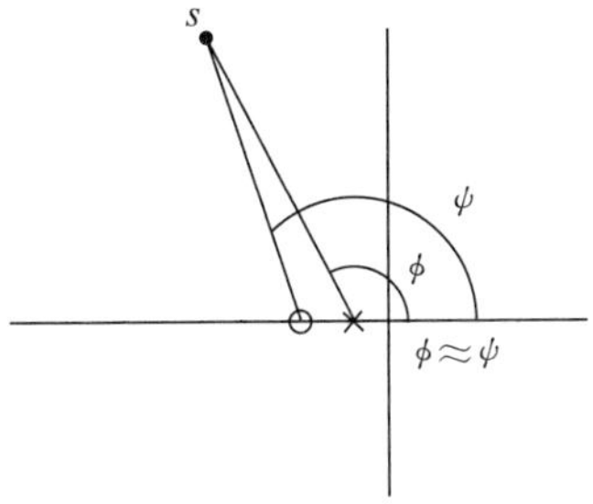

图 20－9　滞后矫正器极点和零点对根轨迹的作用

因此，一个比例微分控制器会给根轨迹增加一个单零点，从而降低了根轨迹的渐近线数(因为 $n-m$ 减小了 1)。因此，第一个渐近线的角度会增大。将 PD 控制器［式（20－3）］和超前控制器［式（20－1）］对比，可以发现 PD 控制器只是当前置极点趋向负无穷大($\alpha \to 0$) 时超前控制器的极限情况，如图 20－11 所示。因此，一个 PD 控制器可以被设计成类似超前控制器，并可以被用来改善瞬态性能。

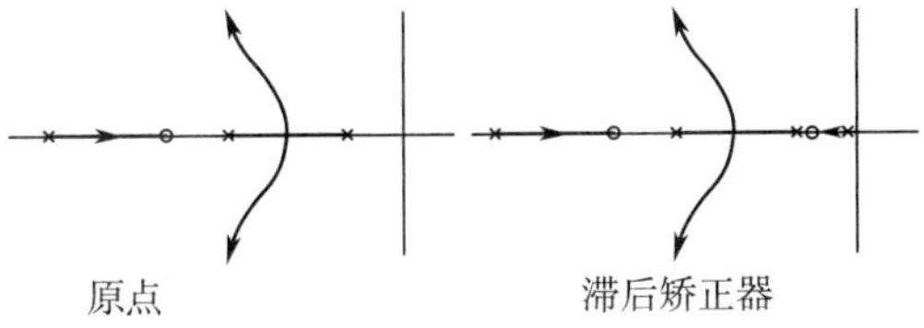

图 20－10　滞后矫正器极点和零点对根轨迹的影响

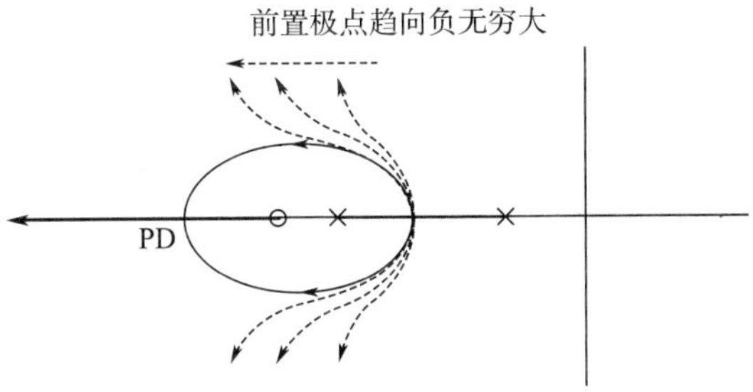

图 20－11　PD 控制器的根轨迹以及和超前控制器的对比

20.1.4　比例积分（PI）

一个比例积分控制器可以写成

$$G_c(s)=K_{pi}\frac{s+1/T}{s} \tag{20-4}$$

因此，一个 PI 控制器增加了一个小型的稳定开环零点和一个在原点的开环极点。通过比较 PI 控制器［式（20－4）］和滞后控制器［式（20－2）］，可以发现 PI 控制器只是滞后控制器在滞后极点趋近于零点（$\beta \to \infty$）的一种极限情况，如图 20－12 所示。也就是说，

PI 控制器可以被设计成一个滞后控制器，用来减小稳态误差（通过增加系统类型来减到 0）同时又保持瞬态性能不变。

我们已经看到了 4 种基本类型的控制器，以及它们对根轨迹的作用。我们可以使用任意组合的控制器来达到所需的瞬态和稳态性能。

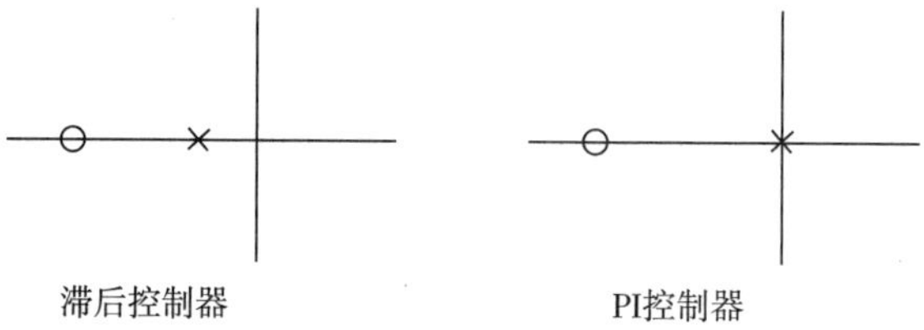

图 20-12　滞后和 PI 控制器的根轨迹

20.2　航天器姿态控制的 PID 设计

我们在例 17.1 中将根轨迹设计方法应用到航天器姿轨控制设计问题上，同时加上在阶跃干扰中稳态误差必须为零的要求。

为了总结在例 17.1 中的问题，我们考虑航天器姿态控制可以被表示为

$$I\ddot{y}=u+T_d$$

其中，飞行器的惯性 $I=1\ \mathrm{kg\cdot m^2}$，控制力矩是 u，T_d 是干扰力矩。回顾一下相关的位置传递函数是

$$G_p(s)=\frac{1}{s^2}$$

我们必须设计一个控制器使得闭环系统满足以下条件：

1）上升时间约束，$t_r\leqslant 30$ s。

2）最大超量约束，$M_p\leqslant 30\%$。

3）建立时间约束，$t_s\leqslant 100$ s。

4）阶跃干扰的稳态误差 $\hat{T}_d$ 必须为零。

现在，前 3 个条件是瞬态需求，是被闭环主导极点的位置所影响的。我们已经知道 PD 控制器能够用于获得所需的主导极点。正如 17.10 节所见，第 4 个约束条件意味着控制器必须包含一个积分器。这表明了 PID 控制器的使用。现在，问题是如何设计出 PID 增效。

目前发现 PID 控制器可以被设计成一个结合的 PD 和 PI 控制器。为了证明这点，我们认为 PD 和 PI 控制器的结合可以表示为

$$\begin{aligned}G_c(s)&=K\left(s+\frac{1}{T_{pd}}\right)\left(\frac{s+1/T_{pi}}{s}\right)\\&=K\left(s+\frac{1}{T_{pd}}+\frac{1}{T_{pi}}+\frac{1}{T_{pd}T_{pi}s}\right)\\&=K_p+sK_d+\frac{K_i}{s}\end{aligned}$$

这是一个比例、微分和积分增益的 PID 控制器，相应地有

$$K_p = K\left(\frac{1}{T_{pd}} + \frac{1}{T_{pi}}\right), K_d = K, K_i = \frac{K}{T_{pd}T_{pi}} \tag{20-5}$$

这意味着我们可以设计出一个 PD 和 PI 控制器结合的 PID 控制器。典型的方法是用 PD 控制器首先获得所需的主导极点，接着设计 PI 控制器来使得主导极点不被显著影响。这将导致 PI 零点十分接近原点，从而让闭环系统将会有一个非常缓慢的极点。这是因为根轨迹在 PI 极点处会有一个分支（在原点），并在 PI 零点处（非常接近原点）结束。

因此，我们可以采用逆向方法。我们先设计一个 PI 控制器，然后设计一个 PD 控制器来提供所需的主导极点。在继续向下之前，我们需要指定所需的主导极点。

如例 17.1 所示，一对产生令人满意的瞬态响应的主导极点可以被表示为

$$s = -0.05 \pm \mathrm{j}0.1$$

20.2.1　PI 设计

PI 控制器部分的设计相当于选择 PI 零点的数量。我们先尝试 $T_{pi} = 20$，这将使得 PI 的零点 $z_{PI} = -1/T_{pi} = -0.05$。也就是说，控制器的 PI 部分可以表示为

$$\left(\frac{s+0.05}{s}\right)$$

20.2.2　PD 设计

控制器的 PD 部分要求我们找到 PD 零点来保证所需的主导极点 $s=-0.05\pm \mathrm{j}0.1$ 在满足控制器增益 K 条件下是闭环极点。也就是说，我们需要选择一些 PD 零点使得 $s = -0.05 \pm \mathrm{j}0.1$ 在如下根轨迹上

$$1 + G_o(s) = 0 \tag{20-6}$$

其中开环传递函数是

$$G_o(s) = G_c(s)G_p(s) = K\left(s + \frac{1}{T_{pd}}\right)\left(\frac{s+1/T_{pi}}{s}\right)\left(\frac{1}{s^2}\right) \tag{20-7}$$

需要注意的是，复杂的极点总是出现在复数的共轭对中，因此我们只需要保证 $s = -0.05 + \mathrm{j}0.1$ 在根轨迹上。

在 19.1 节中曾提及，为了使 s 落到根轨迹上，它必须满足以下的角度条件

$$\angle G_o(s) = 180^\circ + 360^\circ(l-1)$$

其中 l 是整数。对于开环传递函数（20－7），公式就变成了

$$\angle\left(s + \frac{1}{T_{pd}}\right) + \angle\left(\frac{s+1/T_{pi}}{s}\right) + \angle\left(\frac{1}{s^2}\right) = 180^\circ + 360^\circ(l-1) \tag{20-8}$$

其中 l 是整数。

我们先确定控制对象的相位 $\angle\left(\frac{1}{s^2}\right)$。我们可以发现该控制对象在原点有一个双极点。

从图 20－13 中我们可以发现

$$\phi_p = 180^\circ - \tan^{-1}(0.1/0.05) = 116.57^\circ$$

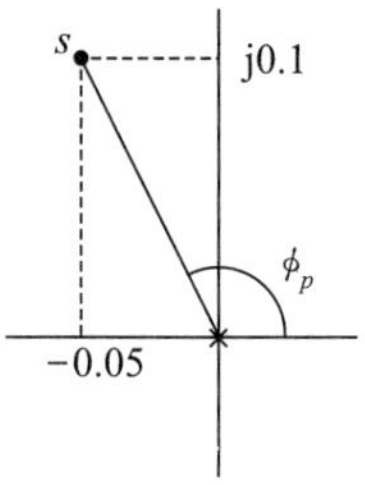

图 20-13　主极点的预期位置

因此，我们有

$$\angle\left(\frac{1}{s^2}\right)=-2\phi_p=-233.13°$$

现在，我们来定义 PI 部分的相位 $\angle\left(\frac{s+1/T_{pi}}{s}\right)$。我们发现 PI 部分在 $-1/T_{pi}=-0.05$ 有一个零点，并且在原点有一个极点。

从图 20-14 中我们可以知道

$$\phi_{pi}=\phi_p=116.57°,\psi_{pi}=90°$$

因此，我们有

$$\angle\left(\frac{s+1/T_{pi}}{s}\right)=\psi_{pi}-\phi_{pi}=-26.565\ 1°$$

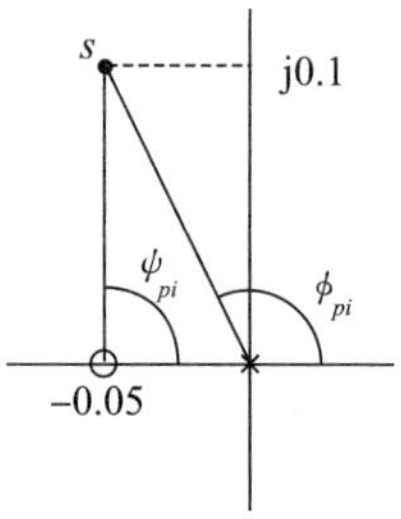

图 20-14　PI 零点和极点的位置

从角度条件式（20-8）中我们可以发现 PD 部分必须加上以下的阶段

$$\angle\left(s+\frac{1}{T_{pd}}\right)=-180°-\angle\left(\frac{s+1/T_{pi}}{s}\right)-\angle\left(\frac{1}{s^2}\right)=79.70°$$

现在，我们发现 PD 部分在 $-1/T_{pd}$ 处加上了一个单独的零点。我们可以决定其在上述角度条件下的位置。

从图 20-15 中我们可以发现

$$\tan\psi_{pd}=\frac{0.1}{1/T_{pd}-0.05}$$

$$\frac{1}{T_{pd}}=\frac{0.1}{\tan 79.70°}+0.05=0.068\ 2$$

需要注意的是，这意味着 $T_{pd}=16.67$。

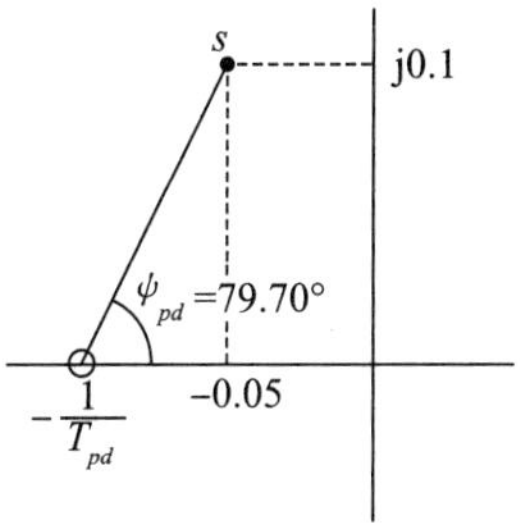

图 20-15　PD 零点的位置

20.2.3　增益系数 K 的计算

通过这种 PD 零点的选择，我们确保了所需的主导极点 $s=-0.05+\mathrm{j}0.1$ 在根轨迹上。控制器的最后一部分设计是确定控制增益 K 使得 $s=-0.05+\mathrm{j}0.1$ 是一个闭环极点。从特征等式（20-6）中可以看出必须有

$$1+G_o(s)=1+K\left(s+\frac{1}{T_{pd}}\right)\left(\frac{s+1/T_{pi}}{s}\right)\left(\frac{1}{s^2}\right)=0$$

上式可推导得出

$$K=\left|\frac{s^3}{(s+1/T_{pd})(s+1/T_{pi})}\right|$$

令 $s=-0.05+\mathrm{j}0.1$ 计算上式，我们可以得到如下的增益

$$K=0.1375$$

响应的 PID 增益为［见式（20-5）］

$$K_p=0.0163, K_d=0.1375, K_i=4.69\times10^{-4}$$

总结上述内容，如图 20-1 所示，我们设计了一个实际应用的 PID 控制器

$$G_c(s)=K_p+K_ds+\frac{K_i}{s} \tag{20-9}$$

这意味着，在航天器上的控制力矩可以由下式给出

$$u(t)=K_pe(t)+K_d\dot{e}(t)+K_i\int_0^t e(\tau)\mathrm{d}\tau \tag{20-10}$$

也就是说，控制扭矩的一部分与跟踪误差 $\dot{e}(t)$ 是成比例的。回忆 17.7.1 节所述的内容，有可能在某些情况下我们不希望这样做（同样，在有些情况下我们会这样做），我们会更愿意控制扭矩有如下的形式

$$u(t)=K_pe(t)-K_d\dot{y}(t)+K_i\int_0^t e(\tau)\mathrm{d}\tau \tag{20-11}$$

这与 17.7.1 节中修正过的比例微分控制相似。

我们将控制法则式（20-9）分配到两部分中

$$G_c(s)=G_{ce}(s)+G_{cy}(s)$$

其中 $G_{ce}(s)=K_p+K_i/s$ 且 $G_{cy}(s)=K_ds$。式（20-10）的标准控制实施如图 20-16 所

示（与图 20－1 比较）。修正后的控制实施式（20－11）如图 20－17 所示。我们现在可以发现 $R(s)$ 到 $Y(s)$ 的标准控制实施（见图 20－16）闭环传递函数如下

$$\frac{Y(s)}{R(s)}=\frac{[G_{ce}(s)+G_{cy}(s)]G_p(s)}{1+[G_{ce}(s)+G_{cy}(s)]G_p(s)}$$

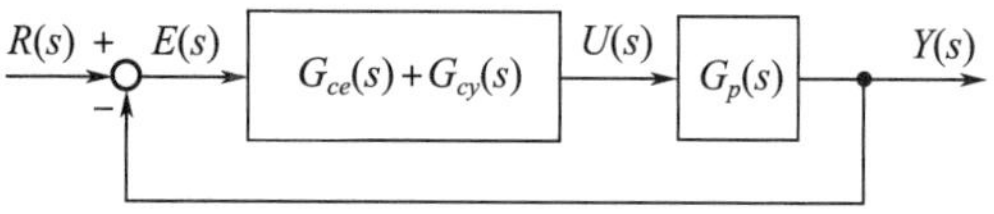

图 20－16　标准控制实施

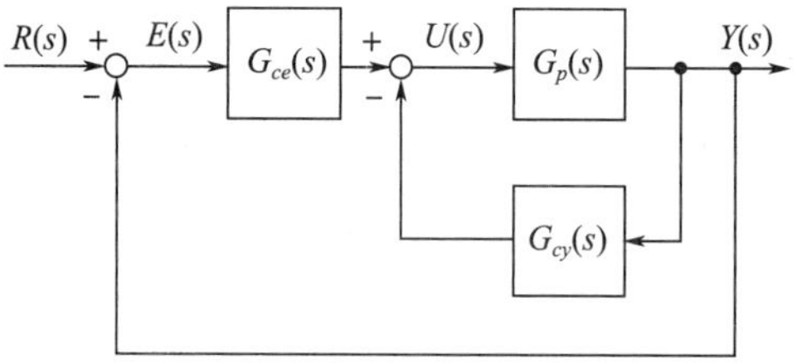

图 20－17　修正后的控制实施

然后下式

$$\frac{Y(s)}{R(s)}=\frac{G_{ce}(s)G_p(s)}{1+[G_{ce}(s)+G_{cy}(s)]G_p(s)}$$

是修正后的控制实施（见图 20－17）的闭环传递函数。比较两个闭环传递函数，可以发现两者都具有相同的特征方程

$$1+[G_{ce}(s)+G_{cy}(s)]G_p(s)=0$$

也就是说，两种实施方式的闭环极点是相同的。特别地，修正后的控制实施式（20－11）还提供了所需的主闭环极点。图 20－18 显示了一个使用修正控制实施式（20－11）设计的控制器对单位阶跃命令的姿态响应。我们可以从图 20－18 中看出，无论是稳定时间还是上升时间都在规定范围内，但是超调百分比（Percent Overshoot）会过大。这是由积分项中的额外极点以及一个闭环零点产生的。

为了满足所有的闭环规范，我们需要调整一点控制设计。由于超调量和主导极点的阻尼比率是直接相关的（见 17.7.1 节），我们直接增大主导极点的阻尼比率。由于稳定时间几乎是在要求的边界上，也让我们必须加快主导极点（通过使真实的部分更负）。我们尝试以下新的理想主导极点

$$s=-0.07\pm j0.09$$

用新的理想主导极点重复上述 PID 设计过程，我们可以得到 PID 增益

$$K_p=0.0179, K_d=0.1753, K_i=4.59\times10^{-4}$$

图 20－19 显示了新控制器增益的姿态阶跃响应。我们可以看到所有的瞬态闭环规格都是令人满意的。图 20－20 显示也实现了在阶跃扰动 $\hat{T}_d$ 下的零稳态扰乱。

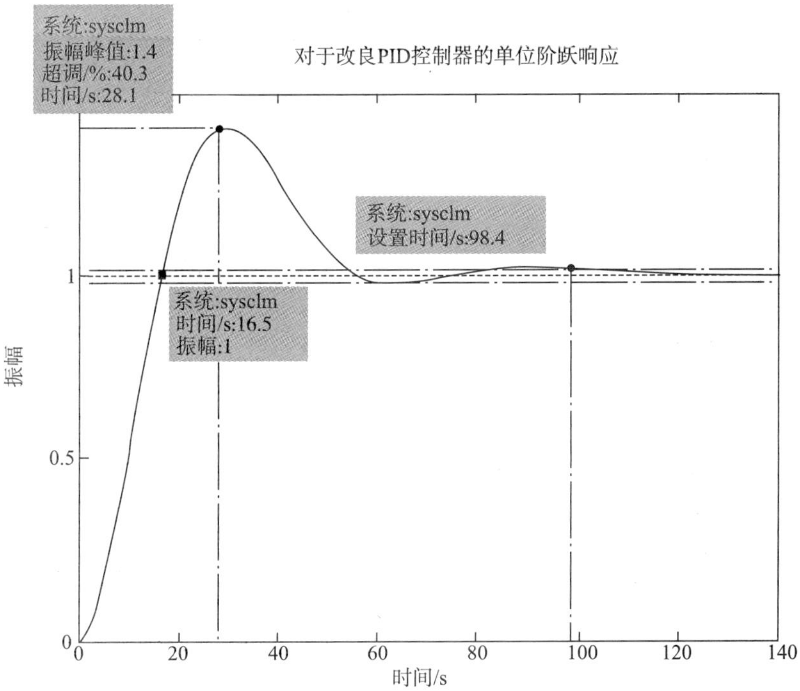

图 20-18　单位阶跃响应 $K_p = 0.0163$，$K_d = 0.1375$，$K_i = 4.69 \times 10^{-4}$

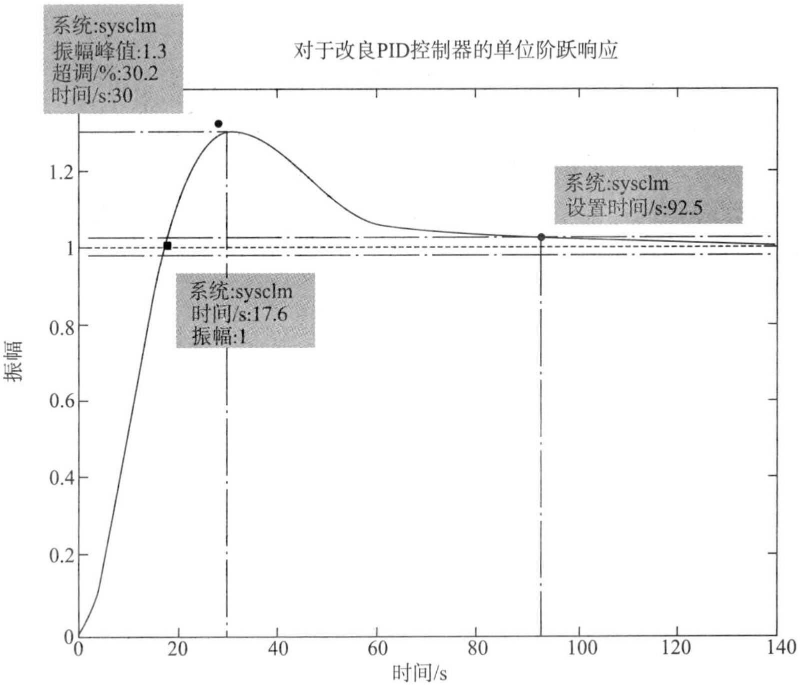

图 20-19　单位阶跃响应 $K_p = 0.0179$，$K_d = 0.1753$，$K_i = 4.59 \times 10^{-4}$

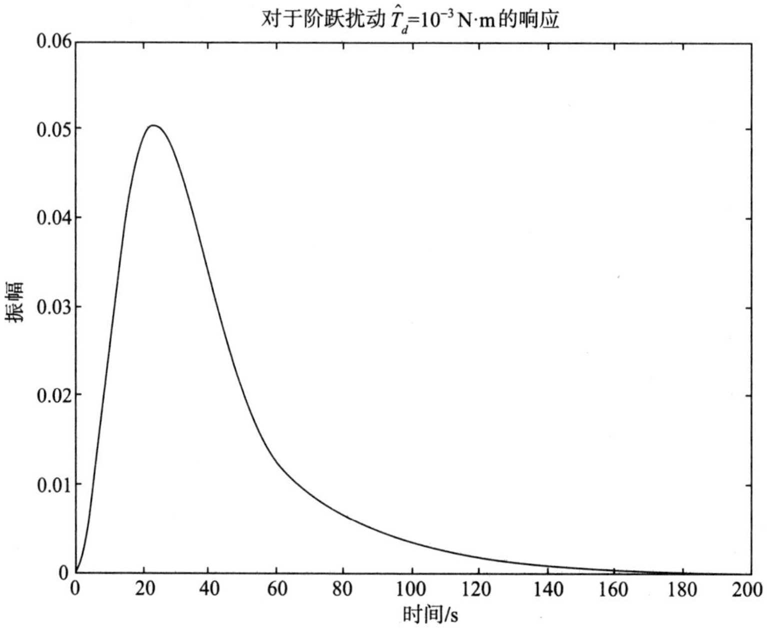

图 20-20　阶跃扰动 $\hat{T}_d = 10^{-3}$ N·m 下的姿态响应

20.3　注释

本章研究的是根轨迹如何应用到控制系统设计问题。特别地，我们检验了普通控制器类型是如何影响根轨迹的。我们将根轨迹技术应用于航天器姿态控制 PID 控制器的设计。关于如何将根轨迹技术进一步应用于控制系统设计的案例，读者可以参考经典的关于控制系统的优秀著作，包括邱和周（Qiu and Zhou，2010）、富兰克林等人（Franklin et al.，2010）、奥加塔（Ogata，2010）的著作。

参考文献

[1] Franklin GF, Powell JD and Emami - Naeini A 2010 Feedback Control of Dynamic Systems 6th edn. Prentice Hall, Upper Saddle River, NJ.

[2] Ogata K 2010 Modern Control Engineering 5th edn. Prentice Hall, Upper Saddle River, NJ.

[3] Qiu L and Zhou K 2010 Introduction to Feedback Control. Prentice Hall, Upper Saddle River, NJ.

第 21 章　频率响应

到目前为止，我们设计的所有控制律都没有考虑测量噪声。正如我们在 17.5 节中所提到的，传感器永远都不会提供真正的系统输出 $y(t)$，但是相应地会提供一个被测量噪声损坏的版本 $y(t)+w(t)$，如图 21-1 所示。

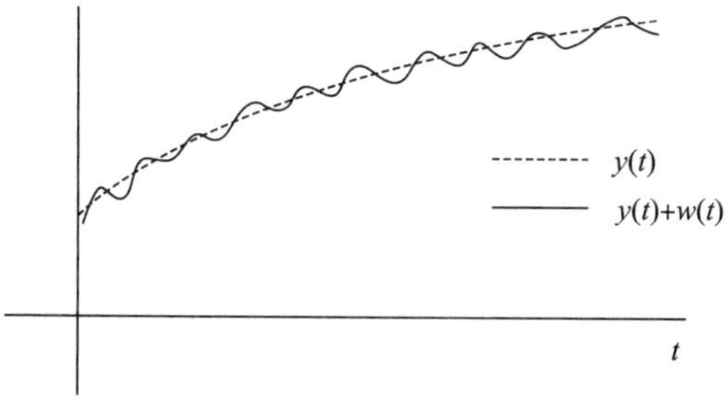

图 21-1　实际与理想测量

在航天器姿态控制的情形下，这意味着传感器将永远不会提供真实的姿态 $\theta(t)$，但相应地会提供 $\theta(t)+w(t)$。我们看看这对航天器姿态的比例衍生控制暗示着什么。制动器要求的部分控制扭矩变成

$$K_p[r(t)-y(t)-w(t)]$$

这意味着除非是很好的平滑控制扭矩，否则执行器将会因为测量噪声而花费不必要的努力，这将会导致一个随时间变化的跟踪误差。如果我们检查衍生控制项，这个问题会变得更加明显。如果姿态传感器套件不包含速率陀螺仪，用来提供一个低噪声的角速度 $\dot{y}$ 的直接测量，那么角速度必须通过辨别姿态测量来获得。在这种情况下，由于衍生项所要求的控制转矩变成了

$$K_d\frac{\mathrm{d}}{\mathrm{d}t}[y(t)+w(t)]$$

通过图 21-2 可以看出，直接区分噪声测量会放大衍生噪声的内容。这个例子强调了尽可能移除测量噪声的必要性。幸运的是，如图 21-1 和图 21-2 所阐释的，输出比率（在本案例中的姿态）$y(t)$ 与测量噪声 $w(t)$ 相比，典型地随时间缓慢改变。即，当测量噪声 $w(t)$ 具有更多的“高频”部分时，输出 $y(t)$ 实际上通常是“低频”的。因此，我们可以通过适当地应用过滤器 $H(s)$ 来剔除很大一部分的测量噪声 $w(t)$，该过滤器允许低频部分 $[y(t)]$ 通过，但会阻止高频部分 $[w(t)]$ 通过。

通过应用低频-通过过滤器 $H(s)$，17.7.1 节中提及的航天器姿态控制误差-微分问题的框图，变为如图 21-3 所示的情形。

为了理解如何设计低频-通过过滤器，我们需要学习关于频率响应的知识。

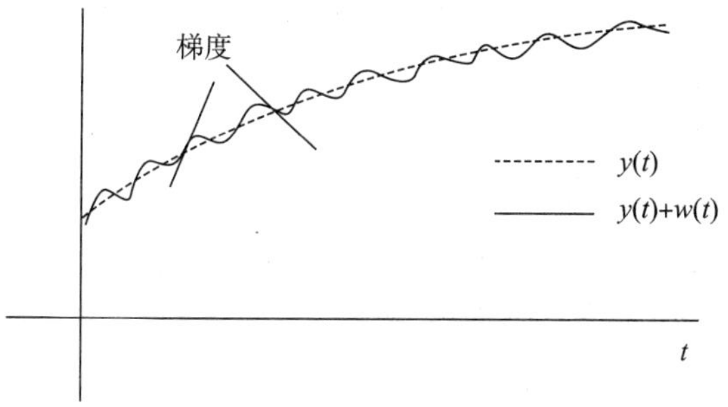

图 21 - 2　噪声测量的分化

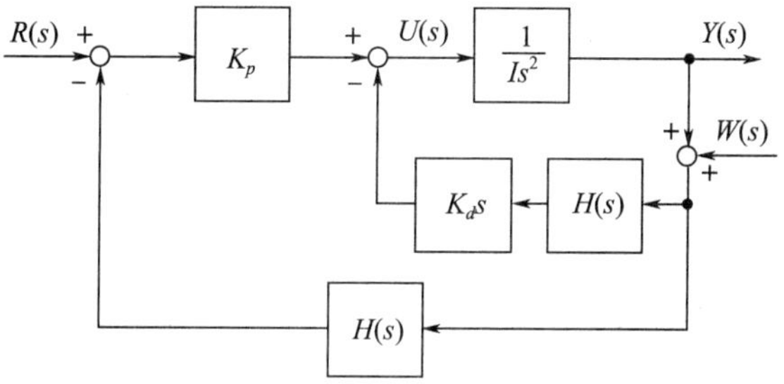

图 21 - 3　修正的低通滤波器比例-微分控制

21.1　频率响应和伯德图

当我们说一个由传递函数 $y(s)/u(s)=G(s)$ 描述系统频率响应时，我们指的是正弦输入 $u(t)=A\sin\omega t$ 的稳态响应，如图 21 - 4 所示。

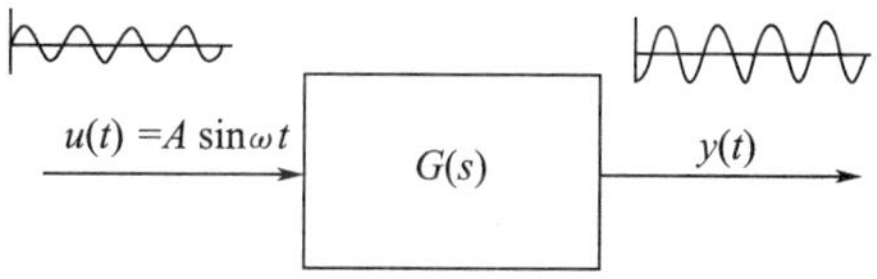

图 21 - 4　系统的频率响应

显然，频率响应的概念只有在系统 $G(s)$ 渐近稳定（否则，瞬态响应不会消失）的情况下才有意义。因此，我们只考虑渐近稳定系统 $G(s)$ [即 $G(s)$ 的极点落在左半平面]。

一个正弦输入的渐近稳定系统 $y(s)=G(s)u(s)$ 的稳态响应可以表示如下

$$u(t)=A\sin\omega t$$

由下式给出

$$y_{ss}(t)=A\mid G(j\omega)\mid\sin(\omega t+\phi) \tag{21-1}$$

其中 $\phi=\angle G(j\omega)$。注意 ω 是输入的频率，且 A 是振幅。

公式（21 - 1）显示了两项主要特征。首先，响应的振幅等同于输入的振幅乘以 $|G(j\omega)|$（在 $j\omega$ 处评估的传递函数的幅度）。其次，由输入变量相位转向输出变量相位是

由 $\phi = \angle G(j\omega)$ 决定的，也就是传输函数相位在 $j\omega$ 处的估计。

这意味着对于一个给定的频率 ω，如果 $|G(j\omega)| \ll 1$，那么 $G(s)$ 的响应在该频率是衰减的。如果 $|G(j\omega)| \approx 1$ 并且对于一个给定的频率 $\angle G(j\omega) \approx 0$，那么 $y_{ss}(t) \approx u(t)$。

将这一知识运用到低通滤波器 $H(s)$ 来测量噪声衰减，我们发现，对低频我们想要 $|H(j\omega)| \approx 1$，且 $\angle H(j\omega) \approx 0$，对高频我们想要 $|H(j\omega)| \ll 1$。与此相关的是两个重要的量，即滤波器频带宽度和截止速率。这些变量的定义如下。

频带宽度 ω_b：使得对处于区间 $[0, \omega_b]$ 中的频率 ω 都有 $|H(j\omega)| \geqslant (1/\sqrt{2})|H(0)|$ 成立的最大频率，如图 21－5 所示。频带宽度暗示了能使系统 $H(s)$ 传递输入而不产生显著衰减的频率范围。

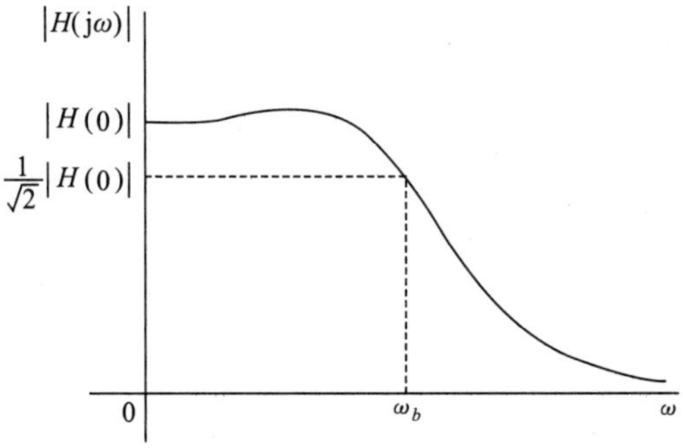

图 21－5　系统频带宽度

截止速率：当频率 $\omega \geqslant \omega_b$ 时 $|H(j\omega)|$ 的负斜率。截止速率越大，系统频带宽度仪器的信号衰减越好，从而能更好地抑制噪声。

为了达到随后滤波器设计的目的，滤波器频带宽度会根据通过滤波器的频率范围来选择。为了能够设计出合适的滤波器 $H(s)$，我们需要了解 $|H(j\omega)|$ 和 $\angle H(j\omega)$ 作为频率 ω 的函数是如何变化的。

21.1.1　绘制 ω 函数的频率响应（伯德图）

一般情况下，我们可以写一个加入积分器的渐近稳定的传递函数

$$G(s) = \frac{K\prod_{i=1}^{k}(T_i s+1)\prod_{j=1}^{p}[(s/\omega_{nj})^2+2\zeta_j(s/\omega_{nj})+1]}{s^N\prod_{i=1}^{l}(\overline{T}_i s+1)\prod_{j=1}^{q}[(s/\overline{\omega}_{nj})^2+2\overline{\zeta}_j(s/\overline{\omega}_{nj})+1]} \tag{21-2}$$

其中 T_i，$\overline{T}_i$，ω_{nj}，$\overline{\omega}_{nj} > 0$ 并且 $0 < \zeta_j$，$\overline{\zeta}_j < 1$。需要注意的是，二阶环节是从极点和零点的复共轭对中产生的。现在，对于复杂数字，我们有以下的幅度和相位关系（见附录 A）

$$\left|\frac{z_1 z_2 \cdots z_m}{s_1 s_2 \cdots s_n}\right| = \frac{|z_1||z_2|\cdots|z_m|}{|s_1||s_2|\cdots|s_n|}$$

且

$$\angle\left(\frac{z_1 z_2 \cdots z_m}{s_1 s_2 \cdots s_n}\right) = \sum_{i=1}^{m}\angle z_i - \sum_{j=1}^{n}\angle s_j$$

将这些关系应用到传递函数（21－2）中，我们可以通过它们发现 $|G(j\omega)|$ 和 $\angle G(j\omega)$，我们只需要找到传递函数中各因子的幅度和相位。我们同时也可以发现，各因子的相位是附加的。这对于相位频率响应［$\angle G(j\omega)$ 和 ω］的制图是非常有用的。也就是说，我们可以分别画出各个环节的相位图，并以图形的方式概括他们。它同时也提供了一个直观了解各个环节的相位是如何影响整个传递函数的相位频率响应。

遗憾的是，环节的量值是增长的，不适合绘制增益频率响应［$|G(j\omega)|$ 和 ω］，也没有提供一个描述单独的因子的量值如何影响整个函数增益频率响应的直观解释。为了使他们附加，我们换为绘制量值的对数。具体来说，我们在分贝中得到在每个频率 ω 上的增益 $|G(j\omega)|$，这被定义为

$$20\log|G(j\omega)|$$

这样做的原因是

$$\log\left(\frac{|z_1||z_2|\cdots|z_m|}{|s_1||s_2|\cdots|s_n|}\right)=\sum_{i=1}^{m}\log|z_i|-\sum_{j=1}^{n}\log|s_j|$$

这表明量值的对数是相加的。因此，对于增益频率响应，我们画出 $20\log|G(j\omega)|$ 和 ω，其中传递函数中每个单独的环节的贡献都可以以图形加入。

检查传递函数（21－2），我们知道在传递函数中有 4 种基本类型的环节需要我们处理。

1）增益 K。

2）积分器 $1/s$ 和导数 s。

3）一阶环节 $Ts+1$ 和 $(Ts+1)^{-1}$。

4）二阶环节 $(s/\omega_n)^2+2\zeta(s/\omega_n)+1$ 和$[(s/\omega_n)^2+2\zeta(s/\omega_n)+1]^{-1}$。

如果我们熟悉了这些环节的频率响应的形状，我们将能够通过加入各因子的频率响应为更复杂的传递函数构建频率响应图。

（1）增益 K

增益的对数大小是由下式决定的

$$20\log K=\text{常数}$$

相位是由下式决定的

$$\angle K=0$$

对数值和相位频率响应如图 21－6 所示。

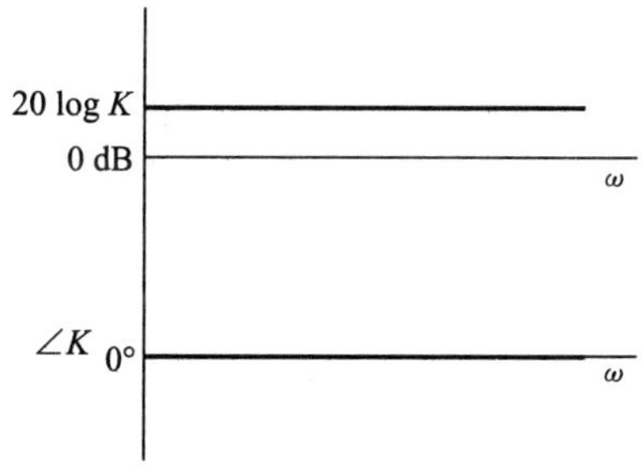

图 21－6　恒定增益的频率响应

（2）导数 s 和积分器 $1/s$

（a）导数 s

对数值为

$$20\log|j\omega|=20\log\omega$$

也就是说，每 10 个 ω 会增加 20 dB。我们通常会绘制一个频率响应的频率对数标度，这使得上述增益关系呈线性关系。

其相位是

$$\angle(j\omega)=90^{\circ}$$

量纲对数和相位频率响应的关系如图 21－7 所示。

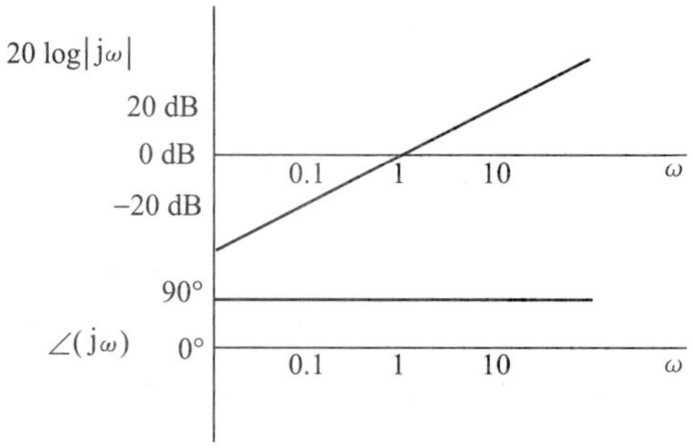

图 21－7　微分环节的频率响应

从增益频率响应可以很明显地看出为什么区分噪声测量是不好的。因为噪声中的高频成分会被放大（见图 21－7 中的量纲对数）。

（b）积分器 $1/s$

对数量纲是

$$20\log\left|\frac{1}{j\omega}\right|=-20\log\omega$$

相位为

$$\angle\left(\frac{1}{j\omega}\right)=-90^{\circ}$$

很明显，积分器的频率响应是微分环节频率响应的负值。Log 幅值和相位的频率响应如图 21－8 所示。

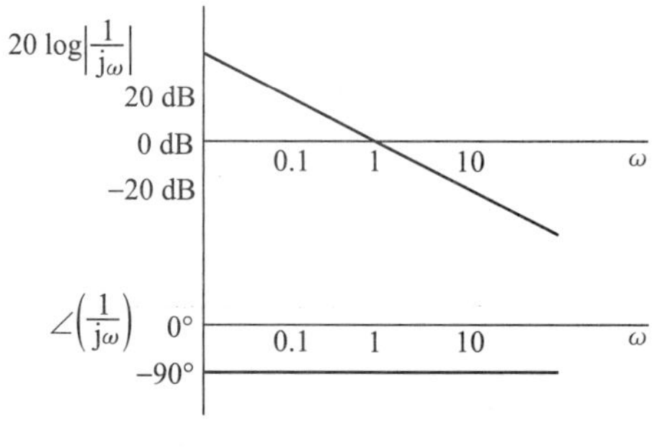

图 21－8　积分环节的频率响应

(3) 一阶环节 $(Ts+1)^{\pm 1}$

考虑

$$\frac{1}{Ts+1}$$

有

$$\left|\frac{1}{j\omega T+1}\right|=\frac{1}{|j\omega T+1|}=\frac{1}{\sqrt{\omega^2T^2+1}}$$

因此，log 幅值为

$$20\log\left|\frac{1}{j\omega T+1}\right|=-20\log\sqrt{\omega^2T^2+1}$$

对于非常小的 ωT ，近似为

$$20\log\left|\frac{1}{j\omega T+1}\right|\approx-20\log 1=0\text{ , }\omega T\ll 1$$

即增益频率响应渐近线位置为 $20\log\left|\dfrac{1}{(j\omega T+1)}\right|=0$ dB。当 ωT 很大时，log 幅值近似为

$$20\log\left|\frac{1}{j\omega T+1}\right|\approx-20\log\omega T=-20\log\omega-20\log T,\omega T\gg 1$$

即增益频率响应具有 ω 为 -20 dB 斜率的渐近线，在 $\omega=\dfrac{1}{T}$ 时穿越 $20\log\left|\dfrac{1}{(j\omega T+1)}\right|=0$。因此，增益频率响应可以通过两条渐近线近似，相交于 $\omega_c=\dfrac{1}{T}$ ，称作拐角频率。log 幅值频率响应如图 21－9 所示。

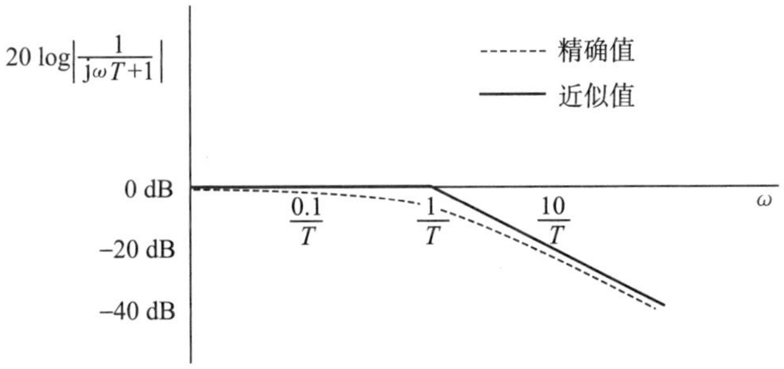

图 21－9　$\dfrac{1}{Ts+1}$ 环节的增益频率响应

此渐近线近似的最大误差发生于拐角频率，增益为 $-20\log\sqrt{2}=-3.03$ dB。

$\omega=0$ 处的相位为

$$\angle\left(\frac{1}{j\omega T+1}\right)=0^\circ,\omega=0$$

对于非常大的 ωT

$$\angle\left(\frac{1}{j\omega T+1}\right)\approx\angle\left(\frac{1}{j\omega T}\right)=-90^\circ,\omega T\gg 1$$

在拐角频率，相位为

$$\angle\left(\frac{1}{j\omega T+1}\right)=\angle\left(\frac{1}{j1+1}\right)=-45^{\circ}$$

相位频率响应同样可以表达为直线近似。作为验证，检查 $\omega=0.1\omega_c$ 和 $\omega=10\omega_c$（拐角频率左侧和右侧各一个数量级），分别得出

$$\angle\left(\frac{1}{j\omega T+1}\right)=\angle\left(\frac{1}{j0.1+1}\right)=-5.7^{\circ}\approx 0^{\circ}\text{，}\omega=0.1\omega_c=\frac{0.1}{T}$$

$$\angle\left(\frac{1}{j\omega T+1}\right)=\angle\left(\frac{1}{j10+1}\right)=-84.3^{\circ}\approx -90^{\circ}\text{，}\omega=10\omega_c=\frac{10}{T}$$

由此可以在 $\omega=0.1\omega_c$ 和 $\omega=10\omega_c$ 之间以 0°至 90°的直线近似相位频率响应。图 21-10 展示针对相位频率响应的相应直线近似，以及真实相位频率响应。从图 21-9 和图 21-10 中可见，可以近似捕捉增益和相位频率响应的主要特性。

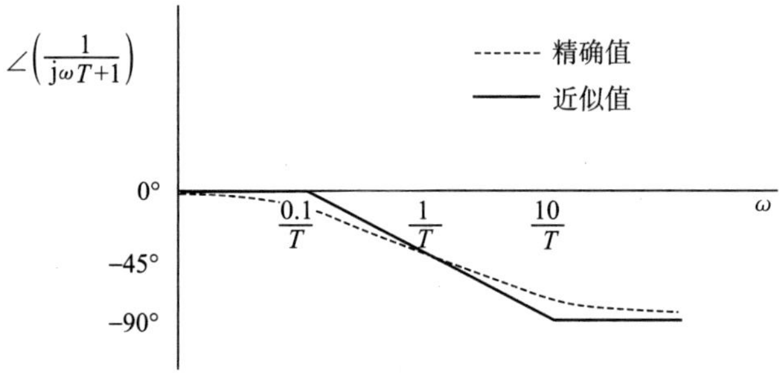

图 21-10 $\frac{1}{(Ts+1)}$ 频率响应

对于一阶环节 $Ts+1$，频率响应图为 $\frac{1}{Ts+1}$ 的负值，如图 21-11 所示。

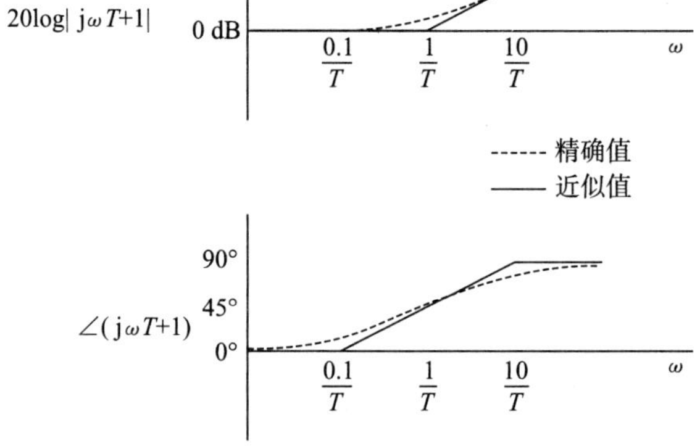

图 21-11 $Ts+1$ 环节的频率响应

(4) 二阶环节 $\left[\left(\frac{s}{\omega_n}\right)^2+2\zeta\left(\frac{s}{\omega_n}\right)+1\right]^{\pm1}$，$0<\zeta<1$

考虑如下环节

$$\frac{1}{\left(\frac{j\omega}{\omega_n}\right)^2+2\zeta\left(\frac{j\omega}{\omega_n}\right)+1}=\frac{1}{1-\left(\frac{\omega}{\omega_n}\right)^2+j2\zeta\left(\frac{\omega}{\omega_n}\right)}$$

得出

$$\left|\frac{1}{\left(\frac{j\omega}{\omega_n}\right)^2+2\zeta\left(\frac{j\omega}{\omega_n}\right)+1}\right|=\frac{1}{\sqrt{\left[1-\left(\frac{\omega}{\omega_n}\right)^2\right]^2+\left[2\zeta\left(\frac{\omega}{\omega_n}\right)\right]^2}}$$

因此，log 幅值变为

$$20\log\left|\frac{1}{\left[\left(\frac{j\omega}{\omega_n}\right)^2+2\zeta\left(\frac{j\omega}{\omega_n}\right)+1\right]}\right|=-20\log\sqrt{\left[1-\left(\frac{\omega}{\omega_n}\right)^2\right]^2+\left[2\zeta\left(\frac{\omega}{\omega_n}\right)\right]^2}$$

对于非常小的 ω，log 幅值近似为

$$-20\log\sqrt{\left[1-\left(\frac{\omega}{\omega_n}\right)^2\right]^2+\left[2\zeta\left(\frac{\omega}{\omega_n}\right)\right]^2}\approx-20\log1=0,\omega\ll\omega_n$$

因此，增益频率响应在 0 dB 处有一条渐近线。对于很大的 ω，该 log 幅值近似为

$$-20\log\sqrt{\left[1-\left(\frac{\omega}{\omega_n}\right)^2\right]^2+\left[2\zeta\left(\frac{\omega}{\omega_n}\right)\right]^2}\approx-20\log\left(\frac{\omega}{\omega_n}\right)^2=-40\log\left(\frac{\omega}{\omega_n}\right)=-40\log\omega+40\log\omega_n$$

对 $\omega\gg\omega_n$ 成立。渐近线的斜率为 −40 dB/数量级，在 $\omega=\omega_n$ 时穿越 0 dB。即，欠阻尼 ω_n 是二阶环节的拐角频率，高频部分 log 幅值的斜率为一阶环节的 2 倍。log 幅值频率响应绘制在图 21 - 12 中。

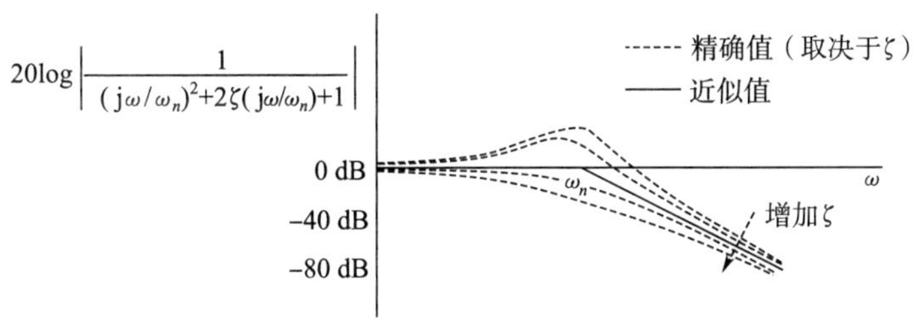

图 21 - 12 $\frac{1}{\left(\frac{s}{\omega_n}\right)^2+2\zeta\left(\frac{s}{\omega_n}\right)+1}$ 的增益频率响应

在 $\omega=0$ 处的相位为

$$\angle\left[\frac{1}{\left(\frac{j\omega}{\omega_n}\right)^2+2\zeta\left(\frac{j\omega}{\omega_n}\right)+1}\right]=0°,\omega=0$$

在最大频率处，相位近似为

$$\angle\left[\frac{1}{\left(\frac{j\omega}{\omega_n}\right)^2+2\zeta\left(\frac{j\omega}{\omega_n}\right)+1}\right]\approx\angle\left[\frac{1}{\left(\frac{j\omega}{\omega_n}\right)^2}\right]=-180^\circ,\ \omega\gg\omega_n$$

在拐点频率，相位为

$$\angle\left[\frac{1}{\left(\frac{j\omega}{\omega_n}\right)^2+2\zeta\left(\frac{j\omega}{\omega_n}\right)+1}\right]=\angle\left(\frac{1}{2\zeta j}\right)=-90^\circ$$

与一阶环节类似，可以用直线来近似相位频率响应。图 21－13 展示了对相位频率响应的直线近似和确定的相位频率响应。从图 21－12 和图 21－13 中可以看出近似捕获了增益和相位频率响应的主要特性，尽管不如一阶环节完美（与图 21－9 和图 21－10 相比）。

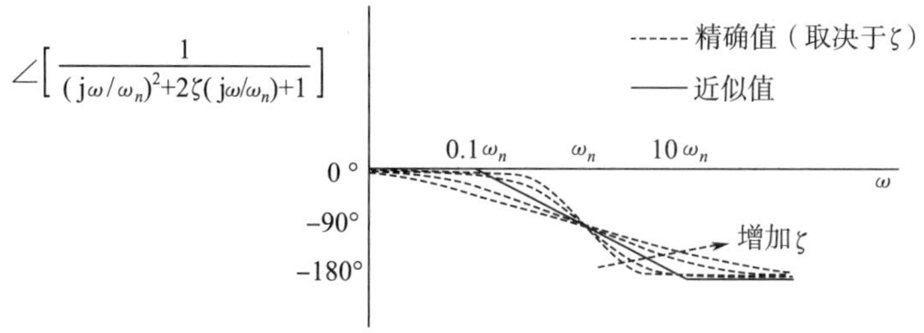

图 21－13 $\dfrac{1}{\left(\frac{s}{\omega_n}\right)^2+2\zeta\left(\frac{s}{\omega_n}\right)+1}$ 的相位频率响应

对于二阶环节 $\left(\frac{s}{\omega_n}\right)^2+2\zeta\left(\frac{s}{\omega_n}\right)+1$，频率响应图为 $\dfrac{1}{\left(\frac{s}{\omega_n}\right)^2+2\zeta\left(\frac{s}{\omega_n}\right)+1}$ 的负值，如图 21－14 所示。

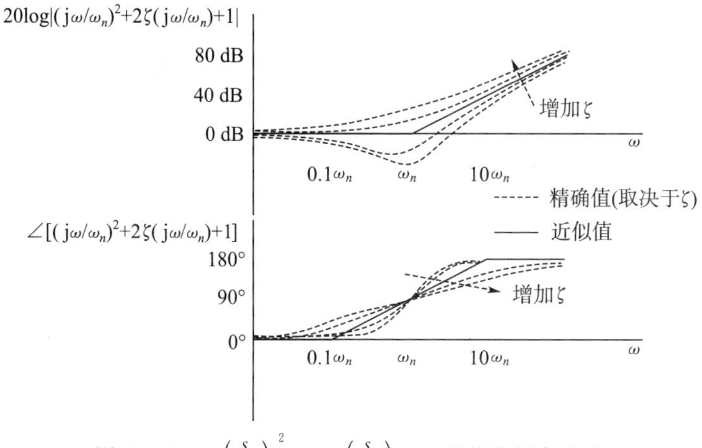

图 21－14 $\left(\frac{s}{\omega_n}\right)^2+2\zeta\left(\frac{s}{\omega_n}\right)+1$ 环节的频率响应

图 21－6～图 21－14 所示 log 幅值和相位频率响应图被称作伯德图。使用传递函数中上述 4 个环节的响应可以呈现任何由该 4 个环节组成的传递函数的伯德图。

绘制伯德图的步骤如下：

1）重新以基本环节 K，s，$Ts+1$，$\left(\frac{s}{\omega_n}\right)^2+2\zeta\left(\frac{s}{\omega_n}\right)+1$ 表达 $G(s)$。

2）为上述每个环节绘制 log 幅值频率响应，然后叠加得到整体响应。

3）为上述每个环节绘制相位频率响应，然后叠加得到整体响应。

例 21.1　绘制如下传递函数的伯德图

$$G(s)=\frac{10(s+3)}{s(s^2+s+2)}$$

首先，以伯德图形式重写上述环节，得到

$$s+3=3\left(\frac{1}{3}s+1\right)$$

$$s^2+s+2=2\left[\left(\frac{s}{\sqrt{2}}\right)^2+\frac{s}{2}+1\right]$$

对于二阶环节，有欠阻尼自然频率 $\omega_n=\sqrt{2}$ 及阻尼系数 $\zeta=\frac{1}{2\sqrt{2}}$。因此，以上述环节的形式，传递函数变为

$$G(s)=15\frac{\left(\frac{1}{3}s+1\right)}{s\left[\left(\frac{s}{\sqrt{2}}\right)^2+\frac{s}{2}+1\right]}$$

上述传递函数具有 4 个因素：1）15；2）$\left(\frac{1}{3}s+1\right)$；3）$\frac{1}{s}$；4）$\frac{1}{\left(\frac{s}{\sqrt{2}}\right)^2+\frac{s}{2}+1}$。

图 21－15 展示了每个环节的近似频率响应。图 21－16 展示了每个环节的叠加，可以和图 21－17 展示的 $G(s)$ 精确频率响应对比。对比图 21－16 和图 21－17，可以看出近似增益频率响应非常接近真实增益频率响应，而近似相位频率响应并不与真实相位频率响应很好匹配。这表明近似方法可以获得频率响应的定性理解，但任何真实分析都必须以精确数值解来获取频率响应。

最后，注意对于非稳定传递函数 $G(s)$ 仍然可以绘制伯德图［仅需绘制 $20\log|G(j\omega)|$ 和 $\angle G(j\omega)$］，只是不具备稳态频率响应的物理解释，同时也不能通过实验获取（但是渐近稳定系统可以通过实验获取）。

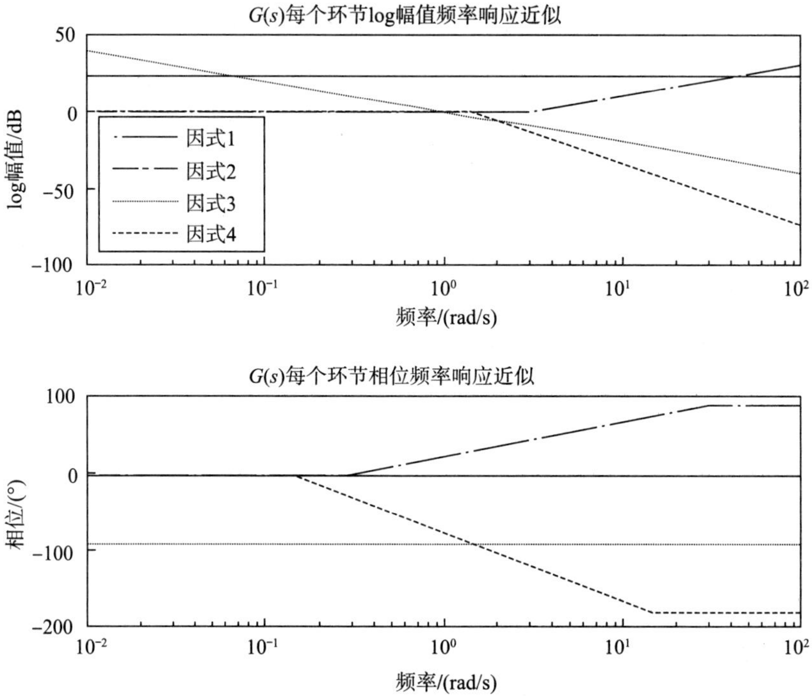

图 21-15　$G(s)$ 各项近似伯德图

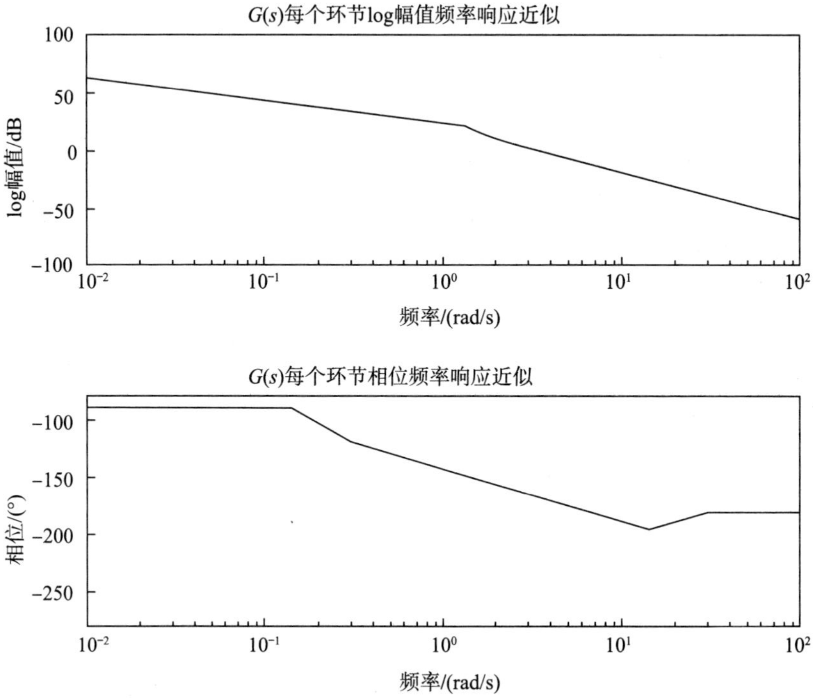

图 21-16　$G(s)$ 的近似伯德图

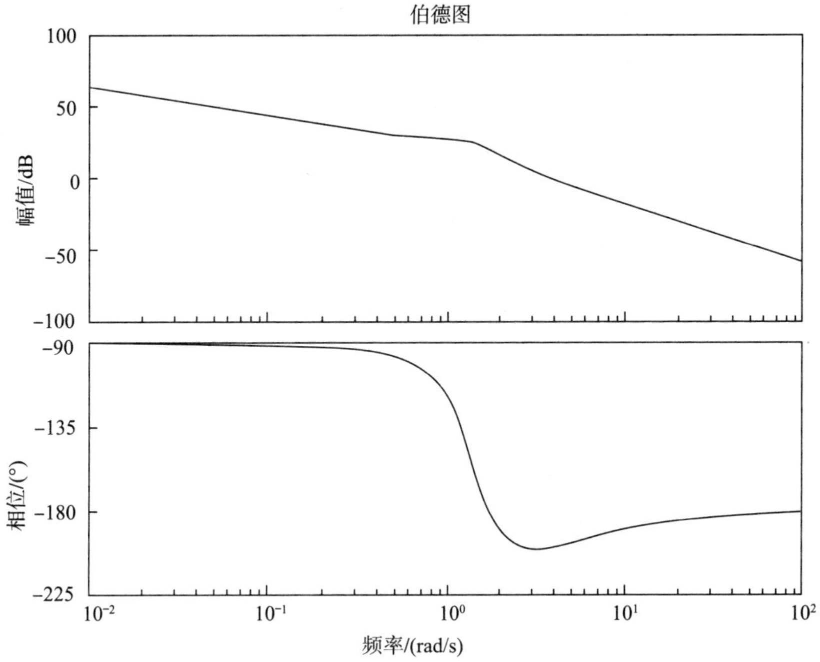

图 21-17　$G(s)$ 的精确伯德图

21.2　低通滤波设计

回到为测量衰减而寻找低通滤波器 $H(s)$ 的问题，如图 21-3 所示。当时希望对于小频率，$H(j\omega)\approx 1$，对于高频率，$H(j\omega)\approx 0$。从 21.1.1 节的基本环节中可以看出，具有恰当拐角频率 $\omega_c=\left(\frac{1}{T}\right)$ 的一阶环节是滤波器 $H(s)$ 的合适选择

$$H(s)=\frac{1}{Ts+1}$$

实际上，取决于所要求的测量噪声衰减程度，我们可以使用不止一个环节，例如

$$H(s)=\left(\frac{1}{Ts+1}\right)^2$$

该环节将增大截止速率。

21.3　注释

本章介绍了系统频率响应的概念及其在控制系统内与测量噪声滤波的关系，之后检查了确定恰当频率响应环节的技术。更多关于怎样确定频率响应环节的实例见关于古典控制论的优秀著作，包括富兰克林等人（Franklin et al.，2010）和奥加塔（Ogata，2010）的著作。

参考文献

[1] Franklin GF, Powell JD and Emami - Naeini A 2010 Feedback Control of Dynamic Systems 6th edn. Prentice Hall, Upper Saddle River, NJ.

[2] Ogata K 2010 Modern Control Engineering 5th edn. Prentice Hall, Upper Saddle River, NJ.

第 22 章　相对稳定性

对一个闭环系统最重要的要求是必须稳定。本章将研究系统变得不稳定的接近程度，即相对稳定性概念。由于被控系统数学模型并不完美，理解相对稳定性就非常重要。在模型具有不确定性的条件下，所设计的闭环系统控制器保持稳定至关重要。在这方面系统频率响应方法非常有益。

22.1　极坐标图

如上所述，渐近稳定系统的稳态频率响应为

$$y(s)=G(s)u(s)$$

对于输入 $u(t)=A\sin\omega t$，稳定性取决于 $G(\mathrm{j}\omega)$，有下式

$$y_{ss}(t)=A\mid G(\mathrm{j}\omega)\mid\sin[\omega t+\angle G(\mathrm{j}\omega)]$$

由于

$$G(\mathrm{j}\omega)=|G(\mathrm{j}\omega)|[\cos\angle G(\mathrm{j}\omega)+\mathrm{j}\sin\angle G(\mathrm{j}\omega)] \tag{22-1}$$

$y_{ss}(t)$ 完全取决于稳态响应的幅值和相位。为呈现 $G(\mathrm{j}\omega)$ 在不同频率的状态，可以应用伯德图，包括两个图形。其中一个是幅值 $|G(\mathrm{j}\omega)|$，另一个是相位 $\angle G(\mathrm{j}\omega)$。

我们可以在复平面表达 $G(\mathrm{j}\omega)$，如图 22-1 所示。

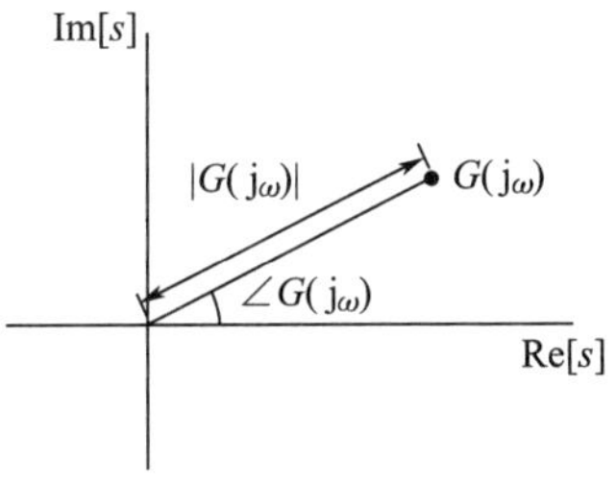

图 22-1　$G(\mathrm{j}\omega)$ 在复平面的表达

设 ω 如伯德图所示从 0 至 ∞ 变化，可以获得复平面 $G(\mathrm{j}\omega)$ 曲线。现在需要将正虚轴的 $s=\mathrm{j}\omega$ 通过传递函数映射到复平面曲线，如图 22-2 所示。

图像的优越性是可以在一幅图中包含所有信息（幅值和相位）（而且可以对系统稳定性提供洞见，如后文所述）。不利之处是传递函数的个体环节 $G(s)$ 不能清晰可见（不像伯德图）。

现在探讨极坐标图的常见形状。考虑以下传递函数

$$G(s)=\frac{a_0s^m+a_1s^{m-1}+\cdots+a_m}{s^n+b_1s^{n-1}+\cdots+b_n} \tag{22-2}$$

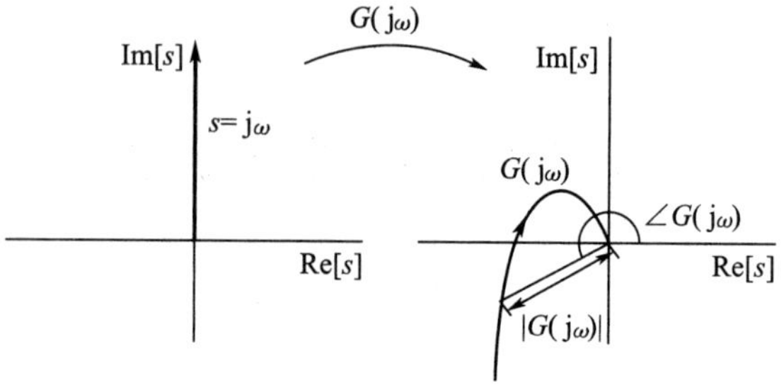

图 22-2 通过 $G(s)$ 映射 $s=\mathrm{j}\omega$

其中 $n>m$。为简化问题，假设 $a_i>0$ 且 $b_j>0$，$i=1$，…，m 且 $j=1$，…，n。

22.1.1 0 型系统 ($N=0$)

首先考虑 0 型系统。在 17.9 节中定义系统类型为传递函数中积分环节数量 N。对于无积分环节的 0 型系统，意味着 $b_n\neq 0$。

现在考虑极坐标图中 $G(\mathrm{j}\omega)$ 的极端行为。根据式（22-2），有

$$\text{当 }\omega=0\text{ 时}, G(\mathrm{j}\omega)=\frac{a_m}{b_n}$$

对于很大的 ω，由分子分母中最高阶 $\mathrm{j}\omega$ 主导，即

$$\text{当 }\omega\to\infty\text{ 时}, G(\mathrm{j}\omega)\approx\frac{a_0}{(\mathrm{j}\omega)^{n-m}}\to 0$$

由于 $\angle a_0/(\mathrm{j}\omega)^{n-m}$ 为多重$-90°$角，极坐标图必然沿某一坐标轴趋近原点。具体是哪一个坐标轴取决于相对角度，即 $G(s)$ 的 $n-m$ 值，如图 22-3 所示。

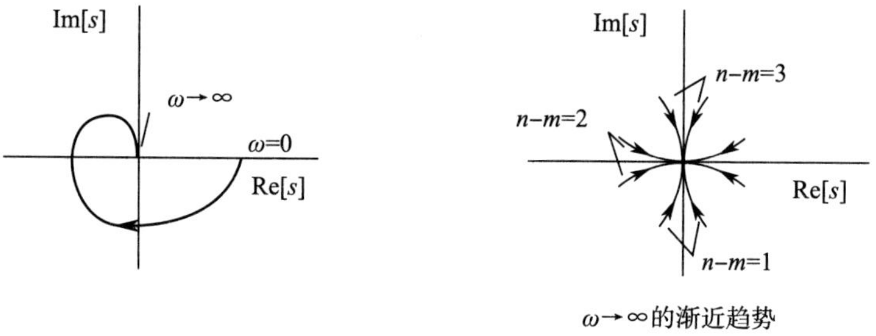

图 22-3 0 型系统极坐标图

22.1.2 1 型系统 ($N=1$)

对于 1 型系统有 $a_m\neq 0$，$b_{n-1}\neq 0$ 及 $b_n=0$。因此，从式（22-2），对于任意小的 ω 值，分子和分母中最低阶 $\mathrm{j}\omega$ 占主导地位，得出

$$\text{当 }\omega\to 0\text{ 时}, G(\mathrm{j}\omega)\approx\frac{a_m}{b_{n-1}\mathrm{j}\omega}$$

因此有

$$\text{当 } \omega \to 0 \text{ 时}, |G(\mathrm{j}\omega)| \to \infty, \angle G(\mathrm{j}\omega) \to -90^\circ$$

对于 0 型系统中很大的 ω 值，分子和分母中 $\mathrm{j}\omega$ 的最高阶占主导地位，因此有

$$\text{当 } \omega \to \infty \text{ 时}, G(\mathrm{j}\omega) \approx \frac{a_0}{(\mathrm{j}\omega)^{n-m}} \to 0$$

图 22－4 展示了 1 型系统的典型极坐标图。

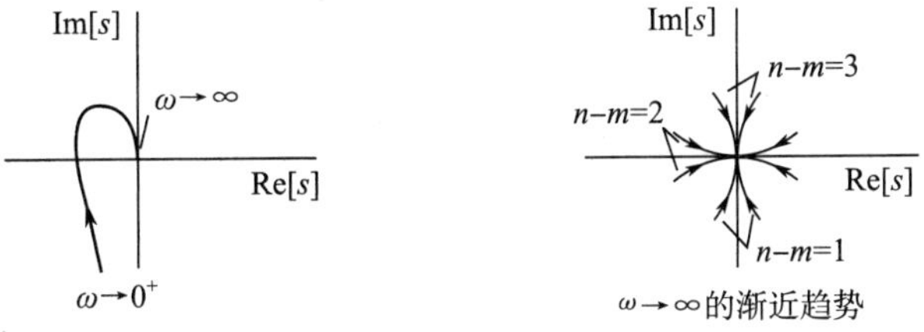

图 22－4　1 型系统的极坐标图

22.2　奈奎斯特稳定性判据

现在可以探讨如何利用频率响应判定闭环系统稳定性。极坐标图是最适合的工具，理解之后可以与伯德图关联。

考虑如图 22－5 所示的通用反馈系统。注意 $G(s)$ 包含控制器和控制对象。如 17.4 节所示，闭环传递函数为

$$T(s) = \frac{Y(s)}{R(s)} = \frac{G(s)}{1 + G(s)H(s)} \tag{22-3}$$

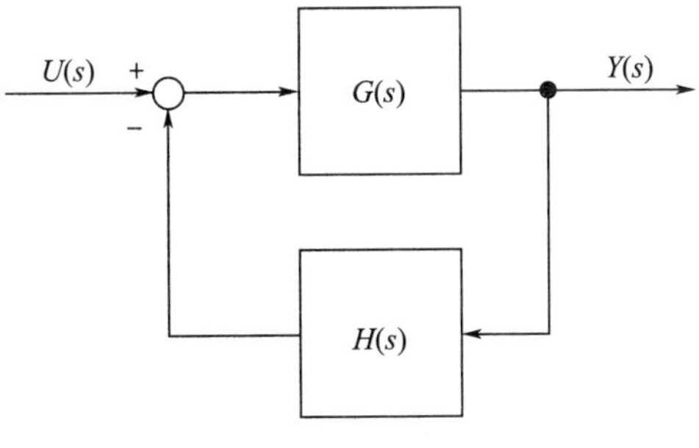

图 22－5　通用反馈系统

如 17.9 节所示，开环传递函数为

$$G_o(s) = G(s)H(s)$$

闭环稳定性由式（22－3）的极点确定，这些极点是如下特征方程的零点

$$1 + G_o(s) = 0 \tag{22-4}$$

因此，需要了解式（22－4）的零点是否位于左半平面，但并不需要知道其精确值。现在，开环传递函数可以写为

$$G_o(s)=\frac{a_0s^m+a_1s^{m-1}+\cdots+a_m}{s^n+b_1s^{n-1}+\cdots+b_n}=\frac{a(s)}{b(s)}$$

其中 $m\leqslant n$。因此，可以得出

$$1+G_o(s)=\frac{b(s)+a(s)}{b(s)}$$

上式意味着 $1+G_o(s)$ 的极点等于开环传递函数 $G_o(s)$ 的极点。

现在得出一个在复平面分析中非常重要的结论，该结论将联系开环传递函数 $G_o(s)$ 的频率响应和闭环传递函数 $T(s)$ 的稳定性，称作幅角原理。

22.2.1 幅角原理

假设

$$F(s)=\frac{a_0s^m+a_1s^{m-1}+\cdots+a_m}{s^n+b_1s^{n-1}+\cdots+b_n}\tag{22-5}$$

是传递函数。显而易见对于每个点 s，除了 $F(s)$ 的极点，都有一个相应点 $F(s)$ 位于复平面。即 $F(s)$ 将复平面的点映射到复平面。同理，$F(s)$ 将复平面曲线映射到复平面。例如，假设

$$s(t)=c(t)+\mathrm{j}y(t)\ ,\ t\in[t_1,t_2]$$

其中 $y(t)$ 为 t 的实连续函数，在复平面上表现为曲线。然后 $F(s(t))$ 同样是复平面的曲线，如图 22-6 所示。

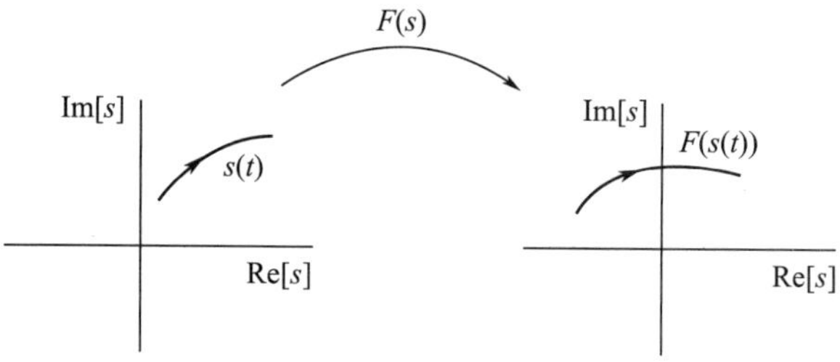

图 22-6　通过 $F(s)$ 映射 $s(t)$

定理 22.1　（幅角原理）考虑式（22-5）中的 $F(s)$，$s(t)$ 为复平面简单（无自我穿越）逆时针曲线且其不穿越任何 $F(s)$ 零极点。设 P 为曲线内 $F(s)$ 极点数量，Z 为 $F(s)$ 内零点数量，则 $F(s(t))$ 曲线顺时针包容原点的次数由下式决定

$$N=Z-P$$

实例如图 22-7 所示。

注意：$s(t)$ 曲线的具体形状并不重要，只要求其简单、封闭、顺时针方向，且不穿越 $F(s)$ 的任何零极点。

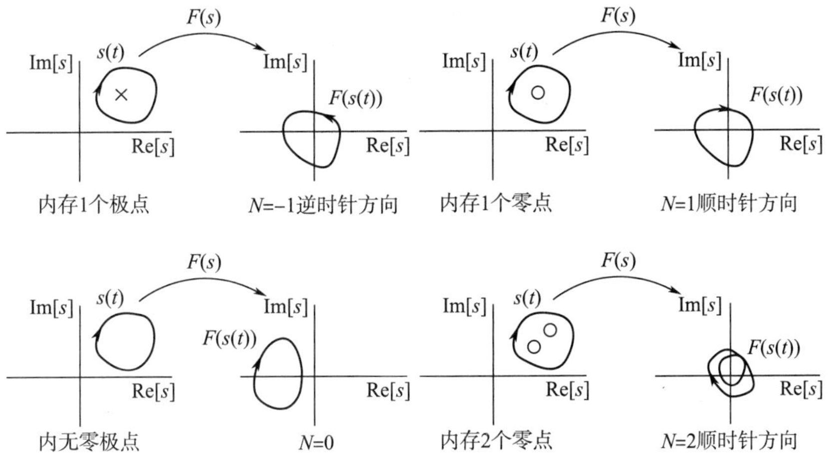

图 22－7　幅角原则实例

22.2.2　闭环系统稳定性分析

已经验证式（22－3）中闭环系统极点由下式零点给出

$$1+G_o(s)$$

如果 $T(s)$ 不稳定，则其必然在右半平面具有极点，即 $1+G_o(s)$ 在右半平面有零点。从开环传递函数 $G_o(s)$ 可知 $1+G_o(s)$ 在右半平面的极点数［等于 $G_o(s)$ 右半平面极点数］。假设

$$P = \text{右半平面}\ G_o(s)\ \text{极点数量}$$

通过使用幅角原则可以确定

$$Z = \text{右半平面}\ 1+G_o(s)\ \text{零点数量}$$

结论的得出是通过定义图 22－8 所示曲线［假设 $1+G_o(s)$ 在虚轴并无极点］。这称作奈奎斯特（Nyquist）曲线，且包含所有 $1+G_o(s)$ 在右半平面的零点。

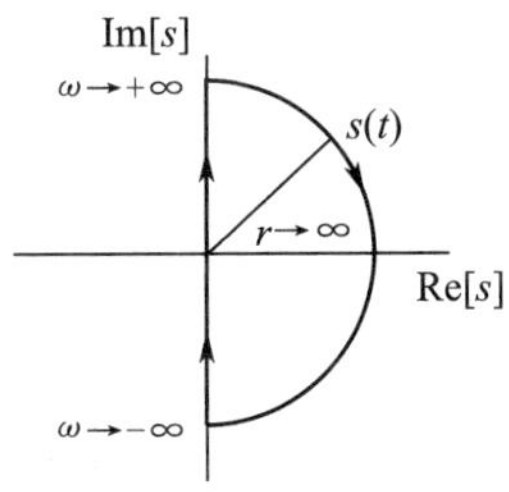

图 22－8　奈奎斯特曲线

通过使用幅角原则，闭环系统稳定性可以通过 $1+G_o[s(t)]$ 曲线顺时针对原点包容的次数 N 确定，即

$$Z = N + P$$

其中 P 通过 $G_o(s)$ 为已知，N 通过对奈奎斯特曲线的映射确定。

需要注意的是，$1+G_o[s(t)]$ 曲线仅仅是 $G_o[s(t)]$ 右移 1 个单位。因此，$1+G_o[s(t)]$ 对原点的环绕等价于 $G_o[s(t)]$ 对 -1 的环绕，即图 22-9 所示的开环系统曲线。通过开环传递函数映射奈奎斯特曲线的方法被称作奈奎斯特图。

奈奎斯特曲线可以分为 3 部分

$$s_1(\omega)=\mathrm{j}\omega\ ,\ \omega:0\to\infty$$

$$s_2(\theta)=r\mathrm{e}^{\mathrm{j}\theta}\ ,\ \theta:\frac{\pi}{2}\to-\frac{\pi}{2}\ ,\ r\to\infty$$

$$s_3(\omega)=-\mathrm{j}\omega\ ,\ \omega:\infty\to 0$$

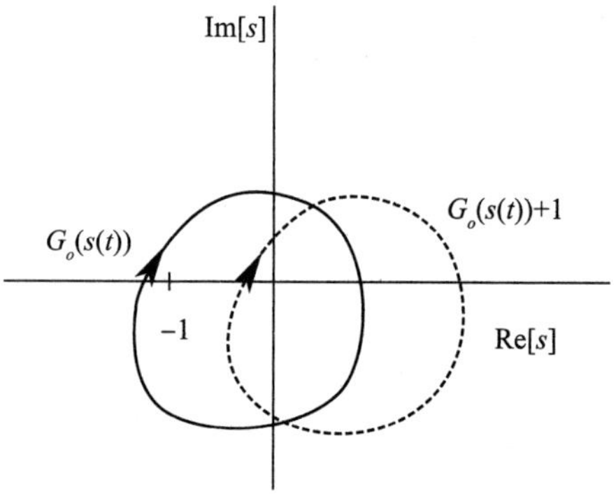

图 22-9 开环奈奎斯特图的平动

设开环传递函数为

$$G_o(s)=\frac{a_0s^m+a_1s^{m-1}+\cdots+a_m}{s^n+b_1s^{n-1}+\cdots+b_n}\ ,\ m\leqslant n$$

则奈奎斯特图可以分为以下 3 部分

$G_o(s_1)=G_o(\mathrm{j}\omega)$，开环频率响应，如图 22-10 所示

$$G_o(s_2)=\begin{cases}0, m<n\\ a_0, m=n\end{cases}$$

$G_o(s_3)=G_o(-\mathrm{j}\omega)=\overline{G(\mathrm{j}\omega)}$，开环频率响应的镜像

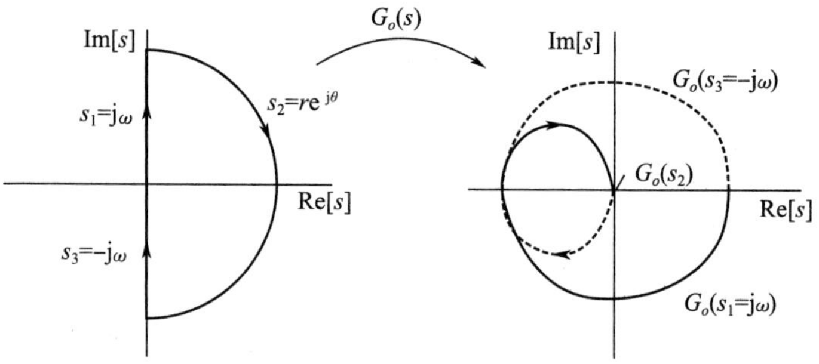

图 22-10 虚轴无开环极点的奈奎斯特图

由于 $G_o(s_2)=$ 常数，仅需绘制 $G_o(\mathrm{j}\omega)$ 和 $G_o(-\mathrm{j}\omega)$ 来确定对 -1 的包容。根据开环传递函

数的奈奎斯特图，可以应用幅角原则确定闭环系统稳定性。结论称作奈奎斯特稳定性判据。

（1）奈奎斯特稳定性判据

设开环传递函数 $G_o(s)$ 在虚轴无极点，令

$N_{-1}^{cw}=G_o(j\omega)$ 在 ω：$-\infty \to +\infty$ 时对 -1 的顺时针包容的数量

$P_{G_o}^{+}=G_o(s)$ 在右半平面的极点数

$Z_{1+G_o}^{+}=1+G_o(s)$ 在右半平面的零点数

则

$$Z_{1+G_o}^{+}=N_{-1}^{cw}+P_{G_o}^{+} \tag{22-6}$$

由于 $Z_{1+G_o}^{+}$ 也是非稳定闭环极点数，稳定性条件为

$$Z_{1+G_o}^{+}=0 \tag{22-7}$$

需要注意的是，由于 $G_o(-j\omega)$ 为 $G_o(j\omega)$ 的镜像，因此仅需对 ω：$0 \to \infty$ 绘制 $G_o(j\omega)$ 的频率响应来获取充分信息判定对 -1 的包容，即闭环稳定性。因此对闭环稳定性的判定取决于开环频率响应（同样可以在伯德图中展示），如图 22－11 所示。

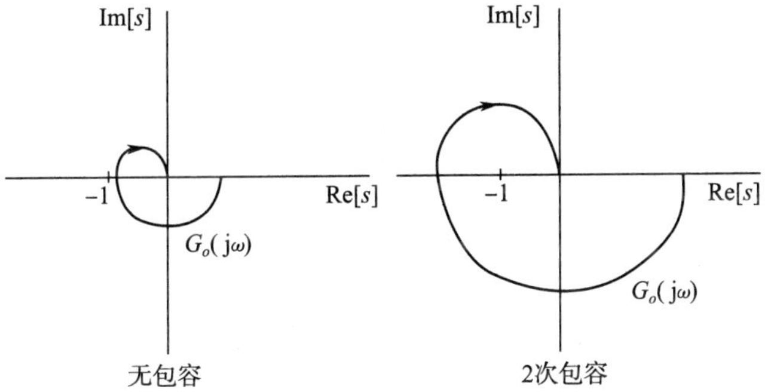

图 22－11　从频率响应确定包容次数

（2）虚轴开环极点的修正

如果开环传递函数 $G_o(s)$ 在虚轴拥有极点，则必须修正奈奎斯特图绕过虚轴极点，如图 22－12 所示。

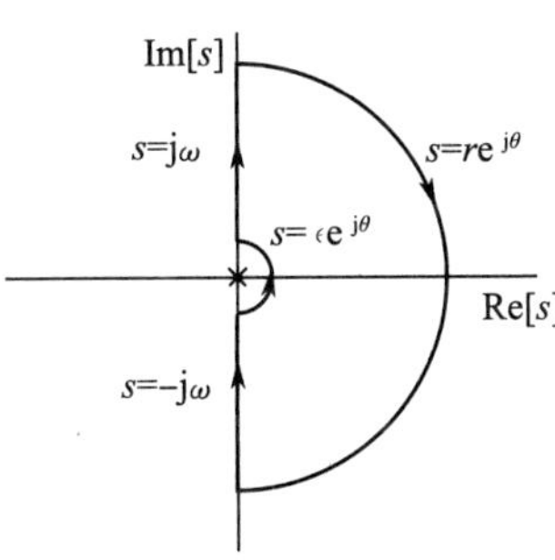

图 22－12　修正后的奈奎斯特图具有位于原点的开环极点

即如果 jp 是 $G_o(s)$ 的一个极点，则必须修正环绕 $s=\mathrm{j}p$ 的奈奎斯特曲线，使其成为 $\mathrm{j}p+\epsilon e^{\mathrm{j}\theta}$，其中 $\epsilon\to0$ 且 θ：$-\frac{\pi}{2}\to\frac{\pi}{2}$。必须计算该曲线对 -1 的任何可能包容，之后如下奈奎斯特判据不变

$$Z_{1+G_o}^{+}=N_{-1}^{c\omega}+P_{G_o}^{+} \tag{22-8}$$

$$\text{其中 } Z_{1+G_o}^{+}=0\text{，则系统稳定} \tag{22-9}$$

例 22.1　（航天器姿态 PID 控制）现在对 20.2 节的航天器姿态 PID 控制应用奈奎斯特判据，其中控制对象为

$$G_p(s)=\frac{1}{Is^2}$$

控制器为

$$G_c(s)=K_p+K_ds+\frac{K_i}{s}$$

在 20.2 节中，航天器转动惯量为 $I=1\ \mathrm{kg\cdot m^2}$。PID 控制增益为

$$K_p=0.0179\ ,K_d=0.1753\ ,K_i=4.59\times10^{-4}$$

开环传递函数为

$$G_o(s)=\frac{K_ds^2+K_ps+K_i}{s^3} \tag{22-10}$$

开环传递函数在原点有 3 重极点。因此，奈奎斯特曲线必须将其绕过，如图 22－13 所示。

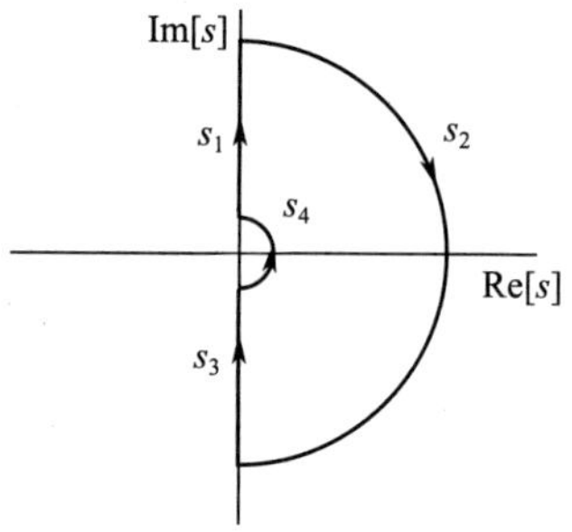

图 22－13　航天器姿态 PID 控制奈奎斯特曲线实例

此时奈奎斯特曲线由下述 4 个部分构成

$$s_1(\omega)=\mathrm{j}\omega\ ,\omega:\epsilon\to r$$

$$s_2(\theta)=re^{\mathrm{j}\theta}\ ,\theta:\frac{\pi}{2}\to-\frac{\pi}{2}$$

$$s_3(\omega)=-\mathrm{j}\omega\ ,\ \omega:r\to\epsilon$$

$$s_4(\theta)=\epsilon e^{\mathrm{j}\theta}\ ,\theta:-\frac{\pi}{2}\to\frac{\pi}{2}$$

为保证奈奎斯特曲线包容全部右半平面，令 $\epsilon\to0$ 和 $r\to\infty$，当 $r\to\infty$ 时有 $G_o(s_2)\to0$。由于 $G_o(s_3)$ 为 $G_o(s_1)$ 的镜像图像，仅需检查 $G_o(s_1)$ 和 $G_o(s_4)$ 来对整体奈奎斯特图进行判定。让我们从 $G_o(s_1)$ 开始。

当 $\omega=\epsilon$ 时，对于非常小的 ϵ ，分子和分母中最低阶 $\mathrm{j}\omega$ 项主导，因此有

$$G_o(\mathrm{j}\omega)\approx\frac{K_i}{(\mathrm{j}\epsilon)^3}=\frac{K_i}{-\mathrm{j}\epsilon^3}$$

因此有

$$当\ \omega=\epsilon\rightarrow0^+\ 时，|G_o(\mathrm{j}\omega)|\rightarrow\infty，\angle G_o(\mathrm{j}\omega)\rightarrow-270^\circ$$

即来自无穷的频率响应 $G_o(\mathrm{j}\omega)$ 与正虚轴平行。

当 $\omega=r$ ，且 r 取值很大时，分子和分母中最高阶 $\mathrm{j}\omega$ 项主导，因此有

$$G_o(\mathrm{j}\omega)\approx\frac{K_d}{(\mathrm{j}r)}$$

得出

$$当\ \omega=r\rightarrow\infty\ 时，|G_o(\mathrm{j}\omega)|\rightarrow0，\angle G_o(\mathrm{j}\omega)\rightarrow-90^\circ$$

即，频率响应函数 $G_o(\mathrm{j}\omega)$ 沿负虚轴接近原点，意味着频率响应必须在实轴某点穿越实轴。考虑下式

$$G_o(\mathrm{j}\omega)=\frac{K_d(\mathrm{j}\omega)^2+K_p(\mathrm{j}\omega)+K_i}{(\mathrm{j}\omega)^3}=\frac{(K_i-K_d\omega^2)+\mathrm{j}K_p\omega}{-\mathrm{j}\omega^3}\tag{22-11}$$

由于分母完全为虚数，$G_o(\mathrm{j}\omega)$ 仅在分子完全为虚数时为实数，即穿越实轴的点其频率满足下式

$$K_i-K_d\omega^2=0$$

即当频率为

$$\omega=\sqrt{\frac{K_i}{K_d}}$$

频率响应 $G_o(\mathrm{j}\omega)$ 穿越实轴。将上式代入式（22-11），实轴穿越发生于

$$G_o\left(\mathrm{j}\sqrt{\frac{K_i}{K_d}}\right)=-\frac{K_pK_d}{K_i}=-6.85$$

从式（22-11）可见 $G_o(\mathrm{j}\omega)$ 并不穿越虚轴。现在可以绘制频率响应 $G_o(\mathrm{j}\omega)$ 及其镜像图像 $G_o(-\mathrm{j}\omega)$ ，如图 22-14 所示。

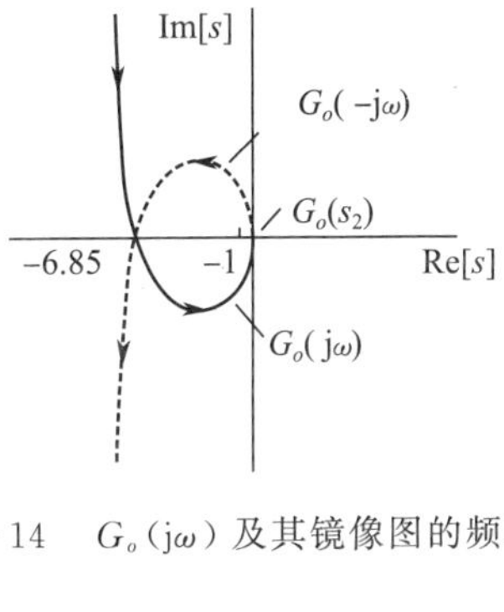

图 22-14　$G_o(\mathrm{j}\omega)$ 及其镜像图的频率响应

完成奈奎斯特图所需的最后部分为 $G_o(s_4)$ 。当 $s=\epsilon e^{\mathrm{j}\theta}$ 对很小的 ϵ 成立时，最低阶 s 主导，即

$$G_o(s) \approx \frac{K_i}{(\epsilon e^{j\theta})^3} = \frac{K_i e^{-3j\theta}}{\epsilon^3}$$

因此，对于 $s_4 = \epsilon e^{j\theta}$，其中 θ：$-\frac{\pi}{2} \to \frac{\pi}{2}$，得出

$$\text{当 } \epsilon \to 0^+ \text{ 和 } \angle G_o(s_4): \frac{3\pi}{2} \to -\frac{3\pi}{2} \text{ 时，} |G_o(s_4)| \to \infty$$

即 $G_o(s_4)$ 环绕全部右半平面 1.5 次，从 $G_o(-j\omega)$ 开始并结束于 $G_o(j\omega)$，如图 22－15 所示。

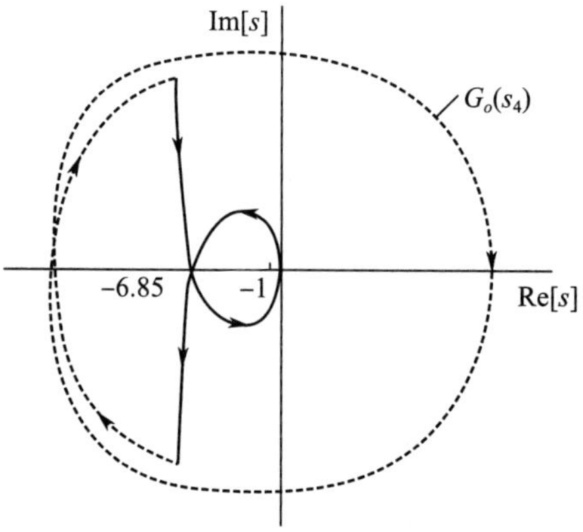

图 22－15 航天器姿态 PID 控制器的完整奈奎斯特图

可以从图 22－15 的奈奎斯特图看出一次对－1 的顺时针包容和一次对－1 的逆时针包容。因此有

$$N_{-1}^{cw} = 1 - 1 = 0$$

从开环传递函数（22－10）可知并无开环右半平面极点，因此

$$P_{G_o}^{+} = 0$$

因此，闭环右半平面极点数量为

$$Z_{1+G_o}^{+} = N_{-1}^{cw} + P_{G_o}^{+} = 0$$

且闭环系统稳定。

22.3 稳定性裕度

如本章开头所述，用于设计控制系统的数学模型并不完美。因此当不确定性位于数学模型考虑范围之内时，控制系统具有鲁棒稳定性至关重要。为方便理解，令控制对象模型如下

$$\frac{Y(s)}{U(s)} = G_p(s)$$

而真实控制对象具有传递函数

$$\frac{Y(s)}{U(s)} = \overline{G}_p(s) = G_p(s) G_u(s)$$

其中 $G_u(s)$ 是代表不确定性的传递函数。假设设计的控制器为

$$U(s)=G_c(s)E(s)$$

使图 22－16 所示控制对象模型 $G_p(s)$ 渐近稳定。当控制器应用于真实系统时，闭环系统如图 22－17 所示。对比图 22－16 和图 22－17，可以看出理想开环传递函数（所设计的）为

$$G_o(s)=G_c(s)G_p(s)$$

而真实开环函数为

$$\overline{G}_o(s)=G_o(s)G_u(s)$$

因此，所设计的闭环极点满足特征方程

$$1+G_o(s)=0$$

而真实闭环极点满足

$$1+G_o(s)G_u(s)=0$$

因此设计闭环系统时必须提供稳定性裕度，以保证闭环系统稳定。

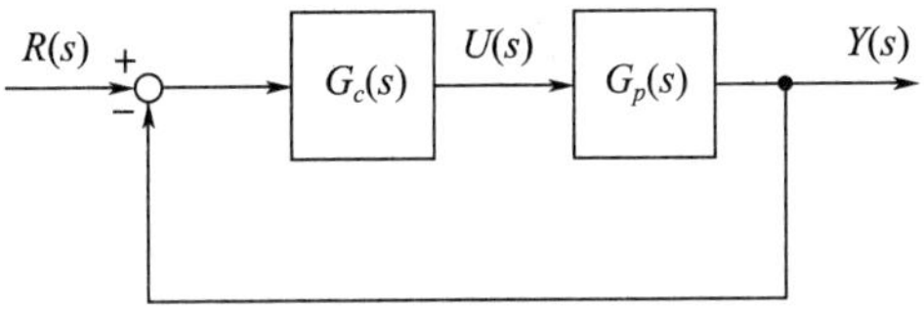

图 22－16　理想闭环系统

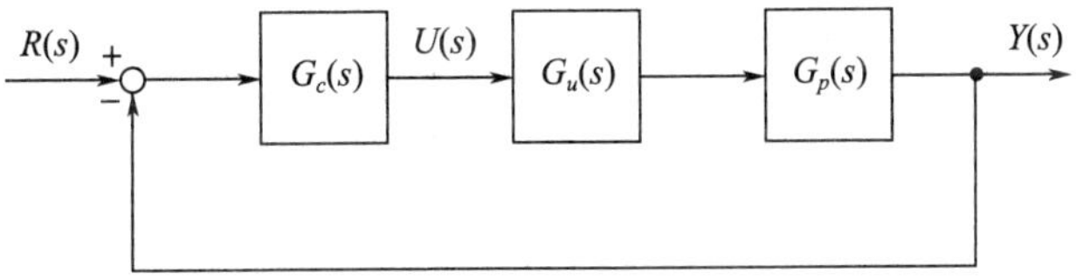

图 22－17　真实闭环系统

修正的应用：如 17.7.1 节和 20.2 节所述，有时需要将控制法则分解为两个部分

$$G_c(s)=G_{ce}(s)+G_{cy}(s)$$

然后应用图 22－18 所示的修正后的控制法则，很快就会发现标准的和修正后的闭环特征方程（分别对应图 22－17 和图 22－18）相同。因此，对于闭环鲁棒性分析，仅需考虑图 22－17 所示的标准应用。

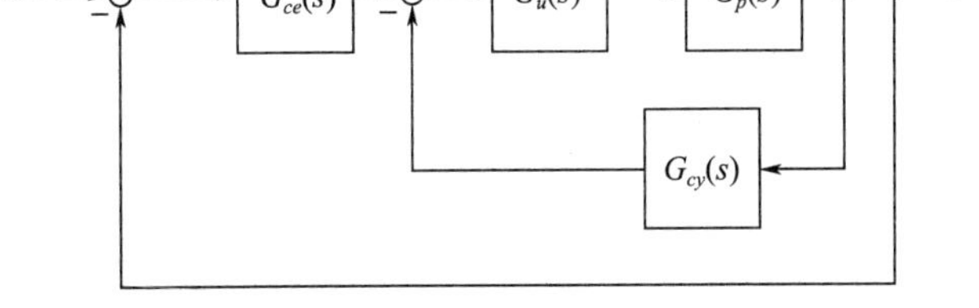

图 22－18　采用修正后的控制法则的真实闭环系统

22.3.1 稳定性裕度定义

假设所设计的控制系统 $G_c(s)$ 为理想闭环渐近稳定系统（见图 22-16）。

如 22.2.2 节所示，奈奎斯特稳定性判据表明理想开环系统 $[G_o(s)]$ 对 -1 具有所要求的顺时针包容次数，即

$$N_{-1}^{c\omega} = -P_{G_o}^{+}$$

其中 $P_{G_o}^{+}$ 为右半平面开环极点数，可以假设 $G_u(s)$ 无右半平面极点（如果有，意味着控制对象模型严重有误）。因此对于鲁棒稳定性，真实开环系统的奈奎斯特图 $[G_o(s)G_u(s)]$ 顺时针包容 -1 的次数必须等于理想开环系统 $G_o(s)$ 顺时针包容 -1 的次数。

如第 21 章所示，传递函数相乘的结果即频率响应中增益和相位的叠加，所以 $G_u(s)$ 对开环传递函数 $G_o(s)$ 增加了增益和相位。因此在真实闭环系统（见图 22-17）变得不稳定之前，可以基于能够叠加多少纯增益或相位至开环传递函数 $G_u(s)$ 来定义稳定性裕度。

22.3.1.1 增益裕度

为定义增益裕度，设图 22-17 所示不确定性为常数增益

$$G_u(s) = k > 0$$

增益裕度由真实闭环系统渐近稳定的范围 k 定义。为确定 k 值，需要检查理想开环系统 $G_o(s)$ 奈奎斯特图。首先，注意增益 k 的作用仅为调整奈奎斯特图比例，如图 22-19 所示。即，仅幅值变化，但相位保持不变。

$$|kG_o(j\omega)| = k\,|G_o(j\omega)|\,,\ \angle[kG_o(j\omega)] = \angle[G_o(j\omega)]$$

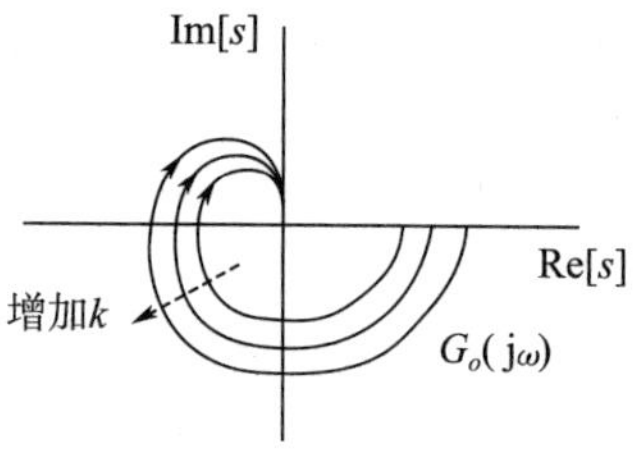

图 22-19　改变增益对奈奎斯特图的影响

由于理想闭环系统为渐近稳定（通过设计实现），可以通过将 k 值从理想值（对于理想闭环系统为 $k=1$）不断变化确定增益裕度直至对 -1 的包容次数改变，这可以通过增大或减小 k 实现，即确定所有满足下式的频率 ω_p

$$\angle G_o(j\omega_p) = -180° + 360°(l-1)$$

上式对于某些整数 l 成立，这样就确定了所有奈奎斯特图穿越负实轴的频率，如图 22-20 所示。这些频率称作相位穿越频率。

接下来选择 2 个让 $G_o(j\omega_p)$ 立刻位于 -1 左侧的相位穿越频率，设这两个频率分别为 $\omega_{p,l}$ 和 $\omega_{p,u}$，如图 22-21 所示。

显然，闭环稳定性范围 k 的上下限为

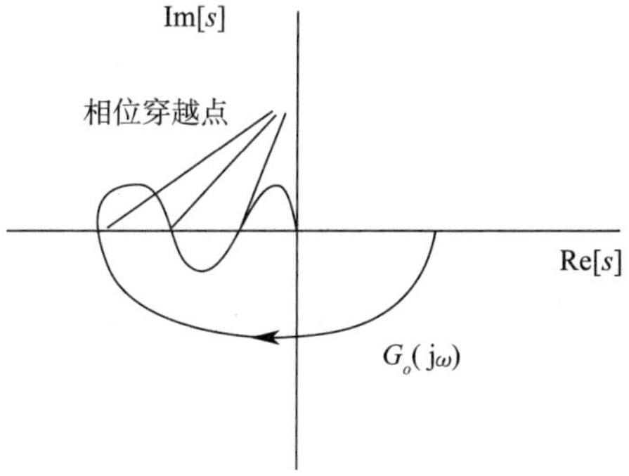

图 22－20　相位穿越点

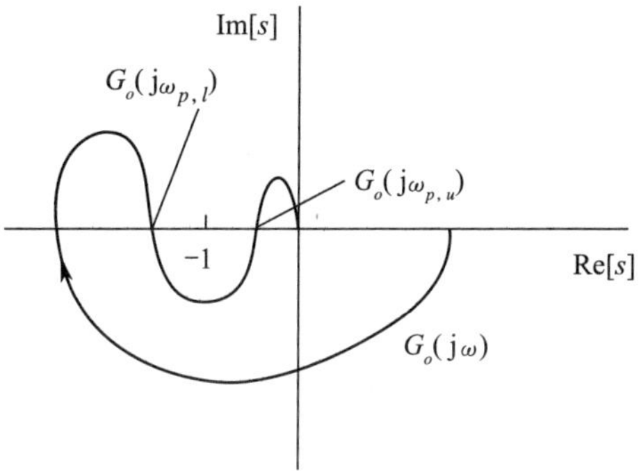

图 22－21　高低相位穿越点

$$k_l = \frac{1}{|G_o(j\omega_{p,l})|} \text{ 和 } k_u = \frac{1}{|G_o(j\omega_{p,u})|}$$

原因为：随着 k 的减小，负实轴穿越位于－1 左侧奈奎斯特图的点右移直至 $k=k_l$，此时该点满足

$$k_l G_o(j\omega_{p,l}) = \frac{1}{|G_o(j\omega_{p,l})|} G_o(j\omega_{p,l}) = -1$$

上式表明对－1 包容次数的改变。同样，增加 k 导致负实轴穿越位于－1 左侧奈奎斯特图的点左移直至 $k=k_u$，此时该点满足

$$k_u G_o(j\omega_{p,u}) = \frac{1}{|G_o(j\omega_{p,u})|} G_o(j\omega_{p,u}) = -1$$

这表明对－1 包容次数发生了改变。因此 k_u 和 k_l 分别称作上下增益裕度。通常将这些增益裕度表达为

$$GM_p = 20\log k_u = -20\log |G_o(j\omega_{p,u})|$$

和

$$GM_n = 20\log k_l = -20\log |G_o(j\omega_{p,l})|$$

需要注意的是，当 $GM_p > 0$ [由于 $|G_o(j\omega_{p,u})| < 1$] 时，称作正增益裕度。同样，当 $GM_n < 0$ [由于 $|G_o(j\omega_{p,l})| > 1$] 时，称作负增益裕度。

正负增益裕度同样可以在伯德图中确定，如图 22 - 22 所示。从相位频率响应图中可以识别穿越频率。如图所示，增益裕度从 log 幅值频率响应图中获取。

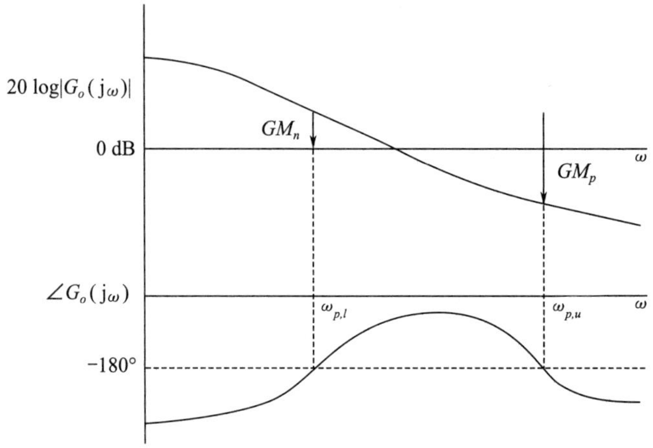

图 22 - 22　伯德图的增益裕度

22.3.1.2　相位裕度

如图 22 - 23 所示，通过旋转极坐标图 $G_o(s)$ 可以改变对 -1 的包容次数。

上述方法适用于纯相位环节加入开环传递函数时。相位裕度提供开环系统变得不稳定需要再增加或减少多少相位。

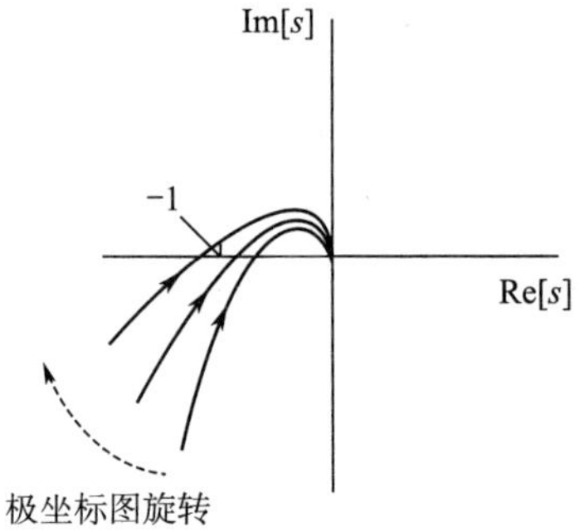

图 22 - 23　极坐标图旋转

一种非常重要的不稳定情况为反馈控制系统的延迟。直到现在，所有的设计计算假设传感器测量至控制指令的执行都能即刻完成。在现实中，测量至控制系统的通信会产生延迟，计算会产生延迟，甚至让驱动器执行指令的通信会产生延迟。这将导致频率响应的附加相位滞后，并且对闭环系统有不稳定效果。因此建立相位裕度来兼容闭环反馈的延迟（以及其他不确定性）非常重要。

现在观察具有单位延迟时间 T 的传递函数，以图 22 - 24 模块图形式表达，有

$$y(t) = u(t - T)$$

$y(t)$ 拉普拉斯变换由下述定义给出

$$Y(s) = \mathcal{L}(y(t))\int_0^{\infty} y(t)\mathrm{e}^{-st}\,\mathrm{d}t = \int_0^{\infty} u(t-T)\mathrm{e}^{-st}\,\mathrm{d}t$$

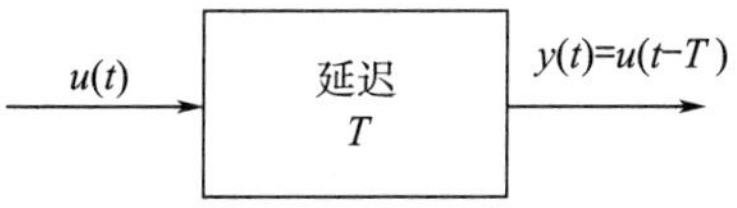

图 22 - 24　单位延迟环节

用变量 $\tau = t - T$ 对上式进行变换，得到

$$Y(s) = \int_{-T}^{\infty} u(\tau)\, \mathrm{e}^{-s(\tau+T)}\, \mathrm{d}t = \mathrm{e}^{-sT} \int_{-T}^{\infty} u(\tau) \mathrm{e}^{-s\tau}\, \mathrm{d}t$$

在单边拉普拉斯变换（正在使用）中，假设对 $t < 0$ 所有函数为 0，尤其是假设 $t < 0$ 时 $u(t) = 0$。因此，有

$$Y(s) = \mathrm{e}^{-sT} \int_{0}^{\infty} u(\tau)\, \mathrm{e}^{-s\tau}\, \mathrm{d}t = \mathrm{e}^{-sT} \mathcal{L}(u(t)) = \mathrm{e}^{-sT} U(s)$$

因此单位延迟环节的传递函数为

$$\frac{Y(s)}{U(s)} = \mathrm{e}^{-sT}$$

当 $s = \mathrm{j}\omega$ 时，单位延迟环节具有增益

$$|\mathrm{e}^{-\mathrm{j}\omega T}| = 1$$

相位为

$$\angle \mathrm{e}^{-\mathrm{j}\omega T} = -\omega T$$

因此，可以看出单位延迟环节仅对开环传递函数增加相位滞后，但并无增益。为定义相位裕度，必须检查频率响应曲线穿越半径为 1、圆心为原点的单位圆的点。这些点称作增益穿越点，如图 22 - 25 所示。

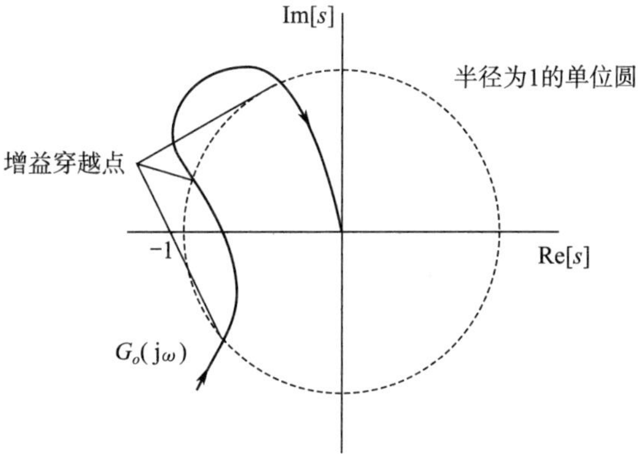

图 22 - 25　增益穿越点

增加或移除纯相位环节使增益穿越点沿单位圆旋转。通过增加或去除足够的纯相位环节，这些点将穿越 −1，并改变相对 −1 的旋转次数。

接下来确定所有增益穿越点对应的频率 ω_g。即所有满足下式的频率

$$|G_o(\mathrm{j}\omega_g)| = 1$$

这些频率称作增益穿越频率。之后分别选择 2 个能够让 $G_o(\mathrm{j}\omega_g)$ 紧邻 −1 上下的增益穿越

频率，将这两个频率分别称作 $\omega_{g,u}$ 和 $\omega_{g,l}$ ，如图 22－26 所示。

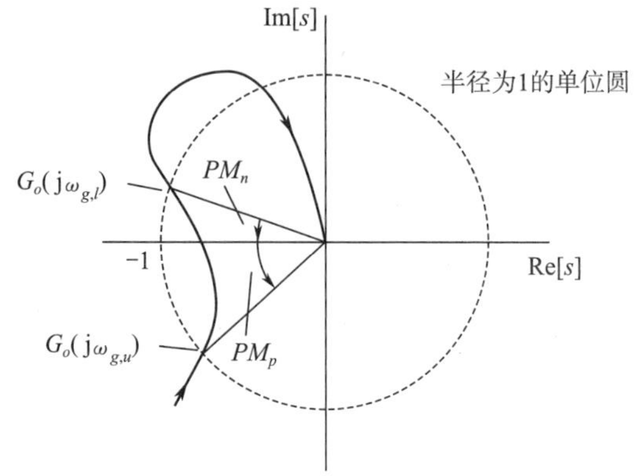

图 22－26　奈奎斯特图相位裕度

相位裕度定义为在开环系统变得不稳定前能够对其增加多少相位滞后（负相位）环节。显然，如图 22－26 所示，上下限为 PM_p 和 PM_n ，并取决于 $\angle G_o(j\omega_{g,u})$ 和 $\angle G_o(j\omega_{g,l})$ 。需要注意的是，PM_p 角度为正，而 PM_n 角度为负（从负实轴方向逆时针测量）。由此，PM_p 称作正相位裕度，描述多少相位滞后环节可以加到开环系统；而 PM_n 称作负相位裕度，描述多少负相位滞后环节可以加到开环系统。注意由于单位滞后环节增加相位滞后环节至开环系统（在每个频率增加 ωT），可以使用正相位裕度规定反馈系统允许的延迟。尤其对于闭环稳定性，单位延迟必须满足下式

$$T < \frac{PM_p}{\omega_{g,u}}$$

由于单位增益环节以增加的频率增加相位滞后，因此必须对每个增益穿越频率检查上式。

对于增益裕度，可以从频率响应伯德图获取相位裕度，如图 22－27 所示，通过 log 幅值频率响应图识别增益穿越点，相位裕度由相位频率响应图确定。

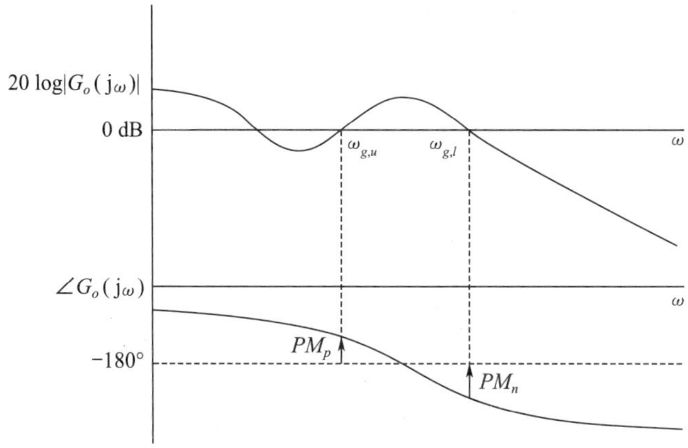

图 22－27　从伯德图中确定相位裕度

例 22.2　（航天器姿态 PID 控制）回到例 22.1 的航天器姿态 PID 控制器设计中。开环传递函数奈奎斯特图如图 22－15 所示。现在确定相关稳定性裕度。

（1）增益裕度

从奈奎斯特图（从图 22－28 中复制）可以看到一个相位穿越频率（穿越负实轴）。已知相位穿越频率 $\omega_{p,l}=\sqrt{\dfrac{K_i}{K_d}}=0.0512\ \mathrm{rad/s}$。相应负实轴穿越点为 $G_o(\mathrm{j}\omega_{p,l})=-6.85$，发生于－1 的左侧。注意－1 和 0 之间并无对负实轴的穿越。因此，并无开环增益能够改变奈奎斯特图对－1 的包容（意味着闭环系统对任何开环增益的增加保持稳定）。上下增益裕度为

$$k_u=\infty,k_l=\frac{1}{|G_o(\mathrm{j}\omega_{p,l})|}=0.146$$

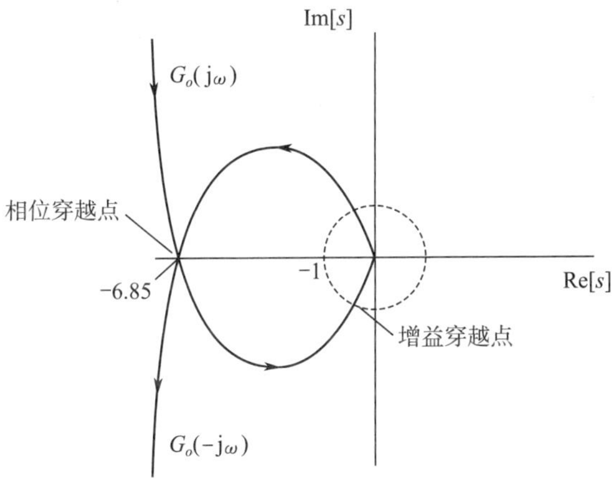

图 22－28　航天器姿态 PID 控制奈奎斯特图实例

以 log 幅值形式，有正负增益裕度如下

$$GM_p=20\log k_u=\infty\ ,GM_n=20\log k_l=-16.7\ \mathrm{dB}$$

开环传递函数伯德图如图 22－29 所示，由此可以看出，增益裕度可以通过伯德图确定。

（2）相位裕度

从图 22－28 的奈奎斯特图可以看到一个增益穿越频率，这将产生正相位裕度。可以通过图 22－29 的伯德图确定裕度，而不必计算增益穿越频率和相位。如图所示，增益穿越频率为 $\omega_{g,u}=0.188\ \mathrm{rad/s}$。正相位裕度为

$$PM_p=59.6°$$

从奈奎斯特图可以看出，通过逆时针旋转增益穿越点 360°－59.6°＝300.4°可以改变对－1 的包容次数，即对应着在增益穿越频率 300.4°的相位提前。因此，负相位裕度为

$$PM_n=-300.4°$$

（3）时间延迟裕度

给定正相位裕度和相关增益穿越频率，整体反馈环节延迟 T 必须满足下式

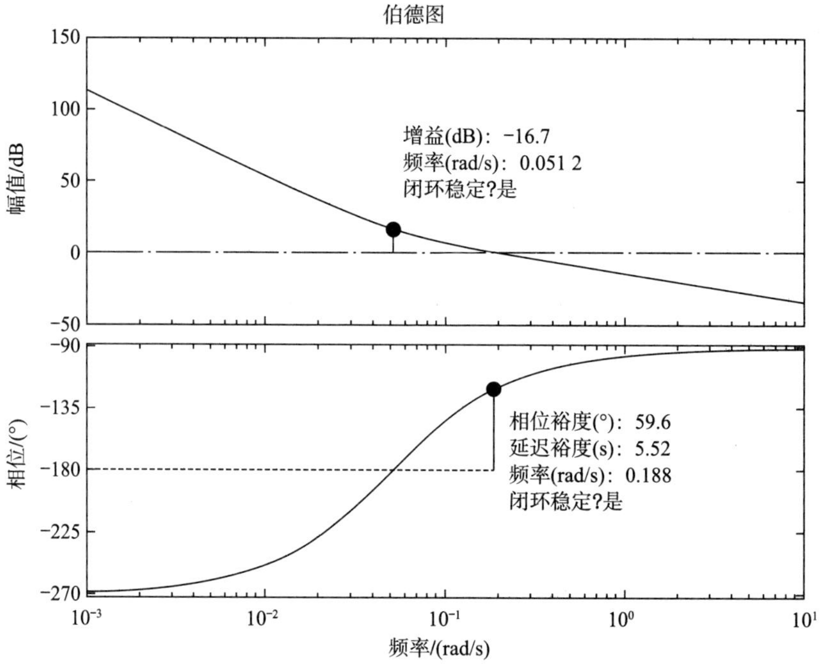

图 22-29　航天器姿态 PID 控制 $G_o(j\omega)$ 伯德图实例

$$T < \frac{PM_p}{\omega_{g,u}} = \frac{59.6}{0.188} \cdot \frac{\pi}{180} = 5.52 \text{ s}$$

22.4　注释

本章阐述了奈奎斯特图和相关奈奎斯特判据。基于奈奎斯特稳定性判据定义了稳定性裕度，即稳定系统距不稳定状态的接近程度。之后在航天器姿态 PID 控制实例中应用奈奎斯特稳定性判据，并确定稳定性裕度。更多关于奈奎斯特稳定性判据和稳定性裕度确定的应用实例参见古典控制系统的优秀著作，包括富兰克林等人（Franklin et al.，2010）和奥加塔（Ogata，2010）的著作。

参考文献

[1] Franklin GF, Powell JD and Emami-Naeini A 2010 Feedback Control of Dynamic Systems 6th edn. Prentice Hall, Upper Saddle River, NJ.

[2] Ogata K 2010 Modern Control Engineering 5th den. Prentice Hall, Upper Saddle River, NJ.

第 23 章　频域控制系统设计

在第 17 章中，我们已经检查闭环响应指标，即瞬态响应和稳态误差，明确了暂态响应指标对闭环极点的约束，以及稳态指标在 $s=0$ [主要是 $G_o(0)$ 和 $G_c(0)$] 时对开环控制器传递函数的约束。最终产生第 20 章所述使用根轨迹获取适当闭环极点的控制器设计方法。

如第 21 章和第 22 章所述，对成功的控制系统设计而言还有其他重要因素（在闭环特性之外），主要是不确定性模型的鲁棒性（产生稳定性裕度指标）和测量噪声的降低。这些因素以在频域处理为最佳，而且闭环特性也同样可以在频域处理。因此基于开环频率响应，可以完全在频域设计控制系统。

在频域设计控制系统的另一优越性为并不需要控制对象的解析模型，这一点不同于根轨迹方法，仅需开环频率响应即可。后者可以通过实验获取。对于控制对象（或其一部分）的解析模型不易获取时尤为有用。例如在航天器姿态控制中，供应商或许不会提供驱动器的详细解析模型。

以下实例将展示开环频率响应怎样提供时域闭环暂态响应信息。

例 23.1　（航天器姿态 PD 控制）如图 23-1（a）所示，在第 17.7.1 节导出了航天器 PD 姿态控制的上升时间、稳定时间和超量百分比。如 22.3 节所述，为评估稳定性裕度，必须考虑图 23-1（b）所述的标准响应控制应用的频率响应。

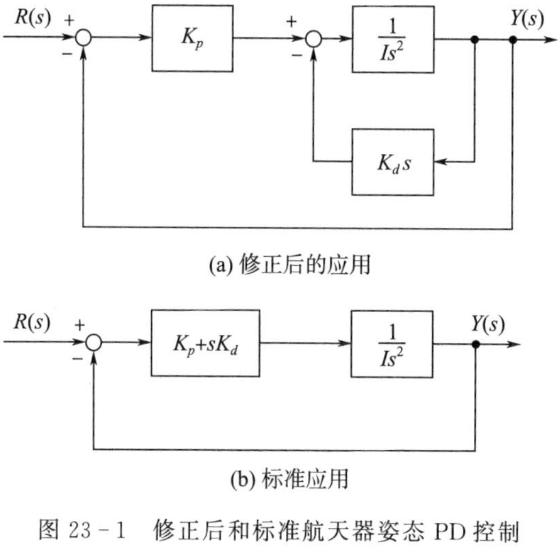

图 23-1　修正后和标准航天器姿态 PD 控制

现在首先获取对应图 23-1（b）的开环传递函数

$$G_o(s)=\frac{K_p+K_d s}{Is^2} \tag{23-1}$$

如 17.7.1 节所述，定义

$$\omega_n{}^2=\frac{K_p}{I}\ ,\ 2\zeta\omega_n=\frac{K_d}{I}$$

其中 ω_n 是欠阻尼自然频率，ζ 是阻尼系数。由此，式（23－1）的开环传递函数为

$$G_o(s)=\frac{2\zeta\omega_n s+\omega_n{}^2}{s^2} \tag{23-2}$$

现在确定开环频率响应。令式（23－2）中的 $s=\mathrm{j}\omega$，得到

$$G_o(\mathrm{j}\omega)=\frac{2\zeta\omega_n\mathrm{j}\omega+\omega_n{}^2}{-\omega^2}=-\left(\frac{\omega_n}{\omega}\right)^2-\mathrm{j}2\zeta\left(\frac{\omega_n}{\omega}\right) \tag{23-3}$$

开环增益频率响应由式（23－3）获取

$$|G_o(\mathrm{j}\omega)|=\left[\left(\frac{\omega_n}{\omega}\right)^4+4\zeta^2\left(\frac{\omega_n}{\omega}\right)^2\right]^{\frac{1}{2}} \tag{23-4}$$

而开环相位频率响应为

$$\begin{aligned}\angle G_o(\mathrm{j}\omega)&=\frac{\angle(2\zeta\omega_n\mathrm{j}\omega+\omega_n{}^2)}{\angle(-\omega^2)}\\&=\angle(2\zeta\omega_n\mathrm{j}\omega+\omega_n{}^2)-180^\circ\\&=\arctan\left(\frac{2\zeta\omega}{\omega_n}\right)-180^\circ\end{aligned} \tag{23-5}$$

由于频率 ω 为正，式（23－5）表明相位频率响应位于如下范围中

$$-180^\circ<\angle G_o(\mathrm{j}\omega)<-90^\circ \tag{23-6}$$

现在确定相位裕度的表达式。首先需要找到所有增益穿越频率 ω_g。令

$$|G_o(\mathrm{j}\omega_g)|=1 \tag{23-7}$$

将式（23－4）代入式（23－7）中，得到

$$\left(\frac{\omega_n}{\omega_g}\right)^4+4\zeta^2\left(\frac{\omega_n}{\omega_g}\right)^2=1 \tag{23-8}$$

令 $q=\left(\frac{\omega_n}{\omega_g}\right)^2$，式（23－8）变为 q 的二次形式

$$q^2+4\zeta^2q-1=0 \tag{23-9}$$

其解为

$$q=-2\zeta^2\pm\sqrt{4\zeta^4+1} \tag{23-10}$$

由于需要找到 ω_g 的正实根，仅式（23－10）的正解有效，根据 q 的定义，可以确定仅有一个增益穿越频率，如下

$$\omega_g=\frac{\omega_n}{(\sqrt{4\zeta^4+1}-2\zeta^2)^{\frac{1}{2}}} \tag{23-11}$$

从相位频率响应范围式（23－6）可以看出，如下相关相位裕度为正

$$PM_p=180^\circ+\angle G_o(\mathrm{j}\omega_g) \tag{23-12}$$

将式（23－11）和式（23－5）代入式（23－12），得到正相位裕度

$$PM_p = \arctan\left[\frac{2\zeta}{(\sqrt{4\zeta^4+1}-2\zeta^2)^{\frac{1}{2}}}\right] \tag{23-13}$$

从式（23－13）中可以看出，正相位裕度完全取决于阻尼系数 ζ。式（23－12）中的关系如图 23－2 所示。

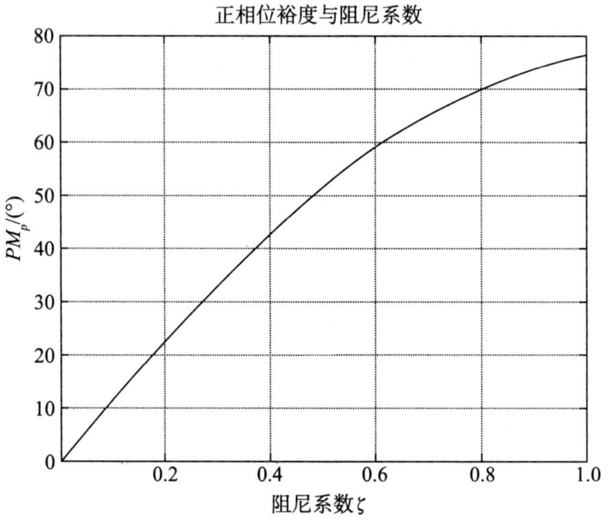

图 23－2　相位裕度与阻尼系数的关系

在 17.1.1 节中已阐明，对于欠阻尼闭环极点对（阻尼系数 $0<\zeta<1$），最大超量由下式给出

$$M_p = e^{\frac{-\pi\zeta}{\sqrt{1-\zeta^2}}} \times 100\% \tag{23-14}$$

它也是完全由阻尼系数决定。因此最大超量与相位裕度直接相关，而合并式（23－13）和式（23－14）可以获取图 23－3 所示关系。使用图 23－3，闭环时域最大超量指标可以相位裕度中开环频率响应指标的形式重新呈现。

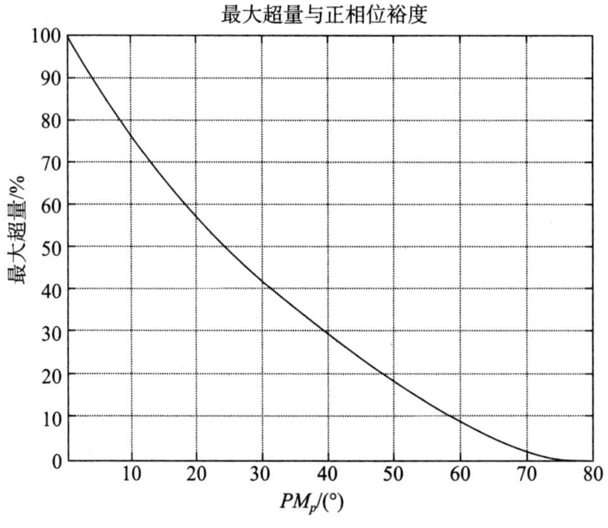

图 23－3　相位裕度和最大超量的关系

假设相位裕度已经确定，因此阻尼系数也已确定。此时假设阻尼系数处于 $0<\zeta<1$（欠阻尼）之间。现在考虑上升时间和稳定时间约束

$$t_r \leqslant \bar{t}_r \text{ , } t_s \leqslant \bar{t}_s \tag{23-15}$$

在 17.7.1 节中上升时间表达式为

$$t_r = \frac{\pi - \beta}{\omega_n \sqrt{1-\zeta^2}} \tag{23-16}$$

其中

$$\beta = \arctan\left(\frac{\sqrt{1-\zeta^2}}{\zeta}\right)$$

由于阻尼系数是固定的，可以重新将式（23－15）的上升时间约束表达为如下对欠阻尼频率 ω_n 的约束

$$\omega_n \geqslant \frac{\pi - \beta}{\bar{t}_r \sqrt{1-\zeta^2}} \tag{23-17}$$

式（23－11）表明可以将式（23－17）中对 ω_n 的约束转换为对增益穿越频率的约束

$$\omega_g \geqslant \frac{\pi - \beta}{\bar{t}_r \sqrt{(1-\zeta^2)(\sqrt{4\zeta^4+1}-2\zeta^2)}} \tag{23-18}$$

类似地，上升时间表达式为

$$t_s = \frac{-\ln(0.02\sqrt{1-\zeta^2})}{\zeta\omega_n} \tag{23-19}$$

由于 ζ 已经给定，式（23－15）中稳定时间约束可以转化为对 ω_n 的约束

$$\omega_n \geqslant \frac{-\ln(0.02\sqrt{1-\zeta^2})}{\zeta\bar{t}_s} \tag{23-20}$$

对于式（23－17），式（23－11）中以式（23－20）的方式对 ω_n 进行的约束也可以转化成对增益穿越频率的约束

$$\omega_g \geqslant \frac{-\ln(0.02\sqrt{1-\zeta^2})}{\zeta\bar{t}_s(\sqrt{4\zeta^4+1}-2\zeta^2)^{\frac{1}{2}}} \tag{23-21}$$

因此，如果相位裕度给定，则闭环响应的速度要求（主要为上升时间和稳定时间）可以重新以增益穿越频率的形式表达。

例 23.1 表明闭环响应的暂态行为受开环频率响应的穿越区域影响。对于例 23.1 中航天器 PD 姿态控制，可以导出闭环暂态特性和开环频率响应之间的精确对应。对于更复杂的系统，通常无法找到如此精确的对应关系。但是，假设控制系统的设计将产生共轭复主导极点（见 17.8.2 节），可以使用例 23.1 中获得的二阶系统表达式作为指导，对更复杂系统的开环频率响应的穿越区域提出要求。总之，相位裕度影响闭环系统阻尼（从而影响超量），而增益穿越频率影响闭环系统响应速度（从而影响上升时间和稳定时间）。

23.1　反馈控制问题——再次讨论

现在重新讨论 17.5 节所述标准反馈控制问题，如图 23-4 所示。由此可见，整体闭环响应对参考输入 $R(s)$ 、外部扰动 $\hat{T}_d(s)$ 和测量噪声 $W(s)$ 由下式给出

$$Y(s)=\frac{G_o(s)}{1+G_o(s)}R(s)+\frac{G_p(s)}{1+G_o(s)}\hat{T}_d(s)-\frac{G_o(s)}{1+G_o(s)}W(s) \tag{23-22}$$

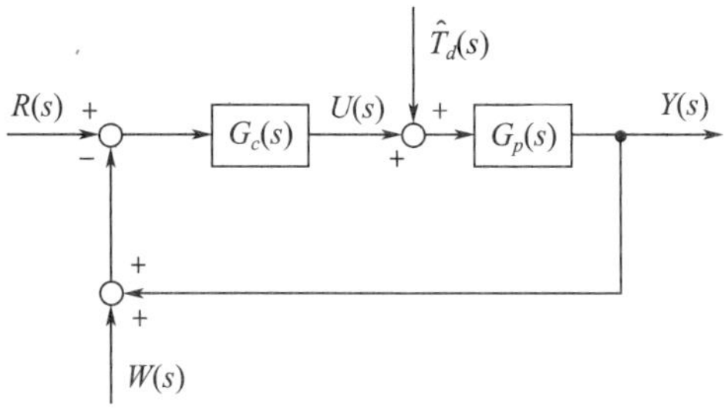

图 23-4　标准反馈控制系统

其中 $G_o(s)=G_p(s)G_c(s)$ 为开环传递函数。整体闭环响应误差 $E(s)=R(s)-Y(s)$ 为

$$E(s)=E_r(s)+E_d(s)+E_w(s) \tag{23-23}$$

其中

$$E_r(s)=\frac{1}{1+G_o(s)}R(s)\text{ , }E_d(s)=-\frac{G_o(s)}{1+G_o(s)}\hat{T}_d(s)\text{ 和 }E_w(s)=\frac{G_o(s)}{1+G_o(s)}W(s) \tag{23-24}$$

分别为闭环误差、外部扰动和测量噪声。还需要了解如下闭环控制作用

$$U(s)=U_r(s)+U_d(s)+U_w(s) \tag{23-25}$$

其中

$$U_r(s)=\frac{G_c(s)}{1+G_o(s)}R(s)\text{ , }U_d(s)=-\frac{G_o(s)}{1+G_o(s)}\hat{T}_d(s)\text{ 和 }U_w(s)=-\frac{G_c(s)}{1+G_o(s)}W(s) \tag{23-26}$$

分别对应参考输入的闭环控制作用、外部扰动和测量噪声。

23.1.1　闭环跟踪误差

首先检查闭环误差。如第 17.5 节所述，理想情况应该有 $E_r(s)=E_d(s)=E_w(s)=0$，这代表着完美的跟踪。但是，如 17.5 节所示，完美跟踪不可能实现。幸运的是典型待跟踪参考信号和需要拒绝的外部扰动随时间变化缓慢，即拥有低频分量。例如，阶跃输入可以看作具有零频率的信号。另一方面，测量噪声通常随时间变化，即拥有高频分量。因此仅需考虑 $E_r(s)$ 和 $E_d(s)$ 在低频的贡献即可保证对参考信号良好的跟踪和对扰动的拒绝，而 $E_w(s)$ 仅需考虑其高频贡献，即可保证良好的测量噪声衰减。分别考虑以下三者。

23.1.1.1　参考信号跟踪

从式（23 - 24）中可以看出

$$|E_r(\mathrm{j}\omega)|=\left|\frac{1}{1+G_o(\mathrm{j}\omega)}\right||R(\mathrm{j}\omega)|$$

因此为保证参考信号跟踪，在适当（低）频率范围有

$$\left|\frac{1}{1+G_o(\mathrm{j}\omega)}\right|\ll 1$$

为满足上式，要求

$$|G_o(\mathrm{j}\omega)|\gg 1$$

即在低频条件下，开环增益应该很大。

需要注意的是，上述完全兼容保证阶跃响应（可以看作零频率信号）稳态误差很小的要求。实际上，由于 $R(s)=\dfrac{1}{s}$ ，应用终值定理（见附录 A. 3），可见由于阶跃响应而产生的稳态误差为

$$e_{r,ss}=\lim_{t\to\infty}e_r(t)=\lim_{s\to 0}sE_r(s)=\lim_{s\to 0}\frac{1}{1+G_o(s)}$$

这表明 $|G_o(0)|\gg 1$ 对于阶跃输入的稳态误差成立。

23.1.1.2　扰动拒绝

从式（23 - 24）中可以看出

$$|E_d(\mathrm{j}\omega)|=\left|\frac{G_p(\mathrm{j}\omega)}{1+G_o(\mathrm{j}\omega)}\right||\hat{T}_d(\mathrm{j}\omega)|$$

因此，要达成良好的外部扰动拒绝，应该在适当低频范围满足

$$\left|\frac{G_p(\mathrm{j}\omega)}{1+G_o(\mathrm{j}\omega)}\right||\hat{T}_d(\mathrm{j}\omega)|\ll 1$$

假设 $|G_o(\mathrm{j}\omega)|\gg 1$ 在整个频率范围满足，并保证良好的参考信号跟踪，则有

$$\left|\frac{G_p(\mathrm{j}\omega)}{1+G_o(\mathrm{j}\omega)}\right|\approx\frac{|G_p(\mathrm{j}\omega)|}{|G_o(\mathrm{j}\omega)|}=\frac{1}{|G_c(\mathrm{j}\omega)|}$$

因此，通过让 $|G_c(\mathrm{j}\omega)|$ 在适当频率范围足够大，可以使外部扰动导致的误差变小。

需要注意的是，上述内容完全兼容 17.10 节所示恒定外部扰动导致的稳态误差分析，当时将约束定为 $K_c=G_c(0)$。

23.1.1.3　测量噪声降低

从式（23 - 24）中可见

$$|E_w(\mathrm{j}\omega)|=\left|\frac{G_o(\mathrm{j}\omega)}{1+G_o(\mathrm{j}\omega)}\right||W(\mathrm{j}\omega)|$$

因此，欲达成良好的噪声降低，应该在适当高频范围有

$$\left|\frac{G_o(\mathrm{j}\omega)}{1+G_o(\mathrm{j}\omega)}\right|\ll 1$$

为满足上式，则必须有

$$|G_o(j\omega)| \ll 1$$

即开环增益应在整体高频域很小。

23.1.2 闭环控制作用

现在观察闭环控制作用。如 17.11 节所示，任何驱动器能够施加的控制作用都有数量极限。因此控制法则应该避免控制信号过大。

欲达成良好的参考信号跟踪和扰动拒绝，开环增益必须在低频域很大（$|G_o(j\omega)| \gg 1$），而对于良好的测量噪声降低，开环增益在高频域应该很小（$|G_o(j\omega)| \ll 1$），这已经得到验证。以下为闭环控制作用的一些引申意义。

23.1.2.1 大开环增益

参考信号和外部扰动通常具有主低频分量，应据此让开环增益在相应频率很大。
对于大开环增益（$|G_o(j\omega)| \gg 1$），从式（23-26）中可知

$$|U_r(j\omega)| = \left|\frac{G_c(j\omega)}{1+G_o(j\omega)}\right| |R(j\omega)| \approx \frac{|G_c(j\omega)|}{|G_o(j\omega)|} |R(j\omega)| = \frac{1}{|G_p(j\omega)|} |R(j\omega)| \tag{23-27}$$

$$|U_w(j\omega)| = \left|\frac{G_c(j\omega)}{1+G_o(j\omega)}\right| |W(j\omega)| \approx \frac{|G_c(j\omega)|}{|G_o(j\omega)|} |W(j\omega)| = \frac{1}{|G_p(j\omega)|} |W(j\omega)| \tag{23-28}$$

且

$$|U_d(j\omega)| = \left|\frac{G_o(j\omega)}{1+G_o(j\omega)}\right| |\hat{T}_d(j\omega)| \approx |\hat{T}_d(j\omega)|$$

式（23-27）和式（23-28）表明如果控制对象的增益很小，则控制作用可能非常大，同时开环增益很大（如果 $|G_p(j\omega)| \ll 1$，而 $|G_o(j\omega)| \gg 1$）。因此，应避免让开环带宽比控制对象的带宽高出很多，对于测量噪声可能产生很大控制作用的频带尤其适用。

23.1.2.2 小开环增益

测量噪声通常具有主高频分量，据此应让开环增益在上述频带非常小。对于小开环增益（$|G_o(j\omega)| \ll 1$），从式（23-26）中可见

$$|U_r(j\omega)| = \left|\frac{G_c(j\omega)}{1+G_o(j\omega)}\right| |R(j\omega)| \approx |G_c(j\omega)| |R(j\omega)|$$

$$|U_w(j\omega)| = \left|\frac{G_c(j\omega)}{1+G_o(j\omega)}\right| |W(j\omega)| \approx |G_c(j\omega)| |W(j\omega)| \tag{23-29}$$

和

$$|U_d(j\omega)| = \left|\frac{G_o(j\omega)}{1+G_o(j\omega)}\right| |\hat{T}_d(j\omega)| \approx |G_o(j\omega)| |\hat{T}_d(j\omega)|$$

式（23-29）表明不仅开环增益在高频应该很小（$|G_o(j\omega)| \ll 1$），但是控制增益也需要很小（$|G_c(j\omega)| \ll 1$），以避免由测量噪声导致的控制抖动。因此，控制法则本身通

常有规定的带宽。

23.1.3　修正的控制应用

如 17.7.1 节、20.2 节和 22.3 节所述，有些情况下将控制法则分为两部分更为合适

$$G_c(s)=G_{ce}(s)+G_{cy}(s) \tag{23-30}$$

将式（23－30）应用于图 23－5。修正的控制应用中闭环误差响应为

$$E(s)=E_r(s)+E_d(s)+E_w(s) \tag{23-31}$$

其中

$$E_r(s)=\frac{1+G_p(s)G_{cy}(s)}{1+G_o(s)}R(s)\text{，}E_d(s)=-\frac{G_p(s)}{1+G_o(s)}\hat{T}_d(s) \tag{23-32}$$

且

$$E_w(s)=\frac{G_o(s)}{1+G_o(s)}W(s) \tag{23-33}$$

分别为参考输入响应、外部扰动和测量噪声的闭环误差，以及 $G_o(s)=G_p(s)[G_{ce}(s)+G_{cy}(s)]$ 为相关开环传递函数。类似地，修正的应用中闭环控制作用为

$$U(s)=U_r(s)+U_d(s)+U_w(s) \tag{23-34}$$

其中

$$U_r(s)=\frac{G_{ce}(s)}{1+G_o(s)}R(s)\text{，}U_d(s)=-\frac{G_o(s)}{1+G_o(s)}\hat{T}_d(s)\text{ 和 }U_w(s)=-\frac{G_c(s)}{1+G_o(s)}W(s) \tag{23-35}$$

分别为针对参考输入、外部扰动和测量噪声的闭环控制作用响应。

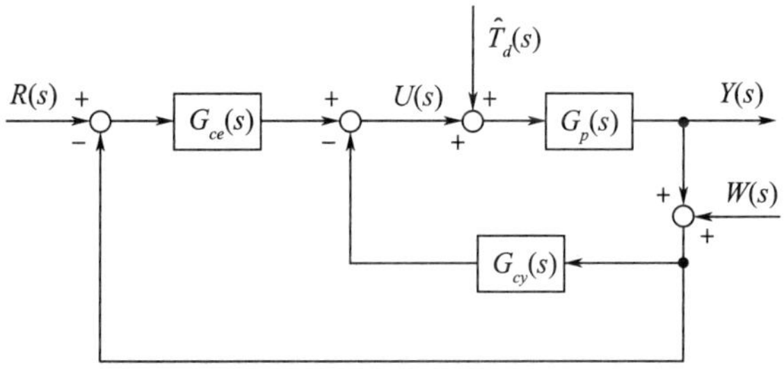

图 23－5　修正的反馈控制系统

通过式（23－31）～式（23－35）回顾 23.1.1 节和 23.1.2 节的分析，可以发现 23.1.1 节和 23.1.2 节的结论在满足式（23－30）通过对控制法则分区使 $|G_o(j\omega)|\gg 1$ 时，$|G_{cy}(j\omega)|\ll|G_{ce}(j\omega)|$ 对修正后的控制应用同样适用。

23.2　控制系统设计

总结 23.1 节和例 23.1，可以通过在频域恰当重塑开环增益和相位频率响应完成控制系统设计，尤其是闭环跟踪和扰动拒绝要求通常对恰当选择的低频范围有约束。闭环测量

噪声降低要求对开环增益的约束高于选择恰当的频率。图 23－6 为这些约束的实例。理想暂态响应和稳态裕度对开环增益和相位频率响应有约束，即对增益和相位裕度有约束。因此，给定一个理想开环频率响应，怎样设计一个合适的控制器将其实现？注意 log 幅值和相位频率响应对串联系统可以叠加。开环传递函数是一系列控制对象和控制器传递函数的叠加，$G_o(s)=G_p(s)G_c(s)$。因此，给定控制对象频率响应 $G_p(\mathrm{j}\omega)$，我们可以确定控制器频率响应 $G_c(\mathrm{j}\omega)$ 应该如何才能产生具有理想特性的开环频率响应。然后我们建造一个控制器 $G_c(s)$ 将特性实现。

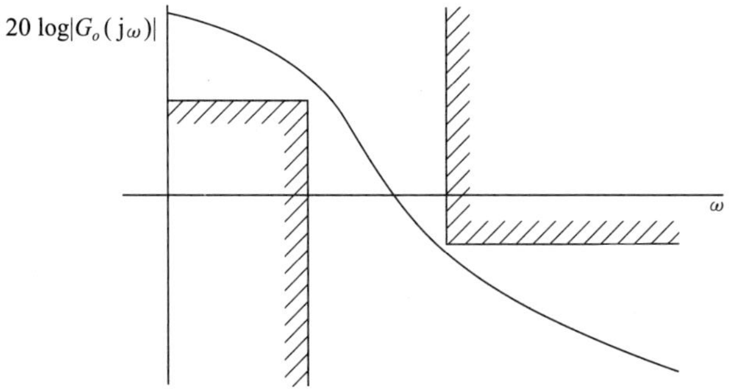

图 23－6　理想开环增益频率响应

例 23.2　（使用比例控制调整增益和相位裕度）考虑图 23－4 所示以比例控制环节实现的标准反馈控制器

$$G_c(s)=K$$

假设给定控制对象频率响应 $G_p(\mathrm{j}\omega)$，我们希望调整增益或相位裕度。开环传递函数如下

$$G_o(s)=KG_p(s)$$

如第 21 章所述，伯德图展示的增益 K 频率响应仅为将 log 幅值频率响应 $20\log|G_p(\mathrm{j}\omega)|$ 上移一个因子 $20\log K$，同时让相位不变，如图 23－7 所示。

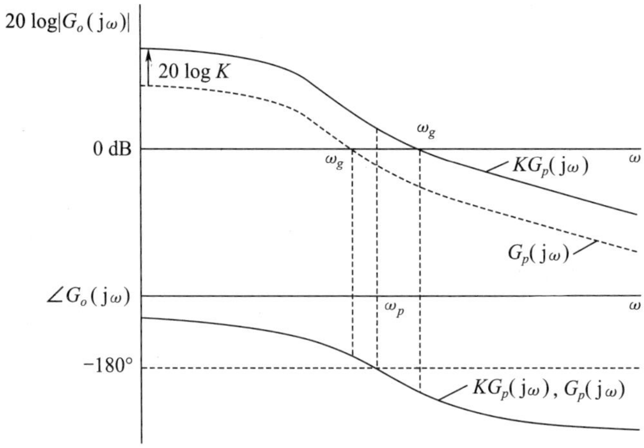

图 23－7　比例控制环节对频率响应的作用

由于相位穿越频率 ω_p 不变，log 幅值频率响应导致增益裕度的变化。此外，log 幅值频率响应让增益穿越频率 ω_g 上移。由于相位不变，导致相位裕度发生变化。由此可以找到简单的方法来调整增益或相位裕度。

(1) 调整增益裕度

假设需要找到满足要求增益裕度 GM_{KG_p} 的增益 K。首先观察 $G_p(\mathrm{j}\omega)$ 的伯德图，并找到原本位于穿越频率 ω_p 的增益裕度，即找到 $GM_{G_p}=-20\log|G_p(\mathrm{j}\omega_p)|$。由于增益 K 并不改变相位穿越频率，当调整增益 K 后，新的增益裕度为

$$\begin{aligned}GM_{KG_p}&=-20\log|KG_p(\mathrm{j}\omega_p)|\\&=-20\log K-20\log|G_p(\mathrm{j}\omega_p)|\\&=-20\log K+GM_{G_p}\end{aligned}$$

整理上式，得到要求的 log 幅值

$$-20\log K=GM_{KG_p}-GM_{G_p}$$

要求的增益 K 为

$$K=10^{(GM_{G_p}-GM_{KG_p})/20}$$

上述调整增益裕度的流程如图 23－8 所示。

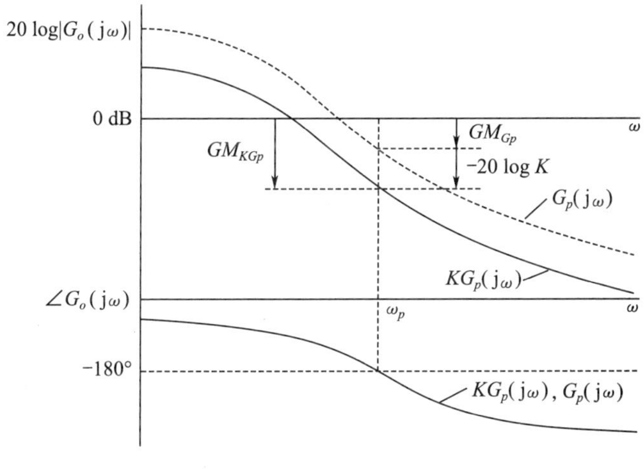

图 23－8　使用比例控制环节调整增益裕度

(2) 调整相位裕度

假设需要找到满足相位裕度 PM_{KG_p} 的增益 K。由于相位 $KG_p(\mathrm{j}\omega)$ 与 $G_p(\mathrm{j}\omega)$ 相位相同，首先检查 $G_p(\mathrm{j}\omega)$ 的伯德图，发现要求的增益穿越频率 ω_g 能够满足所要求的相位裕度 PM_{KG_p}，如图 23－9 所示，ω_g 满足下式

$$\angle G_p(\mathrm{j}\omega_g)=PM_{KG_p}-180^\circ$$

现在增益 K 已经调整以保证 ω_g 为 $KG_p(\mathrm{j}\omega)$ 的增益穿越频率。即

$$20\log|KG_p(\mathrm{j}\omega_g)|=0$$

上式整理为

$$K=10^{-[20\log|G_p(\mathrm{j}\omega_g)|]/20}$$

需要注意的是，以上述形式表达 K 可以从伯德图中直接读取 $20\log|G_p(j\omega_g)|$，如图 23-9 所示。

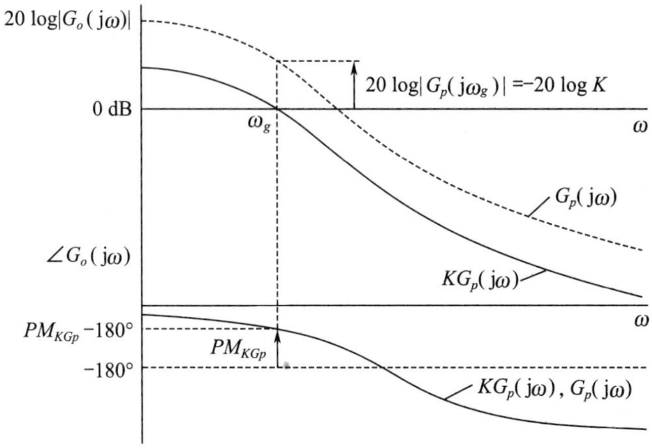

图 23-9　比例控制环节调整相位裕度

23.2.1　通用控制器的频率响应

现在检查某些典型控制器的频率响应。

23.2.1.1　前置环节

一个前置控制器有如下形式

$$G_c(s)=K_{\text{lead}}\frac{Ts+1}{\alpha Ts+1},0<\alpha<1 \tag{23-36}$$

需要注意的是，式（23-36）与 20.1 节的传递函数等价。从式（23-36）中可以看出，前置控制器拥有一个增益环节和两个一阶环节，对应拐角频率位于 $\omega=\frac{1}{T}$ 和 $\omega=\frac{1}{\alpha T}$。前置控制器增益 $K_{\text{lead}}=1$ 时的频率响应如图 23-10 所示。可以看出前置控制器增加正相位（相位提前，由此得名），因而导致相位裕度增加。如例 23.1 所示，最终促使阻尼系数增加或超量降低，与 20.1 节所示前置控制器将根轨迹向左移动的结果完全吻合。

现在确定前置控制器能够增加的最大相位。从式（23-36）中可知

$$\angle G_c(j\omega)=\angle(j\omega T+1)-\angle(j\omega\alpha T+1) \tag{23-37}$$

现在，$0\leqslant\angle(j\omega T+1)$，$\angle(j\omega\alpha T+1)<90°$对非负频率（$\omega\geqslant0$）成立。因此有下式

$$\angle G_c(j\omega)=\arctan(\omega T)-\arctan(\omega\alpha T) \tag{23-38}$$

最大相位对应频率如下

$$\frac{d}{d\omega}[\angle G_c(j\omega)]=0$$

根据

$$\frac{d}{dx}(\arctan x)=\frac{1}{1+x^2}$$

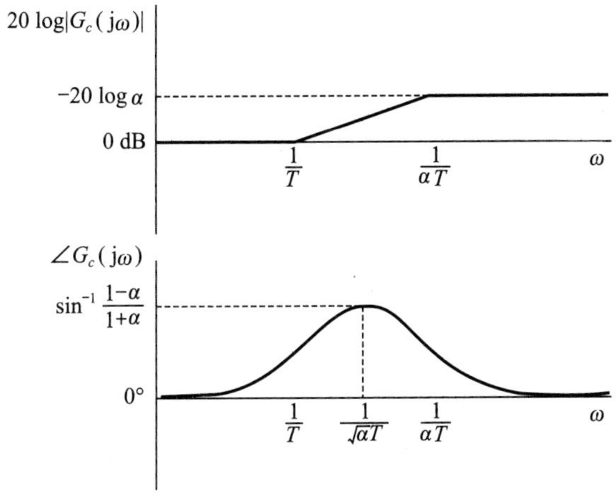

图 23 - 10　前置控制器 $K_{\text{lead}}=1$ 时的频率响应

对式（23 - 38）进行微分，得到

$$\frac{\mathrm{d}}{\mathrm{d}\omega}[\angle G_c(\mathrm{j}\omega)]=\frac{T}{1+\omega^2T^2}-\frac{\alpha T}{1+\omega^2\alpha^2T^2} \tag{23-39}$$

令式（23 - 39）为 0 并求解，最大相位发生于频率

$$\omega_{\max}=\frac{1}{\sqrt{\alpha}\,T} \tag{23-40}$$

在频率 $\omega_{\max}$ 处，频率响应由下式给出

$$\begin{aligned}G_c(\mathrm{j}\omega_{\max})&=K_{\text{lead}}\frac{\mathrm{j}\left(\frac{1}{\sqrt{\alpha}}\right)+1}{\mathrm{j}\sqrt{\alpha}+1}\\&=K_{\text{lead}}\frac{\left[\mathrm{j}\left(\frac{1}{\sqrt{\alpha}}\right)+1\right](1-\mathrm{j}\sqrt{\alpha})}{1+\alpha}\\&=K_{\text{lead}}\frac{2+(1-\alpha)/\sqrt{\alpha}\,\mathrm{j}}{1+\alpha}\\&=\frac{K_{\text{lead}}}{\sqrt{\alpha}}\frac{2\sqrt{\alpha}+(1-\alpha)\mathrm{j}}{1+\alpha}\end{aligned} \tag{23-41}$$

现在，注意

$$\left|2\sqrt{\alpha}+(1-\alpha)\mathrm{j}\right|=\sqrt{4\alpha+(1-\alpha)^2}=\sqrt{(1+\alpha)^2}=1+\alpha$$

因此，由式（23 - 41）的虚数部分，可以确定最大相位

$$\angle G_c(\mathrm{j}\omega_{\max})=\arcsin\frac{1-\alpha}{1+\alpha} \tag{23-42}$$

由于前置控制器增加相位，因此主要用于提升相位裕度。假设已知相位值 $\phi_{\max}$，希望在指定频率 $\omega_{\max}$ 增加相位数值 $\phi_{\max}$，通过式（23 - 42）和式（23 - 40）可以获取前置控制器参数

$$\alpha = \frac{1 - \sin\phi_{max}}{1 + \sin\phi_{max}}, T = \frac{1}{\sqrt{\alpha}\,\omega_{max}} \tag{23-43}$$

此时可选择控制器增益 K_{lead} 提供满足要求的增益穿越频率。

23.2.1.2 滞后环节

滞后控制器具有如下形式

$$G_c(s) = K_{lag}\frac{Ts+1}{\beta Ts+1}, \beta > 1 \tag{23-44}$$

需要注意的是，上式等价于 20.1 节的传递函数表达式。如式（23－44）所示，滞后控制器具有增益和两个拐角频率分别为 $\omega = 1/T$ 与 $\omega = 1/(\beta T)$ 的一阶环节。相应频率响应如图 23－11 所示。可以看出滞后环节在低频增加开环增益。如 23.1.1 节所示，最终效果是提升稳态参考跟踪和外部扰动拒绝。滞后环节增加一些负相位（相位滞后）。如图 23－11 所示，通过使拐角频率足够小，滞后控制器可以设计为主要影响开环频率响应的低频部分，而让大部分穿越和高频区域不受影响。这与 20.1 节的内容匹配，滞后控制器用于增加 $G_o(0)$，而让其余根轨迹（即主导极点）大部分不受影响。

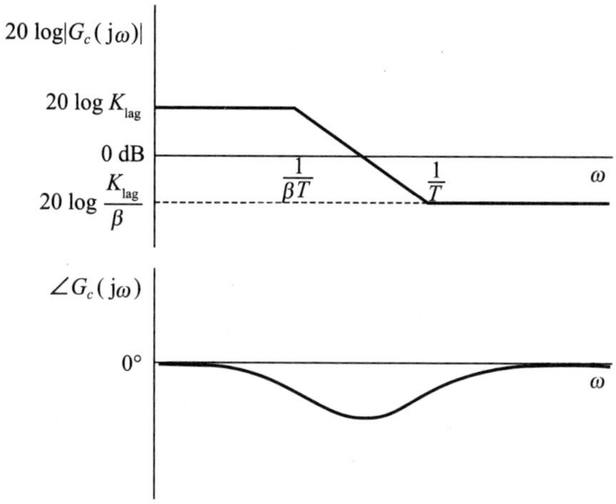

图 23－11　滞后环节的频率响应

从式（23－44）中可以发现低频增益由下式给出

$$|G_c(0)| = K_{lag} \tag{23-45}$$

高频增益由下式给出

$$|G_c(j\omega)| \approx \frac{K_{lag}}{\beta}, \text{对于 } \omega \gg \frac{1}{T} \text{ 成立} \tag{23-46}$$

选择滞后控制器参数如下：K_{lag} 为控制系统低频开环增益。拐角频率 $1/T$ 足够小（等价于 T 足够大），以保证滞后控制器频率响应的相位部分不影响开环相位频率响应的穿越和高频部分。最后，β 为适当的高频增益，可产生需要的相位或增益裕度（类似于例 23.2 所示方法）。

23.2.1.3 比例微分环节（PD）

比例微分控制器具有如下形式

$$G_c(s)=K_{pd}(Ts+1) \tag{23-47}$$

需要注意的是，上式等价于 20.1 节所述传递函数表达式，可以看出比例微分控制器具有一个增益环节和一个拐角频率为 $\omega=1/T$ 的一阶环节。相应频率响应如图 23-12 所示，控制器增益 $K_{pd}=1$，与前置控制器类似，比例微分控制器增加正相位（相位超前）。因此，和超前控制器类似，最终增加正相位裕度，且进一步增加阻尼系数，或等价于降低超量（如例 23.1 所述）。再一次，上述内容与 20.1 节中比例微分控制器将根轨迹左移的内容完全匹配。

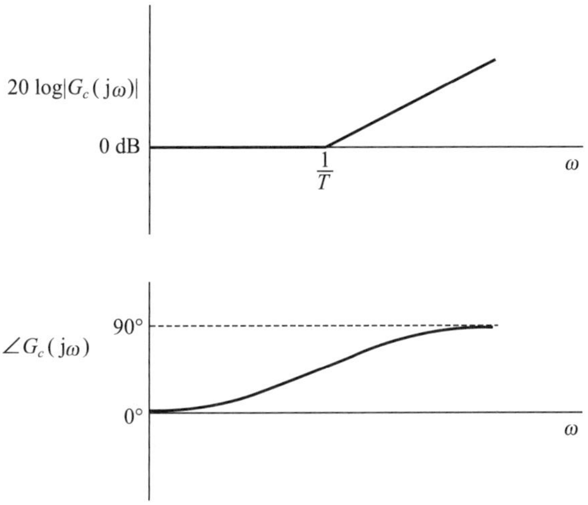

图 23-12　$K_{pd}=1$ 的比例微分控制环节频率响应

现在确定比例微分控制器相位。从式（23-47）中可以很快发现

$$\angle G_c(j\omega)=\arctan(\omega T) \tag{23-48}$$

和对于 $\omega>0$ 有 $0\leqslant\angle G_c(j\omega)<90°$。现在假设需要在频率 ω_c 增加相位 ϕ。从式（23-48），可以获得如下控制参数

$$T=\frac{\tan\phi}{\omega_c} \tag{23-49}$$

之后选择控制器增益 K_{pd} 提供希望的增益穿越频率。

23.2.1.4　比例积分环节（PI）

比例积分控制器有如下形式

$$G_c(s)=K_{pi}\frac{Ts+1}{s} \tag{23-50}$$

需要注意的是，上式等价于 20.1 节给出的传递函数表达式，可以看出比例积分控制器具有一个增益环节、一个拐角频率为 $\omega=\frac{1}{T}$ 的一阶环节和一个积分环节。相应频率响应如图 23-13 所示，与滞后控制器类似，比例积分控制器在低频增加开环增益（即当 $\omega=0$ 时增益变为无穷）。同滞后控制器相同的是最终提升稳态参考信号跟踪和外部扰动拒绝。实际上增加了一种系统类型。比例积分控制器同时增加一些负相位（相位滞后）。如图 23-13

所示，通过让拐角频率足够小，比例积分控制器可以设计为影响开环频率响应的低频部分的同时让穿越和高频区域不受影响。

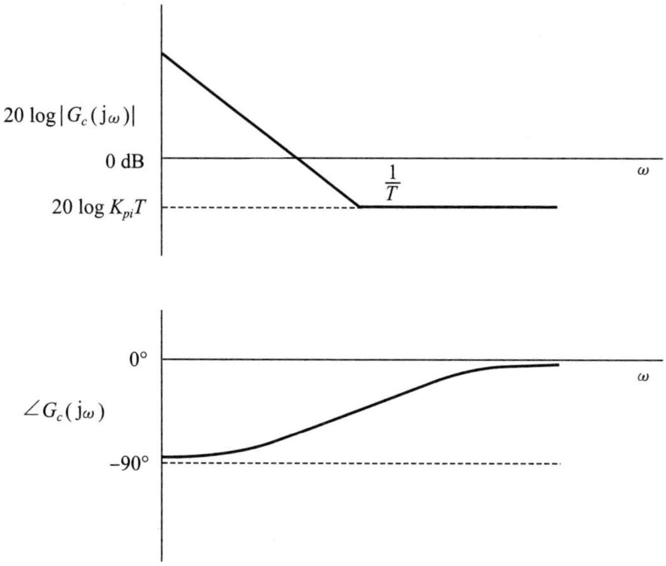

图 23-13 比例积分控制器频率响应

从式（23-50）中可以看出，高频增益由下式给出

$$|G_c(j\omega)| \approx K_{pi}T \text{，对 } \omega \gg \frac{1}{T} \text{ 成立} \tag{23-51}$$

比例积分控制器参数选择如下：让拐角频率 $1/T$ 足够小（即 T 足够大），从而使滞后控制器频率响应不影响开环相位频率响应的穿越和高频部分。增益 K_{pi} 为适当的高频增益，例如产生需要的相位或增益裕度（与例 23.2 所述方法类似）。

23.3 实例——航天器姿态 PID 控制

现在使用频域设计方法重新设计 20.2 节的航天器姿态控制方法。在 20.2 节中控制对象航天器姿态由下式给出

$$I\ddot{y} = u + T_d$$

其中航天器转动惯量 $I = 1\ \text{kg} \cdot \text{m}^2$，控制力矩为 u ，T_d 为扰动力矩，闭环系统必须满足如下指标：

1）上升时间约束，$t_r \leqslant 30\ \text{s}$ ；

2）最大超量约束，$M_p \leqslant 30\%$ ；

3）稳定时间约束，$t_s \leqslant 100\ \text{s}$ ；

4）对阶跃扰动 $\hat{T}_d$ 的稳态误差必须为 0。

控制对象的传递函数为

$$G_p(s)=\frac{1}{s^2}$$

如 20.2 节所述，可以使用 PID 控制器解决上述设计问题，即设计 PD 控制器和 PI 控制器的组合。使用本章［式（23-47）和式（23-50）］的 PI 和 PD 形式，有

$$G_c(s)=K(T_{pd}s+1)\left(\frac{T_{pi}s+1}{s}\right)$$
$$=K_p+sK_d+\frac{K_i}{s}$$

上式为 PID 控制器，其比例、微分和积分增益分别为

$$K_p=K(T_{pd}+T_{pi}),\ K_d=KT_{pd}T_{pi},\ K_i=K \tag{23-52}$$

如 20.2 节所示，上式意味着可以按顺序设计 PD 和 PI 控制器。

首先，处理超量约束。从图 23-3 中可以发现超量约束可以转化为相位裕度约束 $PM_p \geqslant 38°$。为了给自己留出余量，选择

$$PM_p=45°$$

由图 23-2 可知，上式对应的阻尼系数为 $\zeta=0.42$。现在处理上升时间和稳定时间约束。如例 23.1 所示，给定相位裕度约束，导致增益穿越频率的约束。通过不等式（23-18），可以发现上升时间约束可转化为 $\omega_g \geqslant 0.087\ 5$ rad/s，通过式（23-21），建立时间约束可转化为 $\omega_g \geqslant 0.113\ 5$ rad/s。为了给自己留出余量，选择

$$\omega_g=0.12\ \text{rad/s}$$

为方便考虑，将控制法则写为

$$G_c(s)=KG_{pd}(s)G_{pi}(s)$$

其中

$$G_{pd}(s)=T_{pd}s+1$$

为 PD 部分，而

$$G_{pi}(s)=\frac{T_{pi}s+1}{s}$$

为 PI 部分。开环传递函数变为

$$G_o(s)=KG_p(s)G_{pd}(s)G_{pi}(s) \tag{23-53}$$

首先设计控制器的 PD 部分来提供要求的相位裕度。假设控制器的 PI 部分在希望的穿越频率［即 $\angle G_{pi}(j\omega_g)\approx -5°$］，则正相位裕度如下

$$PM_p=180°+\angle G_o(j\omega_g)\approx 180°+\angle G_p(j\omega_g)+\angle G_{pd}(j\omega_g)-5°$$

假设 $\angle G_p(j\omega)=-180°$ 对所有 $\omega>0$ 成立，可以发现控制器 PD 部分在穿越频率所要求的相位为

$$\angle G_{pd}(j\omega_g)=PM_p+50°=50°$$

根据式（23-49），找到 PD 时间常数为

$$T_{pd}=\frac{\tan PM_p}{\omega_g}=\frac{\tan 50°}{0.12}=9.93\ \text{s}$$

现在设计控制器的 PI 部分。要求选择足够小的 PI 拐角频率，从而使 PI 相位滞后，不对开环频率响应的穿越区域构成重大影响。因此令 PI 拐角频率为

$$\frac{1}{T_{pi}}=0.1\omega_g$$

有

$$T_{pi}=\frac{1}{0.1\omega_g}=83.3\ \mathrm{s}$$

PID 设计的最后是选择满足 $\omega_g=0.12$ rad/s 的增益 K。从式（23－53）中可以看出必须有

$$1=|G_o(\mathrm{j}\omega_g)|=K|G_p(\mathrm{j}\omega_g)||G_{pd}(\mathrm{j}\omega_g)||G_{pi}(\mathrm{j}\omega_g)|$$

得出

$$K=\frac{1}{|G_p(\mathrm{j}0.12)||G_{pd}(\mathrm{j}0.12)||G_{pi}(\mathrm{j}0.12)|}=1.105\times10^{-4}$$

通过式（23－52），最终获得 PID 增益

$$K_p=0.0103,\ K_d=0.0915,\ K_i=1.105\times10^{-4}$$

如 20.2 节所述，采用如下形式的 PID 控制法则

$$u(t)=K_pe(t)-K_d\dot{y}(t)+K_i\int_0^t e(\tau)\mathrm{d}\tau$$

图 23－14 展示了闭环系统相应单位阶跃响应，可以看出通过设计的控制增益，响应的超量稍大，且稳定时间过长。为降低超量，需要将要求的相位裕度增至

$$PM_p=50°$$

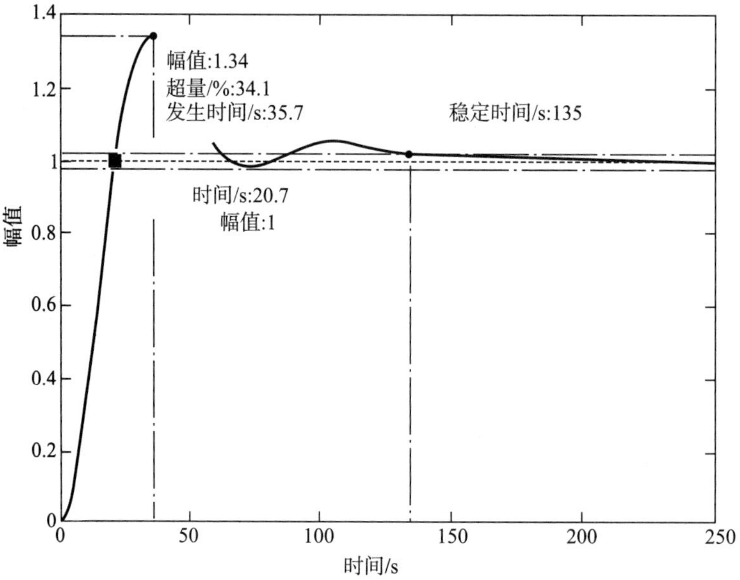

图 23－14　单位阶跃响应 $K_p=0.0103$，$K_d=0.0915$，$K_i=1.105\times10^{-4}$

为了减少建立时间，我们将增益交叉频率提高到

$$\omega_g=0.2\ \mathrm{rad/s}$$

以新的相位裕度和增益交叉频率重复上述控制设计过程，最后得到增益为

$$K_p = 0.0261, K_d = 0.1630, K_i = 4.566 \times 10^{-4}$$

图 23-15 显示了具有新增益的闭环系统单位阶跃响应。可以看出，它满足了所有瞬态规范。图 23-16 显示了阶跃扰动的姿态响应。将图 23-15 和图 23-16 与图 20-19、图 20-20 进行比较，分别看到，在频域中执行控制设计已导致系统的闭环性能与使用根轨迹设计的系统非常相似。

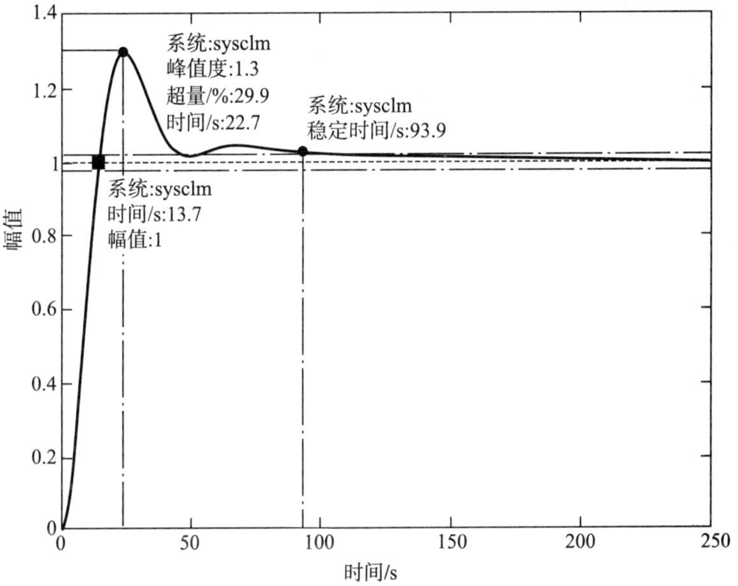

图 23-15　单位阶跃响应 $K_p = 0.0261$，$K_d = 0.1630$，$K_i = 4.566 \times 10^{-4}$

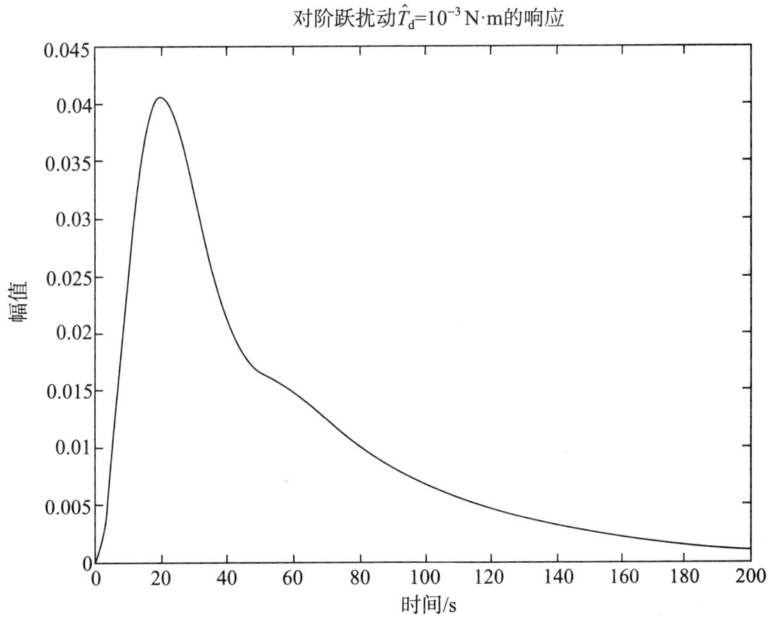

图 23-16　对阶跃扰动 $\hat{T}_d = 10^{-3}$ N · m 的姿态响应

23.4 注释

在本章，检查了开环频率响应如何与闭环系统性能关联，重点阐述了如何规定一个需要的典型开环频率响应环节。因此，一个控制系统的设计可以完全在频域完成。然后检验了不同类型的通用控制器对开环频率响应的影响。最后在频域进行了航天器姿态 PID 控制器的设计，并展示了控制器满足时域闭环系统的要求。关于如何在频域进行控制系统设计的更多实例可以参见古典控制论的优秀著作，包括邱和周（Qiu and Zhou，2010）、富兰克林等人（Franklin et al.，2010）的著作，以及奥加塔（Ogata，2010）的著作。

参考文献

[1] Franklin G F, Power J D and Emami－Naeini A 2010 Feedback Control of Dynamic Systems 6th den. Prentice Hall, Upper Saddle River, NJ.

[2] Ogata K 2010 Modern Control Engineering 5th edn. Prentice Hall, Upper Saddle River, NJ.

[3] Qiu L and Zhou K 2010 Introduction to Feedback Control, Prentice Hall, Upper Saddle River, NJ.

第 24 章　非线性航天器姿态控制

在第 17～23 章中，已经检验过怎样使用线性控制设计方法进行航天器姿态控制。这要求假设小角度和小角速度来对非线性姿态运动方程进行近似。对于要求稳态姿态误差很小的姿态控制而言，这是一种合理的方法。但是，某些情况要求大角度机动。例如，当航天器刚刚从运载火箭部署至轨道时，航天器将以非受控方式翻滚。在开启控制系统的初期要求从任意初始姿态获取要求的姿态，意味着初始姿态有大幅误差。

显然为了对给定任务进行完整航天器姿态控制，在姿态运行顺序中的某些部分不允许进行小角度和角速度假设。为保证闭环稳定性，需要分析全部非线性姿态方程。本章将呈现部分相关技术。

24.1　航天器姿态方程的状态空间表达

为研究航天器全部非线性运动（尤其是稳定性），需要将运动方程（见 11.2 节和 11.3 节）转化为合适的形式。对于第 17～22 章所研究的具有恒定系数的微分方程，采取拉普拉斯变换将产生合适的传递函数（两个多项式之比）。传递函数易于分析，并提供针对闭环稳定性和特性的大量洞见。遗憾的是，该方法对于分析非线性微分方程（如航天器姿态运动方程）并不十分有效。拉普拉斯变换通常并不能产生易于分析的传递函数。因此必须在时域直接处理非线性方程。

一个在航天器动力学和控制中考虑的有限纬度的非线性系统可以用如下形式表示

$$\dot{\boldsymbol{x}} = \boldsymbol{f}(\boldsymbol{x}, t, \boldsymbol{u}) \tag{24-1}$$

$$\boldsymbol{y} = \boldsymbol{h}(\boldsymbol{x}, t) \tag{24-2}$$

式中，t 代表时间；$\boldsymbol{x}$ 为包含系统状态的矢量；$\boldsymbol{y}$ 为包含系统输出测量的矢量；$\boldsymbol{u}$ 为包含系统输入的矢量；$\boldsymbol{f}$ 和 $\boldsymbol{h}$ 为矢量形式的实函数。

状态矢量 $\boldsymbol{x}$ 包含所有在任何时刻完整描述系统运动所必需的参数，式（24-1）和式（24-2）称作系统状态空间实现。个体而言，式（24-1）称作系统状态方程，式（24-2）称作测量方程。对于本章稳定性分析，仅需处理闭环系统的状态方程。而且在本章航天器姿态控制设计中，假设状态矢量全部反馈，即 $\boldsymbol{y}=\boldsymbol{x}$（这种情况称作状态反馈）。测量方程在第 25 章详述状态估计时非常重要，尤其是针对航天器导航的估计。

例 24.1　（航天器姿态运动方程状态空间描述）现在寻找刚体航天器姿态运动方程的状态空间描述。从 11.2 节和 11.3 节中可以看出，由姿态和角速度可以完整描述姿态运动方程。两者同样由姿态运动学和姿态动力学主导。如 11.2 节所述，有多个不同参数形式可以代表航天器姿态。本例使用四元参数（$\boldsymbol{\epsilon}$，η）代表姿态。从 11.2 节获得姿态运动学

方程

$$\dot{\boldsymbol{\epsilon}}=\frac{1}{2}(\eta\mathbf{1}+\boldsymbol{\epsilon}^{\times})\boldsymbol{\omega} \tag{24-3}$$

$$\dot{\eta}=-\frac{1}{2}\boldsymbol{\epsilon}^{\mathrm{T}}\boldsymbol{\omega}$$

式中，$\boldsymbol{\omega}$ 为航天器船体结构坐标系中的航天器角速度。类似地从 11.3 节可知，姿态动态描述为

$$\boldsymbol{I}\dot{\boldsymbol{\omega}}+\boldsymbol{\omega}^{\times}\boldsymbol{I}\boldsymbol{\omega}=\boldsymbol{T} \tag{24-4}$$

式中，$\boldsymbol{I}$ 为航天器惯量矩阵；$\boldsymbol{T}$ 为作用于航天器上的外部力矩（用航天器船体坐标系表达）。

式（24-3）和式（24-4）完全描述航天器姿态运动，并可以以如下状态空间形式表达。由于四元参数（$\boldsymbol{\epsilon}$，η）和角速度矢量 $\boldsymbol{\omega}$ 完全描述姿态运动，定义姿态矢量为

$$\boldsymbol{x}=\begin{bmatrix}\boldsymbol{\epsilon}\\ \eta\\ \boldsymbol{\omega}\end{bmatrix}$$

类似地，如式（24-4）所述，系统输入为外部力矩，因此令 $\boldsymbol{u}=\boldsymbol{T}$。现在假设仅有的测量为四元参数的矢量，令 $\boldsymbol{y}=\boldsymbol{\epsilon}$。

有了上述定义和如下定义，运动方程［式（24-3）和式（24-4）］可以式（24-1）和式（24-2）状态空间形式表达

$$\boldsymbol{f}(\boldsymbol{x},\boldsymbol{u})=\begin{bmatrix}\frac{1}{2}(\eta\mathbf{1}+\boldsymbol{\epsilon}^{\times})\boldsymbol{\omega}\\ -\frac{1}{2}\boldsymbol{\epsilon}^{\mathrm{T}}\boldsymbol{\omega}\\ \boldsymbol{I}^{-1}[-\boldsymbol{\omega}^{\times}\boldsymbol{I}\boldsymbol{\omega}+\boldsymbol{u}]\end{bmatrix} \tag{24-5}$$

$$\boldsymbol{h}(\boldsymbol{x})=\boldsymbol{\epsilon} \tag{24-6}$$

当式（24-1）的系统状态方程并不明确包含输入 $\boldsymbol{u}$ 时有如下形式

$$\dot{\boldsymbol{x}}=\boldsymbol{f}(\boldsymbol{x},t) \tag{24-7}$$

称作系统非受迫。注意如果系统式（24-1）和式（24-2）有反馈控制 $\boldsymbol{u}=\boldsymbol{\gamma}(\boldsymbol{y},t)$，可以认为闭环系统非受迫。即闭环系统满足

$$\dot{\boldsymbol{x}}=\bar{\boldsymbol{f}}(\boldsymbol{x},t) \tag{24-8}$$

其中

$$\bar{\boldsymbol{f}}(\boldsymbol{x},t)=\boldsymbol{f}(\boldsymbol{x},t,\boldsymbol{\gamma}(\boldsymbol{h}(\boldsymbol{x},t),t))$$

在式（24-7）非受迫状态方程不受时间影响时

$$\dot{\boldsymbol{x}}=\boldsymbol{f}(\boldsymbol{x}) \tag{24-9}$$

称该系统自主（autonomous）。否则，称该系统非自主（non-autonomous）［如式（24-7）所示］。

例 24.2　现在以状态反馈控制法则寻找例 24.1 中航天器闭环状态方程

$$\boldsymbol{u}=-k_p\boldsymbol{\epsilon}-k_d\boldsymbol{\omega} \tag{24-10}$$

将式（24－10）代入式（24－5），很快发现闭环系统为

$$\dot{\boldsymbol{x}}=\overline{\boldsymbol{f}}(\boldsymbol{x}) \tag{24-11}$$

其中

$$\overline{\boldsymbol{f}}(\boldsymbol{x})=\begin{bmatrix}\frac{1}{2}(\eta\mathbf{1}+\boldsymbol{\epsilon}^{\times})\boldsymbol{\omega}\\ -\frac{1}{2}\boldsymbol{\epsilon}^{\mathrm{T}}\boldsymbol{\omega}\\ \boldsymbol{I}^{-1}[-\boldsymbol{\omega}^{\times}\boldsymbol{I}\boldsymbol{\omega}-k_p\boldsymbol{\epsilon}-k_d\boldsymbol{\omega}]\end{bmatrix}$$

显然闭环状态方程（24－11）独立于时间。因此，闭环系统为自主。

现在假设有一个时变扰动力矩 $\boldsymbol{T}_d(t)$ 作用于航天器，其姿态动力学为

$$\boldsymbol{I}\dot{\boldsymbol{\omega}}+\boldsymbol{\omega}^{\times}\boldsymbol{I}\boldsymbol{\omega}=\boldsymbol{u}+\boldsymbol{T}_d(t) \tag{24-12}$$

很快即可发现闭环状态方程反馈控制法则式（24－10）变为

$$\dot{\boldsymbol{x}}=\overline{\boldsymbol{f}}(\boldsymbol{x},t) \tag{24-13}$$

其中

$$\overline{\boldsymbol{f}}(\boldsymbol{x},t)=\begin{bmatrix}\frac{1}{2}(\eta\mathbf{1}+\boldsymbol{\epsilon}^{\times})\boldsymbol{\omega}\\ -\frac{1}{2}\boldsymbol{\epsilon}^{\mathrm{T}}\boldsymbol{\omega}\\ \boldsymbol{I}^{-1}[-\boldsymbol{\omega}^{\times}\boldsymbol{I}\boldsymbol{\omega}-k_p\boldsymbol{\epsilon}-k_d\boldsymbol{\omega}+\boldsymbol{T}_d(t)]\end{bmatrix}$$

在此例中，闭环状态方程式（24－13）并不独立于时间。因此，闭环系统为非自主。

24.2 稳定性定义

在 14.1 节展示了非线性时不变系统的一些概念，对系统长期行为稳定性的意义做了一些阐述，但是并未给出精确定义。要确定线性时不变系统的稳定性，必须检查系统极点。这对非线性系统并不合适，因此需要稳定性的精确定义和不同分析方法。

24.2.1 平衡点

一个非常重要的概念是平衡点。如果无论系统处于何种状态，从点 $\boldsymbol{x}^*$ 起始的状态 $\boldsymbol{x}$ 在未来所有时间保持在 $\boldsymbol{x}^*$，则 $\boldsymbol{x}^*$ 为平衡点。显然这是设计应用控制系统时的理想特性。例如，如果航天器姿态控制系统的目标是让航天器保持特定姿态，则该特定姿态必须是闭环系统的平衡点。

现在考虑系统式（24－7）。如果下式成立，则点 $\boldsymbol{x}=\boldsymbol{x}^*$ 为 $t=t_0$ 时式（24－7）的平衡点

$$\boldsymbol{f}(\boldsymbol{x}^*,t)=\mathbf{0}\text{，对于所有 } t\geqslant t_0 \text{ 成立} \tag{24-14}$$

如果系统为自主［如式（24－9）所示］，则成为平衡点的条件独立于初始时间 t_0，即如果下式满足，点 $\boldsymbol{x}^*$ 为式（24－9）的平衡点

$$f(x^*) = 0 \tag{24-15}$$

仅需考虑平衡点位于原点 $x^* = 0$ 的系统，原因如后所述，有状态方程如下

$$\dot{z} = g(z, t)$$

平衡点 $z = z^* \neq 0$ 在 $t = t_0$。现在，考虑变量 $x = z - z^*$ 的变化，则 $\dot{x} = \dot{z} = g(x + z^*, t)$，定义 $f(x, t) = g(x + z^*, t)$，可以看出系统

$$\dot{x} = f(x, t)$$

在 $t = t_0$ 时于原点（$x = 0$）具有平衡点。由于这样的变量变换经常进行，显然仅考虑平衡点位于原点的系统即可。

24.2.2　平衡稳定

与平衡点概念同样重要的是平衡点的稳定性。简而言之，如果状态 x 接近平衡点 x^*，则需要保证 x 在所有未来时间保持接近 x^*，这就是稳定性的意义。在航天器姿态控制设计实例中，如果要求的姿态为闭环系统平衡点，但是不稳定，则该平衡点基本无用，因为任何扰动都能将系统姿态推离目标姿态且不能恢复。

现在介绍稳定性的正式概念。有很多不同的稳定性定义，本文采用广泛应用的一种定义，称作李雅普诺夫稳定性。再次考虑式（24－7）的系统，假设 $x = 0$ 为 $t = t_0$ 时刻平衡点。

定义 24.1　式（24－7）的平衡点 $x = 0$ 为

1）稳定，如果对任意 $\epsilon > 0, a\delta > 0$ 满足

$$\| x(t_0) \| < \delta，意味着 \| x(t) \| < \epsilon 对于所有 t \geq t_0 成立$$

2）如果平衡点不稳定则不稳定。

3）渐近稳定，如果平衡点稳定且存在 $\delta > 0$，满足

$$\| x(t_0) \| < \delta，意味着 \lim_{t \to \infty} x(t) = 0$$

4）全局渐近稳定，如果平衡点稳定且

$$\lim_{t \to \infty} x(t) = 0，对所有 x(t_0) 成立$$

定义 24.1 让我们对稳定性的感性理解规范化，即开始接近平衡点 $x = 0$ 的解 $x(t)$ 应保持接近。这在图 24－1 中得以展示。更重要的是，我们同时对渐近稳定的概念规范化，即如果 $x(t_0)$ 足够接近平衡点，则 $x(t)$ 将接近平衡点。对于姿态控制实例，如果某些扰动将姿态推离目标姿态，我们要求姿态返回目标姿态。

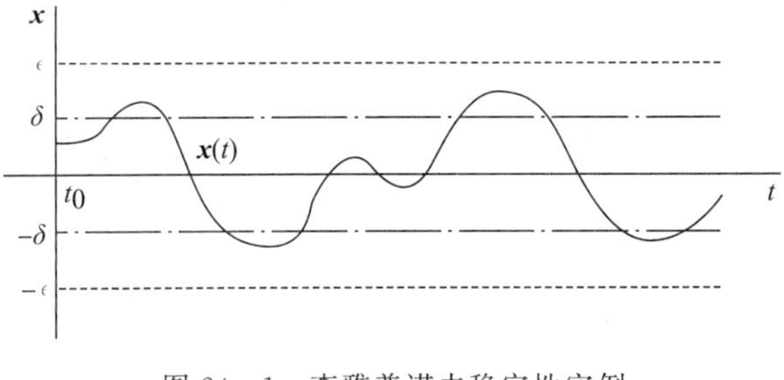

图 24－1　李雅普诺夫稳定性实例

需要注意的是，渐近稳定和全局渐近稳定的区别。渐近稳定为局部定义，仅保证如果 $\boldsymbol{x}(t)$ 初始值足够接近平衡点，则 $\boldsymbol{x}(t)$ 将保持接近平衡点。全局渐近稳定是更为强大的条件，意味着无论初始值是多少，$\boldsymbol{x}(t)$ 将接近平衡点。

24.3 稳定性分析

能够在不必求解相关微分方程（通常解析解的获取非常困难或不可能）的情况下确定平衡点稳定性非常有用。现在以刚体航天器避免滚翻的行动来展示上述过程。

24.3.1 刚体飞行器去滚翻

当一个航天器从运载火箭部署后，通常会以非零角速度 $\boldsymbol{\omega}(t)$ 滚翻。航天器姿态运行的第一步就是去滚翻，即让 $\boldsymbol{\omega}(t)\to\boldsymbol{0}$。因此，需要让 $\boldsymbol{\omega}=\boldsymbol{0}$ 为闭环航天器姿态动力学渐近稳定（如果可能，则为全局稳定）平衡点。

11.3 节中航天器姿态动力学（无外部扰动）由下式给出

$$\boldsymbol{I}\dot{\boldsymbol{\omega}}+\boldsymbol{\omega}^{\times}\boldsymbol{I}\boldsymbol{\omega}=\boldsymbol{u} \tag{24-16}$$

式中，$\boldsymbol{I}$ 为航天器惯量矩阵；$\boldsymbol{u}$ 为控制力矩。由于对航天器去滚翻仅关注角速度 $\boldsymbol{\omega}$ [由式(24-16) 主导]，因此并不需要航天器运动学。选择如下去滚翻控制法则

$$\boldsymbol{u}=-k\boldsymbol{\omega} \tag{24-17}$$

其中 $k>0$ 为恒定增益。将式（24-17）代入式（24-16）中，可得如下闭环系统

$$\dot{\boldsymbol{\omega}}=\boldsymbol{f}(\boldsymbol{\omega}) \tag{24-18}$$

其中

$$\boldsymbol{f}(\boldsymbol{\omega})=\boldsymbol{I}^{-1}[-\boldsymbol{\omega}^{\times}\boldsymbol{I}\boldsymbol{\omega}-k\boldsymbol{\omega}]$$

显然地，$\boldsymbol{f}(\boldsymbol{0})=\boldsymbol{0}$，因此 $\boldsymbol{\omega}=\boldsymbol{0}$ 为闭环系统平衡点。

为研究平衡点稳定性，考虑如下旋转动能（见 2.5 节）

$$T_r(t)=\frac{1}{2}\boldsymbol{\omega}^{\mathrm{T}}(t)\boldsymbol{I}\boldsymbol{\omega}(t) \tag{24-19}$$

需要注意的是，由于惯量矩阵 $\boldsymbol{I}$ 为正定，旋转动能满足 $T\geqslant 0$，等式 $T=0$ 仅在 $\boldsymbol{\omega}=\boldsymbol{0}$ 处成立。现在，令 I_1、I_2、I_3 为对应 $\boldsymbol{I}$（见 2.4.3 节）的主转动惯量，顺序为

$$I_1\leqslant I_2\leqslant I_3 \tag{24-20}$$

则有以下旋转动能约束

$$\frac{1}{2}I_1\|\boldsymbol{\omega}(t)\|^2\leqslant T_r(t)\leqslant\frac{1}{2}I_3\|\boldsymbol{\omega}(t)\|^2 \tag{24-21}$$

其中 $\|\boldsymbol{\omega}\|=\sqrt{\boldsymbol{\omega}^{\mathrm{T}}\boldsymbol{\omega}}$。重新整理左侧不等式，表明在任何给定时间有

$$\|\boldsymbol{\omega}(t)\|\leqslant\sqrt{\frac{2T_r(t)}{I_1}} \tag{24-22}$$

不等式（24-22）表明角速度 $\boldsymbol{\omega}(t)$ 受动能约束。尤其是如果能够证明 $T_r(t)$ 被约束，则从式（24-22）可见 $\boldsymbol{\omega}(t)$ 同样被约束。该事实对于建立闭环稳定性非常有益。类似地，

如果能够证明 $T_r(t)$ 收缩到零点，则式（24－22）表明 $\boldsymbol{\omega}(t)$ 同样收缩至零点，这将建立渐近稳定。因此，可以通过检查旋转动能的量化行为来研究闭环系统的稳定性特性。

在进行详细稳定性分析之前，首先展示不等式（24－21）。考虑任意角速度 $\boldsymbol{\omega}$，如 2.4.3 节所示，总能找到旋转矩阵 $\boldsymbol{C}$ 满足

$$I_p \triangleq \begin{bmatrix} I_1 & 0 & 0 \\ 0 & I_2 & 0 \\ 0 & 0 & I_3 \end{bmatrix} = \boldsymbol{CIC}^{\mathrm{T}} \tag{24-23}$$

现在考虑矢量

$$\boldsymbol{a} \triangleq \begin{bmatrix} a_1 \\ a_2 \\ a_3 \end{bmatrix} = \boldsymbol{C\omega} \tag{24-24}$$

通过式（24－23）和式（24－24），有

$$T_r = \frac{1}{2}\boldsymbol{\omega}^{\mathrm{T}}\boldsymbol{I\omega} = \frac{1}{2}\boldsymbol{a}^{\mathrm{T}}\boldsymbol{I}_p\boldsymbol{a} = \frac{1}{2}(I_1a_1^2 + I_2a_2^2 + I_3a_3^2) \tag{24-25}$$

通过式（24－20）中左半部分不等式，由式（24－25）可得

$$\begin{aligned} T_r &\geqslant \frac{1}{2}I_1(a_1^2 + a_2^2 + a_3^2) \\ &= \frac{1}{2}I_1\boldsymbol{a}^{\mathrm{T}}\boldsymbol{a} \\ &= \frac{1}{2}I_1(\boldsymbol{\omega}^{\mathrm{T}}\boldsymbol{C}^{\mathrm{T}})(\boldsymbol{C\omega}) \\ &= \frac{1}{2}I_1\boldsymbol{\omega}^{\mathrm{T}}\boldsymbol{\omega} \end{aligned}$$

上式建立了式（24－21）的左半部分不等式。右半部分同理可得。

现在检查旋转动能作为沿闭环系统轨迹 $\boldsymbol{\omega}(t)$ 的时间函数的行为进行稳定性分析。对式（24－19）相对时间求微分，并应用乘积法则，有

$$\dot{T}_r = \frac{1}{2}\dot{\boldsymbol{\omega}}^{\mathrm{T}}\boldsymbol{I\omega} + \frac{1}{2}\boldsymbol{\omega}^{\mathrm{T}}\boldsymbol{I}\dot{\boldsymbol{\omega}} = \boldsymbol{\omega}^{\mathrm{T}}\boldsymbol{I}\dot{\boldsymbol{\omega}} \tag{24-26}$$

将式（24－18）代入 $\dot{\boldsymbol{\omega}}$，有

$$\dot{T}_r = \boldsymbol{\omega}^{\mathrm{T}}\mathbf{II}^{-1}[-\boldsymbol{\omega}^{\times}\boldsymbol{I\omega} - k\boldsymbol{\omega}] \tag{24-27}$$

需要注意的是，$\boldsymbol{\omega}^{\mathrm{T}}\boldsymbol{\omega}^{\times} = \boldsymbol{0}$，上式变为

$$\dot{T}_r = -k\boldsymbol{\omega}^{\mathrm{T}}\boldsymbol{\omega} = -k\,\|\boldsymbol{\omega}(t)\|^2 \leqslant 0 \tag{24-28}$$

上式表明旋转动能的时间微分非正，因此旋转动能不能增加，受初值约束。实际上，对不等式（24－28）两侧进行积分，有

$$T_r(t) - T_r(0) = \int_0^t \dot{T}_r \mathrm{d}\tau \leqslant 0\text{，对所有 } t \geqslant 0 \text{ 成立} \tag{24-29}$$

因此

$$T_r(t) \leqslant T_r(0)\text{，对所有 } t \geqslant 0 \text{ 成立} \tag{24-30}$$

在不等式（24－30）和不等式（24－22）中，有

$$\|\boldsymbol{\omega}(t)\| \leqslant \sqrt{\frac{2T_r(0)}{I_1}}\text{，对所有 } t \geqslant 0 \text{ 成立} \tag{24-31}$$

现在通过上式建立闭环稳定性条件。参考定义 24.1，假设对任意给定 ϵ 有 $\epsilon > 0$，假设初始旋转动能满足

$$\sqrt{\frac{2T_r(0)}{I_1}} < \epsilon \tag{24-32}$$

不等式（24－31）表明有

$$\|\boldsymbol{\omega}(t)\| < \epsilon\text{，对所有 } t \geqslant 0 \text{ 成立} \tag{24-33}$$

上式为定义 24.1 所要求的条件。现在将条件（24－32）转化为对 $\|\boldsymbol{\omega}(0)\|$ 的约束。该约束将提供定义 24.1 要求的 $\delta > 0$。通过不等式（24－21）的右半部分，有

$$\sqrt{\frac{2T_r(0)}{I_1}} \leqslant \|\boldsymbol{\omega}(0)\| \sqrt{\frac{I_3}{I_1}} \tag{24-34}$$

因此，如果选择初始角速度 $\boldsymbol{\omega}(0)$ 满足

$$\|\boldsymbol{\omega}(0)\| \sqrt{\frac{I_3}{I_1}} < \epsilon \tag{24-35}$$

不等式（24－32）将保证满足式（24－33）。重新整理式（24－35），得到所要求的对初始角速度的约束

$$\|\boldsymbol{\omega}(0)\| < \epsilon \sqrt{\frac{I_1}{I_3}} \tag{24-36}$$

因此选择 $\delta = \epsilon\sqrt{I_1/I_3}$。总而言之，已经表明对于任何 $\epsilon > 0$，可以找到对应 $\delta > 0$ 满足

$$\|\boldsymbol{\omega}(0)\| < \delta\text{，意味着 } \|\boldsymbol{\omega}(t)\| < \epsilon \text{ 对所有 } t \geqslant 0 \text{ 成立}$$

因此，平衡点 $\boldsymbol{\omega} = \mathbf{0}$ 稳定。

现在展示 $\boldsymbol{\omega} = \mathbf{0}$ 的渐近稳定特性。假设给定初始条件 $\boldsymbol{\omega}(0)$，可以看出旋转动能 $T_r(t)$ 并不增加［$\dot{T}_r \leqslant 0$，同式(24－28)］，且受 $T_r(t) \geqslant 0$ 的约束（根据定义其非负）。假设旋转动能并不接近零点，则存在正标量 $c > 0$，满足 $T_r(t) \geqslant c$ 对所有 $t \geqslant 0$ 成立。我们现在展示上述内容不成立，即 $t \to \infty$ 时，$T_r(t) \to 0$。从不等式（24－21）的右半部分可见，$T_r(t) \geqslant c$ 意味着

$$\|\boldsymbol{\omega}(t)\|^2 \geqslant \frac{2c}{I_3} \tag{24-37}$$

从式（24－28）可见，上式意味着

$$\dot{T}_r = -k\|\boldsymbol{\omega}(t)\|^2 \leqslant -\frac{2kc}{I_3} \tag{24-38}$$

对式（24－38）两侧积分，可得

$$T_r(t) - T_r(0) = \int_0^t \dot{T}_r \mathrm{d}\tau \leqslant -\int_0^t \frac{2kc}{I_3}\mathrm{d}\tau \tag{24-39}$$

得到

$$T_r(t) \leqslant T_r(0) - \frac{2kc}{I_3}t \tag{24-40}$$

式（24－40）为线性递减时间函数，最终为负，这意味着如果 $T_r(t) \geqslant c > 0$ 对所有 $t \geqslant 0$ 成立，则 $T_r(t)$ 最终为负，与之矛盾。因此 $t \to \infty$ 时，$T_r(t) \to 0$。从式（24－22）可知，$t \to \infty$ 时，$\boldsymbol{\omega}(t) \to \mathbf{0}$。因此，从定义 24.1 可知，$\boldsymbol{\omega} = \mathbf{0}$ 为渐近稳定。由于初始条件 $\boldsymbol{\omega}(0)$ 为任意值（对其幅值无限制），结果具有全局性，可以判定 $\boldsymbol{\omega} = \mathbf{0}$ 为全局渐近稳定。

24.3.2　李雅普诺夫稳定性定理

在第 24.3.1 节中使用了正定函数（旋转动能）来研究平衡点稳定性，而不必求解运动方程。24.3.1 节呈现的方法为李雅普诺夫稳定性分析的特例，以下为这个著名定理的概述。

定理 24.1　（李雅普诺夫稳定性定理）考虑具有如下状态方程的系统

$$\dot{\boldsymbol{x}} = \boldsymbol{f}(\boldsymbol{x}) \tag{24-41}$$

其中 $\boldsymbol{x} \in \mathbf{R}^n$，并假设状态方程存在解 $\boldsymbol{x}(t)$ 位于包含原点的开放集合 $D \subset \mathbf{R}^n$（即 $\mathbf{0} \in D$）。令 $\boldsymbol{x} = \mathbf{0}$ 为平衡点。考虑连续可微标量函数 $V(\boldsymbol{x})$：$D \to \mathbf{R}$，保证 $V(\mathbf{0}) = 0$ 和 $V(\boldsymbol{x}) > 0$ 对于 $\boldsymbol{x} \in D$，$\boldsymbol{x} \neq \mathbf{0}$ 成立。假设沿解 $\boldsymbol{x}(t) \in D$，有

$$\dot{V}(\boldsymbol{x}) \leqslant 0 \tag{24-42}$$

则 $\boldsymbol{x} = \mathbf{0}$ 稳定。而且如果

$$\dot{V}(\boldsymbol{x}) < 0\text{，对 } \boldsymbol{x} \neq \mathbf{0} \text{ 成立} \tag{24-43}$$

沿解 $\boldsymbol{x}(t) \in D$ 成立，则 $\boldsymbol{x} = \mathbf{0}$ 渐近稳定。

由于通常非线性系统的解不一定存在，式（24－41）存在解的假设是一个必要条件。但是，对大部分实际系统（如闭环航天器姿态控制），该假设有效。

如果能够找到满足定理 24.1 中条件式（24－42）的函数 $V(\boldsymbol{x})$，则该函数称作李雅普诺夫函数。在 24.3.1 节的实例中，旋转动能是李雅普诺夫函数的重要部分。注意 $\dot{V}(\boldsymbol{x})$ 是 $V(\boldsymbol{x})$ 沿式（24－41）轨迹 $\boldsymbol{x}(t)$ 的微分，并使用如下链条法则进行估计

$$\dot{V}(\boldsymbol{x}) = \frac{\partial V}{\partial \boldsymbol{x}^{\mathrm{T}}}\dot{\boldsymbol{x}} = \frac{\partial V}{\partial \boldsymbol{x}^{\mathrm{T}}}\boldsymbol{f}(\boldsymbol{x}) \tag{24-44}$$

其中

$$\frac{\partial V}{\partial \boldsymbol{x}^{\mathrm{T}}} = \begin{bmatrix} \dfrac{\partial V}{\partial x_1} & \cdots & \dfrac{\partial V}{\partial x_n} \end{bmatrix}$$

定理 24.1 仅给出了本地稳定性结果。为判断全局渐近稳定性，必须添加下述定理要求的进一步的条件。

定理 24.2　（全局版李雅普诺夫稳定性定理）假设对 $D = \mathbf{R}^n$（全局），所有定理 24.1 的条件都已满足，另假设 $V(\boldsymbol{x})$ 具有如下特性

$$\|\boldsymbol{x}\| \to \infty\text{，意味着 } V(\boldsymbol{x}) \to \infty \tag{24-45}$$

则 $\boldsymbol{x}=\mathbf{0}$ 为全局渐近稳定。

式（24-45）为关键额外条件。当 $V(\boldsymbol{x})$ 满足此条件时称作径向无界。可以很容易地看出 24.3.1 节的旋转动能满足该条件。

要点 1）定理 24.1 和定理 24.2 提供稳定性的充分条件。如果不能找到满足定理 24.1 或定理 24.2 条件的李雅普诺夫函数 $V(\boldsymbol{x})$，并不意味着系统不稳定。2）仅当已表明正定函数 $V(\boldsymbol{x})$ 满足定理 24.1 或定理 24.2 时可将其称作李雅普诺夫函数。在表明之前仅能称作李雅普诺夫候选函数。3）如 24.3.1 节所述，李雅普诺夫候选函数的自然选择统称为系统"能量"。

需要注意的是，上述定理 24.1 和定理 24.2 的展示案例为自主系统。相似的结论对非自主系统成立，并且可以在任何非线性控制系统教科书中找到。

24.4 拉塞尔定理

在第 24.3 节中，已经表明可以使用李雅普诺夫稳定性分析确定闭环稳定性。遗憾的是，尽管可以确定稳定性，但该方法在确定某些渐近稳定时还是会失败。尤其当系统为二阶机械系统时，该问题常见。下述实例将展示该问题。

例 24.3 考虑以下简单弹簧阻尼系统的运动方程

$$m\ddot{x}+d\dot{x}+kx=0 \tag{24-46}$$

其中 $m>0$ 为质量，$d>0$ 为黏性阻尼系数，$k>0$ 为弹簧弹性常数。众所周知，平衡点 $\dot{x}=x=0$ 为渐近稳定。现在尝试通过 24.3 节的李雅普诺夫稳定性定理展示上述内容。首先通过下述状态定义将系统（24-46）以一阶状态空间形式表达

$$x_1=x\,(\text{位置})$$

$$x_2=\dot{x}\,(\text{速度})$$

从式（24-46），有

$$\begin{aligned}\dot{x}_1&=x_2\\ \dot{x}_2&=-\frac{d}{m}x_2-\frac{k}{m}x_1\end{aligned} \tag{24-47}$$

采用系统整体能量作为李雅普诺夫候选函数，有

$$V(x_1,x_2)=\frac{1}{2}m\,x_2{}^2+\frac{1}{2}k\,x_1{}^2 \tag{24-48}$$

令式（24-48）沿轨迹（24-47）对时间求导，有

$$\begin{aligned}\dot{V}(x_1,x_2)&=mx_2\,\dot{x}_2+kmx_1\,\dot{x}_1\\ &=mx_2\left(-\frac{d}{m}x_2-\frac{k}{m}x_1\right)+kx_1x_2\\ &=-d\,x_2{}^2\leqslant 0\end{aligned}$$

因此，定理 24.1 的条件式（24-42）已经满足，因此可以判定平衡点 $x_1=x_2=0$ 稳定。

但是，由于在 $x_2=0$ 时 $\dot{V}=0$ 对所有 $x_1\neq 0$ 成立，条件式（24-43）未满足，而采用定理 24.1 并不能判定渐近稳定。

例 24.1 展示了李雅普诺夫稳定性分析对二阶机械系统的不足。尤其对航天器姿态控制而言是严重的问题。幸运的是，有另一个工具可以处理这个问题，这个工具称作拉塞尔定理，本节将予以介绍。

首先，介绍新概念。

定义 24.2　考虑如下系统

$$\dot{\boldsymbol{x}}=\boldsymbol{f}(\boldsymbol{x}) \tag{24-49}$$

其中 $\boldsymbol{x}\in\mathbf{R}^n$，如果下式成立，则 $M\in\mathbf{R}^n$ 对式（24-49）不变

$$\boldsymbol{x}(0)\in M \text{ 意味着 } \boldsymbol{x}(t)\in M \text{ 对所有 } t\in\mathbf{R} \text{ 成立} \tag{24-50}$$

即如果在某时刻解 $\boldsymbol{x}(t)$ 属于 M，则解 $\boldsymbol{x}(t)$ 在所有过去和未来时间中属于 M。

定义 24.3　如果对每个 $\epsilon>0$ 都有 $T>0$，则当 $t\to\infty$ 时，$\boldsymbol{x}(t)$ 接近集合 M 满足

$$\mathrm{dist}(\boldsymbol{x}(t),M)<\epsilon \text{,对所有 } t\geqslant T \text{ 成立} \tag{24-51}$$

其中 $\mathrm{dist}(\boldsymbol{p},M)$ 代表从点 $\boldsymbol{p}$ 至集合 M 的距离，定义为

$$\mathrm{dist}(\boldsymbol{p},M)=\inf_{\boldsymbol{q}\in M}\|\boldsymbol{p}-\boldsymbol{q}\|$$

注意“inf”（infinimum）代表对一个实数集合的最高约束下限（可以看作最小值）。

有了定义 24.2 和定义 24.3，现在可以陈述拉塞尔定理。

定理 24.3　（拉塞尔定理）考虑具有以下状态方程的系统

$$\dot{\boldsymbol{x}}=\boldsymbol{f}(\boldsymbol{x}) \tag{24-52}$$

其中 $\boldsymbol{x}\in\mathbf{R}^n$，并假设状态空间开放集合 $D\subset\mathbf{R}^n$ 存在解 $\boldsymbol{x}(t)$。假设对某些解 $\boldsymbol{x}(t)$ 可以找到闭环约束集合 $\Omega\subset D$ 对所有 $t\geqslant 0$ 满足 $\boldsymbol{x}(t)\in\Omega$。令 $V(\boldsymbol{x})$：$D\to\mathbf{R}$ 为沿轨迹 $\boldsymbol{x}(t)$ 的连续微分函数，V 对时间的微分满足在 Ω 内 $\dot{V}\leqslant 0$。设 E 为 Ω 内所有满足 $\dot{V}(\boldsymbol{x})=0$ 的点，即 $E=\{\boldsymbol{x}\in\Omega:\dot{V}(\boldsymbol{x})=0\}$。设 M 为包含在 E 内系统（24-52）中最大不变集合。则当 $t\to\infty$ 时，$\boldsymbol{x}(t)\to M$。

需要注意的是，拉塞尔定理仅对自主系统适用，这一点非常重要。某些特殊非自主系统集合也能得到类似结果。但是，通常上述结论不适用于非自主系统。

拉塞尔定理（定理 24.3）和李雅普诺夫定理（定理 24.1）表明两者非常相似。值得注意的细微区别如下：在李雅普诺夫定理中，函数 $V(\boldsymbol{x})$ 为正定，而在拉塞尔定理中则不是。另一方面，拉塞尔定理要求轨迹位于封闭约束集合 Ω 中，而李雅普诺夫定理不要求。通常可以用李雅普诺夫分析找到这样一个封闭约束集合 Ω。

例 24.4　回到例 24.3 的弹簧阻尼问题。考虑任意初始条件 $[x_1(0),\ x_2(0)]$，从李雅普诺夫分析，可以发现 $\dot{V}\leqslant 0$，意味着

$$V(x_1(t),x_2(t))\leqslant V(x_1(0),x_2(0))$$

因此，定理 24.3 的封闭约束集合为

$$\Omega=\{(x_1,x_2)\in\mathbf{R}^2:V(x_1(t),x_2(t))\leqslant V(x_1(0),x_2(0))\}$$

接下来寻找定理 24.3 的集合 E ，很快可以找到

$$E=\{(x_1,x_2)\in\Omega:x_2=0\}$$

最后，寻找 E 中系统（24－47）最大不变集合。对于集合 E 中任何轨迹，有 $x_2(t)\equiv 0$，因此对 E 中的轨迹有 $\dot{x}_2(t)\equiv 0$。从系统公式（24－47）可得 E 中轨迹满足

$$0\equiv-\frac{d}{m}\cdot 0-\frac{k}{m}x_1(t)$$

意味着 $x_1(t)\equiv 0$ 同样成立。因此最大不变集合 M 由下式给出

$$M=(0,0)$$

所有定理 24.3 条件都已满足，通过应用定理判定 $x_1(t)\to 0, x_2(t)\to 0$。如例 24.3 所示，点 $x_1=x_2=0$ 稳定。因此，点 $x_1=x_2=0$ 为李雅普诺夫稳定。由于初始条件为任意，结论为全局性。

24.5 四元项航天器姿态控制和角速度反馈

假设希望控制航天器达到某种恒定惯性姿态。现在同例 24.1 中以四元项（$\boldsymbol{\epsilon}$，η）表达姿态误差，航天器姿态运动由四元项运动学和欧拉方程主导，分别同式（24－3）和式（24－4）。

控制目标为让闭环系统全局收敛至对应 0 姿态误差的平衡点 $\boldsymbol{\omega}=\boldsymbol{\epsilon}=\mathbf{0}$。注意由于四元项的单位长度约束，我们不能在定义 24.1 的意义上让闭环系统稳定，因为这要求（$\boldsymbol{\epsilon}$，η）任意小。

接下来尝试类似于 PD 控制的法则（同例 24.2）

$$\boldsymbol{T}=-k_p\boldsymbol{\epsilon}-k_d\boldsymbol{\omega} \tag{24-53}$$

其中 $k_d>0$ 为微分增益，$k_p>0$ 为比例增益。因此，将姿态误差四元项的矢量部分和角速度反馈，则闭环系统为

$$\begin{aligned}\dot{\boldsymbol{\epsilon}}&=\frac{1}{2}(\eta\mathbf{1}+\boldsymbol{\epsilon}^{\times})\boldsymbol{\omega}\\ \dot{\eta}&=-\frac{1}{2}\boldsymbol{\epsilon}^{\mathrm{T}}\boldsymbol{\omega}\\ \dot{\boldsymbol{\omega}}&=\boldsymbol{I}^{-1}[-\boldsymbol{\omega}^{\times}\boldsymbol{I}\boldsymbol{\omega}-k_p\boldsymbol{\epsilon}-k_d\boldsymbol{\omega}]\end{aligned} \tag{24-54}$$

如例 24.2 所述，式（24－54）给出的闭环系统自主。1.3.4 节中姿态四元项表达式满足单位长度约束 $\boldsymbol{\epsilon}^{\mathrm{T}}\boldsymbol{\epsilon}+\eta^2=1$。从式（24－54）四元项运动学提供的初始四元项条件（$\boldsymbol{\epsilon}(0)$，$\eta(0)$）满足单位长度约束，则四元项轨迹（$\boldsymbol{\epsilon}(t)$，$\eta(t)$）对所有 $t\in\mathbf{R}$ 满足单位长度约束（作为练习尝试证明之）。尤其是产生如下不等式

$$\|\boldsymbol{\epsilon}(t)\|\leqslant 1,\ |\eta(t)|\leqslant 1,\text{对于所有 } t\in\mathbf{R}\text{ 成立} \tag{24-55}$$

现在考虑如下函数

$$V(\boldsymbol{\epsilon},\eta,\boldsymbol{\omega})=\frac{1}{2}\boldsymbol{\omega}^{\mathrm{T}}\boldsymbol{I}\boldsymbol{\omega}-2k_p\eta \tag{24-56}$$

通过不等式（24－55）的右半部分，有

$$\frac{1}{2}\boldsymbol{\omega}^{\mathrm{T}}\boldsymbol{I\omega}-2k_p\leqslant V(\boldsymbol{\epsilon},\eta,\boldsymbol{\omega}) \tag{24-57}$$

如第 24.3.1 节所示，让 I_1、I_2、I_3 为对应 $\boldsymbol{I}$ 的主转动惯量，顺序为

$$I_1\leqslant I_2\leqslant I_3 \tag{24-58}$$

则通过式（24－19）和不等式（24－21）的左半部分，不等式（24－57）变为

$$\frac{1}{2}I_1\ \|\boldsymbol{\omega}(t)\|^2\leqslant V(\boldsymbol{\epsilon}(t),\eta(t),\boldsymbol{\omega}(t))+2k_p$$

得出

$$\|\boldsymbol{\omega}(t)\|\leqslant\sqrt{\frac{2V(\boldsymbol{\epsilon}(t),\eta(t),\boldsymbol{\omega}(t))+4k_p}{I_1}} \tag{24-59}$$

对任何初始四元项满足 $\boldsymbol{\epsilon}(0)^{\mathrm{T}}\boldsymbol{\epsilon}(0)+\eta(0)^2=1$。

现在令初始条件 $\boldsymbol{\epsilon}(0)$、$\eta(0)$ 和 $\boldsymbol{\omega}(0)$ 让四元项满足单位长度约束 $\boldsymbol{\epsilon}(0)^{\mathrm{T}}\boldsymbol{\epsilon}(0)+\eta(0)^2=1$。对式（24－56）的 V 沿式（24－54）的结果闭环轨迹 $\boldsymbol{\epsilon}(t)$、$\eta(t)$ 和 $\boldsymbol{\omega}(t)$ 求时间微分。从式（24－54）可得

$$\begin{aligned}\dot{V}&=\boldsymbol{\omega}^{\mathrm{T}}\boldsymbol{I}\dot{\boldsymbol{\omega}}-2k_p\dot{\eta}\\&=\boldsymbol{\omega}^{\mathrm{T}}\boldsymbol{I}\boldsymbol{I}^{-1}\left[-\boldsymbol{\omega}^{\times}\boldsymbol{I\omega}-k_p\boldsymbol{\epsilon}-k_d\boldsymbol{\omega}\right]-2k_p\left[-\frac{1}{2}\boldsymbol{\epsilon}^{\mathrm{T}}\boldsymbol{\omega}\right]\\&=-k_d\boldsymbol{\omega}^{\mathrm{T}}\boldsymbol{\omega}\leqslant 0\end{aligned} \tag{24-60}$$

对式（24－60）两侧进行积分，表明 $V(\boldsymbol{\epsilon}(t),\ \eta(t),\ \boldsymbol{\omega}(t))\leqslant V(\boldsymbol{\epsilon}(0),\ \eta(0),\ \boldsymbol{\omega}(0))$。从式（24－59）可见

$$\|\boldsymbol{\omega}(t)\|\leqslant\sqrt{\frac{2V(\boldsymbol{\epsilon}(0),\eta(0),\boldsymbol{\omega}(0))+4k_p}{I_1}}\ \text{对所有}\ t\geqslant 0\ \text{成立} \tag{24-61}$$

将不等式（24－55）和不等式（24－61）合并，定义集合

$$\Omega=\{(\boldsymbol{\epsilon},\eta,\boldsymbol{\omega})\in\mathbf{R}^3\times\mathbf{R}\times\mathbf{R}^3:\|\boldsymbol{\epsilon}\|\leqslant 1,|\eta|\leqslant 1,\|\boldsymbol{\omega}\|\leqslant a\} \tag{24-62}$$

其中

$$a=\sqrt{\frac{2V(\boldsymbol{\epsilon}(0),\eta(0),\boldsymbol{\omega}(0))+4k_p}{I_1}}$$

式（24－62）中集合 Ω 为封闭约束，且已经表明闭环轨迹 $(\boldsymbol{\epsilon}(t),\ \eta(t),\ \boldsymbol{\omega}(t))\in\Omega$ 对所有 $t\geqslant 0$ 成立。同样已经表明在 Ω 中 $\dot{V}=-k_d\boldsymbol{\omega}^{\mathrm{T}}\boldsymbol{\omega}\leqslant 0$ 成立。因此定理 24.3 的所有条件满足可应用。通过式（24－60），可以发现定理 24.1 的集合 E 由下式给出

$$E=\{(\boldsymbol{\epsilon},\eta,\boldsymbol{\omega})\in\Omega:\|\boldsymbol{\epsilon}\|\leqslant 1,|\eta|\leqslant 1,\boldsymbol{\omega}=\mathbf{0}\} \tag{24-63}$$

现在寻找 E 中最大不变集合。对任何包含在 E 中的轨迹，从式（24－63）可见，$\boldsymbol{\omega}(t)\equiv\mathbf{0}$，因而 $\dot{\boldsymbol{\omega}}(t)\equiv\mathbf{0}$。从闭环方程（24－54）可见，任何包含在 E 中的轨迹满足

$$\dot{\boldsymbol{\epsilon}}=\mathbf{0}$$

$$\dot{\eta}=0$$

$$\mathbf{0}=-k_p\boldsymbol{I}^{-1}\boldsymbol{\epsilon}$$

这意味着 $\boldsymbol{\epsilon}(t)\equiv\mathbf{0}$，且 $\eta(t)$ 为常数。根据对四元项单位长度的约束，上述内容意味着 $\eta(t)\equiv\pm1$。因此，E 中最大不变集合由下式给出

$$M=\{(\boldsymbol{\epsilon},\eta,\boldsymbol{\omega})\in\Omega:\boldsymbol{\epsilon}=\mathbf{0},\eta=\pm1,\boldsymbol{\omega}=\mathbf{0}\} \tag{24-64}$$

通过定理 24.3 可以判定当 $t\rightarrow\infty$ 时，$\boldsymbol{\epsilon}(t)\rightarrow\mathbf{0}$，$\boldsymbol{\omega}(t)\rightarrow\mathbf{0}$。由于选择初始条件 ($\boldsymbol{\epsilon}(0)$，$\eta(0)$，$\boldsymbol{\omega}(0)$) 为任意值（遵循初始四元项的单位长度约束），结论是上述内容对任何闭环轨迹为真，所以判定为全局收敛。

闭环系统的有用特性如下：

1）稳定性分析表明无论航天器初始姿态和角速度如何，式（24-53）中类似 PD 环节的四元项和角速度反馈将驱动姿态和角速度误差至 0。在大角度机动时这是非常有用的特性。

2）对收敛的分析表明，不要求航天器惯量矩阵具体数值，仅要求其为正定，后者对真实航天器永远成立。因此，闭环系统全局收敛特性对任何航天器适用，从而使控制法则具有鲁棒性。即便我们基于闭环特性设计的控制增益是假设惯性数值，在对真实航天器应用控制法则时也不会让闭环系统变得不稳定。

24.5.1 控制器增益选择

在表明闭环系统对任意正增益 $k_p>0$ 和 $k_d>0$ 具有全局收敛后，现在解决给定闭环性能要求下，怎样选择合适控制增益的问题。一个可行的方法是基于目标稳态特性选择增益。为促进本章稳态分析，扰动力矩和测量噪声可忽视，如前所述，此时稳态误差为 0。但是在现实中，一定会有扰动力矩和测量误差，最终导致非 0 稳态误差。通常闭环特性包括要求稳态误差很小。因此选择控制增益的方法之一是对小角度和角速度检查线性闭环方程。

现在检查小角度和角速度对式（24-54）中闭环方程的近似。首先，注意 1.3.4 节中四元项的定义，小角度近似意味着四元项的矢量部分 $\boldsymbol{\epsilon}$ 很小，因此单位长度约束 $\eta\approx\pm1$。假设很小的 $\boldsymbol{\epsilon}$ 和 $\boldsymbol{\omega}$，可以看出式（24-54）的运动学方程变为一阶

$$\begin{gathered}\dot{\boldsymbol{\epsilon}}\approx\pm\frac{1}{2}\boldsymbol{\omega}\\ \dot{\eta}\approx0\end{gathered} \tag{24-65}$$

需要注意的是，$\dot{\boldsymbol{\epsilon}}$ 的正负符号来源于 $\eta=\pm1$，上述问题可通过选择 η 的正负标识来实现收敛的线性近似（因为已知全非线性闭环方程收敛）来解决。将式（24-65）代入式（24-54）的闭环动态方程并忽视更高阶项，得到

$$\eta2\ddot{\boldsymbol{\epsilon}}\approx\boldsymbol{I}^{-1}[-k_p\boldsymbol{\epsilon}-\eta2k_d\dot{\boldsymbol{\epsilon}}] \tag{24-66}$$

根据上式可得 $\eta=\pm1$。将式（24-66）以一阶形式重写确定其稳定性，有

$$\begin{bmatrix}\dot{\boldsymbol{\epsilon}}\\ \ddot{\boldsymbol{\epsilon}}\end{bmatrix}=\begin{bmatrix}\mathbf{0} & \mathbf{1}\\ -\dfrac{k_p}{2\eta}\boldsymbol{I}^{-1} & -k_d\boldsymbol{I}^{-1}\end{bmatrix}\begin{bmatrix}\boldsymbol{\epsilon}\\ \dot{\boldsymbol{\epsilon}}\end{bmatrix} \tag{24-67}$$

为计算相关极点，需要对左边进行两次变换。首先让 I_1、I_2、I_3 为对应惯量矩阵 $\boldsymbol{I}$ 的主转动惯量。如 24.3.1 节所示，让 $\boldsymbol{C}$ 为保证惯量矩阵同式（24－23）的旋转矩阵。现在考虑坐标变换

$$\boldsymbol{\alpha}=\boldsymbol{C}\boldsymbol{\epsilon} \tag{24-68}$$

变换之后，式（24－67）变为

$$\begin{bmatrix}\dot{\boldsymbol{\alpha}}\\ \ddot{\boldsymbol{\alpha}}\end{bmatrix}=\begin{bmatrix}\boldsymbol{0} & \boldsymbol{1}\\ -\dfrac{k_p\boldsymbol{I}_p^{-1}}{2\eta} & -k_d\boldsymbol{I}_p^{-1}\end{bmatrix}\begin{bmatrix}\boldsymbol{\alpha}\\ \dot{\boldsymbol{\alpha}}\end{bmatrix} \tag{24-69}$$

令

$$\boldsymbol{\alpha}=\begin{bmatrix}\alpha_1\\ \alpha_2\\ \alpha_3\end{bmatrix}$$

可将式（24－69）重写为

$$\begin{bmatrix}\dot{\alpha}_1\\ \ddot{\alpha}_1\\ \dot{\alpha}_2\\ \ddot{\alpha}_2\\ \dot{\alpha}_3\\ \ddot{\alpha}_3\end{bmatrix}=\begin{bmatrix}0 & 1 & 0 & 0 & 0 & 0\\ -\dfrac{k_p}{2I_1\eta} & -\dfrac{k_d}{I_1} & 0 & 0 & 0 & 0\\ 0 & 0 & 0 & 1 & 0 & 0\\ 0 & 0 & -\dfrac{k_p}{2I_2\eta} & -\dfrac{k_d}{I_2} & 0 & 0\\ 0 & 0 & 0 & 0 & 0 & 1\\ 0 & 0 & 0 & 0 & -\dfrac{k_p}{2I_3\eta} & -\dfrac{k_d}{I_3}\end{bmatrix}\begin{bmatrix}\alpha_1\\ \dot{\alpha}_1\\ \alpha_2\\ \dot{\alpha}_2\\ \alpha_3\\ \dot{\alpha}_3\end{bmatrix} \tag{24-70}$$

稳定性方程（24－67）等价于稳定性方程（24－70）。实际上，其解拥有同样的极点。因此应该分析式（24－70）的稳定性。式（24－70）有如下形式

$$\dot{\boldsymbol{x}}=\boldsymbol{A}\boldsymbol{x}$$

进行拉普拉斯变换，有

$$(s\boldsymbol{1}-\boldsymbol{A})\hat{\boldsymbol{x}}=\boldsymbol{x}(0)$$

其中 $\hat{\boldsymbol{x}}=\mathcal{L}(\boldsymbol{x}(t))$。满足特征方程的极点为

$$\det(s\boldsymbol{1}-\boldsymbol{A})=0$$

即极点为矩阵 $\boldsymbol{A}$ 的特征值。对应式（24－70）的特征方程可直接得到

$$\left(s^2+\frac{k_d}{I_1}s+\frac{k_p}{2I_1\eta}\right)\left(s^2+\frac{k_d s}{I_2}+\frac{k_p}{2I_2\eta}\right)\left(s^2+\frac{k_d}{I_3}s+\frac{k_p}{2I_3\eta}\right)=0 \tag{24-71}$$

由于 k_p、k_d、I_1、I_2、I_3 全部为正，从式（24－71）立刻可见，当且仅当 η 为正时，闭环极点渐近稳定（拥有负实部）。因此，令线性方程（24－66）中的 $\eta=1$，得到

$$\ddot{\boldsymbol{\epsilon}}=\boldsymbol{I}^{-1}\left[-\frac{k_p}{2}\boldsymbol{\epsilon}-k_d\dot{\boldsymbol{\epsilon}}\right] \tag{24-72}$$

现在，如第 17 章的假设，航天器船体参考系 $\mathcal{F}_b$ 为满足下式的主轴坐标系

$$I = \begin{bmatrix} I_x & 0 & 0 \\ 0 & I_y & 0 \\ 0 & 0 & I_z \end{bmatrix}$$

令

$$\boldsymbol{\epsilon} = \begin{bmatrix} \epsilon_x \\ \epsilon_y \\ \epsilon_z \end{bmatrix}$$

则线性方程（24－72）有如下形式

$$\begin{aligned} \ddot{\epsilon}_x &= -\frac{k_p}{2I_x}\epsilon_x - \frac{k_d}{I_x}\dot{\epsilon}_x \\ \ddot{\epsilon}_y &= -\frac{k_p}{2I_y}\epsilon_y - \frac{k_d}{I_y}\dot{\epsilon}_y \\ \ddot{\epsilon}_z &= -\frac{k_p}{2I_z}\epsilon_z - \frac{k_d}{I_z}\dot{\epsilon}_z \end{aligned} \tag{24-73}$$

公式（24－73）为3个相同形式的二阶解耦微分方程，与第17章（航天器姿态线性PD控制）广泛考虑过的微分方程形式相同。需要时可以很快添加测量噪声和扰动力矩。因此可以用与第17章（及后续章节）所述类似的线性控制设计技术设计控制增益。

24.6 注释

本章对非线性控制系统进行了简短介绍，并呈现了其在航天器姿态控制上的应用。非线性控制在航天器姿态控制上的应用极为广泛。关于非线性控制的优秀著作包括哈利（Khali，2002）和维迪亚塞格尔（Vidyasagar，2002）的著作。推荐读者阅读维（Wie，2008）的著作来获取大量非线性控制在航天器姿态控制中的不同应用信息。

参考文献

[1] Khalil HK 2002 Nonlinear Systems 3rd edn. Prentice Hall, Upper Saddle River, NJ.

[2] Vidyasagar M 2002 Nonlinear Systems Analysis 2nd edn. Society for Industrial and Applied Mathematics, Philadelphia, PA .

[3] Wie B 2008 Space Vehicle Dynamics and Control 2nd edn. American Institute of Aeronautics and Astronautics, Reston, VA.

第 25 章　航天器导航

在前述各章主要考虑的是怎样控制航天器姿态。但是，在采取姿态控制之前，必须估计当前航天器的姿态。由于如太阳传感器、星跟踪器、比例陀螺和其他传感器只能提供噪声干扰下的非完美测量值，因此对航天器姿态只能进行估计。因此，航天器导航，或称航天器姿态确定即状态估计。严格而言，航天器导航涉及轨道和姿态估计。由于姿态估计要求一些专业考量，本文需要限制对其讨论的幅度，但是本章介绍的滤波技术可以用于轨道估计问题。

在本章需要考虑航天器姿态估计的多种技术。尤其是考虑批估计方法（加权最小二乘法）和卡尔曼滤波器的应用。由于处理的是非线性系统，应用卡尔曼滤波时必须使用扩展的卡尔曼滤波器（EKF）。但是，通过导出 EKF，我们将对标准卡尔曼滤波器进行研究。批估计和 EKF 在其他工程领域也有很多应用。

25.1　概率理论的复习

如前所述，噪声干扰所有测量。因此审视航天器姿态估计问题的一种方式为确定怎样以最优方式滤除噪声。由于噪声为随机的，我们将依靠概率理论来描述需要滤除的噪声特性。

25.1.1　连续随机变量和概率密度函数

考虑一连续随机变量 x 和一个相关概率密度函数（pdf）$p(x)$，其中 x 位于 $[a, b]$ 间隔之内。随机变量 x 沿概率密度函数 $p(x)$ 分布。pdf 必须满足总概率公理，即

$$\int_a^b p(x)\mathrm{d}x = 1 \tag{25-1}$$

x 在 $[\alpha, \beta]$ 之间的概率为

$$Pr(\alpha \leqslant x \leqslant \beta) = \int_\alpha^\beta p(x)\mathrm{d}x$$

考虑 N 个连续随机变量集 $\boldsymbol{x} = [x_1 \quad x_2 \quad \cdots \quad x_N]^{\mathrm{T}}$，$x_i \in [a_i, b_i]$，$i = 1, \cdots, N$，和相关联合概率密度函数（联合 pdf）$p(\boldsymbol{x})$，其中

$$p(\boldsymbol{x}) = p(x_1, x_2, \cdots, x_N)$$

称 $\boldsymbol{x}$ 为连续随机矢量。即使对 N 维系统，$p(\boldsymbol{x})$ 也必须满足完整概率公理，即

$$\int_{\boldsymbol{a}}^{\boldsymbol{b}} p(\boldsymbol{x})\mathrm{d}\boldsymbol{x} = 1 \tag{25-2}$$

为下式的简写

$$\int_{\boldsymbol{a}}^{\boldsymbol{b}} p(\boldsymbol{x})\mathrm{d}\boldsymbol{x} = \int_{a_N}^{b_N}\cdots\int_{a_2}^{b_2}\int_{a_1}^{b_1} p(x_1, x_2, \cdots, x_N)\,\mathrm{d}x_1\mathrm{d}x_2\cdots\mathrm{d}x_N = 1$$

其中 $\boldsymbol{a} = [a_1 \quad \cdots \quad a_N]^{\mathrm{T}}$ 且 $\boldsymbol{b} = [b_1 \quad \cdots \quad b_N]^{\mathrm{T}}$。

例 25.1　考虑一个具有偏执动量轮的航天器。根据动量轮制造商提供的信息，动量轮轴承的失效概率由下述 pdf 表达

$$p(x) = \begin{cases} 0, & 0 \leqslant x < T \\ c\exp(-\lambda x), & T \leqslant x \leqslant \infty \end{cases} \tag{25-3}$$

其中 $T = 730$(日数)，$\lambda = \dfrac{1}{100}$(1/ 日数)。

1) c 应取何值？c 的单位为何？给定 T 、λ 和计算后的 c ，绘制 $p(x)$ 图。

2) 动量轮轴承在 730 日内失效的概率是多少？位于 730 日和 1 095 日之间吗（即 2 年至 3 年之间）？

求解如下：

1) 式（25 - 3）中的 pdf 必须满足总概率公理。从式（25 - 1）有

$$\begin{aligned}\int_{-\infty}^{\infty} p(x)\mathrm{d}x &= \int_0^T 0\mathrm{d}x + \int_T^{\infty} c\exp(-\lambda x)\,\mathrm{d}x \\ &= -\frac{c}{\lambda}\exp(-\lambda x)\,\Big|_T^{\infty} \\ &= \frac{c}{\lambda}\exp(-\lambda T) \\ &= 1\end{aligned}$$

因此，有 $c = \dfrac{\lambda}{\exp(-\lambda T)}$。由于 λ 的单位为 $\dfrac{1}{\text{日数}}$，c 的单位同样是 $\dfrac{1}{\text{日数}}$。给定 $T = 730$ 日和计算的 c 值，绘制 $p(x)$ 图，如图 25 - 1 所示。

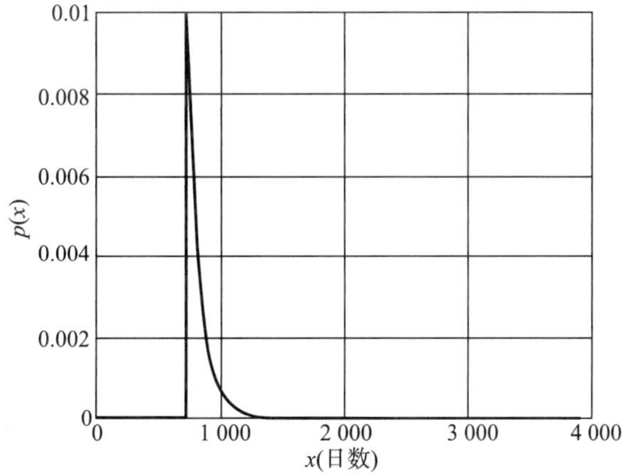

图 25 - 1　轴承概率密度函数

2) 动量轮轴承在 730 日内失效的概率可通过式（25 - 1）计算

$$
\begin{aligned}
Pr(0 \leqslant x \leqslant 730) &= \int_0^{730} p(x)\mathrm{d}x \\
&= \int_0^{730} 0\mathrm{d}x \\
&= 0
\end{aligned}
$$

类似地，动量轮轴承在 730 日和 1 095 日内失效的概率可通过式（25－1）计算

$$
\begin{aligned}
Pr(730 \leqslant x \leqslant 1\,095) &= \int_{730}^{1\,095} c\exp(-\lambda x)\mathrm{d}x \\
&= -\frac{c}{\lambda}\exp(-\lambda x)\Big|_{730}^{1\,095} \\
&= 0.974\,0
\end{aligned}
$$

25.1.2　均值和协方差

考虑连续随机变量，$x \in [a_i,\ b_i]$ 及 pdf $p(x)$。均值或 x 的预期值为

$$\bar{x} = E[x] = \int_a^b x p(x)\mathrm{d}x$$

其中 $E[\cdot]$ 为期望算子。协方差为

$$\sigma^2 = E[(x-\bar{x})^2] = \int_a^b (x-\bar{x})^2 p(x)\mathrm{d}x$$

标准偏差为 σ。对于随机变量 x 的通用函数 $f(x)$，数学期望为

$$E[f(x)] = \int_a^b f(x)p(x)\mathrm{d}x$$

需要注意的是，期望算子为线性。为验证这一点，假设 $f(x)$ 和 $g(x)$ 为 x 的函数，其中 x 的分布遵循 $p(x)$，k 为常数，则

$$E[kx] = \int_a^b kxp(x)\mathrm{d}x = k\int_a^b xp(x)\mathrm{d}x = kE[x] = k\bar{x}$$

$$E[f(x)+g(x)] = \int_a^b (f(x)+g(x))\,p(x)\mathrm{d}x = E[f(x)] + E[g(x)]$$

所以，算子的数学期望为线性。

现在，考虑 N 维情况。我们有 $\boldsymbol{x} = [x_1 \ \cdots \ x_N]^{\mathrm{T}}$，$x_i \in [a_i,\ b_i]$，$i=1,\ \cdots,\ N$ 以及联合 pdf$p(\boldsymbol{x})$。连续随机矢量 $\boldsymbol{x}$ 的均值为

$$\bar{\boldsymbol{x}} = E[\boldsymbol{x}] = \int_{\boldsymbol{a}}^{\boldsymbol{b}} \boldsymbol{x}p(\boldsymbol{x})\mathrm{d}\boldsymbol{x}$$

协方差为

$$\boldsymbol{Q} = E[(\boldsymbol{x}-\bar{\boldsymbol{x}})(\boldsymbol{x}-\bar{\boldsymbol{x}})^{\mathrm{T}}] = \begin{bmatrix} \sigma_1{}^2 & \cdots & \sigma_{1N} \\ \vdots & \ddots & \vdots \\ \sigma_{N1} & \cdots & \sigma_N{}^2 \end{bmatrix}$$

其中

$$\sigma_{ij} = E[(x_i - \bar{x}_i)(x_j - \bar{x}_j)],\ i,j = 1,\cdots,N$$

对于随机矢量 $\boldsymbol{x}$，$\boldsymbol{F}(\boldsymbol{x})$，数学期望为

$$E[\boldsymbol{F}(\boldsymbol{x})]=\int_a^b \boldsymbol{F}(\boldsymbol{x})p(\boldsymbol{x})\mathrm{d}\boldsymbol{x}$$

需要注意的是，协方差 $\boldsymbol{Q}$ 为 $N\times N$ 矩阵。实际上是对称半正定矩阵。当 $\boldsymbol{Q}=\boldsymbol{Q}^{\mathrm{T}}$ 时矩阵对称。如果矩阵为半正定，表达式为 $\boldsymbol{Q}\geqslant 0$，这意味着 $\boldsymbol{x}^{\mathrm{T}}\boldsymbol{Q}\boldsymbol{x}\geqslant 0$ 对所有 $\boldsymbol{x}\in\mathbf{R}^N$ 成立（表达式 $\forall \boldsymbol{x}\in\mathbf{R}^N$）。有很多方法可以检查类似 $\boldsymbol{Q}$ 的矩阵是否为正定。例如，$\underline{\lambda}\{\cdot\}$ 为 $\boldsymbol{Q}$ 的最小特征值，如果 $\underline{\lambda}\{\boldsymbol{Q}\}\geqslant 0$，则 $\boldsymbol{Q}\geqslant 0$。

在一维情况中，期望算子仍然是线性。考虑 $\boldsymbol{x}$ 的分布服从 $p(\boldsymbol{x})$ 的 $\boldsymbol{f}(\boldsymbol{x})$ 和 $\boldsymbol{g}(\boldsymbol{x})$，以及常数矩阵 $\boldsymbol{K}$，则

$$E[\boldsymbol{K}\boldsymbol{x}]=\boldsymbol{K}E[\boldsymbol{x}]=\boldsymbol{K}\overline{\boldsymbol{x}}$$

$$E[\boldsymbol{f}(\boldsymbol{x})+\boldsymbol{g}(\boldsymbol{x})]=E[\boldsymbol{f}(\boldsymbol{x})]+\boldsymbol{E}[\boldsymbol{g}(\boldsymbol{x})]$$

表明数学期望为线性。

例 25.2　如果一个连续随机变量的 pdf 为 $[a,\ b]$ 之间的常数，则称之为单一分布。

1）什么是 $p(x)$？

2）如果 $a=1$，$b=3$，找出均值 $\overline{x}$ 以及方差 σ^2。绘制 $p(x)$ 图。

求解如下：

1）$p(x)$ 必须满足式（25-1）的总概率公理。如果 $p(x)=c$ 位于 $[a,\ b]$ 之间，c 为常数，则

$$1=\int_a^b p(x)\mathrm{d}x=\int_a^b c\,\mathrm{d}x=c(b-a)$$

求解 c 有 $c=\dfrac{1}{b-a}$ 且

$$p(x)=\begin{cases}\dfrac{1}{b-a} & x\in[a,b]\\ 0 & \text{其他情况}\end{cases}$$

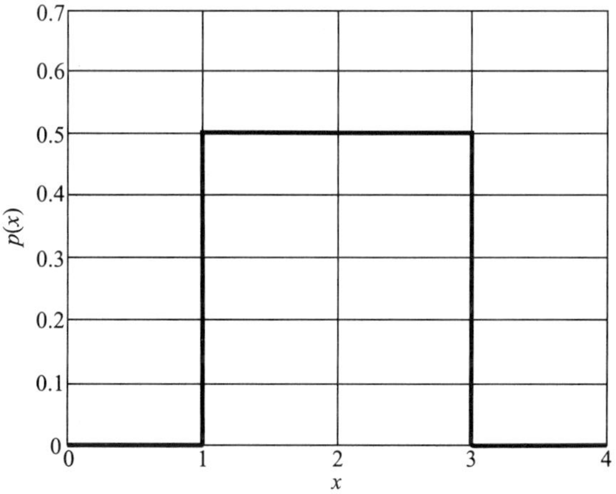

图 25-2　$a=1$，$b=3$ 时的单一 pdf

2）如果 $a=1$ 且 $b=3$，则 $\overline{x}$ 为

$$\bar{x}=\int_1^3 x p(x)\mathrm{d}x=\int_1^3 \frac{x}{2}\mathrm{d}x=\left.\frac{x^2}{4}\right|_1^3=2$$

则 σ^2 为

$$\sigma^2=\int_1^3 (x-\bar{x})^2 p(x)\mathrm{d}x=\int_1^3 \frac{(x-2)^2}{2}\mathrm{d}x=\frac{1}{3}$$

即图 25-2 中的 $p(x)$。

25.1.3 高斯概率密度函数

如果相关随机变量 x 的 pdf 具有如下形式，则称之为正态分布或高斯分布。

$$p(x\mid\bar{x},\sigma^2)=\frac{1}{\sqrt{2\pi\sigma^2}}\exp\left[-\frac{(x-\bar{x})^2}{2\sigma^2}\right]$$

由于 x 受 $\bar{x}$ 和 σ^2(σ 为标准差）的影响，pdf $p(x\mid\bar{x},\sigma^2)$ 称作条件概率密度函数（条件 pdf)。作为 pdf 有

$$\int_{-\infty}^{\infty} \frac{1}{\sqrt{2\pi\sigma^2}}\exp\left[-\frac{(x-\bar{x})^2}{2\sigma^2}\right]\mathrm{d}x=1$$

均值为

$$\bar{x}=\int_{-\infty}^{\infty} x\frac{1}{\sqrt{2\pi\sigma^2}}\exp\left[-\frac{(x-\bar{x})^2}{2\sigma^2}\right]\mathrm{d}x$$

方差为

$$\sigma^2=\int_{-\infty}^{\infty} (x-\bar{x})^2\frac{1}{\sqrt{2\pi\sigma^2}}\exp\left[-\frac{(x-\bar{x})^2}{2\sigma^2}\right]\mathrm{d}x$$

图 25-3 所示为 3 个正态分布。每个分布的均值为 $\bar{x}=2$，标准差分别为 $\frac{1}{3}$，$\frac{2}{3}$ 和 1。描述 x 为正态分布的简略表达式为 $x\sim\mathcal{N}(\bar{x},\sigma^2)$。

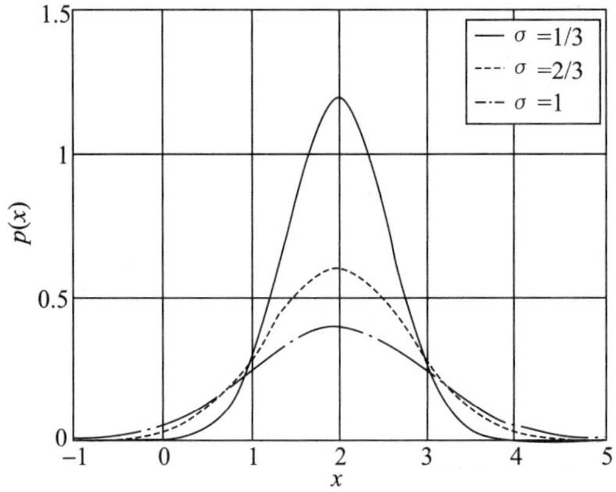

图 25-3 高斯 pdf，其中 $\bar{x}=2$ 且 σ 取值为 $\frac{1}{3}$，$\frac{2}{3}$ 和 1

在 N 维情况下，如果连续随机矢量 $\boldsymbol{x}$ 由下式定义，则连续随机矢量 $\boldsymbol{x}\in\mathbf{R}^N$ 具有正态

分布或高斯分布

$$p(\boldsymbol{x} \mid \overline{\boldsymbol{x}}, \boldsymbol{Q}) = \frac{1}{\sqrt{(2\pi)^N \det \boldsymbol{Q}}} \exp\left[-\frac{1}{2}(\boldsymbol{x}-\overline{\boldsymbol{x}})^{\mathrm{T}} \boldsymbol{Q}^{-1} (\boldsymbol{x}-\overline{\boldsymbol{x}})\right]$$

其中 $\overline{\boldsymbol{x}}$ 为均值，$\boldsymbol{Q}$ 为协方差矩阵。协方差矩阵对称且正定（从而保证 $\boldsymbol{Q}$ 非奇异，且 $\boldsymbol{Q}^{-1}$ 存在）。由于 $\boldsymbol{x}$ 受 $\overline{\boldsymbol{x}}$ 和 $\boldsymbol{Q}$ 影响，pdf $p(\boldsymbol{x} \mid \overline{\boldsymbol{x}}, \boldsymbol{Q})$ 为条件 pdf，有

$$\int_{-\infty}^{\infty} \frac{1}{\sqrt{(2\pi)^N \det \boldsymbol{Q}}} \exp\left[-\frac{1}{2}(\boldsymbol{x}-\overline{\boldsymbol{x}})^{\mathrm{T}} \boldsymbol{Q}^{-1} (\boldsymbol{x}-\overline{\boldsymbol{x}})\right] \mathrm{d}\boldsymbol{x} = 1$$

均值为

$$\overline{\boldsymbol{x}} = \int_{-\infty}^{\infty} \boldsymbol{x} \frac{1}{\sqrt{(2\pi)^N \det \boldsymbol{Q}}} \exp\left[-\frac{1}{2}(\boldsymbol{x}-\overline{\boldsymbol{x}})^{\mathrm{T}} \boldsymbol{Q}^{-1} (\boldsymbol{x}-\overline{\boldsymbol{x}})\right] \mathrm{d}\boldsymbol{x}$$

协方差为

$$\boldsymbol{Q} = \int_{-\infty}^{\infty} (\boldsymbol{x}-\overline{\boldsymbol{x}})(\boldsymbol{x}-\overline{\boldsymbol{x}})^{\mathrm{T}} \frac{1}{\sqrt{(2\pi)^N \det \boldsymbol{Q}}} \exp\left[-\frac{1}{2}(\boldsymbol{x}-\overline{\boldsymbol{x}})^{\mathrm{T}} \boldsymbol{Q}^{-1} (\boldsymbol{x}-\overline{\boldsymbol{x}})\right] \mathrm{d}\boldsymbol{x}$$

描述 $\boldsymbol{x}$ 为正态分布的简略表达式为 $\boldsymbol{x} \sim \mathcal{N}(\overline{\boldsymbol{x}}, \boldsymbol{Q})$。

25.1.4　离散时间白噪声

考虑离散测量序列 $\boldsymbol{y}_k = \boldsymbol{x}_k + \boldsymbol{w}_k$，其中 $\boldsymbol{y}_k \in \mathbf{R}^N$ 为时刻 k 的测量值，$\boldsymbol{x}_k \in \mathbf{R}^N$ 为被测对象在时刻 w 的真实值，$\boldsymbol{w}_k \in \mathbf{R}^N$ 为噪声。所有真实系统都被噪声干扰。噪声可能来自位置扰动、传感器信号扭曲（即电噪声）或模型不确定性。噪声通常为正态分布，其均值为 0，$\boldsymbol{w}_k \sim \mathcal{N}(\boldsymbol{0}, \boldsymbol{Q}_k)$ 的白噪声，有

$$E[\boldsymbol{w}_k \boldsymbol{w}_l^{\mathrm{T}}] = \boldsymbol{Q}_k \delta_{kl}$$

其中，当 $k = l$ 时，$\delta_{kl} = 1$，当 $k \neq l$ 时，$\delta_{kl} = 0$，即在一个时刻的噪声与另一时刻的噪声完全无关。

25.1.5　模拟噪声

如果要真实模拟航天器任务，必须在模拟测量值中加入扰动，如星体位置、地球磁场等，在模拟的每一时间步长加入噪声。因此给定 $\boldsymbol{y}_k = \boldsymbol{x}_k + \boldsymbol{w}_k$，其中 $\boldsymbol{y}_k \in \mathbf{R}^N$ 为时间步长 k 的测量值，$\boldsymbol{x}_k \in \mathbf{R}^N$ 为测量对象的真实值，$\boldsymbol{w}_k \in \mathbf{R}^N$ 为 0 均值高斯白噪声，$\boldsymbol{w}_k \sim \mathcal{N}(\boldsymbol{0}, \boldsymbol{Q}_k)$，那么怎样在每个步长产生 $\boldsymbol{w}_k$ 来正确模拟测量值？

假设噪声均值和协方差不随时间变化，即 $\boldsymbol{w}_k \sim \mathcal{N}(\boldsymbol{0}, \boldsymbol{Q})$，其中 $\boldsymbol{Q}$ 为常数，从 $\boldsymbol{Q}$ 的特征值分解开始

$$\boldsymbol{Q} = \boldsymbol{E}\boldsymbol{\Lambda}\boldsymbol{E}^{-1}$$

其中 $\boldsymbol{Q}$ 的 N 个特征矢量 $\boldsymbol{Q}$ 为 $\boldsymbol{E}$ 的列，$\boldsymbol{Q}$ 的特征矢量 λ_i，$i = 1, \cdots, N$，沿 $\boldsymbol{\Lambda}$ 的对角线分布。由于 $\boldsymbol{Q}$ 对称，$\boldsymbol{E}^{-1} = \boldsymbol{E}^{\mathrm{T}}$，有

$$\boldsymbol{Q} = \boldsymbol{E}\boldsymbol{\Lambda}\boldsymbol{E}^{\mathrm{T}}$$

下一步计算 $\boldsymbol{v}_k = [v_{k,1} \quad \cdots \quad v_{k,N}]^{\mathrm{T}}$，其中 $v_{k,i} = \sqrt{\lambda_i} r_{k,i}$，$i = 1, \cdots, N$，且 $r_{k,i}$ 为独

立高斯随机变量，其中$\bar{r}_{k,j}=0$，且$\sigma_{k,i}=1$。令$\boldsymbol{r}_k=[r_{k,1} \quad \cdots \quad r_{k,N}]^{\mathrm{T}}$并注意$E[\boldsymbol{r}_k]=\boldsymbol{0}$且$E[\boldsymbol{r}_k\boldsymbol{r}_k^{\mathrm{T}}]=\boldsymbol{1}$，即$\boldsymbol{r}_k\sim\mathcal{N}(\boldsymbol{0},\boldsymbol{1})$（称作标准正态分布）。大部分计算机程序语言，如C、Fortran或MATLAB®具有能够产生每个$r_{k,i}$的内置函数。最后，令$\boldsymbol{w}_k=\boldsymbol{E}\boldsymbol{v}_k$来产生噪声样本。

为确认我们确实产生了具有0均值和协方差$\boldsymbol{Q}$的噪声，对两者进行计算。从样本的均值开始，由于$E[\boldsymbol{r}_k]=\boldsymbol{0}$，有

$$E|\boldsymbol{w}_k|=E|\boldsymbol{E}\boldsymbol{v}_k|=\boldsymbol{E}E[\boldsymbol{v}_k]=\boldsymbol{E}\sqrt{\boldsymbol{\Lambda}}E[\boldsymbol{r}_k]=\boldsymbol{0}$$

需要注意的是，既然期望算子为线性，可以认为矩阵$\boldsymbol{E}$和$\sqrt{\boldsymbol{\Lambda}}$能够带出期望算子。因此$\boldsymbol{w}_k$具有0均值。接下来考虑协方差$\boldsymbol{w}_k$的计算

$$\begin{aligned}E[\boldsymbol{w}_k\boldsymbol{w}_k^{\mathrm{T}}]&=E[\boldsymbol{E}\boldsymbol{v}_k\boldsymbol{v}_k^{\mathrm{T}}\boldsymbol{E}^{\mathrm{T}}]\\&=E[\boldsymbol{E}\sqrt{\boldsymbol{\Lambda}}\boldsymbol{r}_k\boldsymbol{r}_k^{\mathrm{T}}\sqrt{\boldsymbol{\Lambda}}^{\mathrm{T}}\boldsymbol{E}^{\mathrm{T}}]\\&=\boldsymbol{E}\sqrt{\boldsymbol{\Lambda}}\underbrace{E[\boldsymbol{r}_k\boldsymbol{r}_k^{\mathrm{T}}]}_{=\boldsymbol{1}}\sqrt{\boldsymbol{\Lambda}}^{\mathrm{T}}\boldsymbol{E}^{\mathrm{T}}]\\&=\boldsymbol{E}\sqrt{\boldsymbol{\Lambda}}\sqrt{\boldsymbol{\Lambda}}^{\mathrm{T}}\boldsymbol{E}^{\mathrm{T}}\\&=\boldsymbol{E}\boldsymbol{\Lambda}\boldsymbol{E}^{\mathrm{T}}=\boldsymbol{Q}\end{aligned}$$

再一次，由于$E[\cdot]$为线性，矩阵$\boldsymbol{E}$和$\sqrt{\boldsymbol{\Lambda}}$能够带出期望算子。因此，协方差$\boldsymbol{w}_k$确实为$\boldsymbol{Q}$。

25.2 航天器姿态估计批处理方法

考虑一个地球轨道的航天器。参考系$\mathcal{F}_b$嵌入航天器内，惯性参考系$\mathcal{F}_a$位于地球中心，为ECI参考系。航天器配有N个传感器，如磁表、太阳传感器等。这些传感器在船体架构$\vec{s}_k=\vec{\mathcal{F}}_b^{\mathrm{T}}\boldsymbol{s}_{bk}$中提供了$k=1,\cdots,N$的测量值。为了方便，对$\vec{s}_k$矢量进行归一：$\vec{\hat{s}}_k=\vec{\mathcal{F}}_b^{\mathrm{T}}\hat{\boldsymbol{s}}_{bk}=\vec{\mathcal{F}}_a^{\mathrm{T}}\hat{\boldsymbol{s}}_{ak}$。

给定所有上述测量值，怎样估计航天器姿态？更为正式的问题是，给定$k=1,\cdots,N$个测量值$\vec{\hat{s}}_k=\vec{\mathcal{F}}_b^{\mathrm{T}}\hat{\boldsymbol{s}}_{bk}=\vec{\mathcal{F}}_a^{\mathrm{T}}\hat{\boldsymbol{s}}_{ak}$，其中$\hat{\boldsymbol{s}}_{bk}=\boldsymbol{C}_{ba}\hat{\boldsymbol{s}}_{ak}$，怎样估计旋转矩阵$\boldsymbol{C}_{ba}$？本节通过加权最小二乘优化问题探讨两种解决方法：Davenport的q方法和QUEST算法。我们将考虑一种非常简单的姿态估计方法，仅适用2个测量值——TRIAD算法。尽管TRIAD算法能够在最优架构内导出，但本节将介绍确定性推导。由于在上述姿态估计方法中航天器姿态在给定时刻使用测量方法“批”来评估，因此该姿态估计方法称为批方法。

25.2.1 Wahba问题

给定$\hat{\boldsymbol{s}}_{bk}$和$\hat{\boldsymbol{s}}_{ak}$，目的是确定遵循$\boldsymbol{C}_{ba}^{\mathrm{T}}\boldsymbol{C}_{ba}=\boldsymbol{1}$的$\boldsymbol{C}_{ba}$，以保证$\hat{\boldsymbol{s}}_{bk}=\boldsymbol{C}_{ba}\hat{\boldsymbol{s}}_{ak}$。换一种说法，即希望让$\boldsymbol{r}_k$最小，使$\boldsymbol{r}_k=\hat{\boldsymbol{s}}_{bk}-\boldsymbol{C}_{ba}\hat{\boldsymbol{s}}_{ak}$满足$\boldsymbol{C}_{ba}^{\mathrm{T}}\boldsymbol{C}_{ba}=\boldsymbol{1}$。至此，考虑如下约束优化问题：让下式最小

$$\begin{aligned}\text{最小 } J(\boldsymbol{C}_{ba}) &= \frac{1}{2}\sum_{k=1}^{N} w_k \boldsymbol{r}_k^{\mathrm{T}} \boldsymbol{r}_k \\ &= \frac{1}{2}\sum_{k=1}^{N} w_k (\hat{\boldsymbol{s}}_{bk} - \boldsymbol{C}_{ba}\hat{\boldsymbol{s}}_{ak})^{\mathrm{T}} (\hat{\boldsymbol{s}}_{bk} - \boldsymbol{C}_{ba}\hat{\boldsymbol{s}}_{ak})\end{aligned} \tag{25-4}$$

从而

$$\boldsymbol{C}_{ba}^{\mathrm{T}}\boldsymbol{C}_{ba} = \mathbf{1}$$

其中 $w_k > 0$ 为加权。$J(\boldsymbol{C}_{ba})$ 为要求最小化的目标函数，而必须满足的约束为 $\boldsymbol{C}_{ba}^{\mathrm{T}}\boldsymbol{C}_{ba} = \mathbf{1}$。该优化问题是由 Grace Wahba 于 1965 年提出的，因此通常称作 Wahba 问题。

导入 w_k 的目的是强调特定测量值。例如，我们有一个星跟踪器和磁表。通常，与星跟踪器相比，磁表的测量值具有噪声。因此，在最小化式（25－4）求解 $\boldsymbol{C}_{ba}$ 的过程中，我们希望更强调星跟踪器的测量值。通常加权系数为 $w_k = 1/\sigma_k^2$，其中 σ_k^2 为测量值的方差。因此，如果对某个测量值非常自信（即 σ_k^2 很小），则加权系数 w_k 可以很大，在目标函数式（25－4）中强调该测量值贡献。相反，如果对某个测量值不自信（即 σ_k^2 很大），则 w_k 非常小，在目标函数式（25－4）中降低该测量值贡献。

25.2.2　Davenport 的 q 方法

由 Paul Davenport 在 1968 年 NASA 报告中提出的 q 方法将 Wahba 问题作为最大化问题再次提出，约束为 $\boldsymbol{C}_{ba}^{\mathrm{T}}\boldsymbol{C}_{ba} = \mathbf{1}$，然后以四元项 $\boldsymbol{q} = [\boldsymbol{\epsilon}^{\mathrm{T}}\ \eta]$ 的形式配置 $\boldsymbol{C}_{ba}$，并以单位长度四元项 $\boldsymbol{q}^{\mathrm{T}}\boldsymbol{q} = 1$ 代替约束 $\boldsymbol{C}_{ba}^{\mathrm{T}}\boldsymbol{C}_{ba} = \mathbf{1}$。

再次考虑 Wahba 问题，但是目标函数（25－4）重新整理为下述形式

$$\begin{aligned}J(\boldsymbol{C}_{ba}) &= \frac{1}{2}\sum_{k=1}^{N} w_k (\hat{\boldsymbol{s}}_{bk} - \boldsymbol{C}_{ba}\hat{\boldsymbol{s}}_{ak})^{\mathrm{T}} (\hat{\boldsymbol{s}}_{bk} - \boldsymbol{C}_{ba}\hat{\boldsymbol{s}}_{ak}) \\ &= \frac{1}{2}\sum_{k=1}^{N} w_k (\hat{\boldsymbol{s}}_{bk}^{\mathrm{T}}\hat{\boldsymbol{s}}_{bk} - 2\hat{\boldsymbol{s}}_{bk}^{\mathrm{T}}\boldsymbol{C}_{ba}\hat{\boldsymbol{s}}_{ak} + \hat{\boldsymbol{s}}_{ak}^{\mathrm{T}}\boldsymbol{C}_{ba}^{\mathrm{T}}\boldsymbol{C}_{ba}\hat{\boldsymbol{s}}_{ak}) \\ &= \sum_{k=1}^{N} w_k (1 - \hat{\boldsymbol{s}}_{bk}^{\mathrm{T}}\boldsymbol{C}_{ba}\hat{\boldsymbol{s}}_{ak}) \\ &= \left(\sum_{k=1}^{N} w_k\right) - \left(\sum_{k=1}^{N} w_k \hat{\boldsymbol{s}}_{bk}^{\mathrm{T}}\boldsymbol{C}_{ba}\hat{\boldsymbol{s}}_{ak}\right)\end{aligned} \tag{25-5}$$

其中，为简化问题，令 $\hat{\boldsymbol{s}}_{bk}^{\mathrm{T}}\hat{\boldsymbol{s}}_{bk} = 1$，$\boldsymbol{C}_{ba}^{\mathrm{T}}\boldsymbol{C}_{ba} = \mathbf{1}$ 和 $\hat{\boldsymbol{s}}_{ak}^{\mathrm{T}}\hat{\boldsymbol{s}}_{ak} = 1$。所有加权值的和为常数。因此，最小化目标函数 $J(\boldsymbol{C}_{ba})$ 等价于最大化目标函数

$$\hat{J}(\boldsymbol{C}_{ba}) = \sum_{k=1}^{N} w_k \hat{\boldsymbol{s}}_{bk}^{\mathrm{T}}\boldsymbol{C}_{ba}\hat{\boldsymbol{s}}_{ak} \tag{25-6}$$

现在需要找到式（25－6）中满足约束 $\boldsymbol{C}_{ba}^{\mathrm{T}}\boldsymbol{C}_{ba} = \mathbf{1}$ 并让 $\hat{J}(\boldsymbol{C}_{ba})$ 最大的 $\boldsymbol{C}_{ba}$。为解决该问题，首先使用迹运算方法简化式（25－6）。矩阵 $\mathbf{A} \in \mathbf{R}^{n\times n}$ 为

$$\mathrm{tr}[\boldsymbol{A}] = \mathrm{tr}[\boldsymbol{A}^{\mathrm{T}}] = \sum_{i=1}^{n} a_{ii} = \sum_{i=1}^{n} \lambda_i$$

其中 λ_i，$i = 1, \cdots, n$ 为 $\boldsymbol{A}$ 的特征矢量。同样，如果 $\boldsymbol{A} = \boldsymbol{BCD}$，其中 $\boldsymbol{B} \in \mathbf{R}^{n\times m}$，$\boldsymbol{C} \in$

$\mathbf{R}^{m\times p}$，$\boldsymbol{D}\in\mathbf{R}^{p\times n}$，则

$$\operatorname{tr}[\boldsymbol{A}]=\operatorname{tr}[\boldsymbol{BCD}]=\operatorname{tr}[\boldsymbol{CDB}]=\operatorname{tr}[\boldsymbol{DBC}]$$

使用迹运算可将目标函数（25-6）写为

$$\begin{aligned}\hat{J}(\boldsymbol{C}_{ba})&=\operatorname{tr}[\sum_{k=1}^{N}w_k\hat{\boldsymbol{s}}_{bk}^{\mathrm{T}}\boldsymbol{C}_{ba}\hat{\boldsymbol{s}}_{ak}]=\operatorname{tr}[\sum_{k=1}^{N}w_k\boldsymbol{C}_{ba}\hat{\boldsymbol{s}}_{ak}\hat{\boldsymbol{s}}_{bk}^{\mathrm{T}}]\\&=\operatorname{tr}[\boldsymbol{C}_{ba}\underbrace{(\sum_{k=1}^{N}w_k\hat{\boldsymbol{s}}_{ak}\hat{\boldsymbol{s}}_{bk}^{\mathrm{T}})}_{\boldsymbol{B}^{\mathrm{T}}}]\end{aligned}\tag{25-7}$$

采用四元项对旋转矩阵配置参数，然后找到让式（25-7）最大化的四元项并同时满足约束 $\boldsymbol{q}^{\mathrm{T}}\boldsymbol{q}=1$。至此，注意1.3.4节中的等式（1-33）可重写为

$$\boldsymbol{C}_{ba}=(\eta^2-\boldsymbol{\epsilon}^{\mathrm{T}}\boldsymbol{\epsilon})\mathbf{1}+2\boldsymbol{\epsilon}\boldsymbol{\epsilon}^{\mathrm{T}}-2\eta\boldsymbol{\epsilon}^{\times}\tag{25-8}$$

将式（25-8）替换至目标函数（25-7）并简化得到

$$\begin{aligned}\hat{J}(\boldsymbol{q})&=\operatorname{tr}[\eta^2\boldsymbol{B}^{\mathrm{T}}-\boldsymbol{\epsilon}^{\mathrm{T}}\boldsymbol{\epsilon}\boldsymbol{B}^{\mathrm{T}}+2\boldsymbol{\epsilon}\boldsymbol{\epsilon}^{\mathrm{T}}\boldsymbol{B}^{\mathrm{T}}-2\eta\boldsymbol{\epsilon}^{\times}\boldsymbol{B}^{\mathrm{T}}]\\&=\eta^2\operatorname{tr}[\boldsymbol{B}^{\mathrm{T}}]-\boldsymbol{\epsilon}^{\mathrm{T}}\boldsymbol{\epsilon}\operatorname{tr}[\boldsymbol{B}^{\mathrm{T}}]+2\boldsymbol{\epsilon}^{\mathrm{T}}\boldsymbol{B}^{\mathrm{T}}\boldsymbol{\epsilon}-2\eta\operatorname{tr}[\boldsymbol{\epsilon}^{\times}\boldsymbol{B}^{\mathrm{T}}]\end{aligned}$$

令 $k_{22}=\operatorname{tr}[\boldsymbol{B}^{\mathrm{T}}]=\operatorname{tr}[\boldsymbol{B}]$ 并注意 $2\boldsymbol{\epsilon}^{\mathrm{T}}\boldsymbol{B}^{\mathrm{T}}\boldsymbol{\epsilon}=\boldsymbol{\epsilon}^{\mathrm{T}}(\boldsymbol{B}+\boldsymbol{B}^{\mathrm{T}})\boldsymbol{\epsilon}$，有

$$\hat{J}(\boldsymbol{q})=\boldsymbol{\epsilon}^{\mathrm{T}}(\boldsymbol{B}+\boldsymbol{B}^{\mathrm{T}}-k_{22}\mathbf{1})\boldsymbol{\epsilon}-2\eta\operatorname{tr}[\boldsymbol{\epsilon}^{\times}\boldsymbol{B}^{\mathrm{T}}]+\eta^2k_{22}$$

$-2\eta\operatorname{tr}[\boldsymbol{\epsilon}^{\times}\boldsymbol{B}^{\mathrm{T}}]$ 项可简化为如下形式

$$\begin{aligned}-2\eta\operatorname{tr}[\boldsymbol{\epsilon}^{\times}\boldsymbol{B}^{\mathrm{T}}]&=-2\eta\operatorname{tr}\left[\begin{bmatrix}0&-\epsilon_3&\epsilon_2\\\epsilon_3&0&-\epsilon_1\\-\epsilon_2&\epsilon_1&0\end{bmatrix}\begin{bmatrix}B_{11}&B_{12}&B_{13}\\B_{21}&B_{22}&B_{23}\\B_{31}&B_{32}&B_{33}\end{bmatrix}^{\mathrm{T}}\right]\\&=2\eta[\epsilon_1(B_{23}-B_{32})+\epsilon_2(B_{31}-B_{13})+\epsilon_3(B_{12}-B_{21})]\end{aligned}$$

让 $\boldsymbol{k}_{12}=[(B_{23}-B_{32})\quad(B_{31}-B_{13})\quad(B_{12}-B_{21})]^{\mathrm{T}}$，可以将 $\hat{J}(\boldsymbol{q})$ 写为

$$\begin{aligned}\hat{J}(\boldsymbol{q})&=\boldsymbol{\epsilon}^{\mathrm{T}}(\boldsymbol{B}+\boldsymbol{B}^{\mathrm{T}}-k_{22}\mathbf{1})\boldsymbol{\epsilon}+\eta\boldsymbol{\epsilon}^{\mathrm{T}}\boldsymbol{k}_{12}+\eta\boldsymbol{k}_{12}^{\mathrm{T}}\boldsymbol{\epsilon}+\eta^2k_{22}\\&=[\boldsymbol{\epsilon}^{\mathrm{T}}\quad\eta]\underbrace{\begin{bmatrix}\boldsymbol{K}_{11}&\boldsymbol{k}_{12}\\\boldsymbol{k}_{12}^{\mathrm{T}}&k_{22}\end{bmatrix}}_{\boldsymbol{K}}\begin{bmatrix}\boldsymbol{\epsilon}\\\eta\end{bmatrix}\\&=\boldsymbol{q}^{\mathrm{T}}\boldsymbol{K}\boldsymbol{q}\end{aligned}\tag{25-9}$$

其中 $\boldsymbol{K}_{11}=\boldsymbol{B}+\boldsymbol{B}^{\mathrm{T}}-k_{22}\mathbf{1}=\boldsymbol{K}_{11}^{\mathrm{T}}$。我们的问题是如何找到满足约束 $\boldsymbol{q}^{\mathrm{T}}\boldsymbol{q}=1$ 的 $\boldsymbol{q}$ 让式（25-9）最大化。为使最大化的式（25-9）满足单位长度四元项约束，使用拉格朗日乘子定义由目标函数 $\hat{J}(\boldsymbol{q})$ 构成的新目标函数，并附之以条件 $1-\boldsymbol{q}^{\mathrm{T}}\boldsymbol{q}=0$

$$\hat{\hat{J}}(\boldsymbol{q},\lambda)=\boldsymbol{q}^{\mathrm{T}}\boldsymbol{K}\boldsymbol{q}+\lambda(1-\boldsymbol{q}^{\mathrm{T}}\boldsymbol{q})\tag{25-10}$$

为找到最优四元项，采用对 $\boldsymbol{q}$ 和 λ 求导的微分环节 $\hat{\hat{J}}(\boldsymbol{q},\lambda)$ 并令结果为0

$$\frac{\partial\hat{\hat{J}}(\boldsymbol{q},\lambda)}{\partial\boldsymbol{q}}=\boldsymbol{q}^{\mathrm{T}}\boldsymbol{K}-\lambda\boldsymbol{q}^{\mathrm{T}}=\mathbf{0}$$

上式可重写为

$$\boldsymbol{K}\boldsymbol{q}=\lambda\boldsymbol{q} \tag{25-11}$$

同样，有以下四元项约束

$$\frac{\partial \hat{\hat{J}}(\boldsymbol{q},\lambda)}{\partial\lambda}=1-\boldsymbol{q}^{\mathrm{T}}\boldsymbol{q}=0$$

因此，最大化式（25－10）等价于在 $\boldsymbol{q}^{\mathrm{T}}\boldsymbol{q}=1$ 的条件下最大化式（25－9）。但是，由于 $\boldsymbol{K}$ 为 4×4 矩阵，有四个特征值和四个特征矢量与式（25－11）特征问题相关。哪一个特征对能够使式（25－10）最大化？要找到能够将目标函数 $\hat{\hat{J}}(\boldsymbol{q})$ 最大化的 $\boldsymbol{q}$，必须找到对应式（25－11）的最大特征值及其相应特征矢量。为验证最大特征值 $\bar{\lambda}$ 和相应特征矢量（即四元项）$\bar{\boldsymbol{q}}$ 能够使式（25－9）最大化，考虑任意满足式（25－11）的特征值 λ 和特征矢量 $\boldsymbol{q}$。式（25－9）的值为

$$\hat{J}(\boldsymbol{q})=\boldsymbol{q}^{\mathrm{T}}\underbrace{\boldsymbol{K}\boldsymbol{q}}_{=\lambda\boldsymbol{q}}=\lambda\underbrace{\boldsymbol{q}^{\mathrm{T}}\boldsymbol{q}}_{=1}=\lambda \tag{25-12}$$

显然当 $\lambda=\bar{\lambda}$ 和 $\boldsymbol{q}=\bar{\boldsymbol{q}}$ 时上式最大。因此，$\bar{\boldsymbol{q}}$ 为最优四元项，它和式（25－8）共同产生 $\boldsymbol{C}_{ba}$ 最优估计。

25.2.3　QUEST 算法

Davenport 的 q 方法将 Wahba 问题还原为特征值问题，其中最优姿态估计对应与最优相关的特征矢量（即四元项）。在便携式计算机上求解特征值问题很容易，但是在仅有有限存储单元的航天器飞行计算机上求解则大不相同。为绕过求解特征值问题，Malcolm Shuster 于 1978 年开发了 QUEST 算法，即“四元数估计器”。

再次考虑式（25－11）的特征矢量问题

$$\begin{bmatrix}\boldsymbol{K}_{11} & \boldsymbol{k}_{12}\\ \boldsymbol{k}_{12}^{\mathrm{T}} & k_{22}\end{bmatrix}\begin{bmatrix}\boldsymbol{\epsilon}\\ \eta\end{bmatrix}=\begin{bmatrix}\boldsymbol{K}_{11}\boldsymbol{\epsilon}+\boldsymbol{k}_{12}\eta\\ \boldsymbol{k}_{12}^{\mathrm{T}}\boldsymbol{\epsilon}+k_{22}\eta\end{bmatrix}=\lambda\begin{bmatrix}\boldsymbol{\epsilon}\\ \eta\end{bmatrix}$$

上式可分解为两个分离方程

$$\boldsymbol{K}_{11}\boldsymbol{\epsilon}+\boldsymbol{k}_{12}\eta=\lambda\boldsymbol{\epsilon} \tag{25-13}$$

$$\boldsymbol{k}_{12}^{\mathrm{T}}\boldsymbol{\epsilon}+k_{22}\eta=\lambda\eta \tag{25-14}$$

根据 $\boldsymbol{K}_{11}=\boldsymbol{S}-k_{22}\boldsymbol{1}$，其中 $\boldsymbol{S}=\boldsymbol{B}+\boldsymbol{B}^{\mathrm{T}}$，可将式（25－13）写为

$$[(\lambda+k_{22})\boldsymbol{1}-\boldsymbol{S}]\boldsymbol{\epsilon}=\boldsymbol{k}_{12}\eta$$

将上式除以 η 得到

$$[(\lambda+k_{22})\boldsymbol{1}-\boldsymbol{S}]\boldsymbol{p}=\boldsymbol{k}_{12}$$

其中 $\boldsymbol{p}=\boldsymbol{\epsilon}/\eta=\boldsymbol{a}\tan(\phi/2)$ 为 Gibbs 矢量。通过对 $[(\lambda+k_{22})\boldsymbol{1}-\boldsymbol{S}]$ 求逆，解出 $\boldsymbol{p}$ 为

$$\boldsymbol{p}=[(\lambda+k_{22})\boldsymbol{1}-\boldsymbol{S}]^{-1}\boldsymbol{k}_{12} \tag{25-15}$$

相关四元项可以通过 Gibbs 矢量以下述方式计算

$$\boldsymbol{q}=\frac{1}{\sqrt{1+\boldsymbol{p}^{\mathrm{T}}\boldsymbol{p}}}\begin{bmatrix}\boldsymbol{p}\\ 1\end{bmatrix}$$

在求解 q 时曾对 $[(\lambda+k_{22})\mathbf{1}-\boldsymbol{S}]$ 求逆。尽管该矩阵仅为 3×3 矩阵，我们最好避免对其求逆。可以证明

$$[(\lambda+k_{22})\mathbf{1}-\boldsymbol{S}]^{-1}=\frac{1}{\gamma}(\alpha\mathbf{1}+\beta\boldsymbol{S}+\boldsymbol{S}^2) \tag{25-16}$$

其中

$$\alpha=\lambda^2-k_{22}^2+\mathrm{tr}[\mathrm{adj}(\boldsymbol{S})],\ \beta=\lambda-k_{22},\ \gamma=(\lambda+k_{22})\alpha-\det\boldsymbol{S}$$

因此同前，$k_{22}=\mathrm{tr}[\boldsymbol{B}]=\frac{1}{2}\mathrm{tr}[\boldsymbol{S}]$。注意 $\mathrm{adj}(\boldsymbol{S})$ 为矩阵 $\boldsymbol{S}$ 的古典伴随矩阵。通过将式（25-16）代入式（25-15），并使用对 λ 的最佳估计得到

$$\boldsymbol{x}=(\alpha\mathbf{1}+\beta\boldsymbol{S}+\boldsymbol{S}^2)\boldsymbol{k}_{12}$$

其中

$$\boldsymbol{p}=\boldsymbol{x}/\gamma\ ,\text{且}\ \boldsymbol{q}=\frac{1}{\sqrt{\gamma^2+\boldsymbol{x}^{\mathrm{T}}\boldsymbol{x}}}\begin{bmatrix}\boldsymbol{x}\\ \gamma\end{bmatrix} \tag{25-17}$$

为与航天器姿态相关的四元项。

上述计算在给定 λ 时输出 $\boldsymbol{q}$。如果 λ 不是很接近或等于式（25-11）特征问题的最优特征值，对姿态的估计将不正确。接下来考虑怎样找到 $\bar{\lambda}$ 而不必求解式（25-11）的特征值问题。找到 $\bar{\lambda}$ 后，$\boldsymbol{q}$、$\bar{\boldsymbol{q}}$ 的最优估计可从式（25-17）中找到。作为开始，重新整理（25-14）并用 η 来除得到

$$\boldsymbol{k}_{12}^{\mathrm{T}}\boldsymbol{p}=\lambda-k_{22} \tag{25-18}$$

接下来，对式（25-15）两侧乘以 $\boldsymbol{k}_{12}^{\mathrm{T}}$ 并使用式（25-16）得到

$$\boldsymbol{k}_{12}^{\mathrm{T}}\boldsymbol{p}=\frac{1}{\gamma}\boldsymbol{k}_{12}^{\mathrm{T}}(\alpha\mathbf{1}+\beta\boldsymbol{S}+\boldsymbol{S}^2)\boldsymbol{k}_{12} \tag{25-19}$$

式（25-18）和式（25-19）合并得到

$$\lambda=k_{22}+\frac{1}{\gamma}\boldsymbol{k}_{12}^{\mathrm{T}}(\alpha\mathbf{1}+\beta\boldsymbol{S}+\boldsymbol{S}^2)\boldsymbol{k}_{12}$$

在算法运行后可得

$$\lambda^4-(a+b)\lambda^2-c\lambda+(ab+ck_{22}-d)=0 \tag{25-20}$$

其中

$$a=k_{22}^2-\mathrm{tr}[\mathrm{adj}(\boldsymbol{S})],\ b=k_{22}^2+\boldsymbol{k}_{12}^{\mathrm{T}}\boldsymbol{k}_{12},\ c=\det[\boldsymbol{S}]+\boldsymbol{k}_{12}^{\mathrm{T}}\boldsymbol{S}\boldsymbol{k}_{12},\ d=\boldsymbol{k}_{12}^{\mathrm{T}}\boldsymbol{S}^2\boldsymbol{k}_{12}$$

式（25-20）的根可以通过牛顿方法求解：令 $f(\lambda_j)=\lambda_j^4-(a+b)\lambda_j^2-c\lambda_j+(ab+ck_{22}-d)$，给定初始猜测 λ_1，通过以下迭代方式求解 λ_j，直至 $|\lambda_{j+1}-\lambda_j|<\epsilon_{\mathrm{tol}}$，其中 ϵ_{tol} 为误差

$$\lambda_{j+1}=\lambda_j-\frac{f(\lambda_j)}{f'(\lambda_j)}$$

我们需要的是对应最优姿态估计的解 $\bar{\lambda}$。与最优姿态估计相关的最优特征值估计大约等于加权系数 w_k 的和，以下对此证明。作为开始，假设对姿态有最优估计，可表达为四元项 $\bar{\boldsymbol{q}}$，或旋转矩阵 $\bar{\boldsymbol{C}}_{ba}$。当姿态估计非常接近真实值时有 $\hat{\boldsymbol{s}}_{bk}\approx\bar{\boldsymbol{C}}_{ba}\hat{\boldsymbol{s}}_{ak}$。因此式（25-5）的

目标函数近似为

$$J(\overline{\boldsymbol{C}}_{ba}) \approx 0$$

识别式（25－5）的最终形式作为式（25－6）目标函数 $\hat{J}(\boldsymbol{C}_{ba})$ 的替代，有

$$\hat{J}(\boldsymbol{C}_{ba}) \approx (\sum_{k=1}^{N} w_k)$$

式（25－6）和式（25－9）等价，通过式（25－12），得到

$$\overline{\lambda} \approx \sum_{k=1}^{N} w_k$$

所以通过令 $\lambda_1 = \sum_{k=1}^{N} w_k$ 求解 λ，牛顿方法可以收敛到非常接近 $\overline{\lambda}$ 的值。

25.2.4　TRIAD 算法

TRIAD 算法是一种简单姿态估计方法，仅适用 2 个（非平行）矢量测量值。TRIAD 算法在 q 方法或 QUEST 方法之前出现，原本称作代数方法。由于 TRIAD 算法简单，计算量远小于 q 方法和 QUEST 方法，因此值得了解。

考虑一个配有 2 个传感器的航天器，一个太阳传感器提供 $\vec{\hat{s}}$，一个磁表提供 $\vec{\hat{b}}$（矢量测量值归一）。对于 q 方法和 QUEST，假设 $\vec{\hat{s}}$ 和 $\vec{\hat{b}}$ 存在于 $\mathcal{F}_b$ 和 $\mathcal{F}_a$ 中，已知船体参考坐标系和一个惯性坐标系，且 $\vec{\hat{s}}$ 和 $\vec{\hat{b}}$ 并不平行。旋转矩阵 $\boldsymbol{C}_{ba}$ 定义 $\mathcal{F}_b$ 和 $\mathcal{F}_a$ 中 $\vec{\hat{s}}$ 和 $\vec{\hat{b}}$ 的关系：$\hat{\boldsymbol{s}}_b = \boldsymbol{C}_{ba}\hat{\boldsymbol{s}}_a$，$\hat{\boldsymbol{b}}_b = \boldsymbol{C}_{ba}\hat{\boldsymbol{b}}_a$。TRIAD 算法由三步构成。

步骤 1：产生即时参考架构，$\vec{\mathcal{F}}_t^{\mathrm{T}} = [\vec{\boldsymbol{x}}_t \quad \vec{\boldsymbol{y}}_t \quad \vec{\boldsymbol{z}}_t]$，其中

$$\vec{\boldsymbol{x}}_t = \vec{\hat{\boldsymbol{s}}}, \vec{\boldsymbol{y}}_t = \frac{\vec{\hat{\boldsymbol{s}}} \times \vec{\hat{\boldsymbol{b}}}}{|\vec{\hat{\boldsymbol{s}}} \times \vec{\hat{\boldsymbol{b}}}|}, \vec{\boldsymbol{z}}_t = \vec{\boldsymbol{x}}_t \times \vec{\boldsymbol{y}}_t$$

步骤 2：在 $\mathcal{F}_a$ 和 $\mathcal{F}_b$ 中表达 $\mathcal{F}_t$ 的分量，即

$$\vec{\boldsymbol{x}}_t = \vec{\mathcal{F}}_a^{\mathrm{T}}\boldsymbol{x}_{t,a} = \vec{\mathcal{F}}_a^{\mathrm{T}}\hat{\boldsymbol{s}}_a, \vec{\boldsymbol{y}}_t = \vec{\mathcal{F}}_a^{\mathrm{T}}\boldsymbol{y}_{t,a} = \vec{\mathcal{F}}_a^{\mathrm{T}}\frac{\hat{\boldsymbol{s}}_a^{\times}\hat{\boldsymbol{b}}_a}{|\hat{\boldsymbol{s}}_a^{\times}\hat{\boldsymbol{b}}_a|}, \vec{\boldsymbol{z}}_t = \vec{\mathcal{F}}_a^{\mathrm{T}}\boldsymbol{z}_{t,a} = \vec{\mathcal{F}}_a^{\mathrm{T}}\boldsymbol{x}_{t,a}^{\times}\boldsymbol{y}_{t,a}$$

和

$$\vec{\boldsymbol{x}}_t = \vec{\mathcal{F}}_b^{\mathrm{T}}\boldsymbol{x}_{t,b} = \vec{\mathcal{F}}_b^{\mathrm{T}}\hat{\boldsymbol{s}}_b, \vec{\boldsymbol{y}}_t = \vec{\mathcal{F}}_b^{\mathrm{T}}\boldsymbol{y}_{t,b} = \vec{\mathcal{F}}_b^{\mathrm{T}}\frac{\hat{\boldsymbol{s}}_b^{\times}\hat{\boldsymbol{b}}_b}{|\hat{\boldsymbol{s}}_b^{\times}\hat{\boldsymbol{b}}_b|}, \vec{\boldsymbol{z}}_t = \vec{\mathcal{F}}_b^{\mathrm{T}}\boldsymbol{z}_{t,b} = \vec{\mathcal{F}}_b^{\mathrm{T}}\boldsymbol{x}_{t,b}^{\times}\boldsymbol{y}_{t,b}$$

步骤 3：求解 $\boldsymbol{C}_{ba}$。从 1.3 节有

$$\boldsymbol{C}_{at} = [\boldsymbol{x}_{t,a} \quad \boldsymbol{y}_{t,a} \quad \boldsymbol{z}_{t,a}], \boldsymbol{C}_{bt} = [\boldsymbol{x}_{t,b} \quad \boldsymbol{y}_{t,b} \quad \boldsymbol{z}_{t,b}]$$

还有

$$\boldsymbol{C}_{ba} = \boldsymbol{C}_{bt}\boldsymbol{C}_{ta}$$

并且 $\boldsymbol{C}_{ta} = \boldsymbol{C}_{at}^{\mathrm{T}}$。因此有

$$\boldsymbol{C}_{ba} = \boldsymbol{C}_{bt}\boldsymbol{C}_{at}^{\mathrm{T}}$$

需要注意的是，为了计算 $\boldsymbol{C}_{ba}$，我们仅以矩阵形式重新整理不同矢量的元素，并将两

个矩阵相乘。

25.2.5 实例

现在给定矢量测量值，使用 q 方法、QUEST 和 TRIAD 算法计算航天器姿态。假设在某一特定时刻描述航天器姿态的真实旋转矩阵为 $\boldsymbol{C}_{ba}$ ，有星跟踪器、太阳传感器、磁表和其他传感器提供的 $k=1$，…，N 个矢量测量值。这些测量值并不完美，假设其特性为

$$\hat{\boldsymbol{s}}_{bk}=\boldsymbol{C}_{ba}\hat{\boldsymbol{s}}_{ak}+\boldsymbol{v}_k \tag{25-21}$$

其中 $\boldsymbol{v}_k$ 为噪声，其约束为 $\boldsymbol{v}_k^{\mathrm{T}}\boldsymbol{C}_{ba}\hat{\boldsymbol{s}}_{ak}=0$，保证噪声垂直于 $\boldsymbol{C}_{ba}\hat{\boldsymbol{s}}_{ak}$ ，从而使 $\hat{\boldsymbol{s}}_{bk}$ 和 $\hat{\boldsymbol{s}}_{ak}$ 的长度同为一阶。测量模型通常为 QUEST 测量模型。噪声假设为高斯噪声，满足下式

$$E[\boldsymbol{v}_k]=\boldsymbol{0},E[\boldsymbol{v}_k\boldsymbol{v}_k^{\mathrm{T}}]=\sigma_k^2[\boldsymbol{1}-(\boldsymbol{C}_{ba}\hat{\boldsymbol{s}}_{ak})(\boldsymbol{C}_{ba}\hat{\boldsymbol{s}}_{ak})^{\mathrm{T}}]$$

在一个真实任务中通常已知 $\hat{\boldsymbol{s}}_{ak}$（基于不同模型，如恒星目录、地磁场模型等），测量值 $\hat{\boldsymbol{s}}_{bk}$ ，统计值 σ_k ，然后使用 q 方法、QUEST 或 TRIAD 算法计算 $\boldsymbol{C}_{ba}$。在本例中已知 $\hat{\boldsymbol{s}}_{ak}$ 和 σ_k ，使用 QUEST 测量模型产生测量值 $\hat{\boldsymbol{s}}_{bk}$。为了做到这一点，通过绘制噪声样本 $\boldsymbol{v}_k'$ ，取 $\boldsymbol{v}_k=-(\boldsymbol{C}_{ba}\hat{\boldsymbol{s}}_{ak})^{\times}(\boldsymbol{C}_{ba}\hat{\boldsymbol{s}}_{ak})^{\times}\boldsymbol{v}_k'$ 约束样本垂直于 $\boldsymbol{C}_{ba}\hat{\boldsymbol{s}}_{ak}$ ，然后通过方程（25－21）产生 $\hat{\boldsymbol{s}}_{bk}$ 进一步归一。全部数值实例给定条件如下

$$\boldsymbol{C}_{ba}=\boldsymbol{C}_z(60^\circ)\boldsymbol{C}_y(-30^\circ)\boldsymbol{C}_x(45^\circ)=\begin{bmatrix}0.4330 & 0.4356 & 0.7891\\ -0.7500 & 0.6597 & 0.0474\\ -0.5000 & -0.6124 & 0.6124\end{bmatrix}$$

$$\boldsymbol{s}_{a1}=\begin{bmatrix}0\\1\\2\end{bmatrix},\boldsymbol{s}_{a2}=\begin{bmatrix}1\\3\\0\end{bmatrix},\boldsymbol{s}_{a3}=\begin{bmatrix}-5\\0\\1\end{bmatrix},\boldsymbol{s}_{a4}=\begin{bmatrix}1\\-1\\4\end{bmatrix},\boldsymbol{s}_{a5}=\begin{bmatrix}1\\1\\1\end{bmatrix}$$

上述内容全部归一化以获取 $\hat{\boldsymbol{s}}_{ak}$。对测量噪声，统计数据有

$$\sigma_1=0.0100,\sigma_2=0.0325,\sigma_3=0.0550,\sigma_4=0.0775,\sigma_5=0.1000$$

相应地，测量值为

$$\hat{\boldsymbol{s}}_{b1}=\begin{bmatrix}0.9082\\0.3185\\0.2715\end{bmatrix},\hat{\boldsymbol{s}}_{b2}=\begin{bmatrix}0.5670\\0.3732\\-0.7343\end{bmatrix},\hat{\boldsymbol{s}}_{b3}=\begin{bmatrix}-0.2821\\0.7163\\0.6382\end{bmatrix},$$

$$\hat{\boldsymbol{s}}_{b4}=\begin{bmatrix}0.7510\\-0.3303\\0.5718\end{bmatrix},\hat{\boldsymbol{s}}_{b5}=\begin{bmatrix}0.9261\\-0.2053\\-0.3166\end{bmatrix}$$

加权系数为 $w_k=\dfrac{1}{\sigma_k^2}$。对 TRIAD 算法，仅使用前两个测量值（$k=1$，2）。q 方法和 QUEST 提供相同的结果，估计旋转矩阵为

$$\overline{\boldsymbol{C}}_{ba}=\begin{bmatrix}0.4153 & 0.4472 & 0.7921\\ -0.7562 & 0.6537 & 0.0274\\ -0.5056 & -0.6104 & 0.6097\end{bmatrix}$$

使用 TRIAD 算法，估计旋转矩阵

$$\bar{\boldsymbol{C}}_{ba}=\begin{bmatrix} 0.4156 & 0.4504 & 0.7902 \\ -0.7630 & 0.6456 & 0.0333 \\ -0.4952 & -0.6167 & 0.6119 \end{bmatrix}$$

为估计姿态。每个旋转矩阵的性能指标 $J(\bar{\boldsymbol{C}}_{ba})$ 见表 25-1。我们可以通过计算与旋转矩阵误差相关的旋转角度 ϕ_e 来对比每种方法的性能。估计姿态 $\bar{\boldsymbol{C}}_{ba}$ 、真实姿态 $\boldsymbol{C}_{ba}$ 和姿态误差为 $\bar{\boldsymbol{C}}_{ba}=\boldsymbol{C}_{ba,e}\boldsymbol{C}_{ba}$ ，因此 $\boldsymbol{C}_{ba,e}=\bar{\boldsymbol{C}}_{ba}\boldsymbol{C}_{ba}^{\mathrm{T}}$ ，其中 $\boldsymbol{C}_{ba,e}$ 为姿态误差。与 $\boldsymbol{C}_{ba,e}$ 相关的旋转角为 $\cos\phi_e=\frac{1}{2}(\mathrm{tr}[\boldsymbol{C}_{ba,e}]-\mathbf{1})$。与每种方法相关的旋转角见表 25-1。

表 25-1　q 方法、QUEST 和 TRIAD 算法姿态估计的性能和误差

	TRIAD	q 方法	QUEST
$J(\bar{\boldsymbol{C}}_{ba})$	4.2449	4.0333	4.0333
ϕ_e	1.3622°	1.2644°	1.2644°

25.3　卡尔曼滤波

在之前的章节中，考虑的是给定测量矢量时航天器姿态估计问题。不足之处在于随着新测量值的产生，之前的姿态估计并未用于新姿态估计的计算。可以想象之前的姿态估计在确定新姿态估计值时非常有用。此外，仅使用了矢量测量值。如果能够使用速度测量值或航天器运动学和动力学来辅助航天器姿态估计则非常理想。本节将探讨卡尔曼滤波，是一种具有预测器-纠正器结构的序列估计器。首先在给定系统动态和运动学模型和之前估计值的条件下，对系统状态（与航天器姿态相关）进行估计。然后，通过测量值对状态估计进行纠正。使用卡尔曼滤波可以直接计算与状态估计相关的协方差，提供了评测状态估计不确定性的方法（或置信度）。

25.3.1　离散时间卡尔曼滤波

考虑线性离散时间系统

$$\boldsymbol{x}_k=\boldsymbol{F}_{k-1}\boldsymbol{x}_{k-1}+\boldsymbol{G}_{k-1}\boldsymbol{u}_{k-1}+\boldsymbol{L}_{k-1}\boldsymbol{w}_{k-1} \tag{25-22}$$

$$\boldsymbol{y}_k=\boldsymbol{H}_k\boldsymbol{x}_k+\boldsymbol{M}_k\boldsymbol{v}_k \tag{25-23}$$

式（25-22）称作被控对象模型或过程，其中 $\boldsymbol{x}_k$ 为 n 维系统状态，$\boldsymbol{u}_k$ 为已知控制输入，$\boldsymbol{w}_k\sim\mathcal{N}(\mathbf{0},\boldsymbol{Q}_k)$ 为过程噪声。式（25-23）的测量模型描述测量值 $\boldsymbol{y}_k$ 和状态 $\boldsymbol{x}_k$ 之间的关系。测量噪声为 $\boldsymbol{v}_k\sim\mathcal{N}(\mathbf{0},\boldsymbol{R}_k)$。不仅过程噪声和测量噪声为 0 均值，符合高斯分布，并且 $\boldsymbol{w}_k$ 和 $\boldsymbol{v}_k$ 为白噪声并不相关，即 $E[\boldsymbol{v}_k\boldsymbol{w}_k^{\mathrm{T}}]=\mathbf{0}$ 对所有 k 成立。

在此，必须讨论可观性的概念。对于一个离散时间系统，如果对任何初始状态 $\boldsymbol{x}_0$ 和某些最终时间 k ，及 $j\in[0,k]$ ，初始状态 x_0 可从输入 $\boldsymbol{u}_j$ 和输出 $\boldsymbol{y}_j$ 单独确定，则称该离散时间系统具有可观性。如果一个系统可观，则不仅能够确定初始状态，而且可以通过测量值和控制输入的信息确定所有处于初始状态和最终时间之间的状态。如果系统为时不变（即 $\boldsymbol{F}_k=\boldsymbol{F}$ ，$\boldsymbol{G}_k=\boldsymbol{G}$ ，$\boldsymbol{H}_k=\boldsymbol{H}$ 并不取决于时间），则系统可观，当且仅当

$$\boldsymbol{O}=[\boldsymbol{H}^{\mathrm{T}}\ (\boldsymbol{HF})^{\mathrm{T}}\cdots(\boldsymbol{HF}^{n-1})^{\mathrm{T}}]^{\mathrm{T}}$$

具有 n 阶。

在导出卡尔曼滤波之前，定义多个数值。卡尔曼滤波具有预测器-纠正器结构。令 $\hat{\boldsymbol{x}}_k^-$ 为测量前的状态估计；真实状态和预测状态误差估计为 $\boldsymbol{e}_k^-=\boldsymbol{x}_k-\hat{\boldsymbol{x}}_k^-$。令 $\hat{\boldsymbol{x}}_k$ 为测量值被估计后的状态估计，是纠正后的状态估计。类似地，真实状态和纠正后状态的误差为 $\boldsymbol{e}_k=\boldsymbol{x}_k-\hat{\boldsymbol{x}}_k$。假设过程噪声和测量噪声和之前、之后的状态估计不相关，即 $E[\boldsymbol{e}_k^-\boldsymbol{w}_k^{\mathrm{T}}]=\boldsymbol{0}$，$E[\boldsymbol{e}_k\boldsymbol{w}_k^{\mathrm{T}}]=\boldsymbol{0}$，$E[\boldsymbol{e}_k^-\boldsymbol{v}_k^{\mathrm{T}}]=\boldsymbol{0}$，$E[\boldsymbol{e}_k\boldsymbol{v}_k^{\mathrm{T}}]=\boldsymbol{0}$ 对任意 k 成立。

通过对 $\boldsymbol{e}_k^-$ 和 $\boldsymbol{e}_k$ 的定义，可以写出之前的协方差 $\boldsymbol{P}_k^-$ ，以及纠正之后的协方差 $\boldsymbol{P}_k$

$$\boldsymbol{P}_k^-=E[\boldsymbol{e}_k^-\boldsymbol{e}_k^{-\mathrm{T}}]=E[(\boldsymbol{x}_k-\hat{\boldsymbol{x}}_k^-)(\boldsymbol{x}_k-\hat{\boldsymbol{x}}_k^-)^{\mathrm{T}}]$$

$$\boldsymbol{P}_k=E[\boldsymbol{e}_k\boldsymbol{e}_k^{\mathrm{T}}]=E[(\boldsymbol{x}_k-\hat{\boldsymbol{x}}_k)(\boldsymbol{x}_k-\hat{\boldsymbol{x}}_k)^{\mathrm{T}}]$$

这些协方差矩阵代表之前和纠正后估计 $\hat{\boldsymbol{x}}_k^-$ 和 $\hat{\boldsymbol{x}}_k$。例如，如果 $\boldsymbol{P}_k$ 很“小”，则可以相信 $\hat{\boldsymbol{x}}_k$ 为真实状态 $\boldsymbol{x}_k$ 的良好估计。如果 $\boldsymbol{P}_k$ 很“大”，则不能认为估计很接近真实状态。

25.3.1.1 预测步骤

如前所述，卡尔曼滤波器具有预测器-纠正器结构。首先预测“之前状态估计”$\hat{\boldsymbol{x}}_k^-$，然后使用测量值纠正得到 $\hat{\boldsymbol{x}}_k$ ，即“纠正后状态估计”。在给定式（25－22）中过程模型和最佳“之前估计 $\hat{\boldsymbol{x}}_{k-1}$ ”条件下，预测步骤就是对下述状态的预测

$$\hat{\boldsymbol{x}}_k^-=\boldsymbol{F}_{k-1}\hat{\boldsymbol{x}}_{k-1}+\boldsymbol{G}_{k-1}\boldsymbol{u}_{k-1}$$

需要注意的是，控制输入 $\boldsymbol{u}_{k-1}$ 已知。同样要注意的是，在预测步骤中无噪声项，因为我们无法知晓。上述预测和式（25－22）过程模型已知的情况下，之前估计误差为

$$\begin{aligned}\boldsymbol{e}_k^-&=\boldsymbol{x}_k-\hat{\boldsymbol{x}}_k^-\\&=\boldsymbol{F}_{k-1}(\boldsymbol{x}_{k-1}-\hat{\boldsymbol{x}}_{k-1}^+)+\boldsymbol{L}_{k-1}\boldsymbol{w}_{k-1}\\&=\boldsymbol{F}_{k-1}\boldsymbol{e}_{k-1}+\boldsymbol{L}_{k-1}\boldsymbol{w}_{k-1}\end{aligned}$$

$\boldsymbol{e}_k^-$ 的表达式可以用来确定 $\boldsymbol{P}_k^-$ 的表达式

$$\begin{aligned}\boldsymbol{P}_k^-&=E[\boldsymbol{e}_k^-\boldsymbol{e}_k^{-\mathrm{T}}]\\&=E[(\boldsymbol{F}_{k-1}\boldsymbol{e}_{k-1}+\boldsymbol{L}_{k-1}\boldsymbol{w}_{k-1})(\boldsymbol{F}_{k-1}\boldsymbol{e}_{k-1}+\boldsymbol{L}_{k-1}\boldsymbol{w}_{k-1})^{\mathrm{T}}]\\&=E[\boldsymbol{F}_{k-1}\boldsymbol{e}_{k-1}\boldsymbol{e}_{k-1}^{\mathrm{T}}\boldsymbol{F}_{k-1}^{\mathrm{T}}+2\boldsymbol{L}_{k-1}\boldsymbol{w}_{k-1}\boldsymbol{e}_{k-1}^{\mathrm{T}}\boldsymbol{F}_{k-1}^{\mathrm{T}}+\boldsymbol{L}_{k-1}\boldsymbol{w}_{k-1}\boldsymbol{w}_{k-1}^{\mathrm{T}}\boldsymbol{L}_{k-1}^{\mathrm{T}}]\\&=\boldsymbol{F}_{k-1}E[\boldsymbol{e}_{k-1}\boldsymbol{e}_{k-1}^{\mathrm{T}}]\boldsymbol{F}_{k-1}^{\mathrm{T}}+2\boldsymbol{L}_{k-1}E[\boldsymbol{w}_{k-1}\boldsymbol{e}_{k-1}^{\mathrm{T}}]\boldsymbol{F}_{k-1}^{\mathrm{T}}+\boldsymbol{L}_{k-1}E[\boldsymbol{w}_{k-1}\boldsymbol{w}_{k-1}^{\mathrm{T}}]\boldsymbol{L}_{k-1}^{\mathrm{T}}\end{aligned}$$

根据 $\boldsymbol{w}_{k-1}$ 与 $\boldsymbol{e}_{k-1}$ 无关，有 $E[\boldsymbol{w}_{k-1}\boldsymbol{e}_{k-1}^{\mathrm{T}}]=\boldsymbol{0}$。因此之前协方差更新为

$$\boldsymbol{P}_k^-=\boldsymbol{F}_{k-1}\boldsymbol{P}_{k-1}\boldsymbol{F}_{k-1}^{\mathrm{T}}+\boldsymbol{L}_{k-1}\boldsymbol{Q}_{k-1}\boldsymbol{L}_{k-1}^{\mathrm{T}}$$

其中 $\boldsymbol{P}_{k-1}=E[\boldsymbol{e}_{k-1}\boldsymbol{e}_{k-1}^{\mathrm{T}}]$，$\boldsymbol{Q}_{k-1}=E[\boldsymbol{w}_{k-1}\boldsymbol{w}_{k-1}^{\mathrm{T}}]$。

25.3.1.2　纠正步骤

给定之前状态估计，可以通过测量值 $\boldsymbol{y}_k$ 细化对状态的估计。定义线性纠正方程如下，也称作线性更新方程

$$\hat{\boldsymbol{x}}_k = \hat{\boldsymbol{x}}_k^- + \boldsymbol{K}_k(\boldsymbol{y}_k - \hat{\boldsymbol{y}}_k^-) \tag{25-24}$$

其中 $\hat{\boldsymbol{y}}_k^- = \boldsymbol{H}_k\hat{\boldsymbol{x}}_k^-$ 为给定之前估计条件下的预期测量值，$\boldsymbol{K}_k$ 为待计算增益。使用式（25-23）可将式（25-24）转化为如下形式

$$\hat{\boldsymbol{x}}_k = (\boldsymbol{1} - \boldsymbol{K}_k\boldsymbol{H}_k)\hat{\boldsymbol{x}}_k^- + \boldsymbol{K}_k\boldsymbol{H}_k\boldsymbol{x}_k + \boldsymbol{K}_k\boldsymbol{M}_k\boldsymbol{v}_k$$

该表达式可以计算纠正后误差

$$\begin{aligned}\boldsymbol{e}_k &= \boldsymbol{x}_k - \hat{\boldsymbol{x}}_k \\ &= \boldsymbol{x}_k - (\boldsymbol{1} - \boldsymbol{K}_k\boldsymbol{H}_k)\hat{\boldsymbol{x}}_k^- - \boldsymbol{K}_k\boldsymbol{H}_k\boldsymbol{x}_k - \boldsymbol{K}_k\boldsymbol{M}_k\boldsymbol{v}_k \\ &= (\boldsymbol{1} - \boldsymbol{K}_k\boldsymbol{H}_k)(\boldsymbol{x}_k - \hat{\boldsymbol{x}}_k^-) - \boldsymbol{K}_k\boldsymbol{M}_k\boldsymbol{v}_k \\ &= (\boldsymbol{1} - \boldsymbol{K}_k\boldsymbol{H}_k)\boldsymbol{e}_k^- - \boldsymbol{K}_k\boldsymbol{M}_k\boldsymbol{v}_k\end{aligned}$$

可以通过上式确定 $\boldsymbol{P}_k$，即纠正后协方差矩阵

$$\begin{aligned}\boldsymbol{P}_k &= E[\boldsymbol{e}_k\boldsymbol{e}_k^{\mathrm{T}}] \\ &= E\{[(\boldsymbol{1} - \boldsymbol{K}_k\boldsymbol{H}_k)\boldsymbol{e}_k^- - \boldsymbol{K}_k\boldsymbol{M}_k\boldsymbol{v}_k][(\boldsymbol{1} - \boldsymbol{K}_k\boldsymbol{H}_k)\boldsymbol{e}_k^- - \boldsymbol{K}_k\boldsymbol{M}_k\boldsymbol{v}_k]^{\mathrm{T}}\} \\ &= E[(\boldsymbol{1} - \boldsymbol{K}_k\boldsymbol{H}_k)\boldsymbol{e}_k^-\boldsymbol{e}_k^{-\mathrm{T}}(\boldsymbol{1} - \boldsymbol{K}_k\boldsymbol{H}_k)^{\mathrm{T}} - 2(\boldsymbol{1} - \boldsymbol{K}_k\boldsymbol{H}_k)\boldsymbol{e}_k^-\boldsymbol{v}_k^{\mathrm{T}}\boldsymbol{M}_k^{\mathrm{T}}\boldsymbol{K}_k^{\mathrm{T}} + \boldsymbol{K}_k\boldsymbol{M}_k\boldsymbol{v}_k\boldsymbol{v}_k^{\mathrm{T}}\boldsymbol{M}_k^{\mathrm{T}}\boldsymbol{K}_k^{\mathrm{T}}] \\ &= (\boldsymbol{1} - \boldsymbol{K}_k\boldsymbol{H}_k)E[\boldsymbol{e}_k^-\boldsymbol{e}_k^{-\mathrm{T}}](\boldsymbol{1} - \boldsymbol{K}_k\boldsymbol{H}_k)^{\mathrm{T}} - 2(\boldsymbol{1} - \boldsymbol{K}_k\boldsymbol{H}_k)E[\boldsymbol{e}_k^-\boldsymbol{v}_k^{\mathrm{T}}]\boldsymbol{M}_k^{\mathrm{T}}\boldsymbol{K}_k^{\mathrm{T}} + \\ &\quad \boldsymbol{K}_k\boldsymbol{M}_kE[\boldsymbol{v}_k\boldsymbol{v}_k^{\mathrm{T}}]\boldsymbol{M}_k^{\mathrm{T}}\boldsymbol{K}_k^{\mathrm{T}}\end{aligned}$$

噪声 $\boldsymbol{v}_k$ 与 $\boldsymbol{e}_k^-$ 无关，因此 $E[\boldsymbol{e}_k^-\boldsymbol{v}_k^{\mathrm{T}}] = \boldsymbol{0}$。由于 $\boldsymbol{P}_k^- = E[\boldsymbol{e}_k^-\boldsymbol{e}_k^{-\mathrm{T}}]$，$\boldsymbol{R}_k = E[\boldsymbol{v}_k\boldsymbol{v}_k^{\mathrm{T}}]$，则纠正后协方差为

$$\boldsymbol{P}_k = (\boldsymbol{1} - \boldsymbol{K}_k\boldsymbol{H}_k)\boldsymbol{P}_k^-(\boldsymbol{1} - \boldsymbol{K}_k\boldsymbol{H}_k)^{\mathrm{T}} + \boldsymbol{K}_k\boldsymbol{M}_k\boldsymbol{R}_k\boldsymbol{M}_k^{\mathrm{T}}\boldsymbol{K}_k^{\mathrm{T}}$$

称作 Joseph 公式。

25.3.1.3　最优增益矩阵

怎样选择最优增益 $\boldsymbol{K}_k$？为确定最优增益 $\boldsymbol{K}_k$，我们提出最优问题。考虑如下优化问题：

$$\begin{aligned}\text{最小化 } J_k(\boldsymbol{K}_k) &= \mathrm{tr}[\boldsymbol{P}_k] \\ &= \mathrm{tr}[(\boldsymbol{1} - \boldsymbol{K}_k\boldsymbol{H}_k)\boldsymbol{P}_k^-(\boldsymbol{1} - \boldsymbol{H}_k^{\mathrm{T}}\boldsymbol{K}_k^{\mathrm{T}}) + \boldsymbol{K}_k\boldsymbol{M}_k\boldsymbol{R}_k\boldsymbol{M}_k^{\mathrm{T}}\boldsymbol{K}_k^{\mathrm{T}}] \\ &= \mathrm{tr}[\boldsymbol{P}_k^- - \boldsymbol{K}_k\boldsymbol{H}_k\boldsymbol{P}_k^- - \boldsymbol{P}_k^-\boldsymbol{H}_k^{\mathrm{T}}\boldsymbol{K}_k^{\mathrm{T}} + \boldsymbol{K}_k\boldsymbol{W}_k\boldsymbol{K}_k^{\mathrm{T}}]\end{aligned}$$

其中

$$\boldsymbol{W}_k = \boldsymbol{H}_k\boldsymbol{P}_k^-\boldsymbol{H}_k^{\mathrm{T}} + \boldsymbol{M}_k\boldsymbol{R}_k\boldsymbol{M}_k^{\mathrm{T}}$$

为什么要让 $\mathrm{tr}[\boldsymbol{P}_k]$ 最小？为使 $\mathrm{tr}[\boldsymbol{P}_k]$ 最小，考虑以特征矢量分解形式表达的 $\boldsymbol{P}_k$，然后通过迹运算简化

$$\mathrm{tr}[\boldsymbol{P}_k] = \mathrm{tr}[\boldsymbol{E}_{\boldsymbol{P}_k}\boldsymbol{\Lambda}_{\boldsymbol{P}_k}\boldsymbol{E}_{\boldsymbol{P}_k}^{-1}] = \mathrm{tr}[\boldsymbol{\Lambda}_{\boldsymbol{P}_k}\boldsymbol{E}_{\boldsymbol{P}_k}^{-1}\boldsymbol{E}_{\boldsymbol{P}_k}] = \mathrm{tr}[\boldsymbol{\Lambda}_{\boldsymbol{P}_k}] = \sum_{i=1}^{n}\lambda_{\boldsymbol{P}_k,i}$$

其中 $\lambda_{\boldsymbol{P}_k,i}$，$(i=1, 2, \cdots, n)$ 为 $\boldsymbol{P}_k$ 的特征矢量。最小化 $\mathrm{tr}[\boldsymbol{P}_k]$ 等价于最小化特征矢量 $\boldsymbol{P}_k$，即等价于最小化纠正后估计的不确定性，这样做的原因是我们希望对状态估计 $\hat{\boldsymbol{x}}_k$ 的

正确性非常自信。

为最小化目标函数 $J_k(\boldsymbol{K}_k)$，让 $J_k(\boldsymbol{K}_k)$ 相对 $\boldsymbol{K}_k$ 求微分，并将其置为 $\boldsymbol{0}$

$$\frac{\partial J_k(\boldsymbol{K}_k)}{\partial \boldsymbol{K}_k}=2(-\boldsymbol{P}_k^- \boldsymbol{H}_k^{\mathrm{T}}+\boldsymbol{K}_k \boldsymbol{W}_k)=\boldsymbol{0}$$

因此，最优增益为

$$\boldsymbol{K}_k=\boldsymbol{P}_k^- \boldsymbol{H}_k^{\mathrm{T}} \boldsymbol{W}_k^{-1}$$

该最优增益 $\boldsymbol{K}_k$ 称作卡尔曼增益。

25.3.1.4 卡尔曼滤波的总结

系统：

$$\boldsymbol{x}_k=\boldsymbol{F}_{k-1}\boldsymbol{x}_{k-1}+\boldsymbol{G}_{k-1}\boldsymbol{u}_{k-1}+\boldsymbol{L}_{k-1}\boldsymbol{w}_{k-1}$$

$$\boldsymbol{y}_k=\boldsymbol{H}_k\boldsymbol{x}_k+\boldsymbol{M}_k\boldsymbol{v}_k$$

$$\boldsymbol{w}_k\sim\mathcal{N}(\boldsymbol{0},\boldsymbol{Q}_k)$$

$$\boldsymbol{v}_k\sim\mathcal{N}(\boldsymbol{0},\boldsymbol{R}_k)$$

$$E[\boldsymbol{w}_k\boldsymbol{v}_k^{\mathrm{T}}]=\boldsymbol{0}$$

初始化：

$$\hat{\boldsymbol{x}}_0=E[\boldsymbol{x}_0]$$

$$\boldsymbol{P}_0=E[(\boldsymbol{x}_0-\hat{\boldsymbol{x}}_0)(\boldsymbol{x}_0-\hat{\boldsymbol{x}}_0)^{\mathrm{T}}]$$

预测：

$$\hat{\boldsymbol{x}}_k^-=\boldsymbol{F}_{k-1}\hat{\boldsymbol{x}}_{k-1}+\boldsymbol{G}_{k-1}\boldsymbol{u}_{k-1}$$

$$\boldsymbol{P}_k^-=\boldsymbol{F}_{k-1}\boldsymbol{P}_{k-1}\boldsymbol{F}_{k-1}^{\mathrm{T}}+\boldsymbol{L}_{k-1}\boldsymbol{Q}_{k-1}\boldsymbol{L}_{k-1}^{\mathrm{T}}$$

纠正：

$$\boldsymbol{W}_k=\boldsymbol{H}_k\boldsymbol{P}_k^-\boldsymbol{H}_k^{\mathrm{T}}+\boldsymbol{M}_k\boldsymbol{R}_k\boldsymbol{M}_k^{\mathrm{T}}$$

$$\boldsymbol{K}_k=\boldsymbol{P}_k^-\boldsymbol{H}_k^{\mathrm{T}}\boldsymbol{W}_k^{-1}$$

$$\hat{\boldsymbol{x}}_k=\hat{\boldsymbol{x}}_k^-+\boldsymbol{K}_k(\boldsymbol{y}_k-\hat{\boldsymbol{y}}_k^-)$$

$$\begin{aligned}\boldsymbol{P}_k&=(\boldsymbol{1}-\boldsymbol{K}_k\boldsymbol{H}_k)\boldsymbol{P}_k^-(\boldsymbol{1}-\boldsymbol{K}_k\boldsymbol{H}_k)^{\mathrm{T}}+\boldsymbol{K}_k\boldsymbol{M}_k\boldsymbol{R}_k\boldsymbol{M}_k^{\mathrm{T}}\boldsymbol{K}_k^{\mathrm{T}}\\&=\boldsymbol{P}_k^--\boldsymbol{K}_k\boldsymbol{H}_k\boldsymbol{P}_k^--\boldsymbol{P}_k^-\boldsymbol{H}_k^{\mathrm{T}}\boldsymbol{K}_k^{\mathrm{T}}+\boldsymbol{K}_k\boldsymbol{W}_k\boldsymbol{K}_k^{\mathrm{T}}\end{aligned}$$

25.3.2 范数约束的卡尔曼滤波

上文对卡尔曼滤波的推导假设状态无约束。现在考虑可以将状态分解为两种情况

$$\boldsymbol{x}_k=\begin{bmatrix}\boldsymbol{z}_k\\\boldsymbol{q}_k\end{bmatrix}$$

其中，$\boldsymbol{z}_k$ 为不受约束的状态；$\boldsymbol{q}_k$ 为受约束的状态。尤其是受约束的状态必须满足如下范数约束

$$\|\boldsymbol{q}_k\|=\sqrt{\ell}$$

上式可写为如下形式

$$\boldsymbol{q}_k^{\mathrm{T}}\boldsymbol{q}_k=\ell$$

之所以在范数约束条件下描述卡尔曼滤波，是因为估计航天器姿态。尤其是估计的状态为航天器角速度和一系列与航天器姿态相关的状态。如果选择以四元项配置状态参数，则必须保证四元项估计具有单位长度，即保证四元项估计满足单位范数约束。

25.3.2.1 预测步骤

范数约束的卡尔曼滤波预测步骤与标准卡尔曼滤波一样。同样地

$$\hat{\boldsymbol{x}}_k^-=\boldsymbol{F}_{k-1}\hat{\boldsymbol{x}}_{k-1}+\boldsymbol{G}_{k-1}\boldsymbol{u}_{k-1}$$

和

$$\boldsymbol{P}_k^-=\boldsymbol{F}_{k-1}\boldsymbol{P}_{k-1}\boldsymbol{F}_{k-1}^{\mathrm{T}}+\boldsymbol{L}_{k-1}\boldsymbol{Q}_{k-1}\boldsymbol{L}_{k-1}^{\mathrm{T}}$$

其中，$\hat{\boldsymbol{x}}_k^-$ 为纠正后状态估计，$\boldsymbol{P}_k^-$ 为与 $\hat{\boldsymbol{x}}_k^-$ 相关的协方差。需要注意的是，对全部状态的预测并未考虑约束 $\hat{\boldsymbol{q}}_k^{-\mathrm{T}}\hat{\boldsymbol{q}}_k^-=\ell$。下一步将强化纠正步骤中的范数约束。此时将 $\boldsymbol{P}_k^-$ 分解为多种子矩阵

$$\boldsymbol{P}_k^-=[\boldsymbol{P}_{1,k}^-\quad \boldsymbol{P}_{2,k}^-]=\begin{bmatrix}\boldsymbol{p}_{zz,k}^- & \boldsymbol{p}_{zq,k}^-\\ \boldsymbol{p}_{qz,k}^- & \boldsymbol{p}_{qq,k}^-\end{bmatrix}\tag{25-25}$$

25.3.2.2 纠正步骤

同非约束情况，假设线性更新

$$\begin{bmatrix}\hat{\boldsymbol{z}}_k\\ \hat{\boldsymbol{q}}_k\end{bmatrix}=\begin{bmatrix}\hat{\boldsymbol{z}}_k^-\\ \hat{\boldsymbol{q}}_k^-\end{bmatrix}+\begin{bmatrix}\boldsymbol{K}_{z,k}\\ \boldsymbol{K}_{q,k}\end{bmatrix}(\boldsymbol{y}_k-\hat{\boldsymbol{y}}_k^-)\tag{25-26}$$

其中，$\boldsymbol{K}_k$ 分解为 $\boldsymbol{K}_{z,k}$ 和 $\boldsymbol{K}_{q,k}$。可以将式（25-26）写为下述两个等价方程

$$\begin{aligned}\hat{\boldsymbol{z}}_k&=\hat{\boldsymbol{z}}_k^-+\boldsymbol{K}_{z,k}(\boldsymbol{y}_k-\hat{\boldsymbol{y}}_k^-)\\ \hat{\boldsymbol{q}}_k&=\hat{\boldsymbol{q}}_k^-+\boldsymbol{K}_{q,k}(\boldsymbol{y}_k-\hat{\boldsymbol{y}}_k^-)\end{aligned}\tag{25-27}$$

如前所述，纠正后协方差由 Joseph 公式导出

$$\begin{aligned}\boldsymbol{P}_k&=(1-\boldsymbol{K}_k\boldsymbol{H}_k)\boldsymbol{P}_k^-(1-\boldsymbol{H}_k^{\mathrm{T}}\boldsymbol{K}_k^{\mathrm{T}})+\boldsymbol{K}_k\boldsymbol{M}_k\boldsymbol{R}_k\boldsymbol{M}_k^{\mathrm{T}}\boldsymbol{K}_k^{\mathrm{T}}\\ &=\boldsymbol{P}_k^--\boldsymbol{K}_k\boldsymbol{H}_k\boldsymbol{P}_k^--\boldsymbol{P}_k^-\boldsymbol{H}_k^{\mathrm{T}}\boldsymbol{K}_k^{\mathrm{T}}+\boldsymbol{K}_k\boldsymbol{W}_k\boldsymbol{K}_k^{\mathrm{T}}\end{aligned}$$

其中

$$\boldsymbol{W}_k=\boldsymbol{H}_k\boldsymbol{P}_k^-\boldsymbol{H}_k^{\mathrm{T}}+\boldsymbol{M}_k\boldsymbol{R}_k\boldsymbol{M}_k^{\mathrm{T}}$$

严格而言，假设 Joseph 公式有效，则它确实很合适。给定式（25-25），$\boldsymbol{P}_k^-$ 分解有

$$\boldsymbol{K}_k\boldsymbol{H}_k\boldsymbol{P}_k^-=\begin{bmatrix}\boldsymbol{K}_{z,k}\boldsymbol{H}_k\boldsymbol{P}_{1,k}^- & \boldsymbol{K}_{z,k}\boldsymbol{H}_k\boldsymbol{P}_{2,k}^-\\ \boldsymbol{K}_{q,k}\boldsymbol{H}_k\boldsymbol{P}_{1,k}^- & \boldsymbol{K}_{q,k}\boldsymbol{H}_k\boldsymbol{P}_{2,k}^-\end{bmatrix}$$

$$\boldsymbol{K}_k\boldsymbol{W}_k\boldsymbol{K}_k^{\mathrm{T}}=\begin{bmatrix}\boldsymbol{K}_{z,k}\boldsymbol{W}_k\boldsymbol{K}_{z,k}^{\mathrm{T}} & \boldsymbol{K}_{z,k}\boldsymbol{W}_{z,k}\boldsymbol{K}_{q,k}^{\mathrm{T}}\\ \boldsymbol{K}_{q,k}\boldsymbol{W}_k\boldsymbol{K}_{z,k}^{\mathrm{T}} & \boldsymbol{K}_{q,k}\boldsymbol{W}_{q,k}\boldsymbol{K}_{q,k}^{\mathrm{T}}\end{bmatrix}$$

现在将 $\boldsymbol{P}_k$ 分解为

$$\boldsymbol{P}_k=\begin{bmatrix}\boldsymbol{P}_{zz,k} & \boldsymbol{P}_{zq,k}\\ \boldsymbol{P}_{qz,k} & \boldsymbol{P}_{qq,k}\end{bmatrix} \tag{25-28}$$

其中

$$\boldsymbol{P}_{zz,k}=\boldsymbol{P}_{zz,k}^{-}-\boldsymbol{K}_{z,k}\boldsymbol{H}_k\boldsymbol{P}_{1,k}^{-}-\boldsymbol{P}_{1,k}^{\mathrm{T}}\boldsymbol{H}_k^{\mathrm{T}}\boldsymbol{K}_{z,k}^{\mathrm{T}}+\boldsymbol{K}_{z,k}\boldsymbol{W}_k\boldsymbol{K}_{z,k}^{\mathrm{T}} \tag{25-29}$$

$$\begin{aligned}\boldsymbol{P}_{zq,k}&=\boldsymbol{P}_{zq,k}^{-}-\boldsymbol{K}_{z,k}\boldsymbol{H}_k\boldsymbol{P}_{2,k}^{-}-\boldsymbol{P}_{1,k}^{\mathrm{T}}\boldsymbol{H}_k^{\mathrm{T}}\boldsymbol{K}_{q,k}^{\mathrm{T}}+\boldsymbol{K}_{z,k}\boldsymbol{W}_k\boldsymbol{K}_{q,k}^{\mathrm{T}}\\ \boldsymbol{P}_{qz,k}&=\boldsymbol{P}_{qz,k}^{-}-\boldsymbol{K}_{q,k}\boldsymbol{H}_k\boldsymbol{P}_{1,k}^{-}-\boldsymbol{P}_{2,k}^{\mathrm{T}}\boldsymbol{H}_k^{\mathrm{T}}\boldsymbol{K}_{z,k}^{\mathrm{T}}+\boldsymbol{K}_{q,k}\boldsymbol{W}_k\boldsymbol{K}_{z,k}^{\mathrm{T}}\\ \boldsymbol{P}_{qq,k}&=\boldsymbol{P}_{qq,k}^{-}-\boldsymbol{K}_{q,k}\boldsymbol{H}_k\boldsymbol{P}_{2,k}^{-}-\boldsymbol{P}_{2,k}^{\mathrm{T}}\boldsymbol{H}_k^{\mathrm{T}}\boldsymbol{K}_{q,k}^{\mathrm{T}}+\boldsymbol{K}_{q,k}\boldsymbol{W}_k\boldsymbol{K}_{q,k}^{\mathrm{T}}\end{aligned} \tag{25-30}$$

25.3.2.3　考虑约束的最优增益矩阵

现在确定最优增益 $\boldsymbol{K}_{z,k}$ 和 $\boldsymbol{K}_{q,k}$。考虑如下约束优化问题

$$\text{最小化 } J_k(\boldsymbol{K}_{z,k},\boldsymbol{K}_{q,k})=\operatorname{tr}[\boldsymbol{P}_k]$$

以保证

$$\hat{\boldsymbol{q}}_k^{\mathrm{T}}\hat{\boldsymbol{q}}_k-\ell=0$$

尽管目标函数与导出标准卡尔曼滤波的目标函数相同，现在有范数约束条件。使用拉格朗日乘子可以通过目标函数增强约束，并产生如下非约束优化问题

$$\text{最小化 } \hat{J}_k(\boldsymbol{K}_{z,k},\boldsymbol{K}_{q,k},\lambda_k)=\operatorname{tr}[\boldsymbol{P}_k]+\lambda_k(\hat{\boldsymbol{q}}_k^{\mathrm{T}}\hat{\boldsymbol{q}}_k-\ell)$$

给定式（25-28）对 $\boldsymbol{P}_k$ 的分解，目标函数可写为

$$\begin{aligned}\text{最小化 } \hat{J}_k(\boldsymbol{K}_{z,k},\boldsymbol{K}_{q,k},\lambda_k)&=\operatorname{tr}[\boldsymbol{P}_k]+\lambda_k(\hat{\boldsymbol{q}}_k^{\mathrm{T}}\hat{\boldsymbol{q}}_k-\ell)\\ &=\operatorname{tr}\left(\begin{bmatrix}\boldsymbol{P}_{zz,k} & \boldsymbol{P}_{zq,k}\\ \boldsymbol{P}_{qz,k} & \boldsymbol{P}_{qq,k}\end{bmatrix}\right)+\lambda_k(\hat{\boldsymbol{q}}_k^{\mathrm{T}}\hat{\boldsymbol{q}}_k-\ell)\\ &=\operatorname{tr}[\boldsymbol{P}_{zz,k}]+\operatorname{tr}[\boldsymbol{P}_{qq,k}]+\lambda_k(\hat{\boldsymbol{q}}_k^{\mathrm{T}}\hat{\boldsymbol{q}}_k-\ell)\\ &=\hat{J}_k(\boldsymbol{K}_{z,k})+\hat{J}_k(\boldsymbol{K}_{q,k},\lambda_k)\end{aligned}$$

其中 $\hat{J}_k(\boldsymbol{K}_{z,k})=\operatorname{tr}[\boldsymbol{P}_{zz,k}]$ 和 $\hat{J}_k(\boldsymbol{K}_{q,k},\lambda_k)=\operatorname{tr}[\boldsymbol{P}_{qq,k}]+\lambda_k(\hat{\boldsymbol{q}}_k^{\mathrm{T}}\hat{\boldsymbol{q}}_k-\ell)$。通过减小 $\hat{J}_k(\boldsymbol{K}_{z,k})$ 与 $\hat{J}_k(\boldsymbol{K}_{q,k},\lambda_k)$ 的和，纠正后协方差得以最小化。需要注意的是，由式（25-29）和式（25-30）可知 $\operatorname{tr}[\boldsymbol{P}_{zz,k}]$ 仅为 $\boldsymbol{K}_{z,k}$ 的函数，且 $\operatorname{tr}[\boldsymbol{P}_{qq,k}]$ 仅为 $\boldsymbol{K}_{q,k}$ 的函数。因此最小化 $\hat{J}_k(\boldsymbol{K}_{z,k})$ 以找到 $\boldsymbol{K}_{z,k}$ 和最小化 $\hat{J}_k(\boldsymbol{K}_{q,k},\lambda_k)$ 以找到 $\boldsymbol{K}_{q,k}$ 可独立运行。

由于状态 $\boldsymbol{z}_k$ 不受约束，$\boldsymbol{K}_{z,k}$ 可通过最小化 25.1 节所述 $\hat{J}_k(\boldsymbol{K}_{z,k})=\operatorname{tr}[\boldsymbol{P}_{zz,k}]$ 获取，解为

$$\boldsymbol{K}_{z,k}=\boldsymbol{P}_{1,k}^{-\mathrm{T}}\boldsymbol{H}_k^{\mathrm{T}}\boldsymbol{W}_k^{-1}$$

另一方面，为确定 $\boldsymbol{K}_{q,k}$，必须求解下述最优问题

$$\text{最小化 } \hat{J}_k(\boldsymbol{K}_{q,k},\lambda_k)=\operatorname{tr}[\boldsymbol{P}_{qq,k}]+\lambda_k(\hat{\boldsymbol{q}}_k^{\mathrm{T}}\hat{\boldsymbol{q}}_k-\ell)$$

通过式（25-26），约束 $\hat{\boldsymbol{q}}_k^{\mathrm{T}}\hat{\boldsymbol{q}}_k-\ell=0$ 可写为

$$\hat{\boldsymbol{q}}_k^{-\mathrm{T}}\hat{\boldsymbol{q}}_k^{-}+2\boldsymbol{r}_k^{\mathrm{T}}\boldsymbol{K}_{q,k}^{\mathrm{T}}\hat{\boldsymbol{q}}_k^{-}+\boldsymbol{r}_k^{\mathrm{T}}\boldsymbol{K}_{q,k}^{\mathrm{T}}\boldsymbol{K}_{q,k}\boldsymbol{r}_k-\ell=0 \tag{25-31}$$

其中 $\boldsymbol{r}_k=\boldsymbol{y}_k-\hat{\boldsymbol{y}}_k^-=\boldsymbol{y}_k-\boldsymbol{H}_k\hat{\boldsymbol{x}}_k^-$ 为测量残差。使用迹运算，式（25－31）可写为

$$\mathrm{tr}[\hat{\boldsymbol{q}}_k^-\hat{\boldsymbol{q}}_k^{-\mathrm{T}}+2\hat{\boldsymbol{q}}_k^-\boldsymbol{r}_k^{\mathrm{T}}\boldsymbol{K}_{q,k}^{\mathrm{T}}+\boldsymbol{K}_{q,k}\boldsymbol{r}_k\boldsymbol{r}_k^{\mathrm{T}}\boldsymbol{K}_{q,k}^{\mathrm{T}}]-\ell=0$$

通过这种约束形式，优化问题可解为

$$\text{最小化}\hat{J}_k(\boldsymbol{K}_{q,k},\lambda_k)=\mathrm{tr}[\boldsymbol{P}_{qq,k}]+\lambda_k(\mathrm{tr}[\hat{\boldsymbol{q}}_k^-\hat{\boldsymbol{q}}_k^{-\mathrm{T}}+2\hat{\boldsymbol{q}}_k^-\boldsymbol{r}_k^{\mathrm{T}}\boldsymbol{K}_{q,k}^{\mathrm{T}}+\boldsymbol{K}_{q,k}\boldsymbol{r}_k\boldsymbol{r}_k^{\mathrm{T}}\boldsymbol{K}_{q,k}^{\mathrm{T}}]-\ell)$$

为确定最优增益 $\boldsymbol{K}_{q,k}$，将 $\hat{J}_k(\boldsymbol{K}_{q,k},\lambda_k)$ 对 $\boldsymbol{K}_{q,k}$ 和 λ_k 求微分，并将结果置为零

$$\frac{\partial\hat{J}_k(\boldsymbol{K}_{q,k},\lambda_k)}{\partial\boldsymbol{K}_{q,k}}=2(-\boldsymbol{P}_{2,k}^{-\mathrm{T}}\boldsymbol{H}_k^{\mathrm{T}}+\boldsymbol{K}_{q,k}\boldsymbol{W}_k)+2\lambda_k(\hat{\boldsymbol{q}}_k^-\boldsymbol{r}_k^{\mathrm{T}}+\boldsymbol{K}_{q,k}\boldsymbol{r}_k\boldsymbol{r}_k^{\mathrm{T}})=\boldsymbol{0}$$

$$\frac{\partial\hat{J}_k(\boldsymbol{K}_{q,k},\lambda_k)}{\partial\lambda_k}=\mathrm{tr}[\hat{\boldsymbol{q}}_k^-\hat{\boldsymbol{q}}_k^{-\mathrm{T}}+2\hat{\boldsymbol{q}}_k^-\boldsymbol{r}_k^{\mathrm{T}}\boldsymbol{K}_{q,k}^{\mathrm{T}}+\boldsymbol{K}_{q,k}\boldsymbol{r}_k\boldsymbol{r}_k^{\mathrm{T}}\boldsymbol{K}_{q,k}^{\mathrm{T}}]-\ell=0$$

因此，最优增益 $\boldsymbol{K}_{q,k}$ 为

$$\boldsymbol{K}_{q,k}=(\boldsymbol{P}_{2,k}^{-\mathrm{T}}\boldsymbol{H}_k^{\mathrm{T}}-\lambda_k\hat{\boldsymbol{q}}_k^-\boldsymbol{r}_k^{\mathrm{T}})(\boldsymbol{W}_k+\lambda_k\boldsymbol{r}_k\boldsymbol{r}_k^{\mathrm{T}})^{-1}\tag{25-32}$$

为确定 $\boldsymbol{K}_{q,k}$ 的封闭表达式，需要找到最优拉格朗日乘子 λ_k。首先简化 $\boldsymbol{K}_{q,k}$ 表达式，然后将其代入式（25－31）。为简化 $\boldsymbol{K}_{q,k}$，将使用矩阵求逆引理：如果 $\det(\boldsymbol{C}+\boldsymbol{VAU})\neq 0$，则有

$$(\boldsymbol{A}^{-1}+\boldsymbol{UC}^{-1}\boldsymbol{V})^{-1}=\boldsymbol{A}-\boldsymbol{AU}(\boldsymbol{C}+\boldsymbol{VAU})^{-1}\boldsymbol{VA}$$

令 $\boldsymbol{A}^{-1}=\boldsymbol{W}_k$，$\boldsymbol{C}^{-1}=\lambda_k\boldsymbol{1}$，$\boldsymbol{U}=\boldsymbol{r}_k$，$\boldsymbol{V}=\boldsymbol{r}_k^{\mathrm{T}}$，可将 $\boldsymbol{K}_{q,k}$ 写为

$$\begin{aligned}\boldsymbol{K}_{q,k}=\boldsymbol{P}_{2,k}^{-\mathrm{T}}\boldsymbol{H}_k^{\mathrm{T}}\boldsymbol{W}_k^{-1}-\frac{\lambda_k\boldsymbol{P}_{2,k}^{-\mathrm{T}}\boldsymbol{H}_k^{\mathrm{T}}\boldsymbol{W}_k^{-1}\boldsymbol{r}_k\boldsymbol{r}_k^{\mathrm{T}}\boldsymbol{W}_k^{-1}}{(1+\lambda_k\boldsymbol{r}_k^{\mathrm{T}}\boldsymbol{W}_k^{-1}\boldsymbol{r}_k)}-\\ \lambda_k\hat{\boldsymbol{q}}_k^-\boldsymbol{r}_k^{\mathrm{T}}\boldsymbol{W}_k^{-1}+\frac{\lambda_k^2\hat{\boldsymbol{q}}_k^-\boldsymbol{r}_k^{\mathrm{T}}\boldsymbol{W}_k^{-1}\boldsymbol{r}_k\boldsymbol{r}_k^{\mathrm{T}}\boldsymbol{W}_k^{-1}}{1+\lambda_k\boldsymbol{r}_k^{\mathrm{T}}\boldsymbol{W}_k^{-1}\boldsymbol{r}_k}\end{aligned}\tag{25-33}$$

以上式替换式（25－31）约束方程中的 $\boldsymbol{K}_{q,k}$ 并简化得到 λ_k 的二次方程

$$a\lambda_k^2+b\lambda_k+c=0$$

其中 $a=-r_k^2\ell$，$b=-2r_k\ell$，

$$c=(\boldsymbol{r}_k^{\mathrm{T}}\boldsymbol{W}_k^{-1}\boldsymbol{H}_k\boldsymbol{P}_{2,k}^-\boldsymbol{P}_{2,k}^{-\mathrm{T}}\boldsymbol{H}_k^{\mathrm{T}}\boldsymbol{W}_k^{-1}\boldsymbol{r}_k+2\hat{\boldsymbol{q}}_k^{-\mathrm{T}}\boldsymbol{P}_{2,k}^{-\mathrm{T}}\boldsymbol{H}_k^{\mathrm{T}}\boldsymbol{W}_k^{-1}\boldsymbol{r}_k+\hat{\boldsymbol{q}}_k^{-\mathrm{T}}\hat{\boldsymbol{q}}_k^--\ell)$$

和 $r_k=\boldsymbol{r}_k^{\mathrm{T}}\boldsymbol{W}_k^{-1}\boldsymbol{r}_k$。该二次方程的根为

$$\lambda_k=\frac{-b\pm\sqrt{b^2-4ac}}{2a}=\frac{2r_k\ell\pm\sqrt{4r_k^2\ell^2+4r_k^2\ell c}}{-2r_k^2\ell}=\frac{1\pm\sqrt{1+c/\ell}}{-r_k}\tag{25-34}$$

一个解将最小化目标函数，另一解将最大化目标函数。数值 $1+c/\ell$ 可写为

$$\begin{aligned}1+\frac{c}{\ell}&=(\boldsymbol{r}_k^{\mathrm{T}}\boldsymbol{W}_k^{-1}\boldsymbol{H}_k\boldsymbol{P}_{2,k}^-\boldsymbol{P}_{2,k}^{-\mathrm{T}}\boldsymbol{H}_k^{\mathrm{T}}\boldsymbol{W}_k^{-1}\boldsymbol{r}_k+2\hat{\boldsymbol{q}}_k^{-\mathrm{T}}\boldsymbol{P}_{2,k}^{-\mathrm{T}}\boldsymbol{H}_k^{\mathrm{T}}\boldsymbol{W}_k^{-1}\boldsymbol{r}_k+\hat{\boldsymbol{q}}_k^{-\mathrm{T}}\hat{\boldsymbol{q}}_k^-)/\ell\\&=(\hat{\boldsymbol{q}}_k^-+\boldsymbol{P}_{2,k}^{-\mathrm{T}}\boldsymbol{H}_k^{\mathrm{T}}\boldsymbol{W}_k^{-1}\boldsymbol{r}_k)^{\mathrm{T}}(\hat{\boldsymbol{q}}_k^-+\boldsymbol{P}_{2,k}^{-\mathrm{T}}\boldsymbol{H}_k^{\mathrm{T}}\boldsymbol{W}_k^{-1}\boldsymbol{r}_k)/\ell\end{aligned}$$

上式大于或等于 0。因此，$\sqrt{1+c/\ell}$ 恒为实数，因此 λ_k 为实数。将上式代入式（25－34）得出

$$\lambda_k=\frac{-1}{r_k}\pm\left[-\frac{\|\hat{\boldsymbol{q}}_k^-+\boldsymbol{P}_{2,k}^{-\mathrm{T}}\boldsymbol{H}_k^{\mathrm{T}}\boldsymbol{W}_k^{-1}\boldsymbol{r}_k\|}{r_k\sqrt{\ell}}\right]$$

为最小化目标函数 $\hat{J}_k(\boldsymbol{K}_{q,k},\lambda_k)$，选择负根

$$\begin{aligned}\lambda_k&=\frac{-1}{r_k}-\left[-\frac{\|\hat{\boldsymbol{q}}_k^-+\boldsymbol{P}_{2,k}^{-\mathrm{T}}\boldsymbol{H}_k^{\mathrm{T}}\boldsymbol{W}_k^{-1}\boldsymbol{r}_k\|}{r_k\sqrt{\ell}}\right]\\&=\frac{-1}{r_k}+\left[\frac{\|\hat{\boldsymbol{q}}_k^-+\boldsymbol{P}_{2,k}^{-\mathrm{T}}\boldsymbol{H}_k^{\mathrm{T}}\boldsymbol{W}_k^{-1}\boldsymbol{r}_k\|}{r_k\sqrt{\ell}}\right]\end{aligned}\tag{25-35}$$

可以通过更严格的方法证明负根最小化目标函数，而正根最大化目标函数。

最优问题的解由式（25－33）的 $\boldsymbol{K}_{q,k}$ 和式（25－35）的 λ_k 给定。现在探讨范数约束的卡尔曼滤波与名义（或非约束）卡尔曼滤波的不同。首先，让 $\widetilde{\boldsymbol{K}}_{q,k}=\boldsymbol{P}_{2,k}^{-\mathrm{T}}\boldsymbol{H}_k^{\mathrm{T}}\boldsymbol{W}_k^{-1}$ 为非约束增益。同样，令

$$\widetilde{\boldsymbol{q}}_k=\hat{\boldsymbol{q}}_k^-+\widetilde{\boldsymbol{K}}_{q,k}\boldsymbol{r}_k\tag{25-36}$$

为状态更新，且并不强化范数约束，其中 $\widetilde{\boldsymbol{q}}_k$ 为满足 $\widetilde{\boldsymbol{q}}_k^{\mathrm{T}}\widetilde{\boldsymbol{q}}_k-\ell=0$ 的状态估计，但由于使用了 $\widetilde{\boldsymbol{K}}_{q,k}$ 也许并不满足该条件。现在回到式（25－35）中 λ_k 的表达式。通过 $\widetilde{\boldsymbol{K}}_{q,k}$ 和式（25－36）中 $\widetilde{\boldsymbol{q}}_k$ 的表达式可将 λ_k 写为

$$\lambda_k=\frac{-1}{r_k}+\frac{\|\hat{\boldsymbol{q}}_k^-+\widetilde{\boldsymbol{K}}_{q,k}\boldsymbol{r}_k\|}{r_k\sqrt{\ell}}=\frac{-1}{r_k}+\frac{\|\widetilde{\boldsymbol{q}}_k\|}{r_k\sqrt{\ell}}$$

使用 λ_k 的替代形式，可将式（25－33）中的 $\boldsymbol{K}_{q,k}$ 写为

$$\boldsymbol{K}_{q,k}=\widetilde{\boldsymbol{K}}_{q,k}+\frac{1}{r_k}\left(\frac{\sqrt{\ell}}{\|\widetilde{\boldsymbol{q}}_k\|}-1\right)\widetilde{\boldsymbol{q}}_k\boldsymbol{r}_k^{\mathrm{T}}\boldsymbol{W}_k^{-1}\tag{25-37}$$

现在，返回式（25－27）中 $\hat{\boldsymbol{q}}_k$ 的表达式，注意

$$\begin{aligned}\hat{\boldsymbol{q}}_k&=\hat{\boldsymbol{q}}_k^-+\boldsymbol{K}_{q,k}\boldsymbol{r}_k\\&=\hat{\boldsymbol{q}}_k^-+\widetilde{\boldsymbol{K}}_{q,k}\boldsymbol{r}_k+\frac{1}{r_k}\left(\frac{\sqrt{\ell}}{\|\widetilde{\boldsymbol{q}}_k\|}-1\right)\widetilde{\boldsymbol{q}}_k\boldsymbol{r}_k^{\mathrm{T}}\boldsymbol{W}_k^{-1}\boldsymbol{r}_k\\&=\frac{\sqrt{\ell}}{\|\widetilde{\boldsymbol{q}}_k\|}\widetilde{\boldsymbol{q}}_k\end{aligned}$$

其中 $r_k=\boldsymbol{r}_k^{\mathrm{T}}\boldsymbol{W}_k^{-1}\boldsymbol{r}_k$，表明范数约束的状态估计 $\hat{\boldsymbol{q}}$ 为 $\widetilde{\boldsymbol{q}}_k$ 的强制归一形式。因此强制归一即为最优。

现在探讨估计值 $\boldsymbol{P}_{qq,k}$ 的协方差。通过将式（25－37）中 $\boldsymbol{K}_{q,k}$ 的表达式代入式（25－30）并简化得出

$$\begin{aligned}\boldsymbol{P}_{qq,k}&=\underbrace{\boldsymbol{P}_{qq,k}^--\widetilde{\boldsymbol{K}}_{q,k}\boldsymbol{H}_k\boldsymbol{P}_{2,k}^--\boldsymbol{P}_{2,k}^{-\mathrm{T}}\boldsymbol{H}_k^{\mathrm{T}}\widetilde{\boldsymbol{K}}_{q,k}^{\mathrm{T}}+\widetilde{\boldsymbol{K}}_{q,k}\boldsymbol{W}_k\widetilde{\boldsymbol{K}}_{q,k}^{\mathrm{T}}}_{\widetilde{\boldsymbol{P}}_{qq,k}}+\frac{1}{r_k}\left(\frac{\sqrt{\ell}}{\|\widetilde{\boldsymbol{q}}_k\|}-1\right)^2\widetilde{\boldsymbol{q}}_k\widetilde{\boldsymbol{q}}_k^{\mathrm{T}}\\&=\widetilde{\boldsymbol{P}}_{qq,k}+\frac{1}{r_k}\left(\frac{\sqrt{\ell}}{\|\widetilde{\boldsymbol{q}}_k\|}-1\right)^2\widetilde{\boldsymbol{q}}_k\widetilde{\boldsymbol{q}}_k^{\mathrm{T}}\end{aligned}$$

其中 $\widetilde{\boldsymbol{P}}_{qq,k}$ 为与 $\widetilde{\boldsymbol{q}}_k$ 相关的协方差。注意协方差 $\boldsymbol{P}_{qq,k}$ 为对应范数约束 $\boldsymbol{q}_k$ 的协方差，并不等价于对应 $\widetilde{\boldsymbol{q}}_k$ 的 $\widetilde{\boldsymbol{P}}_{qq,k}$。纠正后协方差 $\boldsymbol{P}_{qq,k}$ 等于 $\widetilde{\boldsymbol{P}}_{qq,k}$ 加上二阶效应。

25.3.2.4　范数约束的卡尔曼滤波总结

系统：

$$\boldsymbol{x}_k = \boldsymbol{F}_{k-1}\boldsymbol{x}_{k-1} + \boldsymbol{G}_{k-1}\boldsymbol{u}_{k-1} + \boldsymbol{L}_{k-1}\boldsymbol{w}_{k-1}$$

$$\boldsymbol{y}_k = \boldsymbol{H}_k\boldsymbol{x}_k + \boldsymbol{M}_k\boldsymbol{v}_k$$

$$\boldsymbol{x}_k = [\boldsymbol{z}_k^{\mathrm{T}} \quad \boldsymbol{q}_k^{\mathrm{T}}]^{\mathrm{T}}$$

$$\boldsymbol{q}_k^{\mathrm{T}}\boldsymbol{q}_k = \ell$$

$$\boldsymbol{w}_k \sim \mathcal{N}(\boldsymbol{0},\boldsymbol{Q}_k)$$

$$\boldsymbol{v}_k \sim \mathcal{N}(\boldsymbol{0},\boldsymbol{R}_k)$$

$$E[\boldsymbol{w}_k\boldsymbol{v}_k^{\mathrm{T}}] = \boldsymbol{0}$$

初始化：

$$\hat{\boldsymbol{x}}_0 = E[\boldsymbol{x}_0]$$

$$\boldsymbol{P}_0 = E[(\boldsymbol{x}_0 - \hat{\boldsymbol{x}}_0)(\boldsymbol{x}_0 - \hat{\boldsymbol{x}}_0)^{\mathrm{T}}]$$

预测：

$$\hat{\boldsymbol{x}}_k^- = \boldsymbol{F}_{k-1}\hat{\boldsymbol{x}}_{k-1} + \boldsymbol{G}_{k-1}\boldsymbol{u}_{k-1}$$

$$\boldsymbol{P}_k^- = \boldsymbol{F}_{k-1}\boldsymbol{P}_{k-1}\boldsymbol{F}_{k-1}^{\mathrm{T}} + \boldsymbol{L}_{k-1}\boldsymbol{Q}_{k-1}\boldsymbol{L}_{k-1}^{\mathrm{T}} = [\boldsymbol{P}_{1,k}^- \quad \boldsymbol{P}_{2,k}^-] = \begin{bmatrix} \boldsymbol{P}_{zz,k}^- & \boldsymbol{P}_{zq,k}^- \\ \boldsymbol{P}_{qz,k}^- & \boldsymbol{P}_{qq,k}^- \end{bmatrix}$$

纠正：

$$\boldsymbol{W}_k = \boldsymbol{H}_k\boldsymbol{P}_k^-\boldsymbol{H}_k^{\mathrm{T}} + \boldsymbol{M}_k\boldsymbol{R}_k\boldsymbol{M}_k^{\mathrm{T}}$$

$$\boldsymbol{K}_{z,k} = \boldsymbol{P}_{1,k}^{-T}\boldsymbol{H}_k^{\mathrm{T}}\boldsymbol{W}_k^{-1}$$

$$\hat{\boldsymbol{z}}_k = \hat{\boldsymbol{z}}_k^- + \boldsymbol{K}_{z,k}(\boldsymbol{y}_k - \hat{\boldsymbol{y}}_k^-)$$

$$\widetilde{\boldsymbol{K}}_{q,k} = \boldsymbol{P}_{2,k}^{-T}\boldsymbol{H}_k^{\mathrm{T}}\boldsymbol{W}_k^{-1}$$

$$\boldsymbol{r}_k = \boldsymbol{y}_k - \hat{\boldsymbol{y}}_k^-$$

$$r_k = \boldsymbol{r}_k^{\mathrm{T}}\boldsymbol{W}_k^{-1}\boldsymbol{r}_k$$

$$\widetilde{\boldsymbol{q}}_k = \hat{\boldsymbol{q}}_k^- + \widetilde{\boldsymbol{K}}_{q,k}\boldsymbol{r}_k$$

$$\boldsymbol{K}_{q,k} = \widetilde{\boldsymbol{K}}_{q,k} + \frac{1}{r_k}\left(\frac{\sqrt{\ell}}{\|\widetilde{\boldsymbol{q}}_k\|} - 1\right)\widetilde{\boldsymbol{q}}_k\boldsymbol{r}_k^{\mathrm{T}}\boldsymbol{W}_k^{-1}$$

$$\hat{\boldsymbol{q}}_k = \hat{\boldsymbol{q}}_k^- + \boldsymbol{K}_{q,k}\boldsymbol{r}_k = \frac{\sqrt{\ell}}{\|\widetilde{\boldsymbol{q}}_k\|}\widetilde{\boldsymbol{q}}_k$$

$$\boldsymbol{P}_{zz,k} = \boldsymbol{P}_{zz,k}^- - \boldsymbol{K}_{z,k}\boldsymbol{H}_k\boldsymbol{P}_{1,k}^- - \boldsymbol{P}_{1,k}^{-T}\boldsymbol{H}_k^{\mathrm{T}}\boldsymbol{K}_{z,k}^{\mathrm{T}} + \boldsymbol{K}_{z,k}\boldsymbol{W}_k\boldsymbol{K}_{z,k}^{\mathrm{T}}$$

$$P_{zq,k}=P_{zq,k}^{-}-K_{z,k}H_kP_{2,k}^{-}-P_{1,k}^{-\mathrm{T}}H_k^{\mathrm{T}}K_{q,k}^{\mathrm{T}}+K_{z,k}W_kK_{q,k}^{\mathrm{T}}$$

$$P_{qz,k}=P_{qz,k}^{-}-K_{q,k}H_kP_{1,k}^{-}-P_{2,k}^{-\mathrm{T}}H_k^{\mathrm{T}}K_{z,k}^{\mathrm{T}}+K_{q,k}W_kK_{z,k}^{\mathrm{T}}$$

$$P_{qq,k}=P_{qq,k}^{-}-K_{q,k}H_kP_{2,k}^{-}-P_{2,k}^{-\mathrm{T}}H_k^{\mathrm{T}}K_{q,k}^{\mathrm{T}}+K_{q,k}W_kK_{q,k}^{\mathrm{T}}$$

$$P_k=\begin{bmatrix}P_{zz,k} & P_{zq,k}\\ P_{qz,k} & P_{qq,k}\end{bmatrix}$$

25.3.3 使用范数约束扩展卡尔曼滤波进行航天器姿态估计

现在使用范数约束扩展卡尔曼滤波进行航天器姿态估计。由于航天器姿态估计问题非线性，且范数约束卡尔曼滤波适用于线性系统，因此不能直接使用范数约束的卡尔曼滤波。因此，首先要对航天器动力学、运动学和测量值的非线性进行线性化，然后对线性系统使用范数约束的卡尔曼滤波。估计算法参见范数约束的扩展卡尔曼滤波（EKF)，其中“扩展”指的是使用线性过程。

刚体航天器动力学（见 11.3 节）由下式描述

$$I\dot{\omega}+\omega^{\times}I\omega=u+w \tag{25-38}$$

其中 u 为控制输入，w 为扰动。通常运动学参数以单位长度四元项 $q^{\mathrm{T}}=[\epsilon^{\mathrm{T}}\quad \eta]$，必须满足 $q^{\mathrm{T}}q=1$。$\dot{\epsilon}$、ω 和 $\dot{\eta}$ 的关系为

$$\begin{bmatrix}\dot{\epsilon}\\ \dot{\eta}\end{bmatrix}=\frac{1}{2}\begin{bmatrix}\eta\mathbf{1}+\epsilon^{\times}\\ -\epsilon^{\mathrm{T}}\end{bmatrix}\omega \tag{25-39}$$

如第 24 章所述，式（25－38）与式（25－39）的航天器动力学和运动学可以一阶状态空间形式表达

$$\underbrace{\begin{bmatrix}\dot{\omega}\\ \dot{\epsilon}\\ \dot{\eta}\end{bmatrix}}_{\dot{x}}=\underbrace{\begin{bmatrix}I^{-1}[-\omega^{\times}I\omega+u+w]\\ \frac{1}{2}(\eta\mathbf{1}+\epsilon^{\times})\omega\\ -\frac{1}{2}\epsilon^{\mathrm{T}}\omega\end{bmatrix}}_{f(x,u,w)} \tag{25-40}$$

假设航天器配备了磁力计提供 $\hat{b}_b$，航天器体坐标系的地球磁场矢量（归一化），以及提供 $\hat{s}_b$ 的太阳传感器，航天器体坐标系中的太阳位置矢量（归一化）。假设已知在惯性参考系中 $\hat{b}_a$ 和 $\hat{s}_a$ 分别表示地球磁场矢量和太阳位置矢量。$\hat{b}_b$，$\hat{b}_a$，$\hat{s}_b$ 和 $\hat{s}_a$ 的关系为 $\hat{b}_b=C_{ba}\hat{b}_a$，$\hat{b}_s=C_{ba}\hat{s}_a$，其中

$$C_{ba}=(\eta^2-\epsilon^{\mathrm{T}}\epsilon)\mathbf{1}+2\epsilon\epsilon^{\mathrm{T}}-2\eta\epsilon^{\times} \tag{25-41}$$

测量方程为

$$y=\begin{bmatrix}\hat{b}_b\\ \hat{s}_b\end{bmatrix}+v=\begin{bmatrix}C_{ba}\hat{b}_a\\ C_{ba}\hat{s}_a\end{bmatrix}+v$$

使用式（25－41）和 $-\epsilon^{\times}\epsilon^{\times}=\epsilon^{\mathrm{T}}\epsilon\mathbf{1}-\epsilon\epsilon^{\mathrm{T}}$，可以写出 $C_{ba}\hat{a}_a$，其中 $\hat{a}_a$ 替代 $\hat{b}_a$ 或 $\hat{s}_a$，有

$$\underbrace{\begin{bmatrix}\eta\mathbf{1}-\boldsymbol{\epsilon}^{\times} & -\boldsymbol{\epsilon}\end{bmatrix}\begin{bmatrix}\hat{\boldsymbol{a}}_a^{\times} & \hat{\boldsymbol{a}}_a \\ -\hat{\boldsymbol{a}}_a^{\mathrm{T}} & 0\end{bmatrix}}_{\boldsymbol{Y}(\hat{\boldsymbol{a}}_a,\boldsymbol{q})}\begin{bmatrix}\boldsymbol{\epsilon} \\ \eta\end{bmatrix}=\boldsymbol{Y}(\hat{\boldsymbol{a}}_a,\boldsymbol{q})\boldsymbol{q} \tag{25-42}$$

因此

$$\boldsymbol{y}=\begin{bmatrix}\mathbf{0} & \boldsymbol{Y}(\hat{\boldsymbol{b}}_a,\boldsymbol{q}) \\ \mathbf{0} & \boldsymbol{Y}(\hat{\boldsymbol{s}}_a,\boldsymbol{q})\end{bmatrix}\boldsymbol{x}+\boldsymbol{v} \tag{25-43}$$

25.3.3.1　离散时间过程的线性化和测量模型

为使用范数约束的 EKF，需要离散时间过程模型和离散时间测量模型。同样，为将范数约束的卡尔曼滤波适用于非线性估计问题，必须将离散时间过程模型和离散时间测量模型线性化。我们将以开发离散时间过程模型开始。尽管有很多方法可离散化一个系统，我们将用如下近似离散化式（25-40）

$$\frac{\boldsymbol{x}_k-\boldsymbol{x}_{k-1}}{T}=\boldsymbol{f}(\boldsymbol{x}_{k-1},\boldsymbol{u}_{k-1},\boldsymbol{w}_{k-1}) \tag{25-44}$$

$$\boldsymbol{x}_k=\underbrace{\{\boldsymbol{x}_{k-1}+T\boldsymbol{f}(\boldsymbol{x}_{k-1},\boldsymbol{u}_{k-1},\boldsymbol{w}_{k-1})}_{\boldsymbol{f}_{k-1}(\boldsymbol{x}_{k-1},\boldsymbol{u}_{k-1},\boldsymbol{w}_{k-1})}$$

其中 $T=t_k-t_{k-1}$ 为采样间隔，$\boldsymbol{u}_k$ 为 t_{k-1} 和 t_k 之间的常数。假设 $\boldsymbol{w}_k\sim\mathcal{N}(\mathbf{0},\ \boldsymbol{Q}_k)$。

现在线性化离散时间系统。为此对 $\boldsymbol{x}_k$ 和 $\boldsymbol{w}_k$ 进行泰勒级数展开。在 $\boldsymbol{x}_k$ 中，$\overline{\boldsymbol{x}}_k$ 为名义解，$\delta\boldsymbol{x}_k$ 为 $\boldsymbol{x}_k=\overline{\boldsymbol{x}}_k+\delta\boldsymbol{x}_k$ 中的扰动。在 $\boldsymbol{w}_k$ 中，假设 $\overline{\boldsymbol{w}}_k=\mathbf{0}$ 为名义扰动，$\delta\boldsymbol{w}_k$ 为一次干扰。将 $\boldsymbol{x}_k=\overline{\boldsymbol{x}}_k+\delta\boldsymbol{x}_k$ 和 $\boldsymbol{w}_{k-1}=\mathbf{0}+\delta\boldsymbol{w}_{k-1}$ 代入式（25-44）有

$$\begin{aligned}\overline{\boldsymbol{x}}_k+\delta\boldsymbol{x}_k&=\overline{\boldsymbol{x}}_{k-1}+\delta\boldsymbol{x}_{k-1}+T\boldsymbol{f}(\overline{\boldsymbol{x}}_{k-1}+\delta\boldsymbol{x}_{k-1},\boldsymbol{u}_{k-1},\mathbf{0}+\delta\boldsymbol{w}_{k-1})\\
&=\underbrace{\overline{\boldsymbol{x}}_{k-1}+T\boldsymbol{f}(\overline{\boldsymbol{x}}_{k-1},\boldsymbol{u}_{k-1},\mathbf{0})}_{\boldsymbol{f}_{k-1}(\hat{\boldsymbol{x}}_{k-1},\boldsymbol{u}_{k-1},\mathbf{0})}+\left\{\mathbf{1}+T\begin{bmatrix}\boldsymbol{I}^{-1}[-\omega_{k-1}^{\times}\boldsymbol{I}+(\boldsymbol{I}\boldsymbol{\omega}_{k-1})^{\times}] & \mathbf{0} & \mathbf{0}\\ \frac{1}{2}(\overline{\eta}_{k-1}\mathbf{1}+\overline{\boldsymbol{\epsilon}}_{k-1}^{\times}) & -\frac{1}{2}\overline{\boldsymbol{\omega}}_{k-1}^{\times} & \frac{1}{2}\overline{\boldsymbol{\omega}}_{k-1}\\ -\frac{1}{2}\overline{\boldsymbol{\epsilon}}_{k-1}^{\mathrm{T}} & -\frac{1}{2}\overline{\boldsymbol{\omega}}_{k-1}^{\mathrm{T}} & 0\end{bmatrix}\right\}\times\\
&\quad\begin{bmatrix}\delta\boldsymbol{\omega}_{k-1}\\ \delta\boldsymbol{\epsilon}_{k-1}\\ \delta\eta_{k-1}\end{bmatrix}+\underbrace{\begin{bmatrix}T\boldsymbol{I}^{-1}\\ \mathbf{0}\\ \mathbf{0}\end{bmatrix}}_{\boldsymbol{L}_{k-1}}\delta\boldsymbol{w}_{k-1}\\
&=\boldsymbol{f}_{k-1}(\overline{\boldsymbol{x}}_{k-1},\boldsymbol{u}_{k-1},\mathbf{0})+\boldsymbol{F}_{k-1}\delta\boldsymbol{x}_{k-1}+\boldsymbol{L}_{k-1}\delta\boldsymbol{w}_{k-1}\end{aligned} \tag{25-45}$$

其中 $\delta\boldsymbol{\epsilon}_{k-1}$，$\delta\eta_{k-1}$ 和 $\delta\boldsymbol{\omega}_{k-1}$ 的乘积可忽略。将式（25-45）重新整理如下

$$\begin{aligned}\boldsymbol{x}_k&=\boldsymbol{f}_{k-1}(\overline{\boldsymbol{x}}_{k-1},\boldsymbol{u}_{k-1},\mathbf{0})+\boldsymbol{F}_{k-1}(\boldsymbol{x}_{k-1}-\overline{\boldsymbol{x}}_{k-1})+\boldsymbol{L}_{k-1}\boldsymbol{w}_{k-1}\\
&=\boldsymbol{F}_{k-1}\boldsymbol{x}_{k-1}+\underbrace{(\boldsymbol{f}_{k-1}(\overline{\boldsymbol{x}}_{k-1},\boldsymbol{u}_{k-1},\mathbf{0})-\boldsymbol{F}_{k-1}\overline{\boldsymbol{x}}_{k-1})}_{\boldsymbol{u}_{k-1}}+\boldsymbol{L}_{k-1}\boldsymbol{w}_{k-1}\\
&=\boldsymbol{F}_{k-1}\boldsymbol{x}_{k-1}+\boldsymbol{u}_{k-1}+\boldsymbol{L}_{k-1}\boldsymbol{w}_{k-1}\end{aligned} \tag{25-46}$$

其中 $\delta \boldsymbol{w}_{k-1}=\boldsymbol{w}_{k-1}$ 和 $\boldsymbol{u}_{k-1}$ 可以视作定义范数约束 EKF 预测步骤的虚拟输入。

现在考虑离散时间测量模型。航天器配有磁表和太阳传感器。测量方程由式（25－43）提供。离散时间测量模型为

$$\boldsymbol{y}_k=\underbrace{\begin{bmatrix}\mathbf{0} & \boldsymbol{Y}(\hat{\boldsymbol{b}}_a,\boldsymbol{q}_k)\\ \mathbf{0} & \boldsymbol{Y}(\hat{\boldsymbol{s}}_a,\boldsymbol{q}_k)\end{bmatrix}\boldsymbol{x}_k+\boldsymbol{v}_k}_{\boldsymbol{h}_k(\boldsymbol{x}_k,\boldsymbol{v}_k)} \tag{25-47}$$

其中 $\boldsymbol{v}_k\sim\mathcal{N}(\mathbf{0},\ \boldsymbol{R}_k)$。

为线性化离散时间测量模型，必须线性化式（25－42）中的 $\boldsymbol{Y}(\hat{\boldsymbol{a}}_a,\ \boldsymbol{q}_k)$。令 $\boldsymbol{x}_k=\overline{\boldsymbol{x}}_k+\delta\boldsymbol{x}_k$（$\boldsymbol{q}_k=\overline{\boldsymbol{q}}_k+\delta\boldsymbol{q}_k$ 是其一部分），$\boldsymbol{v}_k=\mathbf{0}+\delta\boldsymbol{v}_k$，再次对 $\boldsymbol{x}_k$ 和 $\boldsymbol{v}_k$ 关于 $\overline{\boldsymbol{x}}_k$ 和 $\mathbf{0}$ 进行泰勒展开，将上述表达式代入式（25－42）中有

$$\begin{aligned}&\boldsymbol{Y}(\hat{\boldsymbol{a}}_a,\overline{\boldsymbol{q}}_k+\delta\boldsymbol{q}_k)(\overline{\boldsymbol{q}}_k+\delta\boldsymbol{q}_k)\\ &=\boldsymbol{Y}(\hat{\boldsymbol{a}}_a,\overline{\boldsymbol{q}}_k)\overline{\boldsymbol{q}}_k+\underbrace{\{\boldsymbol{Y}(\hat{\boldsymbol{a}}_a,\overline{\boldsymbol{q}}_k)+[(\hat{\boldsymbol{a}}_a^{\times}\bar{\boldsymbol{\epsilon}}_k+\hat{\boldsymbol{a}}_a\bar{\eta}_k)^{\times}+\hat{\boldsymbol{a}}_a^{\mathrm{T}}\bar{\boldsymbol{\epsilon}}_k\mathbf{1}](\hat{\boldsymbol{a}}_a^{\times}\bar{\boldsymbol{\epsilon}}_k+\hat{\boldsymbol{a}}_a\bar{\eta}_k)\}}_{\overline{\boldsymbol{Y}}(\hat{\boldsymbol{a}}_a,\hat{\boldsymbol{q}}_k)}\delta\boldsymbol{q}_k\end{aligned}$$

其中 $\delta\boldsymbol{\epsilon}_k$ 和 $\delta\eta_k$ 可忽视。令 $\boldsymbol{y}_k=\overline{\boldsymbol{y}}_k+\delta\boldsymbol{y}_k$，式（25－47）为

$$\begin{aligned}\overline{\boldsymbol{y}}_k+\delta\boldsymbol{y}_k&=\begin{bmatrix}\mathbf{0} & \boldsymbol{Y}(\hat{\boldsymbol{b}}_a,\overline{\boldsymbol{q}}_k+\delta\boldsymbol{q}_k)\\ \mathbf{0} & \boldsymbol{Y}(\hat{\boldsymbol{s}}_a,\overline{\boldsymbol{q}}_k+\delta\boldsymbol{q}_k)\end{bmatrix}(\overline{\boldsymbol{x}}_k+\delta\boldsymbol{x}_k)+\delta\boldsymbol{v}_k\\ &=\underbrace{\begin{bmatrix}\mathbf{0} & \boldsymbol{Y}(\hat{\boldsymbol{b}}_a,\overline{\boldsymbol{q}}_k)\\ \mathbf{0} & \boldsymbol{Y}(\hat{\boldsymbol{s}}_a,\overline{\boldsymbol{q}}_k)\end{bmatrix}\overline{\boldsymbol{x}}_k}_{\boldsymbol{h}_k(\overline{\boldsymbol{x}},\mathbf{0})}+\underbrace{\begin{bmatrix}\mathbf{0} & \overline{\boldsymbol{Y}}(\hat{\boldsymbol{b}}_a,\overline{\boldsymbol{q}}_k)\\ \mathbf{0} & \overline{\boldsymbol{Y}}(\hat{\boldsymbol{s}}_a,\overline{\boldsymbol{q}}_k)\end{bmatrix}}_{\boldsymbol{H}_k}\delta\boldsymbol{x}_k+\underbrace{\mathbf{1}}_{\boldsymbol{M}_k}\delta\boldsymbol{v}_k\end{aligned} \tag{25-48}$$

式（25－48）可写为

$$\begin{aligned}\boldsymbol{y}_k&=\boldsymbol{h}_k(\overline{\boldsymbol{x}}_k,\mathbf{0})+\boldsymbol{H}_k(\boldsymbol{x}_k-\overline{\boldsymbol{x}}_k)+\boldsymbol{M}_k\boldsymbol{v}_k\\ &=\boldsymbol{H}_k\boldsymbol{x}_k+\underbrace{[\boldsymbol{h}_k(\overline{\boldsymbol{x}}_k,\mathbf{0})-\boldsymbol{H}_k\overline{\boldsymbol{x}}_k]}_{\boldsymbol{y}_k}+\boldsymbol{M}_k\boldsymbol{v}_k\end{aligned} \tag{25-49}$$

其中 $\delta\boldsymbol{v}_k=\boldsymbol{v}_k$，$\boldsymbol{y}_y$ 的定义是为简化范数约束 EKF 的纠正步骤。

需要注意的是，式（25－46）对 $\boldsymbol{x}_{k-1}$，$\boldsymbol{u}_{k-1}$ 和 $\boldsymbol{w}_{k-1}$ 为线性，式（25－49）对 $\boldsymbol{x}_k$，$\boldsymbol{y}_k$ 和 v_k 为线性。这些方程应用于范数约束的卡尔曼滤波之后，经过一些附加运算，将产生范数约束的 EKF。

25.3.3.2　预测步骤

对于卡尔曼滤波和范数约束的卡尔曼滤波，以预测步骤开始，在给定过程模型的条件下预测状态 $\hat{\boldsymbol{x}}_k^-$。在本例中，过程模型由式（25－46）描述

$$\hat{\boldsymbol{x}}_k^-=\boldsymbol{F}_{k-1}\hat{\boldsymbol{x}}_{k-1}+\boldsymbol{u}_{k-1}$$

其中 $\boldsymbol{F}_{k-1}$ 和 $\boldsymbol{u}_{k-1}$ 用最佳之前状态估计 $\hat{\boldsymbol{x}}_{k-1}$ 来估计［即 $\hat{\boldsymbol{x}}_{k-1}$ 替代式（25－46）中的 $\overline{\boldsymbol{x}}_{k-1}$］。需要注意的是，上述预测等价于

$$
\begin{aligned}
\hat{\boldsymbol{x}}_k^- &= \boldsymbol{F}_{k-1}\hat{\boldsymbol{x}}_{k-1} + \boldsymbol{u}_{k-1} \\
&= \boldsymbol{F}_{k-1}\hat{\boldsymbol{x}}_{k-1} + [\boldsymbol{f}_{k-1}(\hat{\boldsymbol{x}}_{k-1},\boldsymbol{u}_{k-1},\boldsymbol{0}) - \boldsymbol{F}_{k-1}\hat{\boldsymbol{x}}_{k-1}] \\
&= \boldsymbol{f}_{k-1}(\hat{\boldsymbol{x}}_{k-1},\boldsymbol{u}_{k-1},\boldsymbol{0})
\end{aligned}
$$

上式为非线性离散时间过程模型在 $\hat{\boldsymbol{x}}_{k-1}$ 、$\boldsymbol{u}_{k-1}$ 和 $\boldsymbol{w}_k=\boldsymbol{0}$ 处的估计。在卡尔曼滤波中的预测步骤并未包括扰动，是因为扰动未知。

实际上，通常采用更精确的数值积分预测 $\hat{\boldsymbol{x}}_k$。例如，可以使用四阶龙格-库塔（Runge-Kutta）数值积分方法（见附录 B）

$$
\hat{\boldsymbol{x}}_k^- = \hat{\boldsymbol{x}}_{k-1} + \int_{t_{k-1}}^{t_k} \boldsymbol{f}(\hat{\boldsymbol{x}},\boldsymbol{u},\boldsymbol{0})\mathrm{d}\tau
$$

其中 $\boldsymbol{f}(\boldsymbol{x},\boldsymbol{u},\boldsymbol{w})$ 来自式（25-40）［需要注意的是，式（25-40）中的 $\boldsymbol{f}(\boldsymbol{x},\boldsymbol{u},\boldsymbol{w})$ 与式（25-44）中的 $\boldsymbol{f}_{k-1}(\boldsymbol{x}_{k-1},\boldsymbol{u}_{k-1},\boldsymbol{w}_{k-1})$ 不同。前者为连续时间模型，而后者是离散时间模型］。

除了使用线性过程模型之外，之前协方差的计算与卡尔曼滤波和范数约束卡尔曼滤波的步骤相同，有

$$
\begin{aligned}
\boldsymbol{P}_k^- &= \boldsymbol{F}_{k-1}\boldsymbol{P}_{k-1}\boldsymbol{F}_{k-1}^{\mathrm{T}} + \boldsymbol{L}_{k-1}\boldsymbol{Q}_{k-1}\boldsymbol{L}_{k-1}^{\mathrm{T}} \\
&= [\boldsymbol{P}_{1,k}^- \quad \boldsymbol{P}_{2,k}^-] \\
&= \begin{bmatrix} \boldsymbol{P}_{\omega\omega,k}^- & \boldsymbol{P}_{\omega q,k}^- \\ \boldsymbol{P}_{q\omega,k}^- & \boldsymbol{P}_{qq,k}^- \end{bmatrix}
\end{aligned}
$$

其中，为使用范数约束的卡尔曼滤波架构做准备，我们对 $\boldsymbol{P}_k^-$ 进行了分解。

25.3.3.3　纠正步骤

假设线性更新的形式，有

$$
\begin{bmatrix} \hat{\boldsymbol{\omega}}_k \\ \hat{\boldsymbol{q}}_k \end{bmatrix} = \begin{bmatrix} \hat{\boldsymbol{\omega}}_k^- \\ \hat{\boldsymbol{q}}_k^- \end{bmatrix} + \begin{bmatrix} \boldsymbol{K}_{\omega,k} \\ \boldsymbol{K}_{q,k} \end{bmatrix}(\boldsymbol{y}_k - \hat{\boldsymbol{y}}_k^-) \tag{25-50}
$$

其中 $\boldsymbol{K}_k$ 分解为 $\boldsymbol{K}_{\omega,k}$ 和 $\boldsymbol{K}_{q,k}$。使用式（25-49）计算预期测量 $\hat{\boldsymbol{y}}_k^-$

$$
\hat{\boldsymbol{y}}_k^- = \boldsymbol{H}_k\hat{\boldsymbol{x}}_k^- + \boldsymbol{y}_k^-
$$

其中 $\boldsymbol{H}_k$ 和 $\boldsymbol{y}_y$ 用之前最佳状态估计 $\hat{\boldsymbol{x}}_k^-$ 来估计［即 $\hat{\boldsymbol{x}}_k^-$ 代替式（25-49）中的 $\bar{\boldsymbol{x}}_k$］。预期测量值可写为

$$
\begin{aligned}
\hat{\boldsymbol{y}}_k^- &= \boldsymbol{H}_k\hat{\boldsymbol{x}}_k^- + \boldsymbol{y}_k^- \\
&= \boldsymbol{H}_k\hat{\boldsymbol{x}}_k^- + [\boldsymbol{h}_k(\hat{\boldsymbol{x}}_k^-,\boldsymbol{0}) - \boldsymbol{H}_k\hat{\boldsymbol{x}}_k^-] \\
&= \boldsymbol{h}_k(\hat{\boldsymbol{x}}_k^-,\boldsymbol{0})
\end{aligned}
$$

上式为在 $\hat{\boldsymbol{x}}_k^-$ 估计的非线性离散时间测量值，即之前状态估计。式（25-50）可写为

$$
\hat{\boldsymbol{\omega}}_k = \hat{\boldsymbol{\omega}}_k^- + \boldsymbol{K}_{\omega,k}[\boldsymbol{y}_k - \boldsymbol{h}_k(\hat{\boldsymbol{x}}_k^-,\boldsymbol{0})] \tag{25-51}
$$

$$
\hat{\boldsymbol{q}}_k = \hat{\boldsymbol{q}}_k^- + \boldsymbol{K}_{q,k}[\boldsymbol{y}_k - \boldsymbol{h}_k(\hat{\boldsymbol{x}}_k^-,\boldsymbol{0})] \tag{25-52}
$$

航天器角速度无任何约束。因此 $\hat{\boldsymbol{\omega}}_k$ 以式（25－51）计算，其中 $\boldsymbol{K}_{\omega,k}=\boldsymbol{P}_{1,k}^{-T}\boldsymbol{H}_k^{\mathrm{T}}\boldsymbol{W}_k^{-1}$，$\boldsymbol{W}_k=\boldsymbol{H}_k\boldsymbol{P}_k^{-}\boldsymbol{H}_k^{\mathrm{T}}+\boldsymbol{M}_k\boldsymbol{R}_k\boldsymbol{M}_k^{\mathrm{T}}$ 和 $\boldsymbol{M}_k=\mathbf{1}$。另一方面，四元项受单位长度约束：$\boldsymbol{q}_k^{\mathrm{T}}\boldsymbol{q}_k=1$。遵循式（25－52）范数约束的卡尔曼滤波公式的纠正步骤，并让 $\ell=1$，其中

$$\boldsymbol{K}_{q,k}=\hat{\boldsymbol{K}}_{q,k}+\frac{1}{r_k}\left(\frac{1}{\|\tilde{\boldsymbol{q}}_k\|}-1\right)\tilde{\boldsymbol{q}}_k\boldsymbol{r}_k^{\mathrm{T}}\boldsymbol{W}_k^{-1}$$

$\tilde{\boldsymbol{K}}_{q,k}=\boldsymbol{P}_{2,k}^{-T}\boldsymbol{H}_k^{\mathrm{T}}\boldsymbol{W}_k^{-1}$，$\boldsymbol{r}_k=\boldsymbol{y}_k-\boldsymbol{h}_k(\hat{\boldsymbol{x}}_k^{-},\ \mathbf{0})$ 为测量残差，$r_k=\boldsymbol{r}_k^{\mathrm{T}}\boldsymbol{W}_k^{-1}\boldsymbol{r}_k$，且

$$\tilde{\boldsymbol{q}}_k=\hat{\boldsymbol{q}}_k^{-}+\tilde{\boldsymbol{K}}_{q,k}\boldsymbol{r}_k$$

为不能保证满足单位四元项约束的更新。式（25－52）中 $\hat{\boldsymbol{q}}_k$ 的更新表达式可写为

$$\begin{aligned}
\hat{\boldsymbol{q}}_k^{-}&=\hat{\boldsymbol{q}}_k^{-}+\boldsymbol{K}_{q,k}\boldsymbol{r}_k\\
&=\hat{\boldsymbol{q}}_k^{-}+\tilde{\boldsymbol{K}}_{q,k}\boldsymbol{r}_k+\frac{1}{r_k}\left(\frac{1}{\|\tilde{\boldsymbol{q}}_k\|}-1\right)\tilde{\boldsymbol{q}}_k\boldsymbol{r}_k^{\mathrm{T}}\boldsymbol{W}_k^{-1}\boldsymbol{r}_k\\
&=\tilde{\boldsymbol{q}}_k+\left(\frac{1}{\|\tilde{\boldsymbol{q}}_k\|}-1\right)\tilde{\boldsymbol{q}}_k\\
&=\frac{1}{\|\tilde{\boldsymbol{q}}_k\|}\tilde{\boldsymbol{q}}_k
\end{aligned}$$

遵循范数约束的 EKF 公式的矩阵 $\boldsymbol{P}_k$ 为

$$\boldsymbol{P}_k=\begin{bmatrix}\boldsymbol{P}_{\omega\omega,k} & \boldsymbol{P}_{\omega q,k}\\ \boldsymbol{P}_{q\omega,k} & \boldsymbol{P}_{qq,k}\end{bmatrix}$$

其中

$$\begin{aligned}
\boldsymbol{P}_{\omega\omega,k}&=\boldsymbol{P}_{\omega\omega,k}^{-}-\boldsymbol{K}_{\omega,k}\boldsymbol{H}_k\boldsymbol{P}_{1,k}^{-}-\boldsymbol{P}_{1,k}^{-T}\boldsymbol{H}_k^{\mathrm{T}}\boldsymbol{K}_{\omega,k}^{\mathrm{T}}+\boldsymbol{K}_{\omega,k}\boldsymbol{W}_k\boldsymbol{K}_{\omega,k}^{\mathrm{T}}\\
\boldsymbol{P}_{\omega q,k}&=\boldsymbol{P}_{\omega q,k}^{-}-\boldsymbol{K}_{\omega,k}\boldsymbol{H}_k\boldsymbol{P}_{2,k}^{-}-\boldsymbol{P}_{1,k}^{-T}\boldsymbol{H}_k^{\mathrm{T}}\boldsymbol{K}_{q,k}^{\mathrm{T}}+\boldsymbol{K}_{\omega,k}\boldsymbol{W}_k\boldsymbol{K}_{q,k}^{\mathrm{T}}\\
\boldsymbol{P}_{q\omega,k}&=\boldsymbol{P}_{q\omega,k}^{-}-\boldsymbol{K}_{q,k}\boldsymbol{H}_k\boldsymbol{P}_{1,k}^{-}-\boldsymbol{P}_{2,k}^{-T}\boldsymbol{H}_k^{\mathrm{T}}\boldsymbol{K}_{\omega,k}^{\mathrm{T}}+\boldsymbol{K}_{q,k}\boldsymbol{W}_k\boldsymbol{K}_{\omega,k}^{\mathrm{T}}\\
\boldsymbol{P}_{qq,k}&=\boldsymbol{P}_{qq,k}^{-}-\boldsymbol{K}_{q,k}\boldsymbol{H}_k\boldsymbol{P}_{2,k}^{-}-\boldsymbol{P}_{2,k}^{-T}\boldsymbol{H}_k^{\mathrm{T}}\boldsymbol{K}_{q,k}^{\mathrm{T}}+\boldsymbol{K}_{q,k}\boldsymbol{W}_k\boldsymbol{K}_{q,k}^{\mathrm{T}}
\end{aligned}$$

25.3.3.4 范数约束的扩展卡尔曼滤波总结

系统：

$$\begin{gathered}
\boldsymbol{x}_k=\boldsymbol{f}_{k-1}(\boldsymbol{x}_{k-1},\boldsymbol{u}_{k-1},\boldsymbol{w}_{k-1})\\
\boldsymbol{y}_k=\boldsymbol{h}_k(\boldsymbol{x}_k,\boldsymbol{v}_k)\\
\boldsymbol{x}_k=[\boldsymbol{\omega}_k^{\mathrm{T}}\quad \boldsymbol{q}_k^{\mathrm{T}}]^{\mathrm{T}}\\
\boldsymbol{q}_k^{\mathrm{T}}\boldsymbol{q}_k=1\\
\boldsymbol{w}_k\sim\mathcal{N}(\mathbf{0},\boldsymbol{Q}_k)\\
\boldsymbol{v}_k\sim\mathcal{N}(\mathbf{0},\boldsymbol{Q}_k)\\
E[\boldsymbol{w}_k\quad \boldsymbol{v}_k^{\mathrm{T}}]=\mathbf{0}
\end{gathered}$$

初始化：

$$\hat{\boldsymbol{x}}_0=E[\boldsymbol{x}_0]$$

$$\boldsymbol{P}_0 = E[(\boldsymbol{x}_0 - \hat{\boldsymbol{x}}_0)(\boldsymbol{x}_0 - \hat{\boldsymbol{x}}_0)^{\mathrm{T}}]$$

预测：

$$\hat{\boldsymbol{x}}_k^- = \boldsymbol{f}_{k-1}(\hat{\boldsymbol{x}}_{k-1}, \boldsymbol{u}_{k-1}, \boldsymbol{0}) \text{ 或 } \hat{\boldsymbol{x}}_k^- = \hat{\boldsymbol{x}}_{k-1} + \int_{t_{k-1}}^{t_k} \boldsymbol{f}(\hat{\boldsymbol{x}}, \boldsymbol{u}, \boldsymbol{0})\mathrm{d}\tau$$

$$\boldsymbol{P}_k^- = \boldsymbol{F}_{k-1}\boldsymbol{P}_{k-1}\boldsymbol{F}_{k-1}^{\mathrm{T}} + \boldsymbol{L}_{k-1}\boldsymbol{Q}_{k-1}\boldsymbol{L}_{k-1}^{\mathrm{T}}$$

$$= [\boldsymbol{P}_{1,k}^- \ \boldsymbol{P}_{2,k}^-] = \begin{bmatrix} \boldsymbol{P}_{\omega\omega,k}^- & \boldsymbol{P}_{\omega q,k}^- \\ \boldsymbol{P}_{q\omega,k}^- & \boldsymbol{P}_{qq,k}^- \end{bmatrix}$$

纠正：

$$\boldsymbol{W}_k = \boldsymbol{H}_k\boldsymbol{P}_k^-\boldsymbol{H}_k^{\mathrm{T}} + \boldsymbol{M}_k\boldsymbol{R}_k\boldsymbol{M}_k^{\mathrm{T}}$$

$$\boldsymbol{K}_{\omega,k} = \boldsymbol{P}_{1,k}^{-T}\boldsymbol{H}_k^{\mathrm{T}}\boldsymbol{W}_k^{-1}$$

$$\hat{\boldsymbol{\omega}}_k = \hat{\boldsymbol{\omega}}_k^- + \boldsymbol{K}_{\omega,k}[\boldsymbol{y}_k - \boldsymbol{h}_k(\hat{\boldsymbol{x}}_k^-, \boldsymbol{0})]$$

$$\widetilde{\boldsymbol{K}}_{q,k} = \boldsymbol{P}_{2,k}^{-T}\boldsymbol{H}_k^{\mathrm{T}}\boldsymbol{W}_k^{-1}$$

$$\boldsymbol{r}_k = \boldsymbol{y}_k - \boldsymbol{h}_k(\hat{\boldsymbol{x}}_k^-, \boldsymbol{0})$$

$$r_k = \boldsymbol{r}_k^{\mathrm{T}}\boldsymbol{W}_k^{-1}\boldsymbol{r}_k$$

$$\widetilde{\boldsymbol{q}}_k = \hat{\boldsymbol{q}}_k^- + \widetilde{\boldsymbol{K}}_{q,k}\boldsymbol{r}_k$$

$$\boldsymbol{K}_{q,k} = \widetilde{\boldsymbol{K}}_{q,k} + \frac{1}{r_k}\left(\frac{1}{\|\widetilde{\boldsymbol{q}}_k\|} - 1\right)\widetilde{\boldsymbol{q}}_k\boldsymbol{r}_k^{\mathrm{T}}\boldsymbol{W}_k^{-1}$$

$$\hat{\boldsymbol{q}}_k = \hat{\boldsymbol{q}}_k^- + \boldsymbol{K}_{q,k}\boldsymbol{r}_k = \frac{1}{\|\widetilde{\boldsymbol{q}}_k\|}\widetilde{\boldsymbol{q}}_k$$

$$\boldsymbol{P}_{\omega\omega,k} = \boldsymbol{P}_{\omega\omega,k}^- - \boldsymbol{K}_{\omega,k}\boldsymbol{H}_k\boldsymbol{P}_{1,k}^- - \boldsymbol{P}_{1,k}^{-T}\boldsymbol{H}_k^{\mathrm{T}}\boldsymbol{K}_{\omega,k}^{\mathrm{T}} + \boldsymbol{K}_{\omega,k}\boldsymbol{W}_k\boldsymbol{K}_{\omega,k}^{\mathrm{T}}$$

$$\boldsymbol{P}_{\omega q,k} = \boldsymbol{P}_{\omega q,k}^- - \boldsymbol{K}_{\omega,k}\boldsymbol{H}_k\boldsymbol{P}_{2,k}^- - \boldsymbol{P}_{1,k}^{-T}\boldsymbol{H}_k^{\mathrm{T}}\boldsymbol{K}_{q,k}^{\mathrm{T}} + \boldsymbol{K}_{\omega,k}\boldsymbol{W}_k\boldsymbol{K}_{q,k}^{\mathrm{T}}$$

$$\boldsymbol{P}_{q\omega,k} = \boldsymbol{P}_{q\omega,k}^- - \boldsymbol{K}_{q,k}\boldsymbol{H}_k\boldsymbol{P}_{1,k}^- - \boldsymbol{P}_{2,k}^{-T}\boldsymbol{H}_k^{\mathrm{T}}\boldsymbol{K}_{\omega,k}^{\mathrm{T}} + \boldsymbol{K}_{q,k}\boldsymbol{W}_k\boldsymbol{K}_{\omega,k}^{\mathrm{T}}$$

$$\boldsymbol{P}_{qq,k} = \boldsymbol{P}_{qq,k}^- - \boldsymbol{K}_{q,k}\boldsymbol{H}_k\boldsymbol{P}_{2,k}^- - \boldsymbol{P}_{2,k}^{-T}\boldsymbol{H}_k^{\mathrm{T}}\boldsymbol{K}_{q,k}^{\mathrm{T}} + \boldsymbol{K}_{q,k}\boldsymbol{W}_k\boldsymbol{K}_{q,k}^{\mathrm{T}}$$

$$\boldsymbol{P}_k = \begin{bmatrix} \boldsymbol{P}_{\omega\omega,k} & \boldsymbol{P}_{\omega q,k} \\ \boldsymbol{P}_{q\omega,k} & \boldsymbol{P}_{qq,k} \end{bmatrix}$$

例 25.3　考虑在磁扰动（由剩余偶极矩产生）和重力梯度作用下的非受控航天器（即对所有 k 有 $\boldsymbol{u}_k = \boldsymbol{0}$）。剩余偶极矩等于 $\boldsymbol{m}_r = [0.1 \quad 0.1 \quad 0.1]^{\mathrm{T}}\,\mathrm{A \cdot m^2}$。航天器转动惯量为 $\boldsymbol{I} = \mathrm{diag}\{27,\ 17,\ 25\}\,\mathrm{kg \cdot m^2}$。航天器原型轨道高度为 450 km，倾角为 87°。初始角速度和姿态为 $\boldsymbol{\omega}(0) = [0.05 \quad -0.05 \quad 0.05]^{\mathrm{T}}\,\mathrm{rad/s}$，且 $\boldsymbol{\epsilon}(0) = \left(\dfrac{\sin\left(\dfrac{1}{2}\right)}{\sqrt{3}}\right)[1 \quad 1 \quad 1]^{\mathrm{T}}$，$\eta(0) = \cos(1/2)$。在模拟中，使用四阶龙格-库塔积分器对该真实模型进行积分，时间步长 0.05 s。真实模型集成了扰动。

对于范数约束的 EKF，过程模型假设无扰动。初始状态为 $\hat{\boldsymbol{\omega}}_0=\mathbf{0}$ rad/s，$\hat{\boldsymbol{\epsilon}}(0)=\mathbf{0}$，$\hat{\eta}(0)=1$。初始协方差为 $\boldsymbol{P}_0=\text{diag}\{0.1\quad 0.1\quad 0.1\quad 0.1\quad 0.1\quad 0.1\quad 0.1\}$。过长噪声协方差为 $\boldsymbol{Q}_k=\sigma_q^2\mathbf{1}$，其中 $\sigma_q=0.001$。太阳传感器和磁表对应的测量噪声协方差为 $\boldsymbol{R}_k=\text{diag}\{\sigma_m^2,\sigma_m^2,\sigma_m^2,\sigma_s^2,\sigma_s^2,\sigma_s^2\}$，其中 $\sigma_m=0.01$，$\sigma_s=0.005$。需要注意的是，我们对每个矢量的测量值假设各向同性的测量噪声，这与 25.2.5 节 QUEST 测量模型不同。该假设的优越性在于保证 $\boldsymbol{R}_k$ 正定。该假设适用于矢量测量值在使用 EKF 纠正步骤之前为归一化的情况。每 10 s（$T=10$ s）获取一次测量值。在预测步骤中，采用四阶龙格-库塔法每 0.5 s 预测状态。

图 25－4 和图 25－5 所示为四元项 $\hat{\boldsymbol{\epsilon}}_k$ 和角速度 $\hat{\boldsymbol{\omega}}_k$ 的估计。同样包含在内的有 $\boldsymbol{\epsilon}_k$ 和 $\boldsymbol{\omega}_k$ 的真实值。在 $\hat{\boldsymbol{\epsilon}}_k$、$\hat{\boldsymbol{\omega}}_k$ 与 $\boldsymbol{\epsilon}_k$、$\boldsymbol{\omega}_k$ 完全匹配前需要 6～7 次测量（耗时约 1 min），原因是对状态的初始估计并不接近真实状态。

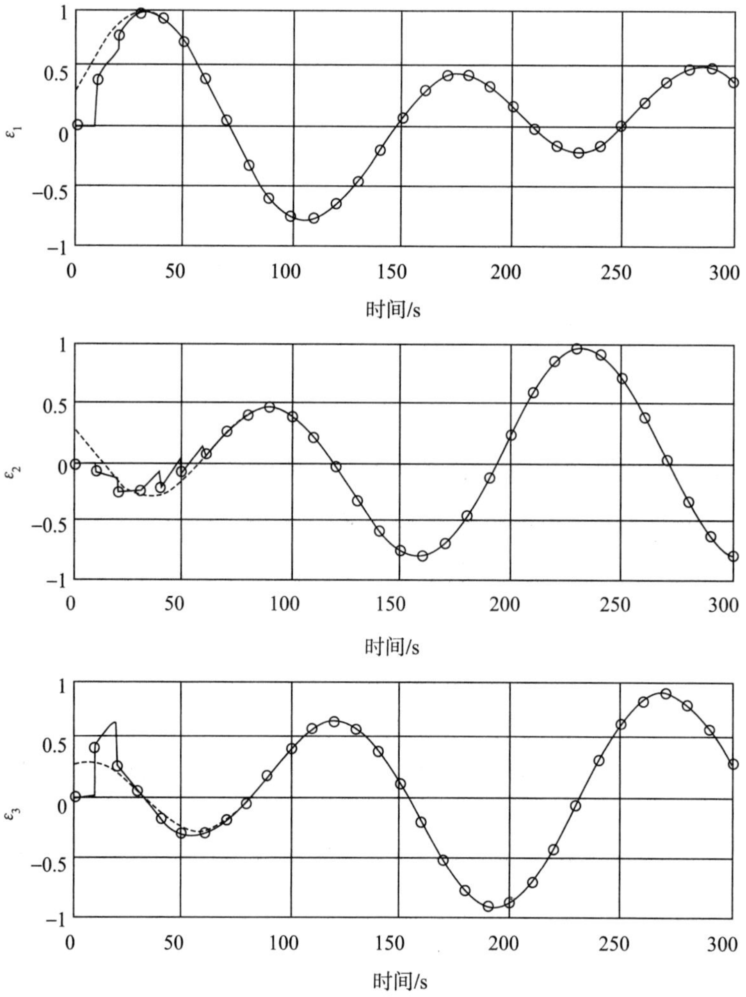

图 25－4 $\boldsymbol{\epsilon}_k$ 的估计（实线）和 $\boldsymbol{\epsilon}_k$ 的实际值（虚线）随时间的变化曲线。圆圈表示测量值到达时间

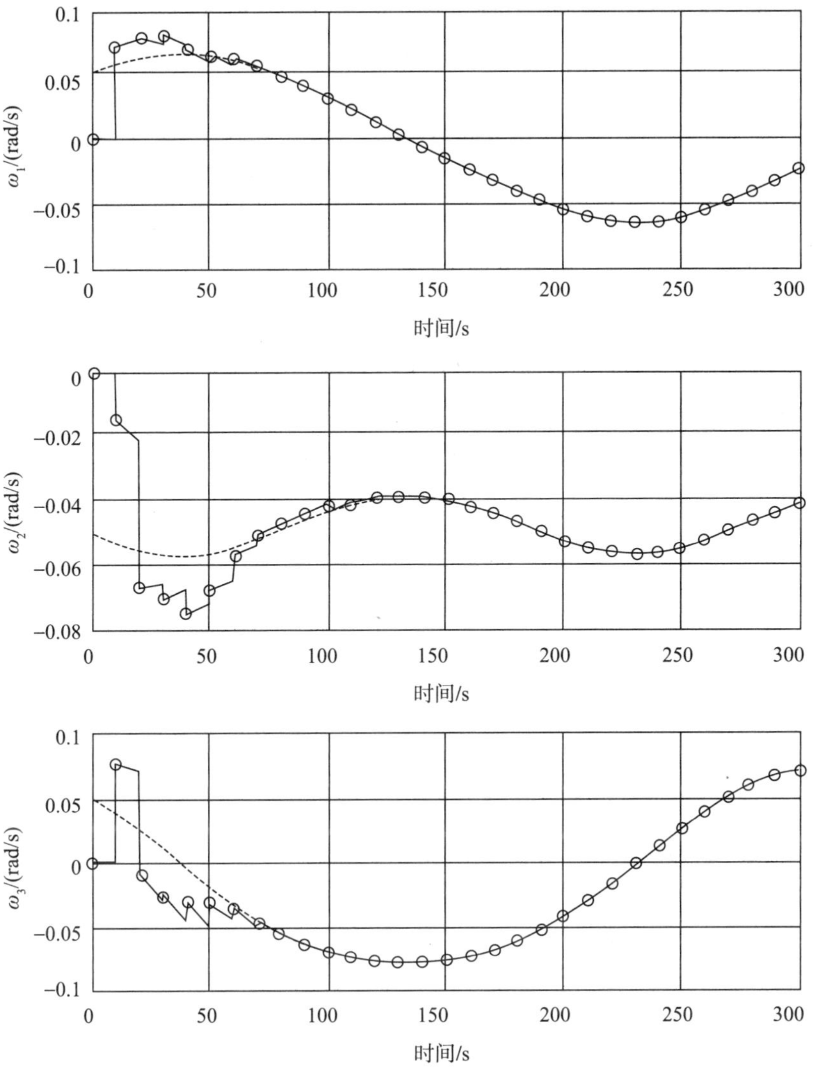

图 25-5　$\boldsymbol{\omega}_k$ 的估计（实线）和 $\boldsymbol{\omega}_k$ 的实际值（虚线）随时间的变化曲线。圆圈表示测量值到达时间

25.4　注释

本节可作为航天器导航的引言，它并不完整。航天器导航是一个庞大且成熟的课题，鼓励感兴趣的读者阅读更多的著作和文献。

25.1 节的材料引用了贾兹温茨基（Jazwinski，1970）、施滕格尔（Stengel，1994）、西蒙（Simon，2006）、菲廖拉和比斯利（Figliola and Beasley，2011）的著作。25.1 节的 Wahba 问题描述由 Wahba 于 1965 年形成。25.1 节 Davenport 的 q 方法可参阅沃茨（Wertz，1978）的著作，而 25.1 节介绍的 QUEST 算法和 TRIAD 算法参见舒斯特尔和欧（Shuster and Oh，1981）的著作。在舒斯特尔（Shuster，2006）的著作关于最大估计的

讨论中可找到关于 TRIAD 算法的讨论。25.1 节所呈现的卡尔曼滤波的推导引自贾兹温茨基（Jazwinski，1970）和西蒙（Simon，2006）的著作。25.1 节中范数约束下的卡尔曼滤波的推导引自萨内蒂等人（Zanetti et al.，2009）的著作。扩展卡尔曼滤波的推导可参阅贾兹温茨基（Jazwinski，1970）、施滕格尔（Stengel，1994）以及西蒙（Simon，2006）的著作；本文的推导是基于西蒙（Simon，2006）的著作。航天器运动学和动力学的离散化与线性化受莱昂和达马连（Leung and Damaren，2004）、克拉西季斯和琼金斯（Crassidis and Junkins，2004）、西蒙（Simon，2006）的著作的启发。更多关于可观性、离散化和线性化的信息可参阅贾兹温茨基（Jazwinski，1970）、施滕格尔（Stengel，1994）、西蒙（Simon，2006）、克拉西季斯和琼金斯（Crassidis and Junkins，2004）的著作。本章的讨论仅限于航天器姿态确定。卡尔曼滤波可应用于航天器轨道确定问题。关于轨道确定的完整统计处理方法可参阅塔普利等人（Tapley et al.，2004）的著作。

参考文献

[1] Crassidis JL and Junkins JL 2004 Optimal Estimation of Dynamic Systems, Chapman & Hall/CRC, Boca Raton, FL.

[2] Figliola RS and Beasley DE 2011 Theory and Design for Mechanical Measurements fifth edn. John Wiley & Sons, Inc. Hoboken, NJ.

[3] Leung WS and Damaren CJ 2004 A Commparison of the Pseudo - Linear and Extended Kalman Filters for Spacecraft Attitude Estimation, AIAA Guidance, Navigation, and Control Conference, Providence, Rhode Island, August 16 - 19, 2004.

[4] Shuster MD 2006 The TRIAD Algorithm as Maximum Likelihood Exstimation. Journal of the Astronautical Sciences 54 (1), 113 - 123.

[5] Shuster MD and Oh SD 1981 Three - Axis Attitude Deternination from Vector Observations. AIAA Journal of Guidance, Control, and Dynamics (previously the AIAA Journal of Guidance and Control) 4 (1), 70 - 77.

[6] Simon D 2006 Optimal State Estimation. John Wiley&Sons, Inc. , Hoboken, NJ.

[7] Stengel RF 1994 Optimal Control and Estimatiion. Dover, New York, NY.

[8] Tapley BD, Schutz BE and Born GH 2004 Statistical Orbit Determination. Elsevier, Burlinigton, MA.

[9] Wahba G 1965 Problem 65 - 1, A Least - Squares Estimate of Satellite Attitude, SIAM Review 7 (3), 409.

[10] Wertz JR 1978 Spacecraft Attitude Determinatiion and Control. Kluwer Academic Publisher, Dordfrecht, The Netherlands.

[11] Zanetti R. Majji M, Bishop RH and Motari D 2009 Norm - Constrained Kalman Filtering. AIAA Journal of Guidance, Control, and Dynamics 32 (5), 1458 - 1465.

第 26 章　航天器姿态控制设计中的实际问题

在第 17 章至第 25 章中，已验证过航天器姿态控制设计中的基本理论，但并不够。要保证航天器姿态控制设计的成功，必须考虑若干实际问题。本章讨论这些实际问题，目的不是提供完整的解决方法（其内容绝对在本书范围之外），而是让读者明了真实航天器姿态控制设计问题中必须考虑的事项。

26.1　姿态传感器

如第 11 章所述，为控制航天器姿态，首先要能够将其测量（或估计）。但并无传感器可直接测量姿态，必须从已有测量中通过第 25 章所述方法估计。本节将提供航天器姿态控制中不同类型的传感器，及其针对的测量对象种类。

26.1.1　太阳传感器

两种主要太阳传感器为模拟太阳传感器和数字太阳传感器。数字太阳传感器最为精确，也最为昂贵。对许多应用而言，模拟太阳传感器已足够充分。

26.1.1.1　模拟太阳传感器

模拟太阳传感器即太阳电池，其输出电流与传感器法向 $\hat{\vec{n}}$ 和入射太阳辐射 $\hat{\vec{s}}$ 夹角 θ 余弦成正比（见图 26-1）。数学上，传感器输出为电流 i ，由下式给出

$$i(\theta)=i(0)\cos\theta \tag{26-1}$$

其中 $i(0)$ 为太阳方向与传感器法向平行时的传感器输出。因此模拟太阳传感器有时也称作余弦太阳传感器。现实中，当前输出 i 和太阳角度 θ 稍微偏离 26.1 节所述余弦法则，且必须从传感器标定中确定。

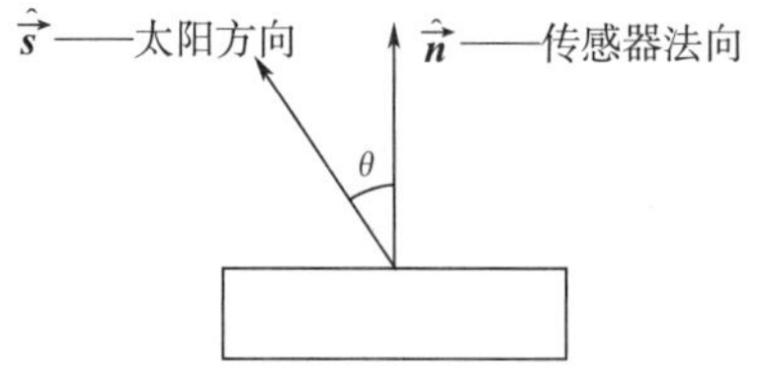

图 26-1　模拟太阳传感器

在任何情况下，模拟太阳传感器提供太阳矢量与传感器法向之间的角度 θ ，因此提供了太阳矢量必然所处的锥角 C_s，如图 26-2 所示。太阳传感器组合（不同传感器法向）可以确定太阳矢量的更多信息。例如，法向为 $\hat{\vec{n}}_1$ 和 $\hat{\vec{n}}_2$ 的模拟太阳传感器产生了一对圆锥体，

必须将太阳矢量置于其上，从而产生一对可能的太阳矢量$\hat{\vec{s}}_1$和$\hat{\vec{s}}_2$（见图 26-3）。需要附加测量值来确定哪一个是真实太阳矢量。可能的方法之一是引入第三个模拟太阳矢量，其法向不在$\hat{\vec{n}}_1$和$\hat{\vec{n}}_2$的平面内。这导致 3 个横截锥，在无测量误差条件下将沿单一线交叉并给出太阳矢量。在有测量误差条件下，可以使用最小二乘估计方法来提供太阳矢量的估计。

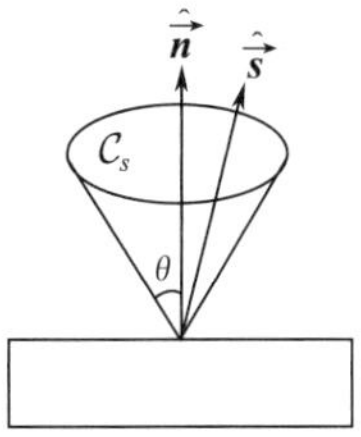

图 26-2　模拟太阳传感器提供的太阳锥角

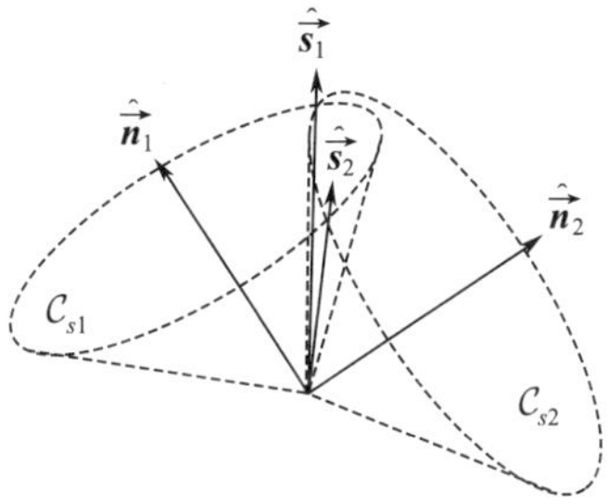

图 26-3　模拟太阳传感器对中可能产生的太阳矢量

作为使用第三个太阳传感器的替代，如果可以获得另一种矢量测量值（航天器体坐标系），则该测量值可与该矢量与太阳矢量夹角共同提供第三个太阳矢量所处锥。太阳矢量可以同样方式确定，如前文所述 3 个模拟太阳传感器。需要注意的是，这意味着太阳矢量和第二个矢量在坐标系内已知，如惯性坐标系统，两者的夹角由此确定。

26.1.1.2　数字太阳传感器

数字太阳传感器比模拟太阳传感器更为复杂，但更为精确，且一个二轴数字太阳传感器能够在传感器坐标系内提供全太阳矢量。使用航天器体参考系内的传感器定向，太阳矢量可很快转化为体参考系矢量。

26.1.1.3　传感器限制

模拟太阳传感器和数字太阳传感器具有有限可用视场，所以需要多传感器来满足覆盖需求。另外对于太阳传感器，可能有航天器速率限制，超过后传感器会失效。

26.1.2　三轴磁表

三轴磁表在传感器坐标系内测量本地磁场矢量，即给出幅值和本地磁场方向。通过与航天器相关的传感器知识，本地磁场矢量可转化为航天器体坐标。

磁表相对不精确，但不会有类似太阳传感器、地球传感器和星跟踪器的视场限制。因此，磁表通常在更精确的测量系统工作前用于确定初始姿态和初始姿态采样。

26.1.2.1　传感器限制

如前所述，磁表测量本地磁场矢量。但是，如果待测磁场主要由地球磁场构成，则它仅对航天器姿态确定和控制有效。因此，磁表在航天器内的位置至关重要，包括要最小化由于航天器自身铁磁材料（在航天器结构内）和航天器电流回路（在航天器电子设备内）产生的磁场导致的信号干扰。上述某些效应可以通过标定移除。为此，有时将磁表安装于航天器主体外的横梁上。有时需要通过磁矩测量器进行附加测量来保证磁力矩器并不影响磁表读数（见 26.2.2 节）。

26.1.3　地球传感器

地球传感器用于测量垂直矢量。即测量从航天器指向地球质心的单位矢量，通常用于第 16 章所述名义垂直指向。在这些应用中，垂直矢量为运行轨道惯性参考系中航天器横滚角与俯仰角的函数，而横滚角和俯仰角通常由地球传感器直接提供。偏航角是相对垂直矢量的旋转，因此无法测量。

从运行于地球轨道的航天器的角度来看，地球为一个大盘，因此地心方向无法直接测量。但是，可以通过在航天器上看到的地平线来推导（可见地球盘边界）。因此地球传感器检测从地球表面辐射的红外线（IR）。由于来自地球表面的辐射分布相对均匀，使用电磁频谱的红外部分可精确获得地平线位置。对比而言，地球辐射频谱的可见部分差异巨大，取决于地球表面处于白昼或夜晚，所以更难于确定地平线位置。

地球传感器有两种类型：静态地球传感器和扫描地球传感器。静态地球传感器由一套同心红外传感器构成，如图 26－4 所示。每个传感器的信号与其视场内地球盘的大小成正比。通过结合每个传感器的信号，可以确定地平线位置，进而导出垂直矢量。扫描地球传感器拥有一个旋转光学头（恒定角速度），如图 26－5 所示，扫描范围为锥形。然后，红外传感器检测地球表面何时位于扫描仪的瞬时视场中。尤其重要的是扫描器对地平线的穿越，即地球表面进入和离开扫描器即时视场的时刻。这些穿越分别称作信号采集（AOS）和信号丢失（LOS）。如图 26－6（a）所示，AOS 和 LOS 之间的时间间隔取决于扫描器横滚角（相对旋转轨道参考系），可计算。如图 26－6（b）所示，地球表面穿越扫描器即时视场的信息取决于扫描器俯仰角（相对轨道旋转参考系）。因此如果扫描器拥有内置垂直参考系，则俯仰角可确定。注意对于单一扫描器，航天器姿态必须已知（AOS 和 LOS 之间的时间取决于高度和横滚角）。为克服该限制，扫描地球传感器通常配有双扫描器。

26.1.3.1　传感器限制

由图 26－4 和图 26－5 可知，仅当地球位于视场内时地球传感器才有用。因此，地球传感器仅适用有限范围的姿态。此外，对于地球传感器，航天器的速度与旋转头转速相比必须非常小。太阳和月球不能进入传感器视场。

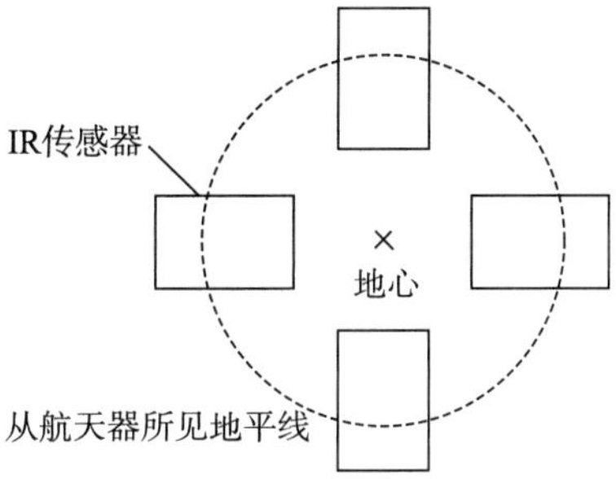

图 26－4　静态地球传感器原理

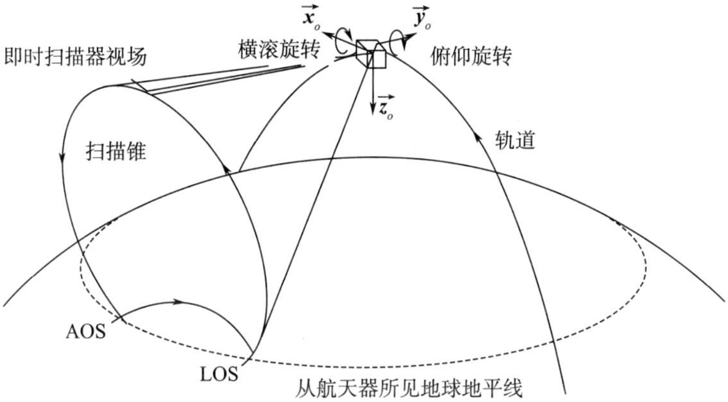

图 26－5　扫描地球传感器原理

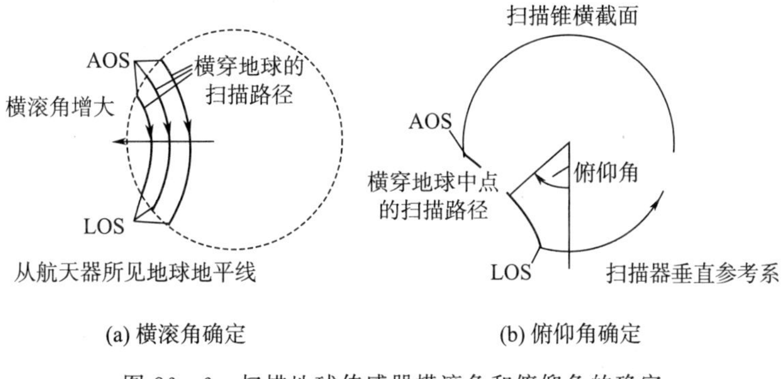

图 26－6　扫描地球传感器横滚角和俯仰角的确定

26.1.4　恒星跟踪器

基于两个原因，恒星提供姿态确定中最精确的参考。首先，恒星通常看起来比较小(恒星的可见尺寸与太阳或地球的可见尺寸相比)。因此，恒星的方向可以精确测量。其次，恒星为惯性固定物体。如第 25 章所述，为确定航天器姿态，要在航天器体参考系内给定任何矢量测量值，都必须知晓在惯性坐标系中的相应矢量。考虑地球轨道航天器，太阳矢量取决于地球环绕太阳运行的位置，以及航天器围绕地球旋转的位置。垂直矢量取决于航天器环绕地球旋转的位置，地球磁场矢量取决于航天器轨道位置以及当日时间（磁场与地球同时旋转）。在上述三种情况中，参考矢量（惯性坐标系中）必须实时计算，且必然存在计算误差。由于恒星是惯性固定的，并不要求实时计算，因此，该参考矢量可以从存储于星上的恒星目录中查找。

恒星跟踪器能够锁定、识别并跟踪恒星。如果恒星跟踪器仅跟踪单一恒星，则输出为恒星跟踪器参考系内被测单位恒星指向矢量。使用相对航天器的传感器定向信息，恒星指向矢量可转化为航天器体坐标系矢量。可共同使用该测量值与其他矢量测量值来确定航天器姿态（通过第 25 章所述技术）。大部分现代恒星跟踪器能够即时锁定、识别、跟踪多个恒星。恒星跟踪器处理这些多恒星矢量测量值来直接输出恒星跟踪器姿态。使用相对航天器的传感器定向信息，可以确定航天器姿态。因此，可认为大部分现代恒星跟踪器为全三轴姿态传感器。

由于上述原因，在所有传感器中，恒星跟踪器提供最精确的姿态信息。另一方面，恒星跟踪器最复杂，因而它最昂贵和最不可靠。

26.1.4.1 传感器限制

首先，太阳和地球不能进入恒星跟踪器的视场，这就限制了能够允许的航天器姿态。此外，如果使用恒星跟踪器时未对航天器运动进行补偿，会导致对航天器速度的严重限制。因此，恒星跟踪器通常用于三轴稳定航天器（相对旋转航天器）。通常会针对特定任务要求设计恒星跟踪器。例如，恒星跟踪器通常拥有一个非常有限的即时视场。为确定姿态符合要求，在任何时刻必须有至少两颗恒星位于即时视场内。如果要求恒星跟踪器提供大范围姿态，存储于航天器恒星目录中的恒星数量将会非常多，很可能成千上万。为降低航天器存储要求，恒星目录将仅包含那些属于恒星跟踪器精度要求的姿态的恒星跟踪器视场内的恒星。因此，星跟踪器可能仅适用于很小范围的姿态。最后，由于进行识别、锁定和跟踪多个恒星所需的大量计算可能导致恒星跟踪器输出的延迟，因此需要对航天器姿态控制算法进行补偿。

26.1.5 速度传感器

速度传感器提供航天器体速度的测量值。如前文所述，大部分航天器姿态控制法则要求反馈航天器体速度。如果仅能获得姿态测量（从一个或多个之前描述的姿态传感器），则航天器体速度能够通过姿态测量值的微分确定，但会导致很多噪声的体速度，或者可以通过第 25 章所述扩展卡尔曼滤波估计。

速度传感器能够提供低噪声测量值，从而可以在航天器姿态控制法则中直接使用。这将极大提升航天器指向的稳定性。指向稳定性（不要和李雅普诺夫稳定性混淆）为航天器姿态控制概念，其定义为在给定时长内姿态误差的变化。因此，可实现的指向稳定性与精确控制航天器体速度的能力直接相关。

速度传感器的另一优越性为测量值并不要求任何外部参考。例如，太阳传感器仅在太阳位于视场内时有用。因此，速度传感器的测量值可在所有时刻提供（假设传感器正常运行）。速度传感器能够在无法获得姿态测量值的时段正确预测航天器姿态，通过使用体速度测量值 $\boldsymbol{\omega}_{bG}$ 作为输入（姿态运动学细节见 11.2 节），对姿态运动状态直接积分即可完成预测。

速度传感器的限制为所有速度传感器具有内在偏移，即测量的体速度存在微小但恒定的偏移（叠加在噪声之上）。这将导致航天器运动装填积分后的姿态漂移。因此，不能仅用速度传感器提供姿态估计，必须集成其他姿态测量值来纠正漂移。通常，速度传感器的测量值与其他姿态传感器的测量值在 EKF 中融合，以提供航天器姿态和体速度的最优估计。通过正确设置 EKF，能够估计并纠正速度传感器偏移。

速度传感器有多种类型。传统上，速度传感器集成了机械陀螺。其不足在于必须使用移动机构部件，进而限制传感器寿命。当前基于不同原理开发的采用激光陀螺仪的速度传感器不需要运动部件。

26.2　姿态驱动器

已经表明主动姿态控制要求驱动器向航天器传递力矩。驱动器可分为两类：反应型驱动器和动量交换装置。反应型驱动器在航天器外部产生力矩，因此反应型驱动器具有改变航天器角动量的能力。推进器和磁矩器是反应型驱动器。动量交换装置在航天器内部产生力矩，并不改变航天器整体角动量。反应轮、控制动量陀螺和动量轮为动量交换装置。

26.2.1　推进器

推进器以某种形式喷射出质量以产生推力，不通过航天器质心的推力矢量会产生力矩。如图 26－7 所示，推进器产生力 F 、力臂 r 、力矩 Fr 。可通过调整力（推进器特性）或力臂（取决于推进器的安装）的大小让力矩增加或减小。由于推进器喷射质量，因此只能在一个方向提供推力（不能像吸尘器一样吸入质量）。因此，单一推进器只能针对一个坐标轴提供单一力矩（正或负，但不能兼有）。如图 26－8 所示，要针对某一坐标轴产生正负力矩需要两台推进器。将此推理扩展，最少需要 6 台推进器才能产生针对任意坐标轴的力矩。

推进器的常见特性是以开/关方式工作。即当推进器开时推力（产生的力矩）保持在恒定水平（忽略当推进器第一次开启时的短暂时间间隔）。

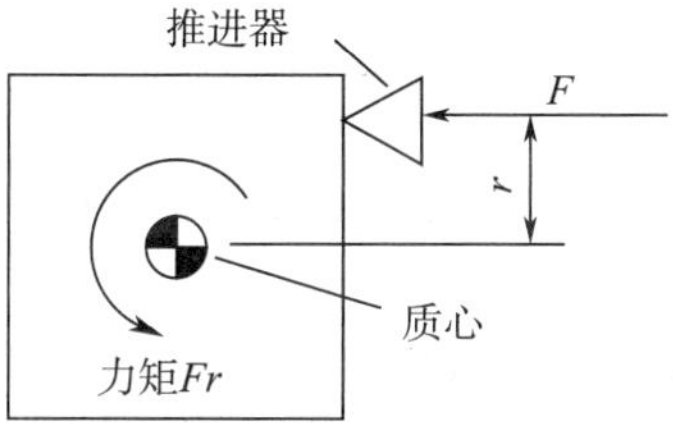

图 26－7　推进器在航天器上产生的力矩

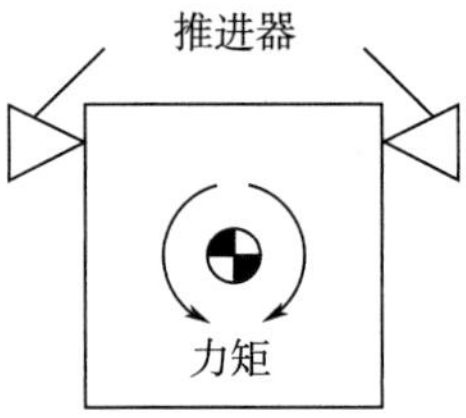

图 26-8 推进器对在航天器上可能产生的力矩

所有之前各章导出的控制法则都假设姿态驱动器能够产生连续可变力矩。因此需要通过幅值恒定的脉冲来近似控制指令要求的连续可变力矩。如 26.3 节所示真实数字型航天器姿态控制系统。对于采样保持数字控制应用，每次采样间隔都进行一次测量，而计算出的力矩 T_c 保持不变直至下一采样间隔，如图 26-9 所示。为使开启时产生力矩 $\bar{T}_t$ 的推进器产生控制指令所要求的力矩，采样间隔 t_k 至 t_{k+1} 之间推进器开启时间 $t_{p,k}$（脉冲宽度）计算如下

$$t_{p,k}=\frac{T_c(t_k)\Delta t}{\bar{T}_t}$$

其中，$T_c(t_k)$ 为在采样时间 t_k 的控制指令要求力矩，$\Delta t=t_{k+1}-t_k$ 为采样周期。通过适当脉冲宽度（见图 26-9）控制推进器力矩，使采样周期内平均力矩，等于平均控制指令要求力矩。该方法名称为脉冲宽度调制（PWM）。

尽管 PWM 能够通过脉冲序列近似连续可变控制力矩，不足之处在于当控制力矩很小时（对应小测量姿态误差），推进器不能产生无限小的短脉冲。推进器开启要求最短时间。最小力矩脉冲位定义为

$$\text{MTIB}=\bar{T}_t t_{p,\min}$$

其中 $\bar{T}_t$ 为推进器力矩，$t_{p,\min}$ 为最小脉冲宽度。为避免对推进器不必要的浪费，使用推进器的姿态控制系统应包含死区。即当控制指令要求的力矩小于一定数值（死区）时，推进器并不开启。死区直接与最小力矩脉冲位相关。因此使用推进器进行姿态控制的控制系统的精度非常低。

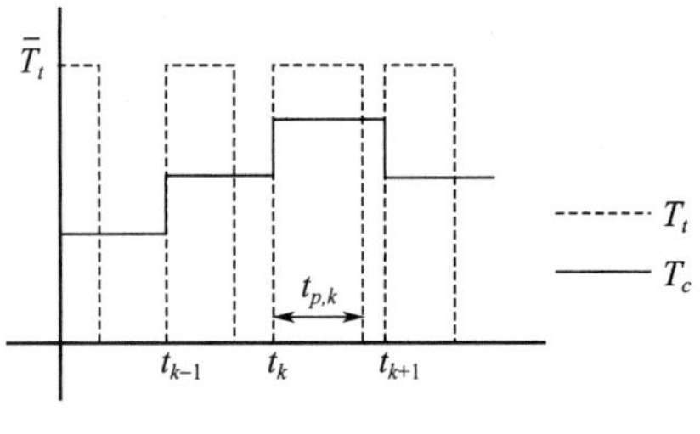

图 26-9 推进器脉冲宽度调制

读者可以在西迪（Sidi，1997）的著作和维（Wie，2008）的著作中获得更多处理上述问题的细节。

26.2.2　磁矩器

磁矩器为安装于航天器上的线圈。通过向线圈注入电流产生磁偶极子 $\vec{m}$ ，其与地球磁场 $\vec{b}$ 之间的相互作用产生遵循下式的力矩

$$\vec{T}=\vec{m}\times\vec{b} \tag{26-2}$$

从式（26－2）中可以看出磁矩产生的力矩矢量 $\vec{T}$ 总是垂直于地球即时磁场矢量 $\vec{b}$（矢量叉乘特性）。因此，不可能单独使用磁矩产生关于任意轴的力矩。仅配备磁矩的航天器为即时欠驱动。但是，由于地球磁场方向随轨道位置而变，全三轴姿态控制法则对具有大倾角的轨道还是能够仅使用磁控制实现，这是由于地球磁场在近赤道轨道并无很大变化。

由于地球磁场很弱，磁矩能够产生的力矩幅值同样很小，因此磁矩器仅具有有限的控制能力。结合即时欠驱动问题，当仅使用磁驱动时姿态控制精度非常低。当要求精细姿态控制时，所选驱动器通常为一组反应轮。通常用磁矩器来去除外部扰动作用于反应轮上产生的多余动量，以加强反应轮的作用。

在磁矩器应用中，磁表采样时磁矩器不能工作，这一点至关重要。对于带有磁矩的数字控制应用，通常将采样周期分解，如图 26－10 所示。注意磁矩器在磁表于下一采样间隔采样时关闭有限时间。这是由于在电流关闭后磁矩器偶极子动量的消散（非即时）耗时很短。

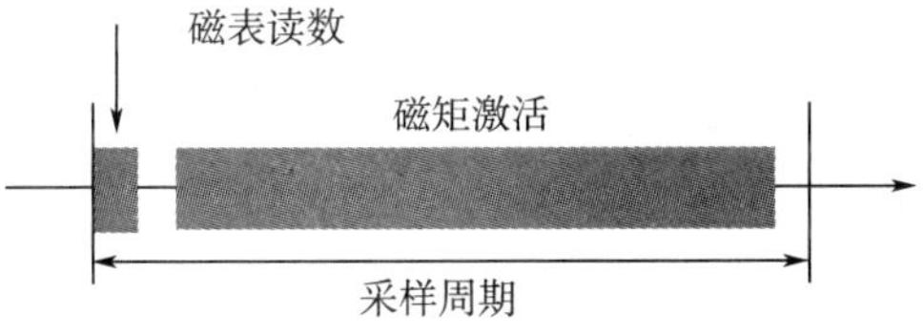

图 26－10　磁表读数和磁矩器激活时序

26.2.3　反应轮

反应轮为安装于航天器上的非旋转轮。如第 15 章所述，将航天器分解为平台和轮。图 26－11 表明通过在一个方向对轮的转轴加速，轮对平台产生反向力矩（同样关于轮旋转轴旋转）。这是角动量守恒定律的结果。在没有外界力矩作用于航天器的情况下，航天器整体角动量保持恒定（见第 2 章）。因此，无外加力矩时如果轮的角动量改变，平台必然有对应反向角动量变化。这就是为什么角动量轮为动量交换装置。为控制航天器姿态，角动量在轮和平台之间传输。通过三个不在同一平面的轴上安装三个反应轮（通常沿正交轴），力矩可以在航天器平台任意轴上产生。作为驱动器，反应轮提供最精确的姿态控制。

如第 12 章所述，有许多外部扰动力矩作用于航天器。这些外部扰动力矩改变航天器整体角动量。当使用反应轮控制航天器姿态时，该航天器角动量变化将表现为轮中存储的动量变化。为详细阐明，假设控制目标是保证航天器平台姿态固定。此时平台具有的角动量为零，全部航天器角动量变化发生在轮上。因此，尽管反应轮提供最精确的姿态控制，但由于外部扰动导致轮的角动量累积，所以不能单独使用它们。因此，任何使用反应轮的

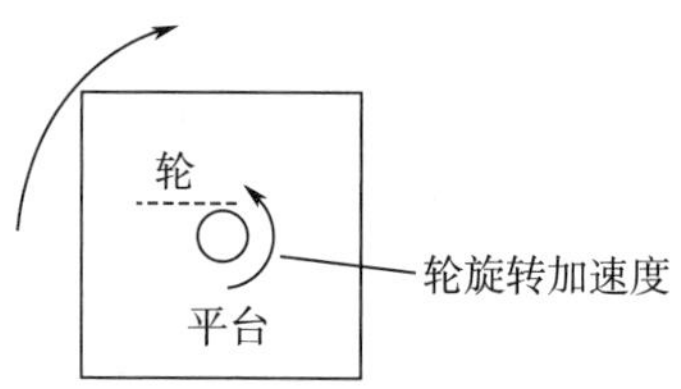

图 26－11 反应轮原理

航天器姿态控制系统都必须能够对航天器产生外部力矩，以抵消轮上累积角动量的反应型驱动器（推进器或磁矩器）。该过程称作动量阻尼。

26.2.4 动量轮

动量轮具有很大的非零名义速度。如第 15 章和第 18.2 节所述，这为航天器提供了保证陀螺稳定性的偏移动量（见图 26－12），即航天器将拒绝试图改变动量矢量的外部扰动力矩。这适用于希望保持航天器某一旋转轴固定的情况（与轮的转轴平行）。动量轮可以两种方式应用：第一种，轮唯一的目的是为航天器提供偏移动量，此时轮的速度保持恒定；第二种，轮不仅对航天器提供偏移动量，同时也对航天器提供关于旋转轴的姿态控制。例如，如果航天器配有旋转轴与俯仰轴对齐的动量轮，则动量轮也可用来控制航天器俯仰角。在第二种情况中，航天器的外部扰动将使动量轮速度从名义设置点偏移，此时与反应轮情况类似，需要使用推进器或磁矩器对动量进行管理。

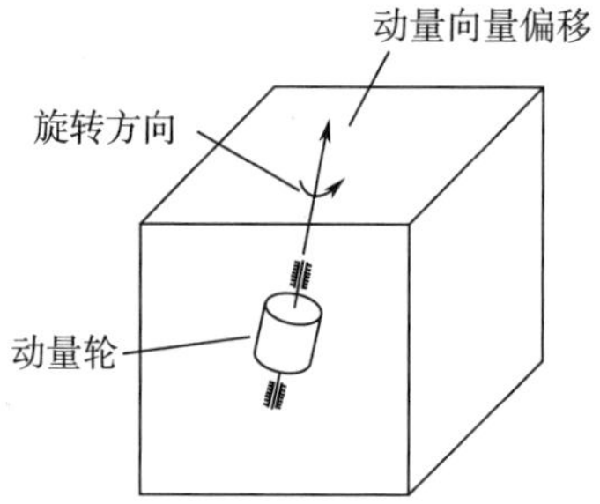

图 26－12 配有动量轮的航天器

26.2.5 控制动量陀螺

控制动量陀螺（CMG）与动量轮类似，除了轮的旋转轴是万向的。轮以恒定高速旋转。通过施加力矩改变方向（即旋转转轮的转轴），可以产生一个与方向轴垂直的大型陀螺反应力矩（见图 26－13）。因此控制动量陀螺等价于一个力矩放大器，适用于需要大型控制力矩的情况。图 26－13 为单一万向节控制动量陀螺。同样也有双向控制动量陀螺，其内部万向节安装于外部万向节上，此时轮安装于内部万向节上。

控制动量陀螺也是动量交换装置。外部扰动力矩作用于航天器上，导致万向节角度净变化。万向节角度通常具有有限范围。同反应轮类似，控制动量陀螺也必须通过能对航天器产生外部力矩的反应型驱动器将万向节角度恢复至名义设置值。

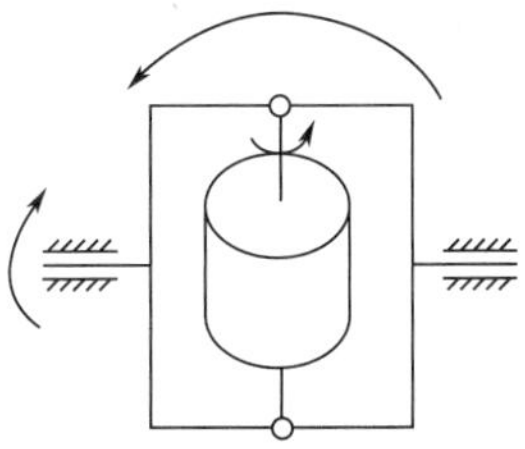

图 26 - 13　单一万向节控制动量陀螺

26.3　控制法则的应用

在第 17 章至第 23 章中，所有控制法则都按照传递函数来设计，都是拉普拉斯域的复杂函数。但是，这些必须在时域应用的控制法则到底意味着什么？必须考虑怎样的附加事项？本节将阐述这些问题。

26.3.1　传递函数的时域表达

第 17 章和第 23 章设计的控制法则具有如下形式

$$U(s)=G_c(s)E(s) \tag{26-3}$$

其中 $E(s)$ 为跟踪误差的拉普拉斯形式，$U(s)$ 为控制命令的拉普拉斯形式，$G_c(s)$ 为控制法则的传递函数。现在探讨其在时域的意义。从前文可知，如果控制法则是一种简单的形式，如比例-微分（PD）或比例-积分-微分（PID）形式，则获取响应时域表达非常简单。但是，更复杂的传递函数则不会这么明显。

考虑具有如下传递函数的通用控制法则

$$G_c(s)=\frac{a_0 s^n+a_1 s_{n-1}+\cdots+a_n}{s^n+b_1 s^{n-1}+\cdots+b_n} \tag{26-4}$$

现在我们将获得式（26 - 4）的时域表达式，首先，我们将

$$G_c(s)=a_0+\overline{G}_s(s) \tag{26-5}$$

其中

$$\overline{G}_c(s)=\frac{\overline{a}_1 s^{n-1}+\cdots+\overline{a}_n}{s^n+b_1 s^{n-1}+\cdots+b_n}$$

其中 $\overline{a}_i=a_i-a_0 b_i$ 对 $i=1,\ \cdots,\ n$ 成立。将式（26 - 5）代入式（26 - 3）中有

$$U(s)=U_1(s)+U_2(s) \tag{26-6}$$

其中

$$U_1(s)=a_0(s)E(s)\ ,U_2(s)=\overline{G}_c(s)E(s)$$

对式（26 - 6）进行拉普拉斯逆变换有

$$u(t)=u_1(t)+u_2(t) \tag{26-7}$$

则

$$u_1(t)=a_0e(t) \tag{26-8}$$

现在必须找到 $u_2(t)$。首先

$$U_2(s)=\frac{\bar{a}_1s^{n-1}+\cdots+\bar{a}_n}{s^n+b_1s^{n-1}+\cdots+b_n}E(s) \tag{26-9}$$

一种简单的确定 $u_2(t)$ 的方法为将式（26-9）重新整理为

$$(s^n+b_1s^{n-1}+\cdots+b_n)U_2(s)=(\bar{a}_1s^{n-1}+\cdots+\bar{a}_n)E(s)$$

对上式的两边进行拉普拉斯变换，有

$$\frac{\mathrm{d}^nu_2}{\mathrm{d}t^n}+b_1\frac{\mathrm{d}^{n-1}u_2}{\mathrm{d}t^{n-1}}+\cdots+b_nu_2=\bar{a}_1\frac{\mathrm{d}^{n-1}e}{\mathrm{d}t^{n-1}}+\cdots+\bar{a}_ne(t)$$

上式即时域线性普通微分方程。但是等式右侧包括通常无法获得的 $n-1$ 阶跟踪误差，所以该方法对于在时域应用的控制法则是无用的。

作为替代，我们来定义

$$Z(s)=\frac{E(s)}{s^n+b_1s^{n-1}+\cdots+b_n} \tag{26-10}$$

则通过式（26-9），可得

$$U_2(s)=(\bar{a}_1s^{n-1}+\cdots+\bar{a}_n)Z(s) \tag{26-11}$$

对式（26-11）两侧进行拉普拉斯逆变换有

$$u_2(t)=\bar{a}_1\frac{\mathrm{d}^{n-1}z}{\mathrm{d}t^{n-1}}+\bar{a}_2\frac{\mathrm{d}^{n-2}z}{\mathrm{d}t^{n-2}}+\cdots+\bar{a}_nz(t) \tag{26-12}$$

重新整理式（26-10）有

$$(s^n+b_1s^{n-1}+\cdots+b_n)Z(s)=E(s)$$

进行拉普拉斯逆变换，有

$$\frac{\mathrm{d}^nz}{\mathrm{d}t^n}+b_1\frac{\mathrm{d}^{n-1}z}{\mathrm{d}t^{n-1}}+\cdots+b_nz=e(t) \tag{26-13}$$

上式为 $z(t)$ 的 n 阶微分方程，并不包括 $e(t)$ 的任何微分。现在将其以一阶形式表达。定义

$$x_{c,1}=z\ ,\ x_{c,2}=\frac{\mathrm{d}z}{\mathrm{d}t}\ ,\cdots,\ x_{c,n}=\frac{\mathrm{d}^{n-1}z}{\mathrm{d}t^{n-1}}$$

从上述定义，有

$$\frac{\mathrm{d}x_{c,1}}{\mathrm{d}t}=x_{c,2}\ ,\ \frac{\mathrm{d}x_{c,2}}{\mathrm{d}t}=x_{c,3}\ ,\cdots,\ \frac{\mathrm{d}x_{c,n-1}}{\mathrm{d}t}=x_{c,n}$$

从式（26-13）可知

$$\frac{\mathrm{d}x_{c,n}}{\mathrm{d}t}=-b_1x_{c,n-1}-b_2x_{c,n-2}-\cdots-b_nx_{c,1}+e(t)$$

因此，可将式（26-13）写为

$$\dot{\boldsymbol{x}}_c=\boldsymbol{A}_c\boldsymbol{x}_c+\boldsymbol{B}_ce(t) \tag{26-14}$$

其中

$$\boldsymbol{x}_c=\begin{bmatrix} x_{c,1} \\ x_{c,2} \\ \vdots \\ x_{c,n-1} \\ x_{c,n} \end{bmatrix},\boldsymbol{A}_c=\begin{bmatrix} 0 & 1 & 0 & \cdots & 0 \\ 0 & 0 & 1 & \cdots & 0 \\ \vdots & \vdots & \ddots & \ddots & \vdots \\ 0 & & & 0 & 1 \\ -b_n & -b_{n-1} & -b_{n-2} & \cdots & -b_1 \end{bmatrix},\boldsymbol{B}_c=\begin{bmatrix} 0 \\ 0 \\ \vdots \\ 0 \\ 1 \end{bmatrix}$$

类似地，式（26－12）可重写为

$$u_2(t)=\boldsymbol{C}_c\boldsymbol{x}_c \tag{26-15}$$

其中

$$C_c=[\bar{a}_n \quad \bar{a}_{n-1} \quad \cdots \quad \bar{a}_1]$$

最后，使用式（26－7），可综合式（26－14）、式（26－8）和式（26－15）得到式（26－3）的时域表达式

$$\begin{aligned} \dot{\boldsymbol{x}}_c &= \boldsymbol{A}_c\boldsymbol{x}_c+\boldsymbol{B}_c e(t) \\ u(t) &= \boldsymbol{C}_c\boldsymbol{x}_c+D_c e(t) \end{aligned} \tag{26-16}$$

其中 $D_c=a_0$。式（26－16）称作式（26－3）传递函数的状态空间实现。此外，式中并无 $e(t)$ 的微分环节，对控制法则的应用非常重要。

注意 $\boldsymbol{A}_c$ 的特征方程为

$$\det[s\mathbf{1}-\boldsymbol{A}_c]=s^n+b_1s^{n-1}+\cdots+b_n$$

其为式（24－4）传递函数 $G_c(s)$ 的分母。因此，传递函数 $G_c(s)$ 的极点等于状态空间实现中 $\boldsymbol{A}_c$ 的特征值。

26.3.2 控制法则的数字化

在前述各节中，已得到控制法则的时域表达，主要是普通微分方程形式，如果要应用这种形式，则必须在连续时间中求解。但是，现代控制系统通常采用数字处理器。如图 26－14（a）所示，处理器在离散时刻 t_k 对传感器采样，并计算驱动器相应控制力矩。控制力矩在采样周期内恒定直至传感器进行下一次测量，如图 26－14（b）所示。这称作零阶保持控制（ZOH）。

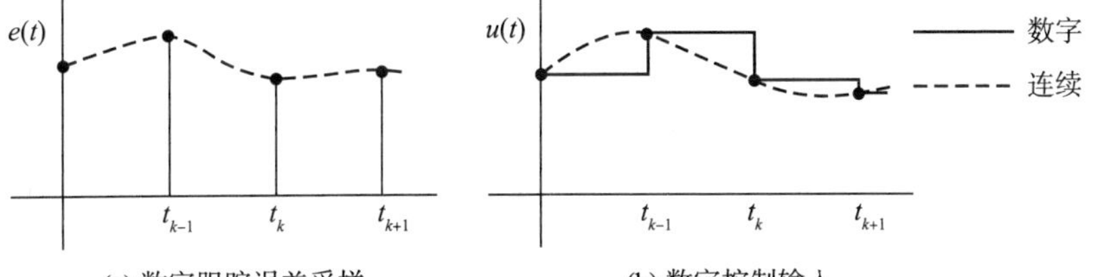

(a) 数字跟踪误差采样 (b) 数字控制输入

图 26－14 控制法则数字化

因此，式（26－16）的连续时间控制法则不能数字化应用。但是，通过快速采样，数

字控制能够近似连续控制，如图 26－14（b）所示。问题是为什么控制设计不能直接在离散时域进行？直接在离散时域进行控制设计当然可行，并且有类似第 17 章和第 23 章的针对离散系统的工具。但是，控制系统的设计在连续时域更为普遍且易于理解，因此本书仍采用这种方法。所以，一种典型控制设计流程是首先设计连续控制法则，然后将其数字化，最后检查其特性是否与原本连续时域设计相符。

现在探讨对式（26－16）连续控制法则的数字近似。对微分方程（26－16）两侧在时长 t_k 至 t_{k+1} 范围内积分，得出

$$\boldsymbol{x}_c(t_{k+1})=\boldsymbol{x}_c(t_k)+\int_{t_k}^{t_{k+1}}[\boldsymbol{A}_c\boldsymbol{x}_c(t)+\boldsymbol{B}_c e(t)]\mathrm{d}t \tag{26-17}$$

由于误差信号 $e(t)$ 为采样值非连续，需要对式（26－17）右侧积分进行近似。使用梯形法则得出

$$\int_{t_k}^{t_{k+1}}\boldsymbol{x}_c(t)\mathrm{d}t\approx\frac{\Delta t}{2}[\boldsymbol{x}_c(t_k)+\boldsymbol{x}_c(t_{k+1})],\int_{t_k}^{t_{k+1}}e(t)\mathrm{d}t\approx\frac{\Delta t}{2}[e(t_k)+e(t_{k+1})]$$

其中 $\Delta t=t_{k+1}-t_k$ 为采样周期，将其代入式（26－17）并重新整理，得出

$$\left(\mathbf{1}-\frac{\Delta t}{2}\boldsymbol{A}_c\right)\boldsymbol{x}_c(t_{k+1})-\frac{\Delta t}{2}\boldsymbol{B}_c e(t_{k+1})=\left(1+\frac{\Delta t}{2}\boldsymbol{A}_c\right)\boldsymbol{x}_c(t_k)+\frac{\Delta t}{2}\boldsymbol{B}_c e(t_k) \tag{26-18}$$

基于式（26－18）左侧，定义

$$\boldsymbol{z}_{c,k}=\frac{1}{\sqrt{\Delta t}}\left(\left[\mathbf{1}-\frac{\Delta t}{2}\boldsymbol{A}_c\right]\boldsymbol{x}_c(t_k)-\frac{\Delta t}{2}\boldsymbol{B}_c e(t_k)\right) \tag{26-19}$$

重新整理上式得出

$$\boldsymbol{x}_c(t_k)=\sqrt{\Delta t}\left[\mathbf{1}-\frac{\Delta t}{2}\boldsymbol{A}_c\right]^{-1}\boldsymbol{z}_{c,k}+\frac{\Delta t}{2}\left[1-\frac{\Delta t}{2}\boldsymbol{A}_c\right]^{-1}\boldsymbol{B}_c e(t_k) \tag{26-20}$$

将上式代入式（26－18）并重新整理（可作为练习尝试），得到

$$\boldsymbol{z}_{c,k+1}=\left[\mathbf{1}+\frac{\Delta t}{2}\boldsymbol{A}_c\right]\left[\mathbf{1}-\frac{\Delta t}{2}\boldsymbol{A}_c\right]^{-1}\boldsymbol{z}_{c,k}+\sqrt{\Delta t}\left[\mathbf{1}-\frac{\Delta t}{2}\boldsymbol{A}_c\right]^{-1}\boldsymbol{B}_c e(t_k) \tag{26-21}$$

从式（26－17）中的输出可知，有

$$u_k=\boldsymbol{C}_c\boldsymbol{x}_c(t_k)+D_c e(t_k) \tag{26-22}$$

其中定义 $u_k=u(t_k)$。将式（26－20）代入式（26－22）并与式（26－21）合并，得到对应式（26－16）控制器的数字近似

$$\begin{aligned}\boldsymbol{z}_{c,k+1}&=\boldsymbol{F}_c\boldsymbol{z}_{c,k}+\boldsymbol{G}_c e(t_k)\\ u_k&=\boldsymbol{H}_c\boldsymbol{z}_{c,k}+\boldsymbol{L}_c e(t_k)\end{aligned} \tag{26-23}$$

其中

$$\boldsymbol{F}_c=\left[\mathbf{1}+\frac{\Delta t}{2}\boldsymbol{A}_c\right]\left[1-\frac{\Delta t}{2}\boldsymbol{A}_c\right]^{-1},\boldsymbol{G}_c=\sqrt{\Delta t}\left[\mathbf{1}-\frac{\Delta t}{2}\boldsymbol{A}_c\right]^{-1}\boldsymbol{B}_c$$

$$\boldsymbol{H}_c=\sqrt{\Delta t}\boldsymbol{C}_c\left[\mathbf{1}-\frac{\Delta t}{2}\boldsymbol{A}_c\right]^{-1},\boldsymbol{L}_c=D_c+\frac{\Delta t}{2}\boldsymbol{C}_c\left[\mathbf{1}-\frac{\Delta t}{2}\boldsymbol{A}_c\right]^{-1}\boldsymbol{B}_c$$

需要注意的是，$\boldsymbol{z}_{c,k}$ 为数字控制器的状态矢量。获得式（26－23）所用数字过程称作式（26－16）的双线性变换。

当式（26－16）的微分方程数字化后即变为式（26－23）的差分方程。这些差分方程非常适合数字应用。实际上，对应式（26－23）有非常简单的递归算法可以应用于数字处理器：

1）令 $\boldsymbol{z}_{c,0}=-\left(\frac{\sqrt{\Delta t}}{2}\right)\boldsymbol{B}_c e(t_0)$ 和 $k=0$；

2）对 $e(t_k)$ 进行采样，并计算控制输出 $u_k=\boldsymbol{H}_c\boldsymbol{z}_{c,k}+\boldsymbol{L}_c e(t_k)$；

3）更新 $\boldsymbol{z}_{c,k+1}=\boldsymbol{F}_c\boldsymbol{z}_{c,k}+\boldsymbol{G}_c e(t_k)$；

4）存储 $\boldsymbol{z}_{c,k+1}$，并令 $k=k+1$；

5）返回步骤 2）。

如前所述，当控制器以数字形式应用时，控制输入通过图 16－14（b）所示的零阶保持环节作用于控制对象，即

$$u(t)=u_k\text{ , }t_k\leqslant t<t_{k+1} \tag{26-24}$$

其中 u_k 在每个采样时间通过式（26－23）计算。最后，数字控制法则在连续控制对象（在本书中为航天器姿态动力学）的应用如图 26－15 所示。

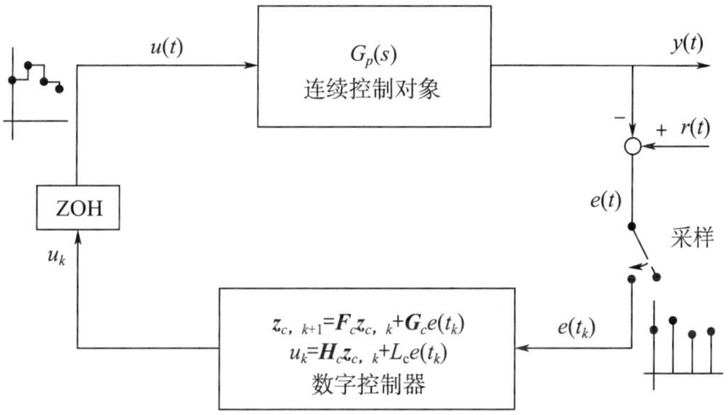

图 26－15　数字控制法则的应用

26.3.3　闭环稳定性分析

注意带有数字控制器（见图 26－15）的闭环系统与原本设计的带有连续控制器的闭环系统并不相同，这一点至关重要。因此必须检查带有数字控制器的闭环系统响应，确认其遵循设计要求。尤其重要的是确定其稳定性，这正是本节的内容。

为了分析闭环稳定性，首先需要注意的是，与传递函数 $G_c(s)$ 的控制器类似，将控制对象传递函数 $G_p(s)$ 以状态空间形式表达为

$$\begin{aligned}\dot{\boldsymbol{x}}_p&=\boldsymbol{A}_p\boldsymbol{x}_p+\boldsymbol{B}_p u(t)\\ y(t)&=\boldsymbol{C}_p\boldsymbol{x}_p\end{aligned} \tag{26-25}$$

为了简化问题，假设输出 $y(t)$ 并不直接取决于输入 $u(t)$，这是航天器动力学中的必然情况。为获得式（26－25）形式的状态空间表达，可以对传递函数 $G_p(s)$ 采用 26.3.1 节所示过程，或对描述控制对象动态特性（不一定是一阶）的微分方程采用附录 B 所示过程直

接获取。无论如何，假设式（26－25）形式的状态空间表达形式存在。

现在验证采用式（26－24）控制时式（26－25）的解。取 t_k 时刻 $\boldsymbol{x}_p(t_k)$ 为初始条件，并检验 t_{k+1} 时刻的解 $\boldsymbol{x}_p(t_{k+1})$。为此需要如下定义的矩阵指数项

$$\exp(\boldsymbol{A}t)=\sum_{n=0}^{\infty}\frac{1}{n!}\boldsymbol{A}^n t^n \tag{26-26}$$

矩阵 $\boldsymbol{A}$ 的 0 次幂定义为 $\boldsymbol{A}^0=\boldsymbol{1}$。式（26－26）中的无限序列对所有 $-\infty<t<\infty$ 收敛于有限方矩阵 $\boldsymbol{A}$。矩阵指数具有如下特性

$$\begin{gathered}\exp(\boldsymbol{A}t_1)\exp(\boldsymbol{A}t_2)=\exp[\boldsymbol{A}(t_1+t_2)]\\ \frac{\mathrm{d}\exp(\boldsymbol{A}t)}{\mathrm{d}t}=\boldsymbol{A}\exp(\boldsymbol{A}t)=\exp(\boldsymbol{A}t)\boldsymbol{A}\end{gathered} \tag{26-27}$$

现在让式（26－25）的微分方程乘以 $(-\boldsymbol{A}_p t)$

$$\exp(-\boldsymbol{A}_p t)\dot{\boldsymbol{x}}_p=\exp(-\boldsymbol{A}_p t)\boldsymbol{A}_p\boldsymbol{x}_p+\exp(-\boldsymbol{A}_p t)\boldsymbol{B}_p u(t)$$

使用微分方程的乘积法则及式（26－27）的第二个特性，上式可重新整理为

$$\frac{\mathrm{d}}{\mathrm{d}t}[\exp(-\boldsymbol{A}_p t)\boldsymbol{x}_p(t)]=\exp(-\boldsymbol{A}_p t)\boldsymbol{B}_p u(t)$$

对上式两侧积分有

$$\int_{t_k}^{t_{k+1}}\frac{\mathrm{d}}{\mathrm{d}t}[\exp(-\boldsymbol{A}_p t)\boldsymbol{x}_p(t)]\mathrm{d}t=\int_{t_k}^{t_{k+1}}\exp(-\boldsymbol{A}_p t)\boldsymbol{B}_p u(t)\mathrm{d}t$$

由于式（26－24）的零阶保持，上式变为

$$\exp(-\boldsymbol{A}_p t_{k+1})\boldsymbol{x}_c(t_{k+1})-\exp(-\boldsymbol{A}_c t_k)\boldsymbol{x}_p(t_k)=\int_{t_k}^{t_{k+1}}\exp(-\boldsymbol{A}_p t)\boldsymbol{B}_p\mathrm{d}tu_k$$

对上式两侧乘以 $\exp[\boldsymbol{A}_p(t_{k+1})]$，并使用式（26－27）的第一个特性，得到如下的解

$$\boldsymbol{x}_p(t_{k+1})=\exp(\boldsymbol{A}_p\Delta t)\boldsymbol{x}_p(t_k)+\int_{t_k}^{t_{k+1}}\exp[\boldsymbol{A}_p(t_{k+1}-t)]\boldsymbol{B}_c u_k\mathrm{d}t \tag{26-28}$$

当式（26－24）的控制施加于控制对象式（26－25）中时，控制对象可表达为与式（26－23）形式相同的差分方程。需要注意的是，这是对控制对象的精确数字化。因此，通常将控制对象的离散表达写为

$$\begin{gathered}\boldsymbol{x}_p(t_{k+1})=\boldsymbol{F}_p\boldsymbol{x}_p(t_k)+\boldsymbol{G}_p u_k\\ y(t_k)=\boldsymbol{C}_p\boldsymbol{x}_p(t_k)\end{gathered} \tag{26-29}$$

其中

$$\boldsymbol{F}_p=\exp(\boldsymbol{A}_p\Delta t),\ \boldsymbol{G}_p=\int_0^{\Delta t}\exp[\boldsymbol{A}_p(\Delta t-\tau)]\boldsymbol{B}_c\mathrm{d}\tau$$

需要注意的是，积分中对变量 $t\rightarrow t+t_k$ 做了改变来获取 $\boldsymbol{G}_p$ 的表达式。现在使用式（26－29）和式（26－23）来形成离散闭环系统。综合式（26－29）和式（26－23），得到（读者可将检验过程作为练习）

$$\begin{bmatrix} \boldsymbol{x}_p(t_{k+1}) \\ \boldsymbol{z}_{c,k+1} \end{bmatrix} = \begin{bmatrix} \boldsymbol{F}_p - \boldsymbol{G}_p L_c \boldsymbol{C}_p & \boldsymbol{G}_p \boldsymbol{H}_c \\ -\boldsymbol{G}_c \boldsymbol{C}_p & \boldsymbol{F}_c \end{bmatrix} \begin{bmatrix} \boldsymbol{x}_p(t_k) \\ \boldsymbol{z}_{c,k} \end{bmatrix} \begin{bmatrix} \boldsymbol{G}_p L_c \\ \boldsymbol{G}_c \end{bmatrix} r(t_k)$$

$$y(t_k) = [\boldsymbol{C}_p \quad \boldsymbol{0}] \begin{bmatrix} \boldsymbol{x}_p(t_k) \\ \boldsymbol{z}_{c,k} \end{bmatrix} \tag{26-30}$$

$$u_k = [-L_c \boldsymbol{C}_p \quad \boldsymbol{H}_c] \begin{bmatrix} \boldsymbol{x}_p(t_k) \\ \boldsymbol{z}_{c,k} \end{bmatrix} + L_c r(t_k)$$

现在可以检查闭环稳定性。当以下矩阵特征值幅值小于 1 时，闭环系统渐近稳定

$$\begin{bmatrix} \boldsymbol{F}_p - \boldsymbol{G}_p L_c \boldsymbol{C}_p & \boldsymbol{G}_p \boldsymbol{H}_c \\ -\boldsymbol{G}_c \boldsymbol{C}_p & \boldsymbol{F}_c \end{bmatrix}$$

26.3.4　采样考虑

如 26.3.2 节所述，数字控制器的采样频率必须足够快，其响应近似原本设计的连续控制器。因此问题是多快才足够。通常使用以下经验法则：

采样频率应至少是闭环带宽的 20 倍。

在本节其余部分将识别并简要探讨数字控制的两种结果。

26.3.4.1　由于零阶保持产生的延迟

如图 26－16 所示，通过零阶保持将控制法则数字化有效导入时长为采样周期一半 $\left(\frac{\Delta t}{2}\right)$ 的时间延迟。这将降低正相位裕度，如第 23 章所述，并导致超量增加。

如前所述，如果采样频率为闭环带宽的 20 倍，数字控制器的特性与原本连续系统的设计类似。如果采样频率是闭环带宽的 30 倍以上，其特性基本相同。但是，受限于可用硬件，并不总是能够达成上述采样频率。降低零阶保持产生延迟的一种方法是在设计连续控制系统时予以考虑，可以通过在反馈环中插入零阶保持环节来完成。

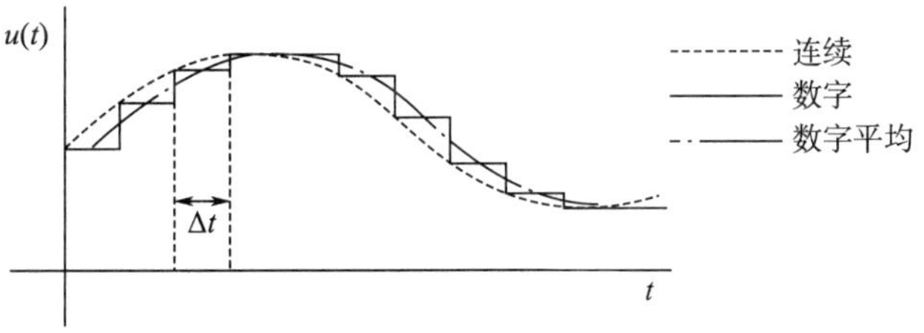

图 26－16　零阶保持产生的延迟

对零阶保持环节的一种近似为一阶滤波器

$$G_{\text{ZOH}}(s) = \frac{1}{\left(\frac{\Delta t}{2}\right)s + 1}$$

26.3.4.2　混叠

考虑如下频率为 ω 的正弦信号

$$y(t)=A\sin(\omega t+\phi) \tag{26-31}$$

其中 A 为幅值，ϕ 为初始相位。现在，假设在如下时间进行采样

$$t_k=k\Delta t, k=0,1,\cdots \tag{26-32}$$

其中 Δt 为采样周期。对应采样频率（单位：rad/s）为

$$\omega_s=\frac{2\pi}{\Delta t} \tag{26-33}$$

相应地，采样信号幅值为

$$y(t_k)=A\sin(\omega k\Delta t+\phi) \tag{26-34}$$

通过对任意 a 和任意整数 n 成立的简单等式 $\sin a=\sin(a+n2\pi)$，可以将式（26-34）写为

$$\begin{aligned}y(t_k)&=A\sin(\omega k\Delta t+\phi+nk2\pi)\\&=A\sin\left[\omega k\Delta t+\phi+nk2\pi\left(\frac{\omega_s}{\omega_s}\right)\right]\end{aligned}$$

由式（26-33）中 $\Delta t=2\pi/\omega_s$ 可知，最后得出

$$y(t_k)=A\sin[(\omega+n\omega_s)k\Delta t+\phi], n=\cdots,-2,-1,0,1,2,\cdots \tag{26-35}$$

上式等价于对下式信号的采样

$$y(t)=A\sin[(\omega+n\omega_s)t+\phi], n=\cdots,-2,-1,0,1,2,\cdots$$

因此，采样过程无法区分正弦信号频率 $\omega+n\omega_s$，其中 ω_s 是采样频率，这称作混叠，是采样过程的人工产物。图 26-17 以实例展示了该现象。在该实例中，采样主信号具有频率 $f=1.2$ Hz，采样频率为 $f=1.0$ Hz，叠加信号频率为 $f_a=f-f_s=0.2$ Hz。从图 26-17 中可看出主信号和叠加的信号产生同样的数据样本。因此采样器无法区别两种信号。

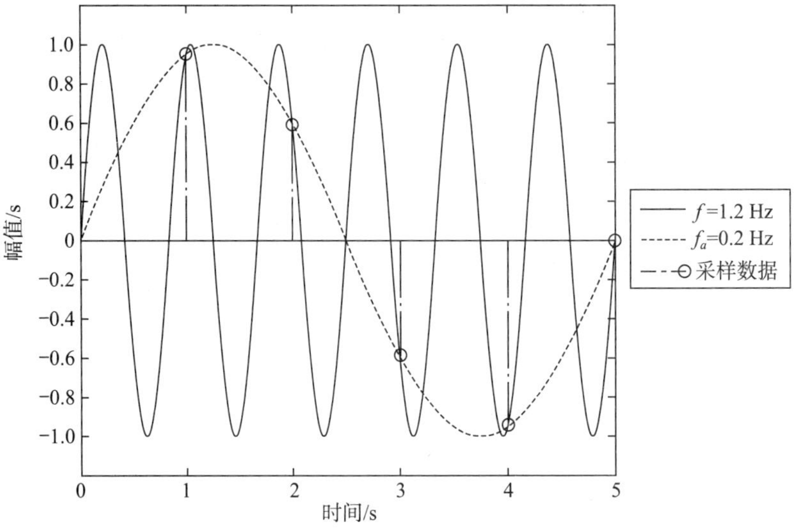

图 26-17　叠加实例

假设我们现在拥有额外信息。即已知待采样信号频率 $\omega \in [0, \bar{\omega}]$，其中 $\bar{\omega} > 0$。现在来确定为实现信号的唯一确定，$\omega_s > 0$ 应该有怎样的取值。

在继续之前，假设某混叠信号具有频率 $\omega + n\omega_s < 0$ 对整数 $n \leqslant -1$ 成立。令 $\omega_n = -(\omega + n\omega_s) > 0$，则混叠信号 $y_{a,n}(t) = A\sin[(\omega + n\omega_s)t + \phi]$ 可写为

$$y_{a,n}(t) = A\sin(-\omega_n t + \phi) = A\sin(\omega_n t + \bar{\phi})$$

其中 $\bar{\phi} = \pi - \phi$。因此，在范围 $[-\bar{\omega}, 0]$ 内，当 $n \leqslant -1$ 时具有频率 $\omega + n\omega_s$ 的混叠信号等价于在范围 $[0, \bar{\omega}]$ 内，频率为 $\omega_n = -(\omega + n\omega_s)$ 的信号。

因此，为能够唯一识别待采样信号，必须保证所有具有频率 $(\omega + n\omega_s)$ 的信号处于范围 $[-\bar{\omega}, \bar{\omega}]$ 之外，对所有非零整数 n 成立。由于 $\omega + n\omega_s > \omega$ 对所有 $n \geqslant 1$ 成立，$\omega + n\omega_s < \omega$ 对所有 $n \leqslant -1$ 成立，从而有如下两项要求

$$\omega + n\omega_s > \bar{\omega}, n \geqslant 1 \text{ 和 } \omega - n\omega_s < -\bar{\omega}, n \geqslant 1$$

上式简化为

$$\omega + \omega_s > \bar{\omega} \text{ 和 } \omega - \omega_s < -\bar{\omega} \tag{26-36}$$

从上式第一部分得出

$$\omega_s > \bar{\omega} - \omega$$

由于必须对所有 $\omega \in [0, \bar{\omega}]$ 成立，即

$$\omega_s > \bar{\omega} \tag{26-37}$$

式（26-36）中的第二个不等式有

$$\omega_s > \bar{\omega} + \omega$$

再次，由于必须对所有 $\omega \in [0, \bar{\omega}]$ 成立，即

$$\omega_s > 2\bar{\omega} \tag{26-38}$$

很明显，式（26-38）的要求超越式（26-37）的要求。因此，为保证对被采样信号唯一重建，采样频率 ω_s 必须至少是被采样信号频率 ω 的 2 倍。这就是奈奎斯特和香农采样定理，频率

$$\omega_{NS} = 2\omega \tag{26-39}$$

被称作奈奎斯特采样频率，对应信号频率 ω，并提供了能够重建原信号的最小采样频率。

为什么上述内容非常重要？第一，必须在闭环带宽内对参考信号进行良好跟踪，因此信号混叠不出现在闭环带宽内至关重要（闭环带宽外的混叠没有关系，因为最终会衰减）。奈奎斯特和香农采样定理要求数字控制器的采样频率必须是闭环带宽的 2 倍。但是，如前所述，通常让采样频率更快（至少是闭环带宽的 20 倍）。第二，同第 23 章所述，连续控制法则设计为高频噪声对闭环系统无影响。这是通过限制闭环、开环和控制器带宽实现的。但是，由于混叠，采样信号的高频噪声呈现在带宽内低频信号中，将导致数字控制器特性的显著下降。因此，在传感器采样前滤除高频传感器噪声至关重要。这是由在采样器前配置防混叠前置滤波器来实现的，如图 26-18 所示。显然，这样的滤波器不能是数字型的，必须通过模拟电路实现。如简单一阶低通滤波器

$$H_a(s) = \frac{1}{T_a s + 1} \tag{26-40}$$

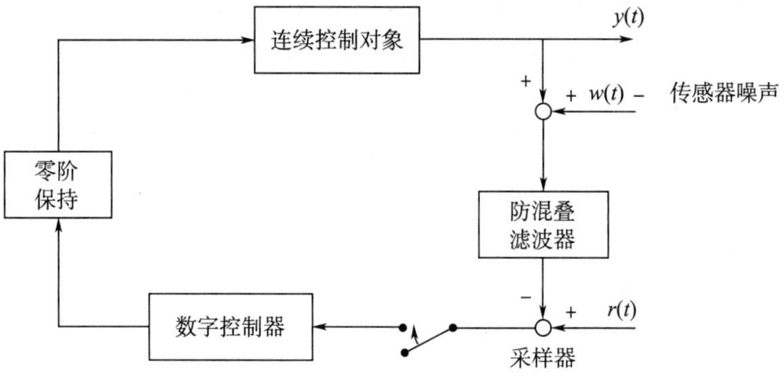

图 26-18　使用防混叠滤波器

现在问题是如何选择滤波器的拐角频率 $\frac{1}{T_a}$。首先，滤波器带宽要比控制器带宽大；其次，通过奈奎斯特和香农采样定理，可知在采样频率一半之上的任何信号将在范围 $[0,\frac{\omega_s}{2}]$ 内混叠（很可能在控制器带宽内的低频）。另一方面，滤波器对任何频率大于 $\frac{1}{T_a}$ 的信号进行衰减。因此，可以选择滤波器拐角频率为 $\frac{1}{T_a}<\frac{\omega_s}{2}$。在这种情况下，任何频率大于 $\frac{1}{T_a}$、在频率范围 $[0,\frac{1}{T_a}]$ 内混叠的信号都会被衰减，任何频率处于范围 $[0,\frac{1}{T_a}]$ 内的信号不会在此范围内混叠。所以综合防混叠滤波器和采样器运行于未受干扰的频率范围 $[0,\frac{1}{T_a}]$ 内，且任何混叠信号都出现在更高的频率。结果就是数字控制器在其带宽内能够见到原本设计的信号频谱，而任何由于混叠而导致的信号频谱的改变都位于控制器带宽之外，对控制器特性无影响。

最后，如果采样频率大于闭环带宽的 20 倍，则式（26-40）的防混叠滤波器的带宽比开环系统和控制器的带宽更大，因此对原本设计的连续闭环系统无太大影响（当然，在原本连续设计中可继承防混叠滤波器）。

26.4 未建模动态

所有第 17 章和第 24 章都将航天器视为刚体，以进行姿态控制设计。这对简化姿态控制设计是一个良好近似。但是，如第 14 章和第 15 章所述，没有一个航天器结构是完美的刚体。此外，如果航天器配有推进系统，推进剂在燃料储箱内晃动将使航天器动态运行变得更为复杂。航天器的柔性和推进剂的晃动对航天器姿态控制系统具有重要作用，如果不正确处理甚至会导致不稳定性。

26.4.1 航天器柔性效应

在本节中，需要检验航天器柔性对航天器姿态动力学的量化效应。为与第 17 章和第

23 章保持一致，将我们的讨论限制于对单一轴的运动（包括振动）。

航天器结构通常可分解为两部分：1）主航天器转轴；2）附件。主航天器转轴通常包括所有姿态控制硬件（传感器和驱动器），以及任何有效载荷设备。由于传感器、驱动器和有效载荷的相对转轴的定向必须精确，假设转轴的弹性变形很小至关重要，因此，航天器转轴结构通常设计得非常坚硬。另一方面，附件通常包括可展开太阳电池板和天线，其相对转轴的定向并不重要，因而结构上可以非常柔软，因此，合理的航天器模型为具有一个刚体转轴和柔性附件。由于姿态控制硬件安装于转轴上，姿态传感器测量刚性转轴的姿态运动，而姿态驱动器将控制力矩作用于刚性转轴。

考虑一个通用单轴柔性航天器结构，如图 26 - 19 所示。后续推导适用任何数量的柔性附件，出于演示目的仅画出两个。需要注意的是，θ 为航天器姿态，而 T 为应用于航天器上的力矩。

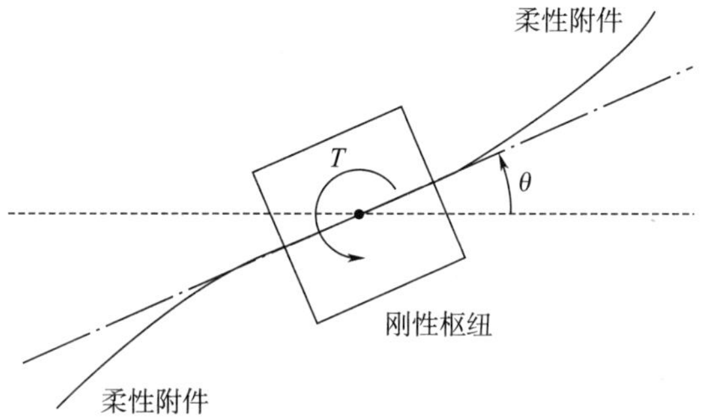

图 26 - 19　单轴柔性航天器模型

假设附件的小弹性形变，无内部结构阻尼，且附件具有有限维度的模型，运动方程（未加推导，仅做呈现）有如下形式

$$\boldsymbol{M}\ddot{q}+\boldsymbol{K}\boldsymbol{q}=\boldsymbol{F}T \tag{26-41}$$

其中

$$\boldsymbol{M}=\begin{bmatrix}\boldsymbol{I} & \boldsymbol{b}^{\mathrm{T}}\\ \boldsymbol{b} & \boldsymbol{M}_e\end{bmatrix},\boldsymbol{K}=\begin{bmatrix}0 & \boldsymbol{0}\\ \boldsymbol{0} & \boldsymbol{K}_e\end{bmatrix},\boldsymbol{F}=\begin{bmatrix}1\\ \boldsymbol{0}\end{bmatrix},\boldsymbol{q}=\begin{bmatrix}\theta\\ \boldsymbol{q}_e\end{bmatrix}$$

需要注意的是，$\boldsymbol{I}$ 为未变形的航天器整体关于质心的转动惯量［包括转轴和处于变形状态（弹性中性）的附件］。$\boldsymbol{M}$ 为系统质量矩阵，$\boldsymbol{K}$ 为系统强度矩阵，两者皆为常数。其中 $\boldsymbol{M}$ 对称且正定。将 $n\times n$ 矩阵 $\boldsymbol{M}_e$ 称为弹性质量矩阵，$n\times n$ 矩阵 $\boldsymbol{K}_e$ 为弹性强度矩阵。其中 $\boldsymbol{M}_e$ 和 $\boldsymbol{K}_e$ 对称且正定。矢量 $\boldsymbol{q}_e$ 为包含弹性坐标轴的 n 维矢量，其细节取决于附件的模型。n 维矢量 $\boldsymbol{b}$ 将航天器姿态运动（θ）耦合至弹性变形（$\boldsymbol{q}_e$）。

现在将式（26 - 41）扩展至其元素，有

$$\begin{aligned}\boldsymbol{I}\ddot{\theta}+\boldsymbol{b}^{\mathrm{T}}\ddot{\boldsymbol{q}}_e&=T\\ \boldsymbol{M}_e\ddot{\boldsymbol{q}}_e+\boldsymbol{K}_e\boldsymbol{q}_e&=-\boldsymbol{b}\ddot{\theta}\end{aligned} \tag{26-42}$$

我们注意到，如果固定航天器转轴（令 $\theta\equiv\dot{\theta}\equiv\ddot{\theta}\equiv0$），则柔性附件的运动方程变为

$$\boldsymbol{M}_e\ddot{\boldsymbol{q}}_e+\boldsymbol{K}_e\boldsymbol{q}_e=\boldsymbol{0} \tag{26-43}$$

以上为柔性航天器约束运动方程。通过对比，式（26－42）［等价于式（26－41）］为柔性航天器非约束运动方程。

现在从控制力矩 $\hat{T}(s)=\mathcal{L}(T)$ 至航天器姿态 $\hat{\theta}(s)=\mathcal{L}(\theta)$ 确定传递函数。通过以下线性代数的结论，将方程（26－42）以更简单形式表达。

定理 26.1 令 $\boldsymbol{M}$ 和 $\boldsymbol{K}$ 为任意 $n\times n$ 对称实矩阵，约束条件为 $\boldsymbol{M}$ 必须正定，则存在非奇异 $n\times n$ 实矩阵 $\boldsymbol{C}$ 满足

$$\boldsymbol{C}^{\mathrm{T}}\boldsymbol{M}\boldsymbol{C}=\boldsymbol{1}\ ,\ \boldsymbol{C}^{\mathrm{T}}\boldsymbol{K}\boldsymbol{C}=\boldsymbol{\Lambda}$$

其中 $\boldsymbol{\Lambda}$ 为实对角矩阵，形式如下

$$\boldsymbol{\Lambda}=\mathrm{diag}[\lambda_1,\lambda_2,\cdots,\lambda_n]$$

λ_i 为通用特征值，满足通用特征值问题

$$\boldsymbol{K}\boldsymbol{x}-\lambda\boldsymbol{M}\boldsymbol{x}=\boldsymbol{0},\boldsymbol{x}\neq\boldsymbol{0}$$

如果 $\boldsymbol{K}$ 同样正定，则 $\lambda_i>0$ 对所有 $i=1$，…，n 成立。

现在对 $\boldsymbol{M}_e$ 和 $\boldsymbol{K}_e$ 应用定理 26.1。由于两者皆为正定，定理 26.1 表明存在非奇异矩阵 $\boldsymbol{C}_c$ 满足

$$\boldsymbol{C}_c{}^{\mathrm{T}}\boldsymbol{M}_e\boldsymbol{C}_c=\boldsymbol{1}\ ,\ \boldsymbol{C}_c{}^{\mathrm{T}}\boldsymbol{K}_e\boldsymbol{C}_c=\boldsymbol{\Lambda}_c \tag{26-44}$$

其中

$$\boldsymbol{\Lambda}_c=\mathrm{diag}[\omega_{c,1}^2,\omega_{c,2}^2,\cdots,\omega_{c,n}^2]$$

其中 $\omega_{c,i}>0$ 对 $i=1$，…，n 成立。从定理 26.1 可见 $\omega_{c,i}$ 满足

$$\det(-\omega_c{}^2\boldsymbol{M}_e+\boldsymbol{K}_e)=0$$

它为与约束柔性航天器运动方程相关的特征方程。相应地，我们称此 $\omega_{c,i}$ 为约束自然振动频率。

我们定义

$$\hat{\boldsymbol{C}}_c=\begin{bmatrix}\boldsymbol{1} & \boldsymbol{0}\\ \boldsymbol{0} & \boldsymbol{C}_c\end{bmatrix}$$

对变量做如下变形

$$\boldsymbol{q}_c=\hat{\boldsymbol{C}}_c{}^{-1}\boldsymbol{q} \tag{26-45}$$

通过对 $\boldsymbol{q}$ 的定义有

$$\boldsymbol{q}_c=\begin{bmatrix}\theta\\ \boldsymbol{\eta}_c\end{bmatrix}$$

其中 $\boldsymbol{\eta}_c=\boldsymbol{C}_c{}^{-1}\boldsymbol{q}_e$。将式（26－41）中的变量进行变换，得到

$$\boldsymbol{M}\hat{\boldsymbol{C}}_c\ddot{\boldsymbol{q}}_c+\boldsymbol{K}\hat{\boldsymbol{C}}_c\boldsymbol{q}=\boldsymbol{F}T$$

对上式两侧乘以 $\hat{\boldsymbol{C}}_c^{\mathrm{T}}$，上式变为

$$\boldsymbol{M}_c\ddot{\boldsymbol{q}}_c+\boldsymbol{K}_c\boldsymbol{q}_c=\boldsymbol{F}_cT \tag{26-46}$$

其中

$$\boldsymbol{M}_c=\hat{\boldsymbol{C}}_c^{\mathrm{T}}\boldsymbol{M}\hat{\boldsymbol{C}}_c=\begin{bmatrix} I & \bar{\boldsymbol{b}}^{\mathrm{T}} \\ \bar{\boldsymbol{b}} & \mathbf{1}\end{bmatrix},\boldsymbol{K}_c=\hat{\boldsymbol{C}}_c^{\mathrm{T}}\boldsymbol{M}\hat{\boldsymbol{C}}_c=\begin{bmatrix} 0 & \mathbf{0} \\ \mathbf{0} & \boldsymbol{\Lambda}_c\end{bmatrix},\boldsymbol{F}_c=\hat{\boldsymbol{C}}_c^{\mathrm{T}}\boldsymbol{F}=\boldsymbol{F}$$

和 $\bar{\boldsymbol{b}}=\hat{\boldsymbol{C}}_c^{\mathrm{T}}\boldsymbol{b}$。需要注意的是，我们通过式（26－44）获取了上述表达式。将式（26－46）扩展，得到

$$I\ddot{\theta}+\bar{\boldsymbol{b}}^{\mathrm{T}}\ddot{\boldsymbol{\eta}}_c=\boldsymbol{T}$$

$$\ddot{\boldsymbol{\eta}}_c+\boldsymbol{\Lambda}_c\boldsymbol{\eta}_c=-\bar{\boldsymbol{b}}\ddot{\theta} \tag{26-47}$$

使用变量

$$\boldsymbol{\eta}_c=[\eta_{c,1} \quad \cdots \quad \eta_{c,n}]^{\mathrm{T}},\bar{\boldsymbol{b}}=[\bar{b}_1 \quad \cdots \quad \bar{b}_n]^{\mathrm{T}}$$

可将式（26－47）写为

$$I\ddot{\theta}+\sum_{i=1}^{n}\bar{b}_i\ddot{\eta}_{c,i}=T$$

$$\ddot{\eta}_{c,i}+\omega_{c,i}^2\eta_{c,i}=-\bar{b}_i\ddot{\theta}\ ,i=1,\cdots,n \tag{26-48}$$

很明显 $i=1$，…，n 时 $\eta_{c,i}$ 的运动方程在航天器转轴固定（$\theta\equiv 0$）时解耦。因此将 $\eta_{c,i}$ 称为约束模态坐标。

为确定从 $\hat{T}(s)=\mathcal{L}(T)$ 到 $\hat{\theta}(s)=\mathcal{L}(\theta)$ 的传递函数，采取式（26－48）拉普拉斯变换的形式，有

$$Is^2\hat{\theta}(s)+\sum_{i=1}^{n}\bar{b}_is^2\hat{\eta}_{c,i}=\hat{T}(s)$$

且

$$(s^2+\omega_{c,i}^2)\hat{\eta}_{c,i}(s)=-\bar{b}_is^2\hat{\theta}(s)$$

重新整理上式得到

$$Is^2\left[\hat{\theta}(s)+\sum_{i=1}^{n}\left(\frac{\bar{b}_i}{I}\right)\hat{\eta}_{c,i}(s)\right]=\hat{T}(s) \tag{26-49}$$

和

$$\hat{\eta}_{c,i}(s)=-\frac{\bar{b}_is^2\hat{\theta}(s)}{s^2+\omega_{c,i}^2} \tag{26-50}$$

将式（26－50）代入式（26－49）并重新整理，得到

$$\hat{\theta}(s)=G_p(s)\hat{T}(s) \tag{26-51}$$

其中

$$G_p(s)=\frac{\prod_{i=1}^{n}(s^2+\omega_{c,i}^2)}{Is^2\prod_{i=1}^{n}(s^2+\omega_{c,i}^2)-s^4\sum_{j=1}^{n}\bar{b}_i^2\prod_{j=1,j\neq i}^{n}(s^2+\omega_{c,j}^2)} \tag{26-52}$$

式（26－52）提供了因式分解后 $G_p(s)$ 的分子，但分母尚未分解。现在利用下述引理确定分母的分解。

引理 26.1 考虑下述矩阵

$$\boldsymbol{A}=\begin{bmatrix} a_{11} & \boldsymbol{a}_{21}^{\mathrm{T}} \\ \boldsymbol{a}_{21} & \boldsymbol{A}_{22} \end{bmatrix}$$

其中 $\boldsymbol{A}_{22}$ 为对称。令 $\boldsymbol{D}_{ij}$ 为删除第 i 行和第 j 列的 $\boldsymbol{A}_{22}$ 矩阵。令 $\boldsymbol{G}$ 为 $\boldsymbol{A}_{22}$ 矩阵的辅因子，$\boldsymbol{G}_{ij}=(-1)^{i+j}\det[\boldsymbol{D}_{ij}]$，则 $\boldsymbol{A}$ 由下式确定

$$\det[\boldsymbol{A}]=a_{11}\det[\boldsymbol{A}_{22}]-\boldsymbol{a}_{21}^{\mathrm{T}}\boldsymbol{G}\boldsymbol{a}_{21}$$

上式可通过将 $\det[\boldsymbol{A}]$ 沿第一列扩展完成。

返回式（26-46）的运动方程。考虑

$$s^2\boldsymbol{M}_c+\boldsymbol{K}_c=\begin{bmatrix} s^2 I & s^2\bar{\boldsymbol{b}}^{\mathrm{T}} \\ s^2\bar{\boldsymbol{b}} & s^2\boldsymbol{1}+\boldsymbol{\Lambda}_c \end{bmatrix}$$

很快可确定辅因子矩阵 $s^2\boldsymbol{1}+\boldsymbol{\Lambda}_c$ 由下式给出

$$\operatorname{cof}[s^2\boldsymbol{1}+\boldsymbol{\Lambda}_c]=\operatorname{diag}_{i=1,\cdots,n}\left\{\prod_{j=1,j\neq i}^{n}(s^2+\omega_{c,i}^2)\right\}$$

因此通过直接应用引理 26.1，我们发现式（26-52）的分母 $G_p(s)$ 满足

$$\det[s^2\boldsymbol{M}_c+\boldsymbol{K}_c]=Is^2\prod_{i=1}^{n}(s^2+\omega_{c,i}^2)-s^4\sum_{j=1}^{n}\bar{b}_i^2\prod_{j=1,j\neq i}^{n}(s^2+\omega_{c,j}^2) \tag{26-53}$$

现在确定 $\det[s^2\boldsymbol{M}_c+\boldsymbol{K}_c]$ 的另一种表达形式。由于 $\boldsymbol{M}_c=\hat{\boldsymbol{C}}_c^{\mathrm{T}}\boldsymbol{M}\hat{\boldsymbol{C}}_c$ 正定（$\boldsymbol{M}$ 正定且 $\hat{\boldsymbol{C}}_c$ 非奇异），可以表明矩阵 $\boldsymbol{1}-\left(\dfrac{1}{I}\right)\bar{\boldsymbol{b}}\,\bar{\boldsymbol{b}}^{\mathrm{T}}$ 同样正定。通过定理 26.1，可以确定非奇异矩阵 $\boldsymbol{C}_u$ 有

$$\boldsymbol{C}_u^{\mathrm{T}}\left[\boldsymbol{1}-\left(\frac{1}{I}\right)\bar{\boldsymbol{b}}\,\bar{\boldsymbol{b}}^{\mathrm{T}}\right]\boldsymbol{C}_u=\boldsymbol{1}\text{ , }\boldsymbol{C}_u^{\mathrm{T}}\boldsymbol{\Lambda}_c\boldsymbol{C}_u=\boldsymbol{\Lambda}_u \tag{26-54}$$

其中

$$\boldsymbol{\Lambda}_u=\operatorname{diag}[\omega_{u,1}^2,\omega_{u,2}^2,\cdots,\omega_{u,n}^2]$$

其中 $\omega_{u,i}>0$ 对所有 $i=1,\cdots,n$ 成立。定义

$$\hat{\boldsymbol{C}}_u=\begin{bmatrix} 1 & -\left(\dfrac{1}{I}\right)\bar{\boldsymbol{b}}^{\mathrm{T}}\boldsymbol{C}_u \\ \boldsymbol{0} & \boldsymbol{C}_u \end{bmatrix} \tag{26-55}$$

则通过直接相乘［使用式（26-54）］得到

$$\hat{\boldsymbol{C}}_u^{\mathrm{T}}\boldsymbol{M}_c\hat{\boldsymbol{C}}_u=\boldsymbol{M}_u=\begin{bmatrix} I & \boldsymbol{0} \\ \boldsymbol{0} & \boldsymbol{1} \end{bmatrix}\text{ , }\hat{\boldsymbol{C}}_u^{\mathrm{T}}\boldsymbol{K}_c\hat{\boldsymbol{C}}_u=\boldsymbol{K}_u=\begin{bmatrix} 0 & \boldsymbol{0} \\ \boldsymbol{0} & \boldsymbol{\Lambda}_u \end{bmatrix} \tag{26-56}$$

现在考虑

$$\det[s^2\boldsymbol{M}_u+\boldsymbol{K}_u]=\det\begin{bmatrix} s^2 I & \boldsymbol{0} \\ \boldsymbol{0} & s^2\boldsymbol{1}+\boldsymbol{\Lambda}_u \end{bmatrix}=Is^2\prod_{i=1}^{n}(s^2+\omega_{u,i}^2)$$

现在

$$\begin{aligned}\det[s^2\boldsymbol{M}_u+\boldsymbol{K}_u]&=\det[\hat{\boldsymbol{C}}_u^{\mathrm{T}}(s^2\boldsymbol{M}_c+\boldsymbol{K}_c)\hat{\boldsymbol{C}}_u]\\&=\det[\hat{\boldsymbol{C}}_u]^2\det[s^2\boldsymbol{M}_c+\boldsymbol{K}_c]\end{aligned}$$

因此，我们发现式（26－53）中 $G_p(s)$ 由下式给出

$$Is^2\prod_{i=1}^{n}(s^2+\omega_{c,i}^2)-s^4\sum_{j=1}^{n}\bar{b}_i^2\prod_{j=1,j\neq i}^{n}(s^2+\omega_{c,j}^2)$$

$$=\frac{1}{\det[\hat{\boldsymbol{C}}_u]^2}Is^2\prod_{i=1}^{n}(s^2+\omega_{u,i}^2) \tag{26-57}$$

将上式代入式（26－52）的传递函数，得到

$$G_p(s)=\frac{\det\ [\hat{\boldsymbol{C}}_u]^2\prod_{i=1}^{n}(s^2+\omega_{c,i}^2)}{Is^2\prod_{i=1}^{n}(s^2+\omega_{u,i}^2)} \tag{26-58}$$

从式（26－58），可以写出

$$G_p(s)=G_{p,r}(s)G_{p,f}(s) \tag{26-59}$$

其中

$$G_{p,r}(s)=\frac{1}{Is^2}$$

$$G_{p,f}(s)=K\frac{\prod_{i=1}^{n}\left[\left(\frac{s}{\omega_{c,i}}\right)^2+1\right]}{\prod_{i=1}^{n}\left[\left(\frac{s}{\omega_{u,i}}\right)^2+1\right]},\ K=G_{p,f}(0)=\det\ [\hat{\boldsymbol{C}}_u]^2\frac{\prod_{i=1}^{n}\omega_{c,i}^2}{\prod_{i=1}^{n}\omega_{u,i}^2}$$

重新安排式（26－59），有 $G_{p,f}(s)=\dfrac{G_p(s)}{G_{p,r}(s)}=Is^2G_p(s)$。因此，从式（26－52），很快可以确定 $K=G_{p,f}(0)=1$。如式（26－59）所示，从 $\hat{T}(s)$ 至 $\hat{\theta}(s)$ 可分解为刚体部件 $[G_{p,r}(s)]$ 和柔性模态的贡献 $[G_{p,f}(s)]$。

现在获取当 $i=1,\cdots,n$ 时频率 $\omega_{u,i}$ 的物理意义。已经表明 $(0,\omega_{u,1}^2,\omega_{u,2}^2,\cdots,\omega_{u,n}^2)$ 为下式的广义特征值

$$\boldsymbol{Kx}-\lambda\boldsymbol{Mx}=\boldsymbol{0},\boldsymbol{x}\neq\boldsymbol{0} \tag{26-60}$$

其中 $\boldsymbol{M}$ 和 $\boldsymbol{K}$ 在式（26－41）中给出。对应式（26－60）的特征方程为

$$\det(\boldsymbol{K}-\lambda\boldsymbol{M})=0$$

上式可重新写为

$$\begin{aligned}0&=\det\ (\boldsymbol{K}-\lambda\boldsymbol{M})\\&=\det(\hat{\boldsymbol{C}}_c^{-\mathrm{T}}\hat{\boldsymbol{C}}_u^{-\mathrm{T}}[\boldsymbol{K}_u-\lambda\boldsymbol{M}_u]\hat{\boldsymbol{C}}_u^{-1}\hat{\boldsymbol{C}}_c^{-1})\\&=\det\ (\hat{\boldsymbol{C}}_c^{-1})^2\det\ (\hat{\boldsymbol{C}}_c^{-1})^2\det(\boldsymbol{K}_u-\lambda\boldsymbol{M}_u)\end{aligned}$$

因此，由于 $\hat{\boldsymbol{C}}_c$ 和 $\hat{\boldsymbol{C}}_u$ 为非奇异，特征方程等价于

$$\det(\boldsymbol{K}_u-\lambda\boldsymbol{M}_u)=0$$

通过式（26－56）中 $\boldsymbol{M}_u$ 和 $\boldsymbol{K}_u$ 的定义，上式变为

$$I\lambda\prod_{i=1}^{n}(\lambda-\omega_{u,i}^2)=0$$

上式的结果很明显。因此将 $\omega_{u,i}$ 称为非约束自然振动频率。

现在检验约束和非约束自然频率的关系，为此需要应用以下线性代数的包含定理。

定理 26.2 令 $\boldsymbol{M}$ 和 $\boldsymbol{K}$ 皆为 $n\times n$ 对称矩阵，其中 $\boldsymbol{M}$ 正定，并令 $\hat{\boldsymbol{M}}$ 和 $\hat{\boldsymbol{K}}$ 分别为通过删除 $\boldsymbol{M}$ 和 $\boldsymbol{K}$ 第一行和第一列后的矩阵。令 $\lambda_1\leqslant\lambda_2\leqslant\cdots\leqslant\lambda_n$ 为对应 $\boldsymbol{Kx}-\lambda\boldsymbol{Mx}=\boldsymbol{0}$，$\boldsymbol{x}\neq\boldsymbol{0}$ 的广义特征值，令 $\hat{\lambda}_1\leqslant\hat{\lambda}_2\leqslant\cdots\leqslant\hat{\lambda}_{n-1}$ 对应 $\hat{\boldsymbol{K}}\hat{\boldsymbol{x}}-\lambda\hat{\boldsymbol{M}}\hat{\boldsymbol{x}}=\boldsymbol{0}$，$\hat{\boldsymbol{x}}\neq\boldsymbol{0}$，则

$$\lambda_1\leqslant\hat{\lambda}_1\leqslant\lambda_2\leqslant\cdots\leqslant\lambda_{n-1}\leqslant\hat{\lambda}_{n-1}\leqslant\lambda_n$$

现在对约束和非约束自然频率排序为 $\omega_{c,1}\leqslant\cdots\leqslant\omega_{c,n}$，且 $\omega_{u,1}\leqslant\cdots\leqslant\omega_{u,n}$。由于 $\boldsymbol{M}_e$ 和 $\boldsymbol{K}_e$ 是通过将式（26-41）中 $\boldsymbol{M}$ 和 $\boldsymbol{K}$ 的第一行与第一列删除而得的，因此通过应用定理 26.2 可得

$$\omega_{c,1}\leqslant\omega_{u,1}\leqslant\omega_{c,2}\leqslant\cdots\leqslant\omega_{c,n}\leqslant\omega_{u,n} \tag{26-61}$$

最低非约束自然频率 $\omega_{u,1}$ 具有特殊名称——基本固有频率，对应于基本振动模式。

26.4.1.1 上述发现的总结

当并无结构阻尼出现时，航天器姿态的传递函数关系由下式给出

$$\hat{\theta}(s)=G_{p,r}(s)G_{p,f}(s)\hat{T}(s) \tag{26-62}$$

其中

$$G_{p,r}(s)=\frac{1}{Is^2}$$

为刚体航天器的传递函数，且

$$G_{p,f}(s)=\frac{\prod_{i=1}^{n}\left[\left(\dfrac{s}{\omega_{c,i}}\right)^2+1\right]}{\prod_{i=1}^{n}\left[\left(\dfrac{s}{\omega_{u,i}}\right)^2+1\right]} \tag{26-63}$$

为航天器柔性的贡献。每个振动模式在非约束自然频率 $\pm j\omega_{u,i}$ 贡献一对虚极点，在约束自然频率 $\pm j\omega_{c,i}$ 贡献一对虚零点，$\omega_{u,i}\geqslant\omega_{c,i}$。图 26-20 展示传递函数 $G_p(s)=G_{p,r}(s)G_{p,f}(s)$ 对应极点和零点。如第 22 章所述，位于虚轴的开环极点对奈奎斯特稳定性分析构成问题（必须修正奈奎斯特曲线使其通过，且必须计算复平面的包容）。这些极点导致增益频率响应的无限峰值，对基于频率响应的控制设计构成问题。不过每个真实的结构都有某种程度的结构阻尼，因此对航天器柔性在虚轴产生的极点不必担忧（由于刚体运动，在原点仍有极点）。

26.4.1.2 结构阻尼效应

在包含结构阻尼时，式（26-41）的运动方程变为

$$\boldsymbol{M}\ddot{\boldsymbol{q}}+\boldsymbol{D}\dot{\boldsymbol{q}}+\boldsymbol{K}\boldsymbol{q}=\boldsymbol{F}T \tag{26-64}$$

其中

$$\boldsymbol{D}=\begin{bmatrix}0 & \boldsymbol{0}\\ \boldsymbol{0} & \boldsymbol{D}_e\end{bmatrix}$$

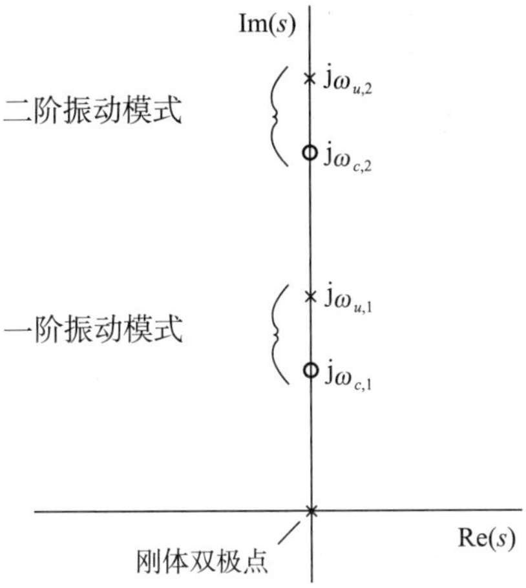

图 26 - 20　航天器姿态传递函数零极点（无结构阻尼）

且所有其他数值同前。矩阵 $\boldsymbol{D}_e$ 对称且正定。

需要再次寻找 $\hat{T}(s)$ 和 $\hat{\theta}(s)$ 的传递函数关系。同前，将式（26 - 64）扩展至其元素有

$$I\ddot{\theta}+\boldsymbol{b}^{\mathrm{T}}\ddot{\boldsymbol{q}}_e=T$$

$$\boldsymbol{M}_e\ddot{\boldsymbol{q}}_e+\boldsymbol{D}_e\dot{\boldsymbol{q}}_e+\boldsymbol{K}_e\boldsymbol{q}_e=-\boldsymbol{b}\ddot{\theta} \tag{26-65}$$

对应约束运动方程为

$$\boldsymbol{M}_e\ddot{\boldsymbol{q}}_e+\boldsymbol{D}_e\dot{\boldsymbol{q}}_e+\boldsymbol{K}_e\boldsymbol{q}_e=\boldsymbol{0} \tag{26-66}$$

再次，对式（26 - 45）的变量进行变换，产生变换后的运动方程

$$\boldsymbol{M}_c\ddot{\boldsymbol{q}}_c+\hat{\boldsymbol{D}}_c\dot{\boldsymbol{q}}_c+\boldsymbol{K}_c\boldsymbol{q}_c=\boldsymbol{F}_cT \tag{26-67}$$

其中

$$\hat{\boldsymbol{D}}_c=\hat{\boldsymbol{C}}_c^{\mathrm{T}}\boldsymbol{D}\hat{\boldsymbol{C}}_c=\begin{bmatrix}0 & \boldsymbol{0}\\ \boldsymbol{0} & \boldsymbol{D}_c\end{bmatrix},\ \boldsymbol{D}_c=\boldsymbol{C}_c^{\mathrm{T}}\boldsymbol{D}_e\boldsymbol{C}_c$$

所有其他取值同式（26 - 46）。需要注意的是，不同于 $\boldsymbol{K}_c$ 中的 $\boldsymbol{\Lambda}_c$，矩阵 $\boldsymbol{D}_c$ 不一定是对角线矩阵。将上式扩展，得到

$$\begin{aligned}&I\ddot{\theta}+\bar{\boldsymbol{b}}^{\mathrm{T}}\ddot{\boldsymbol{\eta}}_c=T\\&\ddot{\boldsymbol{\eta}}_c+\boldsymbol{D}_c\dot{\boldsymbol{\eta}}+\boldsymbol{\Lambda}_c\boldsymbol{\eta}_c=-\bar{\boldsymbol{b}}\ddot{\theta}\end{aligned} \tag{26-68}$$

对应的约束运动方程为

$$\ddot{\boldsymbol{\eta}}_c+\boldsymbol{D}_c\dot{\boldsymbol{\eta}}+\boldsymbol{\Lambda}_c\boldsymbol{\eta}_c=\boldsymbol{0} \tag{26-69}$$

可以严格证明（通过第 24 章的 LaSalle 类型分析）约束运动方程为渐近稳定。由于该系统为线性且时不变，意味着约束极点严格位于左半平面。由于式（26 - 69）为二阶微分方程，具有偶数个极点（ $2n$ 个极点）。因此，约束特征方程可写为

$$\det[s^2\boldsymbol{1}+s\boldsymbol{D}_c+\boldsymbol{\Lambda}_c]=\prod_{i=1}^{n}(s^2+2\zeta_{c,i}\bar{\omega}_{c,i}s+\bar{\omega}_{c,i}^2) \tag{26-70}$$

其中 $\zeta_{c,i}>0$ 为阻尼系数，且 $\bar{\omega}_{c,i}>0$ 为第 i 个受约束模式无阻尼自然频率。注意 $\bar{\omega}_{c,i}^2$ 不一定是 $\boldsymbol{\Lambda}_c$ 的对角线元素 $\omega_{c,i}^2$。差异来源于式（26－70）中 $s\boldsymbol{D}_c$ 的出现。

现在进行式（26－68）的拉普拉斯变形，有

$$s^2 I\hat{\theta}(s)+s^2\bar{\boldsymbol{b}}^{\mathrm{T}}\hat{\boldsymbol{\eta}}(s)=\hat{T}(s) \tag{26-71}$$

$$(s^2\mathbf{1}+s\boldsymbol{D}_c+\boldsymbol{\Lambda}_c)\hat{\boldsymbol{\eta}}(s)=-s^2\bar{\boldsymbol{b}}\hat{\theta}(s) \tag{26-72}$$

需要注意的是

$$(s^2\mathbf{1}+s\boldsymbol{D}_c+\boldsymbol{\Lambda}_c)^{-1}=\frac{1}{\det[s^2\mathbf{1}+s\boldsymbol{D}_c+\boldsymbol{\Lambda}_c]}\boldsymbol{H}(s)$$

其中

$$\boldsymbol{H}(s)=\mathrm{cof}(s^2\mathbf{1}+s\boldsymbol{D}_c+\boldsymbol{\Lambda}_c)$$

将式（26－72）重新整理，得到

$$\hat{\eta}=\frac{-s^2\boldsymbol{H}(s)\bar{\boldsymbol{b}}}{\prod_{i=1}^{n}(s^2+2\zeta_{c,i}\bar{\omega}_{c,i}s+\bar{\omega}_{c,i}^2)}\hat{\theta}$$

代入式（26－71）并重新整理，有

$$\hat{\theta}(s)=G_p(s)\hat{T}(s) \tag{26-73}$$

$$G_p(s)=\frac{\prod_{i=1}^{n}(s^2+2\zeta_{c,i}\bar{\omega}_{c,i}s+\bar{\omega}_{c,i}^2)}{Is^2\prod_{i=1}^{n}(s^2+2\zeta_{c,i}\bar{\omega}_{c,i}s+\bar{\omega}_{c,i}^2)-s^4\bar{\boldsymbol{b}}^{\mathrm{T}}\boldsymbol{H}(s)\bar{\boldsymbol{b}}} \tag{26-74}$$

对于无阻尼情况，式（26－74）为 $G_p(s)$ 分子提供了良好的因式分解。同前，需要确定分母的表达式。

直接应用引理 26.1 表明式（26－74）的 $G_p(s)$ 分母满足

$$\begin{aligned}\det[s^2\boldsymbol{M}_c+s\hat{\boldsymbol{D}}_c+\boldsymbol{K}_c]&=\begin{bmatrix}s^2 I & s^2\bar{\boldsymbol{b}}^{\mathrm{T}}\\ s^2\bar{b} & s^2\mathbf{1}+s\boldsymbol{D}_c+\boldsymbol{\Lambda}_c\end{bmatrix}\\&=Is^2\prod_{i=1}^{n}(s^2+2\zeta_{c,i}\bar{\omega}_{c,i}s+\bar{\omega}_{c,i}^2)-s^4\bar{\boldsymbol{b}}^{\mathrm{T}}\boldsymbol{H}(s)\bar{\boldsymbol{b}}\end{aligned} \tag{26-75}$$

现在应用式（26－54）和式（26－55）提供的变换方法。考虑 $\det[s^2\boldsymbol{M}_u+s\hat{\boldsymbol{D}}_u+\boldsymbol{K}_u]$，其中

$$\hat{\boldsymbol{D}}_u=\hat{\boldsymbol{C}}_u^{\mathrm{T}}\boldsymbol{D}_c\hat{\boldsymbol{C}}_u=\begin{bmatrix}0 & \mathbf{0}\\ \mathbf{0} & \boldsymbol{D}_u\end{bmatrix},\ \boldsymbol{D}_u=\boldsymbol{C}_u^{\mathrm{T}}\boldsymbol{D}_c\boldsymbol{C}_u$$

所有其他数值同式（26－56）。注意不同于 $\boldsymbol{K}_u$ 中的 $\boldsymbol{\Lambda}_u$，矩阵 $\boldsymbol{D}_u$ 不一定是对角线矩阵。有

$$\begin{aligned}\det[s^2\boldsymbol{M}_u+s\hat{\boldsymbol{D}}_u+\boldsymbol{K}_u]&=\det\begin{bmatrix}s^2 I & \mathbf{0}\\ \mathbf{0} & s^2\mathbf{1}+s\boldsymbol{D}_u+\boldsymbol{\Lambda}_u\end{bmatrix}\\&=Is^2\det[s^2\mathbf{1}+s\boldsymbol{D}_u+\boldsymbol{\Lambda}_u]\end{aligned}$$

遵循同样推导，可写出

$$\det[s^2\mathbf{1}+s\boldsymbol{D}_u+\boldsymbol{\Lambda}_u]=\prod_{i=1}^{n}(s^2+2\zeta_{u,i}\overline{\omega}_{u,i}s+\overline{\omega}_{u,i}^2) \tag{26-76}$$

其中 $\zeta_{u,i}>0$ 为阻尼系数，且 $\overline{\omega}_{u,i}>0$ 为第 i 个非约束无阻尼自然频率。同前，$\overline{\omega}_{u,i}^2$ 不一定与 $\boldsymbol{\Lambda}_u$ 的对角线元素相同。现在

$$\begin{aligned}\det[s^2\boldsymbol{M}_u+s\boldsymbol{D}_u+\boldsymbol{K}_u]&=\det[\hat{\boldsymbol{C}}_u^{\mathrm{T}}(s^2\boldsymbol{M}_c+s\boldsymbol{D}_c+\boldsymbol{K}_c)\hat{\boldsymbol{C}}_u]\\&=\det[\hat{\boldsymbol{C}}_u]^2\det[s^2\boldsymbol{M}_c+s\boldsymbol{D}_c+\boldsymbol{K}_c]\end{aligned}$$

因此，从式（26－75）可以确定 $G_p(s)$ 的分母为

$$Is^2\prod_{i=1}^{n}(s^2+2\zeta_{c,i}\overline{\omega}_{c,i}s+\overline{\omega}_{c,i}^2)-s^4\overline{\boldsymbol{b}}^{\mathrm{T}}\boldsymbol{H}(s)\overline{\boldsymbol{b}}=\left(\frac{1}{\det[\hat{\boldsymbol{C}}_u]^2}\right)Is^2\prod_{i=1}^{n}(s^2+2\zeta_{u,i}\overline{\omega}_{u,i}s+\overline{\omega}_{u,i}^2)$$

将上式代入式（26－74）的传递函数有

$$G_p(s)=G_{p,r}(s)G_{p,f}(s) \tag{26-77}$$

其中

$$G_{p,r}(s)=\frac{1}{Is^2}$$

和

$$G_{p,f}(s)=K\frac{\prod_{i=1}^{n}\left[\left(\frac{s}{\overline{\omega}_{c,i}}\right)^2+2\zeta_{c,i}\left(\frac{s}{\overline{\omega}_{c,i}}\right)+1\right]}{\prod_{i=1}^{n}\left[\left(\frac{s}{\overline{\omega}_{u,i}}\right)^2+2\zeta_{u,i}\left(\frac{s}{\overline{\omega}_{u,i}}\right)+1\right]}$$

其中对于无阻尼情况，$K=[Is^2G_p(s)]|_{s=0}$。从式（26－74），很快可以确定 $K=1$。因此

$$G_{p,f}(s)=\frac{\prod_{i=1}^{n}\left[\left(\frac{s}{\overline{\omega}_{c,i}}\right)^2+2\zeta_{c,i}\left(\frac{s}{\overline{\omega}_{c,i}}\right)+1\right]}{\prod_{i=1}^{n}\left[\left(\frac{s}{\overline{\omega}_{u,i}}\right)^2+2\zeta_{u,i}\left(\frac{s}{\overline{\omega}_{u,i}}\right)+1\right]} \tag{26-78}$$

从式（26－77）可见，同无阻尼情况，从 $\hat{T}(s)$ 和 $\hat{\theta}(s)$ 的传递函数可分解为刚体部分 $[G_{p,r}(s)]$ 和柔性模态的贡献 $[G_{p,f}(s)]$。注意阻尼系数 $\zeta_{c,i}$ 和 $\zeta_{u,i}$ 通常很小。每种振动模态都贡献一对复共轭渐近稳定开环零点和极点，分别为 $z_i=-\zeta_{c,i}\overline{\omega}_{c,i}\pm \mathrm{j}\overline{\omega}_{c,i}\sqrt{1-\zeta_{c,i}^2}$ 和 $p_i=-\zeta_{u,i}\overline{\omega}_{u,i}\pm \mathrm{j}\overline{\omega}_{u,i}\sqrt{1-\zeta_{u,i}^2}$。对比式（26－78）和式（26－63），可见结构阻尼的作用是将无阻尼虚零点和极点稍微拉向左半平面，如图 26－21 所示（与图26－20 对比）。

26.4.1.3　柔性对开环频率响应的影响

现在探讨航天器柔性对开环频率响应的影响，需要检验单模态振动的效应。每个振动模态的贡献为

$$\overline{G}_{p,f}(s)=\frac{\left[\left(\frac{s}{\omega_c}\right)^2+2\zeta_c\left(\frac{s}{\omega_c}\right)+1\right]}{\left[\left(\frac{s}{\omega_u}\right)^2+2\zeta_u\left(\frac{s}{\omega_u}\right)+1\right]}$$

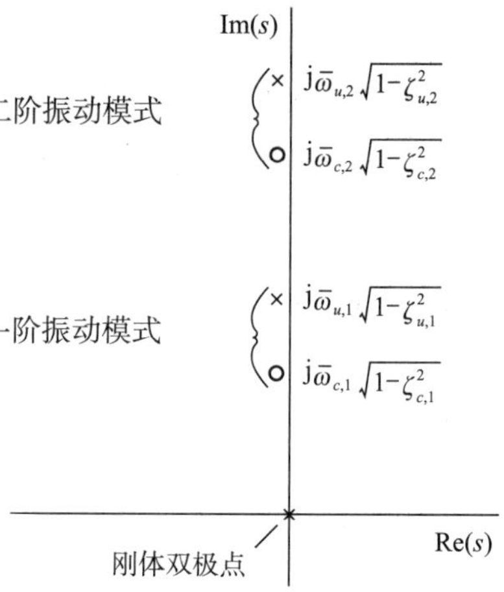

图 26 - 21　航天器姿态传递函数零点和极点（含结构阻尼）

对应的频率响应为

$$\overline{G}_{p,f}(j\omega)=\frac{1-\left(\dfrac{\omega}{\omega_c}\right)^2+2j\zeta_c\left(\dfrac{\omega}{\omega_c}\right)}{1-\left(\dfrac{\omega}{\omega_u}\right)^2+2j\zeta_u\left(\dfrac{\omega}{\omega_u}\right)} \tag{26-79}$$

显然，对低频 $\omega \ll \omega_c$ ，ω_u ，有

$$|\overline{G}_{p,f}(j\omega)|\approx 1\ ,\angle \overline{G}_{p,f}(j\omega)\approx 0^\circ$$

所以每种振动模式对频率响应的低频部分几乎无影响。另一方面，对于高频 $\omega \gg \omega_c$，ω_u ，有

$$|\overline{G}_{p,f}(j\omega)|\approx \left(\frac{\omega_u}{\omega_c}\right)^2,\angle \overline{G}_{p,f}(j\omega)\approx 0^\circ \tag{26-80}$$

因此，振动模式的主要影响必然发生于 ω 位于 ω_c 和 ω_u 附近时。图 26 - 22 展示了不同阻尼系数下的频率响应（图中 $\zeta=\zeta_c=\zeta_u$）。约束和非约束自然频率分别取值 $\omega_c=3.0$ rad/s ，$\omega_u=3.3$ rad/s。可以看出当 ω 位于 ω_c 和 ω_u 附近时，振动模式能够贡献显著的相移。类似地，当 ω 位于 ω_u 附近时会有显著的增益峰值。峰值增益的大小和相移取决于最不确定的阻尼系数，而阻尼系数必须通过实验确定。图 26 - 23 展示了 ω_c 和 ω_u 之间具有不同间隔时的频率响应。在该图中，受约束的自然频率保持于 $\omega_c=3.0$ rad/s ，阻尼系数固定于 $\zeta_c=\zeta_u=0.01$。再次，可以看出频率响应取决于 ω_c 和 ω_u 之间的间隔。ω_c 和 ω_u 之间的间隔越小，对开环频率响应的影响就越小。

26.4.1.4　姿态控制设计中包含航天器柔性

在理解航天器柔性对航天器动态的影响之后，现在探讨怎样在姿态控制系统设计中将其包含。前文已阐述航天器柔性能够对开环增益频率响应产生显著峰值和相移，最终导致对预期开环频率响应的严重偏移（见图 23 - 6）。如果处理不正确，将降低系统特性，甚至导致不稳定。

一种保证航天器柔性不影响系统稳定性的简单方法是确保开环带宽位于基本振动频率

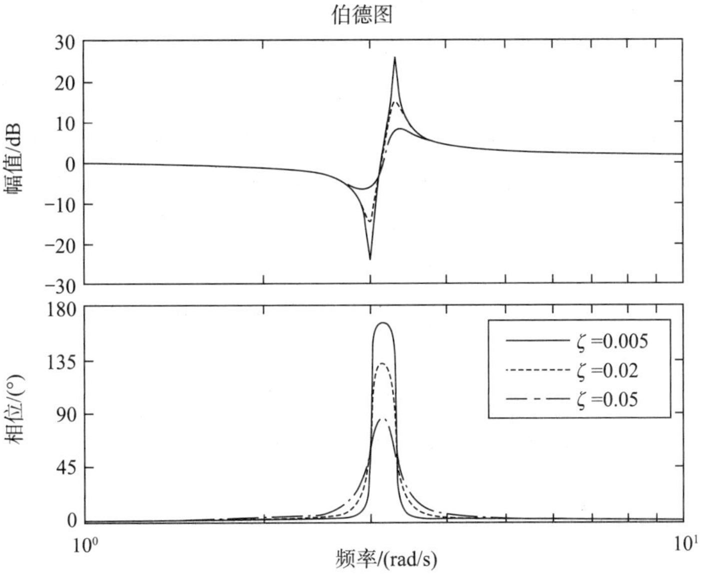

图 26-22　不同阻尼系数下振动模式的频率响应

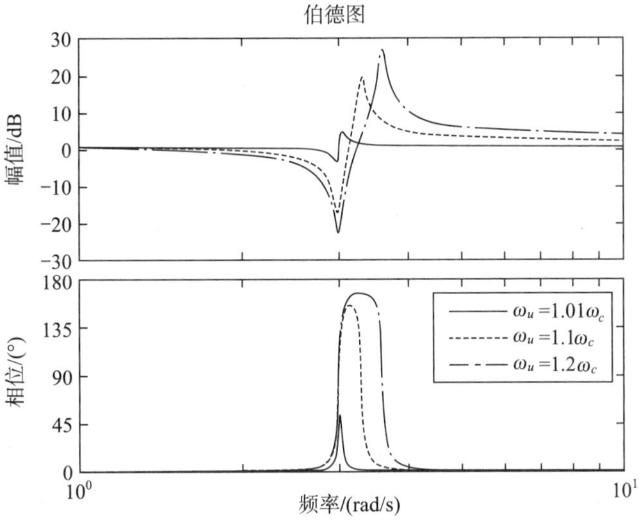

图 26-23　约束和非约束自然频率之间不同间隔条件下振动模式的频率响应

之下很多，并且具有充分的截止斜率。这将使进行姿态控制器设计时航天器等价于刚体。通过保证在振动频率处设计的开环增益足够小，振动模式将不会导致开环增益超过 1（等价于对数幅值增益不超过 0 dB）。从第 22 章可知，这将保证奈奎斯特图的高频部分位于单位圆盘之内，因此振动模式不会对 −1 产生附加包容。这种稳定性设计方法是通过限制增益实现稳定，因此称为增益稳定。

增益稳定非常有益，尤其在受振动模式影响频率响应分量不可知时（取决于每种模式的阻尼系数，非常难以确定）。但是，增益稳定性能够严格约束开环带宽，尤其当基本振动频率很低时。这会限制闭环系统特性（回忆第23章系统响应速率与开环增益穿越频率相关，而穿越频率非常接近开环带宽），从而让控制系统的设计无法满足要求。在本例中，进行姿态控制设计时位于预期开环带宽之内的振动模式可以包含在航天器模型中。或者，姿态控制器可以设计为满足刚体航天器的假设。补偿器可以加于控制器上，以改变位于开环带宽内接近振动频率的开环相位频率响应，从而避免对－1的包容。这称作相位稳定性。更多不同相位补偿器类型的内容见维（Wie，2008）的著作。相位稳定性的优越性允许设计者在上述频率点保持开环增益大于1，即提升的闭环系统响应。不足之处在于对应振动模式的相位信息必须已知。振动模式的频率远高于开环频带时仍需采取增益稳定方法。

最后，可以通过直接在时域使用柔性航天器动态状态空间表达的方法直接进行控制设计。该方法允许我们考虑航天器轴线耦合效应（限制研究对象对单一轴旋转）。

26.4.2 推进剂晃动效应

经验表明，在航天器推进系统工作时，推进剂晃动对航天器轨道机动时的姿态控制有显著影响。某些情况下，可通过在储箱内设置挡板来对推进剂运动进行衰减，进而避免产生推进剂晃动效应。

对数学建模而言，由于推进剂流体动力学和航天器结构姿态运动耦合的影响，推进剂晃动是一种非常复杂的现象。这些模型对航天器姿态控制设计而言过于复杂，因此针对推进剂晃动效应开发了简化等价动态模型。这些模型通常以通过弹簧连接于燃料储箱的质点来代表推进剂质量，有时加上一些黏性阻尼。模型细节取决于燃料储箱几何形状尺寸。

推进剂晃动对航天器的动态影响意味着将晃动产生的振动模式包含在内。因此，推进剂晃动效应可以使用同样方式包含在航天器柔性内。

26.5 注释

本章以高度概括的方式阐述了航天器姿态控制设计时必须考虑的重要因素。更多关于不同航天器姿态传感器和驱动器类型的讨论，以及运行物理原理和数学模型见沃茨（Wertz，1978）和西迪（Sidi，1997）的著作，其中对推进器的不同调制方法和应用推进器进行姿态控制的其他环节都有详细描述。26.3节讨论了一些与将控制法则应用于数字处理器相关的事项。上述事项的更多细节参见富兰克林等人（Franklin et al.，1998）和奥斯特伦和威滕马勒（Astrom and Wittenmark，1997）的著作。26.4节讨论怎样将航天器柔性和推进剂晃动包含在控制系统设计中。针对单一轴旋转的航天器姿态方程推导的细节参见利金（Likin，1974）与琼金斯和金（Junkins and Kim，1993）的著作。获取关于单一轴旋转的姿态方程的底层假设是旋转轴线之间无耦合，从而大幅简化问题，并且26.4.1节中对此有优秀的分析。但是在现实中，由于柔性模态之间的耦合，刚体运动的耦合（如第15章所述，双自旋航天器两个轴的陀螺相互耦合），或两者同时发生，将导致不同轴线之间的耦合。如果耦合不显著，26.4.1 节所做轴线解耦的近似就非常合理。否则，必须考虑完全耦合的运动方程，其解析将非常复杂。文献中有处理这些情况的多种案例。作为开始，读者可以参考维（Wie，2008）与琼金斯和金（Junkins and Kim，1993）的著作。26.4.2 节针对推进剂晃动进行了非常简短的讨论。关于推进剂模型更详细的讨论，读者可参阅阿伯拉罕森（Abrahamson，1966）的著作。关于怎样处理推进剂晃动的实例，读者可参见维（Wie，2008）和西迪（Sidi，1997）的著作。

关于从实际工程角度对航天器姿态控制的详细处理过程，读者可参见西迪（Sidi，1997）的著作。

参考文献

[1] Abrahamson HN 1966 The dynamic behavior of liquids in moving containers. Technical Report NASA SP-106, National Aeronautics and Space Administration, Washington, DC.

[2] Astrom KJ and Wittenmark B 1997 Computer Controlled Systems 3rd edn. Prentice Hall, Upper Saddle River, NJ. Astrom KJ and Wittenmark B 1997 Computer Controlled Systems 3rd edn. Prentice Hall, Uupper Saddle River, NJ.

[3] Franklin G F, Powell J D and Workman M 1998 Digital Control of Dynamics Systems 3rd edn.. Addison-Wesley.

[4] Junkins JL and Kim Y 1993 Introduction to Dynamics and Control of Flexible Systems. American Institute of Aeronautics and Astrnautics, Washington, DC.

[5] Likins PW 1974 Analytical dynamics and nonrigid spacecraft simulation. Technical Report NASA TR32-1593, Jet Propulsion Laboratory, Pasadena, CA.

[6] Sidi MJ 1997 Spacecraft Dynamics and Control: A Practical Engineering Approach. Cambridge University Press, New York, NY.

[7] Wertz JR 1978 Spacecraft Attitude Determination and Control. Kluwer Academic Publishers, Dordrecht, The Netherlands.

[8] Wie B 2008 Space Vehicle Dynamics and Control 2nd edn. American Institute of Aeronautics and Astronautics, Reston, VA.

附录 A　复变量运算的复习

一个复数 s 可以写为

$$s = a + \mathrm{j}b$$

其中 a ，b 为实数，分别称作 s 的实部和虚部，表达式为

$$a = \mathrm{Re}(s)\ ,\ b = \mathrm{Im}(s)$$

同样地，j 的定义满足

$$\mathrm{j}^2 = -1$$

由于复数必须有两部分，可以表达为平面上的一个点，如图 A-1 所示。

s 的幅值为

$$r = |s| = \sqrt{a^2 + b^2}$$

相位为

$$\angle s = \theta = \arctan \frac{b}{a}$$

其中在计算反正切函数时必须仔细，以获得正确的象限。因此，以极坐标形式表达的复数为

$$s = r(\cos\theta + \mathrm{j}\sin\theta) \tag{A-1}$$

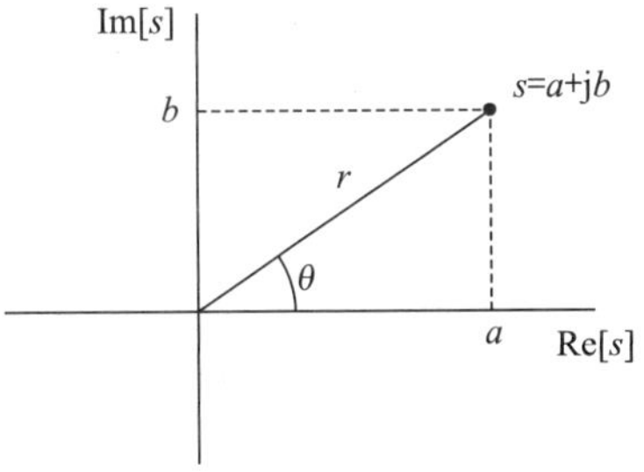

图 A-1　复数的平面表达

复数的加法以分量叠加完成。如果 $s_1 = a_1 + \mathrm{j}b_1$ 且 $s_2 = a_2 + \mathrm{j}b_2$，则

$$s_1 + s_2 = (a_1 + a_2) + \mathrm{j}(b_1 + b_2)$$

复数的相乘使用事实 $\mathrm{j}^2 = -1$，有

$$\begin{aligned} s_1 s_2 &= (a_1 + \mathrm{j}b_1)(a_2 + \mathrm{j}b_2) \\ &= a_1 a_2 + \mathrm{j}^2 b_1 b_2 + a_1 \mathrm{j} b_2 + \mathrm{j} b_1 a_2 \\ &= (a_1 a_2 - b_1 b_2) + \mathrm{j}(a_1 b_2 + b_1 a_2) \end{aligned}$$

复数 $s = a + \mathrm{j}b$ 的共轭复数定义为

$$\bar{s} = a - \mathrm{j}b$$

因此，通过复数相乘法则，有

$$s\bar{s}=|s|^2=a^2+b^2$$

复指数定义为

$$e^s=e^a(\cos b+j\sin b)$$

（其中 $s=a+jb$）。从上式可得

$$e^{j\theta}=\cos\theta+j\sin\theta$$

因此，从式（A-1）可写出

$$s=re^{j\theta}$$

复数的倒数为

$$\frac{1}{s}=\frac{1}{r}e^{-j\theta}=\frac{1}{re^{j\theta}}$$

可进一步得出

$$e^{s_1+s_2}=e^{s_1}e^{s_2}$$

尤其是

$$e^{j(\theta_1+\theta_2)}=e^{j\theta_1}e^{j\theta_2}$$

这表明两个复数 $s_1=r_1e^{j\theta_1}$ 和 $s_2=r_2e^{j\theta_2}$ 的乘积由下式给出

$$s_1s_2=r_1r_2e^{j(\theta_1+\theta_2)}$$

因此乘积的幅值为

$$|s_1s_2|=r_1r_2$$

其相位为

$$\angle s_1s_2=\theta_1+\theta_2$$

即复数的乘积为幅值相乘，相位旋转，如图 A-2 所示。类似地，两个复数 $s_1=r_1e^{j\theta_1}$ 和 $s_2=r_2e^{j\theta_2}$ 的相除有

$$\frac{s_1}{s_2}=\frac{r_1e^{j\theta_1}}{r_2e^{j\theta_2}}=\frac{r_1}{r_2}e^{j(\theta_1-\theta_2)}$$

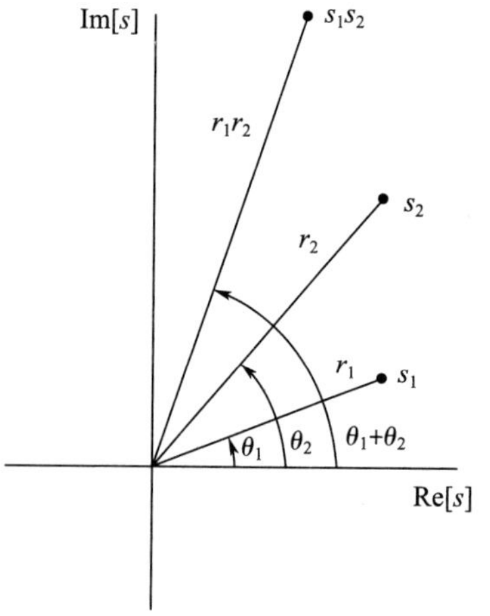

图 A-2　复数乘积

因此，商的幅值为

$$\left|\frac{s_1}{s_2}\right| = \frac{r_1}{r_2}$$

相位为

$$\angle \frac{s_1}{s_2} = \theta_1 - \theta_2$$

A.1　复变量的函数

通常，复变量 $s = a + \mathrm{j}b$ 的复函数 $G(s)$ 拥有实部和虚部，由下式给出

$$G(s) = G_x(a,b) + \mathrm{j}G_y(a,b)$$

其中 $G_x(a, b)$ 和 $G_y(a, b)$ 为实函数。本书处理的函数皆为如下形式的有理函数

$$G(s) = \frac{a_0 s^m + a_1 s^{m-1} + \cdots + a_m}{s^n + b_1 s^{n-1} + \cdots + b_n} = \frac{N(s)}{D(s)} \tag{A-2}$$

其中 a_i 、b_i 为实系数，可以为 0，多项式分子 $N(s)$ 的角度小于或等于分母 $D(s)$ 的角度。即 $m \leqslant n$。$G(s)$ 可分解为如下形式

$$G(s) = K\frac{\prod_{i=1}^{m}(s - z_i)}{\prod_{i=1}^{n}(s - p_i)}$$

其中 z_i 为 $N(s)=0$ 的根，称为 $G(s)$ 的零点，p_i 为 $D(s)=0$ 的根，称作 $G(s)$ 的极点。

例 A.1　函数

$$G(s) = \frac{(s+2)(s+10)}{s(s+5)(s+15)^2}$$

在 $s=-2$，-10 具有零点，在 $s=0$，-5，-15，-15 具有极点。注意极点在 -15 处产生两次。

由于式（A-2）中的系数 a_i 和 b_i 为实数，任何虚数零点或极点必须以共轭复数对的形式出现。即如果零点 z_i 具有非零虚部，其共轭复数 $\overline{z}_i$ 必然为零点；类似地，如果极点 p_i 具有非零虚部，则其共轭复数 $\overline{p}_i$ 必然为极点。

A.2　实变量的复函数

实变量 t 的复函数为

$$g(t) = a(t) + \mathrm{j}b(t)$$

其中 $a(t)$ 和 $b(t)$ 为实数。$g(t)$ 的微分定义为

$$\frac{\mathrm{d}g}{\mathrm{d}t} = \frac{\mathrm{d}a}{\mathrm{d}t} + \mathrm{j}\,\frac{\mathrm{d}b}{\mathrm{d}t}$$

类似地，$g(t)$ 的积分定义为

$$\int_{t_0}^{t_1} g(t)\mathrm{d}t = \int_{t_0}^{t_1} a(t)\mathrm{d}t + \mathrm{j}\int_{t_0}^{t_1} b(t)\mathrm{d}t$$

这意味着

$$\begin{aligned}\int_{t_0}^{t_1} \frac{\mathrm{d}g}{\mathrm{d}t}\mathrm{d}t &= \int_{t_0}^{t_1} \frac{\mathrm{d}a}{\mathrm{d}t}\mathrm{d}t + \mathrm{j}\int_{t_0}^{t_1} \frac{\mathrm{d}b}{\mathrm{d}t}\mathrm{d}t \\ &= a(t)\mid_{t_0}^{t_1} + \mathrm{j}b(t)\mid_{t_0}^{t_1} \\ &= g(t)\mid_{t_0}^{t_1}\end{aligned} \tag{A-3}$$

一个实变量的两个复函数的乘积为

$$g_1(t)g_2(t) = [a_1(t)a_2(t) - b_1(t)b_2(t)] + \mathrm{j}[a_1(t)b_2(t) + b_1(t)a_2(t)]$$

将上式微分，通过实函数微分的乘积法则导出

$$\begin{aligned}\frac{\mathrm{d}}{\mathrm{d}t}[g_1(t)g_2(t)] &= \left(\frac{\mathrm{d}a_1}{\mathrm{d}t}a_2 + a_1\frac{\mathrm{d}a_2}{\mathrm{d}t} - \frac{\mathrm{d}b_1}{\mathrm{d}t}b_2 - b_1\frac{\mathrm{d}b_2}{\mathrm{d}t}\right) + \mathrm{j}\left(\frac{\mathrm{d}a_1}{\mathrm{d}t}b_2 + a_1\frac{\mathrm{d}b_2}{\mathrm{d}t} + \frac{\mathrm{d}b_1}{\mathrm{d}t}a_2 + b_1\frac{\mathrm{d}a_2}{\mathrm{d}t}\right) \\ &= \left(\frac{\mathrm{d}a_1}{\mathrm{d}t}a_2 - \frac{\mathrm{d}b_1}{\mathrm{d}t}b_2\right) + \mathrm{j}\left(\frac{\mathrm{d}a_1}{\mathrm{d}t}b_2 + \frac{\mathrm{d}b_1}{\mathrm{d}t}a_2\right) + \left(a_1\frac{\mathrm{d}a_2}{\mathrm{d}t} - b_1\frac{\mathrm{d}b_2}{\mathrm{d}t}\right)\mathrm{j}\left(a_1\frac{\mathrm{d}b_2}{\mathrm{d}t} + b_1\frac{\mathrm{d}a_2}{\mathrm{d}t}\right) \\ &= \frac{\mathrm{d}g_1}{\mathrm{d}t}g_2 + g_1\frac{\mathrm{d}g_2}{\mathrm{d}t}\end{aligned} \tag{A-4}$$

上式表明复函数微分的乘积法则对实变量仍然适用。因此，结合式（A-4）和式（A-3），有

$$g_1(t)g_2(t)\mid_{t_0}^{t_1} = \int_{t_0}^{t_1}\frac{\mathrm{d}}{\mathrm{d}t}(g_1g_2)\,\mathrm{d}t = \int_{t_0}^{t_1}\frac{\mathrm{d}g_1}{\mathrm{d}t}g_2\mathrm{d}t + \int_{t_0}^{t_1} g_1\frac{\mathrm{d}g_2}{\mathrm{d}t}\mathrm{d}t$$

重新整理上式得到

$$\int_{t_0}^{t_1}\frac{\mathrm{d}g_1}{\mathrm{d}t}g_2\mathrm{d}t = g_1(t)g_2(t)\mid_{t_0}^{t_1} - \int_{t_0}^{t_1} g_1\frac{\mathrm{d}g_2}{\mathrm{d}t}\mathrm{d}t \tag{A-5}$$

即分部积分同样适用于实变量的复函数。

A.3　拉普拉斯变换

如图 A-3 所示，仅考虑实变量 t 且当 $t<0$ 时 $f(t)=0$ 的函数 $f(t)$ 的拉普拉斯变换。这称作单边拉普拉斯变换。在本书中，可以将 t 理解为时间。

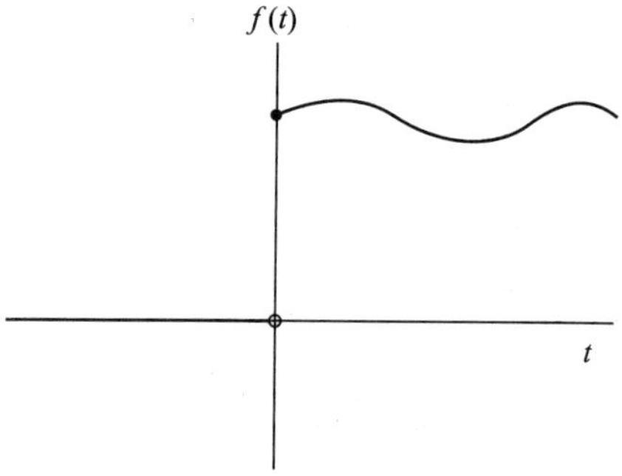

图 A-3　单边拉普拉斯变换的函数

拉普拉斯变换为

$$F(s)=\mathcal{L}(f(t))=\int_{0^-}^{\infty}\mathrm{e}^{-st}f(t)\mathrm{d}t \qquad (A-6)$$

如果 $f(t)$ 为分段连续且具有指数级，即 $|f(t)|\leqslant A\mathrm{e}^{tB}$ 对所有 $t\geqslant 0$ 成立，对某些 $A\geqslant 0$ 成立，对实常数 B 成立，则拉普拉斯变换必然存在。如果 $\mathrm{Re}(s)>B$，则拉普拉斯积分收敛。

线性组合

从定义（A-6），可以看出

$$\begin{aligned}\mathcal{L}(\alpha f_1(t)+\beta f_2(t))&=\int_0^{\infty}\mathrm{e}^{-st}(\alpha f_1(t)+\beta f_2(t))\,\mathrm{d}t\\&=\alpha\int_0^{\infty}\mathrm{e}^{-st}f_1(t)\mathrm{d}t+\beta\int_0^{\infty}\mathrm{e}^{-st}f_2(t)\mathrm{d}t\\&=\alpha\mathcal{L}(f_1(t))+\beta\mathcal{L}(f_2(t))\end{aligned}$$

上式表明拉普拉斯变换为线性运算。

指数幂相乘

$$\begin{aligned}\mathcal{L}(\mathrm{e}^{-at}f(t))&=\int_0^{\infty}f(t)\mathrm{e}^{-at}\mathrm{e}^{-st}\mathrm{d}t\\&=\int_0^{\infty}f(t)\mathrm{e}^{-(s+a)t}\mathrm{d}t\\&=F(s+a)\end{aligned}$$

其中

$$F(s)=\mathcal{L}(f(t))$$

时间尺度

$$\mathcal{L}(f(at))=\int_0^{\infty}f(at)\mathrm{e}^{-st}\mathrm{d}t$$

对变量做如下变换：$\tau=at$，有 $\dfrac{\mathrm{d}t}{\mathrm{d}\tau}=\dfrac{1}{a}$，则该积分式变为

$$\mathcal{L}(f(at))=\frac{1}{a}\int_0^{\infty}f(\tau)\mathrm{e}^{-(s/a)\tau}\mathrm{d}\tau=\frac{1}{a}F\left(\frac{s}{a}\right)$$

微分的拉普拉斯变换

首先需要 e^{-st}（其中 $s=a+\mathrm{j}b$）的微分如下

$$\begin{aligned}\frac{\mathrm{d}}{\mathrm{d}t}(\mathrm{e}^{-st})&=\frac{\mathrm{d}}{\mathrm{d}t}[\mathrm{e}^{-at}(\cos bt-\mathrm{j}\sin bt)]\\&=(-a\mathrm{e}^{-at}\cos bt-b\mathrm{e}^{-at}\sin bt)+\mathrm{j}(a\mathrm{e}^{-at}\sin bt-b\mathrm{e}^{-at}\cos bt)\\&=-a\mathrm{e}^{-at}(\cos bt-\mathrm{j}\sin bt)-\mathrm{j}b\mathrm{e}^{-at}(\cos bt-\mathrm{j}\sin bt)\\&=-(a+\mathrm{j}b)\mathrm{e}^{-st}\\&=-s\mathrm{e}^{-st}\end{aligned}$$

现在，微分 $\mathrm{d}f/\mathrm{d}t$ 的拉普拉斯变换可通过式（A-5）所示分部积分得到

$$\mathcal{L}\left(\frac{\mathrm{d}f}{\mathrm{d}t}\right)=\int_0^{\infty}\frac{\mathrm{d}f}{\mathrm{d}t}\mathrm{e}^{-st}\mathrm{d}t=f(t)\mathrm{e}^{-st}\Big|_0^{\infty}-\int_0^{\infty}f(t)(-s)\mathrm{e}^{-st}\mathrm{d}t=sF(s)-f(0)$$

需要注意的是，上式已经应用 $f(t)$ 为指数级的事实，即 $|f(t)| \leqslant A e^{tB}$，这意味着当 $\mathrm{Re}(s) > B$ 时，$\lim\limits_{t\to\infty} f(t)e^{-st} = 0$。将上述过程应用于高阶微分，得到

$$\mathcal{L}\left(\frac{d^n}{dt^n}f(t)\right) = s^n F(s) - s^{n-1}f(0) - s^{n-2}\frac{df}{dt}\bigg|_{t=0} - \cdots - \frac{d^{n-1}f}{dt^{n-1}}\bigg|_{t=0}$$

积分的拉普拉斯变换

$$\mathcal{L}\left(\int_0^t f(\tau)d\tau\right) = \int_0^\infty \int_0^t f(\tau)d\tau e^{-st}dt$$

进行分部积分可得

$$\mathcal{L}\left(\int_0^t f(\tau)\,d\tau\right) = \left[-\frac{1}{s}e^{-st}\int_0^t f(\tau)d\tau\right]\bigg|_0^\infty - \int_0^\infty f(t)\left(\frac{-1}{s}\right)e^{-st}dt = \frac{F(s)}{s}$$

需要注意的是，由于 $f(t)$ 为指数级（处理了上限），且 $\int_0^t f(\tau)d\tau\,|_{t=0} = 0$，因而处理了下限，所以上式右侧第一项消失。

卷积

给定两个函数 $f_1(t)$ 和 $f_2(t)$，两者的卷积积分定义为

$$f_1(t) * f_2(t) = \int_0^t f_1(\tau)f_2(t-\tau)\,d\tau = \int_0^t f_1(t-\tau)f_2(\tau)d\tau$$

为表明上式中两个积分是相等的，进行如下变量变换：$z = t - \tau$，得到

$$\begin{aligned}\int_0^t f_1(\tau)f_2(t-\tau)\,d\tau &= \int_t^0 f_1(t-z)f_2(z)\frac{d\tau}{dz}dz \\ &= -\int_t^0 f_1(t-z)f_2(z)\,dz \\ &= \int_0^t f_1(t-z)f_2(z)\,dz\end{aligned}$$

以 τ 替换上式最后的积分中的 z 则表明了等价关系。

卷积积分的拉普拉斯变换为

$$\mathcal{L}(f_1(t) * f_2(t)) = \int_0^\infty \int_0^t f_1(\tau)f_2(t-\tau)\,d\tau e^{-st}dt$$

现在，令 $t' = t - \tau$，有

$$\int_\tau^\infty f_2(t-\tau)e^{-s(t-\tau)}dt = \int_0^\infty f_2(t')e^{-st'}dt' = F_2(s)$$

将上式代入双积分，得到

$$\mathcal{L}(f_1(t) * f_2(t)) = \int_0^\infty f_1(\tau)e^{-s\tau}F_2(s)d\tau = F_1(s)F_2(s)$$

即时域卷积变为拉普拉斯（s）域的乘积。

终值定理

可以通过拉普拉斯变换确定系统时域极限行为。这适用于不了解系统时域函数但了解其拉普拉斯变换的情况。例如，我们可能会希望了解系统常微分方程的极限行为。

考虑如下极限

$$\lim_{s\to 0}\mathcal{L}\left(\frac{\mathrm{d}f}{\mathrm{d}t}\right)=\lim_{s\to 0}\int_0^\infty \frac{\mathrm{d}f}{\mathrm{d}t}\mathrm{e}^{-st}\,\mathrm{d}t$$

上述极限当且仅当拉普拉斯积分对 $s=0$ 收敛时存在。在本例中，积分的顺序和极限运算相互混叠，因此

$$\lim_{s\to 0}\mathcal{L}\left(\frac{\mathrm{d}f}{\mathrm{d}t}\right)=\int_0^\infty \lim_{s\to 0}\frac{\mathrm{d}f}{\mathrm{d}t}\mathrm{e}^{-st}\,\mathrm{d}t=\int_0^\infty \frac{\mathrm{d}f}{\mathrm{d}t}\mathrm{d}t=\lim_{t\to\infty}[f(t)-f(0)]$$

但是，从微分的拉普拉斯变换中有

$$\mathcal{L}\left(\frac{\mathrm{d}f}{\mathrm{d}t}\right)=sF(s)-f(0)$$

结合上述两个结果有

$$\lim_{s\to 0}sF(s)=\lim_{t\to\infty}f(t) \tag{A-7}$$

这称作终值定理。

式（A-7）呈现出的关系仅在 $\frac{\mathrm{d}f}{\mathrm{d}t}$ 的拉普拉斯积分收敛于 $s=0$ 时成立，意味着当 $B<0$ 从而 $\left|\frac{\mathrm{d}f}{\mathrm{d}t}\right|\leqslant A\mathrm{e}^{tB}$ 对所有 $t\geqslant 0$ 和某些 $A\geqslant 0$ 成立时，可以应用终值定理。

例 A.2　考虑函数 $f(t)=\mathrm{e}^{-2t}+3$，则 $\frac{\mathrm{d}f}{\mathrm{d}t}=-2\mathrm{e}^{-2t}$，显然地，对任何 $B\geqslant -2$ 满足 $|\mathrm{d}f/\mathrm{d}t|\leqslant 2\mathrm{e}^{Bt}$。因此，可以使用终值定理。很快可以确定 $f(t)$ 的拉普拉斯变换形式

$$F(s)=\frac{1}{s+2}+\frac{3}{s}$$

应用终值定理，有

$$\lim_{t\to\infty}f(t)=\lim_{s\to 0}sF(s)=\lim_{s\to 0}\frac{s}{s+2}+3=3$$

结果与直接取极限的 $\lim_{t\to\infty}\mathrm{e}^{-2t}+3$ 相同。

例 A.3　以下为对终值定理不恰当应用的实例。

考虑函数 $f(t)=\mathrm{e}^{-2t}+\cos t$。显然地，极限 $\lim_{t\to\infty}\mathrm{e}^{-2t}+\cos t$ 并不存在。微分为 $\frac{\mathrm{d}f}{\mathrm{d}t}=-2\mathrm{e}^{-2t}-\sin t$，且由于 $\sin t$ 为周期函数，并且每周期两次取值为 1，不可能有 $B<0$，从而 $\left|\frac{\mathrm{d}f}{\mathrm{d}t}\right|\leqslant A\mathrm{e}^{tB}$ 对所有 $t\geqslant 0$ 和某些 $A\geqslant 0$ 成立，所以不能应用终值定理。但是，让我们继续应用该定理。拉普拉斯变换为

$$F(s)=\frac{1}{s+2}+\frac{s}{s^2+1}$$

应用终值定理，得到

$$\lim_{s\to 0}sF(s)=0$$

显然地，在本案例中，$\lim_{s\to 0}sF(s)=0\neq\lim_{t\to\infty}f(t)$。

A.4 部分分式展开

复杂的拉普拉斯逆变换公式为

$$f(t)=\mathcal{L}^{-1}(F(s))$$

上式在实践中并不经常使用。实际工作中通常使用已知拉普拉斯变换的检查表。为此拉普拉斯变换 $G(s)$ 被分解为更简单的已知部分。对于如下形式的拉普拉斯变换

$$G(s)=K\frac{\prod_{i=1}^{m}(s-z_i)}{\prod_{i=1}^{n}(s-p_i)}$$

其中 $m\leqslant n$，可以以部分分式分解的方法扩展。为简化起见，假设 $m<n$，且极点 p_i 无重复（若 $i\neq j$，则 $p_i\neq p_j$）。在本例中，$G(s)$ 可写为

$$G(s)=\frac{c_1}{s-p_1}+\frac{c_2}{s-p_2}+\cdots+\frac{c_n}{s-p_n}$$

系数 c_i 称作余数。为找到系数 c_1，将上式两侧乘以 $(s-p_1)$ 得到

$$(s-p_1)G(s)=c_1+\frac{c_2(s-p_1)}{s-p_2}+\cdots+\frac{c_n(s-p_1)}{s-p_n}$$

令 $s=p_1$，有

$$c_1=(s-p_1)G(s)\big|_{s=p_1}$$

通常

$$c_i=(s-p_i)G(s)\big|_{s=p_i} \tag{A-8}$$

考虑 k 重极点的情况，即

$$p_1=p_2=\cdots=p_k=p'$$

满足

$$G(s)=K\frac{\prod_{i=1}^{m}(s-z_i)}{(s-p')^k\prod_{i=k+1}^{n}(s-p_i)}$$

在本例中，$G(s)$ 可扩展为

$$G(s)=\frac{c_1}{s-p'}+\frac{c_2}{(s-p')^2}+\cdots+\frac{c_k}{(s-p')^k}+\frac{c_{k+1}}{s-p_{k+1}}+\cdots+\frac{c_n}{s-p_n}$$

上式两侧乘以 $(s-p')^k$ 得到

$$(s-p')^kG(s)=c_1(s-p')^{k-1}+\cdots+c_k+\frac{c_{k+1}(s-p')^k}{s-p_{k+1}}+\cdots+\frac{c_n(s-p')^k}{s-p_n}$$

令 $s=p'$ 产生 c_k，即

$$c_k=(s-p')^kG(s)\big|_{s=p'}$$

对 s 求微分得出

$$\frac{d}{ds}(s-p')^kG(s)=(k-1)c_1(s-p')^{k-2}+\cdots+c_{k-1}+\frac{d}{ds}\left[\frac{c_{k+1}(s-p')^k}{s-p_{k+1}}+\cdots+\frac{c_n(s-p')^k}{s-p_n}\right]$$

令 $s=p'$ 产生 c_{k-1}，即

$$c_{k-1}=\frac{d}{ds}[(s-p')^kG(s)]|_{s=p'}$$

持续进行上述步骤，得到

$$c_{k-i}=\frac{1}{i!}\frac{d^i}{ds^i}=[(s-p')^kG(s)]|_{s=p'}$$

至此，一直假设 $m<n$。如果 $m=n$，则

$$G(s)=K\frac{\prod_n^{i=1}(s-z_i)}{\prod_n^{i=1}(s-p_i)}=\frac{a_0s^n+a_1s^{n-1}+\cdots+a_n}{s^n+b_1s^{n-1}+\cdots+b_n}$$

可将上式写为

$$G(s)=\frac{a_0(s^n+b_1s^{n-1}+\cdots+b_n)}{s^n+b_1s^{n-1}+\cdots+b_n}+\frac{(a_1-b_1)s^{n-1}+\cdots+(a_n-b_n)}{s^n+b_1s^{n-1}+\cdots+b_n}$$

$$=a_0+\frac{(a_1-b_1)s^{n-1}+\cdots+(a_n-b_n)}{s^n+b_1s^{n-1}+\cdots+b_n}$$

第二个表达式具有要求的形式，可以采用前述方法确定部分分式分解的形式。

A.5　常用拉普拉斯变换

以下为常用拉普拉斯变换表，对确定拉普拉斯逆变换并求解常微分方程非常有用。

$f(t)$	$F(s)$
1	$\frac{1}{s}$
t^n	$\frac{n!}{s^n}$
e^{-at}	$\frac{1}{s+a}$
t^ne^{-at}	$\frac{n!}{(s+a)^n}$
$\sin\omega t$	$\frac{\omega}{s^2+\omega^2}$
$\cos\omega t$	$\frac{s}{s^2+\omega^2}$
$e^{-at}\sin\omega t$	$\frac{\omega}{(s+a)^2+\omega^2}$
$e^{-at}\cos\omega t$	$\frac{s+a}{(s+a)^2+\omega^2}$

A.6 应用拉普拉斯变换求解线性微分方程的实例

考虑如下线性时不变微分方程

$$\ddot{x}+3\dot{x}+2x=0\;;\;x(0)=a\;,\;\dot{x}(0)=b$$

则

$$\mathcal{L}(x(t))=X(s)$$

$$\mathcal{L}(\dot{x}(t))=sX(s)-x(0)=sX(s)-a$$

$$\mathcal{L}(\ddot{x}(t))=s^2X(s)-sx(0)-\dot{x}(0)=s^2X(s)-sa-b$$

因此，采用微分方程的拉普拉斯变换得出

$$\mathcal{L}(\ddot{x}+2\dot{x}+2x)=\mathcal{L}(0)$$

有

$$s^2X(s)-sa-b+3(sX(s)-a)+2X(s)=0$$

上式可重写为

$$(s^2+3s+2)X(s)=as+b+3a$$

求解 $X(s)$，得出

$$X(s)=\frac{as+b+3a}{s^2+3s+2}$$

现在确定 $X(s)$ 的极点，求解下述二次方程

$$s^2+3s+2=0$$

得出

$$s=\frac{-3\pm\sqrt{3^2-4\times 2}}{2}=-2,-1$$

即可以写出

$$X(s)=\frac{as+b+3a}{(s+2)(s+1)}$$

现在将上式进行部分分式分解，即

$$X(s)=\frac{c_1}{s+2}+\frac{c_2}{s+1}$$

由于无重复极点，可以使用式（A-8）计算 c_1 和 c_2。有

$$\begin{aligned}c_1&=(s+2)X(s)\,|_{s=-2}\\&=\frac{(s+2)(as+b+3a)}{(s+2)(s+1)}\,|_{s=-2}\\&=\frac{-2a+b+3a}{-1}=-(a+b)\end{aligned}$$

类似地，对于 c_2 有

$$
\begin{aligned}
c_2 &= (s+1)X(s)\big|_{s=-2} \\
&= \frac{(s+1)(as+b+3a)}{(s+2)(s+1)}\bigg|_{s=-2} \\
&= \frac{-a+b+3a}{1} = 2a+b
\end{aligned}
$$

因此，对 $X(s)$ 的部分分式分解为

$$
X(s) = \frac{-(a+b)}{s+2} + \frac{2a+b}{s+1}
$$

从 A.5 节，有

$$
\mathcal{L}(e^{-at}) = \frac{1}{s+a}
$$

通过上式对 $X(s)$ 进行拉普拉斯逆变换，可以确定 $x(t)$ 如下

$$
\begin{aligned}
x(t) &= \mathcal{L}^{-1}(X(s)) \\
&= \mathcal{L}^{-1}\left(\frac{-(a+b)}{s+2}\right) + \mathcal{L}^{-1}\left(\frac{2a+b}{s+1}\right) \\
&= -(a+b)e^{-2t} + (2a+b)e^{-t}
\end{aligned}
$$

即微分方程已解。

以上表明拉普拉斯变换的作用，可将时域微分方程转换为拉普拉斯域代数方程，因而更易求解。最后进行拉普拉斯逆变换得到时域解。

附录 B　航天器运动的数值仿真

B.1　一阶常微分方程

航天器运动的数值仿真需要对运动方程进行数值积分。通常，可以将运动方程写为如下一阶微分方程的形式

$$\dot{\boldsymbol{x}}=f(\boldsymbol{x},t),\boldsymbol{x}(t_0)=\boldsymbol{x}_0 \tag{B-1}$$

其中状态矢量 $\boldsymbol{x}$ 包含航天器轨道位置、速度、姿态变量、角速度以及完整描述航天器运动的所有其他变量（如控制器状态）。这称作系统状态空间表达。为实现对航天器运动的数值仿真，需要数值确定 $t\geqslant t_0$ 时状态矢量的时间历史。所有数值积分算法都是基于对时间离散化的采样时间 t_k，如图 B-1 所示。采样时间之间的差异 $h=t_k-t_{k-1}$ 称作时间步长，可以是常数，也可以不是，但必须足够小。

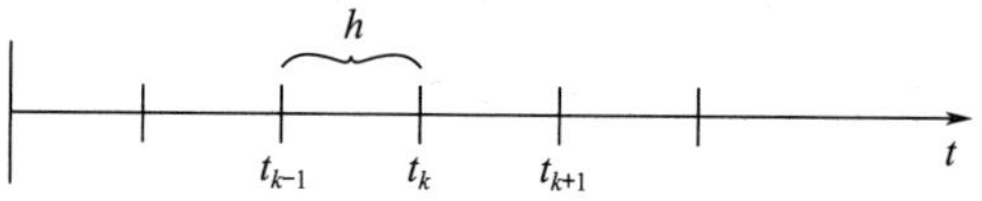

图 B-1　离散时间

可以在数值算法的教材中找到多种数值积分的技术。对于给定问题，哪种方法最优并不明显。可能的算法为四阶龙格-库塔公式

$$\boldsymbol{x}(t_{k+1})=\boldsymbol{x}(t_k)+\frac{1}{6}[\boldsymbol{k}_1+2\boldsymbol{k}_2+2\boldsymbol{k}_3+\boldsymbol{k}_4]$$

其中

$$\boldsymbol{k}_1=h\boldsymbol{f}(\boldsymbol{x}(t_k),t_k)$$

$$\boldsymbol{k}_2=h\boldsymbol{f}\left(\boldsymbol{x}(t_k)+\frac{1}{2}\boldsymbol{k}_1,t_k+\frac{1}{2}h\right)$$

$$\boldsymbol{k}_3=h\boldsymbol{f}\left(\boldsymbol{x}(t_k)+\frac{1}{2}\boldsymbol{k}_2,t_k+\frac{1}{2}h\right)$$

$$\boldsymbol{k}_4=h\boldsymbol{f}(\boldsymbol{x}(t_k)+\boldsymbol{k}_3,t_k+h)$$

另外，有多个商业数值软件包能够求解式（B-1）形式的常微分方程。例如，MATLAB® 拥有一套求解常微分方程的工具。

B.2　航天器轨道和姿态耦合运动方程的导出

假设需要模拟航天器在重力梯度扰动力矩的影响下相对地心惯性参考系 $\mathcal{F}_G$ 的姿态运

动。第一步是识别要求的运动方程。

首先，对航天器惯性姿态参数以 3－2－1 欧拉序列的形式配置，如 11.2 节所述。然后，姿态运动由下式给出

$$\begin{bmatrix}\dot{\phi}\\ \dot{\theta}\\ \dot{\psi}\end{bmatrix}=\begin{bmatrix}1 & \sin\phi\tan\theta & \cos\phi\tan\theta\\ 0 & \cos\phi & -\sin\phi\\ 0 & \sin\phi\sec\theta & \cos\phi\sec\theta\end{bmatrix}\boldsymbol{\omega}_{bG} \tag{B-2}$$

其中 ϕ 为横滚角，θ 为俯仰角，ψ 为偏航角，$\boldsymbol{\omega}_{bG}$ 为航天器相对 $\mathcal{F}_G$ 的角速度矢量，以航天器体参考系 $\mathcal{F}_b$ 的形式给出。从式（B－2）中可见，为求解欧拉角需要了解角速度 $\boldsymbol{\omega}_{bG}$ ，这是由 11.3 节所述姿态动力学中的欧拉方程决定的。

$$\boldsymbol{I}\dot{\boldsymbol{\omega}}_{bG}+\boldsymbol{\omega}_{bG}^{\times}\boldsymbol{I}\boldsymbol{\omega}_{bG}=\boldsymbol{T}_g \tag{B-3}$$

其中 $\boldsymbol{I}$ 为航天器惯量矩阵，$\boldsymbol{T}_g$ 为重力梯度力矩，所有式（B－3）中的数值是相对航天器体参考系 $\mathcal{F}_b$ 的。从式（B－3）中可见重力梯度力矩需要一个表达式。从 12.4 节，有

$$\boldsymbol{T}_g=\frac{3\mu}{r^5}\boldsymbol{r}_b^{\times}\boldsymbol{I}\boldsymbol{r}_b \tag{B-4}$$

其中 μ 为地球重力常数，$\boldsymbol{r}_b$ 为以航天器体坐标系表达的轨道位置矢量，$r=\|\boldsymbol{r}_b\|$ 为轨道半径。从式（B－4）可见，为计算 $\boldsymbol{T}_g$ ，航天器轨道和姿态都需要仿真。

假设在仅包含二体和 J_2 重力项的条件下，航天器轨道的仿真具有充分精度。则如第 7 章所示，航天器轨道运动可描述为

$$\ddot{\boldsymbol{r}}=-\frac{\mu}{r^3}\boldsymbol{r}+\frac{3\mu J_2R_e^2}{2r^5}\left[\left(5\frac{(\boldsymbol{r}^{\mathrm{T}}\boldsymbol{z}_G)^2}{r^2}-1\right)\boldsymbol{r}-2(\boldsymbol{r}^{\mathrm{T}}\boldsymbol{z}_G)\boldsymbol{z}_G\right] \tag{B-5}$$

其中 $\boldsymbol{r}$ 为在 ECI 坐标系（$\mathcal{F}_G$）中航天器轨道位置，$\boldsymbol{z}_G=[0\quad 0\quad 1]$，$R_e$ 为地球赤道半径，J_2 为地球的 J_2 常数。因此，航天器轨道最适于在 ECI 坐标系仿真。参考式（B－4），显然为计算 $\boldsymbol{T}_g$ ，需要将航天器轨道位置矢量转换为航天器体坐标系。从 1.3 节可见，所要求的转换为

$$\boldsymbol{r}_b=\boldsymbol{C}_{bG}\boldsymbol{r} \tag{B-6}$$

其中 $\boldsymbol{C}_{bG}$ 为将 ECI 坐标系转换至体坐标系的旋转矩阵。从 11.2 节可见，$\boldsymbol{C}_{bG}$ 可从描述姿态的欧拉角得出

$$\boldsymbol{C}_{bG}(\phi,\theta,\psi)=\begin{bmatrix}c_\theta c_\psi & c_\theta s_\psi & -s_\theta\\ s_\phi s_\theta c_\psi-c_\phi s_\psi & s_\phi s_\theta s_\psi+c_\phi c_\psi & s_\phi c_\theta\\ c_\phi s_\theta c_\psi+s_\phi s_\psi & c_\phi s_\theta s_\psi-s_\phi c_\psi & c_\phi c_\theta\end{bmatrix} \tag{B-7}$$

其中 $s_b=\sin b$ ，$c_b=\cos b$ 。

可以很快证明式（B－2）和式（B－7）为自包含，可以充分描述航天器姿态和轨道的耦合。如 B.1 节所述，为数值求解运动方程，将方程写为式（B－1）的形式非常有用。作为开始，检查所有要求的方程［式（B－2）至式（B－7）］并识别具有时间微分的变量。方程中可以找到欧拉角 ϕ、θ、ψ ，角速度矢量 $\boldsymbol{\omega}_{bG}$ ，以及惯性轨道位置矢量 $\boldsymbol{r}$ ，且仅有 ϕ、θ、ψ 的一阶微分和 $\boldsymbol{r}$ 对时间的二阶微分。由于需要以式（B－1）的形式写出方程，方

程必须仅有一阶时间微分项。为此，导入航天器惯性速度矢量 $\boldsymbol{v}$，即

$$\dot{\boldsymbol{r}} = \boldsymbol{v} \tag{B-8}$$

则 $\boldsymbol{r}$ 对时间的二阶时间微分变为 $\boldsymbol{v}$ 对时间的一阶微分，即

$$\dot{\boldsymbol{v}} = \ddot{\boldsymbol{r}}$$

则式（B-5）变为

$$\dot{\boldsymbol{v}} = -\frac{\mu}{r^3}\boldsymbol{r} + \frac{3\mu J_2 R_e^2}{2r^5}\left[\left(5\frac{(\boldsymbol{r}^{\mathrm{T}}\boldsymbol{z}_G)^2}{r^2} - 1\right)\boldsymbol{r} - 2(\boldsymbol{r}^{\mathrm{T}}\boldsymbol{z}_G)\boldsymbol{z}_G\right] \tag{B-9}$$

因此，通过导入惯性速度矢量 $\boldsymbol{v}$，可以一阶微分方程组（B-8）和（B-9）将式（B-6）的二阶微分方程替换。耦合的航天器姿态和轨道运动由一阶微分方程式（B-2）、（B-3）、（B-8）和（B-9）及方程式（B-4）和（B-7）构成。由于其数值具有一阶时间导数的变量，为 ϕ、θ、ψ、$\boldsymbol{\omega}_{bG}$、$\boldsymbol{r}$ 和 $\boldsymbol{v}$，通过定义如下状态矢量，可以将这些方程写为式（B-1）的形式

$$\boldsymbol{x} = \begin{bmatrix} \begin{bmatrix} \phi \\ \theta \\ \psi \end{bmatrix} \\ \boldsymbol{\omega}_{bG} \\ \boldsymbol{r} \\ \boldsymbol{v} \end{bmatrix} \tag{B-10}$$

将上式与如下函数结合

$$\boldsymbol{f}(\boldsymbol{x},t) = \begin{bmatrix} \begin{bmatrix} 1 & \sin\phi\tan\theta & \cos\phi\tan\theta \\ 0 & \cos\phi & -\sin\phi \\ 0 & \sin\phi\sec\theta & \cos\phi\sec\theta \end{bmatrix}\boldsymbol{\omega}_{bG} \\ \boldsymbol{I}^{-1}\left[-\boldsymbol{\omega}_{bG}^{\times}\boldsymbol{I}\boldsymbol{\omega}_{bG} + \dfrac{3\mu}{r^5}\boldsymbol{r}_b^{\times}\boldsymbol{I}\boldsymbol{r}_b\right] \\ \boldsymbol{v} \\ -\dfrac{\mu}{r^3}\boldsymbol{r} + \dfrac{3\mu J_2 R_e^2}{2r^5}\left[\left(5\dfrac{(\boldsymbol{r}^{\mathrm{T}}\boldsymbol{z}_G)^2}{r^2} - 1\right)\boldsymbol{r} - 2(\boldsymbol{r}^{\mathrm{T}}\boldsymbol{z}_G)\boldsymbol{z}_G\right] \end{bmatrix} \tag{B-11}$$

其中 $\boldsymbol{r}_b = \boldsymbol{C}_{bG}\boldsymbol{r}$，且

$$\boldsymbol{C}_{bG}(\phi,\theta,\psi) = \begin{bmatrix} c_\theta c_\psi & c_\theta s_\psi & -s_\theta \\ s_\phi s_\theta c_\psi - c_\phi s_\psi & s_\phi s_\theta s_\psi + c_\phi c_\psi & s_\phi c_\theta \\ c_\phi s_\theta c_\psi + s_\phi s_\psi & c_\phi s_\theta s_\psi - s_\phi c_\psi & c_\phi c_\theta \end{bmatrix} \tag{B-12}$$

式（B-11）和式（B-12）现在的形式适用于数值积分器 ODE（MATLAB® 中拥有）。从式（B-1）中可见，必须规定初始条件 $\boldsymbol{x}(0)$。从式（B-10）可以看出需要规定初始欧拉角 $\phi(0)$，$\theta(0)$，$\psi(0)$，初始角速度 $\boldsymbol{\omega}_{bG}(0)$，初始轨道位置 $\boldsymbol{r}(0)$ 和初始轨道速度 $\boldsymbol{v}(0)$。

B.3 注释

B.1节介绍的四阶龙格-库塔法为对一阶常微分方程进行数值积分的一种方法。还有许多其他方法。关于更多不同数值方法的处理，读者可参阅伯登和费尔斯（Burden and Faires，2011）的著作。

参考文献

[1] Burden RL and Faires JD 2011 Numerical Analysis 9th edn. Brooks/Cole, Boston, MA.